张力
与运动

现代绘画
与现代建筑平面构图的
形式生成机制

Tension
and Movement

Mechanism for Generating Forms of Planar Composition of Modern Painting and Modern Architecture

王志磊——著

湖南美术出版社
·长沙·

序

张永和

王志磊博士所做关于现代绘画与现代建筑平面构图的形式生成机制的研究的背后，是一部长长的美术与建筑的关系史。

或许可以认为美术与建筑的关系始于一个问题：绘画与建筑，哪一个先出现？在欧洲古典画作中，第一张画的产生通常被描述为如下的室内场景：女子的恋人即将出行，为了记住他的样子，她让他坐在一面墙的前面，举起蜡烛，将他的轮廓投在墙上的阴影描了下来。既然画画在墙上，说明建筑已经存在了，建筑比绘画更早出现。在这种关于绘画起源的解释中，19世纪德国建筑师、画家卡尔·弗里德里希·辛克尔注意到一处严重逻辑缺陷：第一张画不应该在室内完成，在墙壁上完成，因为必须先画出图纸才可能盖房子。也就是说，绘画必须比建筑早出现。于是他重画了绘画的起源：这次恋人的离别被搬到室外，阳光下的女士被男士在石头上描下了投影轮廓。男女角色的置换，暗示男性必须学习绘画，以后才能成为建筑师（19世纪）。但没有争议的是绘画与建筑之间一直存在着一种工具关系。

作为一名建筑师，我最感兴趣的是绘画与建筑之间的空间关系。这个关系始于15世纪文艺复兴时期，数学透视法发明的一刻。由于这种科学的制图方法，人第一次得以准确定位自己在空间中的位置，从而具备了空间意识。透视把画中空间和建筑空间统一了，两者都是静态的，因此也奠定了古典美学。

随着科学的发展，人们越来越意识到时空体验的动态性质，艺术家、建筑师开始对运动进行审美。现代绘画与建筑中多有对时间与运动的表现，尽管画面和房屋本身仍是静止的。王志磊的工作就是从这里开始。通过对张力与运动的研究，他呈现给我们绘画与建筑的另一层关系——形式关系。古典绘画与建筑之间也存在着形式关系，但不是具体的，而是体现在上面提到过的静止，以及和谐、平衡、稳定等宏观原则上。一幅古典画作的构图不可能直接转化为一个建筑的平面，现代抽象绘画则打通了通往建筑之路……欲知详情，就请细读这本书吧。

序　图形/块面及其生成功能与作用

朱青生

提要：

王志磊论文中的关键问题。

王志磊的论点的自我表述。

用形相学对论点的分析和验证：

1　在图法学中的位置（加入对塞尚的分析、对瓦尔堡的引述和推进）。

2　对图形/块面的构成作用的论述，“图形/块面”可以起到“形象—图画—幅面”之前的功能与作用。

再到论文价值的推崇。

王志磊的论文提出一个关键性的理论问题：现代建筑的平面、立面和空间转化，即“用对现代艺术形式生成机制的基础认知，把这种形式系统性地转化为建筑的核心要素”。其实基础都是一个“图形/块面”问题，图形/块面不是形状（几何形），也不是形象（模仿和再现其他的事物的“形象”和现象），图形/块面是一种介于几何形状和具体形象之间的“初始元素”，是偶然的、人造的、不规则的、具有创造力的，而且具有构成能力的部分。从理论上来说，图形/块面是介于形状和形象之间的图像层次。这个层次具有几何形以外的功能与作用，而又不像具体的形象那样承载图像、象征和隐喻[1]所指的意义。这个层次的作用就可以从现代绘画平面构成中的张力和动势，延伸到对现代建筑的分析和深入追究，主动用于创造和设计建筑的案例，就揭

1　此处分设三种，分别为：承载，多指自身具有或自觉辨识；象征，多指人为赋予或源自文化积淀；隐喻，多指作者特设或暗中设置。

示了构成现代建筑的运动和张力体系。

如果这个起点仅仅是从艺术史上截取了一块片段将现代绘画和现代建筑相互比附，并不足以构成论文的选题意义之所在，因为论文选题不是在研究一个历史上的“风格”，而是在探讨历史发展中作为现代艺术革命的成果的现代绘画所特有的“艺术元素”和“构造方法”呈现出来的“视觉和图像”的全新的价值。进而，这种艺术元素和构造方法重新在另外一种创作中展现和发展为建筑的基础，并且成为规律，形成了现代建筑的一种构造基础理论。作者非常清晰地表述为:“初始元素在张力作用下的连续变形产生了可以被视觉思维识别的逻辑序列，使形象生成了绵延的有机结构，构图从张力引导下对形的‘组织’，发展到运动主导下对形的连续‘生成’，使张力与运动机制构建了从‘构形’到‘生形’的完整体系。”

王志磊进一步对比古典建筑对几何形状的使用与现代建筑对特定图形/块面的使用:“现代构图基于视知觉的形式操作脱离了遵循比例和韵律的古典法式，产生了不同于古典构图的核心要素——‘张力’与‘运动’。以视觉思维为基础的张力和运动机制……从张力形成的原因、张力作用下的运动机制和形式生成机制的系统化构建三个方面，对1914－1933年间的现代绘画作品和20世纪的现代建筑作品进行了系统梳理和分析，以揭示其背后的构图原理。”

这篇论文的贡献正在于区分了古典的几何形状的构图和现代艺术（建筑和绘画）的图形/块面（基本因素）构成的不同核心要素。现代建筑和古典建筑对基本形体的理解的区别，也是现代建筑与古典建筑之间的区别，二者从基本形体到构成建筑之间存在系统的差异性。论文进一步论证了变化内在的原则何在。

不动的形体如绘画和建筑形成“运动”的道理和原理是什么？不动的绘画和建筑产生“运动”是一个视觉问题，视觉心理学可以分析什么心理机制和脑神经（美学）导致观看静止对象时产生动感和动势。分析进而主动设计什么样的图形和立体可能引发动态和动势的感觉，是图像问题。在我们专门对图像性质、原理和结构进行研究的“形相学”（图学）中，这个部分属于“图法学”问题，而不是如何解释图像所承载的内容和意义的图义学（中文通常称为图像学[2]）问题。这个问题之所以重要，是因为当今世界进入了图像时代，图像有很多种类，其中就有与“运动”这个因素直接相关的静止图像和动态图像之分。动态图像经历了人类长期实验，1895年终于创造了另外的“会动”的图像艺术，即用机械技术摄取事物的动态并使之呈现为电影电视，cinema即希腊语词根“动”的意思。

静态的事物（如绘画和建筑）自身不动，又如何形成运动？当然是利用视觉和图像的“张力和运动”，并不需要自身会动。如何被人“观看”成了运动？这个图像（和实体）如何生成而具有了运动的感觉和力量？这就有横向两代和竖向两代的划分。横向两代指科学技术生产力与人的感受和感知能力的飞跃，分为“前动态影像时代”和“有动态影像之后时代”（此处不涉及后影像时代）的时代划分。竖向两代就是艺术内部的“经典”绘画/建筑和“现代”绘画/建筑的划分。王志磊的论文是在有动态影像之后针对现代绘画/建筑所进行的案例分析和理论归纳（虽然他的论文涉及面很广，会把属于“前动态影像时代”的问题和“经典”绘画/建筑的问题也纳入论述中一并讨论，但主要解决现代建筑问题）。

动态影像既然已经可以记录和呈现事物自身运动，现代建筑的“张力与运动”就是“不动之动”。“不动”的绘画和建筑具有的动势又是什么？如何构成、生成和运用？所以还不能不把现代绘画和现代建筑的张力与运动分离、独立出来。此“动”非彼“动”，这种“张力与运动”不是绘画、建筑本身在动，而是在静止和凝固中引发了人的观看之“动”。这个问题就不仅是一个建筑学上的问题，而且是形相学中解释“图像作为世界的主要的载体”的性质与构造的原理问题，使之成为现代人类理解世界和解释世界的新的重要方面。因为人对静止的对象赋予其运动感觉和理解，与对运动着的对象的观察和记录，是完全不一样的两种运动！绘画和建筑不是电影，其中却包含“张

2　形相学中关于如何破解和分析图像的内容和意义的学问属于图义学，英文借用“语义学”(Sementics)，德文造出一个新词Bildsematik [参见Klaus Sachs-Hombach, *Das Bild als kommunikatives Medium. Elemente einer allgemeinen Bildwissenschaft* (Köln, 2003)]，但是学界更为熟悉的方法论是图像学。“图像学”由瓦尔堡在1912年提出，其学生帕诺夫斯基1939年发表*Studies in Iconology*（《图像学研究》），使iconology在英语世界流行，中文逐步固定译为“图像学”。

力与运动”，这个运动具有抽象层次的运动生成和感受理论。我认为这部论文深刻地揭示了图法学意义层次上的图形/块面（论文使用“初始元素”，初始元素更加宽泛，下沉到线条和形状等所有基本图像层次），这个层次不仅自身已具备了“初始元素”张力，而且具有构成的能力，所以使“不动”变成了“动”。

在两种不同的运动中，人的意义不同。在被动的运动中，人是不自由的，不得不随着运动的势态被裹挟于其中。而人在“不动之动”中脱离了事物自身的运动，由自我来自觉、感受和解释甚至“创造”运动。这种状态下的人是自由的，这种自由不仅在于可以让人选择是否参与和感受运动，而且在于人对运动的理解和接受因人而异，使得每个人成为独立的、自在的存在主体——个人对于事物运动保持自我不受被动裹挟、不致被动顺从的自由与独立基于对外界事物运动的摆脱，从而在凝视和审阅“不动之物”（绘画与建筑）时产生对运动独一无二的自我的理解和自为的解释，加上每个人之间生而具有的差异，这种差异就注定了人的自由高于世界的普遍运动本身，人是唯一既属于世界又超越于世界之外的万物之灵。即使在机器时代和后人类赛博格时代，人还是生而具有尊严的存在，而不至于堕落为“机器旁边的一坨赘肉”。

现在继续用形相学对论文重要论点的意义进行验证分析，继续回应王志磊的论题，讨论图形/块面在图法学中的位置。之所以要讨论图形/块面问题，是因为塞尚绘画的造型的“意义和作用”不再是由经典绘画所描绘的对象——“形象—图画—幅面”引发，而是由图形/块面直接引发，并经由调节（modulation），形成作品的张力与运动。

在西方，现代绘画与经典绘画不再是对形象的模仿和再现，[3]不再是再现美的对象的现象，也不再制造（文学）情节、故事形成叙事。过去由绘画承担的四大功能——记录、叙事、美化和传播（信息）被各种现代技术发展出

3 当然，中国绘画至晚从元代开始已经在“笔墨”问题上用方法改造绘画，出现作为绘画主流的写意绘画，与模仿和再现的绘画分道扬镳。但是，这是另外一种艺术传统，与现代技术导致的绘画反传统背叛和艺术观念的现代化的转换、艺术的现代化的努力没有关系。

来的媒介与机制取代之后，绘画原有的再现功能（贡布里希所说的illusion）完成历史使命，进入新的表达和表现，表达人的主动创造及其相关感觉，表现人对世界（它）的理解和解释。从现在（后见之明）回看1839年8月19日，即法国公布的摄影的诞生日，从那一日算起，通过迭代，从旧新媒体艺术——摄影，到中新媒体艺术——电影，再到新新媒体艺术——计算成像技术和互联网传播技术，西方艺术史已经进入了新媒体艺术时代。由于机器复制图像的出现，绘画本身的“画性”在这种新媒体艺术的图像性比照之下，反而变得清晰而纯粹。对于绘画的“画性”的表达就成为早期先锋的形式革命（至于达达开始的观念艺术转向，已经脱离形式范畴，成为另一个问题），也是绘画生存和艺术发展的必由之路。塞尚自觉地意识到这一点并诉诸理论，所以被历史断为“现代艺术之父”，成为艺术史发展进入“现代”的标志。王志磊的研究是从塞尚的图画开始提出问题，这就意味着不再讨论塞尚（现代绘画）以前的经典绘画的问题，但也不是从摄影电影和计算机艺术所成就、所成像的“图像”非绘画问题开始，现代绘画这种人的手工的艺术相对于机器摄制/工业生产的艺术才是问题意识的起点。塞尚绘画的对象已经（逐步）没有文学性的意义[4]、情节性的故事，以及情趣性的表现和感情性的表达，尤其是塞尚中年以后的作品[5]画的都是一些静物、风景，这些静物、风景随时可以转化为人物，或者说人物也被当作“物（静物、风景）”来看待和绘制。总体上来说，绘画的功能与作用不是由所画的对象的意义来承载，而是在于笔触、轮廓边线、图形/块面、空白组成的画面构成（王志磊称之为构图），其中图形/块面所起的结构作用，正如古典音乐中各种音乐元素所起作用并无关于标题，无关于它们所模拟的音响，也无关于这些“初始元素”所带来的意义的联想。王志磊恰当地强调了“去意义化”，去意义化就是使图形/块面不具备所指，无论是符码特别给定的信息明确的含义，还是文化背景赋予的

4　塞尚的早期绘画虽然已经表现出极强的个人特色，但是还没有完全摆脱绘画的文学性和叙事性，他的绘画以块面为表现的主导形式和对此的自我的理论诉求都是出现在其中后期。参见塞尚：《现代奥林匹亚》，布面油画，45.7厘米×54.6厘米，1872—1873年，藏于巴黎奥赛美术馆，法国；塞尚：《谋杀》，布面油画，65.4厘米×80厘米，1867—1870年，藏于利物浦沃克艺术画廊，英国。

5　王志磊非常清晰地将塞尚1907年的展览及其影响设定为考察和讨论的对象。

象征意味，抑或是作者创造并赋予的隐含的寓意。没有外带或负载的意义之后，造型中图形/块面就独立起“纯粹形式”的作用。王志磊引述勒·柯布西耶的话表达了自己对塞尚的理解:“塞尚画中的空间构图，既不同于文艺复兴时期的平衡构图，也不同于巴洛克时期的对角线式动感结构，而是从局部开始，搭建丝丝入扣的张力图式，在画面呈现出动态均衡的结构，这个过程就是‘modulation’，意为调节。”这个modulation就特指塞尚绘画中形体和色彩的调节过程。

勒·柯布西耶为此举的例子是圣索菲亚大教堂，“其注解的意思便是根据多样的调节将整体的几何原则（比例与模数），扩展到每个局部中，在动态的调节中形成整体结构。对圣索菲亚大教堂的感知源于柯布西耶在1911年的东方之旅。在旅行中，柯布西耶用一种高度概括的几何化速写将建筑的类型整理成几何编目，将建筑的体量组合视为几何元素的动态调整，这与塞尚将绘画的构图视为‘圆锥体、球体和柱体’的动态调整的观念相契合，是构图从古典走向现代的开始”。“几何”和“利用几何元素调整后形状”实际上在图像逻辑中属于两个不同的图像层次类型。

如上所引，从形式到张力有一种阐释的路径，即“将张力和运动视为一种解读造型艺术形式的分析语言，这种造型语言的建立的依据是移情论（沃尔夫林）和哲学中关于时间和运动的讨论的结合（福西永），并最终被阐释为一种揭示生命存在状态的符号体系(苏珊·朗格)”。这一系列的理论是否可以落实到具体的画作和建筑物之中，是一个关键问题。如果只是按照这个带有比喻性、文学性的描述理论去提供一些绘画和建筑的案例，无非就是来为已有的一种理论增加一个图解而已，而真正要建立一种系统的解释的“原理”，必须深入非常切实的关键因素中间去。这个因素实际上就是在由一个几何的形状到形成一种张力性的“形式的运动”（不是对于对象自身运动的描绘和复述）原则的过程中间起关键作用的因素，其实这个因素就是现代绘画中的图形/块面。图形/块面是被抽象化了的，所以脱离意义（符号、象征和隐喻），并且具有自身的图法学的动力，可以去自动、主动地建构、构成（或如本文所用的专门术语“构图”）。这个构成是由图形/块面能动生成的，不是几何“形状”的组合和拼合，从而在绘画中完成了第一次现代艺术革命，在建筑中成为现代建筑的原理（之一）。

在古典建筑和现代建筑的区别这个要点上，我借此再和作者就这一个问题继续讨论，构成“张力与运动”的“初始元素”与古典建筑所用的几何形构成的“法式和均衡”到底是同一种形，还是不同的两种“形”？按王志磊的理论，“现代构图建立了一种基于视知觉的形式生成法则，在古典构图原则的基础上产生了对应的变化，使古典建筑中的属群（元素）、法式（网格体系）和均衡（各个元素间的关系）被现代建筑中的衍生元素、动态结构和张力与运动机制所取代”，亦即元素不变，用法改变——属群元素转变为衍生元素，法式（网格体系）转变为动态结构，元素之间的均衡转变为张力与运动机制，由此绘出以下图表。（图1）无疑，这是一种解释的路径。我的问题是：变形和运动了的“初始元素”还是几何形状吗？衍生的只是用法还是“初始元素”性质？基本性质变了，才可以引发后续的一系列变化，才可能出现“动态”，进而出现“张力与运动”。构成张力与运动的不是古典几何形状，而是现代绘画中的图形/块面。

我们现在重新回到现代绘画和现代建筑的转折点（按照这部论文设定的时间节点，为1907－1933年）上来讨论这个问题，发现“几何作为初始元素”和“利用几何变化出图形/块面作为初始元素”的混淆存在于塞尚和勒·柯布西耶自身。他们对图像的认识理论会强调几何形状作为“初始元素”，而各自对实践上全新的形式构成原理又皆有创造，这两者之间没有过渡，却有飞跃。

塞尚的理论自觉体现在他给博纳尔写的信里，他认为世界都是由几何形体构成的，这成为现代绘画原理的重要来源。作品本身的实践比理论前进了一步，但是用塞尚的理论对照他的绘画，就会发现塞尚并没有完全把所绘事物变成几何形体，他的作品中间没有任何一块色块和形体是几何形体。当然，人们因此就会认为塞尚具有预见性，但是如果把塞尚的作品变成了几何形体，塞尚的绘画中还有动力和张力吗？如果我们问这个问题，其实会发现塞尚绘画的价值恰恰不在于真正做了几何[6]，而是把几何变成了另一种图形/块面。

6　几何本身在造型的过程中间确实也可以单独生发和建立图像关系，从而建立绘画和建筑，那是另外一个层次的问题，如罗家霖论文就是研究阿拉伯建筑中的几何图像，几何图像也可以制造张力和动势，甚至是气氛和艺术感觉。所以在讨论康定斯基、蒙德里安和马列维奇时，此处埋一伏笔，他们未必都与现代建筑中的张力和运动无缝连接。

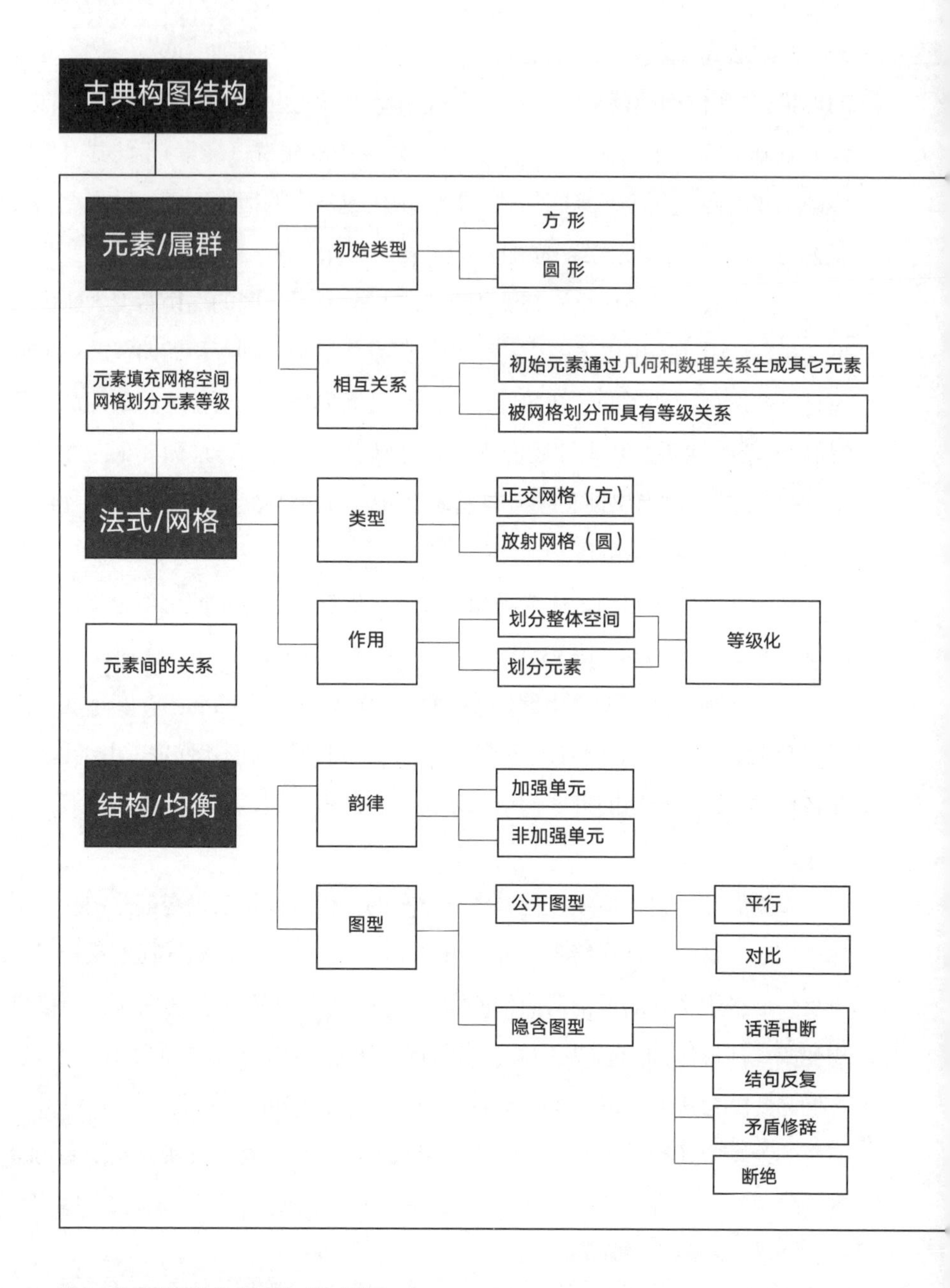

图1　构图从古典走向现代（作者绘）

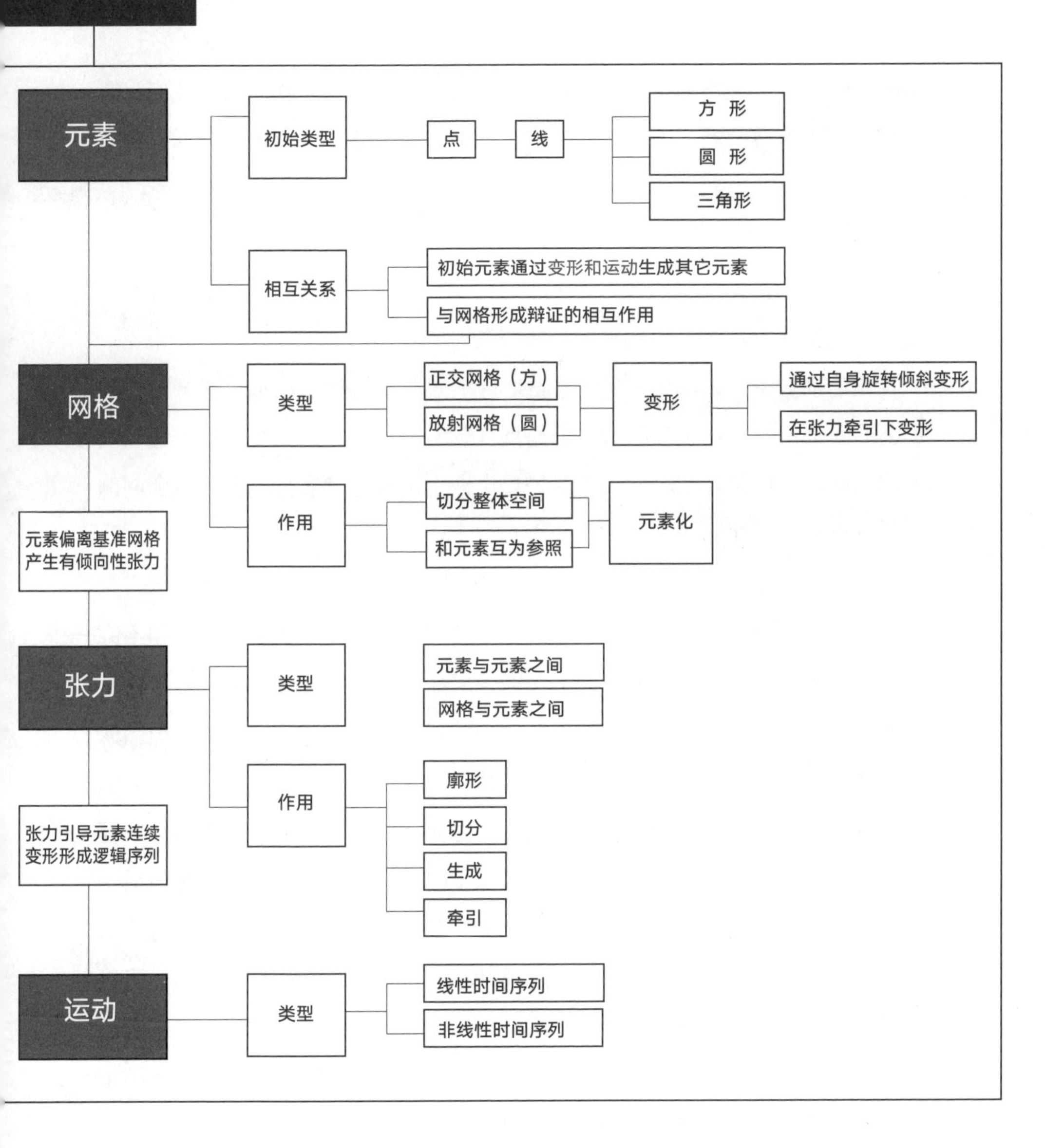

现代构图结构
元素
初始类型
点
线
方 形
圆 形
三角形
相互关系
初始元素通过变形和运动生成其它元素
与网格形成辩证的相互作用
网格
类型
正交网格（方）
放射网格（圆）
变形
通过自身旋转倾斜变形
在张力牵引下变形
作用
切分整体空间
和元素互为参照
元素化
元素偏离基准网格产生有倾向性张力
张力
类型
元素与元素之间
网格与元素之间
作用
廓形
切分
生成
牵引
张力引导元素连续变形形成逻辑序列
运动
类型
线性时间序列
非线性时间序列

正如本文反复提到的现代与古典的区别，在古典的艺术中间，实际上几何形状不仅普遍存在，而且被一而再，再而三地自觉使用，甚至在文艺复兴的后期成为一种建立结构的基本的方法。那么现在恰恰并不是使用几何的形状，而是把几何变成了另外一种形状，才有了生机。正是由于这个变化，现代建筑才不再是一个几何模块叠加和转换的结果，从而具有了运动与张力。这就是康定斯基在早期绘画中间凭感觉所推进的抽象艺术反而在后来的几何化时期更具有张力与运动，而他后期专门用几何形状来规范了自己的创作，反而显得不太具有动力和运动的原因之所在。

现在我们再来集中对图形/块面的构成作用进行分析，论定“图形/块面”可以起“形象—图画—幅面”之前的功能与作用。

在艺术史中，试图用图形/块面来讨论艺术史的问题从瓦尔堡开始。他提出的问题不是太清晰和明确，但是现在随着对形相学的深究，这个图像因素的单独作用日益鲜明。而王志磊的这个博士论文选题实际上就将这个问题专门分离出来全面地研究，并且使之具有了建筑学理论意义。

瓦尔堡提出来的作为图像的内容和意义解释系统的图像学，是在语言之外的另外一种理解与解释历史上思想和精神变化的途径。不同的文化和不同的时代，相同或相似的图像之间的关联如何流传、传承、借鉴和共享？这个问题经由帕诺夫斯基进一步学理化，成为图像学解释的三层次理论：前图像志，观察认识作品的形象和现象的自然状态；图像志，对图像背后的原典内容加以考辨和解释；图像的符码、象征、隐喻的内在意义解读。帕诺夫斯基的“图像学”是对瓦尔堡“图像学”的深化，也是窄化，因为图像并不只是承载意义，图像具有自身的意义。正如王志磊论文所揭示的，图像本身没有“含义”（图像学意义），其实它可以起作用，而且这个功能和作用实际上可以形成一套完整的造型体系和建造体系，也是塞尚以后，经由立体派、未来派到抽象艺术（包括第一抽象的康定斯基和蒙德里安，第二抽象的抽象表现主义和极少艺术）所发展出的现代艺术史主导的方向之一，不同于由帕诺夫斯基引发的对于再现的、具体的形象进行图像学解释的艺术史。实际上，用帕诺夫斯基的“图像学”来解释现代艺术/当代艺术无效，对于现代建筑的解释无效。这就是为什么2016年世界艺术史大会把“TERMS——不同时代和不同文化中的艺术和艺术史”作为对艺术史基本方法论的反思和推进，因为用可以辨认的形象（即帕诺夫斯基的“观察认识作品的形象和现象的自然状态”），也就是再现和写实的形象来作为艺术史研究对象的“西方艺术史的方法”已经遇到了困境，或者到了“破产”（不能解释当代艺术发展）的边缘。但后发展国家比如中国，还是把用图像学来研究中国图像的问题作为“先进的”方法引入，方兴未艾。

最近艺术史界有一股“回到瓦尔堡”的思潮，各有追求，在汉堡系统或是在扩大和深化由马丁·瓦恩克（Martin Warnke）开创的政治图像学的方向上，继续去探索同样的图像在不同的社会和政治条件之下，会出现什么样的意义的变化，甚至出现差异、相反的意义的情况。在2018年北京大学的“艺术史方法”读书班上，汉堡瓦尔堡学院主任Uwe Fleckner（傅无为）教授和我一起在结课课程（3月16日）中就瓦尔堡晚年留下来的一张未完成、未解释、未发表的作品《米罗的作品与一张邮票》所发生的讨论，启发了我们对瓦尔堡的另外一个方向的认识，亦即当图像还不是可辨认的对象（如米罗的抽象图画）的时候，是否具有造型功能和推动图像理解的作用，后来我们又在2019年的北京民生现代美术馆的工作坊中分别做了报告。[7]瓦尔堡晚年是在精神分裂疾病中留下了这个“图版”。[8]在精神超常（不正常）状态中的瓦尔堡意识到，在几何形状和可以确认意义的形象之间，也就是我们现在所讨论的在几何图形和可辨认的形象之间，实际上存在着像米罗所画的这样一个特殊的图形[9]。（图2）

7　北京大学现代艺术档案“艺术与思想”工作坊，主讲人：傅无为，汉堡大学教授，题目为“From Mythical to Mathematical Orientation: The ‘Cosmologicon’ of the Hamburg Planetarium as a Branch of the Kulturwissenschaftliche Bibliothek Warburg”；报告人：朱青生，北京大学教授，国际艺术史学会主席，题目为“沂南汉墓的图像结构：形相学方法与瓦尔堡图像学方法的区别”。主持人：滕宇宁（汉堡大学博士生）。时间：2019年7月17日14:00。地点：北京民生现代美术馆。

8　米罗作品作于1924年9月4日。瓦尔堡1918年已经出现精神不正常，1921年进入位于瑞士克罗依茨林根（Kreuzlingen）的Sanatorium Bellevue（贝尔维尤疗养院）。1922年，学术秘书Fritz Saxl（弗里茨·萨克斯尔）与他工作，稳定其情绪以求康复。Emil Kraepelin（埃米尔·克雷佩林）虽然将其诊断从精神分裂改为狂躁忧郁症，但治疗最终未能奏效。

9　图版为傅无为教授惠赠。

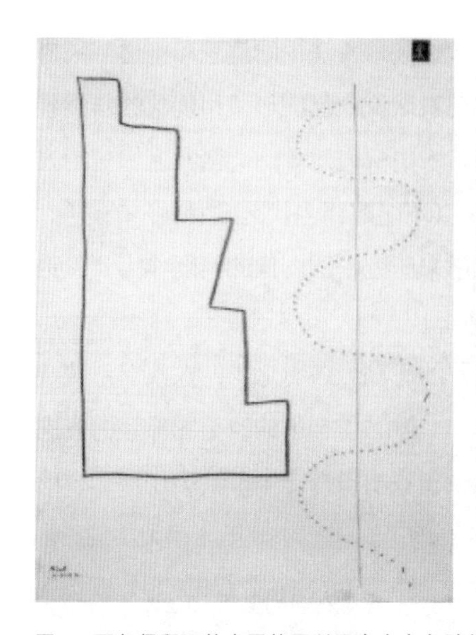

图2　瓦尔堡留下的米罗的画以及在右上角贴的邮票

这个图形不是几何形状，而是图形/块面，具有作用（意味），这种作用（意味）在旁边的一个S形的图解中被标示。瓦尔堡贴在右上角的一张邮票指向具体的“古典人物”形象的姿态的原型，这种原型之上原本还有一层抽象的图形。米罗的抽象图形与S形的图解、邮票中的古典人物形象的互相对比，透露出瓦尔堡对这个问题准备研究，但很可惜他的研究和后人对瓦尔堡的研究都没有充分地发掘和发展这一点，而是局限于已经指向的Pathos（情念）问题，即对Pathos这种人物动态的表达意义和感情的定式反复地做充分的研究与介绍。当然，Pathos的发现也是瓦尔堡早期学术研究的重大贡献，因为由此就可以解释人类文明历史上图像的关联性，特别是近现代艺术与文艺复兴，进而与希腊罗马古典艺术之间的关联，这是西方艺术史的重大问题。但是正如上文所说，其实这个问题的解决无法触及当代艺术，所以瓦尔堡对马奈的《草地上的午餐》进行研究之后，已经触及现代艺术革命的先驱，对于将要出现的塞尚、后印象派及其之后的现代艺术，如果问题不解决，就会落入贡布里希的困境，即试图用解释古典艺术（模仿造型和再现图画）的方法解释现代艺术，结果实际上变成了现代艺术的对抗者，对于抽象艺术这个在西方的艺术史或者人类现代艺术发展史上占主要位置的艺术形式，这批艺术史家就束手无策、不知所云了。从经典艺术到现代艺术，不是平滑地过渡，而是范式的突变，或者说是一种解释方法的超越，这就是：认不出来的形象、不关联现实存在的图像［与illusion（错觉）无关的抽象艺术，继而与illusion无关的书法以及以此为根本性质的写意绘画的另一条艺术史道路］如果形成画面时，到底是起什么作用和如何起作用的？

我们应该感谢像瓦尔堡这样的先辈，虽然自己已经处在精神疾病很重、时代精神环境不好（纳粹滋生并逐渐横行）的情况之下，但还预示了关注图像学图义解释之外如何看待和运用更基本的图形这样的可能性，至少是提出了问题。对这个问题的回答正是今天要继续推进形相学的目的之所在，也是我们如此看重这篇论文的这个理论性成就的理由之所在。

现在如果把这个认识代入分析“图形/块面”层次即能构成“张力与运动”的实际建筑例证（扎哈和米拉莱斯），就可以找到图形/块面何以能够不依赖于有意义的形象、图画、幅面却生成有意义的形式本身的逻辑：

线性张力场的作用机制主要有四种：“廓形”、“切分”、“生成”和“牵引”。

（1）廓形：线性张力场直接生成建筑边廓。

（2）切分：线性张力场介入廓形，将廓形切分为不同的体量。

（3）生成：线性张力场直接生成和自身形式同构的正体量或负体量。

（4）牵引：线性张力场带动造型单元一起波动，使得分散的造型单元以一种可感知的结构组织在一起，并有规律地变形和位移。

面域张力场的作用机制同样有四种：“廓形”、“切分”、“生成”和“牵引”。

（1）廓形：面域张力场形成建筑组团或单体的廓形，廓形的基准结构线对内部的空间和体量产生影响，如果廓形变形，偏移的基准结构线会产生相应的影响。

（2）切分：面域张力场的切分作用体现在城市尺度中，将局部区块从底图中切分出来。

（3）生成：面域张力场直接生成形式同构的正体量或负体量。

（4）牵引：面域张力场的廓形和内部基准结构线起到和线性张力场一样的牵引作用。

在形相学规则看来，“图形/块面”的边缘即线性张力场，恰恰是现在的图形/块面超越了“形状”（几何图形/块面）的那一部分即面域张力场。没有现代绘画对这一层次的基本因素的创造和认识，就没有现代建筑对这一原理的觉醒和主动运用，原理就在从经典艺术到现代艺术（2000年之后中文习称之为当代艺术）的转变中变现。

再回到对论文价值的评价。王志磊论文“聚焦于绘画和建筑的形式之间的一种基于视知觉的形式生成机制——构图（composition）”。但是由于塞尚、康定斯基、克利这些画家以及勒·柯布西耶、海杜克、扎哈和米拉莱斯这些建筑师作为创作者，他们的理论也正处在逐步建构的阶段，也就是说，总是把旧时代古典时期习得理论和现在他们实际正在开创的创作合在一起，在创作中已经超越，却在意识及其理论上不自知，所以在理论叙述中就出现了经典艺术与现代艺术和建筑无法清晰区分的状态。理论重视和原理的总结在事情结束之后才会形成后见之明，后观之义也在所难免，因此现在到王志磊论文中才得以将这个区别、厘清。我们更愿意不把论文对勒·柯布西耶所代表的一种突变性的贡献的理论总结看成勒·柯布西耶的自述，因为这个贡献是经典艺术与现代艺术之间的一个重要的代沟和决裂，身在革新中的探求者，“只缘身在此山中”，将之进一步地揭示出来，有待事情告一段落、水落而石出之后。而之后的这种揭示并不在于简单地重提当时作者们的观念和复述其实践中产生的艺术现象，而是把形状和形象之间，形状所构成的和谐的古典结构和形状自身生成的现代构成分开，然后再主动、自觉运用新原则，并举勒·柯布西耶、海杜克、扎哈和米拉莱斯及其他建筑师为例来印证原理。

当然，王志磊非常恰当地指出，现代建筑不是只有这一方面的作用，就像视觉与图像的理论——形相学也不是只有“初始元素—衍生元素—动态结构—张力与运动机制”这一个方面，亦不是如本文一样只着重讨论“图形/块面”这一个层次的问题。但是这个方向确实重要，而且是一个过去没有被论证清晰的问题，所以这种研究和讨论至少具有启发性和开创性。

我在王志磊进入论文开始，就意识到他的这个研究对于形相学的发展意义非凡，所以数年来对王志磊的各个阶段的研究高度地重视和关注。我觉得这个重要的问题从另一个角度推敲和质疑了建筑对几何基本形的使用，这是一个至少在西方建筑史上习惯性的、长期的、古老的规律，从古希腊到文艺复兴，源流清晰，在这部论文中也叙述得相当清楚。但是现代建筑所具有的构造力量的来源肯定跟古典的不同，那又是如何起作用的？作者着重于结构方法的不同，从建筑方面来讲相比从绘画方面来讲，不仅先出，而且明显。但是反过来，从现代绘画反观同一形相学逻辑进程，似乎在几何形状之上还需要加入图像层次的“图形/块面”。

因此在王志磊的研究论文出版之际，我也把自己对这个问题平行的研究和思考写了下来，权作为序。

前言

2002年，我从一所专业美术中学考入了中央美术学院，成为美院建筑学专业公开招收的第一批学生。[1]当时，在美术学院设立建筑学专业作为一个事件，在社会上引起了极大的争议和怀疑。最关键的疑问便是：美术和建筑学有什么关系？这个问题在美院内部同样被反复提及。如同当年的包豪斯一样，所有的一年级学生（包括其他设计专业）需要统一接受基础课训练，由谭平和周至禹等艺术家开设的“自然形态基础”是核心课程之一，引导学生通过“物体写生—主观介入—理性选择—抽象形态”的系统性思维训练，完成从自然形态到抽象形态的推演。这些课程帮助我们建立了对现代艺术形式生成机制的基础认知，而怎样把这种形式系统性地转化为建筑的核心要素，这个问题的答案是模糊的。从二年级开始，建筑学专业课程像压缩包一样被逐一打开，但和一年级的基础课之间缺少延续性。

西方的建筑学院最早是在巴黎美术学院（简称“巴黎美院”）院内开设的，我在留学时选择了在巴黎美院建筑系旧址办学的马拉盖国立高等建筑学院（ENSAPM）。虽然和巴黎美院仅一墙之隔，但自20世纪70—80年代便从美院体系脱离的建筑学院早已和布扎体系（Beaux-art）分道扬镳。我在ENSAPM的THP（Théorie/Histoire/Projet，即理论、历史与方案）单元获得建筑学硕士学位后便回国工作了。2015年，我有幸跟随张永和老师在北京大学攻读博士学位，同时得到了朱青生老师在艺术史方面的辅导，在两位导师的鼓励下，我重新开始了对美术和建筑学关联性的研究，在2021年完

1　实际上，中央美术学院的建筑学教育可以追溯到1993年在壁画系开设的“建筑与环境艺术设计专业”；1995年设计系成立；2002年，中央美术学院设计学院成立，建筑学专业第一次面向全国公开招生；一年后，中央美术学院建筑学院正式成立。

成答辩并获得了博士学位，这本书便是对博士论文的改写。

与过往对绘画和建筑形式的表层“相似性”的研究不同，本书聚焦于形式生成机制的“同源性”，即绘画和建筑平面形式的关联性源自二者之间的一种基于视知觉的形式生成机制——“构图”。作为一项比较研究，本书试图在同一语境下分析与比较绘画和建筑的平面构图形式，其目的在于揭示形式生成的基础动因，了解引导形式生成的内在规律，进而阐释出隐藏在视觉现象背后的决定性因素。其意义在于剥离附加于形式之上的各种意义，还原一种以视觉思维为基础的认知范式，回归建筑学形式本体，建立一种解读和设计建筑形式的方法。

现代构图基于视知觉的形式操作脱离了遵循比例和韵律的古典法式，产生了不同于古典构图的核心要素——“张力”与“运动”。以视觉思维为基础的张力和运动机制，是20世纪早期现代艺术形式井喷式发展的基础，也是20世纪后半叶的建筑新形式大规模涌现的源头。本书从张力形成的原因、张力作用下的运动机制和形式生成机制的系统化构建三个方面，对1914－1933年间的现代绘画作品和20世纪的现代建筑作品进行了系统梳理和分析，以揭示其背后的构图原理。

第一章绪论通过对核心概念的文献综述，梳理出一条以“张力”和“运动”为主线的形式研究的线索，进而对现代平面构图的基本概念进行定义，阐释了三对重要概念：平面与空间，元素（element）与结构（structure），张力（tension）和运动（movement）。平面是构图的媒介，空间以平面为生成元（generator），元素是可见的形（figure），结构是形与形之间的关系，张力是存在于元素和结构之间的视觉力，运动是元素在张力作用下所产生的序列性变形，这些基本概念共同组成了现代平面构图的形式语言的基础。

第二章研究现代构图中张力形成的原因。平面构图中的张力最早呈现在塞尚（Paul Cézanne）的绘画中。从塞尚到立体主义，画中空间的造型元素脱离了模仿的桎梏，从古典绘画中具有等级关系的造型属群变为自足性（self-sufficient）客体，构图完成了从网格系统到截面系统的过渡，通过元素截面化使张力呈现。战后的建筑师沿着两条道路继续拓展：一是聚焦于元素与基准网格之间的关系，以柯布西耶（Le Corbusier）的绘画和建筑为例，在有机元素和基准结构的二元对立中呈现出张力；二是聚焦于初始元素在基准结构下的演绎，以海杜克（John Hejduk）的建筑实践为例，呈现出初始元素在基准结构之中的张力结构。

第三章着眼于绘画和建筑平面构图形式生成过程中的运动机制，分析初始元素在张力作用下连续变形所产生的运动现象。构图中的张力在产生之后，作用于初始元素，使其发生有序列的变形，在绘画和建筑平面构图的形式生成过程中形成了运动机制，由简入繁地生成了动态的构图结构。构图中的运动机制是在张力产生之后的重要发展，源自杜尚（Marcel Duchamp）和未来主义画家的造型语言，随后在现代建筑平面设计中被逐步应用。初始元素在张力作用下的连续变形产生了可以被视觉思维识别的逻辑序列，使形象生成了绵延的有机结构，构图从张力引导下对形的“组织”，发展到运动主导下对形的连续“生成”，使张力与运动机制构建了从“构形”到“生形”的完整体系。

第四章着眼于形式生成的系统性，将构图视为一种系统化的语言体系，从整体把握现代绘画和现代建筑的构图生形法则。塞尚和立体主义后期的艺术家在构图中呈现了张力机制，杜尚和未来主义画家在此基础上发展了张力引导的运动机制，直到20世纪20年代，张力和运动机制被康定斯基（Wassily Kandinsky）和马列维奇（Kazimir Severinovich Malevich）分别发展为系统化的视觉符号语言。20世纪70年代开始，扎哈·哈迪德（Zaha Hadid）和恩里克·米拉莱斯（Enric Miralles）在建筑平面中系统地建构了以此为主导的形式生成机制，新技术的发展使这些复杂的形式得以实现，建筑的新形式开始大量地涌现。

第二、三、四章从张力的产生，到张力主导的运动机制的形成，再到张力与运动机制的系统化建构，形成了递进的关系。在时间线上，现代绘画在1907－1933年便完成了整个构图机制的建构，而建筑受到技术与材料的制约，一直延续到20世纪末才将张力与运动机制系统地呈现，但是二者都可以追溯到同一视觉思维机制，构成同源性发展的关联性序列。[2]

2 在这个序列中，偶然会出现一些作品在时间线上的跳跃或滞后，比如高迪（Antonio Gaudí）在1906年设计的米拉公寓显得“超前”，而海杜克在20世纪70年代还在讨论初始元素在基准结构之中的张力范式，显得“复古”，但第二、三、四章所呈现的大部分案例在时间线上呈现了线性发展的逻辑，而“超前”和“复古”的现象本身符合艺术形式发展的螺旋形路线。

第五章是对上述内容的总结和展望。基于张力和运动机制，现代绘画与建筑的平面构图在表层形象、深层结构、生形序列和系统建构这四个层面建立了关联性。古典构图中的属群元素、划分法式和均衡结构被现代构图中的衍生元素、张力与运动法则所取代。由此形成的现代构图语言，从20世纪初期的去意义化的形式生产系统，逐渐变成具有开放性的形式媒介语言。

本书主要运用了形式分析的方法，以建筑师的视角对绘画和建筑案例进行分析。在分析的过程中，使用图解作为媒介，对张力与运动机制进行呈现。所有图解使用统一的指示符号，使用"类比"[3]、"演绎"[4]和"归纳"[5]的方法对相关案例进行形式分析，形成了一种结构化和系统化的视觉语言。另外，本书还运用了年表法来建立现代绘画和现代建筑的谱系关系，从中确定需要分析的关键案例，补充相关的背景因素。

本书是在平面构图形式的视角下，将绘画和建筑平面进行类比，这样的研究视角有一定的局限性。首先，本书聚焦于形式语言本体的发展，主要是以建筑师的视角来进行形式分析，不过多涉及对形式语言产生的社会历史条

3 "类比"有两个层面。一是建立古典构图与现代构图的类比，从古典构图的属群元素到现代构图的衍生元素，从古典构图的网格法式到现代构图的截面体系，从古典构图以"韵律"和"廓形"为依据的静态结构到现代构图以"张力"与"运动"为要义的动态结构，构图从古典走向现代。二是环环相扣地建立现代绘画构图和建筑平面构图的比较关系：首先按照元素类型和构图结构对绘画与建筑平面进行编目，然后通过对比来揭示平面构图中张力产生的过程；继而以"张力"和"运动"为线索，建立绘画和建筑平面构图中形式生成机制的类比；最后着眼于形式语言的系统性，将现代绘画语汇（马列维奇和康定斯基）与现代建筑平面语汇（扎哈和米拉莱斯）进行比较。

4 "演绎"是通过对现代绘画和建筑平面的形式分析，以初始元素为基点，以元素与背景之间和元素彼此之间的张力结构为条件，推演出初始元素在张力作用下的"运动"过程。"演绎法"主要运用在本书第四章，根据构图结构对其形式生成的过程进行反向推演，张力引导造型元素产生连续变形，在视觉上形成了有时间序列的运动，从而建立起一套基于视知觉的形式生成机制。这种推演所得出的路径不是唯一的，但所有的路径都遵循着相同的机制。

5 "归纳"是对特定画家和建筑师的作品进行谱系式的分析，通过形式分析、演绎和类型学编目，归纳出造型语言的体系，从而建立体系和体系之间的比较。"归纳法"主要运用在本书第五章，选择马列维奇和康定斯基的作品作为绘画平面构图的研究对象，选择扎哈·哈迪德和恩里克·米拉莱斯的建筑作品作为建筑平面构图的研究对象，最终呈现绘画和建筑在平面造型体系上的关联性。

件，以及形式语言发展过程中与意识形态的结合等方面的研究。同时，本书更多是在阐释绘画和建筑作品的普适性规律，有意忽略了作品背后的建筑师和画家的个人因素。人类学和社会学的研究方法可以成为对形式分析法的必要补充，社会因素和个人因素在形式生成过程中起到的作用可以成为未来研究的课题。

其次，建筑的形式设计的技术路径是多样的，平面图、剖面图、轴侧图和模型都可以成为形式设计的主要操作媒介，很多建筑案例的设计过程并不能在平面中完整地呈现。所以本书从构图中的张力与运动的视角对建筑平面的形式分析，并不适用于所有的建筑案例。

最后，在艺术形式发展的过程中，一种机制和原则的建立几乎必然伴随着与之对立的思想和方法，以张力和运动机制为核心的现代构图机制在发展的过程中不仅会遭遇古典主义的固守，还会和与之完全不同的立场相碰撞。建筑的平面形式不能由构图孤立地决定，而是处在构图、建造（结构和构造）与功能（内容计划）三者的共同影响下，所以我们需要站在不同的立场上来认识平面构图形式的建构，从而建立更加辩证和理性的批判性认知范式，这一点在本书的最后有所论述。

目录

第一章　绪论

第一节　研究的背景、对象与问题

在特定的历史条件下，生产力的发展和生产关系的变化改变了人的认知模式，催生了新的审美情趣，进而作用于物质世界，使之在视觉上有所呈现。绘画用颜料在二维平面上表现空间，建筑用材料在三维环境中创造空间，画家与建筑师用不同的媒介创造了两种艺术语言。回顾历史，我们可以看到绘画与建筑先后四次在观念革新与风格更迭的过程中交织在一起：

（1）文艺复兴时期，绘画开始使用科学透视法，建筑以此构筑了理性的空间秩序；

（2）巴洛克时期，绘画从平面与均衡走向深度与动感，建筑从凝固与统一走向运动与多样；

（3）在19世纪中后期，拉斐尔前派开启了对自然之物的表达，建筑在新工艺美术运动和新艺术运动的影响下，从古典主义走向有机形态；

（4）在20世纪初，现代绘画从具象走向抽象，现代建筑从僵滞的布扎体系走向形式的自治。

本书研究的问题是20世纪初现代绘画与现代建筑在平面构图形式生成（简称为“生形”）上的同源性机制。机械时代[1]释放出的巨大生产力极大地推进了社会的变革，加速了时尚的变换和审美标准的变化，刺激人们产生了

1　1913年，福特公司开发出了世界上第一条流水线，使资本主义进入一个新的发展阶段，所有妨碍全球机械化进程的机制开始瓦解。

“病态的革新欲望”[2]。1905—1910年，“新艺术运动”日趋凋零之时[3]，建筑学出现了新的趋势：在理念上抨击表皮装饰，在手法上重组古典语言，在技术上转向钢混结构。[4]与此同时，绘画领域的革新震荡欧洲，前卫艺术登上历史舞台。机械时代的信息由纯能量的形式组成，纯粹的符号成为技术语言的基础，抽象造型语言应运而生，将绘画与建筑沿着不同的路径关联在一起。

本书研究的绘画案例限定在1907—1933年这个区间：1907年，塞尚的回顾展在巴黎举办，助力开启了立体主义的时代；毕加索（Pablo Picasso）和格雷兹（Albert Gleizes）等人发展了立体主义的不同风格，而杜尚和未来主义画家波丘尼（Umberto Boccioni）等人开始表现“运动”的主题；一战后，柯布西耶和奥赞方在立体主义的基础上发展了纯粹主义；立体主义和未来主义传入俄国，马列维奇建立了至上主义的造型语言体系；蒙德里安（Piet Cornelies Mondrian）和凡·杜斯堡（Theo van Doesburg）将抽象绘画提纯为元素更为纯净的风格派；康定斯基等人以德国包豪斯为阵地，对构图进行了类似语言体系的系统化构建。1933年，包豪斯关闭，一个时代终结。

受到建造技术条件的制约，建筑形式的发展比绘画要相对滞后，所以本书选择的建筑案例限定在20世纪这个相对广泛的区间：欧洲的新艺术运动是

2　阿诺尔德·豪泽尔. 艺术社会史[M]. 黄燎宇，译. 北京：商务印书馆，2015年，第507页。

3　19世纪末，学院派僵化的形式无法突破类型的限定，新艺术运动结合了“英国工艺美术运动”的形式灵感和“法国理性主义”对结构的认知，用曲线的抽象图案和金属的植物仿形取代了布扎式的历史纪念性。塔夫里认为新艺术运动是一场消极的变革，是对日趋没落的折中主义的一种短暂的对抗，是对新兴资本主义社会反抗的表现，是“精神贵族”对抗“混凝土”工程的最后的阵地，但是程式化的造型语言没有在大都市得到广大新兴资产阶级的支持。参见：曼弗雷多·塔夫里，弗朗切斯科·达尔科. 现代建筑[M]. 刘先觉等，译. 北京：中国建筑工业出版社，2000年，第11页。

4　1905—1910年，建筑学出现了三个新的趋势：（1）路斯（Adolf Loos）对装饰的抨击，催化了建筑去装饰的进程，建筑的内在本质（形体、比例、空间）脱离肤浅的表象而显现；（2）彼得·贝伦斯（Peter Behrens）从古典原则中寻找新的形式并进行新的诠释；（3）奥古斯特·佩雷（Auguste Perret）在钢筋混凝土的实践中，将理性主义与新材料和新结构相结合，创造了新的形式语言。参见：威廉·J.R. 柯蒂斯. 20世纪世界建筑史[M]. 北京：中国建筑工业出版社，2011年，第74页。

现代建筑的设计源泉之一，[5]安东尼奥·高迪（Antonio Gaudí）将新艺术运动的“结构化（structurized）”的自然秩序扩展到建筑空间中；[6]以柯布西耶等人为代表的第一代现代主义建筑师构建了建筑平面的现代构图法则，不同程度地在构图中呈现出“张力”和“运动”机制；二战后，海杜克在纸上建筑的构图中延续了第一代现代主义先驱者的探索；20世纪末，虽然与欧洲先锋艺术运动已经相隔60年，但是扎哈和米拉莱斯等建筑师对20世纪初的现代绘画保持了浓厚的兴趣，而此时的建造技术已经可以将复杂的纸上建筑物质化，建筑平面发展出了更复杂的系统性生成方式，并在数字化建筑兴起的背景下开始转型。[7]

5　19世纪80年代，欧洲新艺术运动开始萌芽，被尼古拉斯·佩夫斯纳定义为现代建筑的设计源泉之一。凡·德·维尔德认为新艺术的装饰语言是将自然形态转化为结构化的动感装饰，这意味着必须有意识地控制张力，并运用“运动”原则来主动建构一种结构化的（structurizing）和动感的装饰（dynamographique）。安东尼奥·高迪的建筑则将这种“结构化（structurized）”的自然秩序扩展到建筑空间。参见：尼古拉斯·佩夫斯纳.现代建筑与设计的源泉[M].殷凌云，毕斐，译.杭州：浙江人民美术出版社，2018年，第72—102页。

6　本文选择的最早的建筑方案是1905年高迪设计的米拉公寓，这个方案体现的视觉机制说明建筑平面中所蕴含的生形原理并不是完全从欧洲前卫绘画中衍生而来。在新思潮涌动的20世纪初，建筑艺术和绘画艺术同时产生了相近的审美取向和创作原则，在各自的发展中彼此交汇。这说明了在视觉艺术中，人类存在一种先验的和普适性的审美取向，只是这种相通的审美取向通过不同的媒介表现出来。

7　20世纪末是数字化建筑兴起与建筑范式转型的时期，90年代的第一次转型建立在样条曲线（spline）的普遍应用上，其建模方法与工作程序实现了对非常规建筑形态的追求。样条曲线的原理仍然建立在经典的现代数学（微积分）和几何工具上，它所输出的意象是数学化的。这就意味着所谓第一次转型的建筑形式中所蕴含的视觉机制和之前的并不矛盾。但在马里奥·卡尔波所描述的第二次转型中，建筑的形式更多地呈现出破碎、断裂、杂乱这些与平滑相悖的意向，体现出数字化作为一种工具所产生的复杂性，而这种复杂性才是无序世界的本来面貌。参见：马里奥·卡尔波，周渐佳.制图的艺术[J].时代建筑，2016年第2期，第164页。本书所选取的建筑案例并不包含这种类型的建筑。这并不意味着笔者同意这种分类的方法，即复杂等于无序，从而不可描述。表面的无序其实是另一种秩序，但这一类型的建筑很难用语言和图解呈现出清晰的线索。更重要的是，在这一类型的建筑中，平面图已经失去了生成元的作用，取而代之的是一种更复杂的设计原型，类似UN Studio建筑师事务所提出的“设计模型（design model）”，呈现在莫比乌斯住宅和梅赛德斯—奔驰博物馆的设计过程中，成为数字时代的“平面构思图”。参见：安托万·皮孔，周鸣浩.建筑图解，从抽象化到物质性[J].时代建筑，2016年第5期，第15页。

我们需要通过对过去的研究进行梳理，从中找到一个特定的视角，才能在巨大的时空跨度中，将绘画和建筑链接在一起。

第二节　绘画与建筑关联性研究的三个方向

现代绘画与建筑的关联性研究大致有三个方向：

（1）“从绘画走向建筑”，认定绘画的形式是现代建筑形式的来源，将绘画视为建筑形式探索的工具；

（2）“从建筑走向绘画”，从建筑师的角度将绘画视为建筑表现的媒介；

（3）聚焦于“绘画和建筑之间”，讨论二者共同的历史背景和视觉机制。

本书的研究方向属于第三点，研究普适于二者的视觉机制。

（一）从绘画走向建筑

20世纪初期，不同流派的前卫艺术家往往把对绘画和雕塑领域的探索扩大到所有的造型领域，将建筑形式视为单纯的造型现象：

（1）塞尚的绘画启发立体主义开创了新的时空观念，毕加索和格雷兹等人发展了立体主义的不同风格，影响了法国和今捷克局部地区的建筑外观；[8]

（2）未来主义疯狂地赞美运动和速度，未来主义画家波丘尼等人开始表现“运动”的主题，圣埃利亚（Antonio Sant'Elia）的巨构建筑被纳入未来主义的麾下；[9]

8　20世纪初，捷克斯洛伐克建筑师将立体主义的形式风格直接运用到建筑创作中。1911年，帕韦尔·亚纳克等建筑师公开宣扬该国立体派的造型思想，以取代维也纳分离派所关注的“诗意的细部装饰”，希望建筑朝着“可塑的形式”发展下去。但这一时期的建筑创作只是用立体主义风格的装饰取代了过去的象形装饰，与建筑的实用功能和构造脱节，很快失去了市场。一战后，大多数立体主义建筑作品局限于用立体主义元素作局部处理或细节装饰。参见：陈翚，许昊皓，凌心澄，等．立体主义建筑在捷克波西米亚地区的实践[J]. 新建筑，2016年第5期，第93—94页。

9　未来主义开始的标志是马里内蒂（Marinetti）1909年在法国《费加罗报》发表的《未来主义宣言》，对运动与速度的礼赞震动欧洲。1910年，未来主义画家集体发表《未来主义画家宣言》。1912年，波丘尼发表《未来主义雕塑技巧宣言》。1914年，圣埃利亚署名的《未来主义建筑宣言》和他的纸上建筑被视为未来主义观念在

（3）一战后，俄国的先锋艺术延续了立体–未来主义的精神，至上主义和构成主义将抽象艺术发展成系统化的平面–空间语言；[10]

（4）荷兰风格派将世界的秩序归于正交网格，试图将平面造型语言推向建筑空间；[11]

（5）康定斯基等人在德国包豪斯开启了以现代艺术作为设计基础的教学范式。[12]

真正将绘画和建筑的形式联系在一起的是勒·柯布西耶，此后的理论家从几何化的绘画语言中看到了新的可能，试图系统地建立二者的关联性。这种从造型艺术直接向建筑形式过渡的思维惯性影响了早期理论家的研究范式，基于绘画与建筑表层形式中相似的造型元素，现代建筑形式的创造被归因于绘画中新造型元素的启发。巴尔（Alfred Hamilton Barr）在为纽约现代艺术博物馆（MoMA）举办的关于抽象绘画的展览而撰写的导论《立体主义与抽象艺术》（1936）中，阐释了抽象艺术的两个不同的发展脉络（几何化的与非几何化的），并用图表勾勒出现代建筑在艺术抽象化进程中所受到的直接影响（图1.1）。巴尔将凡·杜斯堡画的《舞蹈演员》（1918）、密斯（Mies van der Rohe）的砖宅的平面（1922）和格罗皮乌斯（Walter Gropius）的德绍教师别墅的立面（1925—1926）并置，佐证现代建筑对现代绘画造型元素的借鉴（图1.2）。[13]

（接上页）建筑学上的显现。但是未来主义建筑与未来主义绘画在造型语言上并没有紧密的关联，圣埃利亚笔下的庞然大物更像是纪念性建筑在机械时代的升级。

10　俄国的先锋艺术是立体–未来主义的延续和发展。至上主义画家马列维奇在与李西斯基（El Lissitzky）共事期间，受其“普鲁恩（Proun）”绘画风格的影响，将至上主义的理念发展为抽象的空间模型。构成主义画家塔特林（Vladimir Tatlin）等人的雕塑语言更直接启发了苏联先锋建筑的空间构成方式。

11　荷兰风格派将世界的秩序归纳为正交的直线，用抽象的艺术代码重构物质世界。蒙德里安1917年发表的《绘画中的新造型》与凡·杜斯堡1924年发表的《塑性建筑艺术的十六要点》试图将风格派的造型语言从画布平面推向建筑空间。

12　德国包豪斯汇集了德国表现主义、荷兰风格派、俄国至上主义和构成主义，其教学将现代艺术的材料与造型语言和建筑学的材料与空间构成相结合，形成了以现代艺术作为现代建筑设计基础教育的传统。

13　Barr A H. *Cubism and abstract art: painting, sculpture, constructions, photography, architecture, industrial art, theatre, films, posters, typography* [M]. Cambridge, Mass.: Belknap Press of Harvard University Press, 1986, p.157.

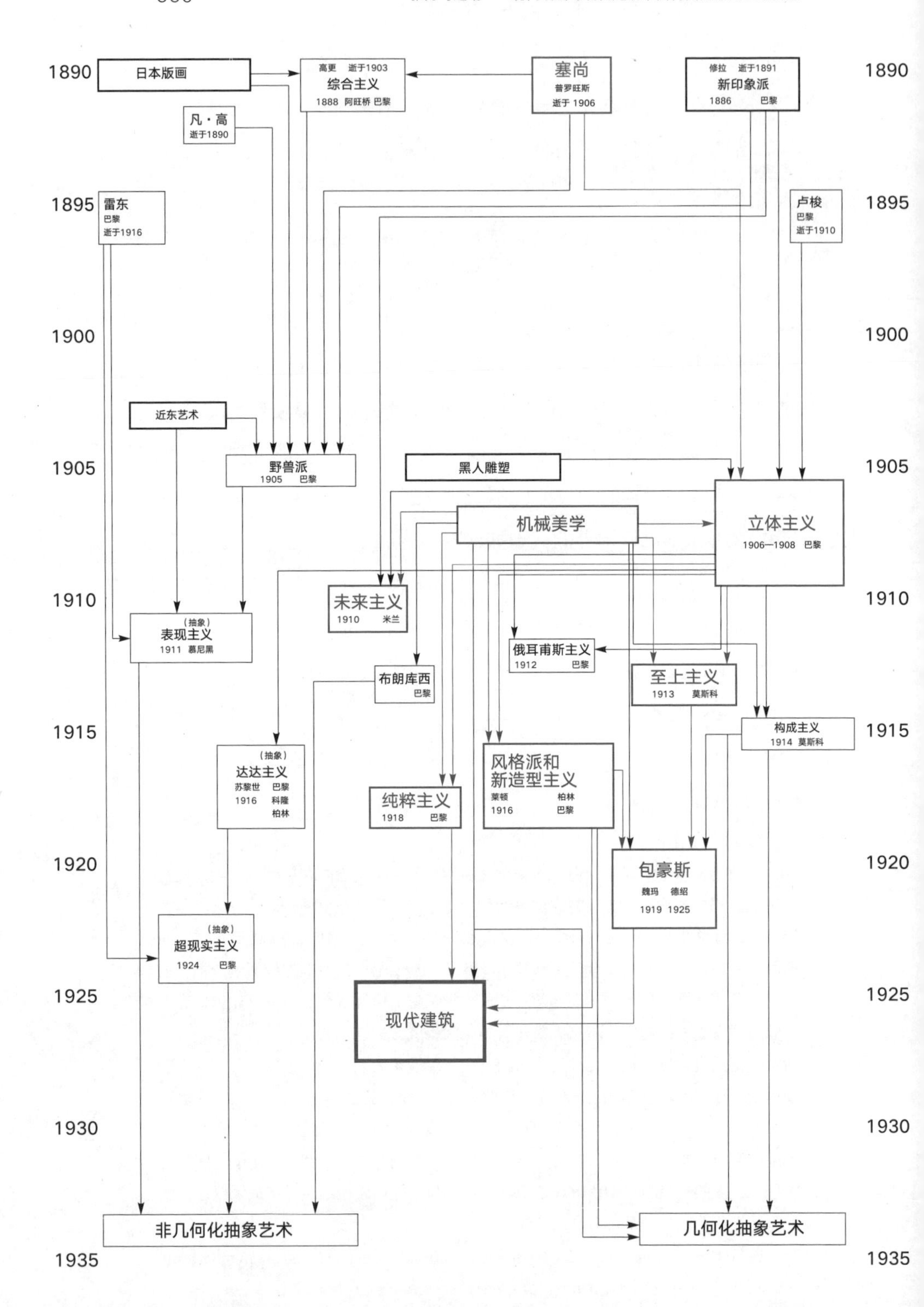

图1.1 现代建筑在巴尔梳理的抽象艺术发展谱系中被置于末端（1936）

a. 凡·杜斯堡，《舞蹈演员》，1918

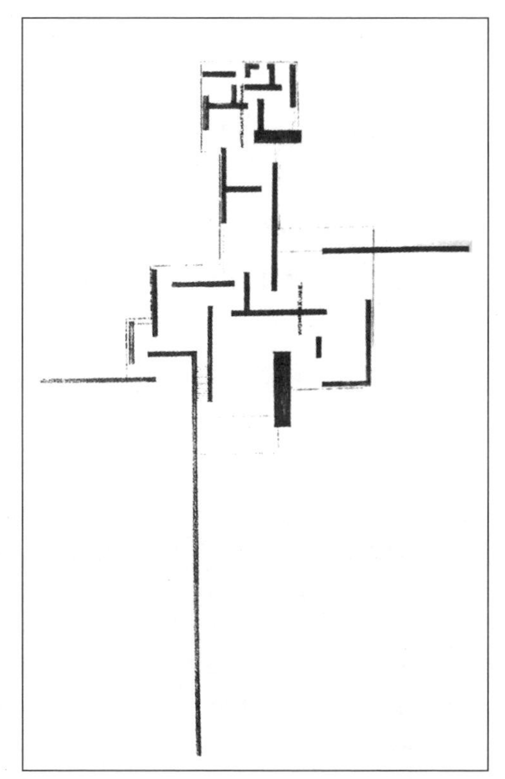

b. 密斯，砖宅平面图，1922

c. 格罗皮乌斯，德绍教师别墅，1925—1926

图1.2　巴尔将上图并置来佐证现代建筑对现代绘画造型元素的借鉴

随后的建筑理论家对绘画与建筑的关联性进行了更详尽的阐释。第一个阶段仍然聚焦于表象的相似性，代表人物是吉迪恩[14]（Sigfried Giedion）和亨利-罗素·希区柯克[15]（Henry-Russel Hitchcock）。第二个阶段则聚焦于绘画与建筑形式的深层结构，其代表作是柯林·罗（Colin Rowe）与罗伯特·斯拉茨基（Robert Slutzky）合著的《透明性》（1955－1956）[16]，他们区分了物理的透明性和现象的透明性，建立了一种基于现象的透明性的空间认知和设计方法，从建筑师的角度对绘画进行审视，基于深层视觉机制上的相似性将莱热（Fernand Léger）所画的《三副面孔》和柯布西耶设计的加歇别墅（也称斯坦因别墅，Villa Stein-de-Monzie）联系在一起，并将绘画形式生成机制作为建筑形式操作的依据（图1.3）。[17]

---

14 吉迪恩在1941年出版的《空间·时间·建筑——一个新传统的成长》中将立体主义的四维空间与现代建筑的“空间-时间（space-time）”的概念紧密结合。他以毕加索画于1912年的作品《阿莱城的姑娘》（*L'Arlésienne*）和格罗皮乌斯设计的包豪斯校舍为例，将绘画中体现的同时性和透明性转译为建筑中的“空间-时间”，具体表现为悬浮在空中的垂直面的组合和使内外可以同时被看到的透明性。参见：Giedion S. *Space, time and architecture: the growth of a new tradition* [M]. Cambridge, Mass.: Harvard University Press, 2008, pp.496-497。

15 希区柯克（Henry-Russel Hitchcock）的《走向建筑的绘画》（1948）继续了吉迪恩的主题，提出抽象艺术的核心意义是为现实提供了一种塑性的探索。他认为后期综合立体主义比早期分析立体主义更加“抽象”和“结构化”，对建筑空间的启示更多，所以现代绘画与建筑最紧密的关联是在20世纪20年代中期，即法国的纯粹主义、荷兰的风格派以及德国包豪斯时代。参见：Hitchcock H. *Painting toward architecture* [M]. New York: Sloan and Pearce, 1948, pp.22-23。

16 实际上，《透明性》由于其鲜明的批判立场，一直推迟到1964年才发表。西方社会在20世纪60年代爆发的观念革命引发了对此前基于绘画和建筑表象的相似性而建立关联性的范式的批判。

17 “在《三副面孔》当中，莱热把自己的画布想象为塑进浅浮雕中的一块区域。在三个主要母题之间（它们相互层叠、榫接、交替包含或排斥对方），有两个被植入几乎同等的景深关系当中，而第三个作为‘侧景’，充当了两者之间的过渡或说明，它所交代的空间关系，既是退后的，又是前移的。在加歇别墅中，勒·柯布西耶将莱热对画中平面的关注，转化为对平行透视的最高程度的关注（最佳视角至多略微偏离平行视点）；莱热的画布变成柯布的第二界面，其它界面无论是叠加于其上，或者是从中镂去某些部分，都围绕着这个基本界面来完成，通过类似的方式来实现空间的深度，将立面切开，挖去一些部分，再把其它部件插入留下来的空位中。”参见：柯林·罗，罗伯特·斯拉茨基. 透明性[M]. 金秋野，王又佳，译. 北京：中国建筑工业出版社，2008年，第40页。

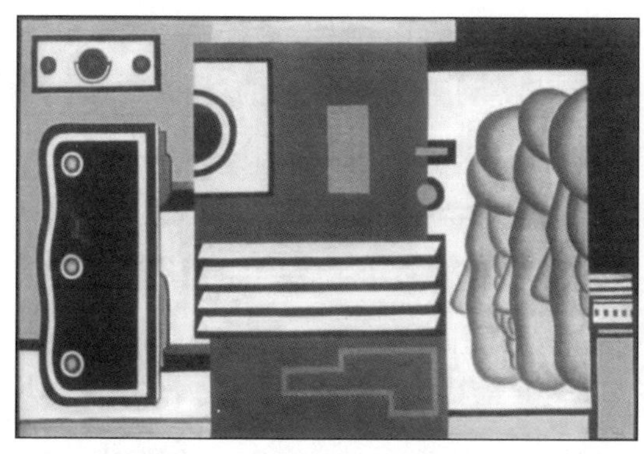
a. 莱热，《三副面孔》

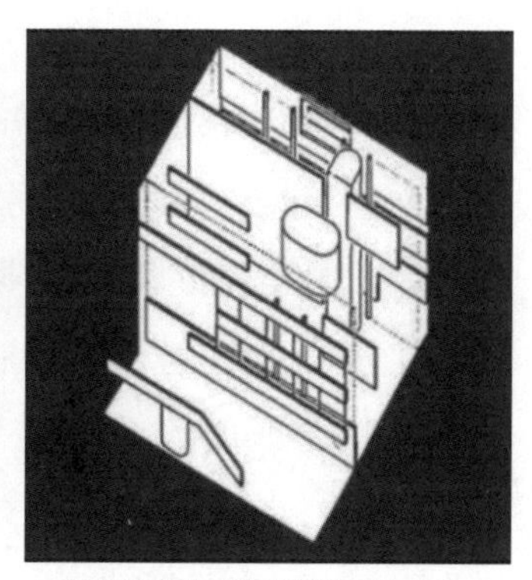
b. 柯布西耶的加歇别墅的图解

图1.3　柯林 · 罗和罗伯特 · 斯拉茨基于形式的深层结构将莱热的画与柯布西耶的建筑相关联

从绘画走向建筑的理论范式受到一部分理论家的反对。布鲁诺 · 赛维（Bruno Zevi）在《建筑空间论》（1957）中阐明了以建筑学为中心的立场。他认为不应该将建筑当作雕塑或是绘画来评价，将评价绘画的方法扩大到整个造型艺术领域的做法将一切都缩减到图面上的价值，而丢掉了建筑的本质特点。[18]布鲁诺·赛维批判现代绘画和建筑关联性的观点虽然失之偏颇，但坚持了建筑学发展的独立性，提醒我们意识到，同为视觉艺术的建筑与绘画只是在各自的发展进程中，分别独立地形成了相似的视觉形式生成机制，并产生了交集。

（二）从建筑走向绘画

建筑师对绘图的理解和使用与艺术家对绘画的理解和实践是不同的，所以，我们在梳理绘画与建筑关系的时候，由建筑师绘制的图画需要单独归类。艺术家在纸上的创作会成为最终的绘画作品，而建筑师的绘图是面向建造行为的一种翻译工具。传统的建筑图纸分为表现图和注解图（蓝图），[19]还有一

18　布鲁诺·赛维. 建筑空间论——如何品评建筑[M]. 张似赞，译. 北京：中国建筑工业出版社，2006年，第5页。

19　传统的建筑图纸分为两类：一类是表现图，或者说是透视图或渲染图，通过扭曲的角度和量度，为观者呈现出特定的视角；另一类是标记注解图，为建造者所使用，不容任何歧义，以蓝图的面目呈现。

种图纸不同于这两者，被称为虚构的图纸（visionary drawing）。马里奥·卡尔波（Mario Carpo）将其历史追溯到塞利奥和维尼奥拉的文艺复兴五柱式图解。它将建筑中独立的部分抽取出来形成系统，是无尺度典范，超越时间与空间，皮拉内西的罗马战神广场平面与监狱组画也属于此类。[20]

虚构的图纸是建筑师搭建自己理论模型和表达建筑思想的工具。20世纪60年代，早期电讯派的技术狂想跃然纸上。罗西（Aldo Rossi）在绘画《类比城市》中，将基本建筑的类型进行了情景重组，用基里科（Chirico）式的造型语言，建立了超越比例和功能的画中空间。[21]罗伯特.文丘里（Robert Venturi）用建筑师的视角解读劳申伯格的绘画《朝圣者》（*Pilgrim*），指出其中表现形式与实物之间的混淆的关系，说明了意义与功能之间的矛盾，与建筑中的矛盾性与复杂性互文。[22]海杜克将绘画的造型元素和语法转译为建筑的空间形式，并运用于库珀联盟（Cooper Union）的教学实践。[23]彼得·埃森曼（Peter Eisenman）将从绘画衍生出的哲学概念引入建筑学的形式分析

---

20 马里奥·卡尔波，周渐佳.制图的艺术[J].时代建筑，2016年第2期，第163页。

21 1966年，罗西完成《城市建筑学》，他受到索绪尔的结构语言学和列维–斯特劳斯的结构人类学影响，用结构主义的方法和关于记忆的理论将城市建筑还原成了基本的类型。参见：阿尔多·罗西.城市建筑学[M].黄士钧，译.北京：中国建筑工业出版社，2006年。

22 罗伯特·文丘里在1966年出版了《建筑的复杂性与矛盾性》。书中列举劳申伯格的绘画《朝圣者》，借用绘画表现形式与实物之间关系的混淆来说明意义与功能之间的矛盾。文丘里还将建筑形式中的"重叠"视为立体主义同时性和现代建筑透明性理念的一种演变。本书的目的并不在于建立绘画与建筑间的关联，而是以此为论据来攻击现代建筑中均衡的美学原则，并且与随后所著的《向拉斯韦加斯学习》一起，建立了现象学意义上的符号化操作的方法论。参见：Venturi R. *Complexity and contradication in architecture* [M]. New York: The Museum of Modern Art, 1966, p.35。

23 作为德州骑士的核心成员，海杜克将绘画的元素和语法转译为建筑的空间形式。在1968－1974年设计的墙宅（Wall House）中，他借助以墙体为核心的狭小空间，探索了点、线、面的构成，不同形状与体量的组合，二维到三维空间的转换，网格与参考线的参照，动态与静态的辩证存在等问题。参见：Hejduk J. *Wall House* [M] // K. Michael Hays. *Architecture theory since 1968*. Cambrige, Massachusetts: The MIT Press, 1972, pp.86-87。海杜克主持的库珀联盟始终坚持绘画在建筑基础教育中的核心地位，涌现出大量将现代绘画转译为建筑空间的习作。参见：Hejduk J, Henderson R, Diller E, et al. *Education of an architect* [M]. New York: Rizzoli, 1988, pp.256-261。

中。[24]晚期现代主义和后现代主义将虚拟制图作为元语言，试图突破建筑自身的极限和制约。我们将这种虚拟制图称为“纸上建筑”或“建筑画”。彼得·库克（Peter Cook）在其撰写的《绘画：建筑的原动力》中对20世纪的“建筑画”进行了梳理，从动机、策略、形象、影像、构造、环境、科技、建筑表面等方面对这些建筑画分类解读，将其视为建筑创作的原动力。[25]

从建筑师的角度理解和创作的绘画（图）已经剥离了画的美学意义，其中所蕴含的概念和批判性意识使之成为一种有独立价值的存在。

（三）在绘画与建筑之间

还有一种研究的方向并不属于“从绘画到建筑”或是“从建筑到绘画”的逻辑范式，而是聚焦于同时作用于二者的中间机制。这种机制或是历史性的，或是视觉性的。

1960年，班纳姆（Reyner Banham）所著的《第一机械时代的理论与设计》提供了历史性的视野，将20世纪初的现代艺术与现代建筑的理论更迭和设计发展进行了全景式的梳理，这种叙事结构在历史决定论的语境下，从文化背景和视觉形式的角度讨论了绘画与建筑的关联性。[26]

24　彼得·埃森曼在博士论文《现代建筑的形式基础》（1963）中，图解了建筑体量张力与人运动流线产生的张力共同作用下的建筑形式的生成机制，在后现代的语境下探索建筑形式生成的自主性。他接受了诺曼·乔姆斯基（Noam Chomsky）的结构主义影响，提出了“深层结构（deep structure）”与“浅层结构（surface structure）”的概念，开始关注句法关系（syntax）而非语义（semantic），将空间形式的生成研究推向了更纯粹的抽象形式操作。参见：彼得·埃森曼. 彼得·埃森曼：图解日志[M]. 陈欣欣，何捷，译. 北京：中国建筑工业出版社，2005年。随后，埃森曼将从绘画衍生出的哲学概念引入到建筑学的形式分析中。吉尔·德勒兹在对弗朗西斯·培根的绘画解读过程中区分了象形（figuration）与形象（the figural）这两个概念。参见：Deleuze G. *Francis Bacon: logique de la sensation* [M]. Paris: Editions de la Différence，1994。埃森曼将形象的概念运用到对柯布西耶建筑的解读中，探讨了形象和网格之间的辩证关系。参见：彼得·埃森曼. 建筑经典：1950—2000 [M]. 范路，陈洁，王靖，译. 北京：商务印书馆，2015年，第59—60页。

25　彼得·库克. 绘画：建筑的原动力[M]. 何守源，译. 北京：电子工业出版社，2011年。

26　班纳姆将视野扩展到19世纪的威廉·莫里斯（William Morris）代表的工艺美术运动和维奥莱-勒-杜克（Viollet-le-Duc）代表的理性主义传统，将绘画与建筑的发展描述为对时代的必然反映。参见：Banham R. *Theory and design in the first machine age* [M]. Cambridge, Mass.: MIT Press, 1980。

沃尔夫林（Heinrich Wölfflin）在《艺术风格学：美术史的基本概念》（1915）中基于视觉性，建立了五对普适于绘画和建筑的视觉概念。鲁道夫·阿恩海姆（Rudolf Arnheim）从视觉心理学的角度发展了视知觉理论，从《艺术与视知觉》（1954）到《建筑形式的视觉动力》（1977），揭示了可以同时作用于绘画形式和建筑形式的视知觉原理。从20世纪70年代开始，一批有着文学研究、社会学、艺术批评和精神分析背景的学者聚集在新艺术史的旗帜下，他们反对停留在视觉领域的知觉的形式主义和心理学的研究方法，研究的对象从视觉本身转移到视觉性，认为视觉性是一种社会构成。[27]

本书聚焦于建筑和绘画之间的形式生成的视觉机制，研究现代绘画与现代建筑形式上的不同层次的关联性的根本成因。是否在二者的形式之间存在着一种基于视觉性的普适原理？换句话说，如果我们选择画布平面作为切入点，是否在平面构图中隐藏着一种普适的视觉机制，在特定的历史背景条件下，成为决定现代绘画和现代建筑的形式生成的基础动因？揭示并阐明这个同源性机制，有助于从形式本体的角度理解现代绘画和现代建筑形式涌现的原因，进而建立一种认知范式，并形成一种解读和设计建筑形式的方法。

第三节　核心概念文献综述

本书的研究聚焦于绘画和建筑的形式之间的一种基于视知觉的形式生成机制——构图（composition）。绘画和建筑中的构图概念并不相同，古典和现代的构图概念也有差异。跨学科的构图概念怎样融合？现代构图中不同于古典构图的核心要素是什么？本节内容分两部分讨论上述问题：首先，梳理绘画与建筑的构图概念的演变和汇流，并论述20世纪初现代构图概念跨越学科的关联过程；其次，现代构图基于视知觉的形式操作脱离了遵循比例和韵

27　卡罗琳·冯·艾克（Caroline van Eck）和爱德华·温特斯（Edward Winters）则认为这种“社会视力”的结构在本质上既包含知觉方面也包含概念方面，视觉性是绘画与建筑艺术最典型的特点，绘画和剥离了建造过程的建筑形式可以被定义为一种视觉媒介，体现视觉再现的自律性和不可约束性。这种观点重新强调绘画和建筑视觉性的同时，可以将其融入更广阔的文化背景中。参见：卡罗琳·冯·艾克，爱德华·温特斯．视觉的探讨[M]．李本正，译．南京：江苏美术出版社，2010年。

律的古典法式，产生了不同于古典构图的核心要素——“张力”和“运动”，本节第二部分将综述不同学科对“张力”和“运动”的阐释。

（一）关于“构图”

1. 古典构图的脉络

在拉丁语中，“compositio”（构图）一词从中世纪开始使用，通常指代希腊词“synthesis”（组合），表示结构（structure）或布局（arrangement），尤指音乐和建筑的形式之美。[28]在文艺复兴时期，阿尔贝蒂将“composition（构图）”理论化，并将透视理论应用于构图中。在学科细化的过程中，绘画和建筑产生了不同的构图概念。在绘画中，“composition”将艺术作品的形式视为一个有机的整体，根据比例和结构，构建部分与部分、部分与整体之间的和谐关系。在建筑学中，英语和法语语境中“composition”的指代有所不同：在英语语境中，构图在17世纪被用于建筑，指代一种如画式的特征；在法语语境中，构图则成为建筑设计的一种法式。直到20世纪初，现代绘画和建筑的构图概念才重新融合在一起，在古典理论的基础上产生了新的构图原理。

在古典时代，绘画构图和建筑构图共同遵循着诗学和修辞学的法则。文艺复兴时期，阿尔贝蒂将“构图（composition）”和古典修辞学相关联，并对其下了明确的定义：“构图是指描绘对象的所有可视面在画中合为一体的规则。”[29]画是一个“historia”形体，由形体构成，形体由部件构成，部件由可视面构成，在可视面的整合过程中，追求优雅和美丽。对象的表面形成肢体，肢体形成躯干，躯干组成“historia”，“historia”成为艺术家的最终作品。[30]上述构图概念有整齐的等级结构，接近人文主义者的语法和修辞学中关于完全句子结构的主张。就像拉丁语文学成分中单词组成短语，短语形成

28　石炯．构图：一个西方观念史的个案研究[M]．杭州：中国美术学院出版社，2008年，第17页。

29　阿尔贝蒂．论绘画[M]．胡珺，辛尘，译注．南京：江苏教育出版社，2012年，第37页。

30　阿尔贝蒂．论绘画[M]．胡珺，辛尘，译注．南京：江苏教育出版社，2012年，第65页。

子句，子句组成完全句，最终达到和谐。阿尔贝蒂用科学透视法[31]将不同等级的元素和谐地统一在构图中。以透视法为依据，雕塑家和建筑师不再把对象从环境中剥离并孤立地看待，而是把它放回到一个“图画空间”之中，通过创造出图画的效果来让人欣赏，[32]从而使绘画构图中的透视空间成为建筑师设计现实空间的依据。[33]

---

31 布鲁内莱斯基（Filippo Brunelleschi）发明了透视法，他以几何光学为基础设计了一个装置，用来比较从特定的视点看到的佛罗伦萨洗礼堂和画布平面上绘制的洗礼堂。随后，多纳泰罗（Donatello）将透视法运用到雕塑中，马萨乔（Masaccio）将透视法运用到绘画中。阿尔贝蒂在他们的研究的基础上，系统地阐述了科学透视理论。他在《论绘画》中从外界进入眼睛的可见光线开始讨论，将一幅画定义为由固定中心或若干固定方向射来的光线所构成的视觉金字塔（visual pyramid）的一个截面，这个截面被画家用线条和色彩再现于画布平面。画布平面就像是一个窗口，所画的对象是通过这个窗口所见的对象。在这个窗口内，画家可以对距离进行精确的计算，将近大远小的现象换算为精确的数据，从而使透视法，尤其是“正面透视法（平行透视法）”所建立的中心式构图成为建立画面构图秩序的法式，将画布的表面从实体材料重新定义为非实体材料的视觉投影平面。

32 帕诺夫斯基（又译作“潘诺夫斯基”）认为，透视法“记录了从主观到客观的‘直观（intuitus）’”。雕塑家和建筑师在推敲他们作品形式的时候，不再把对象从周边环境脱离出来孤立地看待，相反，把它放回到一个“图画空间”之中，这个图画空间是欣赏艺术作品的人通过自己的视觉感官形成的。参见：欧文·潘诺夫斯基. 哥特建筑与经院哲学——关于中世纪艺术、哲学、宗教之间对应关系的探讨[M]. 吴家琦，译. 南京：东南大学出版社，2013年，第15－16页。

33 例如，在罗马的卡匹托尔区元老院旁边的卡比利托欧广场（Piazza del Campidoglio），米开朗基罗用透视的手法使巨大的建筑体量之间的空间关系获得了平衡。米开朗基罗首先重塑了元老院（Senatorial Palace）面向广场的立面，为其设计了一个正面为梯形的双侧楼梯，在楼梯的底部放置了两尊18英尺（约5.49米）高的大理石像，这一系列手法加强了广场的视觉集中性。为了强化这种集中性，他将马尔库斯·奥勒留（Marcus Aurelius）的青铜骑马像放在了广场中央，铜像脚下的椭圆形放射状铺装向周边辐射。沿阶梯而上，中心对称式的椭圆形的铺装在透视的作用下会接近正圆，广场的中心性与稳定感进一步加强。大阶梯本身便是渐变的楔形设计，而三个建筑体量围合的广场形状也是近小远大的楔形，在近大远小的透视原理的作用下，不规则的广场形状被视觉自然矫正，使有运动感的平面在空间中有了均衡稳定的感觉。元老院两侧对称的柱廊设计，进一步加强了中心透视的视觉序列感。瓦萨里（Giorgio Vasari）在佛罗伦萨乌菲兹的街道设计受到了老师米开朗基罗的影响，还原了画中空间的透视结构。瓦萨里于1560年到1574年为美第奇建造了行政楼，并利用透视原理让一条短街取得视觉空间的最大深度。突出的屋顶、三重檐板和阶梯在光线阴影的烘托下将刻意强化的水平线凸显在观者的视线中。成对的圆柱对称地排列在两侧，将人们的视线导向远方。

随着学科的细化，构图成为建筑学的一个特定术语。在英语语境中，柯林·罗曾对“构图（composition）”一词的源流和演变作过系统的论述。1734年，莫里斯（Robert Morris）第一次将构图运用在论及建筑美学的文章中：“作为运用极广的艺术，建筑建立在美（beauty）之上，比例与和谐是建筑构图的要素。”[34] 18世纪晚期，罗伯特·亚当（Robert Adam）在《建筑的工作》（*Works in Architecture*）中将构图和运动（movement）的概念联系在了一起：“运动是上升与下降，前进或后退，以及其它多样的形式，发生在建筑不同的部分，并且极大地影响了构图的效果（effect）。”建筑师应该像画家一样睁开自己的眼睛，不要紧盯着建立规整的平面，而要建立画意视点（pictorial point），使建筑随着运动获得更多的场景（scenery），像绘画一样为构图带来轮廓和光影的变化。19世纪早期，在英语世界中，“建筑构图”一词逐渐正式地和画意（picturesque）相关联。[35]这种建筑构图概念强调了观者（spectator）在运动中的视角，对建筑和城市设计的影响超越了英语世界：1889年，西特（Camillo Sitte）在《城市建设艺术》（*The Art of Building Cities*）中，从中世纪城市形态中提炼出一种和流线（circulation）密切相关的构图原则；20世纪初，舒瓦西（Auguste Choisy）以雅典卫城为例，描述了一种局部动态平衡的画意构图。[36]上述二者的理念被柯布西耶所借鉴，成为现代建筑构图机制的一个向度。

在法语语境中，18—20世纪初，在法国理性主义和笛卡儿（René Descartes）解析几何的影响下，以巴黎美院为中心的学院派形成了一套以构图为核心的对建筑平面形式的操作方法，和画意构图（pictorial composition）

34　Rowe C. Character and composition; or some vicissitudes of architectural vocabulary in the nineteenth century [M] //*The Mathematics of the ideal villa and other essays*. Cambridge and London: The MIT Press, 1953, p.63.

35　Rowe C. Character and composition; or some vicissitudes of architectural vocabulary in the nineteenth century [M] //*The Mathematics of the ideal villa and other essays*. Cambridge and London: The MIT Press, 1953, p.64.

36　舒瓦西曾这样阐释：“希腊人绝不会脱离建筑场址以及它周围的其他建筑物去构思一幢建筑……每个建筑主题本身是对称的，但每一组都处理成一景，并且只依靠其体量却取得平衡。”参见：肯尼斯·弗兰姆普敦. 现代建筑：一部批判的历史[M]. 张钦楠，等，译. 北京：生活·读书·新知三联书店，2004年，第10页。

不再有关系，我们可以称之为平面构图（planar composition）。雅克-弗朗索瓦·布隆代尔（Jaques-Francois Blondel）的两个学生艾蒂安–路易·布雷（Étienne-Louis Boullée）和克劳德·尼古拉·勒杜（Claude Nicolas Ledoux）在作品中均呈现出对纯粹几何形体的追求。布雷将自然的特性定义为对形体的图像力量的认知，他在绘画中持续研究规则的几何形体所呈现出的图像。在建筑设计中，布雷将这些规则的几何形体作为设计形式的母题，建立“均衡（proportion）”的秩序，往往呈现出巨大的尺度。[37]相比于更追求象征性和纪念性的布雷，勒杜的作品更注重应用性，和布雷的大尺度相对应，勒杜运用相同模数的功能模块组团构成平面，作品因此具有清晰的结构等级。[38]让–尼古拉–路易·迪朗（Jean-Nicolas-Louis Durand）从老师布雷那里继承了几何体量构成的建筑语言，为建筑教学提出了“元素-构图-功能分析（类型）”（element-composition-function analysis）三大基本部分。[39]他运用

---

37 布雷提出的“均衡（proportion）”概念包括规则（régularité）、对称（symérie）和丰富（variété），他将形体理解为一种均衡，集合了上述特性的元素，他对这个元素的集合定义如下：“规则”产生形式美，“对称”是它们的秩序的联系，“丰富”是指“它们对我们的眼睛是多种多样的”，这一切造成了实体的和谐，也就是均衡。所以，按照布雷的标准，球体是最完美的图像，是他的建筑设计反复使用的母题。布雷的作品之所以呈现出巨大的尺度，是因为他将“比例”的概念从“均衡”中剔除了，比例是以人体为基础建立的人体尺度的概念，随着比例的消失，尺度感随之消失。参见：汉诺–沃尔特·克鲁夫特.建筑理论史——从维特鲁威到现在[M].王贵祥，译.北京：中国建筑工业出版社，2005年，第114页。

38 比布雷年轻8岁的勒杜在其作品中呈现出和布雷相似的对纯粹几何形体的追求，在形式语法上，两人都遵守了法国文艺复兴建筑系统的基本规则，但在具体的形式语汇上呈现出不同特点。相比之下，布雷更加钟爱理想形式本源的希腊建筑，这和他的乌托邦情怀相契合，而勒杜更加偏爱意大利本土的文艺复兴语汇，这和他以往的建筑实践多涉及宫廷建筑有关。参见：禹航.17世纪初至现当代法国建筑观念与形式演变[M].北京：中国建筑工业出版社，2017年，第57页。

39 法国中央公共工程学院（École centrale des travaux publics）是巴黎综合理工学院（École polytechnique）的前身。1789年开始，迪朗在法国中央公共工程学院担任教授，著有《巴黎综合理工学院建筑学讲义》（1805）。当时的巴黎美院教学中，布隆代尔提出的“装饰-构造-配置”（ornament-constriction-distribution）三大要点是其教学核心，迪朗去除了装饰部分，提出了“元素-构图-功能分析（类型）”（element-composition-function analysis）三大基本部分。19世纪中叶以后，构图逐渐取代配置和布局，成为学院派建筑教育的核心。参见：朱雷.空间操作：现代建筑空间设计及教学研究的基础与反思[M].南京：东南大学出版社，2010年，第30页。

画法几何作为组织平面构图的工具，[40]借助正交网格和轴线，将建筑分解为各个部分，区分不同层次，再将其组合。20世纪初，巴黎美院的教授于连·加代（Julien Guaet）在他讲授的“建筑学的要素及理论”（1902）课程中建立了古典的“元素主义”构图原则，他将元素分为“建筑元素（elements of architecture）”（墙壁、开口、拱券和屋顶等）和“构图元素（elements of composition）”（由第一类元素组成的功能体块），而构图的原则就是将各个元素按照传统的轴线式布局组织起来。[41]加代的装配式构图原则同阿尔伯蒂（L.B. Leon Battista Alberti，又译作阿尔贝蒂）在《论绘画》中所阐释的构图原则有相似之处，二者都具有从局部到整体的明确的等级结构。这种古典“元素主义”，通过加代的学生奥古斯特·佩雷（Auguste Perret）和托尼·加尼埃（Tony Garnier）传授给了勒·柯布西耶。[42]

古典建筑的平面构图可以总结为三个方面：元素（属群）、法式和结构（各元素之间的关系）。

①元素/属群（genera）是建筑各个部分的组成元素。古典建筑在基本形式的基础上建立语汇，阿尔伯蒂从圆形推导（图1.4），[43]塞利奥从正方形演

40　在迪朗的构图过程中，轴线和网格起到重要的作用。迪朗在巴黎综合理工学院的同事加斯帕·蒙热（Gaspard Mongo）发明了画法几何，轴线和网格正是在画法几何基础上引申出来的组织平面形式的设计工具，他将笛卡儿坐标引入建筑设计，确立了一种建筑空间的几何性，成为迪朗的构图基础。

41　于连·加代在1894—1908年担任巴黎美术学院的建筑理论教授，他在1902—1904年出版了《建筑学的要素及理论：国立美术学院及专科学校教程》（*Elément et théorie de l'architecture: Cours professé à l' École national er special des beaux-arts*）4卷本。迪朗提出了两类元素：第一类是“建筑元素”，包括墙壁、开口、拱券和屋顶等；第二类是“构图元素”，是由第一类元素组成的功能体块，包括房间、门厅、出口和楼梯等。这些功能体块组合成整体建筑，构图的原则是将各个元素按照传统的轴线式布局组织起来。参见：Banham R. *Theory and design in the first machine age* [M]. Cambridge, Mass.: MIT Press, 1980, p.20。

42　柯布西耶在“国联”的备选方案说明上向加代表明了敬意，由此可见，古典构图是现代构图的重要参照。

43　阿尔伯蒂钟情于圆形，他认为正方形、正六边形、正八边形、正十边形和正十二边形都是由圆形决定的，这些图形都可以从一个外切圆的半径推导出各自的边长。参见：莱昂·巴蒂斯塔·阿尔伯蒂．建筑论——阿尔伯蒂建筑十书[M]．王贵祥，译．北京：中国建筑工业出版社，2010年，第190页。

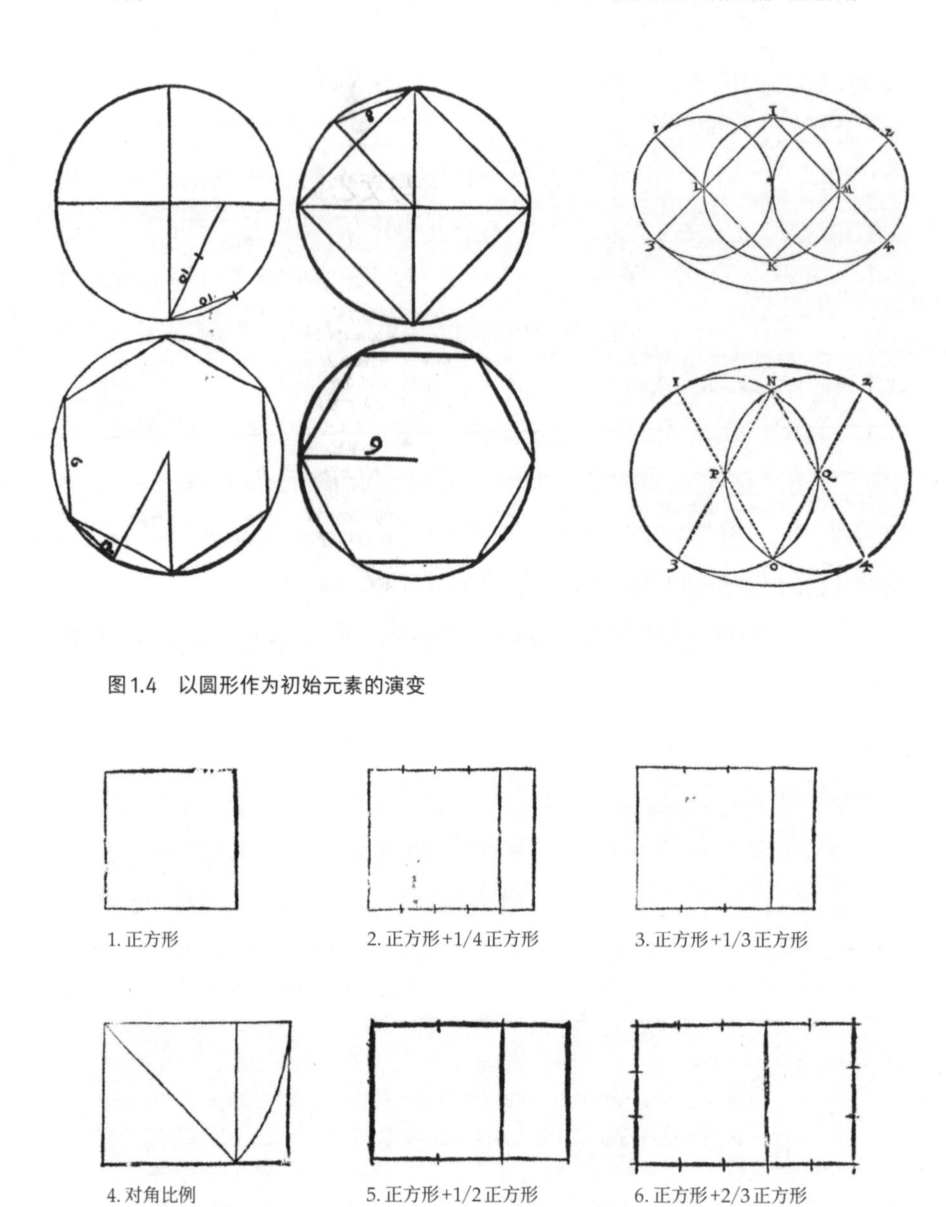

图1.4　以圆形作为初始元素的演变

1. 正方形　　2. 正方形+1/4正方形　　3. 正方形+1/3正方形

4. 对角比例　　5. 正方形+1/2正方形　　6. 正方形+2/3正方形

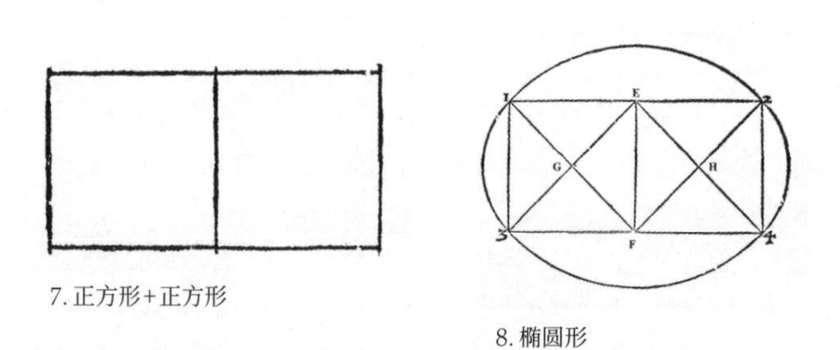

7. 正方形+正方形　　8. 椭圆形

图1.5　以正方形作为初始元素的演变

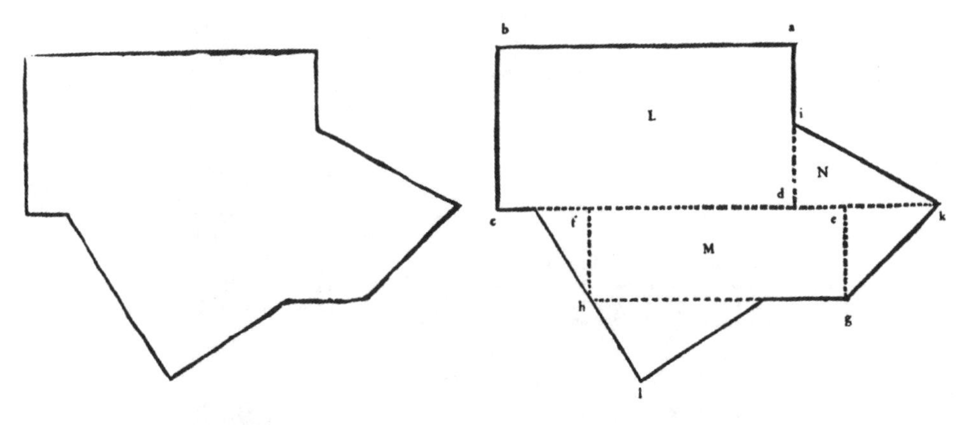

图1.6　复杂图形的还原

绎(图1.5)，[44]任何复杂的图形都可以据此还原成初始元素(图1.6)。元素所形成的相互之间有特定关联的形式体系被称为属群。[45]属群中的元素之间具有嵌套的关系，在一种等级结构下形成一个整体。[46]这个整体的内在组织是

44　塞利奥（Sebastiano Serlio）认为正方形是最完美的，其它形式只是其变体。参见：塞巴斯蒂亚诺·塞利奥. 塞利奥建筑五书[M]. 刘畅，李倩怡，孙闯，译. 北京：中国建筑工业出版社，2014年，第45页。帕拉第奥（Andrea Palladio）同样认为正方形是最完美形式，并使中庭的形状尽量接近正方形。参见：安德烈亚·帕拉第奥. 帕拉第奥建筑四书[M]. 李路珂，郑文博，译. 北京：中国建筑工业出版社，2015年，第52页。古典建筑形式以圆形和方形为初始元素，以欧几里得几何学的尺规作图为方法，以数比关系为参照，生成了基础语汇，并按照等级关系组织在一起。

45　第一种特定的关联形式被称为柱式（order），柱式的每个属群都可以划分为三个部分，每一个部分又根据同样的三分法进行再划分。例如，在第一个层次，对一个柱式属群可划分为：(1) 檐部（柱上的水平结构）；(2) 柱子（长条竖直柱状构件）；(3) 阶座（柱子坐落其上的阶梯状平台）。在第二个层次，檐部又可以划分为三个部分：(1) 挑檐石（cornice）；(2) 壁缘（frieze）；(3) 额缘（architrave）。柱子可划分为三部分：(1) 柱头；(2) 柱身；(3) 柱础。阶座可划分为三部分：(1) 挑檐石；(2) 护壁板；(3) 底座基座。在第三个层次，挑檐石又被划分为三个部分：(1) 一排瓦当（antefixes）；(2) 混枭线脚（sima）；(3) 泪石（geison或corona）……我们可以以此类推，将每个属群一直划分到最小单元。每一个单元都是按照比例来控制相对尺寸，通常这个系统会以柱子的半径为模数（module）。参见：亚历山大·仲尼斯，利恩·勒费夫儿. 古典主义建筑——秩序的美学[M]. 何可人，译. 北京：中国建筑工业出版社，2008年，第32页。

46　在古典建筑平面构图中，我们可以识别出这种等级化的嵌套系统，在勒杜的建筑平面设计中尤其明显，网格系统划分的空间模块被不断细分，形成了等级关系明确的正交空间体系。

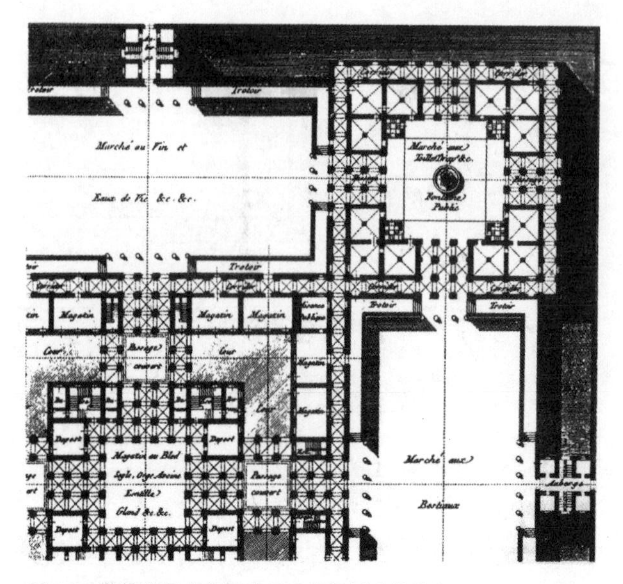

图1.7　勒杜作品中的网格具有等级划分的作用

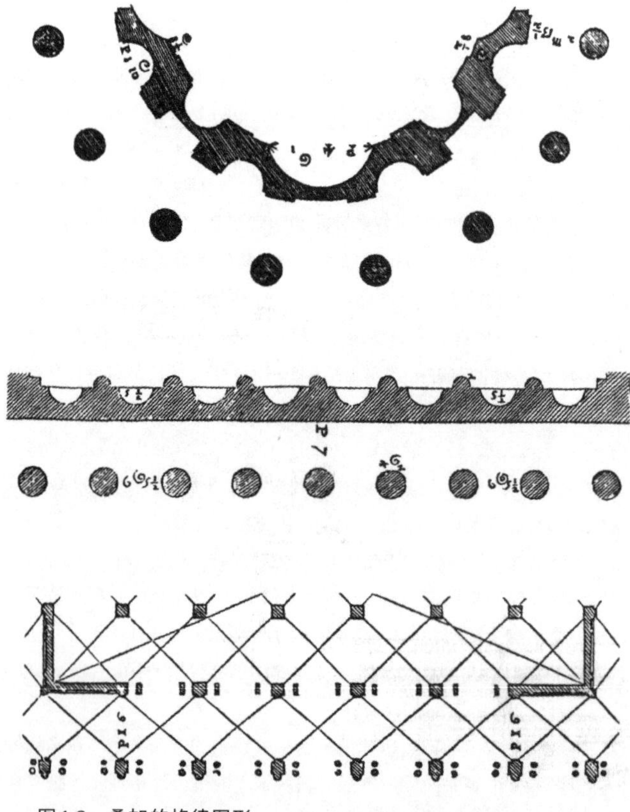

图1.8　叠加的格律图形

一系列有进程的形状，由严格的步骤和等级所组成，从而决定了建筑的方向性、系列性和各部分的等级性。

②法式（taxis），是一种合乎逻辑的空间分隔序列，将建筑元素进行排列组合。古典法式分为网格图解和三分法图解（tripartition schemata）。其中，匀质的正交网格图解可以转换为向心型网格图解，二者一起创造了组合图形。组合图形不仅适用于建筑的总体布局，还能够运用到最小的细部。法式具有等级划分的作用，一个网格或是三分法图解包含于另一个之中。这种等级效应存在于从总体到部分，直至最小的一个细节，从而控制部分和整体的关系（图1.7）。

③结构，是指在法式下的各个元素之间的联系，指导如何选择元素并将其归于法式划分的部位之中，具体可分"韵律"（rhythm）和"图型"（figure）[47]。"韵律"通过重复和间断性的替换来组织元素，在建筑元素中运用重音加强（stress）等手法，由加强单元和非加强单元结合成格律图形（metric pattern）[48]。重音加强和非加强的建筑元素的差别是概念上的，而非视觉上的。同样的格律图形可以被重复地运用而形成一个整体，也可以和其它语汇结合而形成更大的复合体（图1.8）。"图型"[49]是表达建筑各元素之间或是各组成部分之间关系的图解，和修辞学中的辞格、音乐中的音型一样，是表达相关单元之间关系的一种典型的图案，是一种约定俗成的体系而非一个系统。建筑图型可以叠加在法式、属群和格律之上，使建筑的形式更为复杂（图1.9）。

47　利恩·勒费夫儿（Liane Lefaivre）和亚历山大·仲尼斯（Alexander Tzonis）用"均衡"（symmetry）来概括建筑元素的组成法则，并分为"韵律"（rhythm）和"图型"（figure），从而选择元素并且根据相互之间的关系以及元素和整体法式之间的关系来放置其中。参见：亚历山大·仲尼斯，利恩·勒费夫儿．古典主义建筑——秩序的美学[M]．何可人，译．北京：中国建筑工业出版社，2008年，第93页。

48　加强型的建筑元素犹如打击韵律一样（比如柱子、门窗、壁龛、雕塑），韵律之间的间歇便是非加强元素（比如柱间距、壁柱间的实墙、雕塑间的空隙）。重音加强元素必须是在一个形式的框架下才能获得形式的意义，而不是取决于它们是否给我们的视觉带来冲击。格律图形必须开始和结束于被法式划分的区域内。

49　图型分为两类：公开的图型，例如平行、对比、对齐和类比；隐含的图型，例如话语中断（aposiopesis）、结句反复（epistrophe）、矛盾修辞（oxymoron）和断绝（abruptio）等。

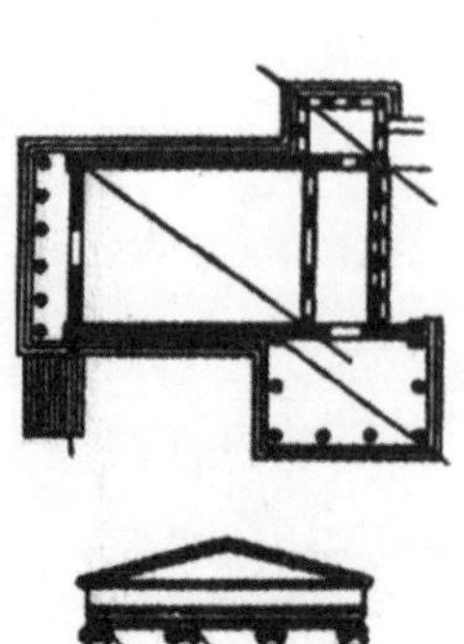

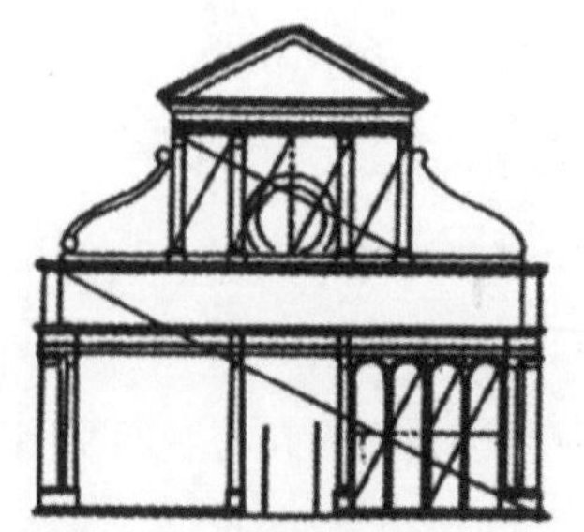

新圣母玛利亚教堂（Santa Maria Novella）

伊瑞克提翁神庙（Erechtheion）

文书院宫（Cancelleriar）

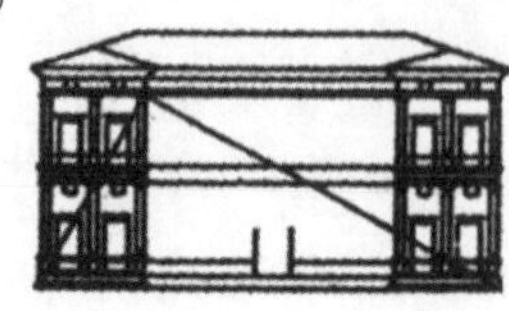

法尔内西纳别墅（Villa Farnesina）

图1.9　平行法和对比法的图型

2. 现代构图的开始

20世纪初，柯布西耶将绘画和建筑这两个学科的构图概念联结在一起，他将绘画视为“一种语言，一种科学，一种表达的方法，一种转化思想的手段”[50]，同时他将绘画视为“通往建筑的道路之一”[51]。在古典构图法则（属群-法式-结构）的基础上，柯布西耶对属群中的元素、法式中的网格和结构中的韵律进行了重新定义，开始建立现代构图的法则。

1920年，柯布西耶、奥赞方（Amédée Ozenfant）与诗人保罗·戴尔梅（Paul Dermée）共同创办了《新精神》杂志。在相继发表的几篇文章中，柯布西耶用了一系列相关词语，层层阐释了构图的内容与原则。我们可以借鉴法国哲学家米歇尔·亨利（Michel Henry）在分析康定斯基文献时使用的方法[52]，来建立这些词语之间的关联。在1920年发行的第一期《新精神》杂志中，

50　柯布西耶基金会资料（Archives Fondation Le Corbusier），编号B1-15(11)002。

51　Le Corbusier. *œuvers plastiques, exhibition catalogue* [M]. Paris: Éditions des musées nationaux, 1953, p.7.

52　米歇尔·亨利用公式将康定斯基阐释的一连串的概念联系在一起：“内在的（internal）=内在性（interiority）=生命（life）=不可见的（invisible）=感情（pathos）=抽象（abstract）”。参见：Henry M. *Seeing the invisible* [M]. translated by Scott Davidson. London: Continuum International Publishing Group, 2005, p.7。

柯布西耶和奥赞方发表了《关于造型艺术》。文中指出，所有的造型艺术都由初始元素（éléments primaires）构成，对初始元素的有序布局（ordonnancement）使人对造型艺术产生了情感的共鸣，对初始元素的关联（association）可以产生像交响乐一样的感觉。这种关联总是遵循秩序的原则，只能通过韵律（rythme）变得可感知。韵律是引导眼睛的轨道，是视觉感受之源，与灵感的来源息息相关。对于造型艺术，韵律是方程式（équation），是平衡的、静态的、封闭的力的多边形，这就是构图。[53]

从柯布西耶的叙述中，我们可以得到下面的等式：

对初始元素的关联=对初始元素的有序的布局=韵律=方程式=构图

对初始元素的关联和有序布局分别指向了绘画和建筑两个学科。在1921年发行的第四期《新精神》杂志中，柯布西耶发表了《纯粹主义》（与奥赞方合著）和《建筑师的三项备忘录》。在前一篇文章中，柯布西耶在论及绘画时写道："美术作品是一种关联，是共鸣的和建筑化的形式的交响乐，雕塑和建筑同绘画是一样的。"[54]在后一篇文章中，柯布西耶在论及建筑平面时写道："有序的布局（ordonnance）是一种可以察觉的韵律，它以同样的方式作用于一切人。"[55]

绘画中初始元素的关联和建筑中初始元素的布局最终共同指向了韵律。"韵律是从简单的或复杂的匀称中产生的平衡状态，或者是从精巧的均衡中产生的。韵律是个方程：相等（égalisation，对称、重复）（埃及庙宇和印度教庙宇），均衡（compensation，各种对比的运动）（雅典卫城），调节（modulation，从一个初始的造型构思发展）（圣索菲亚大教堂）。尽管个体有很多截然不同的反应，但统一的目标就是韵律，是平衡的状态。"[56]

至此，柯布西耶构建了一个跨越绘画和建筑领域的构图概念。构图是绘画中初始元素的关联，也是建筑平面布局的秩序，作为一种韵律的方程式，

53　Ozenfant A, Jeanneret C E. Sur la Plastique [J]. *L'Esprit Nouveau*, 1920(1), pp.41-42.

54　Ozenfant A, Jeanneret C E. Le Purisme [J]. *L'Esprit Nouveau*, 1921(4), p.378.

55　Le Corbusier-Saugnier. Trois rappels à MM. LES ARCHITECTES [J]. *L'Esprit Nouveau*, 1921(4), p.461.

56　同上。

构图的三个特征都可以在历史中找到源流。首先是相等（对称、重复），这条原则可以追溯到法国理性主义和以巴黎美院为代表的学院派传统，从布隆代尔开始，到布雷和勒杜，到迪朗和加代，再到佩雷和加尼埃，学院派的古典主义构图经过演化，形成了以纯粹几何为元素，以平面网格为参照，以轴向性为基准，以对称相等为原则的理性法则。其次是均衡（各种对比的运动），柯布西耶以雅典卫城为例，实际上是参照了舒瓦西对动态平衡的画意构图的描述和西特从中世纪城市形态中提炼的构图美学，是一种和流线与人的视点密切相关的视觉构图原则，呈现了"感知的韵律"[57]。最后是调节（从一个初始的造型构思发展），陈志华先生根据英文"modulation"中所含的音乐变调的意义，翻译为"抑扬顿挫"，但法文语境中的"modulation"还特指塞尚绘画中形体和色彩的调节过程。塞尚画中的空间构图，既不同于文艺复兴时期的平衡构图，也不同于巴洛克时期的对角线式动感结构，而是从局部开始，搭建丝丝入扣的张力图式，在画面呈现出动态均衡的结构，这个过程就是"modulation"，意为调节。柯布西耶为此举的例子是圣索菲亚大教堂，其注解的意思便是根据多样的调节将整体的几何原则（比例与模数）扩展到每个局部中，在动态的调节中形成整体结构。对圣索菲亚大教堂的感知源于柯布西耶在1911年的东方之旅。在旅行中，柯布西耶用一种高度概括的几何化速写将建筑的类型整理成几何编目，将建筑的体量组合视为几何元素的动态调整，这与塞尚将绘画的构图视为"圆锥体、球体和柱体"的动态调整的观念相契合，是构图从古典走向现代的开始。

柯布西耶的构图概念不仅是对过去已有知识的继承，也是20世纪工业文明的产物。在柯布西耶和奥赞方合著的《立体主义之后》(1918）中，柯布西耶赞美了机械时代带来的现代精神，认为现代工厂严格的制度与程序创造了完美的产品，他歌颂了人们所讥讽的"泰勒制（Taylorisme)"所创造的高效的标准操作方法，认为这是一种"科学的发现"。[58]我们再一次看到柯布西耶用了"科学的"这个定语，就像他将绘画定义为"科学的"语言一样。机

57 Le Corbusier-Saugnier. Architecture II: L'Illusion des Plans [J]. *L'Esprit Nouveau,* 1922(15), p.1769.

58 Ozenfant A, Jeanneret C E. *Après le Cubisme, 1918* [M]. Paris: Altamira, 1999, p.43.

械文明带来的科学性，摧毁了绘画和建筑中的图像学的意义和经验主义的直觉，使二者都如同形式的机器，遵循不断嬗变的现代构图法则，建构一种科学的秩序。随着构图中元素和结构的演变，绘画和建筑设计的形式语言也随之更迭，产生了以“张力”和“运动”为核心的形式生成机制。

（二）关于“张力”与“运动”

从巴尔根据造型风格梳理现代艺术和建筑的形式发展谱系开始，到亨利-罗素·希区柯克明确建立绘画和建筑的表层形式的关联，再到柯林·罗从立体主义绘画中解读出现象的透明性，建筑与绘画形式的关联性研究已经从形式表层结构的关联发展到了形式深层机制的类比，但这条研究脉络被“静观”的方法所限制，将形式视为静态的构成。

在历史上，还有一条以“运动”为线索来研究绘画与建筑形式的路径，这条线索产生的哲学基础是“存在（being）”到“生成（becoming）”的转化。在柏拉图之前的早期哲学中，“存在”与“生成”是对世界本原的两种阐释。[59]柏拉图提出了永恒存在的“理念（idea）”说，多样的世界只是对不变的“理念”的模仿，由此构建了理念的世界，放弃了现象的世界。物成为对理念的模仿，艺术降格为对物的模仿，而建筑的形式成为对理念中完美几何形体的模仿、切分和组合。柏拉图之后，西方建立了“存在”的哲学，以一种静止的、完美的、时间之外的存在物为真理，以此为基础来观察现存的世界。尼采（Friedrich Wilhelm Nietzsche）打破了旧有的格局，开始对柏拉图以来的“存在”思想全面反击，在“永恒轮回”中，孕育了“生成之在”。[60]

59　希腊早期的米利都学派主张世界的本原是运动流变的，而毕达哥拉斯则主张世界的本原是不变的，将“数”视为本原。发展了米利都学派的赫拉克利特认为世界万物处于运动和变化之中，认识到“万物生一，一生万物”，并借用河流的意象，即“要两次踏入同一条河流是不可能的”来表达绝对运动与变化的哲学观。而和他同时代的巴门尼德则把运动变化的世界视为感官的幻象，从中看到了不变的“存在（being）”，由此将世界划分为感性的“非存在”和超越感性的“存在”。与巴门尼德相仿，柏拉图提出了永恒存在的“理念（idea）”，多样的世界只是对不变的“理念”的模仿，由此构建了理念的世界。

60　在《尼采与哲学》（1962）中，德勒兹提炼出尼采的洞见：（1）没有存在，一切事物都是生成的；（2）存在也是生成的存在。参见：吉尔·德勒兹.尼采与哲学[M].周颖，刘玉宇，译.北京：社会科学文献出版社，2001年，第36页。

柏格森（Henri Bergson）随之用绵延（duration）颠覆了静止的时间观和世界观。[61]尼采和柏格森直接影响了德勒兹（Gilles Deleuze），启发他构建了“生成”的本体论，将“生成”与“存在”相统一，以时间的绵延对抗空间的静止，以持续变化的瞬间取代没有差异的永恒。[62]从“存在”到“生成”的认知基础的改变，直接影响到现代绘画和现代建筑平面构图的形式生成机制，使构图从静态的古典范式，走向动态“生成”的过程。

“运动”这个概念在19世纪末到20世纪初的造型艺术中有两种含义：

（1）“运动”是一种有机体的能动的属性，作为被表现的主题呈现在造型艺术中；

（2）“运动”是造型艺术形式生成的内在机制，是组织造型元素的语法，蕴含在形式的背后。

本书所讨论的运动隶属于第二种概念，将“运动”视为形式的属性。

和“运动”密切相关的另一个重要的概念是“张力”，“张力”与“运动”是两个不可分割的概念。张力是种存在于视知觉中的，不可见却可以被感知的存在，张力本身具有运动的属性，赋予了造型元素以动势，并借助可见的造型元素使其运动属性得以显现。

历史上对张力与运动的研究，涵盖了其产生的原因和作用的规律，涉及了四个领域：

（1）美术史家的理论；

（2）格式塔心理学的发展和运用；

（3）艺术家的理论与实践（20世纪初）；

（4）建筑学领域的拓展（20世纪60年代后）。

61　永恒不变的“存在”意味着对变化的否定，也意味着对时间的否定，柏格森的生命哲学将时间带回到了生命之中。“绵延”是时间维度的持续，“绵延”永远是在运动的过程中，永远是在变化的进行中，意味着不可分割的变化和生成。

62　20世纪50年代到60年代，德勒兹专注于哲学史的研究，力图创造新的哲学思想，对休谟、尼采和柏格森等人重新进行了解读，代表作有《经验主义与主体性》（1953）、《尼采与哲学》（1962）和《柏格森主义》（1966）等等，在对这些哲学家进行消化的同时，形成了自己的思想，出版了《差异与重复》（1968）和《意义的逻辑》（1969）。参见：郃蓓.生命·生成——德勒兹思想研究[M].长春：吉林大学出版社，2019年，第3页。

四个领域对形式的张力与运动的研究都触及了绘画和建筑艺术，彼此交叉，相互影响。

1. 美术史家的理论

1886年，海因里希·沃尔夫林在其博士论文《建筑心理学导论》中发展了一套移情理论，他认为“物质形式之所以拥有特征是因为我们拥有身体”[63]，即人将自己的身体感知通过移情投射到物质形式之上，人们因此可以对形式产生“运动”的感知，这种运动来自“事物和形式的张力之间的对立”，存在于静止的对象中，而不是对象本身在运动。沃尔夫林进一步将“运动”的概念用于区分文艺复兴和巴洛克建筑的形式，[64]指出“巴洛克艺术从未带给我们完美圆满或是安静平稳的‘存在’，它所提供的只有变化的不安和短暂的张力”[65]。在《艺术风格：美术史的基本概念》（1915）一书中，沃尔夫林基于对象的可视性，[66]将视觉对象的特征归纳为五对对立的概念，将图像逻辑转变

63　Wölfflin H. *Prolegomena to a psychology of architecture (1886)* [A] //Vischer R. *Empathy, form, and space: problems in German aesthetics, 1873–1893* [C]. introduction and translation by Harry Francis Mallgrave and Eleftherios Ikonomou Chicago: University of Chicago Press, 1894, p151.

64　迈克尔·安·霍丽通过对比沃尔夫林的形式主义艺术史和其老师雅克布·布克哈特（Jacob Burckhardt）的历史关系艺术史，提出了沃尔夫林呈现巴洛克形式的叙事逻辑。布克哈特认为研究历史需要特定的时代，而沃尔夫林认为研究历史就是对变形的不断探索。在《文艺复兴与巴洛克》（1888）一书中，从沃尔夫林表述巴洛克建筑风格时使用的“运动、变化、变形”这些描述性言语中可以看出一种历时性分析（diachrony）的方向，完全不同于其老师的共时性视觉研究。沿着这条道路，沃尔夫林认为文艺复兴预测了某些构图趋势，而这些趋势在巴洛克风格中得以具体化。参见：迈克尔·安·霍丽．沃尔夫林与巴洛克的想象[M]//诺曼·布列逊，迈克尔·安·霍丽，基思·莫克西．视觉文化：图像与阐释．易英，译．长沙：湖南美术出版社，2015年，第317页。

65　Wölfflin H. *Renaissance and Baroque (1888)* [M]. Translated by Simon K. London: Collins, 1984, p.62.

66　沃尔夫林坚持观看形式的“组织完整性（organizational integrity）”的观点，将艺术从外在的历史力量中分隔出来，像同时代的艺术家所做的那样，主张视觉文化的自律（autonomy）。参见：迈克尔·安·霍丽．沃尔夫林与巴洛克的想象[M]//诺曼·布列逊，迈克尔·安·霍丽，基思·莫克西．视觉文化：图像与阐释．易英，译．长沙：湖南美术出版社，2015年，第311页。

为语言逻辑。[67]“线描”与“涂绘”是五对概念的核心，“线描”具有清晰的边界轮廓，是平静的；“涂绘”通过团块来表现事物，边界轮廓模糊，是运动的。[68]文艺复兴的艺术运用线描追求清晰而封闭的形式，巴洛克艺术为了回避文艺复兴式的固定化形象，通过“涂绘”增加了整体中的多样化成分，产生了“交叠”[69]的现象。

法国艺术史家福西永（Henri Focillon）继承了李格尔（Alois Riegl）和沃尔夫林关于形式自动发展的学说，并且吸收了哲学和语言学的营养，他在1934年出版了《形式的生命》。在哲学方面，福西永继承了法国哲学家柏格森对生命的理解，认为生命是一种进化，每个瞬间都在“从一种状态过渡到另一种状态”，在绵延中演进，绵延不断地进行“新形式的创造”，不断地“精心构成崭新的东西”[70]。一言以蔽之，生命是进化和创造。这种对生命的理解，与巴尔扎克断言“一切皆是形式，生命本身亦是形式”相结合，便构成了福西永的核心概念“形式的生命（vie des formes）”[71]。在语言学方面，将“形式的生命”作为书名，也是对语言学家达姆斯特泰（Darmsteter）《语词的

67 这五对概念为：线描与涂绘、平面与纵深、封闭与开放、多样性与同一性、清晰性和模糊性。沃尔夫林的描述方式从图像的演变史转为语言学的关系确立。如索绪尔所说，语言和图像最根本的区别在于，在语言中，只存在差异。语言自身即是一种差异系统，可以使用一种绘画和摄影都无法企及的方式描述差异。在语言里，“重”或“复杂”的称谓的全部意义，在于与“轻”或“简单”相对立。而一张图，却没有显而易见的对立面。参见：阿德里安·福蒂.词语与建筑物：现代建筑的语汇[M].李华，武昕，诸葛净，等，译.北京：中国建筑工业出版社，2018年，第31页。

68 “线描风格与涂绘风格的强烈对比是与对世界两种完全不同的兴趣相一致的。在前一种风格中，是固体的形象；在后一种风格中，是变动着的外貌。前者是持久的、可测量的、有限的形式，后者是运动的、功能的形式；前者的事物在于它自身，后者的事物在于它的各种联系。”海因里希·沃尔夫林.艺术风格学：美术史的基本概念[M].潘耀昌，译.北京：中国人民大学出版社，2004年，第40页。

69 “交叠”是指一个形体在另一个形体前面，观者可选择视点而创造交叠的外观。在1911—1912年，杜尚和未来主义画家们通过创造形象“交叠”的效果来表现“运动”，客观上可视为巴洛克风格的延续。

70 亨利·柏格森.创造进化论[M].肖聿，译.南京：译林出版社，2014年，第11页。

71 运用柏格森的直觉主义去看待形式，它就是一个“不间断的并有不可预测的新东西产生的连续性”，福西永对形式的认知渗透了柏格森的直觉观和绵延观，将视觉艺术的形式看作绵延的存在。参见：陈旭霞.运动的形式及技术的实验：20世纪法国艺术史家福西永研究[D].上海大学，2012年，第21页。

生命》（*The Life of Words*）的回应。语言作为文字符号也具有形式，它在变形的过程中产生变化，同时伴随语词的消亡和新词的产生。福西永由此认为这种变形的原理可以类比为造型艺术形式的“变形”[72]，但是他的“变形”概念和形式主义艺术史家常用的概念有所区别，不仅包括对自然原形所做的变异的描绘，而且包括形式自身的历时性变化。[73]通过“变形”而“运动”的“形式的生命”超越了线条和色彩，成为一种动力结构（dynamic organization），在“空间王国”、“物质王国”、“心灵王国”和“时间王国”中绵延。

福西永试图将柏格森的“绵延”的生命嫁接到艺术形式中，但人们怎样从一件不包含时间序列的艺术品（如一幅画或一栋房子）中感受到渐进的生命经验呢？苏珊·朗格（Susanne K. Langer）用符号美学建立了感受与形式的桥梁。苏珊·朗格认为造型艺术展示了“张力（tension）”的相互作用。线条走向、块面关系、位置经营，所有这些构成因素通过持续的对比，都在原本虚幻的空间中创造了空间张力（space tension），空间张力的平衡与统一便实现了空间消融（space resolution）。这些艺术形式与我们的感觉、理智和情感生活所具有的动态形式是同构的形式，所以艺术形式可以看作情感的符号，或者说是情感的逻辑形式。所有的情感和心境都是各种张力（人类机体内部神经的和肌肉的张力）之间的相互作用，而情感的序列可以通过艺术符号（art symbol）的方式投射到非时间性的造型艺术中，使艺术品的表象

72　“文字符号展示了它在语词变形及最终消亡过程中一种令人惊奇的创造性。若说它衰退了，也可以说它增殖了，它创造了怪异的东西……故意制造不精确的、不恰当的语言……展示了一种潜在的阵痛，那些未受多变含义触及和影响的一些形式，从这阵痛中诞生出来。造型艺术的形式呈现出十分显著的特点……这些形式构成了一种存在的秩序，这种秩序有运动，有生命气息。造型艺术的形式服从于变形的基本原理，通过变形，它们不断更新，直到永远。”福西永. 形式的生命[M]. 陈平，译. 北京：北京大学出版社，2011年，第44页。

73　陈旭霞在其博士论文中对比过罗杰·弗莱和福西永的“变形”概念的区别。罗杰·弗莱在研究塞尚作品时分析塞尚的“变形”，更多指造型描绘中“非自然主义”的形式变异，比如塞尚的油画静物中，椭圆形的盘子口部常被描绘成偏圆或偏方的形状。福西永的“变形”含义更广，它既包括形式自身历时性的变化，比如伊斯兰几何纹样复杂的形状变化，也包括对自然原形所作的变异的描绘。参见：陈旭霞. 运动的形式及技术的实验：20世纪法国艺术史家福西永研究[D]. 上海大学，2012年，第75页。

(semblance)呈现有机结构,从而使我们在其中感受到渐进的生命。[74]在《艺术问题》(1957)中,苏珊·朗格进一步阐释了艺术的张力和生命的活动的同构形式。[75]每件艺术品必须使自己作为"一个生命活动的投影或符号呈现出来",必须使自己成为"一种与生命的基本形式相类似的逻辑形式"。[76]这种形式必须是一种可变化式样的动力形式,它必须具备有机结构,其构成成分相互依存,整体结构由有韵律的运动结合在一起。[77]

美术史家将张力和运动视为一种解读造型艺术形式的分析语言,这种造型语言的建立的依据是移情论(沃尔夫林)和哲学中关于时间和运动的讨论的结合(福西永),并最终被阐释为一种揭示生命存在状态的符号体系(苏珊·朗格)。

2. 格式塔心理学的解释

格式塔心理学为形式中的张力与运动的现象提供了科学的解释。格式塔心理学也被称为完形心理学,由韦特海默(Max Wertheimer)、苛勒(Wolgang Köhler)和考夫卡(Kurt Koffka)这三位德国心理学家在1912年共同创建,是一种反对元素分析,而注重完形整体的心理学理论体系。格式塔心

---

74 苏珊·朗格. 感受与形式[M]. 高艳萍, 译. 南京:江苏人民出版社, 2013年, 第386—390页。

75 "艺术品本身也是一种包含着张力和张力的消除、平衡和非平衡以及韵律活动的结构模式,它是一种不稳定的然而又是连续不断的统一体,而用它所标示的生命活动本身也恰恰是这样一个包含着张力、平衡和韵律的自然过程。"参见:苏珊·朗格. 艺术问题[M]. 滕守尧,朱疆源,译. 北京:中国社会科学出版社,1983年,第8页。

76 苏珊·朗格. 艺术问题[M]. 滕守尧,朱疆源,译. 北京:中国社会科学出版社,1983年,第43页。

77 使一种形式成为生命形式的条件如下:"一、它必须是一种动力形式。换言之,它那持续稳定的式样必须是一种变化的式样。二、它的结构必须是一种有机的结构,它的构成成分不是互不相干,而是通过一个中心相互联系和互相依存。换言之,它必须是由器官组成的。三、整个结构都是由有韵律的活动结合在一起的。这就是生命所特有的那种统一性……四、生命形式所具有的特殊规律,应该是那种随着它自身每个特定历史阶段的生长活动和消亡活动辩证发展的规律。"上述对形式的定义和格式塔理论有相似性。参见:苏珊·朗格. 艺术问题[M]. 滕守尧,朱疆源,译. 北京:中国社会科学出版社,1983年,第49页。

理学[78]认为心理学是一个整体，整体的性质决定部分的性质，部分的性质则有赖于它在整体中的关系、位置和作用。[79]韦特海默在《视见运动的实验研究》（1912）中对“似动”（apparent movement）现象[80]的独到解释成为格式塔心理学诞生的标志。并置图像相继闪现产生的“似动”现象是通过各因素的相互动态关系而产生的，其中包含了一种蕴含性（Prägnanz），即整体的一个部分会发生的情况，总是由这个整体中固有的内在定律所决定的。蕴含性原则即格式塔的完形倾向，是整体组织自我完成的一种动态属性，同时也是一切有结构的整体所固有的特性。[81]勒温（Kurt Lewin）的稳态论动力模式进一步注解了完形倾向，即从需求打破平衡到实现目标再平衡，是一种“过程—格式塔”。他认为在人与环境之间存在一种平衡状态，一旦平衡被

78　冯特认为心理学作为研究心理、意识事实的一门经验科学，其任务就在于分析出心理或意识的元素，并确定元素构成复合观念的原理与规律。格式塔心理学最初以反对冯特元素论为出发点，强调经验和行为的整体性。参见：王鹏，潘光花，高峰强．经验的完形：格式塔心理学[M]．济南：山东教育出版社，2009年，前言第6—7页。

79　王鹏，潘光花，高峰强．经验的完形：格式塔心理学[M]．济南：山东教育出版社，2009年，前言第10页。

80　两条光线如果以很短的时间（60毫秒左右）相继闪现，会有一种一条光线从一个位置移动到另一个位置的错觉，这便是“似动”现象。1910年，韦特海默在乘火车旅行时看到铁路口的信号灯交替闪烁。在法兰克福下车后，他购买了“西洋镜”（zoetrope），其原理是将一系列图片置于内部，从外围的缝隙向里看，这些静止的图像可以呈现为移动的画面。韦特海默随后将具象的物体换成抽象的线条，通过改变这些元素，他得以观察移动图片的幻觉成像原理，这种效果便是“似动”现象。参见：罗伊·R.贝伦斯．艺术、设计和格式塔理论[J]．装饰，2018年第3期，第32页。

81　1923年韦特海默发表《知觉之组织》，指出人们总是采用直接而统一的方式把事物知觉为统一的整体，并提出了完善格式塔心理学完形倾向作用的几个有关知觉的原则。（1）接近性原则（principle of proximity）：刺激在空间或时间彼此接近时，容易组成一个整体。（2）相似性原则（principle of similarity）：互相类似的各个部分如形状、颜色和大小等有被看成一群的倾向，容易组成一个整体。（3）闭合原则（principle of closure）：刺激的特征倾向于聚合成形时，即使其间有短缺处，也倾向于当作闭合而完整的图形。（4）连续性原则（law of continuity）：各个刺激之间如果在时间或空间上有连续关系，容易知觉为一个整体。（5）图形-背景原则（law of figure-ground）：在一个具有一定配置的场域里，有些对象突出来容易形成被感知的图形，而其它对象则退居次要地位成为背景。参见：王鹏，潘光花，高峰强．经验的完形：格式塔心理学[M]．济南：山东教育出版社，2009年，第42页。

破坏，就会引起一种紧张，从而产生力图恢复平衡的张力。[82]韦特海默的学生阿恩海姆（Rudolf Arnheim）将格式塔心理学和视觉艺术联系在一起。[83]阿恩海姆认为格式塔是一个力的结构，他对“力”有过四种不同的表述，即“force（力的总称）”、“tension（张力）”、“dynamics（动力）”和“power（力量）”，[84]其中的“动力（dynamics）”处于阿恩海姆理论的核心位置。在新版的《艺术与视知觉》（1974）中，第九章的题目“动力”取代了旧版（1954）中的“张力（tension）”，这是阿恩海姆将格式塔的完形倾向动力化

---

82 勒温是拓扑心理学创始人，他用格式塔的基本原理和物理学的场论去解释团体动力等社会心理现象，并成功地将拓扑学与他的心理学理论融为一体，开创了拓扑心理学。勒温的稳态论动力模式进一步注解了完形倾向，即从需求打破平衡到实现目标平衡，便是一种“过程—格式塔”。参见：王鹏，潘光花，高峰强.经验的完形：格式塔心理学[M].济南：山东教育出版社，2009年，第151页。力的运动和平衡是格式塔心理美学的两大基石，完形自组织地追求着一种平衡，形式的张力和其运动都围绕着平衡进行。参见：杨锐.艺术的背后——阿恩海姆论艺术[M].长春：吉林美术出版社，2007年，第19页。

83 韦特海默1933年移居美国以后在纽约社会研究所的新学院中开设“艺术和音乐心理学”课程，其学生鲁道夫·阿恩海姆在1943年接替老师继续授课并延续格式塔心理学的研究。1954年，阿恩海姆在其成名作《艺术与视知觉》中，将格式塔心理学应用于视觉艺术的研究，为艺术理论奠定了初步的科学基础。他通过揭示视知觉的简化倾向和组织本能来揭示“完形”性质，并将“力”作为核心概念，认为每一个视知觉形式都是一个“力”的式样。1966年，阿恩海姆在论文《形状的动力》中提出了“动力（dynamic）”的概念。1969年，在《视觉思维——审美直觉心理学》中，他把研究重心放在揭示视知觉的思维本质上，着重探讨了视知觉具有思维的性质，并阐释了“动力”在视觉思维中的创造性功能和内在机制。1977年，在《建筑形式的视觉动力》中，阿恩海姆对知觉动力在建筑艺术中的表现做了大量研究。1988年，在《中心的力量——视觉艺术构图研究》中，他对知觉动力在具体艺术中的表现做了更多的思考。

84 “force”是指各种力的总称；“tension”是“张力”，强调物体之间或物体各部分之间的没有方向的聚合力，而“directed tension”则是“有方向的张力”，和康定斯基对“张力”定义的意义相近。参见：Kandinsky W. *Point and Line to Plane* [M]. Translated by Dearstyne H, Rebay H. New York: Dover Pubications, 1979, p.57.“dynamics”是“动力”，意思和“directed tension”相近，是指有方向的力，但强调是知觉中的力。“power”的意思是“力量”，主要是指视觉式样本身及其组合所形成的视觉冲击力。他的《中心的力量——视觉艺术构图研究》这部著作题目中的“力量”用的就是“power”。参见：宁海林.阿恩海姆美学思想新论[J].舟山学刊，2008年第3期，第222页。

的标志[85]。“动力”成为“完形”的机制，而完形是动力机制所创造出来的形式，直接呈现为动力式样[86]。动力机制可延伸至建筑领域，[87]在《建筑形式的视觉动力》（1977）中，阿恩海姆提出组成视觉形状并赋予它们表现力的知觉力包含在建筑几何中，这种寓于形状、颜色及其运动的动力是感官感知的决定性因素。[88]

格式塔心理学之后，贡布里希（Gombrich）在1978年提出了“秩序感（the sense of order）”。格式塔理论强调知觉对简单形式的趋向，设立了单

85　在第一版《艺术与视知觉》（1954）的第九章“张力（tension）”中，阿恩海姆将绘画和雕塑中的“不动之动（movement without motion）”解释为“具有倾向性的张力（directed tension）”。形状比例的改变，知觉梯度的创造，倾斜和变形的产生，频闪产生的位移，都可以造成张力，这些现象都源于格式塔心理学的“最简原则（Principle of simplicity）”，即“一切知觉都倾向于最简化的式样”，从而产生了完形压强。参见：Arnheim R. *Art and visual perception: a psychology of the creative eye* [M]. London: University of California Press, 1954, p.423。在1974年新编的《艺术与视知觉》中，第九章被“动力（dynamics）”所替代，阿恩海姆在开篇就指出“仅有简洁性是不够的”，他将人类的心理机制设想为一种“张力加强（tension-heightening）”和“张力减少（tension-reducing）”之间的冲突，“完形”所产生的“结构性主题（structural theme）”成为一种参照，视觉形式根据自身风格和所传达的信息可以减少张力，形成趋于简洁的构图，例如希腊艺术中的静态人像，也可以加强张力，形成复杂的构图。新的阐释是在认定一切视觉形象都具有动力性特质的前提下，将完形倾向动力化，而只有“dynamics”一词才能将这种知觉体验描述清楚。参见：Arnheim R. *Art and visual perception: a psychology of the creative eye* [M]. London: University of California Press, 1974, pp.411-412。

86　“动力”成为“完形”的机制，任何视知觉形式的达成都需要一个动力机制，而完形是动力机制所创造出来的形式，直接呈现为动力式样。参见：宁海林．现代西方美学语境中的阿恩海姆视知觉形式动力理论[J]. 人文杂志，2012年第3期，第97页。

87　在阿恩海姆个人的学术生涯中，可以找到和艺术与建筑教育的交集。1927年，阿恩海姆访问过包豪斯学院，包豪斯的教学理念和艺术实践对阿恩海姆日后的艺术思想形成很大影响，这种影响随着包豪斯的主要成员逃亡到美国并重整旗鼓而延续。参见：史风华．阿恩海姆美学思想研究[M]. 济南：山东大学出版社，2006年，第21页。从哈佛大学退休后，阿恩海姆立即接受了纽约库珀联盟建筑学院的邀请，从事建筑理论的授课工作，并以“动力”为核心探讨了视知觉和建筑艺术的关系，最终写成《建筑形式的视觉动力》（1977）。这本书可以视为对早年包豪斯教育中探索的问题的一种解答，既可以看成是视知觉理论在建筑学中的运用，也可以看作是以建筑为例阐释视知觉形式的动力理论。

88　鲁道夫·阿恩海姆．建筑形式的视觉动力[M]. 宁海林，译．北京：中国建筑工业出版社，2012年，第Vi-X页。

一的完形目标，但是贡布里希并不认同格式塔理论中单一的概念化倾向，取而代之为“先制作后匹配”的方法论——有机体对环境所蕴含的规律不断地假设，对假设不断地检验，根据检验不断地进行修正。[89]贡布里希在探讨图形中的动力的时候，强调自己并不认同格式塔理论中的力场理论，即人脑中存在一个和现实同构的物理力场。贡布里希认为“力场”是一种比喻，用来帮助理解图形中的对称和各种对应的效果，他用“位置的加强（眼睛向特殊中心移动）”和“位置的衰弱（眼睛从特殊中心离开）”来描述“力场”的效果。秩序感因此会在“力场”的作用下，引导我们注意前面提到的各种富有趣味的“中断”，这些“中断”的地方会因为内在预测的秩序感和视觉对象之间的矛盾而产生意外的张力，在装饰构图中创造新的填补和连接方式。

阿恩海姆的视知觉动力理论虽然增加了我们认知建筑形式的一个角度，但对于建筑学的发展来说，更迫切需要在视知觉理论的基础上，建立一套可以指导建筑形式生成的方法论，进而建立自洽的建筑形式语言体系。贡布里希的秩序感在格式塔的基础上阐释了一种更有弹性的视觉机制，但是这种“创造-检验-调整”的方法并不适用于没有客观现实作为调整参照的抽象艺术。从塞尚开始，那些高度抽象的造型元素并不需要根据一个客观标准来修正，而是根据一种更主观化的意愿进行调整，具有更加主观的自洽性。

3. 艺术家的理论与实践（20世纪初）

1878年迈布里奇（Muybridge）拍摄的一组奔马照片[90]震动了艺术界，

---

89 在贡布里希1960年的著作《艺术与错觉》中，他提出人们首先创造了概念化的图像，即表现客体的最简图示，然后根据实际情况对图示进行修改和矫正，这是简单性原理在再现艺术中的作用机制。创造概念化图像的依据是有机体内在的预测功能。有机体在观察周围环境时，对照它最初对规律运动和变化所做的预测来确定它所接收到的信息的含义，这种内在的预测功能被称为秩序感。与格式塔的目标不同，秩序感更多的是作为一种工具来发现偏离秩序的现象。贡布里希强调：“正是秩序里的中断引起了人们的注意并产生了视觉和听觉的显著点，而这些显著点常常是装饰形式和音乐形式的趣味所在。”这个“创造-检验-调整”的方法论是对波普尔科学方法论中建立在反归纳原则上的经验证伪原则在装饰艺术理论中的运用。参见：陈琳.《秩序感》研究[M].芜湖：安徽师范大学出版社，2014年，第15—19页。

90 1878年迈布里奇在加利福尼亚州沿着赛马跑道排列了24架照相机，并在赛马冲过终点线的瞬间启动快门，加利福尼亚州的强烈阳光极大地缩短了曝光时间，使迈布里奇成功地解构了奔马运动。

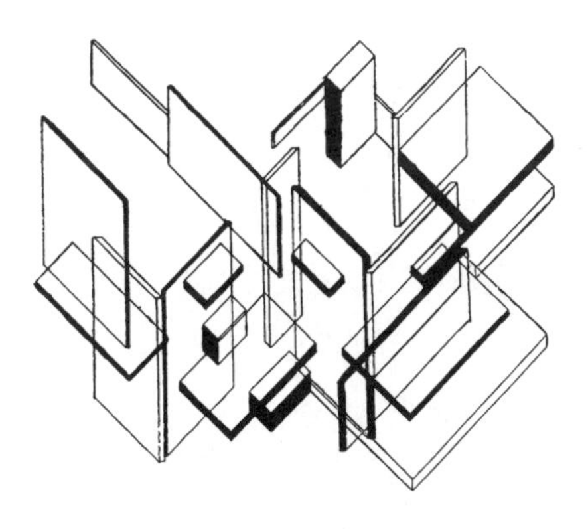

图1.10　凡·杜斯堡的空间模型（1923）

引发了艺术家怎样超越“时间之点（punctum temporis）”的讨论。正如贡布里希所说：“视知觉本身就是一个时间中的过程，而且不是一个很快的过程。”[91]在这个意义上，我们的视觉将运动的连续形象聚合起来，一瞥之间便已经将一个时间段的信息集合成了某种短期的储存，不能像机器之眼一样截取静帧，对画的“观看”是一个超越“时间之点”的绵延的过程。

塞尚和分析立体主义开启了呈现“时间”的绘画范式，将静物分解为多义的小块面，使它们超越了所谓的被看之物，而呈现了视觉本身的过程。立体主义阵营中，“离经叛道”的杜尚用一幅《下楼梯的裸女》直接表现“运动”的主题。与此同时，意大利的未来主义画家用“运动”作为机械时代艺术的母题，吸收了立体主义的表现语言，形成了结构化的造型语言。

一战后，艺术家延续了未来主义对运动的探索。构成主义艺术家加博（Naum Gabo）和佩夫斯纳（Antoine Pevsner）在《现实主义宣言》（*Realist Manifesto*）（1920）中倡导在造型艺术中加入运动的元素，将运动的韵律（kinetic rhythms）——对时间感知的基本形式，作为新的造型元素[92]。荷兰风格派的探索从画中空间延伸至建筑空间，凡·杜斯堡在平面构图中引入了表现运动的对角线，并建立了一种呈现离心力的空间模型[93]（图1.10）。

91　E. H. 贡布里希. 图像与眼睛：图画再现心理学的再研究［M］. 范景中，杨思梁，徐一维，等，译. 南宁：广西美术出版社，2013年，第46页。

92　Gabo N, Pevsner A. *The Realistic Manifest*［A］//HARRISON C, WOOD P. *Art in Theory, 1900–2000*［C］. Malden: Blackwell, 1920, p.299.

93　凡·杜斯堡发表的《塑性建筑艺术的十六要点》（1924）一文中的第11条（转下页）

以康定斯基、保罗·克利（Paul Klee）和莫霍利–纳吉（László Moholy Nagy）为代表，包豪斯将构图中的“张力”和“运动”理论化。康定斯基在其艺术理论中，给予了“张力”重要的地位。[94]他认为绘画语言的外在物理特性（点、线、面）只是形式因素，而绘画语言以内在的“张力”为内容，内容体现在构图中，构图是为绘画而组织的张力的集合。“有方向的张力”[95]构成了康定斯基的“运动”的艺术形式，这一概念被克利和纳吉所接纳，成为包豪斯对构图形式研究的支点。

保罗·克利在《教学笔记》（1925）中，以“运动的线”为线索，展开了对平面结构、平衡和运动等问题的讨论，并建立了一套标记符号系统[96]。在

（接上页）对此有所描述：“新建筑应是反立方体的，也就是说，它不企图把不同的功能空间细胞冻结在一个封闭的立方体中，相反，它把功能空间细胞（以及悬吊平面、阳台体积等），从立方体的核心离心式地甩开。通过这种手法，高度、宽度、深度与时间（也即一个设想性的四维整体）就在开放空间中接近于一种全新的塑性表现。这样，建筑具有一种或多或少的飘浮感，反抗了自然界的重力作用。”但是凡·杜斯堡并没有回答这种离心力产生的原因。这使得他所描述的形式的运动仅仅只是一个概念，而未形成完整的理论体系。参见：肯尼斯·弗兰姆普敦. 现代建筑：一部批判的历史[M]. 张钦楠，等译. 北京：生活·读书·新知三联书店，2004年，第157页。

94 在《点、线、面》（1923）中，康定斯基将绘画的元素的概念分为外在的概念和内在的概念：“就外在的概念而言，每一根独立的线或绘画的形都是一种元素。就内在概念而言，则不是这种形本身，而是形中蕴含的内在张力才是元素。而实际上，并不是外在的形表现了一幅绘画作品的内容，而是力（force）=活跃在这些形中的张力（tension）。如果这些张力魔术般地消失或衰竭，那么生动的作品则会瞬间死去。否则，几个形的随意组合便都可称之为艺术。”参见：Kandinsky W. *Point and Line to Plane* [M]. Translated by Dearstyne H, Rebay H. New York: Dover Pubications, 1979, p33。

95 康定斯基随后对“张力”和“运动”的概念进行了进一步的澄清：“我想用‘张力（tension）’这个术语代替被滥用的概念‘运动’。常用的术语是不准确的，因此会导向错误的道路并带来更深的误解。‘张力’指元素内在的力量，并仅仅表现‘运动’的一部分。另一部分是‘方向（direction）’，这也由运动决定。绘画的元素是运动的物质化结果，其形式为：1. 张力；2. 方向。”参见：Kandinsky W. *Point and Line to Plane* [M]. Translated by Dearstyne H, Rebay H. New York: Dover Pubications, 1979, pp.57-58。

96 “运动的线”是点的延伸，也定义了面，具有数学比例的线是运动轨迹的协调者。克利的理论和康定斯基有相似之处，但蕴含着自己的视觉词汇和语法，建立了一套标记符号系统与相对应的构图方式。这套标记符号从自然中提炼而成，比如骨骼与肌肉、水车与锤子、植物的成长与传播和心脏的循环。

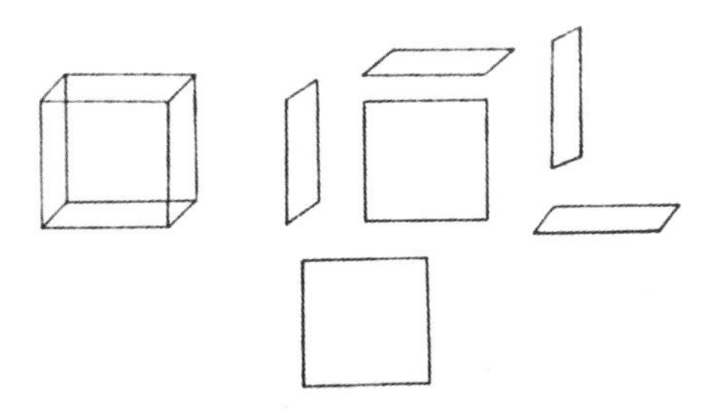

图1.11 莫霍利–纳吉图解的体量的运动

“运动的自然有机构造”中，克利将运动转化为标记符号，并赋予了不同的属性：积极的、中性的与消极的。[97]这就意味着标记符号间有着相辅相成的关系，每一次运动的开始，必然会伴生一个反运动。“当运动与反运动相遇，或找到动态无限的解决方案时，这种构图才完整。”在协调错综复杂的张力时，克利指向了一个“完整的构图”，即“朝向一种独立、静-动和动-静发展的各种元素的和谐”[98]。这提供了一种转译自然现象的标记符号体系，同时也提出了自洽的平面构成的法则。

莫霍利–纳吉在1947年所著的《运动中的视觉》一书中明确地将绘画与空间阐释联系在一起，用“运动中的视觉”[99]概括了塞尚、立体主义与未来主义在绘画中所建立的一种新的空间意识。纳吉提出的“运动中的视觉”可视为康定斯基和克利等人在包豪斯教学实践的总结，并贯穿绘画、雕塑和建筑等各类现代视觉艺术。纳吉强调，空间创造是各类空间的交织，这些空间维系在很多看不见却清晰可寻的关系中，它们朝向四面八方，力的作用也不断变化。在这种运动理念的驱使下，闭合的体量走向开放空间（图1.11）。[100]

97 保罗·克利. 克利与他的教学笔记[M]. 周丹鲤，译. 重庆：重庆大学出版社，2011年，第32页。

98 同上书，第61页。

99 运动中的视觉包括五个方面：1.运动中的视觉就是同步捕捉，将观察、感觉与思考相互关联，将捕捉的瞬间融为一体，把单独的要素连为整体；2.运动中的视觉和共时性与时间-空间是同义词，是理解新维度的手段；3.运动中的视觉就是在运动中的观察；4.运动中的视觉就是观察运动的物体；5.运动中的视觉就是设计，是幻想的动态投射。参见：拉兹洛·莫霍利–纳吉. 运动中的视觉：新包豪斯的基础[M]. 周博，朱橙，马芸，译. 北京：中信出版社，2016年，第4页。

100 莫霍利–纳吉将这个过程描述为七个阶段：“(1) 单室，封闭（中空体）；(2) 单室，一面开放；(3) 表现为裸结构，柱体；(4) 多室，封闭，覆盖在巨大的（转下页）

康定斯基、克利和纳吉等包豪斯艺术家们在艺术、设计和教学上的实践和格式塔理论是相互关联的。[101]

4. 建筑学的探索（20世纪60年代后）

形式分析从艺术史延伸到建筑学，存在着一条师承脉络[102]。沃尔夫林用"张力"和"运动"诠释了巴洛克艺术风格，柯林·罗从拉图雷特修道院的北立面看到两股相悖张力的对立平衡，[103]这种基于格式塔的形式分析范式对其

（接上页）外表下；（5）相互贯通的内室、穹顶、拱门、直壁（verticality）。这前五个步骤，仍然保持着建筑是一个闭合的体量，没有拉开和雕塑的区别。（6）每一面都开放，水平流动（赖特）。（7）纵向开放（柯布、密斯、格罗皮乌斯）。经过这两个步骤，建筑与雕塑有了本质的区别。"在建筑中没有雕塑形式，只有作为建筑要素的空间位置，因此建筑体内部必须通过空间分割，使内部相互联系，并与外部相联系。"（莫霍利－纳吉，2005，198）但纳吉描述的建筑空间并没有突破风格派的框架，即建筑空间的纵横开放与内外空间融合交织，这种对空间运动的描述依然是建立在对水平和垂直方向力的作用的想象上，而并没有建立关于形式运动完整的理论体系。

101 格式塔理论与包豪斯的联系可追溯到鲁道夫·阿恩海姆在1927年对德绍包豪斯的访问，后者随后在《世界舞台》（*Die Weltbühen*）上发表文章称赞包豪斯的建筑设计。1929年，苛勒因行程冲突而让学生卡尔·邓克尔（Karl Duncker）前往包豪斯代为讲学，听众中便有保罗·克利，他在1925年就知道了韦特海默的研究。康定斯基和约瑟夫·阿尔伯斯（Josef Albers）同样对格式塔理论有浓厚的兴趣，他们出席了1930－1931年冬天由来自莱比锡大学的访问学者、心理学家卡尔佛利特伯爵（Count Karlfried von Durckheim）所作的格式塔理论系列讲座，阿尔伯斯此后再次引导了对"同时对比"（simultaneous contrast）的关注，关注动态变化的"图形-背景"关系。由约翰·伊顿（Johannes Itten）在包豪斯始创，并由阿尔伯斯与莫霍利－纳吉发展的材料课和格式塔心理学家邓克尔在1935年发布的"功能固着"实验惊人相似。参见：罗伊·R. 贝伦斯. 艺术、设计和格式塔理论[J]. 装饰，2018年第3期，第32－35页。

102 形式分析从艺术史延伸到建筑学，海因里希·沃尔夫林、鲁道夫·维特科尔、柯林·罗和彼得·埃森曼四人具有一脉相承的师承关系，存在一条基于形式分析法的跨学科演化脉络。参见：曾引. 形式主义：从现代到后现代[D]. 天津大学，2012；江嘉玮. 从沃尔夫林到埃森曼的形式分析法演变[J]. 时代建筑，2017年第3期，第60－69页。

103 在柯林·罗对拉图雷特修道院的北立面的分析中，他描述了两股相悖的视觉张力带动形式的"颤动"，最终到达的"张力的平衡"。柯林·罗首先强调了修道院北立面的女儿墙有轻微的偏离水平线的倾斜，以至于观者的眼睛希望可以将其"矫正"，"不是作为物理学上恰巧而成的一条对角线，而是心理学上看起来一个透视后退的元素"。

弟子埃森曼产生了影响。埃森曼试图和以视知觉为基础的格式塔心理学划清界限，他认为格式塔心理学研究的是视觉（visual）和图画（pictorial）的领域，他区分了“感知”与“概念”，试图反驳建立在“感知”基础上的形式分析（格式塔），而重构建立在“概念”基础上的形式自治。[104]埃森曼将建筑视为一种具有逻辑性话语的构成体，体量（volume）、体块（mass）、表面（surface）和动势（movement）[105]是建筑形式的四个基本属性。“张力”既是体量产生动态的原因，也是动态体量在空间中作用的结果，“体量的动态（dynamic state）是它抵抗施加在其周身的力量的结果，任何体量都可以根据内部力量[106]和外部力量[107]的具体条件来赋予或是接受形式”[108]。

埃森曼将人在建筑中的一般性“运动”视为构成一座建筑的外部因素。

在此，柯布西耶建立了一个“假的正确角度（false right angle）”，与地上的斜坡共同营造出“建筑在旋转的假象”。墙体因此产生的扭转（torsion）使堡垒和钟塔之间产生了微小却突然的动感的震颤（tremor of mobility）。与此同时，三个采光井将一个“反作用力（counteractive stress）”引入，在建筑的立面上呈现出两个方向相反的螺旋（spiral）动势。二维的图像上的螺旋（偏斜的平面）和三维的雕塑式的螺旋（采光井的螺旋锥）相互制衡。“既然盘旋的筒状涡流，受到礼拜堂之上升起的空间的暗示，是一个体量，像其它螺旋一样，具有旋风一般的吸引力，能将能量不足的材料吸向兴奋的中心。如此一来，三个采光井与其它要素共同谋划出幻觉，作为一种羁绊，以确保张力的平衡。”参见：Rowe C. *The Mathematics of the ideal villa and other essays* [M]. Cambridge and London: The MIT Press, 1987, pp.191-192。

104 埃森曼在其博士论文中力图将涉及图像学和感知的内容排除在外，回避心理学层面上的内在问题。在其博士论文的导言中，埃森曼写道：“本文关注的是概念层面的问题（conceptual issues）。形式被视为关于逻辑一致性的问题，即形式概念之间的逻辑互动。本文试图明确一个观点，即具有逻辑与客观本质的思考，可以为建筑学本体提供一个概念的、形式的基础。”参见：Eisenman P. *the formal basis of modern architecture* [M]. Baden: Lars Muller Publishers, 2006, p.20。

105 为了区别于一般的运动，埃森曼博士论文中文版将“movement”翻译为动势。参见：彼得·埃森曼. 现代建筑的形式基础[M]. 罗旋，安太然，贾若，译. 上海：同济大学出版社，2018年，第36页。

106 内部力量可以被视为对限制条件的抵抗，这些限制条件是：包裹的表皮（containing surfaces）、运动或流线、被置于体量之中的物体［体块（mass）］。

107 外部力量是体量周边一切影响空间中性状态的、物质的或抽象的扰动（disturbance）。

108 Eisenman P. *the formal basis of modern architecture* [M]. Baden: Lars Muller Publishers, 2006, p.61.

"它并不是建筑本身的性质，而是建筑施加于个体的行为模式。因而'运动'可以被定义为，人在任何建筑环境中的流线（circulation）。'运动'可以被视为几何矢量（geometric vector）或者一种外力（external force），甚至是一个负体量，可以根据它的尺寸、强度和方向被赋予近似值。"[109] 埃森曼进而在注解中明确了作为"外部因素"的"运动"和前人定义的不同，沃尔夫林等人倾向认为"运动"是具体艺术作品的自身属性，而埃森曼的"运动"则是推动建筑生形的外因，并涵盖了"时间"、"间隔（interval）"以及"流线"等概念，它修正了形式的平衡状态，被包容在体量之内，使体量处在动态的赋形过程中。通过"运动"的概念，埃森曼将人的流线等不确定的因素量化为可控的矢量。如果说阿恩海姆的视知觉动力（dynamic）是通过在场感知的方式获取，从视觉过渡到心理，那么埃森曼定义的"运动"（movement）是脱离在场感知的，从概念汇入逻辑体系，和语言的构建有共通之处[110]。埃森曼参照了乔姆斯基（Noam Chomsky）的"转换生成语法"（tramsformation），将"运动"变为一种生成性要素（transformational component），成为连接"深层结构"和"表层结构"的桥梁。[111]

另一位将"运动"从知觉经验变成思维概念[112]的建筑师是伯纳德·屈米

109 Eisenman P. *the formal basis of modern architecture* [M]. Baden: Lars Muller Publishers, 2006, p.73.

110 从1966年开始，埃森曼对其它学科进行研究。他认为这些学科（尤其是语言学）的形式问题呈现在某种批判性的框架中。埃森曼将源自柯布西耶的有关形式的讨论作为形式语言构建的起点。他认为在《勒·柯布西耶全集》中所展示的"四种构成"的示意图暗含着形式语言的语汇（vocabulary）、语法（grammar）和句法（syntax），而其博士论文的目标就是将其揭示出来。

111 埃森曼将诺姆·乔姆斯基的《句法理论的若干问题》（1965）中关于句法的研究和建筑的形式相类比："我们可以对建筑和语言进行若干类比，特别是构造一个关于建筑形式的句法的粗略假说。"埃森曼使用了语言学提供的工具，因为语言学从本质上说也是建立在概念逻辑层面的学科，并通过形态学（文字）表达和呈现。埃森曼将乔姆斯基提出的语言的深层结构和表层结构的区别，类比为建筑的表层特征（感知层面的肌理、颜色和形状等特征）和深层机制（概念层面的正面、倾斜和后退等关系）的对立关系，从而使建筑形式摆脱感知层面的干扰，在概念层面的系统内部进行变化与衍生。参见：Eisenmman P. *From Object to Relationship II: Giuseppe Terragni Casa Giuliani Frigerio* [J]. Perspecta, 1971, 13/14: 36-61。

112 "概念"在屈米的建筑理论中占据了灵魂地位，建筑不是形式的知识，而是知识的形

(Bernard Tschumi)。屈米认为:“空间（space)、运动（movement）和事件（action）是建筑的三个高度分化的要素，但它们的相互关系却可以生成一个建筑概念 (architecture concept)。”[113]建筑空间中的身体运动是知觉的对象，身体和记号（notation）的结合则是概念的对象。屈米将影像、建筑平面图和运动标示三者结合为一种记号，从“事件、运动、空间”的视角重新界定了建筑的构成。[114]屈米将运动视为“建筑的发生器和引发源”[115]，他将人的运动过程记号化，通过身体连续运动的概念化操作，入侵建筑的固有秩序，从而打破原有的几何平衡并建立新秩序。[116]和埃森曼相似的是，屈米将运动符号化，将身体的运动形成了一套记号系统。当运动作为一种外来的系统闯入另一种秩序中时，运动记号已经消除了原来在感知层面的特定意义，而成为在空气中刻画空间轮廓的一种“张力”，创造连续的空间形状[117]。

张力和运动在建筑学领域的探讨中，逐渐从一种视觉经验转化为抽象概念。埃森曼将形式视为一种“程序符号的符号（the sign of the sign program)”[118]，这套符号系统仅仅是把几何实体［感知对象（percept)］作为一

式，其本质是概念和思想的实体化。参见：伯纳德·屈米.建筑概念：红不只是一种颜色[M].陈亚，译.北京：电子工业出版社，2014年，第6页。

113 Tschumi B. *Architecture and Concepts* [A] //*Berbard Tschumi Architecture: concept and notation* [C]. Power Station of Art Hangzhou: China Academy of Art Press, 2016, p.18.

114 记号的三分模式（事件、运动、空间）将经验的秩序和时间的秩序引入建筑中，产生了瞬间（moment)、间隔（lntervals）和序列（sequences)，从而取代了建筑图纸传统的表达模式。参见：Migayrou F. *Vectors of a Pro-Grammed Event* [M] //Bernard Tschumi Architecture: Concept and Notation. Power Station of Art China Academy of Art Press, 2016, p.43。

115 伯纳德·屈米.建筑概念：红不只是一种颜色[M].陈亚，译.北京：电子工业出版社，2014年，第69页。

116 在1978年所绘制的纸上建筑方案中，屈米从电影中选取激烈运动的画面，将人物的动作用箭头标识，再将其转化为正或负的体量。在曼哈顿手稿中（1977—1981)，屈米用人的身体运动，动态地雕刻出不可预料的空间，建筑成为一个有机体，被动地参与到和使用者的对话中。屈米没有停留在运动记号生成的单一形式上，而是将其展开并形成序列，使运动成为叙事的线索，进一步连续地生成新的空间秩序。

117 伯纳德·屈米.建筑概念：红不只是一种颜色[M].陈亚，译.北京：电子工业出版社，2014年，第107—108页。

118 彼得·埃森曼.彼得·埃森曼：图解日志[M].陈欣欣，何捷，译.北京：中国建筑工业出版社，2005年，第90页。

种参照，通过这种参照，阐明形式与建筑之间的关系［概念（concept）］。这种在概念层面将建筑形式转化为语言符号的操作使形式脱离感知，成为一种纯粹的概念的游戏。[119]屈米使“运动”成为控制形式生成过程的一种“程序（programme）”，可感知的身体运动是形式生成的驱动，其所产生的轨迹和张力可以连续在空间中物质化为形式。“运动”作为动态的并具有关联性作用的要素，通过联结不同的时间序列，从而重新界定空间。这两种对“运动”的不同理解，包括从“运动”中产生的“张力”都是“概念”性的，和“知觉”性相对立。

（三）知觉与概念的结合

知觉感知和概念思维如同一张纸的两面不可分离，[120]可以用“视觉思维”[121]来定义。视觉思维通过“感觉的逻辑”创造形象，呈现出张力与运动的现象。与强调逻辑思维的视觉性编码（蒙德里安）[122]和强调知觉感受的“行

119 所以正如罗宾·埃文斯（Robin Evans）所说：“埃森曼的建筑不像语言，它们更像是对语言的研究。”因此，埃森曼的建筑形式需要大量的文字注解，无法通过感知被直接理解。参见：罗宾·埃文斯. 从绘图到建筑物的翻译及其他文章［M］. 刘东洋，译. 北京：中国建筑工业出版社，2018年，第90页。

120 对于知觉感知与概念思维，有两种不同的观点：很多艺术家认为，理性思维活动是艺术的敌人，同艺术格格不入；相反，有些从事理性思维活动的人又喜欢将理性思维说成一种完全超越了感知的活动。如果坚持这两种观点，只强调自由意志的绘画或只强调概念逻辑的建筑会成为两条永远不会交叉的平行线。在艺术创造过程中，知觉与思维错综交织，结为一体，任何一种思维活动都可以在知觉中找到，“所谓视知觉，也就是视觉思维”。参见：鲁道夫·阿恩海姆. 视觉思维——审美直觉心理学［M］. 滕守尧，译. 北京：光明日报出版社，1987年，第56页。在从环境摄取素材时，视觉便在它要录制的材料上投射（或抽象）了一种概念性的结构或秩序，张力和运动是这种结构或秩序高度抽象后的存在。但是这种外来的秩序必定不能和心理内在的秩序完全契合，视觉思维需要进一步运转才能消除内外结构间的冲突。

121 鲁道夫·阿恩海姆1969年提出的“视觉思维”的概念。他认为大脑为了把握外部世界，必须完成两项工作：（1）获取有关它的信息（知觉感知）；（2）对这些信息进行加工处理（思维处理）。但大脑内部不可能有如此明确的分工，只有知觉收集到的材料是事物的典型或概念（而非纯感性的反应），它们才能被思维所用；反之，感性材料必须一直存在于大脑中，否则思维会失去思考的对象。参见：鲁道夫·阿恩海姆. 视觉思维——审美直觉心理学［M］. 滕守尧，译. 北京：光明日报出版社，1987年，第41页。

122 现代绘画在德勒兹看来是一种逃离具象和形象化（figuratif）的艺术。逃离具象的

动绘画”（波洛克）[123]不同，现代绘画可以通过“形象（tigure）”构建感觉，驱赶其中的“具象性”、“图解性”和“叙述性”，从而形成感觉的逻辑。

德勒兹以培根（Francis Bacon）绘画中的形象为例，[124]为感觉的逻辑提出了动力的假设：感觉的层次就好像是运动的各个停止点或突发点，它们加在一起，可以重新组织运动，包括它的延续性、速度和力量。在运动的背后，有一种看不见的力量（force）对身体产生的作用，造成了一种原地的痉挛。[125]力量是感觉的前提，所以感觉的逻辑的呈现需要让这种不可见的力量被看见。[126]形象的表面运动从属于在它们身上起作用的看不见的力量，于是可以从运动而上溯到多种力量，启动感觉的逻辑。[127]埃森曼将德勒兹的形象

第一条道路是抽象，将复杂与混沌简化为最小，创造抽象和有意义的形式。例如蒙德里安的方框和康定斯基的构成，抽象的形式通过“张力”与纯几何形式分开，建立了一种完全视觉性的编码。在德勒兹看来，这种编码是数码式的，就如同康定斯基将垂直线-白色-运动、水平线-黑色-惰性绑定在一起，将视知觉对象变成了“造型字母表”，成为一种可以脱离视知觉的思维编程。

123 逃离具象的第二条道路是抽象表现主义（abstract expressionism），或无具形艺术（art informal），在这条道路上视觉的几何崩溃了，让位于一种手的线条，例如波洛克的线条和莫里斯·路易斯的色点，乃至极端的“行动绘画”，视觉的主权从被削弱到被完全放弃。虽然德勒兹认为抽象表现主义走向了脱离视觉的极端，但是更多的评论家将之定义为纯视觉的。悬置这两种相对立的解读的差异性，无论是纯知觉而非视觉的，或是纯视觉的，都是在思维或知性（intellectual）缺席情况下知觉的极端发展。

124 德勒兹认为培根的绘画中，被画出的形象是身体，不是作为客体而被再现的身体，而是作为感受到如此感觉而被体验的身体。每幅画作、每个形象、每种感觉，本身都是变幻的延续性或系列，而非仅仅是系列中的一个项，每个感觉都处于不同的层次、不同的范畴，或不同的领域中。参见：吉尔·德勒兹.弗兰西斯·培根：感觉的逻辑[M].董强，译.桂林：广西师范大学出版社，2017年，第47—49页。

125 参见：吉尔·德勒兹.弗兰西斯·培根：感觉的逻辑[M].董强，译.桂林：广西师范大学出版社，2017年，第53—54页。

126 例如，在培根的头部系列和肖像系列中，他笔下的头部形象的活动并非致力于重构的运动，而是指向各种作用在静止不动的脑袋上压迫的力量（膨胀的力量、痉挛的力量、压平的力量、拉长的力量），仿佛看不见的力量从各种不同的方向击打着脑袋。运动既指向制造出运动的力量，又指向一大批在这一力量作用之下被解构与重构的元素。

127 第一种看不见的力量是进行隔离、加以孤立的力量，它们的载体是平涂的色彩，在它们围绕着轮廓而将平涂色彩卷在形象的周围时，这些力量变为可见。第二种力量是变形的力量，这一力量抓住形象的身体与脑袋，每当脑袋搅动它的脸部，（转下页）

理论延伸到建筑中，将建筑中具有运动属性的正负“体量”和德勒兹在画中析出的“形象”概念相对应。[128]但是，这种类比将相同的概念简单指认为物理形式[129]，剥离了绘画语境的孤立的概念会失去理论搭建的严谨性[130]。

严谨的类比，应该在绘画和建筑之间建立对应的语言结构。本书基于绘画和建筑的双重语境，以构图中的“张力”和“运动”为线索，研究绘画与建筑形式相关联的生形机制。绘画和建筑的可见的“元素”后面暗含着不可见的“张力”与“运动”，引导元素按照其规律进行有序列的变形和组合，在共同的视觉思维机制下将视觉元素转化为相似的构图形式。

（接上页）或者身体搅动它的有机组织，这些力量变为可见。第三种力量是消散的力量，此时形象消失，与平涂的色彩汇合。力量与运动的辩证互动，启动了感觉的逻辑。

128 德勒兹在对培根绘画的解读中，将画面结构划分为形象、背景结构和二者之间的轮廓。在德勒兹的表述中，形象可以通过轮廓的空隙钻入背景结构，而背景结构也可以穿过轮廓渗入形象中，在形象-轮廓-背景这个结构体系下，画面中的造型元素始终在运动中构建一种非叙事的画面结构。埃森曼认为建筑的赋形不仅指向对建筑物的意向（intent）和功能的清晰表达，而且还指向单体建筑与整体环境之间关系的清晰表达。德勒兹的形象-轮廓-背景的结构划分，符合建筑学中的体量-表面-环境的结构划分，因此可以为其所用。埃森曼用体量对应形象，用笛卡儿坐标系对应背景来类比建筑的空间关系。在解读柯布西耶的多米诺结构体系的时候，又将楼梯比作运动的形象，重复的楼板比作背景结构，将内-外的概念逻辑内化到了体块（mass）内部。埃森曼将运动作为动力推动体量变形和位移，比如回旋的流线会形成体量内部的旋转力。

129 德勒兹在《感觉的逻辑》中所建立的是绘画的一种生形的方法，如果将这种生形的方法类推为建筑生形的方法，必须有一套严谨的对应动态的体系，而不是将相同的概念简单地指认为物理形式。即便埃森曼意在强调流线在体量形式运动中扮演重要角色，但不能将物质化的体量与非物质化的流线等同。另外，笛卡儿坐标系是一个不变的参照，而德勒兹所描述的背景结构本身是一个运动的变量，背景结构中随机的结构线，会作为图表（diagram）干扰到形象的生成。所以将绘画中变量的背景和建筑中恒量的笛卡儿坐标系类比同样有失严谨，这种套用会使德勒兹建立的形象-轮廓-背景的结构体系简单化。

130 正如尼尔·里奇（Neil Leach）对埃森曼所作的批评，“当建筑学开始擅用哲学思想作为智慧风潮的外衣时，建筑理论就已经消失了”。参见：尼尔·里奇，孟浩. 德勒兹与图解：建筑理论历史中的奇特时期 [J]. 时代建筑，2016年第5期，第24页。

第四节　本书所定义的关于构图的术语

在前文中，我们已经对英语和法语中的“composition”进行了溯源，而对它的中文译法则需要作进一步辨析。“composition”最本质的意思是“构”，在不同的语境下引申出约定俗成的译意，例如“构图”（绘画）、“作曲”（音乐）和“构成”（建筑）。绘画中的构图对应的是在画幅中“经营位置”，而建筑平面往往被认为是在没有画框的图底上对形的组合，例如国内建筑教育启蒙教材中的“建筑空间组合论”和建筑基础课程中的“平面构成”和“空间构成”。但在本书所讨论的建筑平面生成过程中，实际存在着起到“画框”作用的元素[131]，绘画和建筑平面的“composition”都是有边界的。在有边界的绘画和建筑平面中，“构”是没有歧义的，关键是各自“构”了什么。在这个意义上，“构形”一词能将二者相关联。但是，本书所讨论的“composition”不仅包括“形”的组织（organisition），还包括“形”的生成（generation）”。所以，在不发明新词的前提下，我们对将绘画和建筑平面相关联的“构图”的意义进行拓展：“构图”中的“图”，不是所“构”之物，而是二维平面，是“构”的媒介，在有边界的二维平面中，张力主导的“形”的组织和运动主导的“形”的生成过程合称为“构图”。

为了系统地比较绘画与建筑平面的构图，我们需要对构图中的相关术语建立统一的概念。构图需要通过平面作为媒介，平面是空间（画中空间和建筑空间）信息的投射与集合。结构是平面构图中各种元素间关系的集合。各种形式的元素都以初始元素作为基点，在形式生成机制的作用下形成构图。形式生成机制（可简称为生形机制）包括不可见的张力和张力驱动下的元素

131　在本书对建筑平面的讨论中，建筑平面是被“画框”限定的，在不同尺度的平面中，起到“画框”作用的元素有不同：（1）建筑廓形可以起到画框的作用，尤其是初始元素形成的廓形中；（2）场地廓形可以起到画框的作用，例如在扎哈的维特拉消防站的平面图中，建筑的场地里所画的矩形在实际的建造中没有任何的痕迹，这就是建筑师所预设的“画框”；（3）建筑师所遴选的城市空间结构可以起到画框的作用，例如在扎哈和米拉莱斯的城市设计的总图中，所选的肌理范围远远超越了实际的视域，这种图形化的肌理的选择确定了设计的边界，就是建筑师在城市设计尺度上所设置的“画框”。所以建筑设计不是在无限的底图上对形的任意“构成”，而是在一定范围内对形的“构图”。

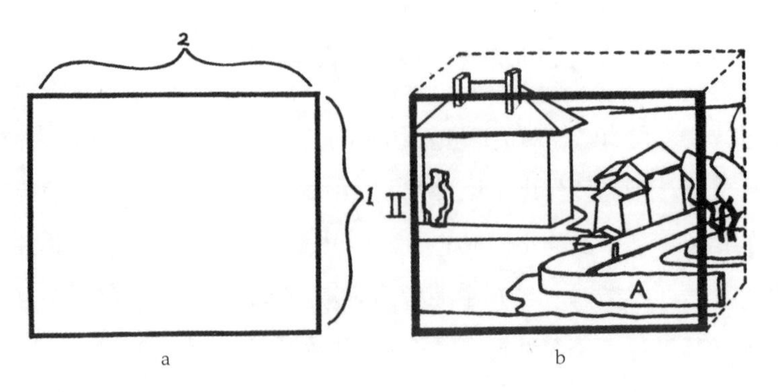

图1.12 画布平面与“绘画盒子”

的运动规律。在张力的作用下，元素（点、线、面）发生一系列变形，形成了有序列的运动，形成了基于视知觉的动态结构。

（一）平面与空间

平面是构图的媒介。画布平面是作画材料附着的画布表面（图1.12-a），但在形式分析中，画布平面是一个预设的抽象的平面，平行悬浮于绘画内容所表现的空间之上(图1.12-b中的粗线矩形)。绝对平面化的图画几乎可以假设为和画布平面处在同一平面中，而画中通过一定技法（如线性透视）所暗示的空间深度越深，则与画布平面越远。画面中描绘对象的截面如果和画布平面平行，则会显得稳定；反之，如果和画布平面出现一定的角度（楔形），则会暗示空间深度并显示出向某一特定方向聚集的倾向（比如中心透视中的各个楔形平面向中心灭点聚集）。现代绘画的画中空间不断扁平化，无限趋近于这个假定的抽象的平面。[132]

132 20世纪60年代，格林伯格（Clement Greenberg）发表了《现代主义绘画》，文中将画面的平面性视为理解现代艺术史的一条主线。“正是画布平面那不可回避的平面性压力，对现代主义绘画界定自身的方法来说，比任何其它东西都更为根本，因为只有平面性是绘画艺术独一无二的和专属的特性。绘画的封闭形状是一种限定条件或规范，与舞台艺术共享；色彩则是不仅和剧场，而且和雕塑共享的规范或手段。由于平面性是绘画不同于其它艺术共享的唯一条件，因而现代主义绘画就朝着平面性而非任何别的方向发展。”参见：Greenberg. *Modernist Painting* [A] //HARRISON C, WOOD P. *Art in Theory 1900–1990: An Anthology of Changing Ideas* [C]. Oxford: Blackwell Publisher Ltd., 1992, p.755。

在建筑中，平面是生成元（générateur）[133]，是建筑的基础。建筑的结构从基础升起，并按照平面图中的韵律发展。建筑制图的抽象表达方式扩展了平面的概念，立面与剖面也可以理解为不同维度的平面，共同决定了建筑的秩序。在惯常的绘图模式中，一张描图纸覆盖另一张，层叠的图纸中汇聚了不同平面的信息，并根据自己的主题发展，这个可以被操作的平面便成了建筑师观念中的平面，在一个持续生成（becoming）的过程中形成和修正整体的秩序。

现代绘画和建筑的平面元素可以转化为符号系统[134]，呈现出构图形式生成过程的痕迹。作为痕迹的指示符号（notation）和时间有关，可以将时间吸纳为变量，并寄生在图解符号（diagram）中，表达“伴随着时间展开的效果”[135]。斯坦·艾伦（Stan Allen）认为，作为建筑图纸主要构成的平面图是将空间的、物质的标记符号按照一系列广为接受的惯例进行编码产生的集合体[136]。借助建筑平面图，就能够在建筑师不在场的情况下实现对现实的转化。我们会将现代绘画和建筑平面中的张力与运动转译为标记符号，用图解的方式进行系统的标识，解读形式的张力转化为标记符号后的操作方式（working definations），进行时间上的量度与延展，不仅明确其基本的词汇（glossa-

---

133 Le Corbusier. *Vers une Archirecture* [M]. Paris: Falmmarion, 1995, p34.

134 彼得·埃森曼曾经提到过C.S.皮尔斯对符号的分类，即对形象符号（icon）、象征符号（symbol）和指示符号（index）的区分：形象符号与其对象具有视觉上的相似性；象征符号具有约定和惯常的意义；指示符号则是真实事件或过程的痕迹（trace）或记录（record）。参见：Eisenman P. *Ten Canonical Buildings: 1950–2000* [M]. New York: Rizzoli International Publications, 2008, p.231。

135 埃森曼没有再进一步区分作为痕迹的指示符号和作为记录的指示符号，而我们需要再进一步区分指示符号的这两个分类。作为痕迹的指示符号是对时间的标记，作为记录的指示符号是对印迹（imprint）的记录。我们可以结合斯坦·艾伦的论述进一步明确这种区分。斯坦·艾伦在论述中区分了标记符号（notation）和图解符号（diagram）两个概念：“notation”是和时间有关的符号，它将时间吸纳为变量；而“diagram”处理的是空间和组织。“diagram”是图形化的，是任何符号进入建筑学的通道。不一定表现为图形的“notation”可以寄生在“diagram”中，表达的是“伴随着时间展开的效果”。所以我们可以将有时间变量的、作为痕迹的指示符号视为标记符号，而将作为印迹记录的指示符号视为图解符号。参见：斯坦·艾伦．知不可绘而绘之论标记符号 [J]．时代建筑，2015年第2期，第128页。

136 同上书，第124页。

ry)，而且要找到其内部各部分之间的结构关系和运动的机制。

绘画盒子是画布平面后虚线部分所标示出的虚拟的三维盒子（图1.12-b）。被描绘的对象限定在其中，既没有突出于画布平面，也没有退到无尽的深度中。在绘画盒子中，科学透视所造成的漏斗效应（funnel effect）和空气透视（aerial perspective）所造成的无尽的衰退被消除。在这个封闭的有限的深度空间中，自然原形被艺术家有选择地提取结构并在画面中重新构成，从而与画布平面紧密关联，这个空间便成了画中空间（pictorial space）。在画中空间，负体量与正体量彼此咬合。在图1.12-b中，天空与地面构成的空的空间（负体量）为树木、山和房屋（正体量）提供了容身之所，平面的重叠、张力的相互作用和空间的运动等活动都发生在这个空间。因此正负体量都需要被理解为画中空间里独立的功能性组成元素。在正式的绘画作品中，负体量的尺寸与延伸和正体量的一样，都必须在深思熟虑后“被画”。现代主义绘画引入了不同的空间观念，空间成为一个连续体，物体折射而不是打断这个空间，而物体也相应地由这个空间构成。空间作为一个连续体，将事物联系起来而不是隔离开来，这便意味着空间成为一个总体对象（total object）[137]。在这个总体对象中，正负空间相互交织在一起，形成图底关系[138]，画面空间成为一个统一的视觉连续体。

建筑与其它艺术相区别的特性，“在于它所使用的是一种将人包围在内的三维空间‘语汇’”[139]，我们通常将之称为空间。为了研究现代建筑的形式基础，埃森曼进一步区分了体量（volume）与空间（space），并发展了体量的概念。体量与空间的不同在于体量被视为一种动态的感觉：体量界定并容纳空间。体量既施加压力，又抵抗压力（图1.13）。因此，“空间”作为一个

137 参见：克莱门特·格林伯格.艺术与文化[M].沈语冰，译.桂林：广西师范大学出版社，2015年，第236页。

138 当画中物体的截面趋向于和画布平面平行，画中空间的深度不断被压缩，画中空间便会产生平面化的趋势，直至空间深度的完全消除。这时三维造型体系下的负空间与正体积就会转化为二维造型体系下的正负形。正形为图，负形为底。但是在绝对的平面中，图底关系往往在客观上易于混淆，在主观上可以相互转换。图底关系的出现是画面平面化的结果。

139 布鲁诺·赛维.建筑空间论——如何品评建筑[M].张似赞，译.北京：中国建筑工业出版社，2006年，第8页。

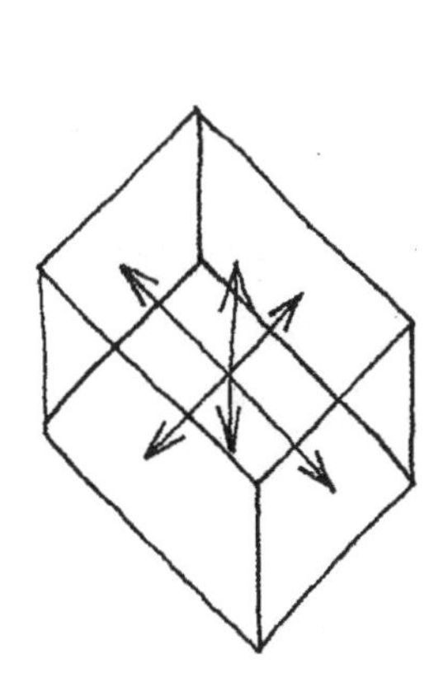

1. 体量是被限定和包裹的空间。

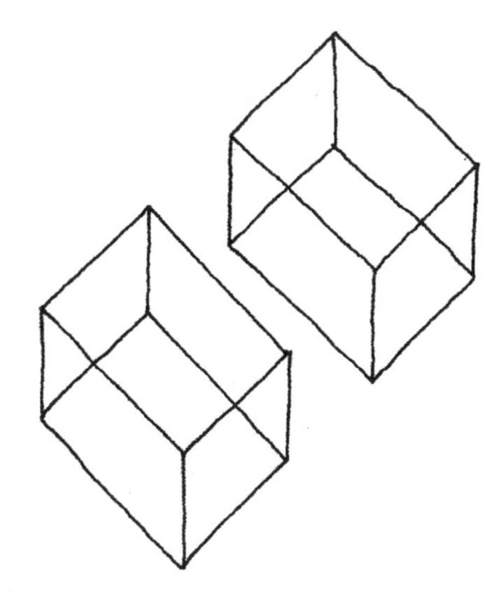

2. 内部体量为“正”，源自目的明确的围合。

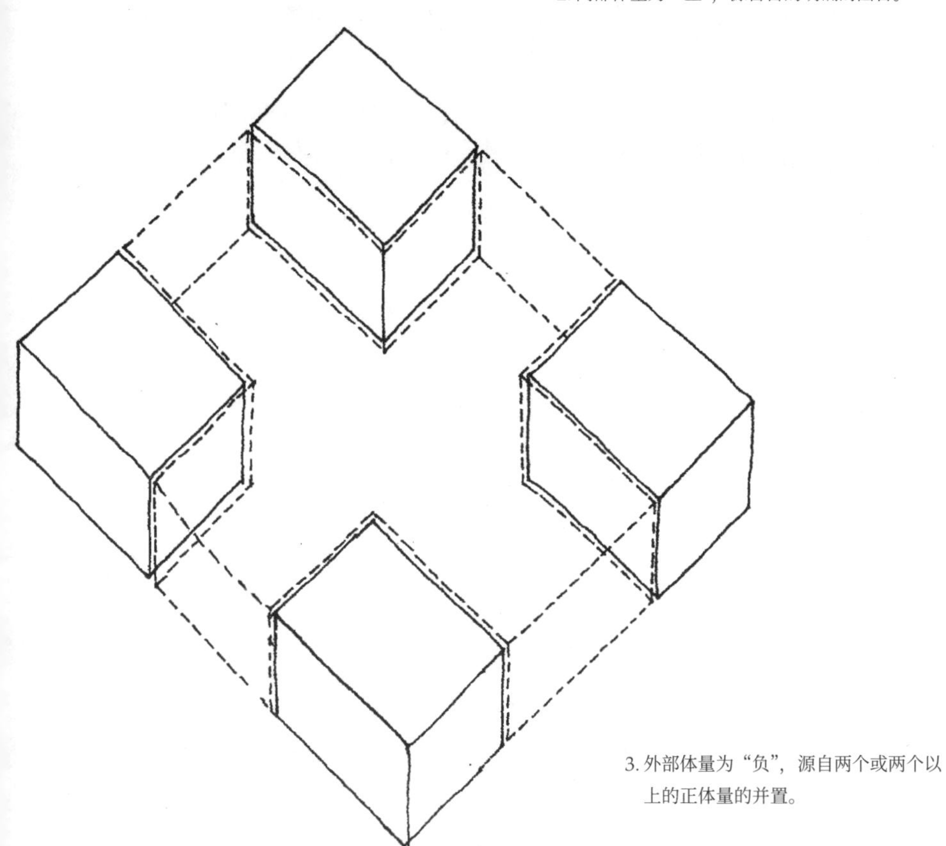

3. 外部体量为“负”，源自两个或两个以上的正体量的并置。

图 1.13　埃森曼对体量和空间概念的图解

连续的、非限定的状态便成了多余的术语（在建筑的形式范畴内），尽管所有的形式都存在于其中。“空间”自己不可以行动（act）、流动和渗透。建筑的形式应该被视为“空间”中的“体量”。体量是空间的动态状态，承载并限定空间。体量又进一步可以区分为内部体量与外部体量。内部体量被假定为正的，是闭合的可控制的状态，而外部体量是负的，是并置的两个或更多正体量之间的动态空间[140]。

（二）元素与结构

元素和结构形成构图[141]。

元素是组成构图的最小单元，构成绘画中的形象和建筑中的体量。古典构图中的元素是具有等级关系的属群，而现代构图中的元素是“初始元素”的衍生，元素间不再是等级关系，而是生成关系（点生成线，线生成面，面生成体量）。

格式塔心理学家认为：每一个心理活动领域都趋向于一种最简单、最平衡和最规则的组织状态[142]。这个原则可称之为“最简原则”。这使得我们可以通过变形发现它的初始“形象”，而且变化还会主动将它的“形象”奉献给我们。[143]在由投射造成的变形中，我们看到一种张力，这种张力指向它变形由之开始的较简单的“形象”，即“初始元素”。在对象（绘画中的形象和建筑中的体量）自身固有的变形中，我们可以根据“最简原则”将对象的性质和外力的作用分离开。

在现代构图中，元素形成一种紧凑连贯的活动或事件，以初始元素为起点，在不断变化的过程中“生长”。这样我们就可以理解塞尚为何将绘画视为

140 Eisenman P. *the formal basis of modern architecture* [M]. Baden: Lars Muller Publishers, 2006, p.59.

141 康定斯基说：“构图是独立的元素（individual elements）和建造（build-up）的结构（construction）基于内在的目的从属（inwardly-purposeful subordination）。”参见：Kandinsky W. *Point and Line to Plane* [M]. Translated by Dearstyne H, Rebay H. New York: Dover Pubications, 1979, p37。

142 鲁道夫·阿恩海姆. 艺术与视知觉[M]. 滕守尧，朱疆源，译. 成都：四川人民出版社，1998年，第37页。

143 鲁道夫·阿恩海姆. 视觉思维——审美直觉心理学[M]. 滕守尧，译. 北京：光明日报出版社，1987年，第103页。

以球体、圆锥体、圆柱体为原形，而柯布西耶又为何宣称“建筑是一些搭配起来的体块在光线下辉煌、正确和聪明的表演……立方、圆锥、球、圆柱和方锥是光线最善于显示的伟大的基本形式”[144]。在认清初始元素的同时，我们也可以清晰地辨明使之变形的张力和张力作用下的元素的运动规律。

画中空间和建筑体量都可以投射在平面中，平面构图中各个要素之间的关系便是结构。结构分为静态的基准结构和动态的关联性结构。基准结构是画布平面和建筑平面布局的基准线，包括平面中的初始基准线（水平轴、垂直轴、对角轴）和预设的其它基准线，往往不显现，但可以被视觉感知。动态的关联性结构是元素在张力作用下所形成的内在关系。

绘画和建筑在同构的结构体系下可以进行比较。吉尔·德勒兹针对关于形象的绘画，以弗朗西斯·培根为例，将其作品的结构划分为三部分：背景结构（有空间作用的色彩平涂）—形象（诸多形象和它们的事实）—轮廓（形象与平涂的共同界线）。[145]建筑可以借用这种结构划分的方式而分为三部分：环境—表面（surface）—体量。[146]绘画的背景—轮廓—形象与建筑的环境—表面—体量相互对应。

（三）张力与运动

“不是形本身，而是形内的张力才构成真正的元素”[147]，有方向性的张力

144 Le Corbusier. *Vers une Archirecture* [M]. Paris: Falmmarion, 1995, p.16.

145 德勒兹认为现代绘画有两条道路回避具象性（形象化）：通过抽象而到达纯粹的形式；或者通过抽取或孤立而到达纯形象性（purely figural）。培根的绘画选择的是第二条道路，将纯形象性（figural）与“形象化”（figurative）区分开，切断了图像与它表现对象之间的“具象性”、“叙述性”和“图解性”的关系，从而通过孤立的方法解放了形象。参见：吉尔·德勒兹. 弗兰西斯·培根：感觉的逻辑 [M]. 董强，译. 桂林：广西师范大学出版社，2017年，第19页。

146 柯布西耶说，体块和表面是建筑借以表现自己的要素。建筑是一些搭配起来的体块在光线下辉煌、正确和聪明的表演。建筑的平面是体量的投影，建筑表面是体量的最后一层“皮肤”。体量与表面被环境所包裹，环境张力作用于建筑的表面和体量。当表面开放时，环境和体量可以彼此融入。绘画中背景结构包裹着轮廓和形象，建筑中环境包裹着表面和体量。参见：Le Corbusier. *Vers une Archirecture* [M]. Paris: Falmmarion, 1995, p.16。

147 Kandinsky W. *Point and Line to Plane* [M]. Translated by Dearstyne H, Rebay H. New York: Dover Pubications, 1979, p.33.

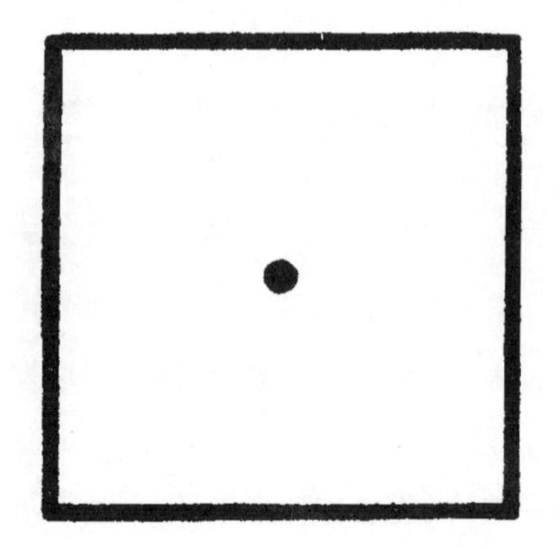

图1.14　康定斯基所绘的关于点的初始构图

图1.15　由元素偏移引发的张力图示

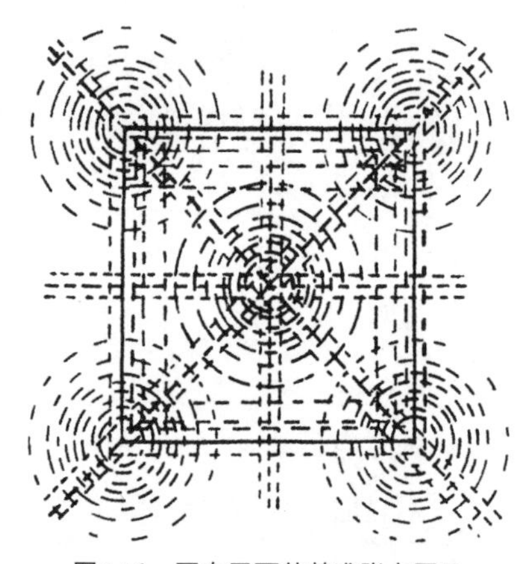

图1.16　画布平面的基准张力图示

形成运动，张力的总和组成构图结构。因此，现代构图的“元素与结构”的本质是“张力与运动”。

张力通过元素的变形和位移而显现。黑点位于正方形的中心，呈现出最简单的中心结构图示（图1.14）。如果将正方形里的黑点扩大成圆面并位移，黑圆形便具有一种不安定性，呈现出向正方形中心运动的趋势（图1.15）。虽然黑色圆面是固定的，不能真正向某一方向运动，然而它可以显示出一种相对于周围正方形的内在的张力。这一张力是眼睛感觉到的，而且有一定的方向和度量，阿恩海姆称之为一种心理的“力”。[148]

148 鲁道夫·阿恩海姆在《中心的力量——视觉艺术构图研究》一书中，用偏离圆心的在一幅画中，是哪些原因使我们感受到了张力呢？

初始元素的变形是产生张力的第一个原因。画中空间有两类变形：一类是由透视形成的变形；另一类是反透视的形象自身的变形，比如轴线的倾斜与旋转和轮廓的扭曲与震颤。

造型元素在位置上对画布平面基准结构的偏离是产生张力的第二个原因。画布平面的基准结构包括画框和隐藏的结构线。画框保护了绘画中的力的作用不受周围环境的干扰，同时也对画中的物体产生了引力或斥力。画布平面隐藏的结构线包括对角线和正交十字中轴（图1.16）。这些结构线决定了画面的每一个元素在力的样式中所起到的作用。在中心点，诸力相互平衡，因此最为稳定，中心点的吸引力也便最大。当造型元素偏离中心点时，或者产生相对于正交十字轴的倾斜角度时，运动感就会产生。[149]

元素的相互作用是产生张力的第三个原因。构图中任何一个元素，都包含着各种作用力的合成（图1.17）。元素的聚集点可以形成张力的结节

墨点对张力的概念和成因作了进一步阐释。当一个墨点位于偏离圆心的位置时，这个偏心点将表现出一种动力倾向，可能是向着中心位置的一种拉力，这个拉力的产生是因为点的偏心位置打破了圆的平衡，它试图进行自身重建。同时，该点的力场失去了它自己的中心对称，并由于张力太强而无法重建。如果这个点是可移动的，它将屈服于单方面的压力而移向中心位置。但由于它是画在纸上的一个墨水点，因此不能改变位置。它被固定在它的位置上，这使得单方面的压力成为永久性的，这个点也就永远表现出指向平衡中心的一种方向性张力。参见：鲁道夫·阿恩海姆.中心的力量——视觉艺术构图研究[M].张维波，周彦，译.成都：四川美术出版社，1991年，第7—8页。但有的学者认为，如果考虑个体差异和个体经验不同，对一幅图像的感知也是不同的。例如，如果我们知道黑色圆面是一个气球，一般会感觉它在向上升，如果是个铁球，一般会感觉向下降，因为我们在日常生活中，知道气球或铁球是这样的。参见：宁海林.阿恩海姆的视觉动力学述评[J].自然辩证法研究，2006年第3期，第32—35页。本书悬置了个体的差异与逻辑干扰，聚焦于有普遍意义的共同视觉机制，所以引用了阿恩海姆的视觉理论模型。

149 视觉空间的结构依赖于垂直线和水平线所提供的框架，这个框架是张力处在最低限度的零基点，任何一种倾斜，都会被感觉为偏离这些基本方向，并从这样的偏离中获得张力。这种偏离是在两个相互对立的方向上发生作用：可以把一个倾斜的元素看作努力挣脱基准结构（比萨斜塔），或返回基准结构。偏离的元素和基准结构均可被视为张力的源头。换句话说，偏离的元素看上去可以是被自身的动力推向基准结构或推出基准结构，也可以是被基准结构的能量中心所吸引的或所排斥的。鲁道夫·阿恩海姆.艺术心理学新论[M].郭小平，翟灿，译.北京：商务印书馆，1994年，第298页。

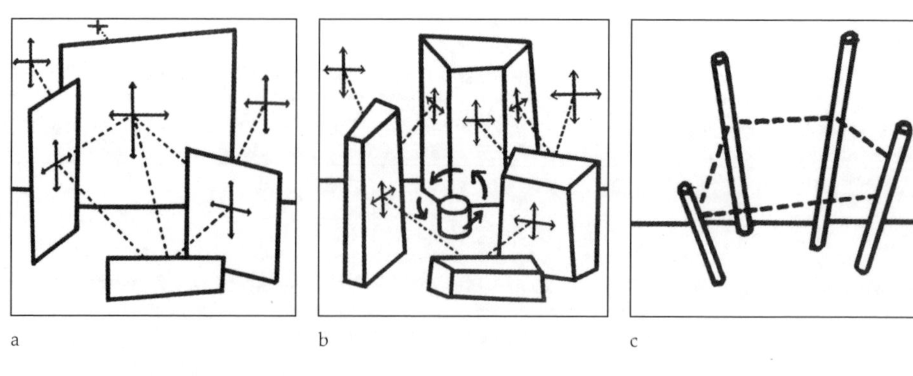

图1.17 艾尔·洛兰图解了三种元素间的张力

（nodes）[150]，诸结节及其相互关系构成了一个构图的基本骨架。

在建筑中，是哪些因素使我们感受到了张力呢？

和绘画中的情况相对应，我们要分三种情况。第一种情况是由空间中初始体量的变形（倾斜、挤压、旋转和扭曲）引发了体量表面的张力。第二种情况是由体量对空间中的基准结构的偏离而产生张力，这种情况将笛卡儿坐标系作为感知空间的参照，暗示了空间中的重力关系，对空间中的体量产生引力或斥力。第三种情况是通过调整空间中体量和体量之间的位置关系，引发体量表面的张力。

如果考虑人在空间中的位置和视线的移动，就要考虑视窗的因素，其作用相当于画框，相同的对象在不同角度的视窗中产生的变形（平移、旋转和扭曲）会呈现出不同的张力。不同序列的视窗组合，可转化为形式张力之间不同的组合关系。人在空间中的流线和视线的移动可以被转化为矢量（vectors）[151]，作为一个可操作的视觉化元素，参与平面构图形式的生成过程。

“运动”是一种形式生成的机制，和“张力”密不可分，在现代构图中有两层意义：

150 结节：通过矢量的集中和缠结获得的结构密度之处。诸结节及其相互关系构成一个构图的基本骨架。参见：鲁道夫·阿恩海姆.中心的力量——视觉艺术构图研究[M].张维波，周彦，译.成都：四川美术出版社，1990年，第194页。

151 矢量，由视觉对象的形状和构型产生的力。一个矢量具有量值、方向、起始基点的特性。除非一个特定的基点决定了矢量起始原点从而决定了其方向，否则视觉矢量便被看成在两个方向上均可定向。参见：鲁道夫·阿恩海姆.中心的力量——视觉艺术构图研究[M].张维波，周彦，译.成都：四川美术出版社，1990年，第197页。

(1) 在构图元素层面，运动是元素生成的方式（点运动而生成线，线运动而生成面，面运动而生成体量）；

(2) 在构图形式生成的过程中，运动是元素在张力作用下所产生的有序列的变形（张力引起初始元素变形，使元素与基准结构之间产生新的张力，连续变形构成了有时间序列的形式运动，而连续变形的目标是使元素与元素、元素与基准结构之间回到平衡状态）。

画中空间的“运动”有特定的意义，画布平面不存在物理意义上的运动，我们在画面中看到元素向着某些方向聚集或倾斜，是复合视角、轴线倾斜和轮廓扭曲引起的有序列的变形，“它们传递的是一种事件（happening），而不是一种存在（being）”[152]，可以呈现出二维样式和三维样式的运动。从元素的中心位置上发出来的，其方向基本上与元素本身的结构主轴方向一致，可以呈现二维（平面）样式的运动。由知觉的梯度创造出来的，比如空间中的楔形变形（中心透视），光与色的衰减（印象派式）或截面的叠退（塞尚式），可以呈现三维（立体）样式的运动。

“运动”之于建筑有两种定义：空间的生形运动和对空间的体验运动。前者是设计过程中形式的生成，后者是设计完成后对形式的体验。本书所指的“运动”取自前者，是对设计过程的研究，和画中空间中的“运动”有关联性，而后者被转化为一种矢量，成为前者的一个要素。在建筑的形式生成的过程中，建筑空间成为一种生成空间（becoming space），是一种不断变化的形式。有倾向性的张力引发了初始元素的变形，连续变形构成了生形运动，建筑体量是元素在形式生成运动过程中的结晶。

152 阿恩海姆认为我们在绘画和雕塑中见到的运动与我们在舞蹈和电影中所见的运动极为不同，在画和雕塑中既看不到由物理力驱动的动作（physical motion），也看不到这些动作所造成的幻象。我们看到的仅仅是视觉形状（visual shapes）向某些方向的集聚，它们传递的是一种事件，而不是一种存在，它们包含的是一种具有倾向性的张力。参见：Arnheim R. *Art and visual perception: a psychology of the creative eye* [M]. London: University of California Press, 1954, p.396。

第一章图片来源

图1.1　作者根据巴尔的表格重新绘制。

图1.2　Barr A H. *Cubism and abstract art: painting, sculpture, constructions, photography, architecture, industrial art, theatre, films, posters, typography* [M]. Cambridge, Mass.: Belknap Press of Harvard University Press, 1986, p.157.

图1.3　柯林·罗，罗伯特·斯拉茨基. 透明性[M]. 金秋野，王又佳，译. 北京：中国建筑工业出版社，2008年，第34、61页。

图1.4　鲁道夫·维特科尔. 人文主义时代的建筑原理（原著第六版）[M]. 刘东洋, 译. 北京：中国建筑工业出版社，2016年，第16页。

图1.5　赛利奥. 赛利奥建筑五书[M]. 刘畅等，译. 北京：中国建筑工业出版社，2014年，第52—56页。

图1.6　同上书，第39页。

图1.7　亚历山大·仲尼斯，利恩·勒费夫儿. 古典主义建筑——秩序的美学[M]. 何可人，译. 北京：中国建筑工业出版社，2008年，第187页。

图1.8　同上书，第109页。

图1.9　同上书，第125页。

图1.10　伯纳德·霍伊斯里. 作为设计手段的透明形式组织[M] // 柯林·罗，罗伯特·斯拉茨基. 透明性. 北京：中国建筑工业出版社，2008年，第86页。

图1.11　拉兹洛·莫霍利–纳吉. 新视觉：包豪斯设计、绘画、雕塑与建筑基础[M]. 刘小路，译. 重庆：重庆大学出版社，2014年，第266页。

图1.12　Loran E. *Cézanne's Composition: Analysis of His Form with Diagrams and Photographs of His Motifs* [M]. University of California Press, 1963, p.17.

图1.13　Eisenman P. *the formal basis of modern architecture* [M]. Baden: Lars Muller Publishers, 2006, p.58.

图1.14　Kandinsky W. *Point and Line to Plane* [M]. Translated by Dearstyne H, Rebay H. New York: Dover Pubications, 1979, p36.

图1.15　Arnheim R. *Art and visual perception: a psychology of the creative eye* [M]. London: University of California Press, 1974, p.12.

图1.16　同上书，p13。

图1.17　Loran E. *Cézanne's Composition: Analysis of His Form with Diagrams and Photographs of His Motifs* [M]. University of California Press, 1963, pp.22-23.

第二章　张力的产生

20世纪初现代绘画的变革使古典主义构图的属群、法式和结构均被新的观念和程式所瓦解。被称为现代绘画之父的塞尚率先摆脱了模仿再现的程式，抛弃了科学透视法，采用“截面”叠退的方法将画中空间平面化，张力成为组织构图的核心，造型元素在张力的作用下变形和运动，构成一个相互联系的有机体。立体主义者有选择地继承和发展了塞尚的构图，在分析立体主义和拼贴立体主义两个阶段，分别运用网格系统和截面系统主导构图，并最终将元素和截面系统相结合，在构图中生成了有倾向性张力的截面化元素。

在建筑学领域，柯布西耶建立了关联绘画和建筑的构图概念，在纯粹主义时期，他融合了网格系统和截面系统，建立了几何化的构图秩序。在纯粹主义之后，他建立了有机元素与网格系统互为参照的张力结构。海杜克从初始元素出发，通过类型的组合与演绎，探索元素间的张力关系，最终回归到初始元素形成的张力范式。

以元素的类型和其衍生组合为核心的构图方式，瓦解了古典构图中元素属群内部的等级化，以法式划分的等级结构为基础的古典构图开始逐渐向以张力为驱动的现代构图转变。

第一节　塞尚的启示

绘画曾经是对自然的模仿，自文艺复兴发明了中心透视法以后，画家甚至借助工具追求对自然的客观描绘。塞尚被推崇为现代艺术之父，其作品是20世纪初现代艺术众多流派灵感的源头。自他以后，众多画家根据自己的视角在自然中抽取不同的元素，逐渐在绘画中通过个人化的造型语言，探索精神解放的途径。

塞尚的绘画始于对自然的观察，但画面本身开始形成完整而独立的结构，催生了一个源于自然而又独立自治的画中空间。在这个二维平面上创造的画中空间挣脱了线性透视的束缚，每个局部都具有了自主性，不再附庸于一个整体的理性秩序。塞尚通过放大远景和简化近景从而创造了“浅空间”，使画面的二维结构得到强化，形成了平面化的趋势。随后，塞尚通过变形的方法使画面形成了相互制约的张力，进而在视知觉中形成了运动的趋势。

本章节结合艾尔·洛兰（Erle Lroan）和不同时期理论家对塞尚绘画形式的讨论，试图在塞尚的构图形式和其背后的观念中找到现代绘画各个流派形式的发源起点，为研究现代绘画和现代建筑平面构图形式的同源机制打下基础。

（一）平面化

现代主义绘画发展的重要趋势是从立体走向平面，而塞尚是这个发展过程中的重要转折点，[1]他通过三种方式建立了画面的平面性：

1. 从巴洛克式纵深构图返回到文艺复兴式的平面化构图

为了说明这个问题，我们需要先明晰“截面”和“斜面”两个概念。在“画中空间”任何一个与画布平面相平行的横截面，都可以被称为“截面”。图画空间是具有三维立体感的深度错觉空间，一般可以分为前景、背景和中景。文艺复兴时期的构图观念是将画中物体安排在一个与画布表面平行的平面上（前景、中景或背景），物体由渐次后退的各个截面构成。相对应的，在“画中空间”的立体造型通过“面”的后缩来产生视错觉，这个意义上的面是指画中物体的面，不一定与画布平面相互平行，可译为“斜面”。巴洛克时期的构图法倾向于将平行于画布表面的平面撤销，画中物体以与绘画表面形成角度的各个“斜面”构成，用斜面强调向前或向后的纵深运动，并通过对角线方式的构图，在画面纵深产生运动感。正如沃尔夫林所说：“当斜面向前和

1 格林伯格认为塞尚并非有意地去追求画面的平面化，他依然强调画面的立体性，只是在抛弃线性透视并重建立体空间体系的时候，意外地开辟了一条新的道路，引导了绘画平面化的趋势。

图2.1　塞尚，《拉撒路》，1867

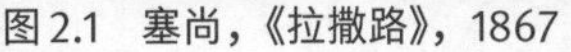

图2.2　塞尚，《玩纸牌者》，1892—1895

向后的关系被强调时，观者就被迫接受这种纵深的空间关系。”[2]塞尚早期的作品采用巴洛克式的动感纵深的构图方式，但随着风格的成熟，他渐渐返回文艺复兴时期的古典的构图方法，将画中物体安排在一个个与画布表面平行的“截面”上，通过截面的叠退来暗示空间深度。

在《拉撒路》（图2.1）中，塞尚运用巴洛克式构图，沿着不断向空间深处后退的对角线，将造型运动排列在不断变化的序列中，贯穿整个画中空间。他通过基督伸出来的手臂，来确定并强调这样一条不断后退的对角线，通过前后交错的腿和脚，达到巴洛克式缩短法的强化效果。

在塞尚中后期的绘画当中，以《玩纸牌者》（图2.2）为例，他接受了与画布表面平行的截面，不再追求对角线方向的透视效果，用截面叠退的方法实现了空间的深度，取代了巴洛克式的交叉式运动感。

2　海因里希·沃尔夫林. 艺术风格学：美术史的基本概念[M]. 潘耀昌，译. 北京：中国人民大学出版社，2004年，第92页。

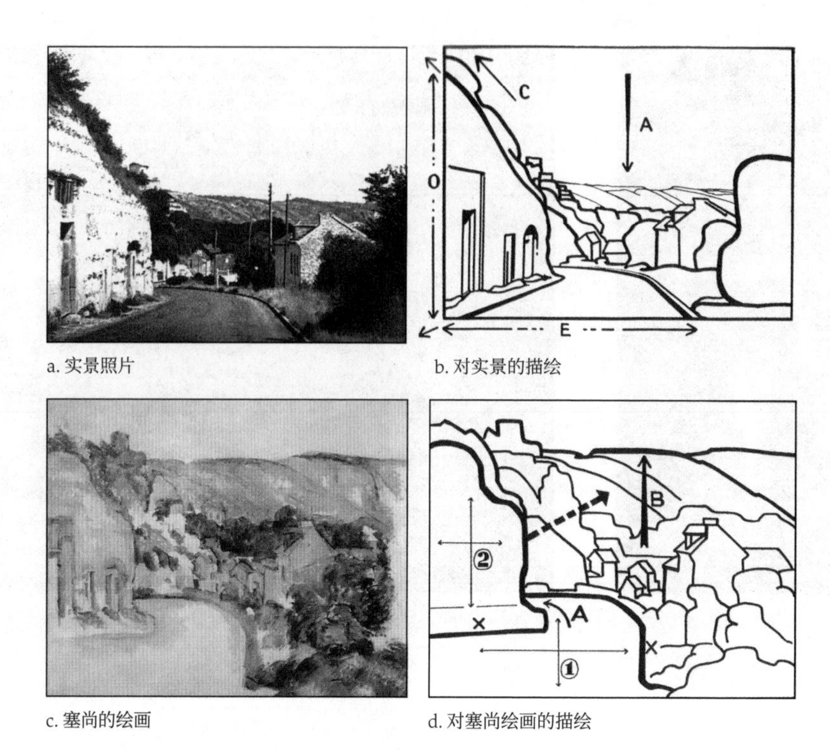

a. 实景照片　b. 对实景的描绘

c. 塞尚的绘画　d. 对塞尚绘画的描绘

图2.3　塞尚画中的反线性透视（洛兰图解）

2. 反线性透视

线性透视的线条精确地在灭点交会，远处的物体以固定的比例缩小，这个先于绘画的视觉框架将艺术家彻底地限定。塞尚极力避免科学透视体系中的单一灭点、线性聚集和尺度递减等要素。相反，塞尚的构图源自多个视点的观察和组合。

图2.3-b是对场景照片（图2.3-a）的描绘。图2.3-d是对绘画（图2.3-c）的分析。图2.3-b和图2.3-d比较，几个不规则的元素被强调。马路延伸到底端（E），山坡的石造建筑延伸到左侧（O），这个相同的山坡形状开始了一个没有控制的上升运动（箭头C），和远处山峦的下降运动相呼应（箭头A），这样就在上方的天空区域闪出了一大片空的空间。图2.3-d强调了塞尚晚期作品中的绘画平面化处理的特点。马路向左侧强烈扭转，绕到画面左侧垂直墙面的后面（箭头A），但是这个展现在图2.3-b中的道路的扭曲的延伸消失了。对比在图2.3-b和图2.3-d中公路的主要轮廓，注意到在图2.3-b中的斜线的延伸在图2.3-d中变成了垂直和水平方向的延伸（在图2.3-d中标记为X）。

山坡的石造建筑的形状从斜的有动感的楔形变成了与画布平面平行的静止截面，从而消除了线性透视，使整条路的形状变成了一个二维平面，就像正交坐标轴①所表现的那样。

另外一个值得注意的改变是远山的大小。在图2.3-b中，箭头A表明远山是怎样下降的，并和山坡的石造建筑发生关系，后者升高并溢出了画框的左上边界（箭头C）。在图2.3-d中，远山扩大了尺寸，沿着垂直方向升起（箭头B）。通过这样的调整，原景照片中强烈的漏斗空间效果被消除了。“错误”的山产生的迫近感进一步压缩了空间的深度。各个截面在画中空间组合时，在二维层面上呼应了画布平面，形成了层叠的空间关系。

3. 反空气透视

塞尚的早期作品强调画面中的主要体量，对印象派的观察方法作出了修正。他放弃了印象派用光与色表现的空气透视，通过将前景扁平化和将远景扩大并清晰化的方式，压缩画面空间的深度。

通过对比塞尚和雷诺阿对于同一风景的不同表现，可以明确这种区别。距离的衰退是典型的自然现象，被印象派画家发展到极致，通常被称作“空气透视”。在雷诺阿的绘画中，对远山的处理展现了印象派对空气透视技法的熟练应用，前景的树木再现了自然的空间感，朦胧的远山拉开了画中空间的深度。（图2.4-a、b）而塞尚的作品却有相反的效果，前景的树木聚集在一个平面中，像窗帘一样，在画中空间拉起一道帷幕。远山也被简化到一个平面上，平行于树的帷幕。山的轮廓被粗重地勾勒出来，远比雷诺阿画中的远山清晰。它的清晰性和与画布表面的平行关系，使远山所在的平面与树的帷幕所在的平面之间产生了强烈的张力。（图2.4-c、d）塞尚画面中空间的递进通过平面的叠加来达到，他通过近景的扁平化和远景的放大与清晰化，阻止了背景空间的衰退。前景与背景空间距离的压缩使得画布表面具有了壁画的装饰特征，在简化对象的同时，并没有背离自然的真实性。

上述三种方式的综合运用使塞尚的画中空间呈现出平面性。

（二）变形

塞尚说：“大自然的形状总是呈现为球体、圆锥体和圆柱体的效果。”印象

a. 雷诺阿所绘的维克多山

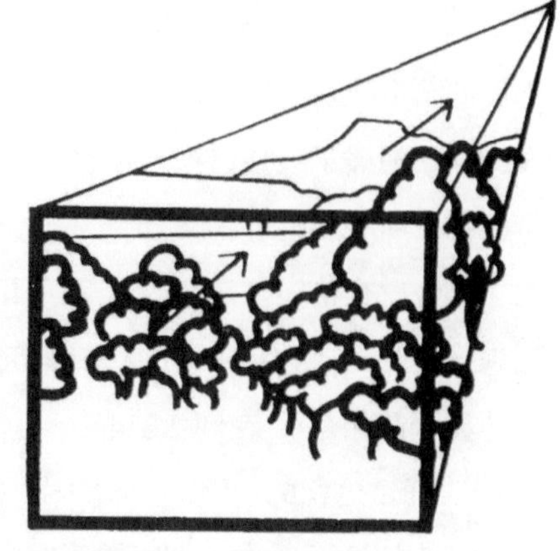

b. 雷诺阿画中的空气透视

c. 塞尚所绘的维克多山

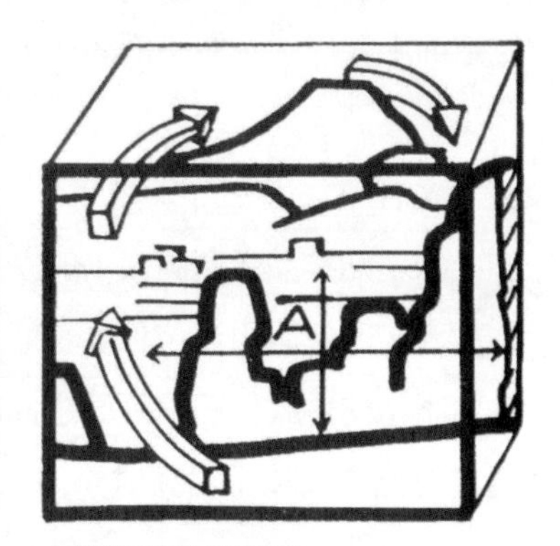

d. 塞尚画中的平面叠退

图2.4　雷诺阿画中的空气透视与塞尚画中的反空气透视（洛兰图解）

派画家用色彩编织了连续的自然印象，而塞尚将自然视为不连续的，他以最简单的几何形状对自然进行分节(articulate)，然后对其进行不断调整(modulate)。我们可以比照贡布里希“图式与修正”理论[3]，来理解塞尚的“分节与调整”。艺术家简化了“图式”，然后通过一个复杂的“修正”过程，将原始的图式逐渐丰富，直到与现实匹配，这是一个“再现”的过程。而塞尚没有追求用自己的作品去匹配自然（使艺术隶属于现实），他用“分节”的方法对

3　贡布里希认为，所谓模仿自然实际上是按照等效的关系，把客体整理为艺术手段（模式、语汇、图示等）所能容纳的表现形式。“观看从来不是被动的，它不是对一个迎面而来的事物的简单记录，它是像探照灯一样在搜索，在选择；我们头脑中有一种固有的图示，我们正是靠图式来整理自然，让自然就范。”参见：E. H. 贡布里希. 木马沉思录：艺术理论文集[M]. 曾四凯，徐一维，等，译. 南宁：广西美术出版社，2015年，第20页。

客体进行提炼，再将其“调整”成为具有自治性的结构与逻辑的连续体（使现实隶属于艺术），由此“再现”被“表达”所替代。“分节”剥离了复杂的表象，“调整”重建了自然的结构，最终呈现为“变形（distortion）”。塞尚绘画中的变形主要分为三种：

1. 通过视平线移动而产生的交错变形

通过视线移动可以观察到静物和风景在不同角度下的截面，在一幅画中合并这些截面会产生不同于科学透视中的精确（可计算）的变形。

塞尚的这张静物画（图2.5-a）中有两个清晰的视线位移（图2.5-b中I-II与Ia-IIb）。第一个视线的位移由下至上（亦可反之）。视平线I正对水果篮、糖罐和小水壶的正立面（后两个物体的视平线略高）。视平线II位置上移，俯瞰姜罐的开口、篮子的顶部和桌子的顶面。第二个视线位移的轨迹由左至右，是“围绕着看”对象。这个变化可以通过从箭头Ia所示的正面偏左的视点到箭头IIb所示的来自右侧的视点追踪到。塞尚在绘画中通过变换视平线创造了非现实的空间幻象，这种技法有时被称为“全透视”，其带来的变形可能启发了毕加索在《亚维农少女》中合并正面与侧面的视点的相似技法。另外一个变形通过桌子顶面的分离被观察到。从A到B的虚线表明了桌布底下的桌面无法拼合的矛盾。箭头C强调了这种向空间深处推去从而造成桌面无法拼合的张力。

a

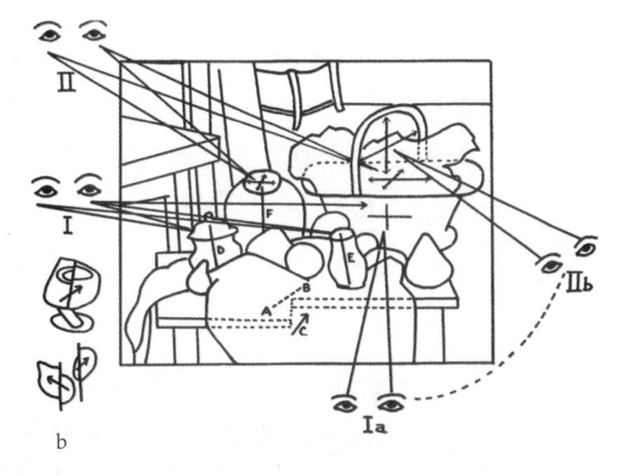

b

图2.5　通过视平线移动而产生交错变形的静物画（洛兰图解）

a

b

图2.6 通过轴线倾斜而产生倾斜变形的风景画（洛兰图解）

2. 通过轴线方向改变而产生的倾斜变形

轴线倾斜会改变画面局部物体间的张力和运动趋势，是塞尚平衡画面结构的重要手段。

这张画（图2.6-a）的张力和运动趋势主要源自建筑的倾斜。在画面中央的玛利亚别墅的三个建筑体量向左倾斜，产生了向左的强烈拉力，牵引着右下方的树和灌木产生向左上方的运动，整个画面的平衡因此被打破。为了使画面结构平衡，其它元素都做出了相应的调整。道路沿着左下至右上的对角线方向延伸，一组由灌木组成的截面同时从画面的左下方向右上方运动，共同抵消了房屋倾斜牵引的反方向的运动（图2.6-b）。空中的对角线的笔触通过二维的方式表现了向左的运动。这些笔触与房屋倾斜牵引的运动趋势和反向的道路与植物体量的运动趋势形成了平衡。两边的高树呼应左右边框，增加了构图的左右均衡性。同样，与道路交叉的水平的影子，呼应了画面的底边线，为画面下半部分贡献了稳定的元素，中和了道路的对角线运动。塞尚绘画中的笔触和阴影在画面的结构中也有重要的作用。塞尚通过轴线倾斜而变形的造型语言赋予了平庸的母题戏剧化的特征，最终使画中空间达到动态的平衡。

3. 通过对象轮廓扭曲而产生的拉伸变形

根据画面结构需要而产生的轮廓线的变形，会引发张力与运动的感觉，同时也使得画面的二维性和三维性同时呈现。

在右侧的杯子和茶托上，箭头表示了一种明确的由轮廓变形引发的运动（图2.7）。茶托的左侧升起并推向空间深处（箭头1），茶托右侧向下掉落，呼应箭头1的“推入”，创造了一个“返回”（箭头2）。茶杯沿着推入和返回的相同的节奏，但是只有向左的推入（箭头3）。这种推入空间的或者在空间中被推入并返回的单个物体的类似形变在塞尚的作品中反复出现。

在相同的茶托和茶杯上还有另一个显著的因素，貌似和上述描述有矛盾。在顶部，茶杯口用坐标4表示。这个有点矩形倾向的平面和机械透视很不相符，向上倾斜并且几乎和画布平面平行。茶杯的前平面（坐标5）因为直线的轮廓而显得平面化。茶托因为底部的直线轮廓（箭头6）和整体的矩形化倾向而显得更平，与画布平面关系更密切。这是一个三维性和二维性同时作用于单个物体的例子，存在于此的两个因素比机械透视下所谓的正确刻画显得更加充分 。

在左侧苹果和盘子的复合体表现了向左上方的延伸，刺入空间的箭头表现了这种运动。盘子提供了一个极端形变的例子，必须因为和苹果的运动的关系被强调，沿着箭头7和8盘子向外延伸。但是这种运动被感知的原因是盘子右侧的轮廓线被消除了。箭头9表示了因为边缘线的缺失而导致的向内推力。塞尚达到这样的效果是自发的而非预先构思的，分析并理解它们可以探知塞尚构图背后的法则。

一个物体或画面的局部往往同时出现上述多种变形。

图2.7　通过对象轮廓扭曲而拉伸变形的静物画（洛兰图解）

（三）运动

变形是产生“张力”的原因，同时也是“张力”作用的结果。张力驱使造型元素有序“变形”，使视觉形状向着某些方面聚集或倾斜，从而使视知觉产生了“运动”[4]的感知，使画面传递出一种事件，而不是一种存在。在塞尚的画中，这种运动可以从空间维度和时间维度两个方面来讨论。从空间维度来说，运动分为二维（平面）样式和三维（立体）样式，在塞尚的绘画中，二者经常共存。从时间维度来说，张力所引导的变形序列，可以激发和时间关联的空间记忆，在画中空间创造出时间的绵延。[5]

轴线的倾斜和轮廓线局部的扭曲造成的变形创造了二维样式的运动感。图2.8-b是从实景照片（图2.8-a）中提取的。冲出画框的箭头（E）表现了照片中墙体的强烈透视。而在塞尚的作品当中，墙的截面随着轮廓线的变形，几乎平行于画布表面，右侧房子的屋顶和左侧房子的侧立面也向画布表面倾斜，这使得画中空间具有了和画布表面相关的二维性。通过和照片的对比，塞尚的这幅作品明显具有现实场景不具备的张力和运动感。这种运动感产生的原因首先来自左侧建筑立面的轴线倾斜而造成的张力牵引，立面上随之倾斜的窗户形状强化了这种牵引的趋势。向左倾斜的轴线造成的变形向画框四周与画布表面施加了张力，同时也向画中空间的其它截面施加了张力（截面

---

4 “运动”一词在塞尚绘画中的意义与传统的规范截然不同，画中空间不存在物理运动。复合视角、轴线倾斜和轮廓扭曲引起造型元素的“变形”，变形是产生“张力”的原因，同时也是“张力”作用的结果，张力使变形变得有序，形成知觉梯度，从而使视知觉产生了“运动”的感知，这种“张力—运动”的视知觉现象被康定斯基称为具有“倾向性的张力”，被莫霍利－纳吉定义为“运动中的视觉”，被阿恩海姆称为“不动之动”。参见：拉兹洛·莫霍利－纳吉. 运动中的视觉：新包豪斯的基础[M]. 周博，朱橙，马芸，译. 北京：中信出版社，2016年，第110页。鲁道夫·阿恩海姆. 艺术与视知觉[M]. 滕守尧，朱疆源，译. 成都：四川人民出版社，1998年，第563页。

5 美国学者汉密尔顿（Hamilton）认为，塞尚的变形涉及对于时空认识上的根本变化。印象派画家的作品，只是孤立的瞬间画面，而塞尚的作品则致力于时空的统一，具备绵延的时间。如果画中的对象要从空间中不同位置观察并呈现在同一画面中，那么它们只能通过艺术家不可分割的连续意识瞬间来展现。因此塞尚实现了“柏格森式的，唯有在时间中并通过时间才能认知的空间概念的绘画对等物……塞尚在绘画中获得了作为绵延而非瞬间承续的时间”。参见：Hamilton G H. *Cézanne, Bergson and the Image of Time* [J]. College Art Journal, 1956, 16(1), p.5。

a. 实景照片

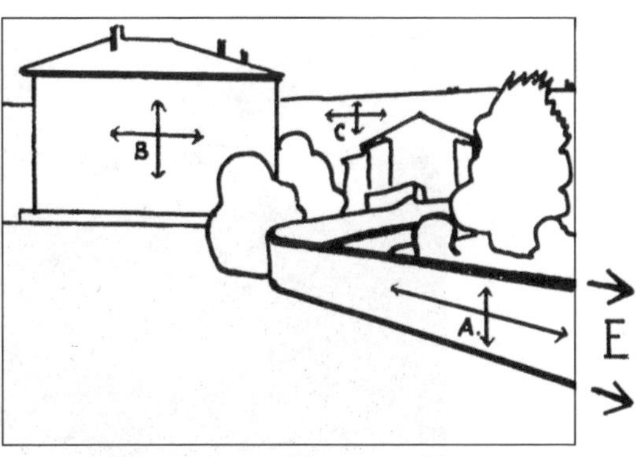

b. 对实景照片的描绘

c. 塞尚的绘画

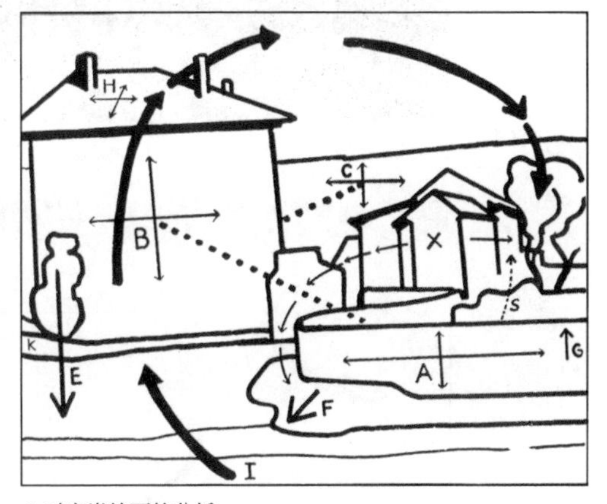

d. 对塞尚绘画的分析

图2.8　塞尚绘画中的二维运动（洛兰图解）

A和C)。画面右侧一系列小房子的截面试图平衡这种向左的牵引力，左侧房屋前的树的截面和墙前影子的截面分别通过轮廓变形产生了向下的张力（E和F），于是在画面的二维层面形成了暂时的动态平衡。

塞尚画中空间的截面叠退创造了三维样式的运动。这张画（图2.9-a）由抽象的面和几何体量构成了三维样式的运动，图2.9-b是对画中空间运动趋势的图解，这种运动趋势是通过重叠的截面而不是色彩的调节和渐变来呈现的。重的曲线箭头从平面A移动到深层，暗示了空间运动的大趋势。在右侧的大的峭壁上，一个箭头从C发射到峭壁的平面B上，峭壁和画框之间的一个小空间提供了从深空间向前景“返回”运动的空隙。主要的体量放在一侧，而另外一侧是冲入深层空间的运动。图示中的小箭头表示了平面的叠退，从前景退向右侧的深空间。

a. 塞尚的绘画（1898）

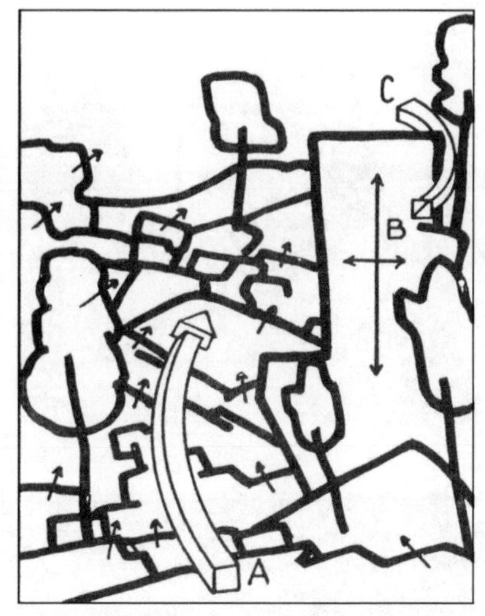

b. 对画作的分析

图 2.9 塞尚绘画中的三维运动（洛兰图解）

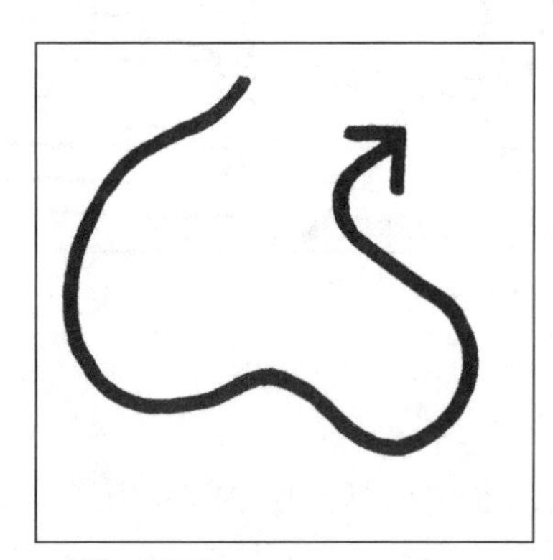
a. 线的二维运动

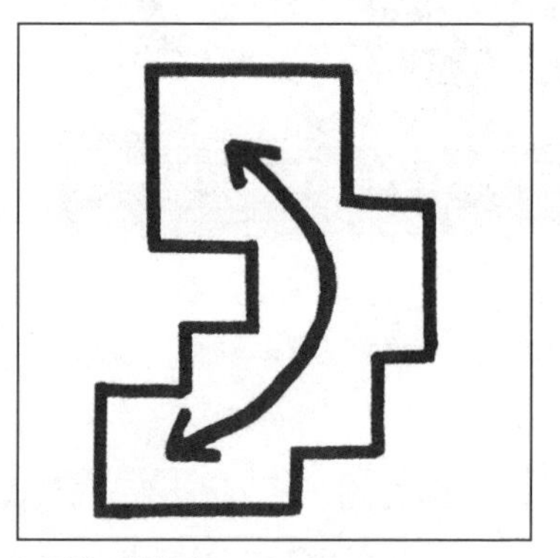
b. 面的二维运动

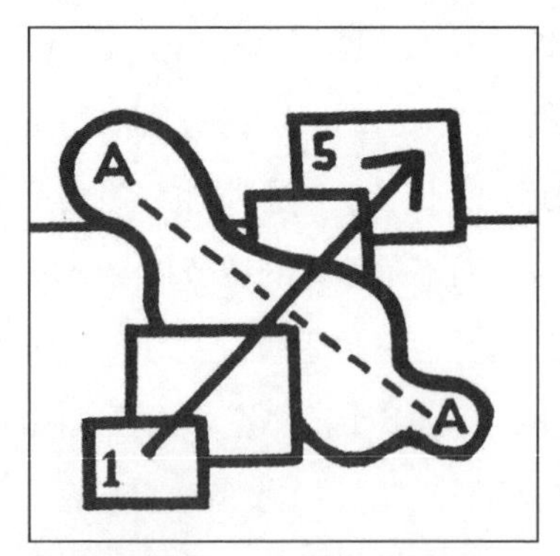

c. 面的三维运动

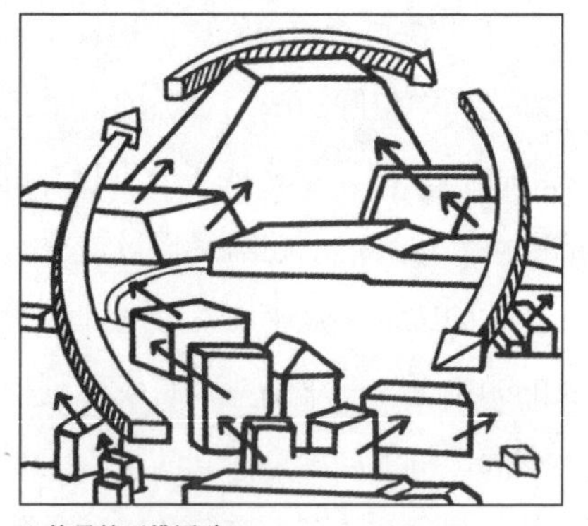
d. 体量的三维运动

图 2.10 塞尚画中空间的二维和三维样式的运动（洛兰图解）

“运动”也可以根据画中空间的元素类型来讨论。艾尔·洛兰分类图解了塞尚画中空间的4种运动[6]：

（1）线的二维运动；　（2）面的二维运动；

（3）面的三维运动；　（4）体量的三维运动。

这些运动样式在画中空间里形成了视知觉的梯度，创造了现实场景中所不具有的“运动”现象。（图2.10）

（四）不同于古典绘画构图的张力范式

造型艺术中的张力并不是塞尚所发明的。视知觉所感应到的张力是现实物理张力场在心理的映射，而作为模拟现实的古典写实艺术，自然会将张力凝聚在绘画和雕塑中。古典写实艺术中的空间张力主要通过两种方式呈现：一是将运动中的人或动物所展现的物理张力转化为视觉力，表现一个特定的“时间之点”，通过移情的作用，让观者感同身受；二是通过科学的透视技术，使画中空间所有元素都向着灭点聚集，在统一的方向上产生特定的透视变形，形成倾向性张力。同时，艺术家有意识地表现空间造型的平面性，使人们在对绘画和雕塑的正面观看过程中清晰地感受到形式中蕴含的平面性张力。[7]

相对应，塞尚构图中的张力与古典绘画构图中的张力是不同的。古典写实艺术产生的张力范式被塞尚所瓦解，他不再被动地临摹对象，反而通过视

6　Loran E. *Cézanne's Composition: Analysis of His Form with Diagrams and Photographs of His Motifs* [M]. University of California Press, 1963, pp.21-23.

7　古典艺术家怎样使观者感受到平面性张力呢？希尔德勃兰特（Adolf Hildebrand）在《造型艺术中的形式问题》一书中阐释了造型艺术中平面化的意义。他认为当组成画面的物体被置于很少的几个平面（planes）中，这些间距不同的平面越简化，我们对三维的感觉可以通过这些平面的对比而愈加清晰。雕塑造型作为一个立体物而产生效用的时候，会让观赏者处于不安的状态，这样它就仍然处于艺术创造的初级阶段；而雕塑作为一个平面而产生效用的时候，会给予观赏者明确的视觉想象，并由此略去立体物中令人不快的东西，尽管它还是立体的，却已经获得了一个艺术形式。消除“立体物中令人不快的东西”和对平面性的表现使人们在对绘画和雕塑的正面观看过程中清晰地感受到形式中蕴含的平面性张力。这种平面性张力在希腊雕塑、文艺复兴和巴洛克时期的造型艺术中清晰地呈现。从希腊艺术和文艺复兴时期的对立均衡的张力结构，发展到巴洛克式的有倾向性的动感张力结构。参见：阿道夫·希尔德勃兰特．造型艺术中的形式问题[M]．潘耀昌，译．北京：商务印书馆，2019年，第33页。

线移动产生的交错变形，瓦解了那种表现“时间之点”的写实艺术。[8]塞尚抛弃了科学透视法，反对线性透视和空气透视，他的画中向着某一灭点聚集而变形的“斜面”被平面化的“截面”所取代。塞尚绘画中的张力主要源自造型元素的变形：通过视平线移动而产生的交错变形，通过轴线方向改变而产生的倾斜变形，以及通过对象轮廓扭曲而产生的拉伸变形。古典绘画透视系统中的被动变形被塞尚绘画中截面化元素的主动变形所取代。

古典艺术通过造型艺术的平面性传达空间的张力，而塞尚则将平面性作为绘画构图本身的属性。古典写实艺术中对张力与运动的移情，在现代绘画中转为抽象的冲动，造型艺术开始趋向于对平面的表现并追求结晶般的美。[9]结合弗莱和洛兰的分析，我们已经详细地描述了塞尚作品的平面化特征，深受弗莱和洛兰影响的格林伯格则更是将平面化视为现代艺术发展的方向。[10]但是塞尚本人始终没有放弃立体造型而使画中空间完全平面化，他将画中空

8　即使是描绘风景中的浴女，那些人物形象也被转化为形式的元素参与到整体的构图中，而不具有人物形象独立的动能。

9　1906年塞尚去世，1907年在巴黎举办塞尚回顾展。一年后，沃林格的《抽象与移情》问世，从理论上进一步开启了通向现代抽象艺术的路径。抽象与移情是一组对立的概念。移情带来的审美享受，就是在一个与自我不同的感性对象中玩味自我本身，即把自我移到对象中去。抽象是把外物从其自然关联和变幻的表象中抽离出来，净化一切生命运动，使之永恒并合乎必然。只要真正的自然原形还存在，纯粹的抽象便永远不会到达。因此抑制对空间的表现就成了抽象的冲动（urge to abstraction）的一个要求。因为空间会使物体彼此发生关联，消除对象所具有的封闭特性，并因此产生不确定性。

10　塞尚离开了客观对象而深深进入了二维化的抽象空间，毕加索、布拉克（Georges Braque）和其他法国的立体主义画家沿着塞尚的道路，通过分解自然原形，进一步压缩了空间的深度。从分析立体主义到综合立体主义，尤其是格里斯（Juan Gris）的拼贴，已经将画面的空间几乎压在了一个平面内。立体主义之后的艺术家在将某个观念和样式推向极端的同时，画中空间进一步压缩，直至完全平面化。将画中元素完全分解为点线面的康定斯基，坚守垂直和水平线的蒙德里安，以及使用单个方块或圆形来代表至上精神的马列维奇都是这种极致化努力的代表。在阿尔普的画面中，完全平面化的图底关系甚至发生了混淆和错乱。当现代艺术中心转到美国以后，美国抽象表现主义画家们继续进行着画面“平面化”的奋斗。从人类艺术与文化发展的角度看，平面化的造型艺术，最终完成了对传统学院派绘画造型、透视以及手法的超越，成了一个精神自由的解放运动，是人在绘画领域中向传统的规范索还本性变现之真理而进行的斗争。参见：朱青生．没有人是艺术家，也没有人不是艺术家[M]．北京：商务印书馆，2000年，第147页。

间的各个截面挤压在一个“浅空间”中，绘画从对“深度（depth）”的幻象的描绘，变为对画布平面构图本身的建构。[11]塞尚使绘画的构图形式超越了表现的对象，拥有了古典绘画不具备的独立的意义，构图中的张力和运动成为主导的造型元素形式生成的基础，现代绘画形式生成的游戏规则就此改变。

第二节　立体主义的贡献

对塞尚的不同理解呈现在立体主义的两大阵营中，[12]一方以毕加索和布拉克（Georges Braque）为翘楚，另一方以格雷兹和梅占琪（Jean Metzinger）等法国画家为核心，[13]而格里斯[14]则兼收并蓄，自成体系，最终超越立体主义的绘画范式，在构图中呈现出形式的张力。

在分析立体主义阶段（1907—1911），立体主义者将塞尚绘画中隐现的网格实体化，将前景造型元素和背景网格压缩在浅空间中，造型元素和背

11　格林伯格认为这样做实现的效果是从绘画错觉的结构转移到了作为一个对象、作为一个扁平表面的绘画本身的构图。参见：克莱门特·格林伯格. 艺术与文化[M]. 沈语冰，译. 桂林：广西师范大学出版社，2015年，第72页。

12　1906年10月，塞尚去世。1907年6月，伯恩海姆-热纳（Bernheim-Jeune）举办了一次展览，包括79张塞尚的水彩画。同年10月1日，秋季沙龙举办了塞尚回顾展。毕加索说：“（塞尚）是我心中唯一的大师，对于我们所有人来说都是这样——他如同我们的父亲一样。是他保护了我们。”参见：Brassaï. *Picasso and Company* [M]. translated by Francis Price. N.Y.: Doubleday, 1966, p.36。毕加索和布拉克热衷于呈现对象的立体性，他们用背景网格将对象分解为立体元素。而格雷兹和梅占琪为首的立体主义阵营站在了毕加索等人的对立面，他们认为毕加索的作品是对塞尚犯下的罪过，它们缺可读性，缺乏真正的结构和稳定性，是“印象主义的形式”，真正的立体主义艺术要用严格而精确的方法实现真理和均衡。参见：约翰·理查德森. 毕加索传1907—1916（卷二）[M]. 阳露，译. 杭州：浙江大学出版社，2017年，第274页。

13　格雷兹、梅占琪、德劳内（Robert Delaunay）和莱热于1910年在秋季沙龙展出作品。1911年，这些志同道合的画家在独立沙龙41号及其相邻的房间集体展出作品，使他们赢得了“沙龙立体派艺术家”的称号。他们定期在雷蒙德·杜尚-维隆的画室集会，并在1912年举办了“黄金分割”画展。同年，格雷兹和梅占琪合著了《立体主义》（*Du Cubisme*）一书。

14　格里斯（Juan Gris，1887—1927）是立体主义发展的缩影，他在立体主义最灿烂的时候登上历史舞台，在立体主义彻底凋零的时候谢幕。格里斯的作品在兼收并蓄的基础上自成体系，最终超越立体主义的绘画范式，呈现出形式的张力。

景网格呈现出不同的关系：毕加索等人用背景网格分解造型元素，格雷兹等人用造型元素牵引背景网格。这两种构图中的张力均被网格化的构图结构所消解。

当分析立体主义转向拼贴立体主义（1912－1914）后，背景截面系统替代网格，成为组织构图的核心。截面是与画布表面平行的各个平面，叠合在一起的截面可以承载并大块地分解造型元素。

平面化的造型元素本身也可以成为一个完整的截面，从而摆脱网格的禁锢，通过自身的变形和位移，在构图中制造具有倾向性的张力。截面化的构图结构使绘画中的张力再度显现。

（一）元素与网格体系

塞尚将“立体（cube）”[15]作为知性的框架来归纳自然秩序，他聚焦于画面结构，动态地建立“立体”间的连续关系。然而，在分析立体主义时期（1907－1912），毕加索和布拉克却聚焦于对象本身，“立体”被当作了直接的描绘对象，即从对象中发现其立体性。在技法层面，立体主义者继承了塞尚的“过渡（passage）”[16]手法，运用背景网格将对象分解为折射着光线的小截面，使其边缘开放，彼此结合，并进一步和负空间（背景）融合（图2.11）。[17]

在毕加索和布拉克的构图中，网格主导整体结构，区别只在于主体被网

15　塞尚认为自然界中的一切事物都是以球体、圆锥体、圆柱体为原形，所以必须学会如何描绘这些简单的形体。这里的“立体”泛指塞尚绘画的初始元素，而不是狭义的立方体。

16　巴尔将“过渡”定义为“通过留一条边不画或调子较浅来把各个截面融合进空间”。参见: Barr A H. *Cubism and abstract art: painting, sculpture, constructions, photography, architecture, industrial art, theatre, films, posters, typography* [M]. Cambridge, Mass.: Belknap Press of Harvard University Press, 1986。艾尔·洛兰用图解的方式进一步呈现了毕加索对塞尚的“过渡”方法的发展（图2.11）。参见：Loran E. *Cézanne's Composition: Analysis of His Form with Diagrams and Photographs of His Motifs* [M]. University of California Press, 1963, p.103。

17　毕加索和布拉克在误读塞尚的基础上建立了分析立体主义的原则，用背景网格将对象分解为立体元素，经过三个阶段逼近了绝对抽象：（1）将对象分解为几何体块，但是还能保持对象的识别性；（2）进一步分解，但是依然可以看到对象的轮廓和形态中主要的结构线；（3）碎片式分解，对象与背景网格的界限完全消融，对象的特征只在某些碎片中偶有提示，画面达到了绝对抽象的边缘。

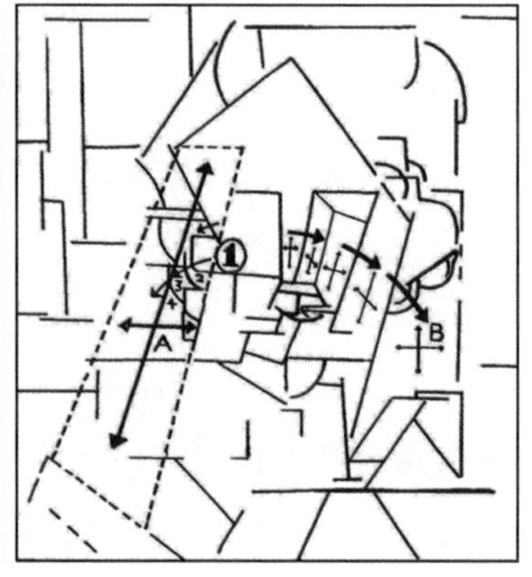

在艾尔·洛兰所绘的图解中，在人脸左侧（虚线范围内的平面A），我们可以看到，从人物左侧颧骨位置的截面1开始，几个截面从画布平面渐次叠退，叠退到截面4时，体量完全融入背景的负空间中。但是在图解的人脸右侧（虚线范围内的平面B），体量保持了独立性。

图2.11　毕加索对塞尚的“过渡”技法的发展

格分解的程度。[18]而在格雷兹的构图中，结构则由主体从局部衍生，画幅的中心由一个局部决定，向四周渐次延展，构图中“每个部分的属性必须保持独立”[19]。在格雷兹的作品《倚在阳台上的男人》(1912)中，中心造型元素始

18　毕加索和布拉克都用网格来分解元素，但在处理上有所差别。柯林·罗和罗伯特·斯拉茨基曾经将毕加索的《单簧管乐师》(*The Charinet Player*)和布拉克的《葡萄牙人》(*The Portuguese*)进行比较：毕加索用加粗的轮廓线界定了金字塔形状的对象，他将网格蕴含于主体之中，或者将其作为一种周边元素引入作品，使主体更加稳定；而布拉克则将网格与主体高度融合，为观者提供了分别阅读主体和网格的可能性。参见：Rowe C, Slutzky R. *Transparency: Literal and Phenomenal* [M] //The Mathematics of the ideal villa and other essays. Cambridge and London: The MIT Press, 1956, pp.163-164。二者的差异可能源于毕加索经过更加古典和体系化的造型训练，他对自己立体主义的原点追溯始于格列柯（El Greco），曾宣称应该寻找格列柯对塞尚的影响，因为“格列柯的绘画结构是立体主义”。参见：de la Souchere R D. *Picasso in Antibes* [M]. London: Lund Humphries, 1960, p.14。毕加索的《亚维农少女》的尺寸（244 cm × 234 cm）便是以格列柯的《末日景象》(*Apocalyptic, 1608—1614*)(225 cm × 193 cm）为基础。约翰·理查德森（John Richardson）曾经指出格列柯的作品《末日景象》对毕加索创作《亚维农少女》产生了巨大的影响。这幅画是毕加索的朋友苏洛阿加（Ignacio Zuloaga）家中的藏品，是唯一的可以经常在朋友家中，而不是在博物馆中自由观摩的毕加索作品。这张最初的立式祭坛画在经历了几个世纪后已经面目全非，画幅变成了奇怪的方形，因此格列柯为祭坛环境设置的特殊视点而作出的画中空间的变形在脱离环境后变得十分特异，人物在被拉长的构图中显出了巨大的张力。参见：约翰·理查德森. 毕加索传1881—1906（卷一）[M]. 孟宪平，译. 杭州：浙江大学出版社，2016年，第571页。

19　格雷兹与梅占琪首先建立了限定的原则来划分画布。除了将部分的不均衡作为首要条件之外，还有两种方法来看待画布的划分。这两种方法都基于颜色和（转下页）

终保持清晰的轮廓，从近景人物中延伸出的结构线和背景重合交叉，形成背景网格，使画面形成一个连续的整体[20]（图2.12）。造型元素对构图结构的支配作用在格雷兹的后期作品中更加明确（图2.13）。

上述分析呈现了网格与元素的两种关系：

（1）在背景网格主导的结构中（毕加索），网格不断地分解元素的体量和轮廓，在接近画布四周时渐渐衰弱并消失，画面的中心元素虽然被碎片化，但构图依然保持中心性结构；

（2）在局部元素主导的结构中（格雷兹），元素保持实体化，元素中延伸的结构线直接分割画面并与画布四周相交。

格里斯的绘画构图从网格主导式逐渐转向元素主导式。格里斯将网格实体化，画面中呈现90度正交、45度和30度/60度的斜交网格的组合，网格和元素的关系显现得更加明确。我们选取了格里斯描绘乐器的静物画来考察构图的变化：

（1）格里斯初期运用了毕加索等人的网格主导的分解式结构，但与“过渡（passage）”手法所分解的边缘模糊的小截面不同，格里斯所分解的小截面边界清晰，并用黑白渐变的色块填充，画面更加平面化（图2.14）；

（2）格里斯随后整合了琐碎的网格，用背景中的直线切割画面，分解乐器等静物（图2.15）；

（接上页）形式之间的关系：根据第一种方法，所有的局部都是通过一种韵律的准则（rhythmic convention）连接起来的，这种准则是由其中一个局部决定的。这个局部——它在画布上的位置无关紧要——给了这幅画一个中心，颜色的渐变从这个中心展开，或者根据强度递增或递减向其趋近。根据第二种方法，为了让观众自己自由地建立统一，可以用创造性的直觉赋予所有元素以秩序，每个部分的属性必须保持独立，造型连续体必须被分解成一千个光与影的惊喜。简而言之，上述原则强调造型元素的中心性，以局部元素确立画面的中心，虽然造型单元仍然被网格分解，但每个元素“必须保持独立”。参见：Metzinger J, Gleizes A. *Cubisme* [A] //Herbert R L. *Modern Artists on Art* [C]. N.J.: Prentice-Hall, 1912, p.4。

20 格雷兹的作品《倚在阳台上的男人》（1912）的素描稿（图2.13-A）是一份具象速写，斜倚在公寓阳台栏杆上的男人确立了画面的中心，图底关系明确。在接下来的一版草图中（图2.13-B），对象被几何化，从躯体上延伸的结构线辐射到整个画面，原本垂直的栏杆倾斜变形，和倾斜的躯体构成三角结构，形成构图中心。同时，远处的风景向前景逼近，近景人物的下半身被高度概括而向后退隐，画面被压缩成一个浅空间。

A. 格雷兹，《倚在阳台上的男人》草稿一，1912

B. 格雷兹，《倚在阳台上的男人》草稿二，1912

C. 格雷兹，《倚在阳台上的男人》，1912

图 2.12　格雷兹，《倚在阳台上的男人》的不同版本，1912

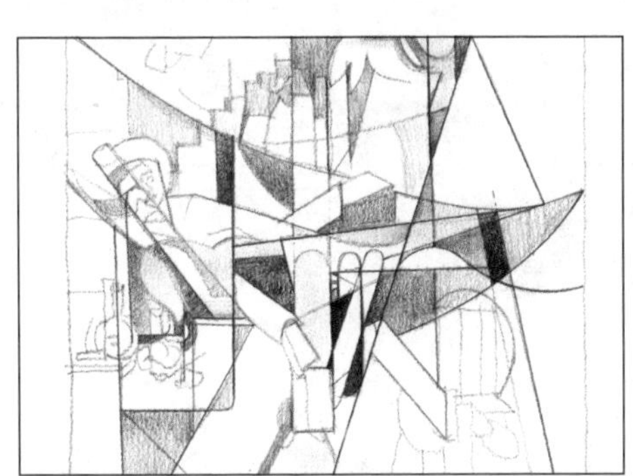

A. 格雷兹，《吊床上的男人》，1913

在《吊床上的男人》这幅作品中，从前景人物姿态延伸出的斜线和吊床的弧线延伸到周边画框，并分割了画布平面，人物造型始终清晰可辨，在画面水平中线附近建立了构图的中心。

B. 格雷兹，《立体主义风景》，1914

在《立体主义风景》这张画中，位于前景中心的树木将画面一分为二，在画面垂直中线附近建立了构图中心。围绕着中心树木有一个隐现的正方形，强化其中心性。构图在中心造型元素的控制下保持均衡。

图 2.13　格雷兹，《吊床上的男人》与《立体主义风景》，1913—1914

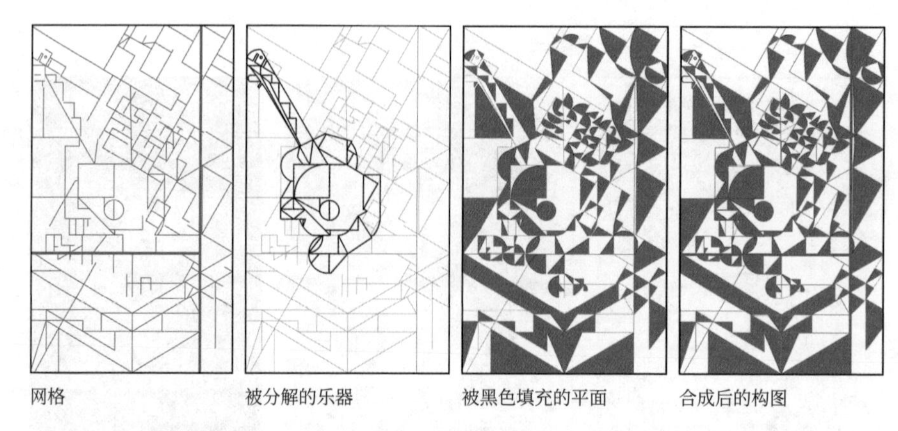

图 2.14　格里斯的《带花的静物》（1912）体现了网格对主体的细致分解

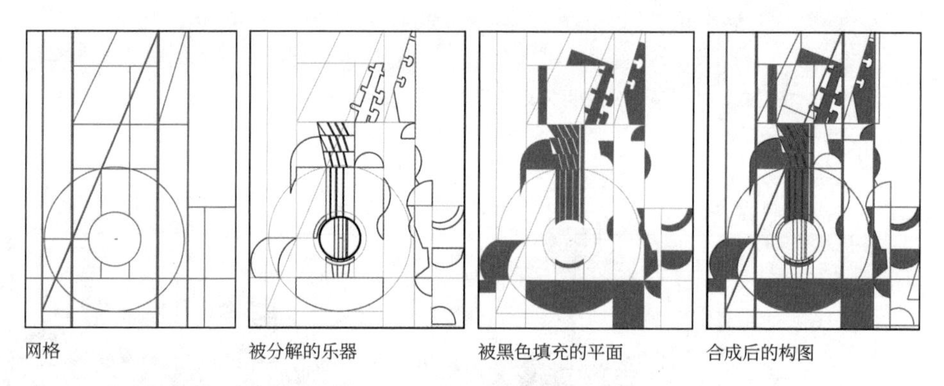

图 2.15　格里斯的《带吉他的静物》（1912）体现了网格主导的构图

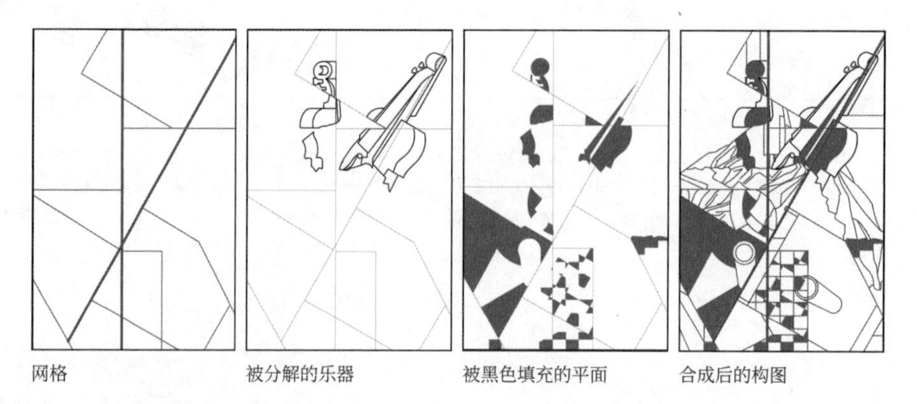

图 2.16　格里斯的《小提琴与象棋盘》（1913）体现了元素主导的构图

(3) 网格主导的分解式结构发生转变，主导构图结构的背景直线渐渐被静物主体的结构线所取代，体现了元素主导的结构，例如图2.16中倾斜的乐器决定了对角线式构图。

在分析立体主义阶段，古典主义构图中的网格法式支配的等级性被瓦解，网格与元素形成了不可分的一元结构，但塞尚画面中的张力与运动被禁锢在其中，如网中之鱼而不得释放，直到被拼贴立体主义的截面体系取而代之。

（二）元素与截面体系

在拼贴立体主义出现后（1912），主导构图的要素从网格体系变为截面体系。截面是一个个与画布表面平行的平面，毕加索、格雷兹和格里斯所运用的截面体系各不相同。

毕加索将注意力从网格转移到主体上，始终保持对象廓形的独立性，背景留白，主体被不同材质的截面所分解，这些截面以分离的形式出现。与之相比，布拉克使用了一种平面相互交织的复杂体系。[21] 毕加索对主体独立性的坚持演变为浮雕物体（relief-object），这批构成作品折返回物象本身，[22] 将绘画从二维中解放出来，但并没有脱离平面性（图2.17）。

格雷兹则将注意力从主体和局部转移到背景的整体结构上。他从空白画面的基准结构开始，通过位移和旋转推导出基准结构的变体，然后又通过叠

21　莫霍利－纳吉从构成主义的角度辨析了这种差异，认为布拉克使用了一种平面相互交织的复杂体系，而毕加索采用了一种更为简单的构成方法，平面更多是以分离的形式出现，这种差异使前者成为至上主义和构成主义之父，后者成为荷兰风格派之父。参见：拉兹洛·莫霍利－纳吉．运动中的视觉：新包豪斯的基础[M]．周博，朱橙，马芸，译．北京：中信出版社，2016年，第126页。

22　这批拼贴构成的组装方式将观者带到一种杂乱无章的感知序列中，观者无法通过寻常的经验来认知对象，画家也没有在对象中预置某种主观的逻辑来引导认知。这种对认知逻辑的瓦解使得拼贴构成的各个部分有了自己内在的秩序，和所表达的主题对象进一步脱离了关系。在毕加索之前，雕塑和绘画一直主张的是严格限制所选题材的范围，选择特定的材料，以及选择制作的过程和形式，而用组件自由排列来构成一个整体的雕塑是不存在的。但是毕加索的拼贴构成给予了雕塑或拼贴画一种潜在的自由，使得自由地“做（make）”雕塑或拼贴画成为一种可能，最终的成品也变成了一个“自足的客体（self-sufficient）”。参见：威廉·塔克．雕塑的语言[M]．徐升，译．北京：中国民族摄影艺术出版社，2017年，第54页。

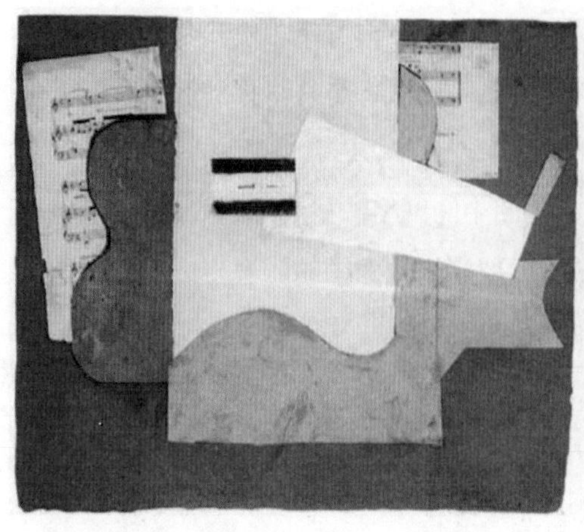

图2.17 毕加索的拼贴画（左：《吉他和乐谱》，1912）和浮雕物体（右：《吉他和瓶子》，1913）

加产生复合图形，再赋予复合图形的截面以不同的色彩，将其分离。通过一系列的理性操作而得到的背景结构成为分解主题元素的基准参照，只需要将主题元素嵌套在其中并略加调整，就可以得到不同的构图（图2.18）。

格里斯在拼贴立体主义阶段展现出了不同的特征，他倾向于在二维平面中直接探索纯粹的装饰性韵律，彻底地清除了雕塑式的明暗造型法，运用平涂的黑色形状固化了阴影，将背景截面和主题元素紧密结合在一起(图2.19)。[23]

在格里斯晚期作品的构图中有一个重要的突破——主题元素被截面化。1927年所创作的画作中，小提琴、乐谱、桌布和窗户成为变形的截面，这些截面形成了有运动倾向的形状。小提琴所在的截面带动其它截面一起向左上角聚集，仿佛要探出窗外，而桌布在右下角的锯齿形状呼应了这个放射形张力结构。至此，通过主题元素截面化，并使之变形和位移，张力在构图中显现（图2.20）。

在分析立体主义阶段，格里斯在对元素和网格的辩证关系的探索中建立了几何化的平面构图结构（图2.21第一、二阶段）；在拼贴立体主义阶段，

23 “这些坚实的黑色的形状固化了阴影和明亮的碎片，所有的明度渐变都被概括在一种单一的绝对平涂、不透明的黑色之中——这种黑色成了一种跟任何光谱色一样响亮的纯粹的颜色，并赋予了它所填充的那片剪影一种比更为明亮的形状所能拥有的更大的重量感。”参见：克莱门特·格林伯格. 艺术与文化[M]. 沈语冰，译. 桂林：广西师范大学出版社，2015年，第112页。

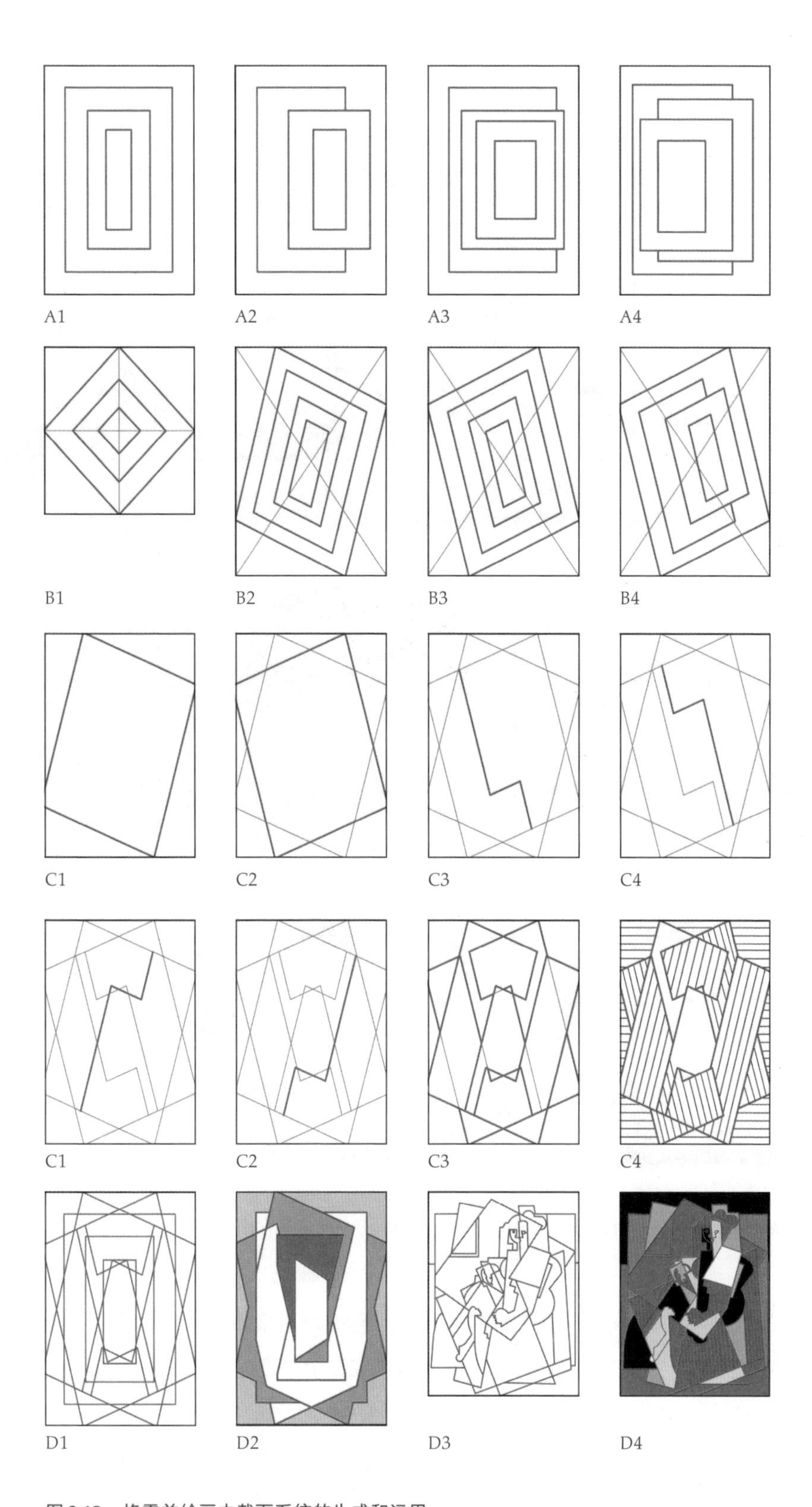

图 2.18　格雷兹绘画中截面系统的生成和运用

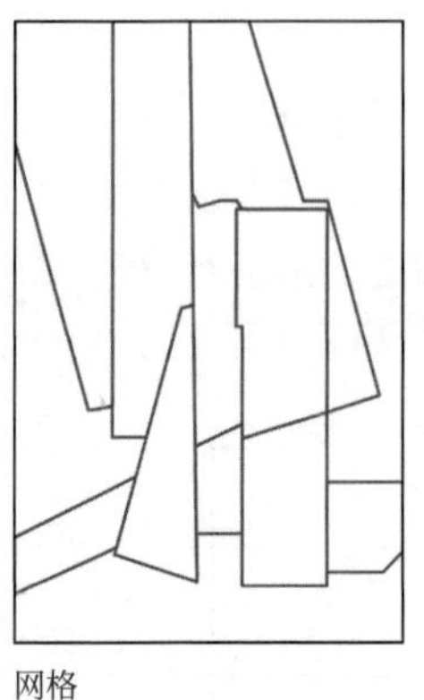
网格

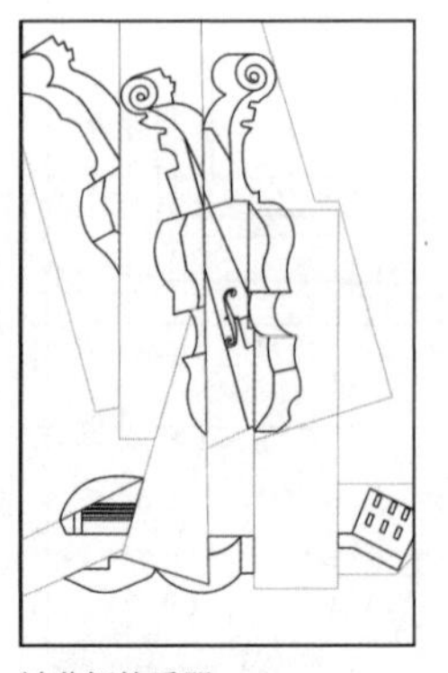
被分解的乐器

被黑色填充的平面

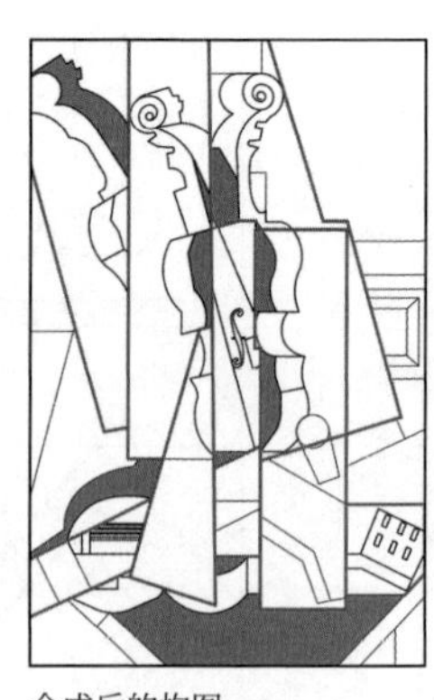
合成后的构图

图 2.19 《小提琴与吉他》(1913) 中的形象被背景截面所分解

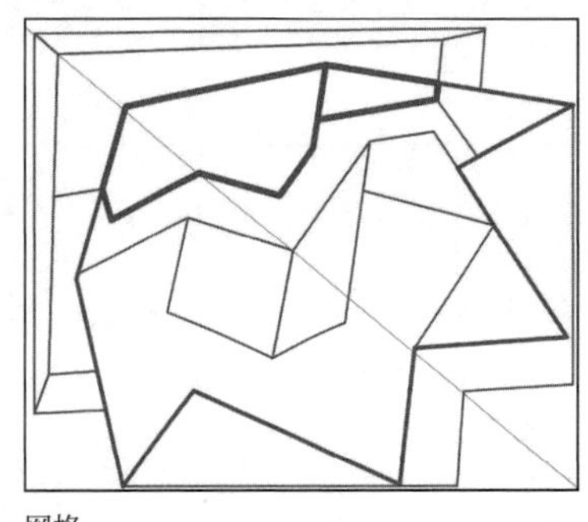

网格

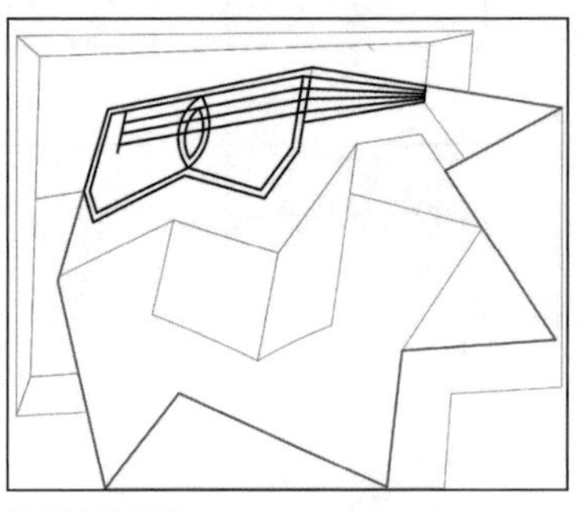
被分解的乐器

被黑色填充的平面

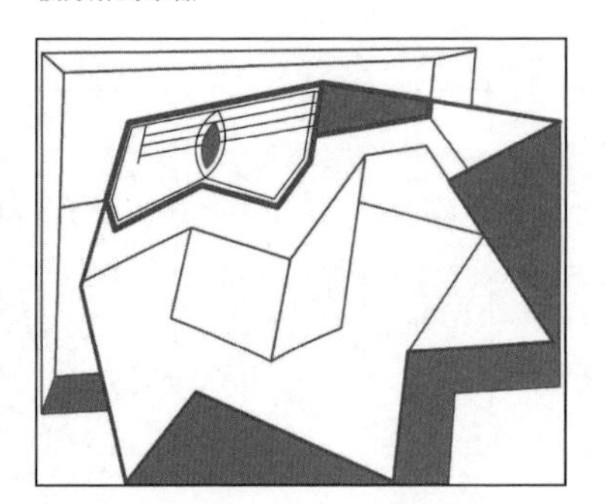
合成后的构图

图 2.20 《吉他与乐谱》(1927) 中的形象直接形成了包含倾向性张力的截面

背景截面体系瓦解了一体化的网格体系，形成可以变形和位移的截面化结构（图2.21第三阶段）；在晚期作品中，造型元素完全截面化，通过截面的变形和位移，呈现了构图中的倾向性张力（图2.21第四阶段）。至此，隐匿在混沌间的张力最终通过几何化造型语言清晰地呈现，成为基于视知觉张力的抽象符号系统的基础。

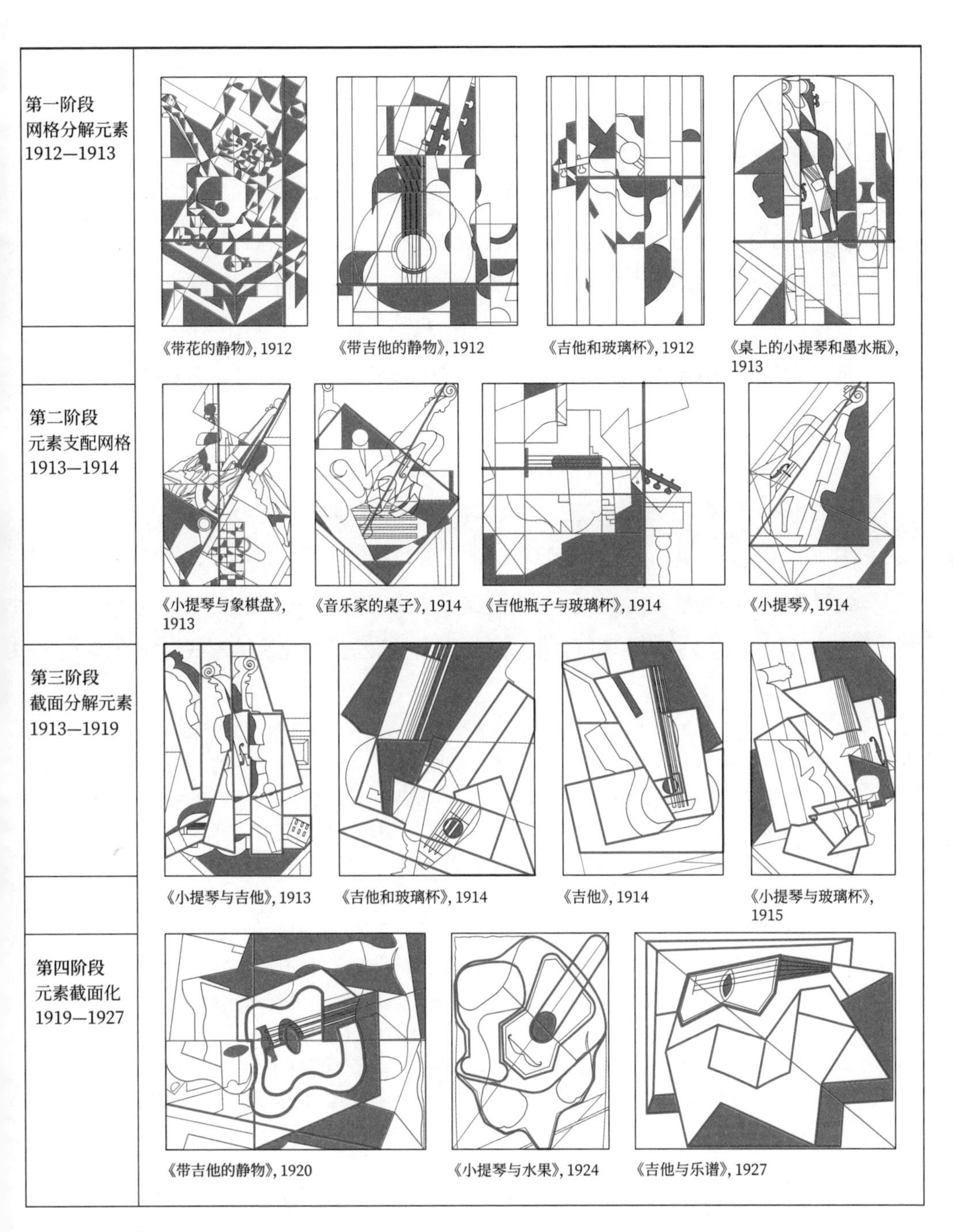

图 2.21　格里斯立体主义作品的四个阶段

第三节 建筑学的拓展

(一)有机元素与基准结构之间的张力——柯布西耶

1. 纯粹主义之前

在夏尔·艾普拉特尼尔(Charles L'Eplattenier)的指导下,青年柯布西耶[让纳雷(Jeanneret)]在拉绍德封的艺术学校学习绘画与装饰艺术的基础,其中包括一种将自然对象抽象成几何图案的方法,对当地的植物形式进行理想化的几何处理,从中提炼几何造型单元,并从动植物的形态和构造中提取等级化的有机结构,进而对造型单元进行组织,形成平面化的装饰语言(图2.22)。[24]

毕业后的柯布西耶经过壮游(Grand Tour)的洗礼和在奥古斯特·佩雷与彼得·贝伦斯(Peter Behrens)建筑事务所的实践,开始反思拘泥于装饰细节的观察与表达方式。[25]在写给导师艾普拉特尼尔的书信中,柯布西耶质疑了艺术学校的课程,因为过去的画法无法确切表现出感知到的建筑几何形体,所以他提出了一种还原(deduction)的方法,将建筑的形式还原为最

---

24 在新艺术运动(Art Nouveau)的影响下,学校以服务当地手工制表业为目的来设置课程,欧文·琼斯(Owen Jones)的《装饰的法则》(1856)是当时的主要参考书,柯布西耶临摹过书中的多幅插图。《装饰的法则》的开篇便建立了装饰画的构图语法,包括:(1)构图的几何化元素:"原理8:所有的装饰都应遵循几何结构";(2)构图的目标:"原理10:形式的和谐源自直线、斜线与曲线之间合适的平衡与对比";(3)构图的比例:"原理9:对于任何一件完美的建筑作品,其组成部分之间必然呈现完美的比例,因此装饰艺术的各个部分之间也应该遵循一定精确的比例。整体和部分之间应该以基本构成单元的倍数的形式出现";(4)构图元素的等级:"原理11:在表面装饰中,所有的线条都应该从一个主干发散出来,无论相距多远,每个装饰图案都应该追溯到它的枝干和主干上"。参见:Jones O. *The Grammar of Ornament* [M]. London Day&Son, Ltd., : 1856, pp.5-6。青年柯布西耶对这种形式语言的运用逐渐成熟,他早期绘制的装饰画还是在新艺术运动风格影响下对自然表象的一种美化,而后期的作品已经着重研究植物内在结构的有机性,并将之提炼为更加结构化的装饰图案。

25 在柯布西耶即将毕业之际(1907),艾普拉特尼尔鼓励他通过一次壮游来拓宽视野。在这次意大利北部之旅中,柯布西耶热衷于详尽地描绘出建筑的装饰细节,这种观察方式随着柯布西耶阅历的增加而改变。旅行结束后,柯布西耶来到巴黎并为奥古斯特·佩雷工作,后者教他学会欣赏比例、几何、尺度、和谐以及建筑的古典语言。后来,柯布西耶又在德国为彼得·贝伦斯工作了数月,这些经历使他开始反思。

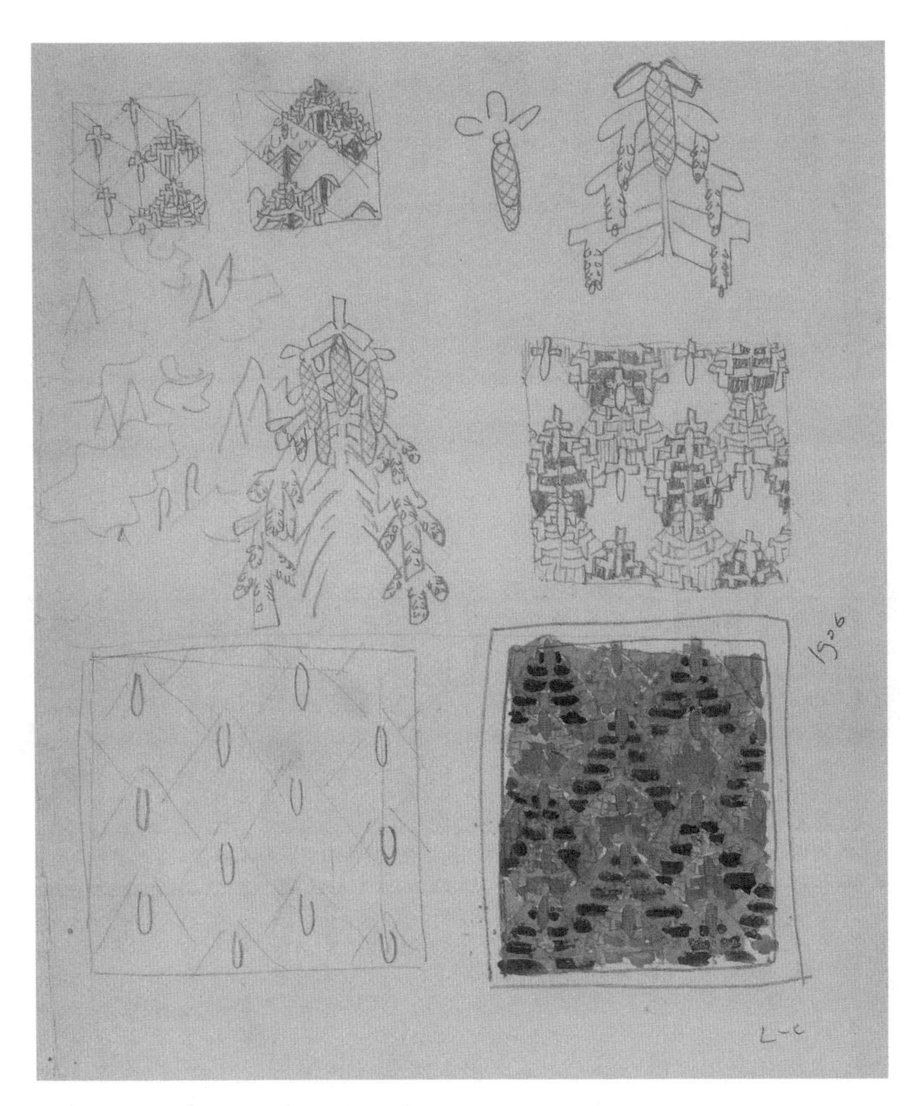

图2.22　柯布西耶，基于常青树的抽象图案（1906）

基本的几何语汇[26]。柯布西耶在德国期间的视觉笔记中开始使用这种方法，并运用于“东方之旅”（1911）途经意大利时所绘的速写中（图2.23）。[27]而在

26　Le Corbusier. *"Le Corbusier Lettres À Charles L'Eplattenier"* [M]. Edition établie par Marie-Jeanne Dumont. Paris: Editions du Linteau, 2007, p.172.

27　他将塞斯提伍斯金字塔和哈德良陵墓还原成锥体和圆柱体，用基本的几何体量组合清晰地表达哈德良行宫的建筑体量之间、建筑体量与环境之间的关系，形成了几何造型的编目。

图 2.23 罗马塞斯提伍斯金字塔（Pyramid of Caius Cestius）和哈德良陵墓（Hadrian's Tomb）的速写，以及哈德良行宫（Hadrian's Villa）的图解（1911）。

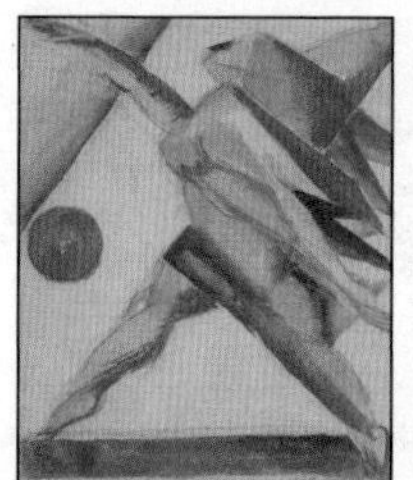
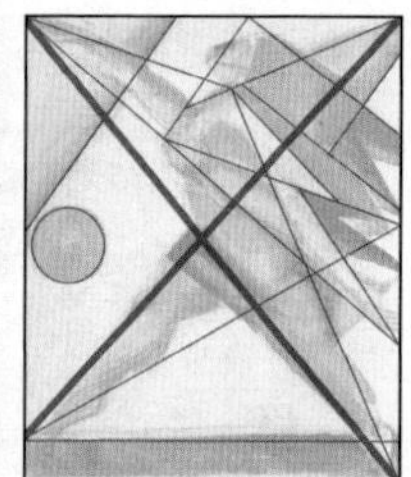
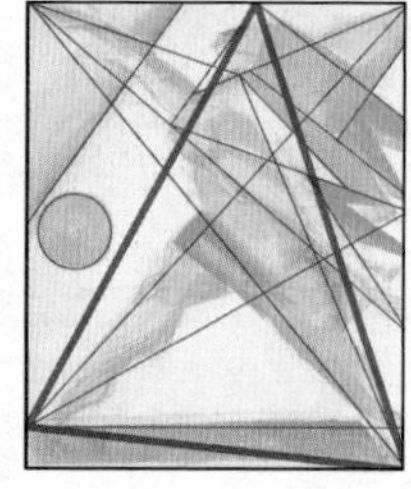
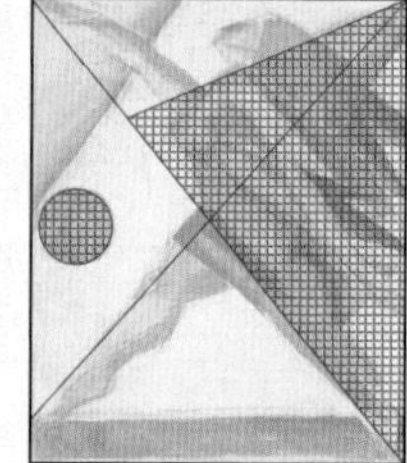

柯布西耶
《赫拉斯》（1913）

画中的人物原形四肢张开，沿着画布平面的对角线结构布局。人物形成三角形的稳定构图。主要的原形集中分布在画面右侧，而左侧的圆形太阳使画面的视觉重量达到了左右均衡。

图 2.24 《赫拉斯》分析组图

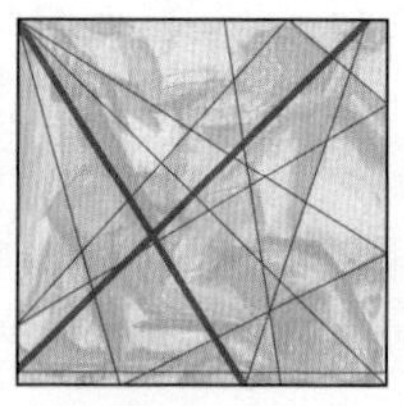
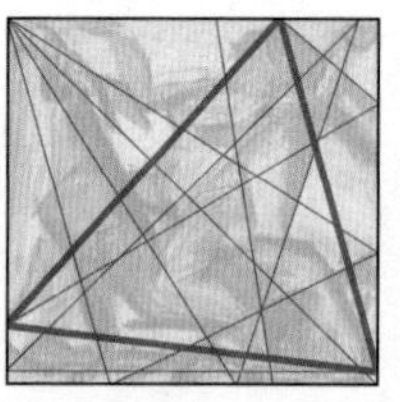
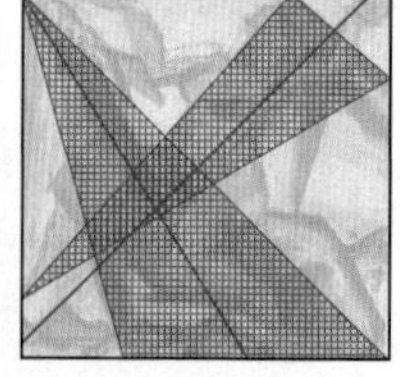

柯布西耶
《阿多斯的酒》（1913）

《阿多斯的酒》中骑马的人物沿着画布平面的对角线结构布局，人物上半身和马前腿形成了一个倒三角结构，马首和马后腿形成了另一个三角形结构，两个三角形沿着对角线交叉在一起，使画面实现了均衡。

图 2.25 《阿多斯的酒》分析组图

记录场景时，青年柯布西耶开始有意识地利用不合理的透视来探索画中空间的构图原则。[28]

1907－1914年期间现代绘画的变革对柯布西耶产生了影响[29]。他在1913年创作的《赫拉斯》（*Hellas*）和《阿多斯的酒》（*Wine of Athos*）体现出与格雷兹等人相似的立体主义的造型元素和构图法则（图2.24、图2.25）。

综上所述，柯布西耶在真正进入纯粹主义时期之前，通过装饰画、建筑速写和对立体主义绘画语言的吸收，已经掌握提炼自然之形，还原建筑之形，并将几何化的造型元素结构性地融入构图之中的方法。

2. 纯粹主义时期的几何元素

第一阶段：几何化元素的建筑式构图

第一次世界大战后，欧洲形成了回归秩序的思潮。柯布西耶对理性秩序的建构从确立造型艺术的最小单元开始，承载着不同情感的线性元素[30]生成了造型艺术的"初始元素（éléments primaire）"——正方形、三角形和圆形[31]

28　如果将柯布西耶的速写集和实景对照，我们可以看到一种差异，这种差异源于画作中构图意识的觉醒。布里哈特在论及柯布西耶的帕特农神庙速写时提到，与在伊斯坦布尔运用的广阔视野不同，这些画不是全景的，它们是很有控制的，有"框架"的构图。参见：Brillhart J. *Voyage le Corbusier Drawing on the Road* [M]. London: W.W.Norton & Company, 2016, p.171。

29　随着柯布西耶对现代绘画的深入接触，他在心中对艺术进行了等级的划分，认为装饰画所呈现的是一种纯粹的理性感觉（sensation pure），而那种用纯粹的形与色对野性感觉（sensation brutes）进行构造的现代艺术才是更高级的追求。参见：Ozenfant A, Jeanneret C E. *Après le Cubisme, 1918* [M]. Paris: Altamira, 1999, p.34。

30　在1920年10月刊的《新精神》（第1期）中，柯布西耶发表了《关于造型艺术》，阐释了他对造型艺术的理解。柯布西耶认为造型艺术通过最基本的形式元素传达情感："直线，使眼睛被迫连续运动，使血液有规律地循环，传达出连续性和平静的感觉；折线，随着每次方向的改变，使肌肉突然伸展和放松，使血液撞击血管，其过程发生变化，呈现断裂的、不规则的或有韵律的感觉；圆圈，使眼睛转动，呈现连续性，重新开启和关闭的感觉；曲线，呈现平滑的按摩的感觉。"参见：Ozenfant A, Jeanneret C E. *Sur la Plastique* [J]. L'Esprit Nouveau, 1920(1), pp.38-39。

31　这三个元素是柯布西耶幼年时在福禄贝尔（Froebel）幼儿园所接受的基础几何空间启蒙教育的基本元素，福禄贝尔所创立的这套方法建立了儿童对空间的认知方式并激发他们通过游戏去自由探索，另一位自幼受此影响的建筑师是弗兰克·劳埃德·赖特（Frank Lloyd Wright）。参见：Vogt A M. *Le Corbusier, the* （转下页）

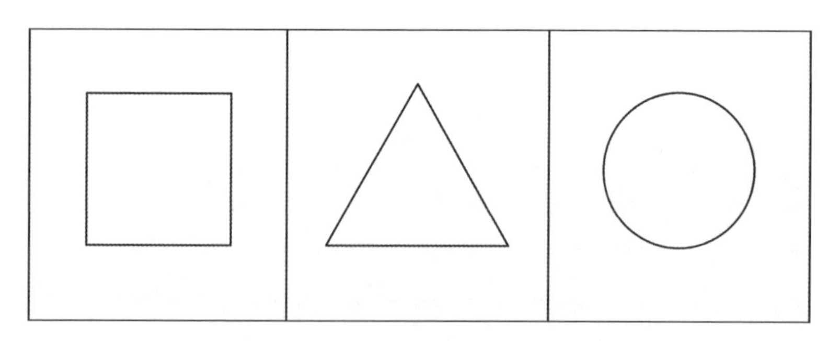

图2.26　初始元素（1920）

图2.27　带有小提琴、水果盘和打开的书的静物习作（1920）

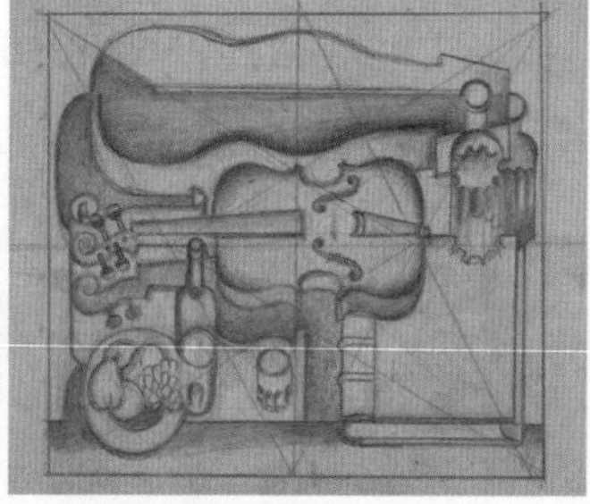
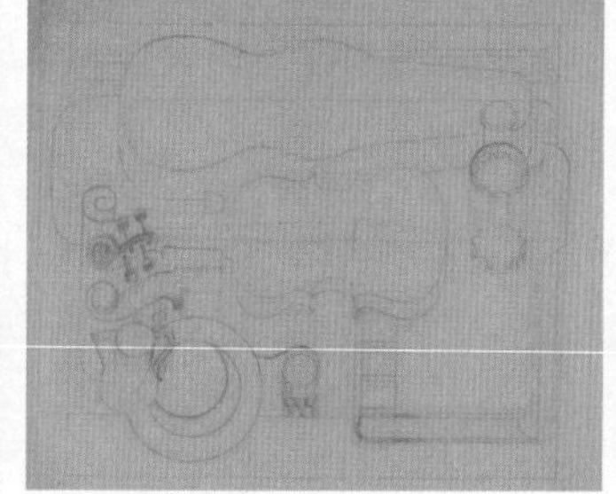

图2.28　带有小提琴和琴盒的静物习作（1920）

(图2.26)。初始元素作为词根派生出不同的造型词语，从而形成构图语言。

纯粹主义所描绘的日常器物正是由初始元素构成的，乐器（包括小提琴、吉他）和琴盒在构图中往往起到核心作用[32]，以这张1920年绘制的静物为例，倾斜的小提琴主导了对角线构图。画面着重强调轮廓线和投影边线，忽略明暗交界线，用平涂的方式呈现出剪影的效果，使对象扁平化，形成浅空间(图2.27)。“一瞥之下，这些绘画呈现出一种非常严谨的图形设计，一种对随意的禁止——通过精确而细致的线条来控制形式：用清晰的轮廓和预先确定的方向，不去展示表达中的惊喜，而是简单地通过对象之间的排列，它们的‘交响乐’，它们的距离和关系，来表达空间的敏感性。这就是纯粹主义绘画的原则。”[33]正是这种经过反复推敲而形成的设计感，使画面形成了一种“建筑式构图”（La composition "architecturée"）[34]。

在一组1920年绘制的有小提琴和琴盒的习作中，我们可以看到这种建筑式构图的设计过程。柯布西耶用铅笔勾勒出静物的位置，之后在透明的纸张上用尺规精确地勾勒出静物的轮廓。静物被置于正交坐标系中，琴与琴盒水平布局，乐谱、书和瓶子垂直布局。画面中方形的桌子就像画框一样成为构图的边界，造型元素被整合在由基准线控制的结构中，形成严谨的几何秩序（图2.28）。

绘画中精确的几何化秩序呈现在柯布西耶早期的建筑作品中。《新精神》杂志在1921年第6期第一次刊载柯布西耶的建筑作品时便选取了施沃布别墅[35]（Villa Showb，1916）。住宅的平面以正方形和圆形为母题，以九宫格

（接上页）*Noble Savage - Toward an Archiaeology of Modernism* [M]. Cambridge, Massachusetts: The MIT Press, 1998, p.289.

32　柯布西耶选取的静物包括瓶子、杯子、盘子、咖啡壶、烟斗、书、小提琴和吉他等，为了和前文格里斯描绘乐器的绘画对照，我们也选取了柯布西耶描绘乐器的绘画。

33　Hervé L. *Le corbusier, l'artiste, l'écrivain* [M]. La Neuveuville: Editions du Griffon, 1970, p.15.

34　Pauly D. *Le Corbusier, Le dessin comme outil* [M]. Nancy: Musée des Beaux-arts de Nancy, 2006, p.47.

35　柯布西耶在纯粹主义之前的建筑实践多是在自己的家乡设计的别墅，有很深的地域性民居的烙印，其中比较特别的是施沃布别墅，呈现出较为严谨的古典主义建筑语言。这与柯布西耶跟随佩雷和贝伦斯的工作经历，以及一战后在欧洲形成的回归秩序的思潮密不可分。

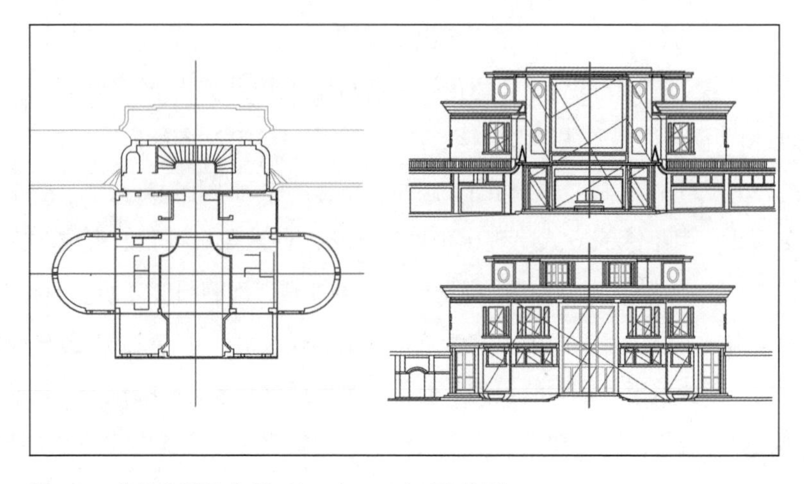

图2.29 施沃布别墅（Villa Showb, 1916）（作者绘）

为基准，以十字轴为中心，用混凝土框架建造出核心空间。中间通高的大厅沿纵轴布局，半圆形的凸室沿横轴向两翼展开，内部空间以十字轴为中心的向心型布局呈现出古典的秩序。施沃布别墅的平面与立面设计和这个阶段的纯粹主义绘画所建立的几何化秩序在构图层面是契合的（图2.29）。

第二阶段：几何化元素的分解与重组

战后的欧洲需要建设大量住宅，而新兴的资产阶级需要一种和机械时代相匹配的审美趣味。此时，拥抱工业时代的柯布西耶开始在构图中演绎新的秩序。在1921年的一张便签上，柯布西耶将乐器的廓形与其它静物相互融合，瓦解彼此的边界。控制构图的基准线从画布平面的边廓和结构线变为主要静物（乐器）的轮廓和轴线。几何化的元素像机械零件一样被重新配置，共享一条或者几条轴线，形成了新的造型词汇（图2.30）。

相同的构图方法也呈现在建筑设计中。柯布西耶认为，一栋住宅可以像一辆汽车：一个简单的外壳，以自由的方式，包含内部多样的独立构件。[36] 1926年，柯布西耶发表了《关于新建筑的五要素》：

（1） 底层架空柱；（2） 屋顶花园；（3） 自由平面；

（4） 水平长窗； （5） 自由立面。

36 W.博奥席耶，O.斯通诺霍．勒·柯布西耶全集．第1卷：1910－1929年[M]．牛燕芳，程超，译．北京：中国建筑工业出版社，2005年，第85页。

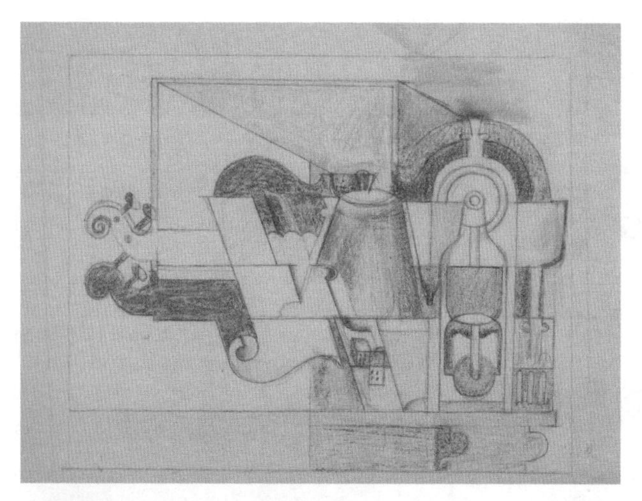

图2.30　静物的几何化元素的分解与重组（1922—1923）

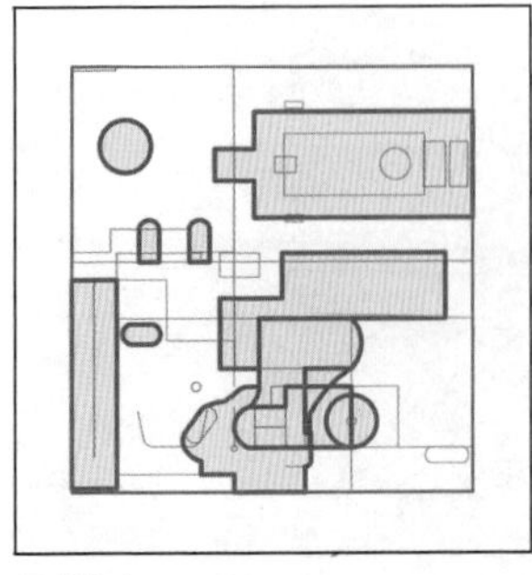
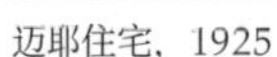
迈耶住宅，1925

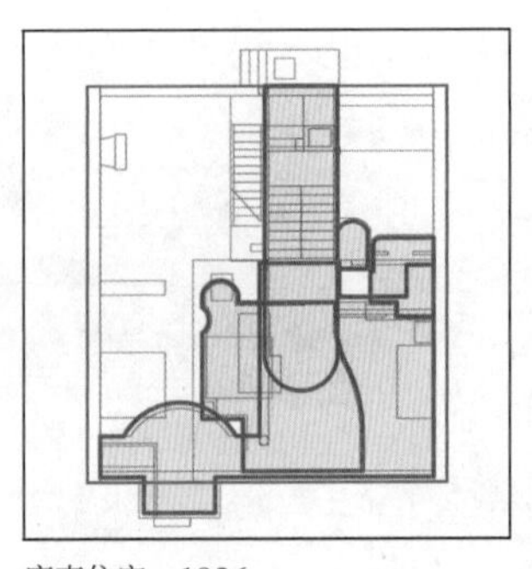
库克住宅，1926

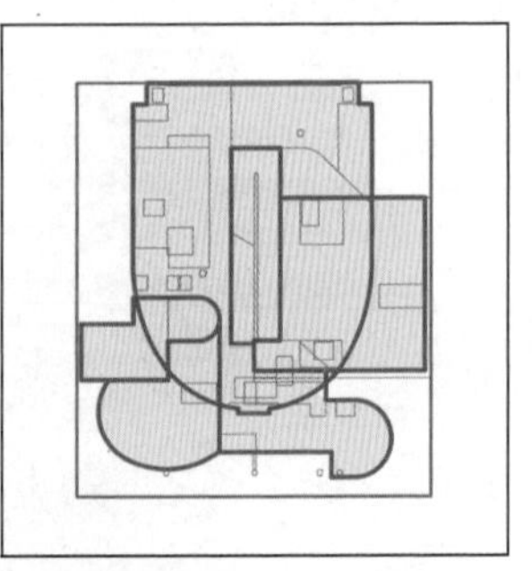
萨伏伊别墅，1929

图2.31 纯粹主义第二阶段的建筑构图

钢混框架结构使功能模块不再受到承重墙结构体系的制约，其内部形成的自由平面在构图上有了更大的自由度。因此，平面中可以大量使用曲线，包括围合的卫生间、浴室等服务性空间，阻止或引导人流的隔墙，沿着车辆旋转半径设置的墙壁，等等。柯布西耶将功能模块像机械零件一样精致地镶嵌在笛卡儿网格控制的方形廓形中，而屋顶花园的构图形态则更加自由。这种构图和此时的纯粹主义绘画如出一辙，建筑的廓形就像是摆放静物的方桌，而功能模块就如同方桌平面上的静物，在被限定的方形廓形内排列组合，相互融合，线性元素在基于透明性的空间操作中融合成新的功能单元，随着萨伏伊别墅的落成（1929），这种构图形成了成熟的范式（图2.31）。

新建筑五要素中也包含了形式发展的另外两种可能：内部构图元素（功能模块）在笛卡儿网格的控制下被分解重组，平面的自由性会引导重组后的元素脱离网格的控制而自成体系；水平长窗和自由立面意味着立面成为“隔绝墙体和窗构成的轻质膜”[37]，外墙的投影不再厚重，成为可以突破的廓形，内部元素可以将之逾越。这两种可能性为构图下一阶段的演变埋下伏笔。

3. 纯粹主义之后的有机元素

1928年以后，纯粹主义时期呈现的“几何的秩序”被“有生命的形式”所取代。[38]柯布的造型元素编目中出现了手套、贝壳、面罩和人体等有机形

37 W.博奥席耶，O.斯通诺霍.勒·柯布西耶全集.第1卷：1910－1929年[M].牛燕芳，程超，译.北京：中国建筑工业出版社，2005年，第116页。

38 “从1918年到1927年，我的绘画中的形式只取自咖啡馆和饭店桌子上的瓶子、咖

图2.32　抱着吉他的人物（1936—1960）

态，原本几何化的日常之物也开始变形，这些“引发诗意之物”（objects á réaction poétique）摆脱了画面基准线的控制，成为偏离基准结构的有机造型。

我们聚焦于带有乐器的构图，抱着吉他的女人体是柯布西耶在纯粹主义时期之后所反复描绘的主题（图2.32）。这个原型最初出现在1936—1937年的绘画中，2—3个音乐家围绕着略微倾斜的吉他构成画面的中心。1953年，柯布又绘制了一系列弹吉他的女人像，画面中的吉他保持水平位置，成为水平方向的绝对基准，所有的变形曲线都以此为参照而获得秩序。在1955年出版的《直角之诗》中，又出现了抱着吉他的人体，在吉他所在的水平线上，还放置着其它静物。人物所怀抱的吉他是画面的绝对基准，静物和人体都围绕着这个基准而布局，它们的位移和变形所形成的张力和这个基准固有的中心力形成了对峙的平衡，这种构图范式也出现在这个时期的建筑平面构图中（图2.33）。

啡壶和杯子，这应该是我寻找并找到的严格的准则。1928年左右，我想扩大我的词汇的范围，我钟情于被我命名的引发诗意之物，许多包含、概括并表现自然法则的朴素之物。”参见：Pauly D. *Le Corbusier, Le dessin comme outil* [M]. Nancy: Musée des Beaux-arts de Nancy, 2006, p.54。

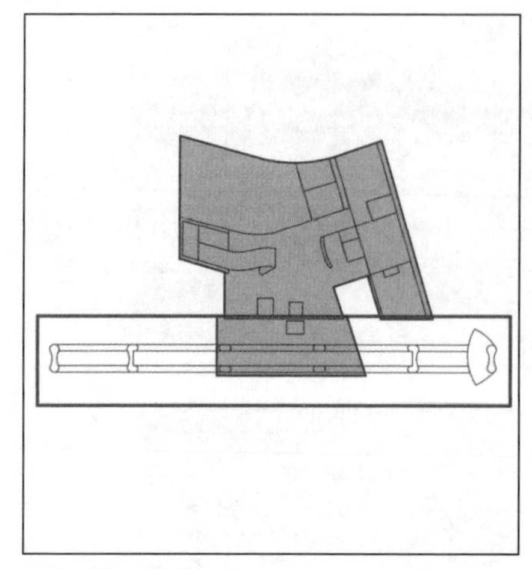
巴黎大学城瑞士馆，1930

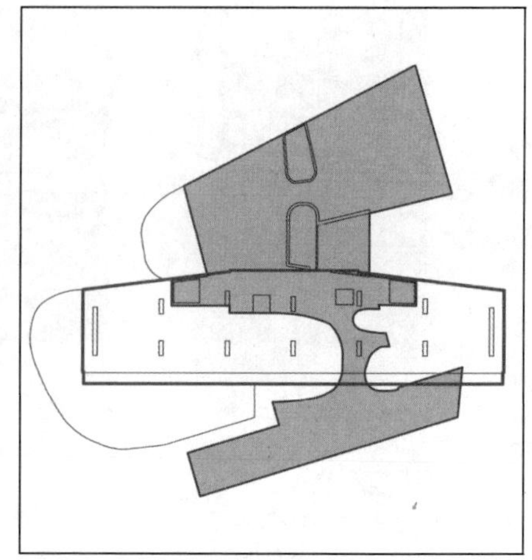
巴西学生公寓，1957

图 2.33 有机形态与基准物构成的建筑平面构图范式

在1960年的习作中，抱着吉他的人的构图方式发生了变化，吉他的水平中轴线被消解了，乐器的曲线轮廓和人物的曲线轮廓咬合在一起，同时在背景中出现了正交网格，以吉他为水平基准的构图范式从此消失。在同年用铅笔所画的一系列以人物为对象的画作中，构图出现了两个新的特征：

（1）人物的肢体被拆解成并置的元素；

（2）背景展现出正交的线性造型，人物的曲线轮廓融入了背景中，二者有机地结合在一起。这种构图范式成为二战后柯布西耶建筑实践的主旋律。在建筑平面中，异型功能单元已经开始突破方形廓形的限制，并且更加具有独立性。平面构图已经从方形内部正交网格控制的单元组合，演变为有机形态和正交形态两个造型体系的并置和融合（图2.34）。

至此，我们可以总结出柯布西耶在绘画和建筑平面构图中所发展出的四种张力结构范式（图2.35）：

（1）在古典构图范式基础上，遵循正交基准线而发展的张力结构；

（2）初始元素以方形内廓为基准而自由组合的张力结构；

（3）有机元素以长条矩形为基准的张力结构；

（4）有机元素与方形网格互为参照的张力结构。

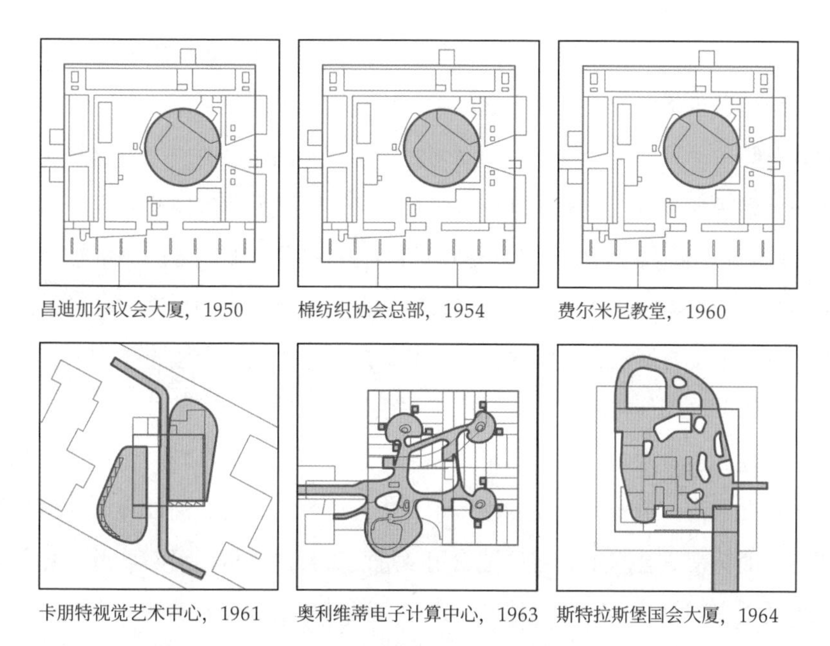

昌迪加尔议会大厦，1950　棉纺织协会总部，1954　费尔米尼教堂，1960

卡朋特视觉艺术中心，1961　奥利维蒂电子计算中心，1963　斯特拉斯堡国会大厦，1964

图2.34　有机形态和正交形态两个造型体系的并置和融合

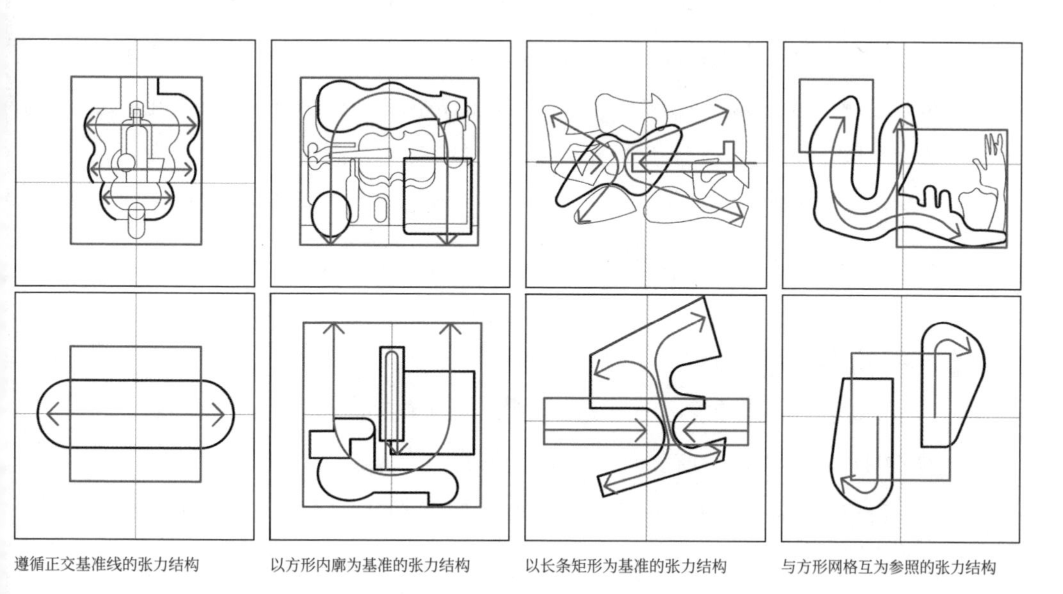

遵循正交基准线的张力结构　以方形内廓为基准的张力结构　以长条矩形为基准的张力结构　与方形网格互为参照的张力结构

图2.35　柯布西耶绘画和建筑平面构图中所呈现的四种张力结构范式

(二)初始元素在基准结构之中的张力——海杜克

海杜克从立体主义和风格派绘画中分别提炼出两种不同的构图结构。第一种结构源自格里斯的立体主义作品。格里斯喜欢选用矩形画布，画布自身便具有倾向性张力。他善于在画面背景中引入不同角度的网格，这些网格和造型元素融为一体。网格在画布边缘会消失，造型元素向中心聚集，加强了画面的中心性。综上所述，第一种构图结构包括了有倾向性的基准结构、复合的网格体系和中心性布局。第二种结构源自蒙德里安的早期作品。蒙德里安喜欢使用正方形画布，画布自身没有倾向性张力。整个画布平面只有正交的网格体系，即使将画布旋转，网格体系依然保持正交。蒙德里安的作品没有中心性，但是强调边廓的作用。综上所述，第二种构图结构包括了静态均衡的基准结构、单一的正交网格体系和去中心性的布局。海杜克认为柯布西耶的卡朋特视觉艺术中心辩证地使用了这两种构图结构：沿着坡道的方向可以感受到空间是一个矩形，但同时在中心又存在着一个明确的正方形；建筑的柱网是正交网格体系，但是建筑体量通过旋转和背景环境形成了复合的网格系统；穿过建筑的坡道加强了构图的中心性，但圆滑紧绷的边廓同时强调了边缘的张力[39]。

海杜克是最早明确提出将张力结构作为建筑平面构图核心的建筑师之一。在他自己的建筑实践中，海杜克从初始元素出发，这与柯布西耶的起点看似相同，但是他却走出了一条属于自己的路径。柯布西耶不断探索元素与基准结构之间的关系，并通过元素有机化实现了和基准网格的剥离。海杜克更加注重初始元素的演绎，他以初始元素为基本词汇，不断尝试着在不同的基准张力结构下形成的构图形式语言。

1. 圆形结构

圆形在古典具象绘画中是中心型构图的重要基准线，而在现代绘画中成为造型元素的母题，在构图中形成不同的张力模式。

罗伯特·德劳内在《回旋的形》组画（1913）中，将阳光和月光描绘成

---

39 Hejduk J. *Out of Time and into Space* [A] //*Mask of Medusa* [C]. New York: Rizzoli Internaional Pubications, 1985, pp.71-75.

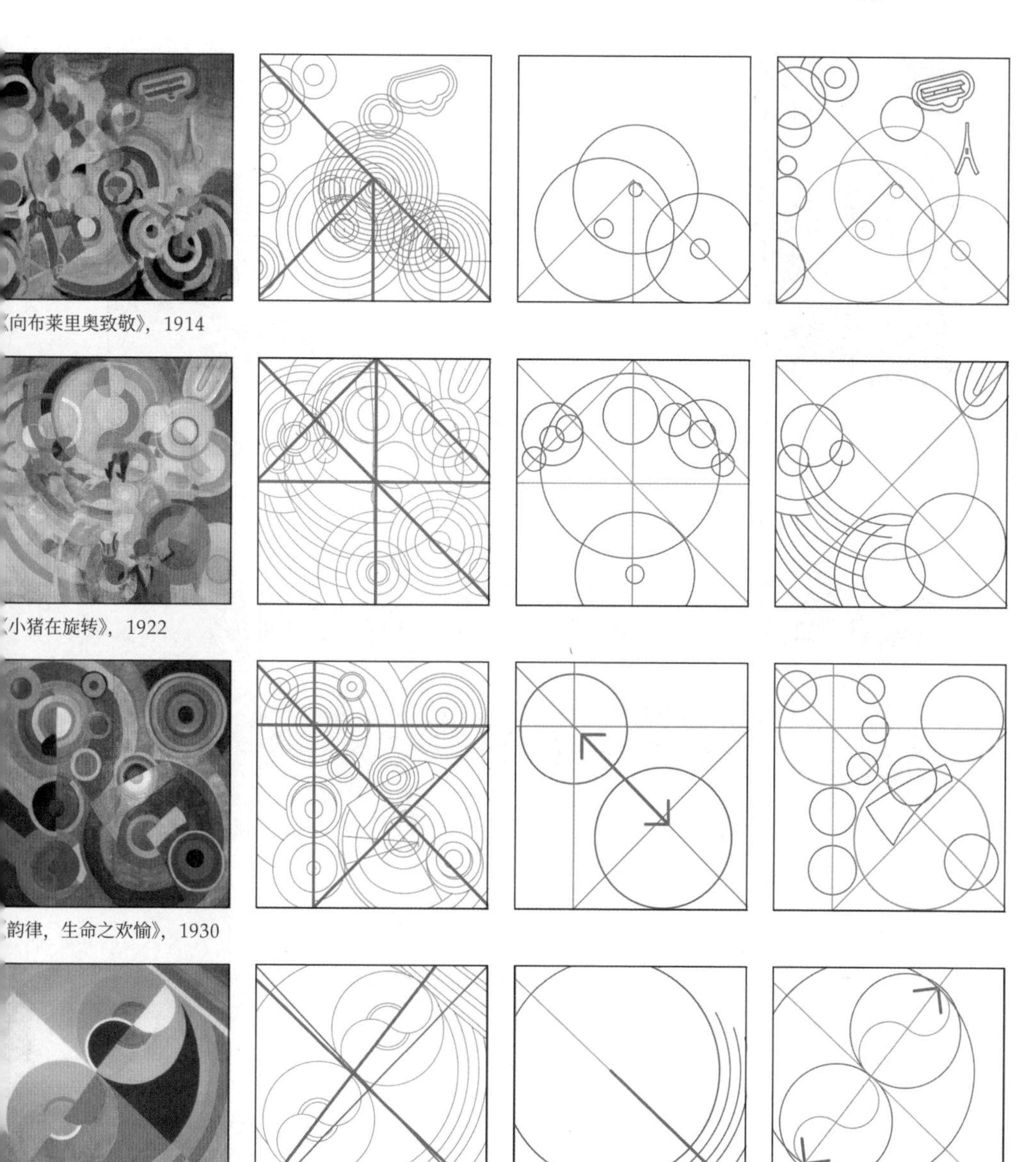

《向布莱里奥致敬》，1914

《小猪在旋转》，1922

《韵律，生命之欢愉》，1930

《韵律，色彩》，1938

图 2.36　德劳内以圆形为母题的绘画的分析组图

扭曲的圆形。在随后的创作中，圆形从对具象变为对抽象的元素的描绘，在画面基准结构（正交轴线和对角线等）的牵引下，构图中形成了具有运动感的张力结构（图 2.36）。[40]

40　1913年4月到9月，罗伯特·德劳内在1913年创作了15幅以油彩表现太阳光（转下页）

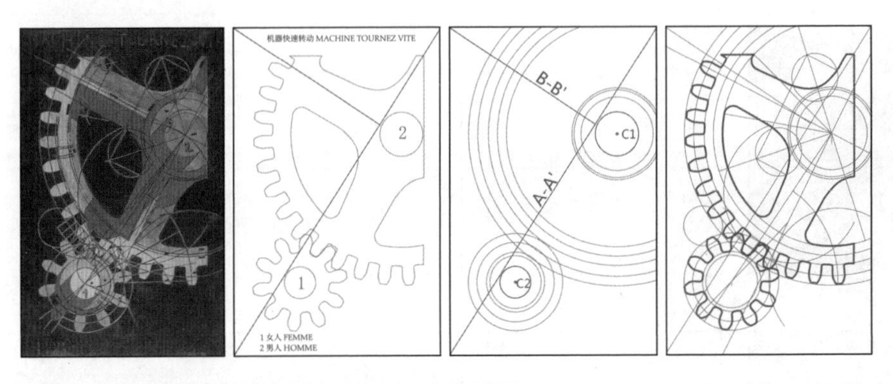

图2.37 毕卡比亚《机器快速转动》（1926）分析组图

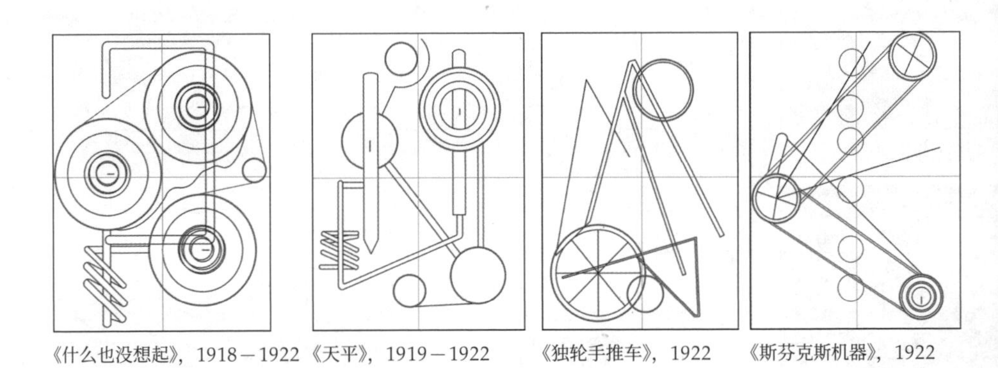

《什么也没想起》，1918—1922 《天平》，1919—1922 《独轮手推车》，1922 《斯芬克斯机器》，1922

图2.38 毕卡比亚以圆形为母题的绘画（1918—1922）

毕卡比亚（Francis Picabia）以机械构件为母题，通过描绘机械运动，进行拟人叙事，沿对角线形成了精确化的构图（图2.37）。[41]1918—1922年期

（接上页）和月光的画，以《回旋的形》总体命名。随后，德劳内以圆形为母题，从具象走向绝对的抽象，并在构图中呈现出"运动"的倾向，典型案例如下：《向布莱里奥致敬》（1914），圆形体量沿着左上—右下对角线布局，主要造型元素集中在画布平面的左下方；《小猪在旋转》（1922），圆形沿着画布平面的纵轴对称分布，在左下角呈现出退晕的效果；《韵律，生命之欢愉》（1930），圆形沿着左上—右下对角线对称分布，在左下角呈现出退晕的效果；《韵律，色彩》（1938）圆形沿着交叉的两条对角线分布，占位偏向左上方，在右下角呈现出退晕的效果，形成从左上向右下运动的趋势。

41 毕卡比亚在1912年与杜尚结识，成为"黄金分割"团体的成员。1915年，毕卡比亚来到纽约，在《291》杂志上发表了一系列以机械构件为主题的作品。在这些作品中用墨水、粉彩、油料和金属漆在纸板上用机械元素拟人叙事，是他走向达达绘画的开始。1926年毕卡比亚创作了《机器快速转动》，画中有两个齿轮，标注"1-女

莱热，《圆盘》，1918

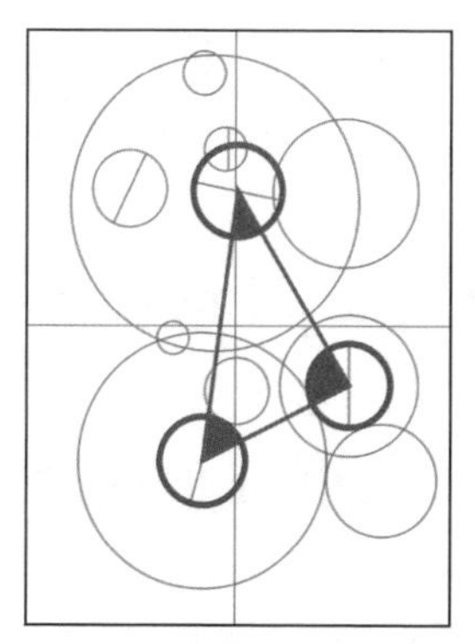

1. 画面中心形成稳定的三角结构

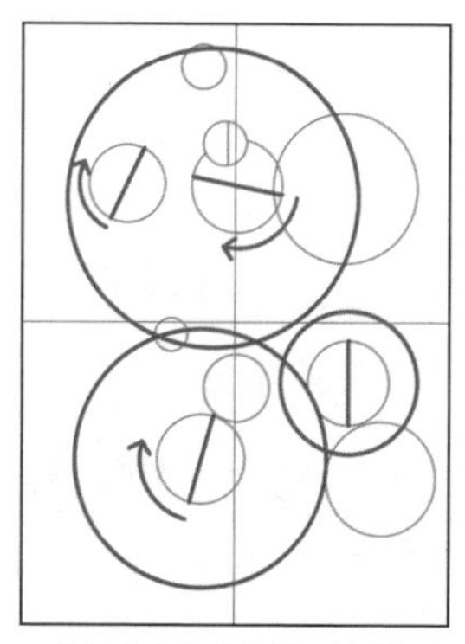

2. 直径方向的改变暗示旋转运动

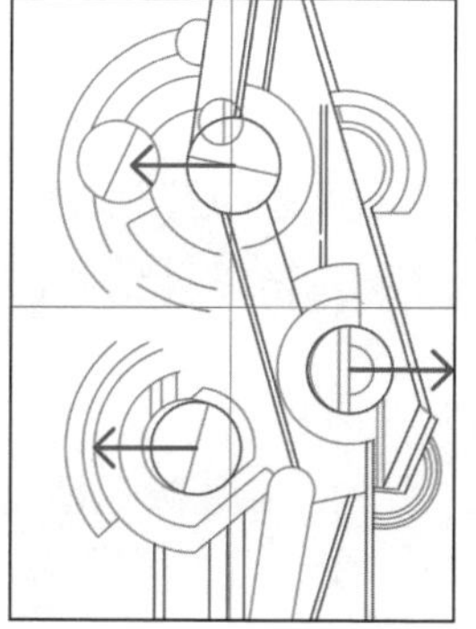

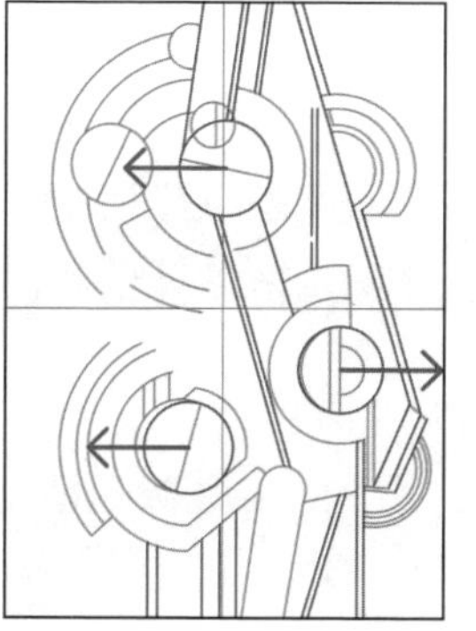

3. 背景折线暗示水平运动

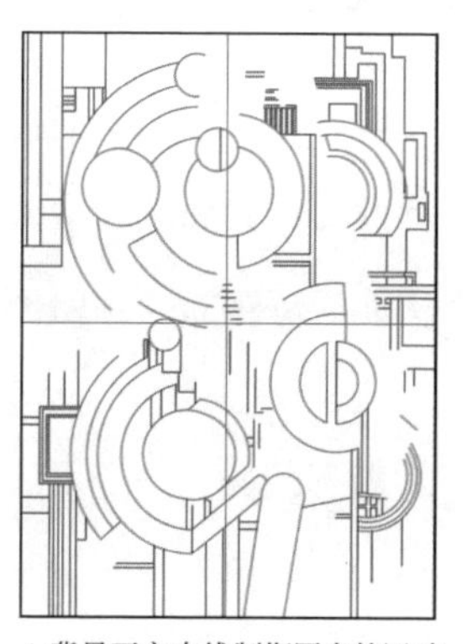

4. 背景正交直线制衡圆盘的运动

图2.39　莱热《圆盘》（1918）分析组图

间，他以圆形为母题的绘画作品呈现出纯粹的几何抽象建构，通过连线的牵引，圆形之间形成具有联动关系的张力结构（图2.38）。

莱热创作的《圆盘》（1918）融合了上述两种张力结构：

（1）基准线引导的张力结构，圆形均衡地分布在画布平面的基准结构中，圆盘的中心在画面的中心形成稳定的三角结构，强化了画面的中心性（图2.39-1）；

（2）圆形之间的联动张力结构，圆形通过直径方向的偏转在视觉上形成了旋转的运动趋向，背景中的折线牵引着圆盘的位置左右摇摆，使之

人”的小齿轮和标注“2-男人”的大齿轮咬合在一起，画布的上面写着快速转动（MACHINE TOURNEZ VITE）。在构图方面，两个齿轮沿着画幅的对角线A-A′分布，齿轮的中心从画幅左上角向对角线A-A′引出的垂直线B-B′定位了大齿轮的中心C1，并且引导了齿轮龙骨的定向，小齿轮的圆心C2和C1沿着对角线A-A′对齐，形成了精确的构图（图2.37）。

形成了彼此之间的联动关系（图2.39-2、图2.39-3）。背景中的基准正交直线填满了圆形间的空隙，将运动中的圆形稳定在画布平面上，使构图中的两种张力结构形成了“动态均衡”的关系（图2.39-4）。

在古典建筑中，圆形被视为绝对完美的几何形式[42]，将建筑所有局部的比例都理性地整合为一体。在现代建筑中，圆形是平面构图的初始元素之一，通过位置的经营和组合，在构图中呈现出不同的张力结构。约翰·海杜克在1947—1954年的设计中，尝试了圆形母题的各种构图变化，[43]可以归纳为三种张力结构模式：其一，按照圆形自身的向心力和离心力形成的张力结构，这是对古典秩序的发展（图2.40-A）；其二，圆形在基准结构引导下形成的张力结构，这和罗伯特·德劳内在绘画中的探索相近（图2.40-B）；其三，圆形在线元素的串联下形成的相互关联的张力结构，这和毕卡比亚以机械齿轮构件为母题的绘画所形成的构图相仿（图2.40-C）。

2. 方形结构

方形是风格派绘画的母题，在以方形为造型初始元素的构图中，蒙德里安与凡·杜斯堡因为构图的“倾斜”而产生了争执。然而正是“倾斜”使风格派绘画产生了“张力”。

蒙德里安在塞尚和立体主义的启发下开创了风格派绘画，[44]他没有使用

---

42 在阿尔伯蒂1450年所著的《建筑论——阿尔伯蒂的建筑十书》中，论及神圣建筑时（第七书），他将圆形视为大自然所青睐的形式，是绝对完美的几何形式。圆形和它所衍生的其它形状，体现在大自然的创造物中，比如地球、星辰、动物和蜂巢等等。参见：莱昂·巴蒂斯塔·阿尔伯蒂. 建筑论——阿尔伯蒂建筑十书[M]. 王贵祥，译. 北京：中国建筑工业出版社，2010年，第190页。

43 这个时期的海杜克设计和表达建筑的主要方式就是建筑的平面图，大多数建筑单体都是单层的，并且具备独立的形式结构。海杜克的设计方法是不断地衍化过去使用过的元素和形式，既保持作品中的内在联系，又不断地加入新的元素和原则来推动形式的演进。

44 蒙德里安在1911年夏天到巴黎旅行10天，其间在独立沙龙（Salon des Indépendants）看到了正在展出的立体主义画家的作品。同年秋天，“荷兰现代艺术圈(Moderne Kunstkring，1910年成立)”在阿姆斯特丹市立博物馆（Stedelijk Museum Amsterdam）举办了第一届国际展览，展出了塞尚、毕加索和布拉克的立体主义早期作品，蒙德里安作为会员对展览提交了自己的建议。这一年的经历对蒙德里安触动很大，使他明确了个人艺术发展的方向。蒙德里安认为绘画应该反映不断变革

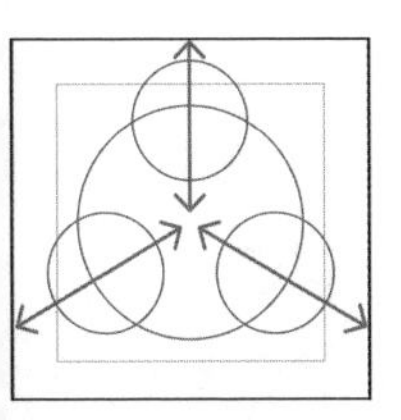

A. 圆形自身的向心与离心型张力结构

A1 动物园大象馆

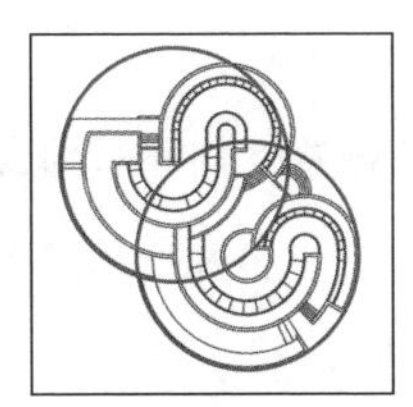

A2 动物园猴子馆

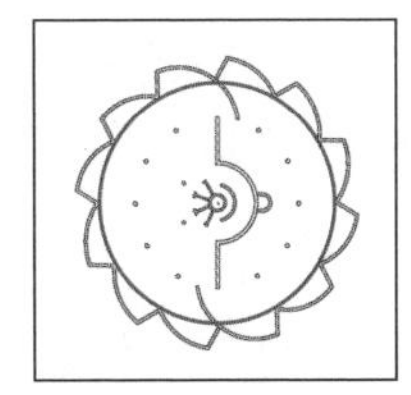

A3 购物中心平台

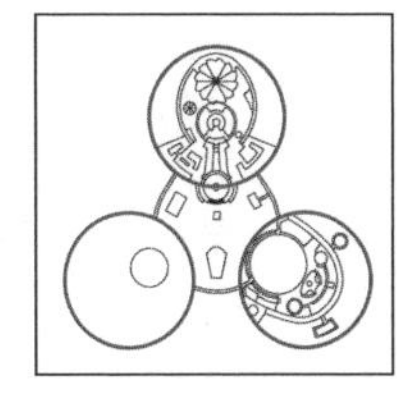

A4 购物中心

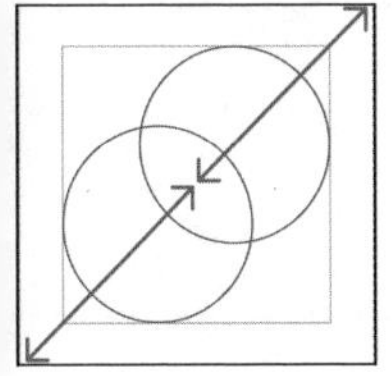

B. 圆形在基准结构引导下的张力结构

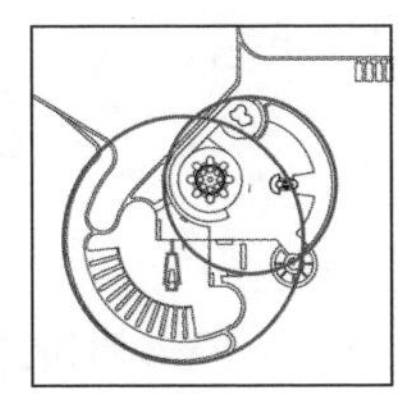

B1 动物园总平面

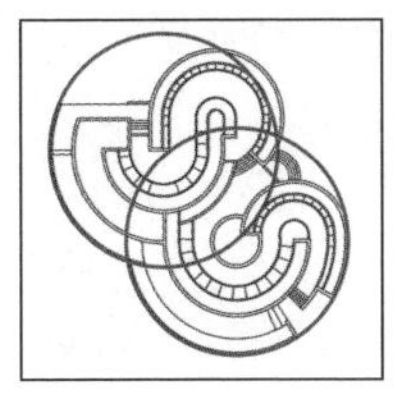

B2 动物园蛇馆

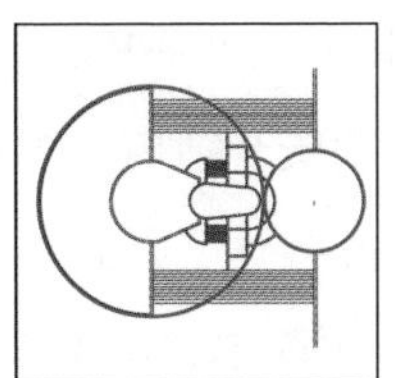

B3 动物园餐厅

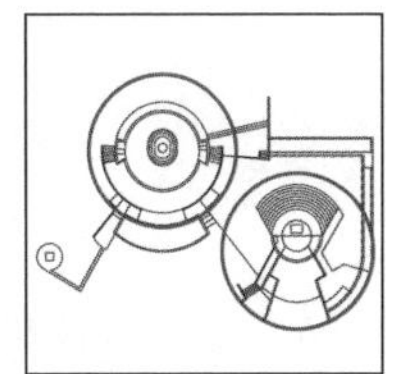

B4 教堂建筑群

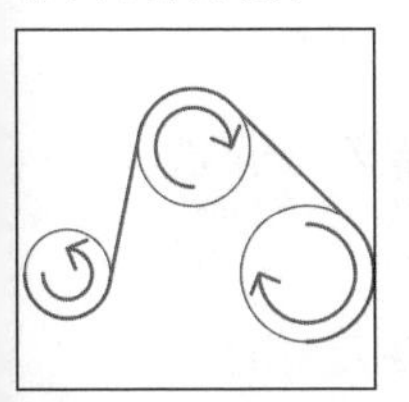

C. 圆形相互关联的张力结构

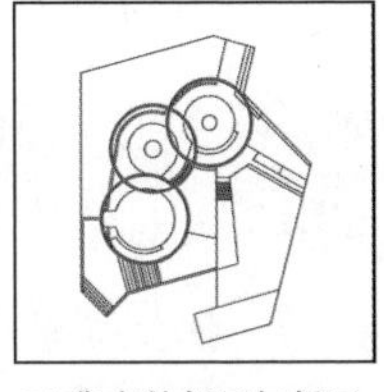

C1 集市的舞厅与餐厅

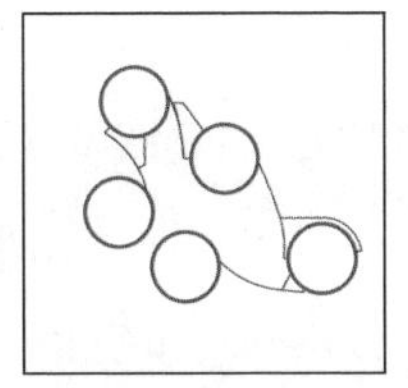

C2 集市的家用艺术单元

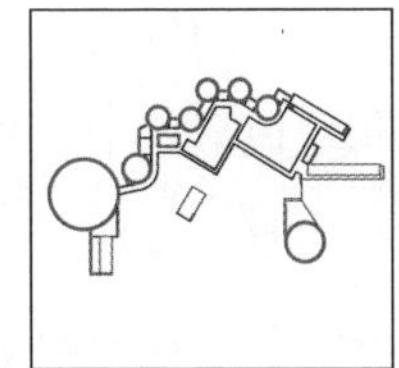

C3 生物研究中心

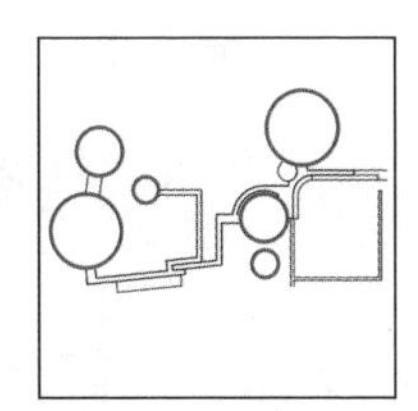

C4 炼油厂行政建筑群

图2.40 海杜克以圆形为母题的建筑设计（1947—1954）

多视点的合成构图，而是在画布平面建立了纯粹的二维性。[45]蒙德里安将分析立体主义的网格运用到极致，将对象分解为由垂直和水平元素构成的整体结构。[46]在好友巴特·凡·德·勒克（Bart van der Leck）的影响下，方形作为

的现代社会的面貌，自然写实的表现必须被简化精炼成抽象的东西，体现纯粹的普遍性。绘画的特殊性与个性应该消除，当普遍性被纯粹地表现出来，一种更纯粹的艺术才能产生，这种对事物存在本质的追求继承了塞尚的信仰。参见：Golding J. *Paths to the Absolute* [M]. Princeton, New Jersey: Princeton Universit Press, 1997, p.20。

45 蒙德里安对立体主义者多视点的作画方式有深刻的理解，他曾经表述过他的看法："立体主义画家认为科学透视混淆和削弱了物的表面……为了更加完整地表现物的表面，立体主义者同时再现了多个视点之所见。"但是蒙德里安没有选择这种方式，而是将分析立体主义的网格运用到极致，使这个网格体系呈现于画布平面。参见：Mondrian. *De Stiji In Instalments, Natural Reality And Abstract Reality: An Essay in Trialogue from appeared originally in De Stijl in instalments, June1919-July1922* [M]. translated by Martin S.James. New York: 1995, p.55。

46 蒙德里安认为艺术作为人的双重性的产物，具有外在的形式与内在的精神。(转下页)

造型元素第一次出现在蒙德里安的画作中。[47]蒙德里安反复探索网格和方块在构图中的相互作用，他不断地尝试网格系统和方形色块在画布平面中的比重，在不同时期形成了不同的构图关系：在1917年的作品中，网格没有显现，方形悬浮于画面，从中心向边缘扩散；在1918－1919年的作品中，网格延伸至方形或菱形画布的边廓，成为切分画面的结构线，方形隐遁其间；在1922年以后的作品中，网格切分画面，方形色块填充于其间，二者形成了不可分离的统一结构（图2.41）。

蒙德里安剔除了画面中的感性成分，“通过平面和线条的张力强度”，向着“直线化、平面化和均衡化发展”[48]。“直线化”的造型语言是机器时代的产物，“平面化”是现代绘画发展的趋势，在这两点上，蒙德里安与凡·杜斯堡的看法一致，他们的分歧在于对“均衡”的理解。蒙德里安用直线和方形的位置、维度和数值取代了自然状态下的形式与色彩，将水平－垂直的“静态均衡”样式视为唯一。所以，当凡·杜斯堡在画面中引入对角线的时候，他将其视为一种背叛。作为回应，他将画布旋转了45度，保持了造型元素的正交关系。[49]

凡·杜斯堡认为对角线代表了运动中的人体和机械文明的速度，[50]并在正

(接上页)绘画中的新造型不应该再致力于表现外在的形式，“不能被遮蔽于特殊的、自然的形式与色彩的特性之中，而是要通过对形式和色彩的抽象化表现出来——即直线和确定的原色”。参见：蒙德里安．蒙德里安艺术选集[M]．徐沛君，译．北京：金城出版社，2014年，第42页。

47 1916年，蒙德里安和巴特·凡·德·勒克成为好友，后者在绘画中将形象和背景抽象为平面的纯色小方块，像图表一样有序排列。蒙德里安在凡·德·勒克的影响下摆脱了分析立体主义的造型语法，将绘画对象从网格化变成了实体的平面方块，这是方形作为造型元素第一次出现在蒙德里安的画作中。

48 蒙德里安．蒙德里安艺术选集[M]．徐沛君，译．北京：金城出版社，2014年，第44页。

49 在1918年的《网格构成1号》作品中，蒙德里安第一次尝试了菱形画布，即将正方形画布平面旋转45度，这个尝试说明蒙德里安意识到了画布廓形的独立性，并开始将其作为绘画的重要结构性元素。当画布平面旋转45度之后，网格和画布边框成为彼此分离的两个系统，画面就像是从菱形窗口中窥见的另一个平面上的世界，网格和方形色块形成了均衡的体系。

50 凡·杜斯堡认为：“作为人类驱策自然力量的一种象征，对角线能以纯粹的抽象方式表现运动的人体，并传达现代机械化生活的速度感。”参见：Pimm D. (转102页)

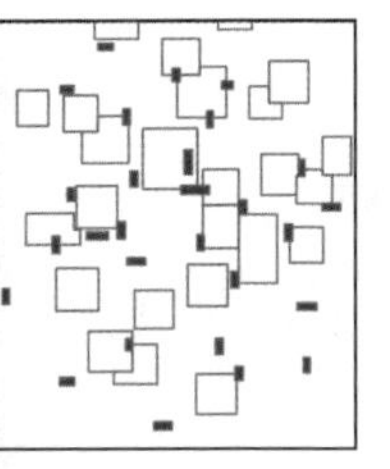
1. 色彩构成A，1917

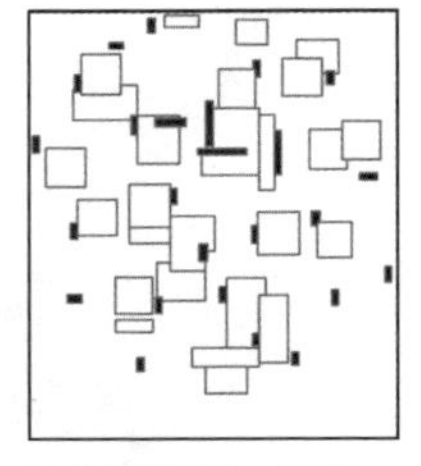
2. 色彩构成B，1917

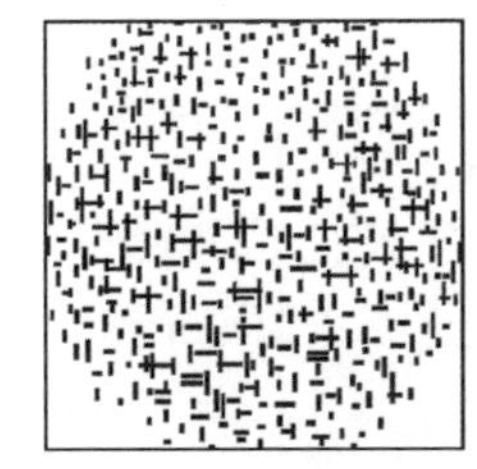
3. 线的构成，1917

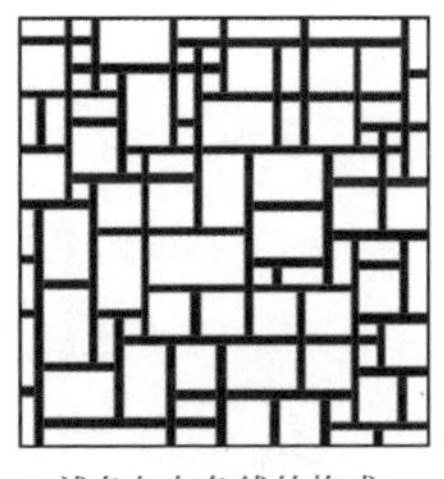
4. 浅色与灰色线的构成，1919

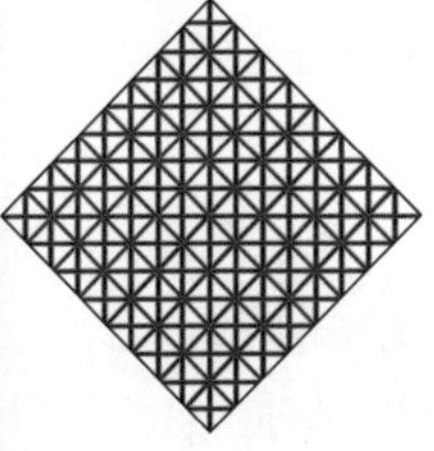
5. 灰色线构成的菱形，1918

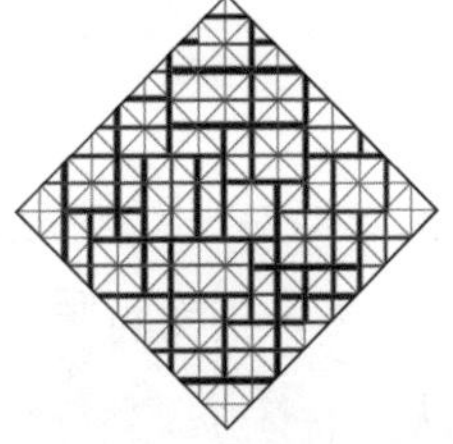
6. 灰色线构成的菱形，1919

7. 菱形，1919

8. 浅色与灰色线构成的菱形，1919

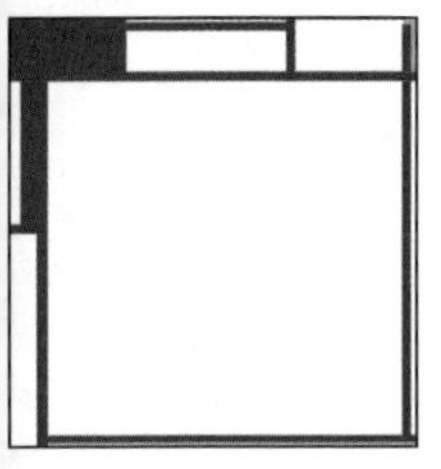
9. 正方形内的构成，1922

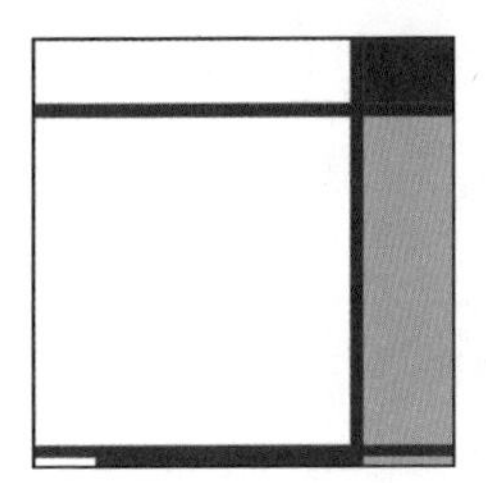
10. 灰色与黑色的构成，1925

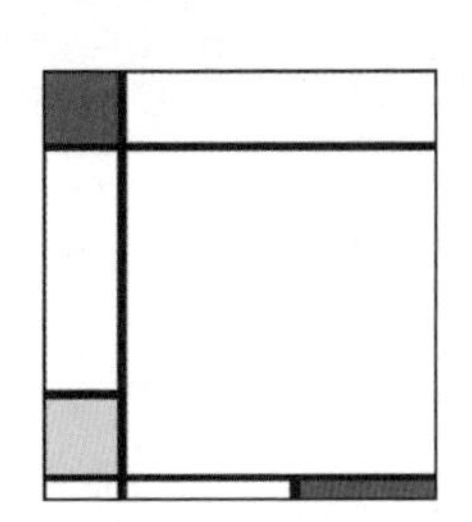
11. 红色、黄色与蓝色的构成，1927

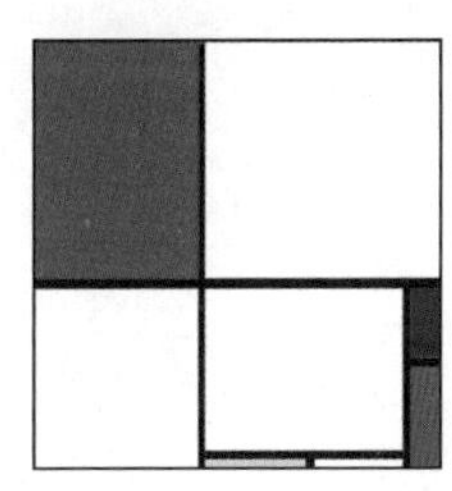
12. 红色、黄色与蓝色的构成，1928

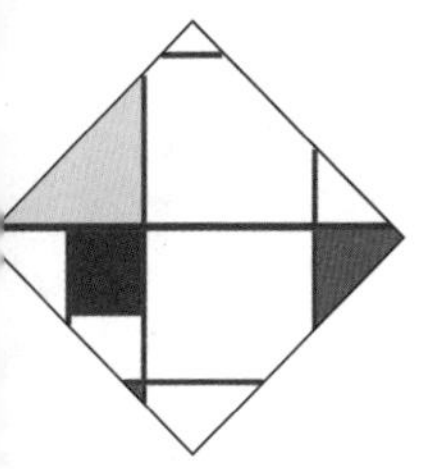
13. 菱形，1921

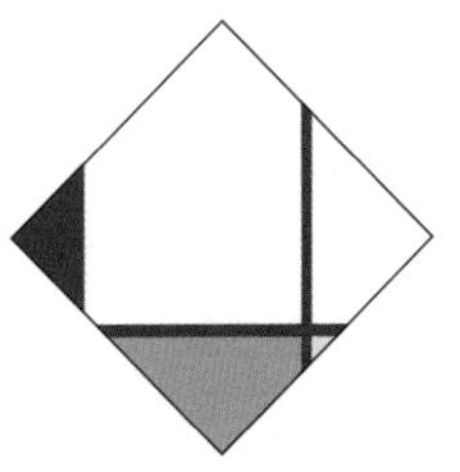
14. 蓝色与黄色的构成I, 1925

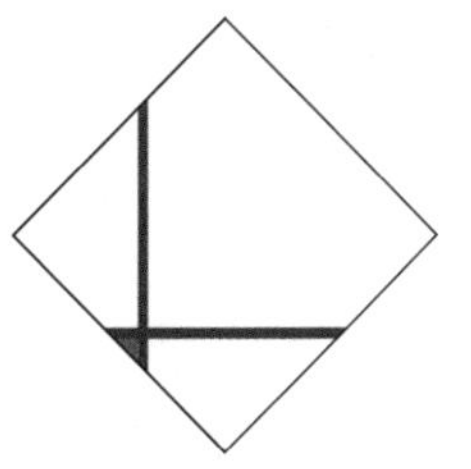
15. 黑色与蓝色的构成，1926

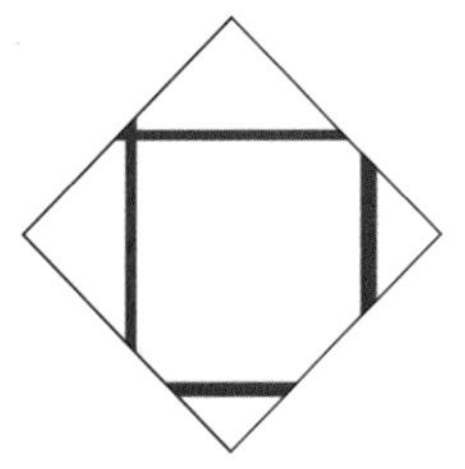
16. 黑色与白色的构成I，1926

图2.41　蒙德里安的构成（作者根据原作重绘）

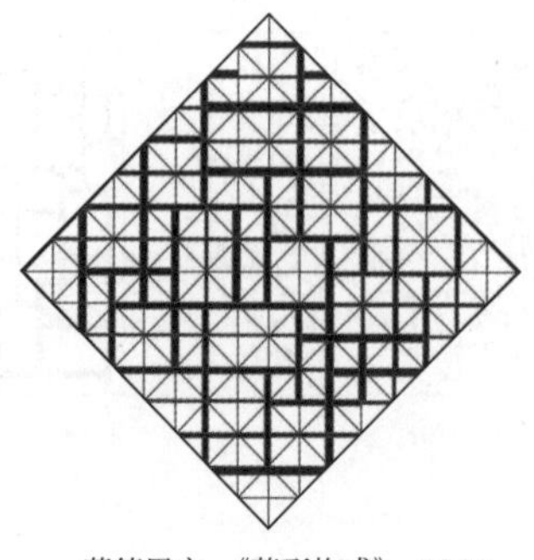

蒙德里安，《菱形构成》，1919

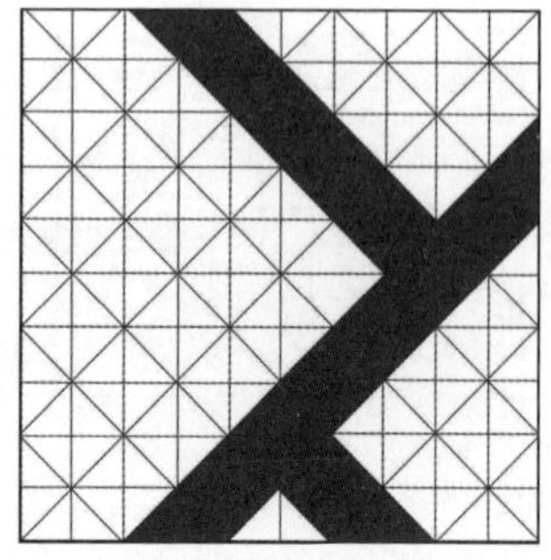

凡·杜斯堡，《构成系列-VI》，1925

图2.42　蒙德里安与凡·杜斯堡构图的基础范式（作者根据原作重绘）

方形构图中将其发展为倾斜45度的网格。图2.42中的两幅画呈现出蒙德里安和凡·杜斯堡对构图的理解的差异，这两个构图有相同的背景网格，由正交直线和倾斜45度的斜线组成。蒙德里安选择了正交直线进行实体化，而凡·杜斯堡选择了斜线进行实体化。凡·杜斯堡按照自己选择的范式（图2.43-1），开始了一系列更有开放性的实验：

（1）倾斜的色块相结合（图2.43-2、图2.43-3）；

（2）结构线实体化，倾斜的和水平的结构线组合在一起，与色块相结合（图2.43-4）；

（3）背景网格形成黑白相间的棋盘格，与色块相结合（图2.43-5、图2.43-6）；

（4）实体化的网格和色块两个体系叠加在同一构图中，在命名为“同时性构成”的作品中，正交的黑线框架与倾斜的色块叠加在一起（图2.43-7）；

（5）倾斜的和水平的结构线组合在一起，与倾斜的色块相结合（图2.43-8）；

（6）倾斜的结构线和倾斜的方块相结合（图2.43-9）。对元素进行的旋转位移的操作使实体化的网格和方块形成了分离并相互制衡的二元结构，在构图中形成“动态均衡”，而在蒙德里安的作品中，网格和方

（接100页） *Some Notes on Theo van Doesburg (1883–1931) and His Arithmetic Composition 1* [J]. For the learning of Mathematics, 2001, 21(2), p.32。

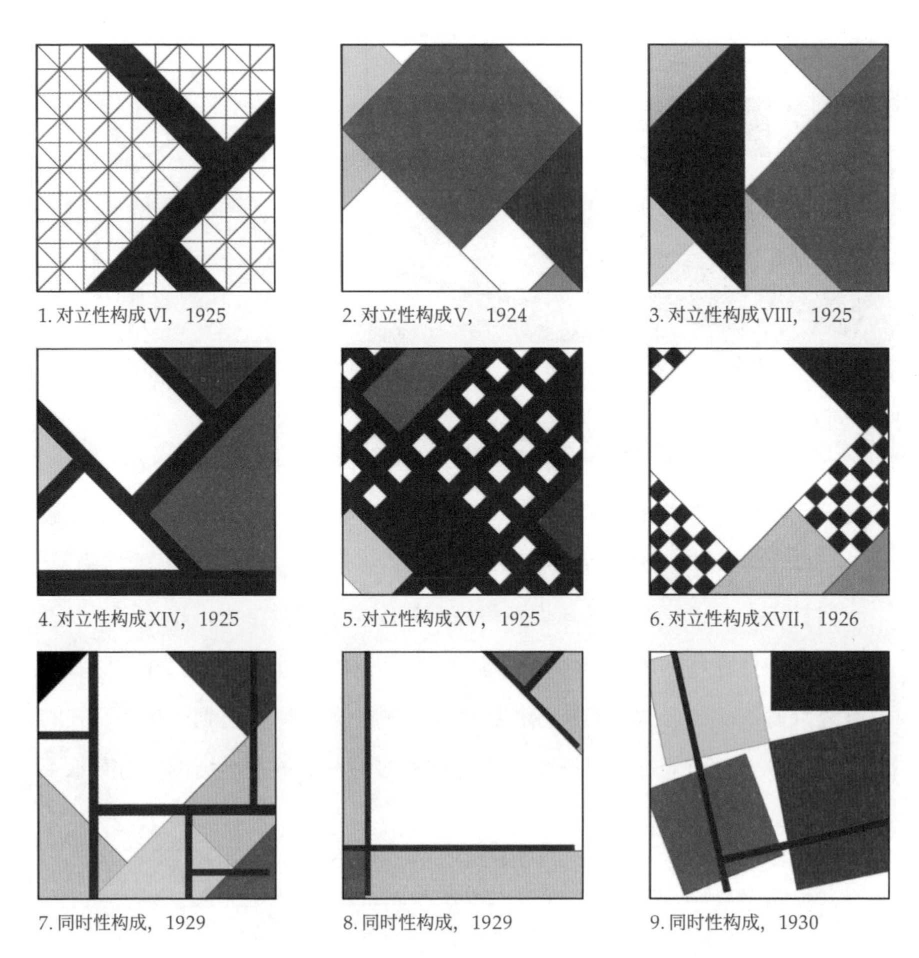

1. 对立性构成VI，1925　2. 对立性构成V，1924　3. 对立性构成VIII，1925

4. 对立性构成XIV，1925　5. 对立性构成XV，1925　6. 对立性构成XVII，1926

7. 同时性构成，1929　8. 同时性构成，1929　9. 同时性构成，1930

图2.43　凡·杜斯堡的构成（作者根据原作重绘）

块始终保持不可分离的一元结构，坚守正交网格中的“静态均衡”。

值得注意的是图2.43-9这幅作品，正交网格和色块都发生了不规则角度的倾斜，偏离了最初的90度—45度的网格范式，在格式塔视觉效应下，相对于基准结构的偏离使构图中产生了一种旋转的“离心力”，凡·杜斯堡进而试图将平面中的“离心力”发展到三维空间。[51]这幅作品中的张力模式被海

51　凡·杜斯堡于1922年和李西斯基的会面，《风格》杂志的第10—11期封面就是后者设计的。此时的李西斯基已经将马列维奇的至上主义发展成了普罗恩（Proun）样式，这促使凡·杜斯堡将从新造型主义发展来的元素主义推向三维空间。1924年，凡·杜斯堡在《塑性建筑艺术的十六要点》一文中的第11条中提及：“新建筑应是反立方体的，也就是说，它不企图把不同的功能空间细胞冻结在一个封闭的（转下页）

凡·杜斯堡，《构成V》，1924

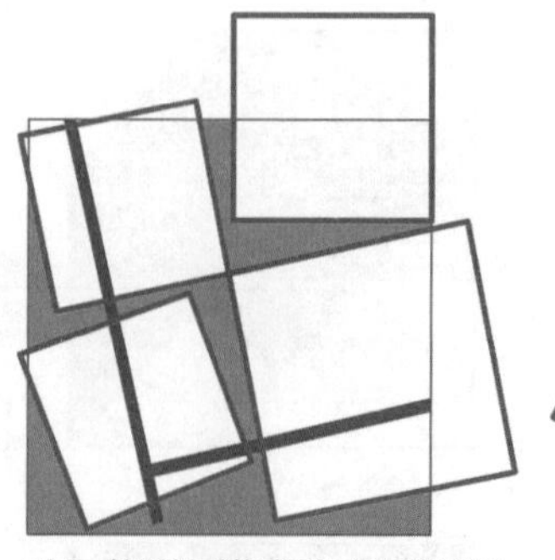

对凡·杜斯堡《构成V》作品的还原

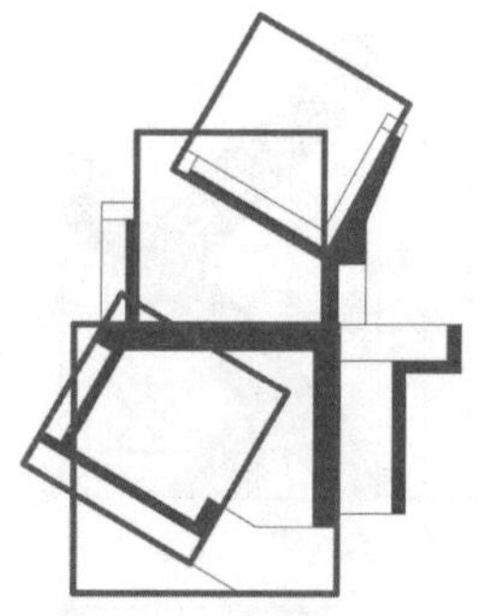

海杜克，《滑雪旅馆》，1947－1954

图2.44　从凡·杜斯堡的平面构图到海杜克的滑雪旅馆

杜克运用在滑雪旅馆的平面构图中（图2.44），他在之后的建筑平面中，系统地延续了蒙德里安和凡·杜斯堡对方形廓形中元素间的张力关系的探索。[52]

海杜克在1954－1963年设计得克萨斯住宅系列（Texas House），以正方形廓形和九宫格作为基准结构的母题，[53]在其中尝试一系列的空间类型：从文艺复兴时期的中心式古典构图，到密斯式的流动空间，再到柯布西耶式的分层叠加等各种可能性。这些构图都遵循着方形自身的基准结构，沿着水平

（接上页）立方体中，相反，它把功能空间细胞（以及悬吊平面、阳台体积等），从立方体的核心离心式地甩开。通过这种手法，高度、宽度、深度与时间（也即一个设想性的四维整体）就在开放空间中接近于一种全新的塑性表现。这样，建筑具有一种或多或少的飘浮感，反抗了自然界的重力作用。”在1929年完工的奥贝特餐厅中，凡·杜斯堡将一种斜角线的要素主义构图系统与房间原有的正交空间结合，可以视作对图2.43-7绘画作品中所呈现的平面构图结构的空间转译，实现了内部表面上支离破碎的分解效果。凡·杜斯堡这样解释这个设计与绘画的关系：“人们在空间的轨迹（自左至右、自前至后、自上至下）对于建筑中的绘画来说具有根本性的重要意义……在本画中，我们的设计思想不是要带领人们沿着一个墙面上的绘画行走，而是让他在从一个墙面到另一个墙面的行走中能够观察到空间的画面发展，问题在于要产生绘画与建筑艺术的共时效应。”参见：肯尼斯·弗兰姆普敦. 现代建筑：一部批判的历史[M]. 张钦楠，等译. 北京：生活·读书·新知三联书店，2004年，第157－160页。

52　正如蒙德里安所预言：“通过新美学原则的统一，绘画建筑和绘画能够在一起形成一种艺术，并能相互消融。”参见：蒙德里安. 蒙德里安艺术选集[M]. 徐沛君，译. 北京：金城出版社，2014年，第95页。海杜克的得克萨斯住宅系列和菱形住宅系列的构图是对风格派绘画构图的发展。

53　海杜克在1954年来到得克萨斯州，1956年春季学期结束后离开，在这期间，他在教学中将九宫格作为建筑教育的入门练习。

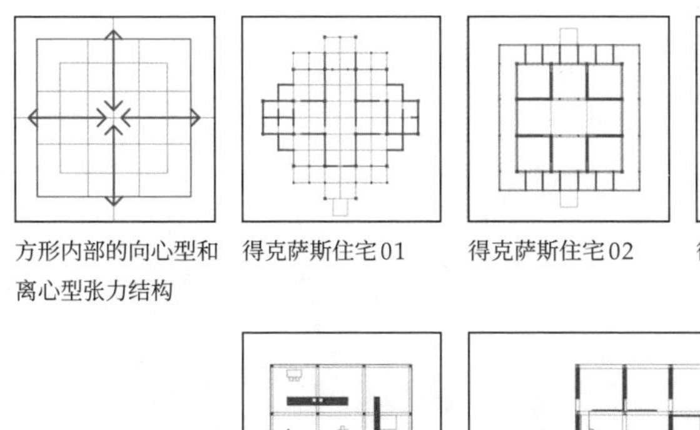
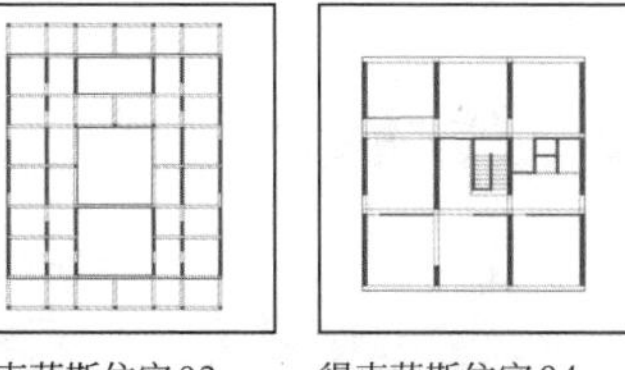

方形内部的向心型和离心型张力结构　得克萨斯住宅01　得克萨斯住宅02　得克萨斯住宅03　得克萨斯住宅04

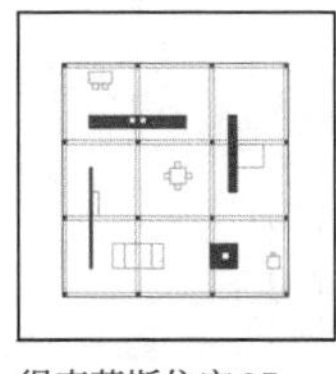
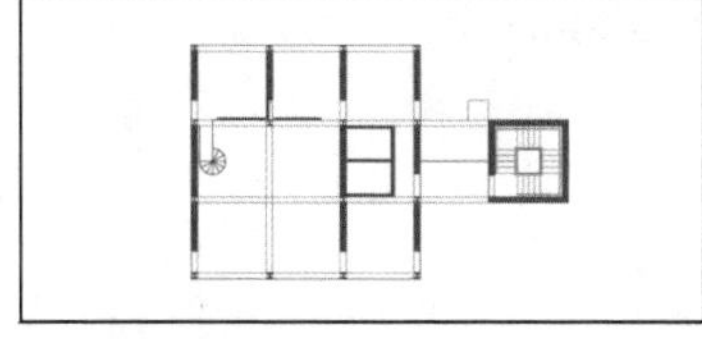
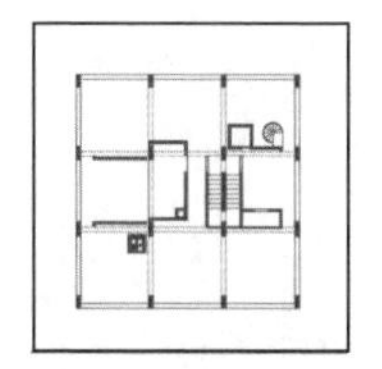

得克萨斯住宅05　得克萨斯住宅06　得克萨斯住宅07

图2.45　海杜克的得克萨斯住宅系列（1954—1963）

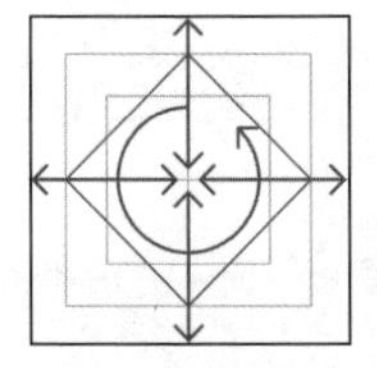
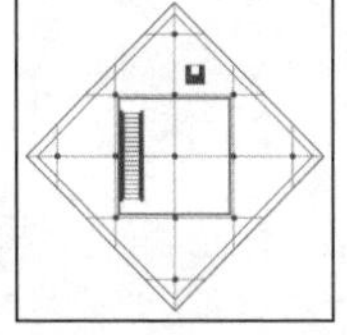
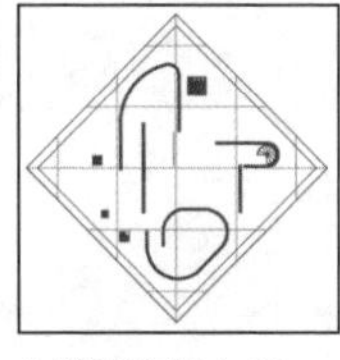
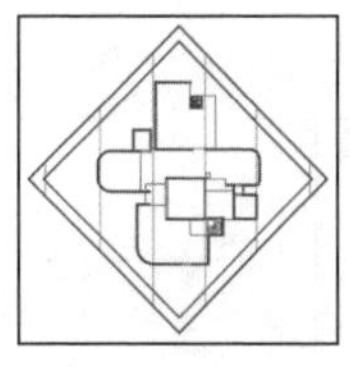
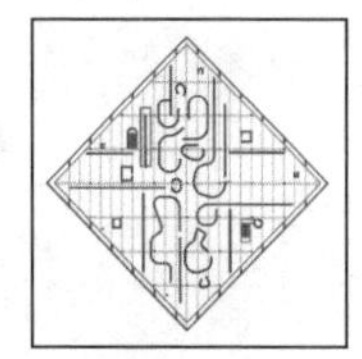

菱形内部的向心/离心/旋转张力结构　1. 菱形住宅A-1F　2. 菱形住宅A-4F　3. 菱形住宅B-4F　4. 菱形住宅C

图2.46　海杜克的菱形住宅系列（1963—1967）

和垂直方向布局，呈现出向心型或离心型张力结构（图2.45）。

蒙德里安和凡·杜斯堡关于倾斜的争执启发海杜克开启了菱形住宅系列（1963—1967），旋转45度的方形成为菱形住宅的构图母题。在视知觉最简原则的引导下，菱形画框更像是一个窗口，悬浮在造型元素与眼睛之间，观者自然地将菱形画框与其内部的造型元素剥离。内部元素沿着基准正交网格向周边无限延展，旋转边廓的张力同时牵引着内部的元素形成弧线，使菱形母题的内部呈现正交基准线的牵引力和旋转张力的交汇（图2.46）。

3. 一字型和T型结构

从1968年开始，海杜克将菱形平面的廓形向对角线压缩，最终在平面中形成一字型实墙（图2.47）。直线墙体取代了之前的圆形、正方形和菱形成为构图的母题。初始元素和有机元素聚集在其两侧或两端（图2.48）。

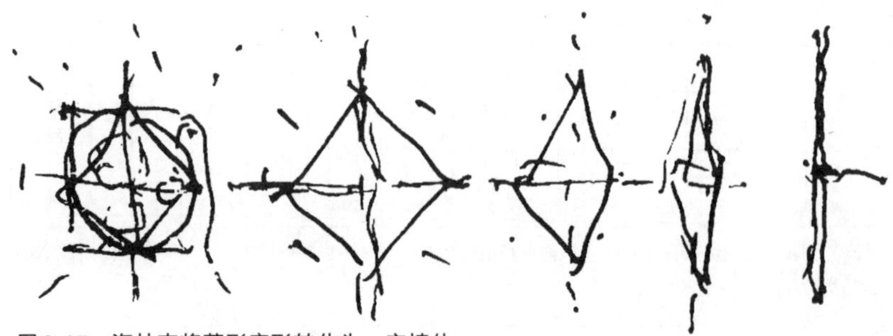

图2.47 海杜克将菱形廓形转化为一字墙体

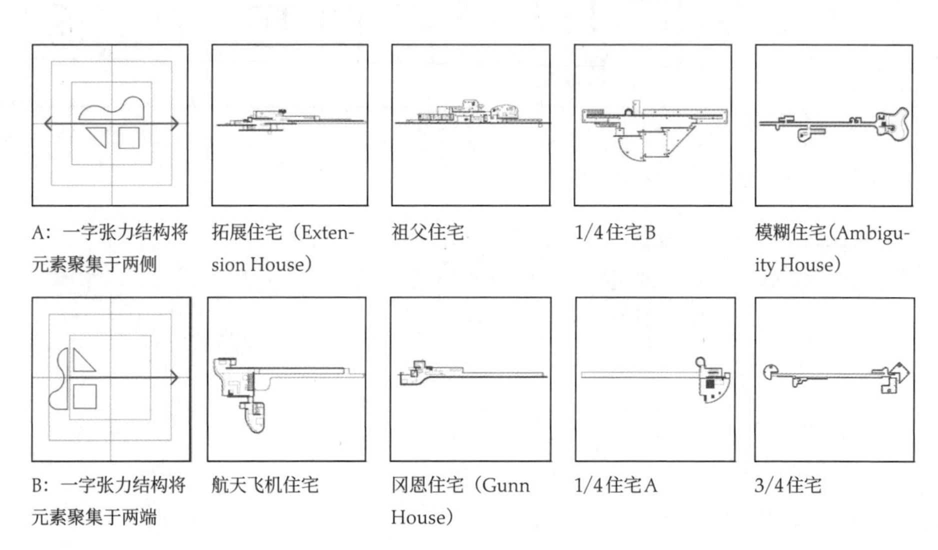

图2.48 海杜克的一字型结构系列（1968—1974）

墙宅系列将一字型结构发展为T型结构。墙宅1的空间构成具有明确的双重性，墙的一侧是流线元素，包括斜坡、楼梯和电梯，呈现为纯粹的几何形体，被混凝土、钢材和水泥构建成不透明的体量。墙的另一侧则是私密的居住单元，被玻璃和金属构建成通透的空间。在功能设置上，一层是入口和餐厅，二层是起居室和书房，三层是浴室和卧室，住宅的主人需要不断地在墙的两侧穿梭，在二维平面上呈现出一种时间性。[54]墙宅2和墙宅3延续了T型结构，作为基准元素的墙承载着各种有机元素的张力，只是两侧的流线元素和功能元素发生了形态的变化（图2.49）。

54 这样的功能布局和内部流线是海杜克刻意为之。在人们关注建筑的三维性的时候，海杜克却在二维平面上呈现出一种时间性。人们在过去和未来之间不断地穿梭时，墙代表了“现在”，它是时间的凝结点。

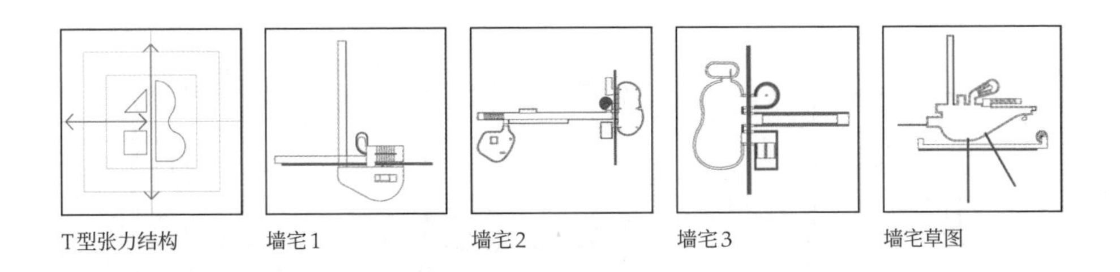

图2.49　海杜克的T型张力结构之墙宅系列（1968—1974）

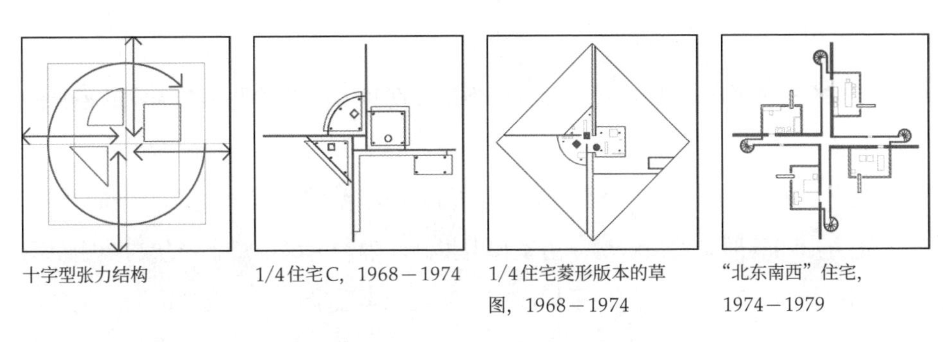

图2.50　海杜克的十字型张力结构系列

4. 十字型结构

墙宅系列之后，海杜克的设计母题逐渐回归到初始元素，他先后设计了1/4住宅、1/2住宅和3/4住宅。顾名思义，就是以方形、圆形和菱形作为功能模块的初始元素，将其分别切分至原来的1/4、1/2和3/4，然后进行组合。在1/4住宅C中（1968—1974），中心的十字型结构取代了墙宅的T型母题，切分后的初始元素紧贴着中心的十字结构布局，形成了向心型张力结构。在1/4住宅菱形版本的草图（1968—1974）中，由微缩的初始元素构成的壁炉聚集在中心，十字型结构的向心型布局更加明确。在“北东南西”住宅（1974—1979）中，方形单元外挂在十字轴的边侧，圆形楼梯位于十字轴的四个尽端，呈现了旋转的离心型风车状张力结构（图2.50）。十字型系列住宅平面呈现了初始元素在被不同比例地切分后，形成的向心型和离心型张力结构。

海杜克在元素住宅（Element House，1971—1972）和假面公寓（Retreat　Masque）中尝试了与方形廓形相结合的十字型张力结构（图2.51）。按照元素布局的方式，可将建筑的平面构图划分为整体式（元素之间相互作

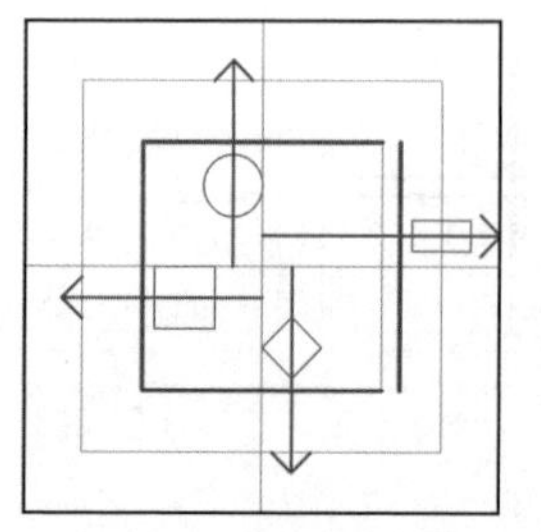
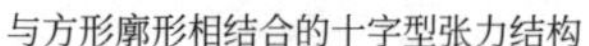
与方形廓形相结合的十字型张力结构

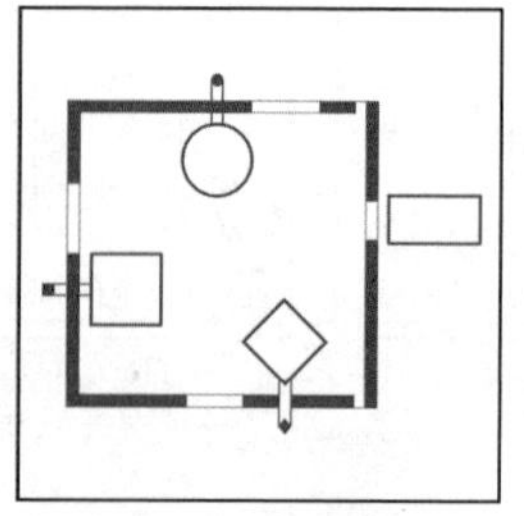
元素住宅，1971－1972

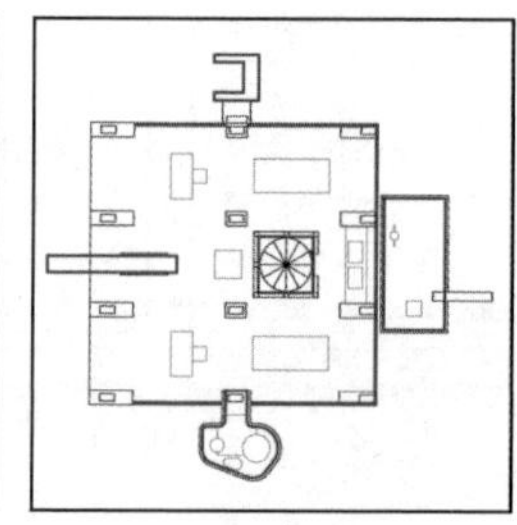
假面公寓，1979－1983

图 2.51　与方形廓形相结合的十字型张力结构

用的整体结构）和独立式（孤立的要素）两种不同的类型，在为女儿设计的元素住宅中，海杜克借助方形廓形内的离心型的张力结构将后者推向了极致化。[55] 在正方形中，三个初始元素被挤压到边缘，彼此隔离。平面中的圆形、正方形和菱形分别是厨房、浴室和卫生间。隔着宅墙，每个形状的功能空间都和截面为对应形状的柱子相连接。初始元素在设计中反复被运用，在屋顶平面的对应位置，分别开了相同形状的天窗，而在各个立面，也都在墙体上开了这三种形状的窗洞。平面中有一个细节，在右侧入口处，入口玄关的方盒子和入口立面有一个缝隙，这个立面的墙体也脱离了正方形廓形，向外拉开了一个缝隙，平面在玄关方盒子的牵引下产生了一个向外的水平拉力。剩下的三面宅墙则被三种形状的功能模块和对应的柱子锚固在原地，与向外的张力相对峙，在构图中形成了一个经典的对立平衡的张力模式（图 2.52）。

第四节　小结

塞尚的构图使现代绘画产生了“张力”的萌芽。[56] 塞尚之后，立体主义

55　海杜克想讲述一个关于建筑怎样回到初始状态的故事，他用隔离元素的方法表达了一种“美国的现象学（American phenmenon）”，和欧洲强调元素之间相互作用的方式相对立。柯布西耶的绘画和建筑平面中呈现了欧洲的方式，从纯粹主义时期日常器物的组合，到后期的有机形态和笛卡儿体系的并置，柯布西耶不断尝试各种元素的结合。海杜克为了摆脱柯布西耶追随者的宿命，回溯到了形式最初的状态。参见：Hejduk J. *Mask of Medusa* [M]. New York: Rizzoli Internaional Pubications, 1985, p.63.

56　塞尚的绘画中的时空维度带来的启示，不仅限于绘画领域。建筑师原广司认为，塞

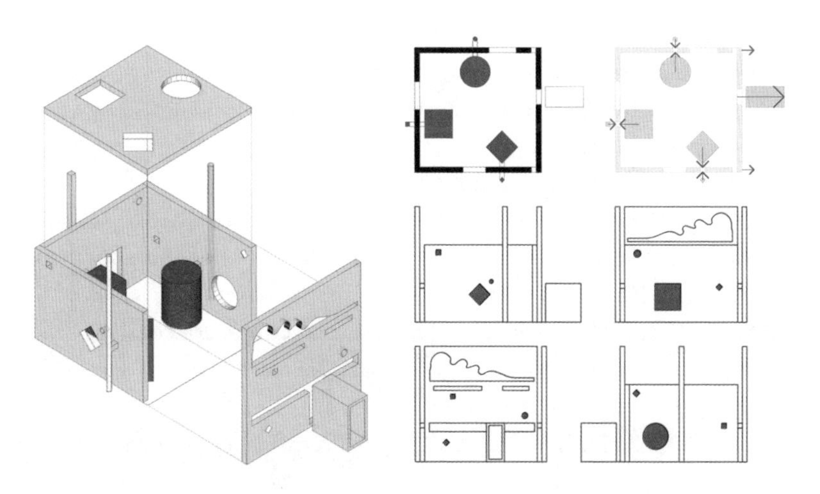

图2.52　元素住宅的轴侧分析图和平、立面图

在元素和网格之间相互纠缠的过程中抑制了形式的张力和运动。格里斯通过造型元素的截面化，取代了网格体系，重新呈现了构图中的倾向性张力。

在后立体主义时代，经过纯粹主义洗礼的柯布西耶，通过“诗意”元素的有机变形，逐渐将元素与网格剥离，他在后期的建筑平面构图中形成了有机元素和基准网格的二元对立的张力结构。海杜克吸收了风格派构图中的结构范式，以初始元素为母题，探索初始元素在基准结构引导下产生的张力结构。

从静态平衡的构图到有张力主导的动态均衡的构图是现代构图发展的重要一步，在此基础上才会出现更复杂的形式的“运动”机制。

第二章图片来源：

图2.1　https://www.wikiart.org/en/paul-cezanne/all-works

图2.2　同上。

图2.3　图2.3-a、至图2.3-d引自Loran E. *Cézanne's Composition: Analysis of His Form with Diagrams and Photographs of His Motifs* [M]. University of California Press, 1963, pp.46-47.；图2.3-c同图2.1。

尚将绘画作为空间图示，绘画成为空间的设计图，它规定了自然的意义和自然的可见方法，任何一个人都可以如同塞尚作画一般，进行空间设计，设计过程的每一次展开，都伴随着“空间形成”的发生。参见：原广司. 空间——从功能到形态[M]. 张伦，译. 南京：江苏凤凰科学技术出版社，2017年，第153页。

图2.4　图2.4-a引自https://www.wikiart.org/en/pierre-auguste-renoir/all-works；图2.4-b、d引自Loran E. *Cézanne's Composition: Analysis of His Form with Diagrams and Photographs of His Motifs* [M]. University of California Press, 1963, p.100.；图2.4-c同图2.1。

图2.5　图2.5-a同图2.1；图2.5-b引自Loran E. *Cézanne's Composition: Analysis of His Form with Diagrams and Photographs of His Motifs* [M]. University of California Press, 1963, p.77。

图2.6　图2.6-a同图2.1；图2.6-b引自Loran E. *Cézanne's Composition: Analysis of His Form with Diagrams and Photographs of His Motifs* [M]. University of California Press, 1963, p.82。

图2.7　图2.7-a同图2.1；图2.7-b引自Loran E. *Cézanne's Composition: Analysis of His Form with Diagrams and Photographs of His Motifs* [M]. University of California Press, 1963, p.89。

图2.8　图2.8-a、b、c引自Loran E. *Cézanne's Composition: Analysis of His Form with Diagrams and Photographs of His Motifs* [M]. University of California Press, 1963, pp.52-53。

图2.9　图2.9-a同图2.1；图2.9-b引自Loran E. *Cézanne's Composition: Analysis of His Form with Diagrams and Photographs of His Motifs* [M]. University of California Press, 1963, p.114。

图2.10　同上书，pp.21-23，pp.52-53，p.115。

图2.11　同上书，p.103.

图2.12　素描稿是作者根据格雷兹的原作的临摹。

图2.13　作者根据格雷兹的原作提取构图的主要元素。

图2.17　https://www.wikiart.org/en/pablo-picasso/all-works

图2.18　作者整理网络收集的资料后重新绘制。

图2.22　Brillhart J. *Voyage le Corbusier Drawing on the Road* [M]. London: W.W.Norton & Company, 2016, p.60.

图2.23　同上书，pp.117-118。

图2.26　Ozenfant A, Jeanneret C E. *Sur la Plastique* [J]. L'Esprit Nouveau, 1920(1), p.41.

图2.27　Pauly D. *Le corbusier, drawing as process* [M]. translated by Hendricks G. New Haven and London: Yale University Press, 2018, p.135.

图2.28　同上书，pp.140-141。

图2.30　同上书，pp.148-150。

图2.32　同上书, p.180. Pauly D. *Le Corbusier, le Jeu du dessin* [M]. Paris: Musée Picasso, 2015, pp.100-102。

图2.47　Hejduk J. Mask of Medusa [M]. New York: Rizzoli Internaional Pubications, 1985, p.251.

（未标注来源的图皆为作者自绘）

第三章 张力作用下的运动机制

格式塔心理学提出感知场理论，反对孤立的元素分析，提倡整体组织，从视知觉的角度为构图形式的分析提供了科学的依据。根据视知觉的“最简原则”而产生的完形倾向，是构图中张力形成的基础动因，而张力作用下的运动机制是将完形倾向进一步动力化的一种表现。张力引发初始元素变形，连续变形构成了运动，运动所呈现的形式是元素在运动的瞬间，达到张力均衡状态下的固化，是元素连续变形留下的痕迹的叠加。20世纪初，特立独行的杜尚和未来派画家波丘尼吸收了立体主义的造型语言，不谋而合地开拓了表现“运动”的主题。[1]“张力”与“运动”的形式生成机制同样也在建筑平面中呈现。

第一节 现代绘画中的运动的机制

(一) 杜尚绘画中的“运动”

杜尚在采访时曾说：“我生命中首要变化是来自柏格森和尼采的影响。变化与生命是同义的，变化使生命变得有意思。”[2]柏格森用不断变化的绵延

1 未来派最初运用印象派的绘画语言，用光影塑造不完整的形象，通过熟悉形体的不完整性造成观者的扫视，激发我们的知觉去补足其形状，来造成迅速运动的印象。而后他们开始模仿相机的二次曝光效果。他们在和巴黎艺术界交流之后吸收了立体主义的造型语言。1912年2月，杜尚在巴黎的勃海姆美术馆，第一次看到了未来主义的画作，此时的他已经完成了《下楼梯的裸女》。可以说，未来主义画家和杜尚几乎同时将运动作为绘画的表现的主题。

2 托姆金斯. 达达怪才：马塞尔·杜尚传[M]. 张朝晖，译. 上海：上海人民美术出版社，2000年，第59页。

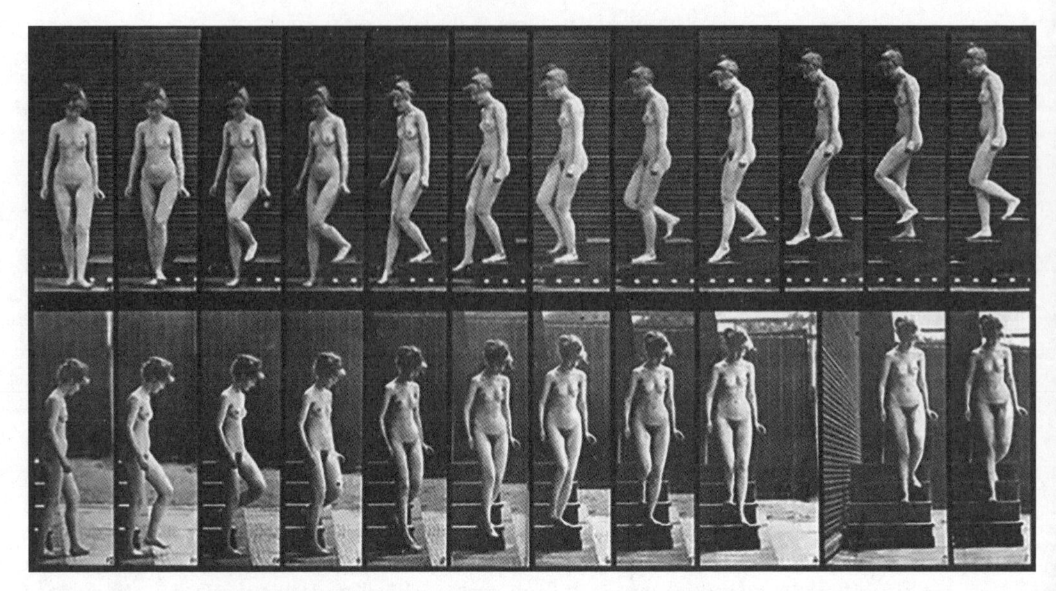

图3.1 迈布里奇的连续摄影

(duration) 诠释了生命的状态[3]，那怎样在画中空间表现出生命“不停变化”的时间维度呢？迈布里奇 (Eadweard Muybridge) 和马锐伊 (Etienne Jules Marey) 利用连续曝光而得到的摄影图像启发了杜尚，[4]使他跳出了立体主义的限定，[5]通过“还原”和“平行排列”两种方法来表现“运动”(图3.1)。

第一个方法是“还原”，以此提炼造型元素。马锐伊在1895年的著作《运动》中，用连续的点组成的虚线阵列将人体从板凳上跳下的过程记录下来，

---

3 亨利·柏格森在《创造进化论》(1906) 中阐释，生命总是从“一种状态过渡到另一种状态”，其状态“沿着时间之路发展，随着它所积累的绵延而不断地膨胀”，“状态本身不是别的，正是变化”。参见：亨利·柏格森. 创造进化论 [M]. 肖聿，译. 南京：译林出版社，2014年，第1—3页。

4 美国摄影家迈布里奇在《运动中的人物》(1885) 中刊登了一组二十三幅的连续照片，记录了一个下楼梯的裸女的23个瞬间 (图3.1)。法国摄影家马锐伊在1882年发明了一种摄影快门，可以在一个底片上获得五种不同的曝光指数，杜尚在1893年的《自然》杂志上看到了他的摄影作品。

5 虽然阿波利奈尔 (Guillaume Apollinaire) 将杜尚归于立体主义阵营，但杜尚只是将立体主义“作为一种实验，而非信念”，这种立场使他在立体主义的基础上进一步拓展了绘画语言的边界。参见：Cabanne P. *Dialogues with Marcel Duchamp* [M]. translated by Ron Padgett. New York: Viking Press, 1971, p.42。

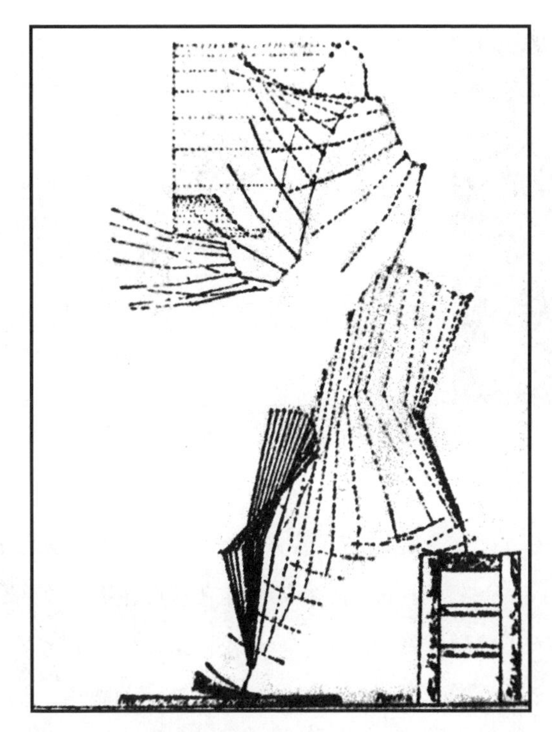

图3.2　马锐伊的《运动》图解

这些图解启发杜尚将运动的形象还原为抽象的线元素（图3.2）。[6]

第二个方法是“平行排列”，以此消解轮廓，组合造型元素，表达绵延。杜尚的绘画语言暗合了柏格森对绵延的阐释[7]，绵延的形象平行排列，相互渗透而没有清楚的轮廓。这种方法有别于立体主义绘画和连续摄影，被分解的不是空间中的形象，而是形象所绵延的运动。[8]

6　对于杜尚来说，立体主义的碎片太过繁复，“减少、减少、减少就是我的想法”。参见：托姆金斯．达达怪才：马塞尔·杜尚传[M]．张朝晖，译．上海：上海人民美术出版社，2000年，第65—69页。

7　“纯绵延尽管可以不是旁的而只是种种性质的陆续出现；这些变化互相渗透，互相溶化，没有清楚的轮廓，在彼此之间不倾向于发生外在关系，又跟数目丝毫无关：纯绵延只是纯粹的多样性。”参见：亨利·柏格森．时间与自由意志[M]．吴士栋，译．北京：商务印书馆，1958年，第70页。

8　杜尚的方法有别于立体主义绘画和连续摄影。立体主义将形象轮廓消解在背景中，而杜尚绘画中的形象与背景没有混淆。在迈布里奇和马锐伊用连续曝光产生的运动图像中，可以清晰地识别和曝光次数相等的形象数量，而在杜尚的绘画中，我们无法分辨出形象的数量，只看到一个处于绵延状态的整体，在这个整体中，（转下页）

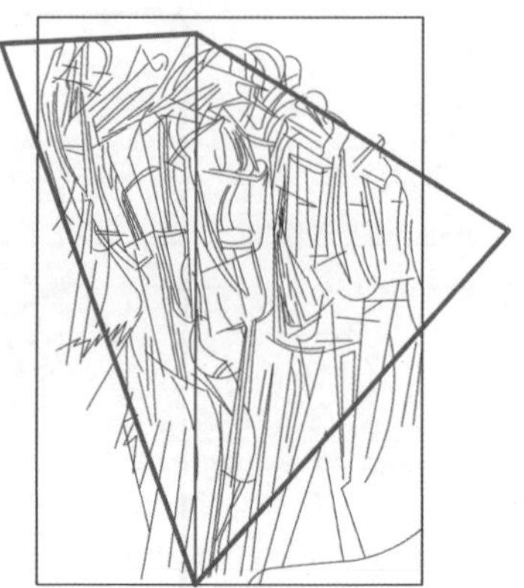

图3.3 《火车上忧伤的年轻人》分析图

杜尚创作的《火车上忧伤的年轻人》（又译作《火车上的悲伤的男人》）（1911）表现了一个处于运动中的身体，他在对此画的两次解释中都提到了“平行”的概念。[9]杜尚提到的“平行”是不同运动的并置，表现为线元素略带“扭曲”的交叠，形成了有梯度的倾斜和有方向的聚集，线与线之间涌动着时间的流动，并通过颜色明度的变奏，暗示出形象交叠的前后关系和运动的方向（图3.3）。

（接上页）“过去被其自身自动地保存下来。过去以其整体形式在每个瞬间都跟随着我们”，绵延的多样性完全是性质的多样性（qualitative multiplicity），而非数量的多样性（quantitative multiplicity）。

9 杜尚对于这张画有两种解释，一种引自卡文·托姆金斯（Calvin Tomkins）撰写的《杜尚传》，杜尚说：“在1911年的10月，我完成了《火车上的悲伤的男人》。那次，正是我从巴黎乘火车回卢恩去看望我父母和家人。当然，火车上那个悲伤的男人正是我自己。其实并没有什么年轻人，什么悲伤，除了立体主义的影响之外，那幅画什么都不是。我这次对立体主义的解释是一个结构线条的重复，并不包含任何解剖或透视，是一种通过运用描绘运动中人体的不同姿势的线条，来表现一种并行主义。”托姆金斯.达达怪才：马塞尔·杜尚传[M].张朝晖，译.上海：上海人民美术出版社，2000年，第66页。另一种解释引自王瑞芸所著的《杜尚传》，杜尚说：“首先这里有火车的运动，然后又有这个忧伤的年轻人的运动，他站在火车过道里也正处于运动中。因此这里有两个平行的运动，彼此是相当的。然后是这个年轻人的解体。那是一个正式的分解，即以线为单位，一条跟着一条，像是平行的，还扭曲了物体。整个物体被拉长了，好像有弹性。线条在平行的状态下一根接着一根，同时微妙地变化着形成运动。”参见：王瑞芸.杜尚传[M].桂林：广西师范大学出版社，2017年，第43页。

图3.4　两版《下楼梯的裸女》与提取的线图

1911年，杜尚开始创作《下楼梯的裸女》，作为运动形象的人物和作为背景的楼梯，从彼此分离发展为一个整体。[10]在第二幅作品中，形象在对角线方向的布局强化了运动感，被分解为线元素，每一条线都代表了运动中的形式在特定位置的静态构图[11]，观众的眼睛“把运动和绘画结合在一起”[12]，构成了一段绵延的整体结构（图3.4）。

10　杜尚在1911年根据朱尔·拉弗格的诗句创作了一系列插图，结果却画出了一个在爬楼梯的裸女的草图，杜尚后来回忆说：“或许在我凝视它的时候出现了灵感，为什么不将它变为下楼梯呢？就是音乐剧舞台上的那种大楼梯。”参见：Tomkins C. *Duchamp: A Biography* [M]. New York: Henry Holt, 1996, p.80。杜尚为《下楼梯的裸女》创作了两个版本：初稿被称为1号；定稿的油画被称为2号，完成于1912年1月。1号作品中，我们可以清晰地辨析移动的人物和背景的楼梯，二者都有清晰的轮廓，人物顺着楼梯的蜿蜒而扭转的姿态也若隐若现，楼梯的形态决定了裸女运动的形象。2号作品中，楼梯和裸女的形象被并行的直线元素分解，构成了一段绵延和一致的结构，并沿着对角线方向完全主导了画面的构图。

11　杜尚说：“我的目标是对一个运动的静态表现，是关于一个运动中的形式的各种位置的静态构图，而并不想通过绘画而达到一个电影的效果。一个形式在穿过空间时将留下一条线，当另一形式沿这一线运行时，它将产生另一条线。因此我觉得，有必要将运动中的人物转化为一根线条而非骨架。”托姆金斯. 达达怪才：马塞尔·杜尚传[M]. 张朝晖，译. 上海：上海人民美术出版社，2000年，第68—69页。

12　“在《下楼梯的裸女》中我想创造出一个固定在运动中的形象。运动是抽象，是对绘画的削弱。在运动中我们弄不清是否一个真实的人类在一个同样真实的楼梯上，从根本上说，运动是对于观众的眼睛而存在的，是观众把运动和绘画结合在一起。”参见：皮埃尔·卡巴纳. 杜尚访谈录[M]. 王瑞芸，译. 桂林：广西师范大学出版社，2013年，第52页。

杜尚在创作《下楼梯的裸女》第一版的间隙画了《咖啡研磨机》。杜尚说:"我那时有个想法,就是要画张咖啡碾磨机,但画完之后,人们才知道我画的不是机器本身,而描绘的是机器工作的原理,你看那转轮,那顶部的把手,而且箭头显示出它的转动的方向。所以这表现了一种运动……"[13] 画面左上方的箭头标示出推动转轮的张力,将机械运动转化为一种平面符号(图3.5)。[14]

图3.5 《咖啡研磨机》

杜尚用"还原"和"平行排列"的方法将具象的运动转化为抽象的形式,又将抽象的形式转化为平面的符号,用最简洁的方式使二维画面呈现出时间的维度。

接下来,我们将通过波丘尼的作品来审视未来主义画家对张力作用下的"运动"的表现。

(二)波丘尼的"心境"组画

1909年,马里内蒂(Marinetti)在法国《费加罗报》发表《未来主义宣言》,对运动和速度的礼赞震动欧洲。以波丘尼为代表的未来主义画家将"运动"作为绘画表现的主题,吸收了立体主义的方法,形成了表现"运动"的造型语言。[15]

---

13 托姆金斯.达达怪才:马塞尔·杜尚传[M].张朝晖,译.上海:上海人民美术出版社,2000年,第73页。

14 历史学家对《咖啡研磨机》格外重视,雷纳·班纳姆将其视为机械主题绘画的标志。参见:Banham R. *Theory and design in the first machine age* [M]. Cambridge, Mass.: MIT Press, 1980, p.204。《火车上忧伤的年轻人》和《下楼梯的裸女》在历史决定论的基调下都阐释为是在机械化时代下,"被赋予了仿真机器人(android life)的肉身以连续运动的机械化的外壳"。参见:Lawrence D. Steefel J. *Marchel Duchamp and the Machine* [M] //D'Harnoncourt A, Mcshine K. Marcel Duchamp. Prestel, 1989, p.72。

15 未来主义绘画的风格经历过一次重大的转折。1910年,未来主义画家集体发表的《未来主义画家宣言》只是一个精神性的纲领,他们在此时用来表现运动的造型语言基本还停留在印象派分离光影的水平,但波丘尼等人随后的巴黎之行却催生了一

1911年，波丘尼构思了一组名为“心境”（Stato d'Animo）的系列作品，并创作了三张素描稿和三张油画稿，用抽象的曲线笔触塑造了印象派式的朦胧形象。同年，从巴黎返回的波丘尼结合了立体主义的造型语言重新创作了整个系列。秩序化的背景结构网格支配了画面的构图，原本模糊的形象被几何块面所取代。三张完成稿被分别命名为《留下的人》、《离开的人》和《分别》。1912年，波丘尼在柏林用黑色墨水再次描绘了这组作品。

我们将重点分析1911年的三张油画完成稿的构图中呈现的“运动”机制，参照前文德勒兹对培根绘画的分析方式，将波丘尼的画面分为背景结构、形象和轮廓三个部分，确定画中空间的初始张力和初始元素，分析初始元素在张力的作用下的一系列变形运动，以及与背景结构的相互作用。

1.《留下的人》——原形在单一张力作用下的运动

波丘尼的“心境”组画根据不同的表现内容选择对应的构图方式。《留下的人》表现的是旅者坐在火车上回望站台上留下的人的场景，画面形象的运动感是在快速移动的视点（火车上离开的人）下产生的（图3.6）。

画面的背景网格呈现了未来主义的直线美学[16]，由垂直线、水平线和斜线构成。垂直线铺满背景，笔触快速划过，好像自上而下的水瀑，当触碰到中间的形象时，或将其击穿而直泻，或受其羁绊而弯曲。当垂直的笔触到达画框

种与立体主义造型语言相结合的新画风。罗莎琳德·麦克凯弗（Rosalind McKever）将以波丘尼为代表的未来主义绘画放在更广阔的艺术史背景中，建立了未来主义绘画和拜占庭艺术的关联，洛兰曾经认为塞尚的绘画也吸收了拜占庭艺术的营养。这是在形式分析的立场上重新阅读历史图像：“拜占庭人的空间不是真正意义上的几何空间，也不是用几何来表达的经典空间（对于希腊人来说），也不是哥特式表现主义者，但是它将不同的概念结合在一起，形成了色彩学和线性主义的综合。”参见：McKever R. *On the Uses of Origins for Futurism* [J]. Art History, 2016, 3(39), p.518。波丘尼本人将艺术史理解为一个循环发展的历程，他侧重从艺术史内部的风格演变来讨论造型形式上的传承，建立了周期性的历史模型。

16　波丘尼在1912年的《未来主义雕塑技巧宣言》中，对直线化的美学不吝赞美之词：“对我们来说，直线将是充满活力的和跃动的，它将自我适应材料的所有表现性的需要，它刚直的本质将是现代机械线条的金属般阳刚的象征。”参见：Banham R. *Theory and design in the first machine age* [M]. Cambridge, Mass.: MIT Press, 1980, p.121。

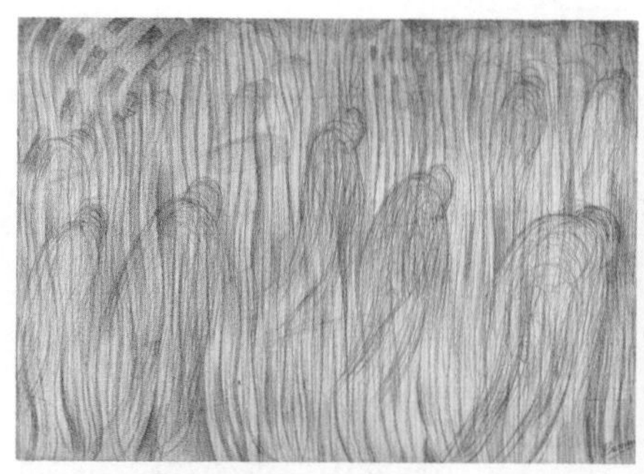
1. 第一稿素描绘于造访巴黎前，1911

2. 第一稿油画绘于造访巴黎前，1911

3. 第二稿油画绘于造访巴黎后，1911

4. 水墨版绘于柏林，1912

图3.6《留下的人》的不同版本（1911—1912）

底线的时候，在阻力的作用下向两侧分开，冲击着底部边缘的形象。局部的水平线与斜线断断续续地隐含在垂直线中，从局部锚固画面结构（图3.7-1）。

椭圆形的人物形象下宽上窄，近大远小，沿着左下—右上的对角线叠退到空间深处。它们像不倒翁一样向左倾斜，同时又保持着回到直立状态的张力（图3.7-2）。形象轮廓的局部被图底网格刺破并穿过，呈现出有方向性的弧线，使形象看上去是绕着中轴在旋转。

画中空间的初始张力需要从形象变形和运动的轨迹来判断。人物形象统一向右倾斜，我们以此判断使形象变形和位移的初始张力是以画布平面中心为原点的旋转力（图3.7-3）。

画面的基准结构是由背景垂直线和形象的倾斜轴线所组成的网格。源自画布中心的初始张力首先作用于画幅的基准结构（图3.7-4）。网格在中心旋转力的驱使下开始位移，其边缘沿着画框顺时针滑动，个别的点的轨迹甚至脱离了画框（图3.7-5）。位移过程中的多个瞬间叠合在一起，形成复合网格（图3.7-6）。人物形象在复合网格的牵引下随之旋转而倾斜。在形象周边，旋

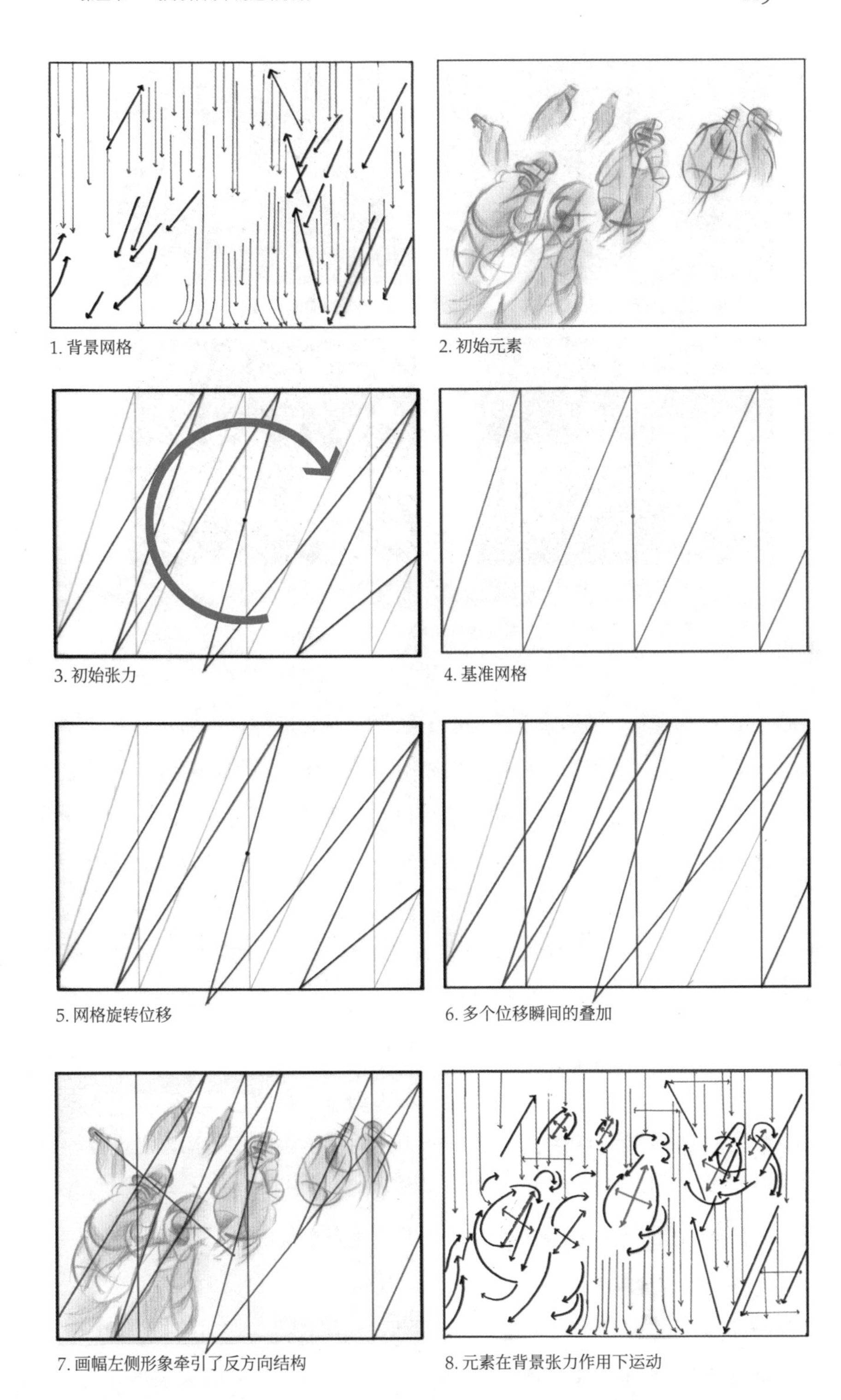

1. 背景网格
2. 初始元素
3. 初始张力
4. 基准网格
5. 网格旋转位移
6. 多个位移瞬间的叠加
7. 画幅左侧形象牵引了反方向结构
8. 元素在背景张力作用下运动

图3.7 《留下的人》分析组图

1. 第一稿素描绘于造访巴黎前，1911

2. 第一稿油画绘于造访巴黎前，1911

3. 第二稿油画绘于造访巴黎后，1911

4. 水墨版画绘于柏林，1912

图3.8 《离开的人》的不同版本（1911—1912）

转的半圆形笔触暗示了形象旋转运动的轨迹，其轮廓被分解为具有方向性的弧线（图3.7-8）。形象的位移和旋转同时也干扰了背景的垂直线，使其在形象的周围因震颤而扭曲。背景的垂直线也会从形象中垂直穿过，阻止形象进一步旋转和位移。形象与背景网格彼此制约，在运动中彼此抵消对方的张力。

左下—右上的对角线支配了形象的排列（这条对角线在中心旋转力的驱使下同样发生了位移，避免了和画布对角线的重合），使构图呈现出巴洛克式的纵深空间感，强化了形象整体的右倾趋势。但是，在左侧的远景中有一个人物形象的头部向左倾斜，我们延长这根倾斜的轴线，会发现它将左下角近景的人物串联在一起，形成了右下—左上的运动趋势，这个趋势很大程度上中和了左下—右上对角线方向上的张力，对平衡画面的结构起到重要的作用（图3.7-7）。这个反方向的作用力影响了画幅的左半边，在右半边，我们可以在背景中找到另一组反向的斜线，其作用是相似的。

2.《离开的人》——原形在多重张力作用下的运动

我们接下来分析《离开的人》，站台上的人目送着离开的人乘车远去，离开的人处于飞快的运动中，画面的背景网格由水平线、弧线、对角线和局部

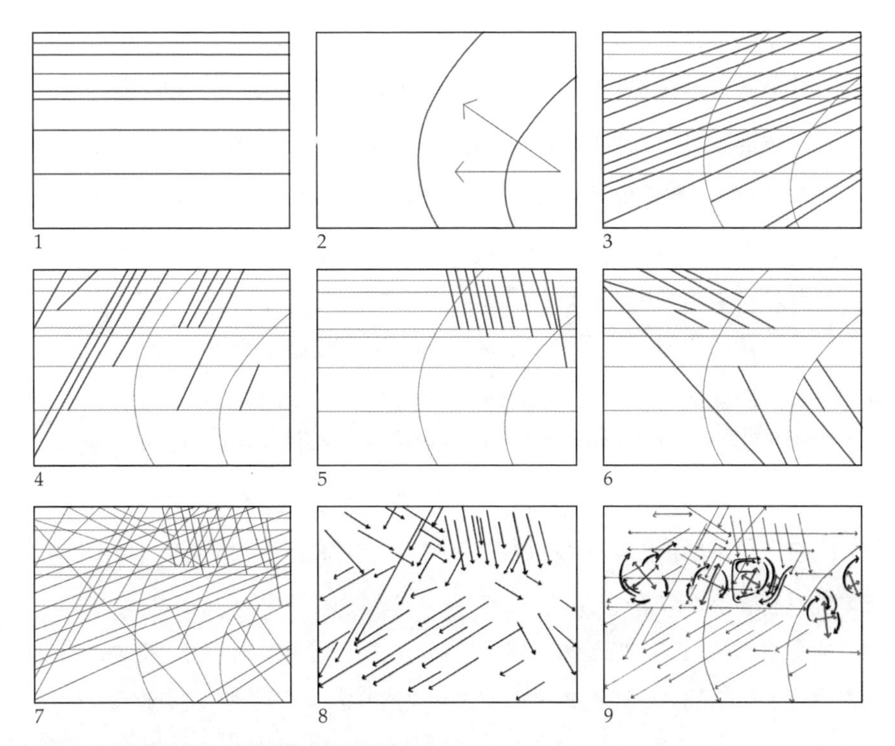

图3.9　《离开的人》背景网格分析组图

平行的斜线组成:

（1）水平线，横跨画布表面，将画面水平切割成不同区域，将散落的形象串联在一起，平衡了画面各种造型元素的不稳定张力。水平线呈现的方式既有笔画出的黑线，也有刀刮出的白痕。二者作用不同，黑线是画面空间结构的组织元素，白痕是画面时间结构的组织元素（图3.9-1）。

（2）弧线在第一稿中呈现为鲜亮的红色，在第二稿中呈现为加重的黑线。其它结构线在弧线边缘交接，产生了强烈的张力。两道大弧线将画布平面划分为三个由小变大的区域，产生自画幅右下角至左上角的推力（图3.9-2）。

（3）对角线在第一稿中用印象派式的笔触表现（图3.8-1、图3.8-2）。完成作品的对角结构线更加清晰，是画面背景结构重要的张力之一，它们相对于画面的基准对角线旋转了一个微小的角度，因倾斜而产生了运动感（图3.9-3）。

(4) 平行斜线成组出现，和上述的结构线相互穿插（图3.9-4至图3.9-6）。其中有一组自右下到左上的倾斜线是用刀刮的白痕，和一部分水平线的表现方式相同，暗示了特殊的作用——组织画面的时间结构（图3.9-7）。背景中对角线方向的笔触推动着画中的形象处于飞快的运动中（图3.9-8、图3.9-9）。

怎样从背景结构里不同的线性张力中确定推动形式运动的初始张力呢？水平线、对角线和局部的斜线都处在自身的双向张力的制约中，又复杂地缠斗在一起。而弧线是异质的，它的两个端点被画框所锚固，本身聚集了从左至右的强大张力，其反向的作用力被画框抵消，在画面呈现出单向的张力。两道弧线将画幅划分为从小到大的三个区域，形成一股发自画幅右下角的张力，向左上角逐渐扩散。这股张力从各种力量的缠斗中脱颖而出，是构图的初始张力（图3.9-2）。

画中的形象只有人的脸部，结合画的名字，我们可以猜想这张画的视点来自站台上留下的人，注视着火车上正在“离开的人”。[17]水平线暗示了车身的窗线，在车身的遮挡下，只能看到人的头部，并可以清晰地辨别五官。这些双目紧闭、毫无表情的形象和莫迪利亚尼（Amedeo Modigliani）作品的人物一样，呈现的是几何形态的力量，而非人格的力量。被平面化的人脸形象是画面的初始元素，被线性的背景结构线（刀刮出的白痕）像糖葫芦一样串联在一起，让人猜测水平排布的人脸不是孤立的几个形象，而是一个人脸在运动中一系列的影像，初始元素（几何化的人脸）在初始张力的作用下产生系列变形，画面呈现出多个时间点上的图像的叠加。[18]

人脸形象作为初始元素，在初始张力的推动下，从画幅的右下方按照固定的轨迹开始运动。结构背景中有两组用刮刀划出的线性白痕，一组是水平线（图3.10），一组是右下—左上方向的斜线（图3.11），是形象在张力推动

17 这些头部正在运动，不同角度的组合让人想起立体主义的造型方式。但和立体主义者不同，波丘尼不是用运动的视点看静止的物体，而是用静止的视点看乘火车的运动形象。

18 作为未来主义的核心画家，波丘尼受到柏格森的影响，认同时间与空间的区分、量变与质变的差异。换句话说，绘画呈现的不是形象在空间中的静态并置，而是其在绵延的时间中的变形与运动。

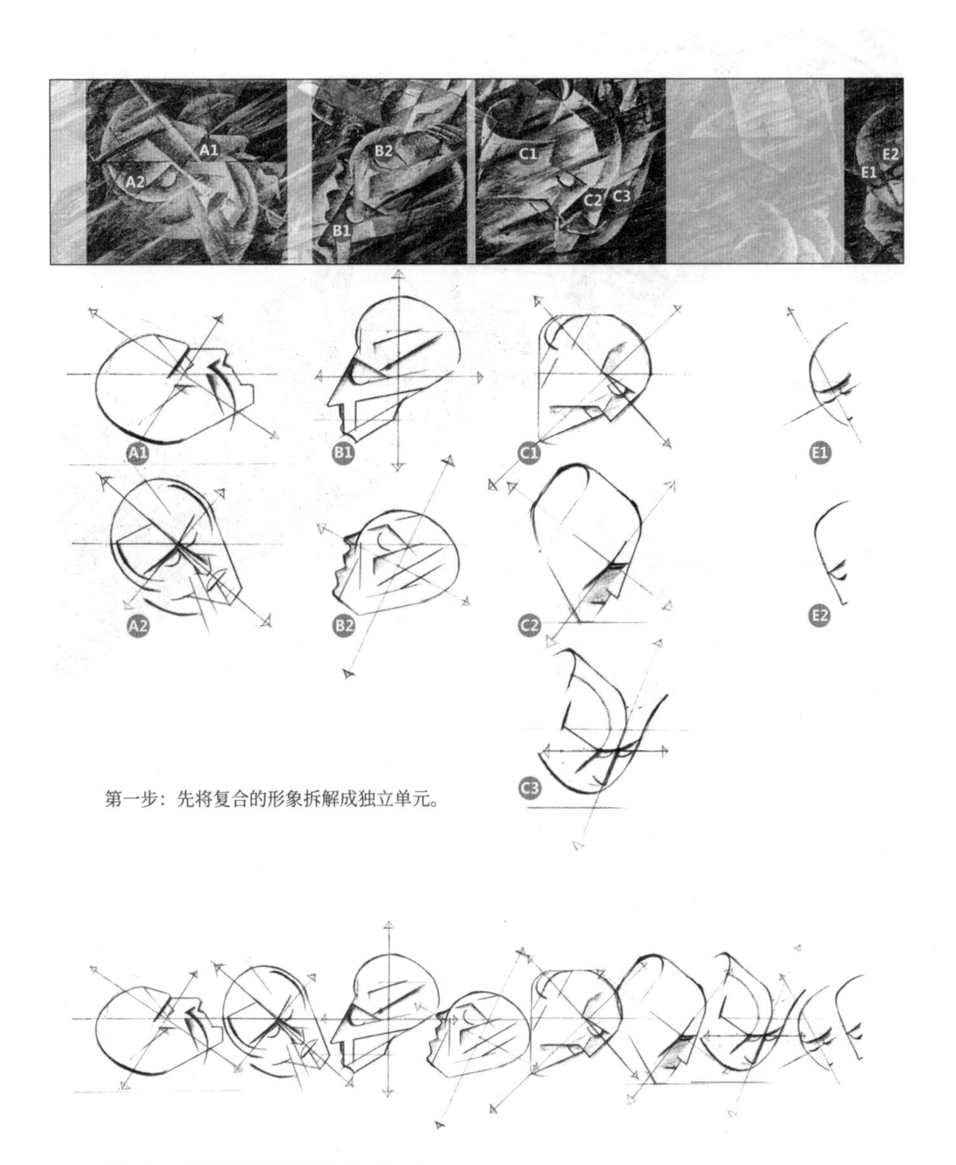

第一步：先将复合的形象拆解成独立单元。

第二步：再将它们沿轨迹排列在一起，我们可以在形象组合的图像中读到连续位移和变形的序列。

图 3.10　《离开的人》变形运动序列一：水平轨迹

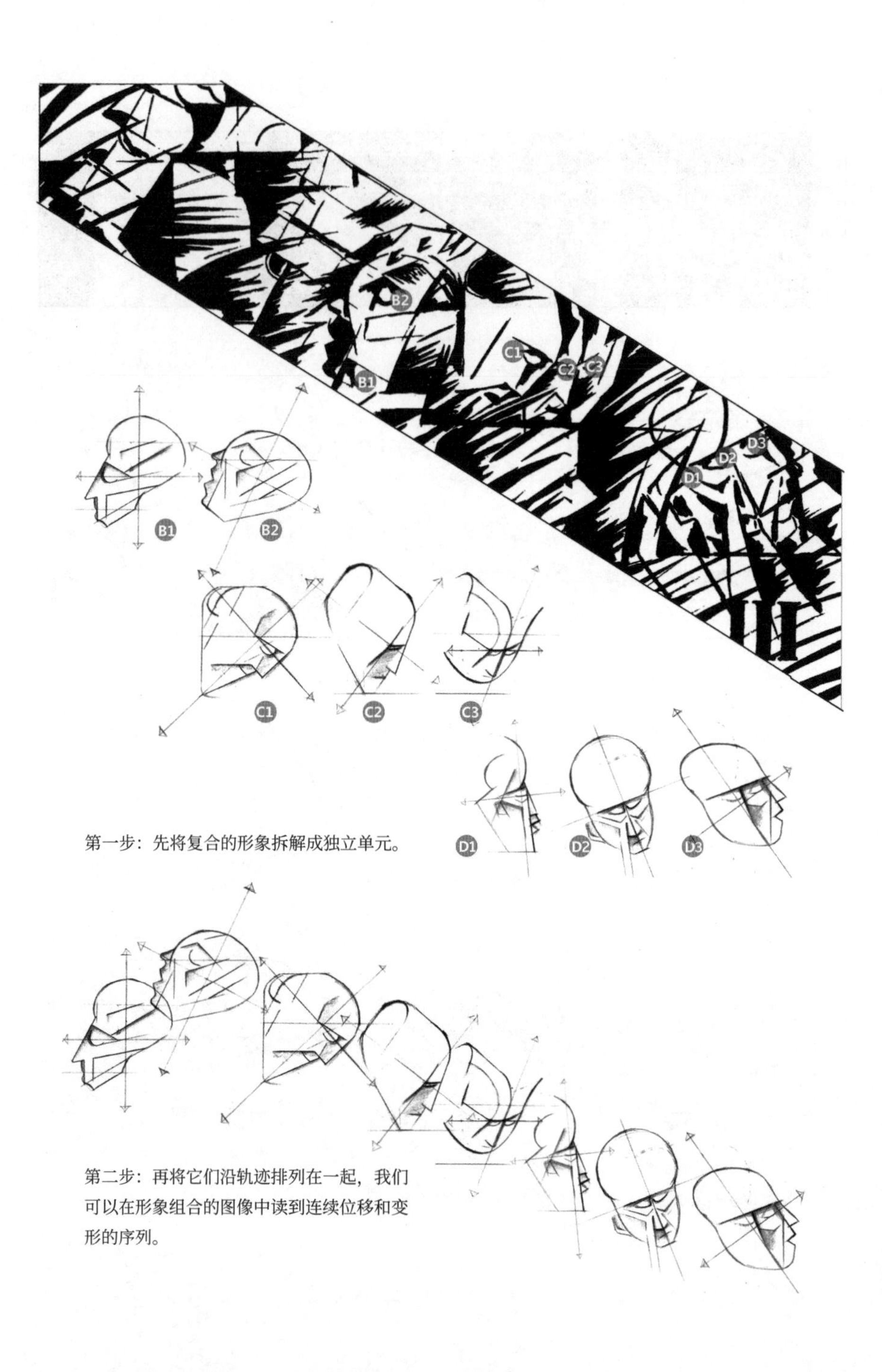

图3.11 《离开的人》变形运动序列二：斜向轨迹

下的两条运动的轨迹。我们可以结合场景给这两条轨迹一个合理的解释：水平和斜向两条轨迹与站台上人的视点有关，当视线垂直于车体而平视的时候，看到的是车体的水平移动，对应平行的轨迹；当视线随着离去的火车转向远方时，车身的窗线在线性透视的影响下斜向交汇于灭点，对应了斜向轨迹[19]。人脸形象的运动轨迹是连续的，我们可以先将复合的形象拆解成独立的单元，然后再将它们按照轨迹排列在一起，类似于迈布里奇运动照片式的图像呈现在我们面前，我们可以从中识别出形象的变形和位移的序列。

绵延的运动是画中形象的存在状态，但是这种运动不是随机的，而是和形象所受到的背景张力密切关联。我们可以关注到形象B1（图3.10、图3.11），这个扁平化的侧脸暗合画布平面的正交坐标轴，其鼻翼的斜线和背景的一组斜线刚好吻合。形象B1在各种张力的作用下达到了一个瞬时的平衡。在复杂的背景张力下，其它的形象单元同样不断地通过旋转和变形进行自我调整，画面呈现的每一个静帧都表现了形象与背景结构之间的一个瞬间的平衡状态。

3.《分别》——原形与背景张力在相互作用下的运动

首先我们要从《分别》的第一版素描中寻找形象的来源（图3.12-1）。当我们从满幅滚动的曲线中分辨形象时，发现这些曲线是人物形象的头发和肢体的延伸，我们可以将其中的形象分为两组：一组是在画面上方的三对拥抱的人（图3.13-1）；另一组是在画面下方的一排从右向左飘行的戴帽子的人（图3.13-2）。另外，还有两个独立的元素需要注意，一个是位于画幅左侧向上飘浮的形象，另一个是画幅右侧的张开四肢并拉长的背影。左右两个元素将上下两组形象联结成一个椭圆形（图3.13-3），形象的头发与躯体延伸的曲线像柳条一样将这个椭圆形编织成一张律动的网，这张网几乎吞噬了背景结构（背景只局部显现在画幅的上边框附近，包括云彩、风铃、一些斜向的划痕和顶部中间隐约显现的房子）。

波丘尼的第一版油画在素描稿的基础上，分离了形象与背景（图3.12-2）。

19　《留下的人》中，表现的是车上离开的人注视站台上留下的人，只选择了第二种轨迹，形象沿着斜向的轨迹运动并渐次变小。

1. 第一稿素描绘于造访巴黎前，1911

2. 第一稿油画绘于造访巴黎前，1911

3. 第二稿油画绘于造访巴黎后，1911

4. 水墨版绘于柏林，1912

图3.12 《分别》的不同版本（1911—1912）

他选取了素描稿中间一对即将分离的人物作为原形，复制三组，按右上—左下对角线方向排列，形象中两个人拉开的角度刚好和背景的对角线反向交叉，对立并置（图3.13-4）。

在从巴黎回来后完成的第二稿油画中，波丘尼改选了素描稿右上方的一对拥抱在一起的人作为初始元素（图3.13-1、图3.13-5右侧被圈中的形象）。素描中缠绕的躯体和头发与主体形象脱离，转化为背景的曲线。通过这样的调整，波丘尼建立了形象与背景结构之间的辩证关系。画面的背景结构内部出现了分化。在画幅中线偏左的位置形成了一条中轴，将画面结构一分为二（图3.13-6）。中轴右边保持了右上—左下的对角线结构，一些由正交直线组成的线框沿着对角线方向阶梯式排列，对应笼罩着人物形象（图3.13-7）；而中轴左边的背景则随着形象的排列呈现出一道滑向右上角的弧线（图3.13-8），正交直线组成的线框像多米诺骨牌一样沿着形象运动的轨迹倾斜。

和“心境”组画的另外两幅画不同，《分别》中拥抱的人物形象的轮廓始终是完整的，紧实地包裹着缠绕的形象，传达出一种由内而外的张力。背景

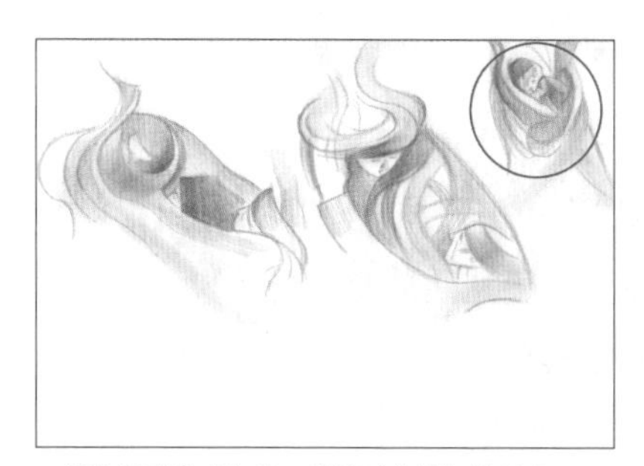

1. 圈中的形象成为第二稿油画中的初始元素。

2. 素描稿中另一组漂移的形象

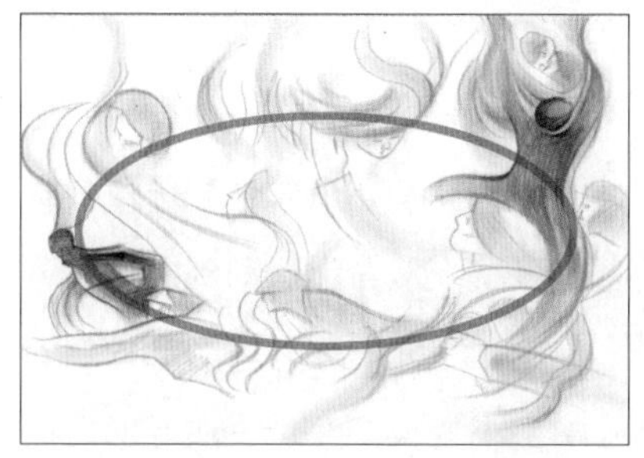

3. 两边的形象将所有造型元素联结成椭圆形。

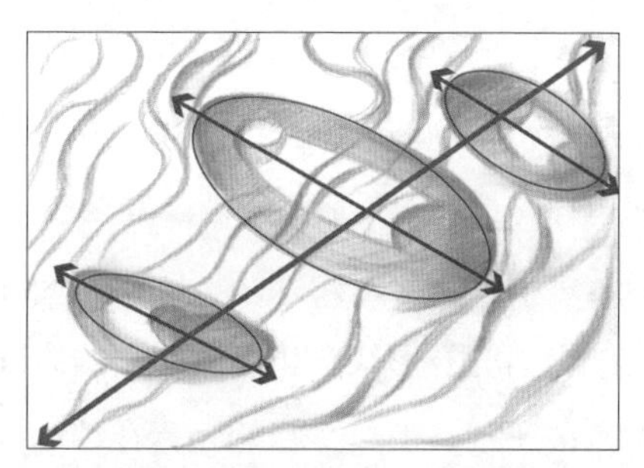

4. 第一稿油画中形象与背景的对立结构

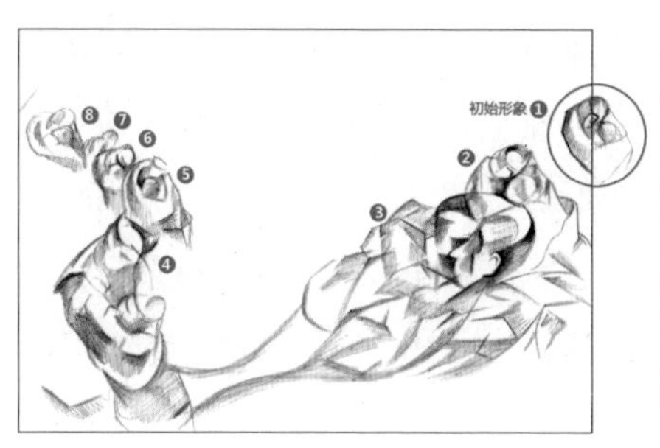

5. 形象在运动中的变形序列

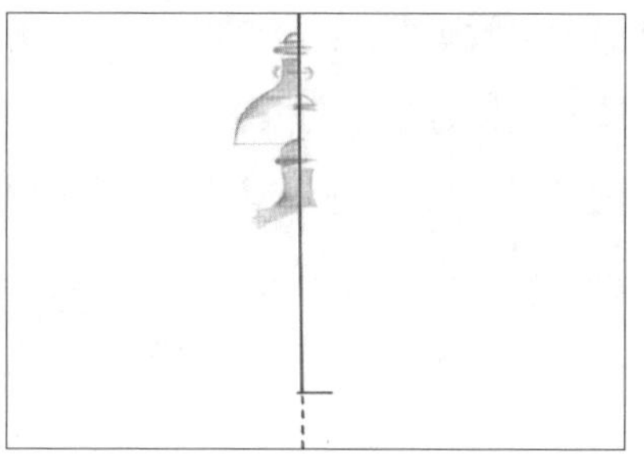

6. 形象张力与背景张力地位翻转的分界

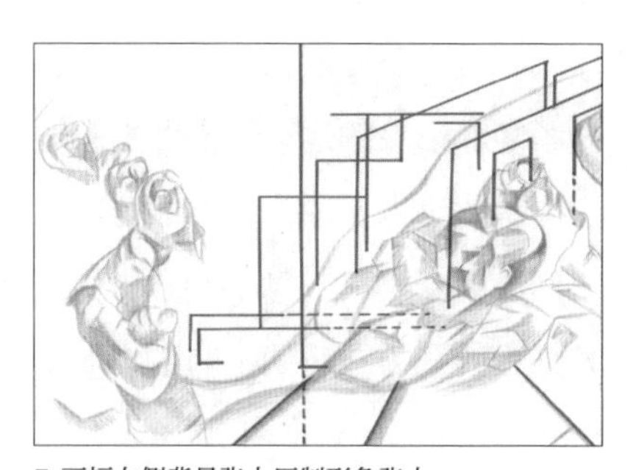

7. 画幅右侧背景张力压制形象张力。

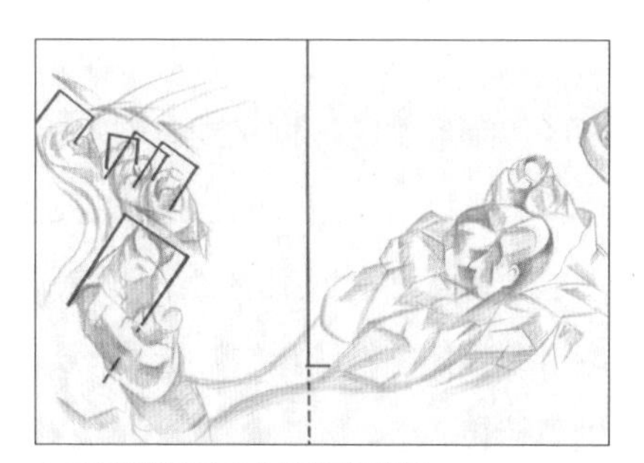

8. 画幅左侧形象张力扰乱背景结构。

图 3.13　《分别》分析组图

结构无法入侵到形象中，只能用正交直线构成的线框将形象罩住（图3.13-7、图3.13-8），这些线框罩子的位移和变形成为解读形象与背景结构在张力作用下相互作用的线索。

驱动形式运动的初始张力可以来自背景结构，也可以来自形象自身。这张画的初始张力以背景结构的中轴为界发生了更迭，从背景结构的张力过渡到形象自身的张力：中轴右侧，右上—左下对角线的结构性张力驱使形象运动，二者轨迹保持一致（图3.13-7）；中轴左侧，形象自身的张力逆转了背景对角线方向的张力场，驱使背景网格跟随自己发生位移和形变（图3.13-8）。

人物形象在上述运动过程中产生了有序列的变形。一对拥抱的人作为初始元素，从画面的右上方开始，在背景张力和自身张力交替作用下发生变形和位移。最初，初始元素被画框切去一半（图3.13-5-初始形象1），导致其张力远远小于背景对角线结构的张力，在后者的裹挟下从右上运动到左下。背景结构中的方形线框也沿着对角线方向对形象施加定向的压力。形象内部的力量被压制。但是，初始元素在移动的过程中由小变大，经过三次变形后在画幅的右下方形成了巨大的团块（图3.13-5-形象3）。此时，形象内部的扭曲张力摆脱了背景结构的挟持，改变了运动的轨迹。这个转变的临界点是在画幅背景接近中线的位置，通过两个物体中轴重合而强化生成的分界线（图3.13-6）。分界线并没有将转化前后的形象切断，在画幅的底部，分界线两侧的形象粘连在一起，保持着整体的连续性。沿着对角线，画面有很多附加元素（比如拼贴文字和一个半圆中完整的三角形）加重了对角线结构的重量。但这反而衬托出形象的强韧，其连续体冲破了这道封锁，钻到了画幅的左侧。分界线左侧的形象在自身的张力的作用下继续变形和位移，形成了一道S形轨迹。在左半区，背景结构在形象张力的压制下发生了变形和位移，原本在右半区压制形象的线框来到左侧之后，只能跟随着形象的运动轨迹发生偏转和位移。素描稿左上方的云朵状的弧形，在画幅的上方扩散，软绵绵地填充了形象和背景结构博弈的真空地带。画中空间是一个整体，每个元素的变化都会带动整体结构的重组，导致形象和背景结构的张力在运动中的主导地位发生了翻转。

上述构图结构在波丘尼用水墨绘制的第四版《分别》（1912）中再次改变，画面的中轴分界线因为两个物体的错位而被瓦解（图3.12-4），这个变化再次呈现了形象运动的本质：运动的是时间的绵延。空间可以精确分割，而时间不可以。运动中绵延的形象并不存在一个由黑变成白的绝对时刻（明确的分界线），变化的过程是绵延不绝的。

至此，我们完善了绘画中的形象在张力作用下的运动机制。驱使形象运动的张力不仅可以来自背景结构，也可以来自形象自身。在形象的运动过程中，形象与背景结构间的矛盾始终存在，背景结构可以使形象变形和位移，形象也可以反作用于背景结构，画面的正负空间具有同等的能动性。画中空间的形象和背景结构本质上是一个整体，在特定的情况下，人的知觉可以将二者翻转，正负互换。[20]

《分别》最初的版本是通过图像建立叙事性，一个拥抱的瞬间呈现了一种文学化的创作。[21]最后的版本剥离了图像的叙事性，通过移情的方式将情感寄托在形式的张力与运动中。

（三）小结

从上述对杜尚和波丘尼的绘画的分析中，我们可以暂时得出一些平面构图中张力作用下的运动原理：

（1）初始元素在初始张力的作用下产生逻辑化的连续变形，从而构成运动，环境的张力持续不断地为变形与运动提供动力；

（2）运动中初始元素变形的目标是重获平衡，但不是古典艺术中静止的平衡，而是运动中的平衡（背景内部、背景与形象之间、形象内部、形象和形象之间在运动过程中的平衡）；

（3）绘画中所表现的运动，是通过叠加形象在运动过程中的特定瞬间的图像，传达存在的本质（绵延）和运动的目的（动态平衡）。

在现代建筑的平面构图中，是否存在着类似的形式生成原理呢？我们可以根据建筑方案的过程草图，进行逆向的推演论证。

20　这种翻转的辩证认知方式在后文被运用于解读米拉公寓的平面构图。

21　素描稿中通过形象的首尾相接的缠绕传达分别的情绪。第一版油画中，形象出现三次，从左上角的紧紧拥抱，到中间的若即若离，再到左下角的模糊消逝，分别的主题通过蒙太奇式的拼贴方式呈现。

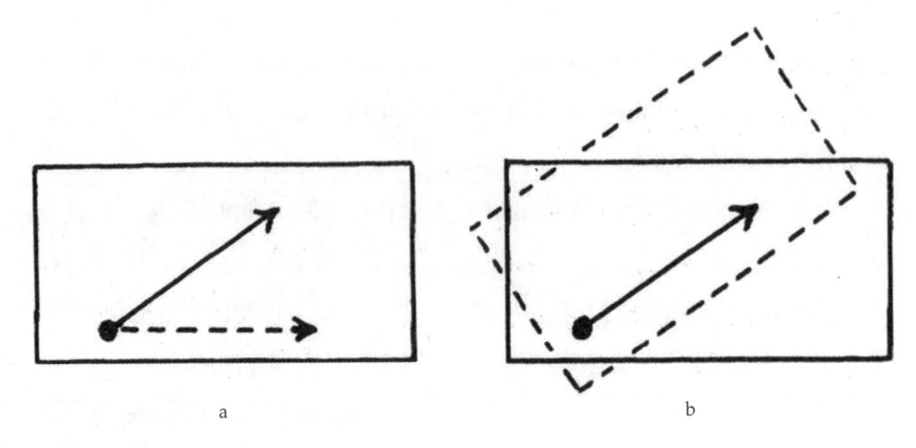

图3.14 视知觉张力引导的空间位移

第二节 现代建筑平面构图中的运动机制

(一) 单一正体量作为初始元素在单一张力作用下的运动

本小节从视知觉动力的角度，将“流线（circulation）”[22]和视线转化为引导空间操作的矢量。阿恩海姆援引过一个例子来说明以客观环境为参照和

---

22 “流线”的概念源于医学中的血液循环，在19世纪下半叶被引入建筑学，逐渐发展为构图中的自主性要素。20世纪初，于连·加代在所区分的构图要素（elements of architecture）中，将具有动态交通功能的门厅、出口和楼梯等功能模块与静态的房间模块相区分，使前者具有了整体的连续性。加代的理论通过他的学生奥古斯特·佩雷和托尼·加尼埃影响了勒·柯布西耶。在柯布西耶对萨伏伊别墅的描述中，他用“建筑漫步（promenade）”取代了“流线（circulation）”这个词。参见：弗洛拉·塞缪尔.勒·柯布西耶与建筑漫步[M].马琴，万志斌，译.北京：中国建筑工业出版社，2013年，第9页。“建筑漫步”是一种“感觉的韵律”，是柯布所感兴趣的“与我的身体、我的眼睛和我的思想相关的东西”。参见：Le Corbusier. *the Final Testament of Père Corbu: a Translation and Interpretation of Mise au Point by Ivan Zaknic* [M]. New Haven: Yale University Press, 1997, p.120. Originally published as Mise au Point (Paris: Editionss Force-Vives, 1966)。“流线”不仅是在路径上展开的和经验相关的“叙事式”组合，而且是一种更为普遍和抽象的构图中的自主性的要素（autonomous element）。参见：伯纳德·卢本等.设计与分析[M].林尹星，薛皓东，译.天津：天津大学出版社，2003年，第51页。沿着建筑形式自主化的方向，彼得·埃森曼将人在建筑环境中的流线定义为“动势（movement）”。动势可以被视为几何矢量或者一种外力，可以根据它的尺寸、强度和方向为其赋予近似值，从而成为形式的一个属性，成为建筑系统发展的生成因素之一。参见：Eisenman P. *the formal basis of modern architecture* [M]. Baden: Lars Muller Publishers, 2006, p.71。

以自我为中心作为参照来引导空间变化的例子。[23]当人斜向站在一个矩形中，视线的中轴和矩形的四条边呈现斜角的时候，会在视知觉中产生一种不平衡的张力。为了恢复视知觉上的平衡，只能改变位置，使自己的视轴和矩形的两个轴线之一平行（图3.14-a）。但是如果坚持自己的方向，则只能旋转矩形，使它的中轴之一与视轴平行（图3.14-b），这样矩形中轴和视轴之间的张力才能消除。平面廓形在内外张力作用下的不同变化，是建筑形式生成类型划分的重要依据。[24]接下来的三个现代建筑案例，便分别展示了建筑平面的初始元素，在廓形可变形、廓形不变形和廓形局部可变形的情况下，在张力作用下的运动过程。

1. 廓形可变形——柯布西耶的卡朋特视觉艺术中心

我们从最简单的情况开始，首先考察正体量作为初始元素，在单一张力作用下的运动，柯布西耶的卡朋特视觉艺术中心是这种情况的呈现。

卡朋特视觉艺术中心的场地周边环绕着佐治亚风格的建筑，形成了一个正交网格参照体系作为背景(图3.15-2)。在环境结构和基地周边红线的限定下，基地中可以生成一个纵向矩形（接近正方形）作为方案的初始元素（图3.15-4)。在柯布西耶的草图中，他明确地给出了一条对角线方向的视轴（图3.15-3)。这条视轴产生的张力与初始元素间产生了阿恩海姆所描述的矛盾，根据阿恩海姆阐述的视知觉原理，在坚持预设的对角线方向视轴不变的情况下，只能旋转初始元素，使其轴线的方向（矩形纵轴）与视轴平行，才可以消解张力。初始元素因此偏离了环境结构中的正交网格，在初始张力（中心旋转力）的推动下逆时针旋转，直到初始元素的纵轴和视轴方向一致（图3.15-5)。

随后，在视轴张力和旋转张力的共同驱动下，建筑体量进一步变形。视觉中轴和初始元素中轴重合后，固化为步行桥，使初始元素左右分离。其张

23　鲁道夫·阿恩海姆. 建筑形式的视觉动力[M]. 宁海林，译. 北京：中国建筑工业出版社，2012年，第84页。

24　建筑平面的廓形是墙体的投影，正如罗伯特·文丘里所说：“墙——变化的焦点——就成为建筑的主角。”参见：罗伯特·文丘里. 建筑的复杂性与矛盾性[M]. 周卜颐，译. 北京：中国水利水电出版社，2006年，第86页。

1. 贯穿建筑体量的步行桥

2. 场地周边环绕的建筑形成了正交网格参照体系。

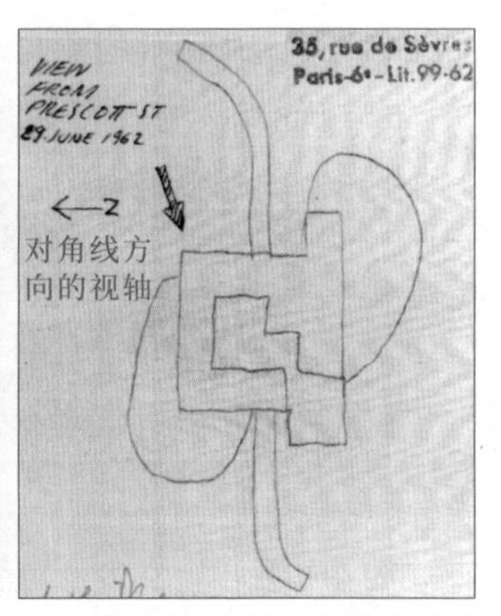

3. 在柯布西耶的草图中，他明确给出了一个对角线方向的视轴。

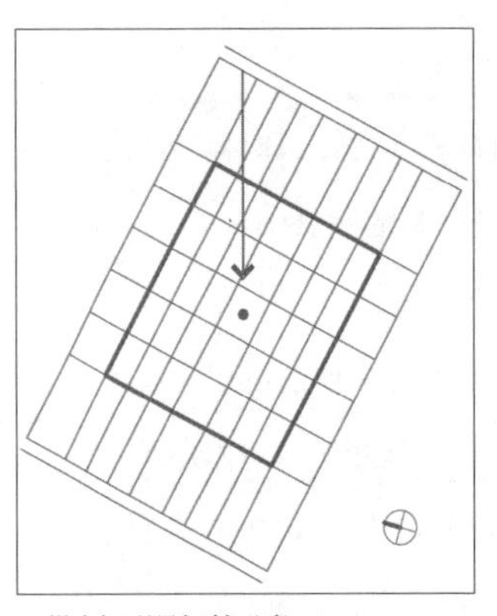

4. 纵向矩形是初始元素。

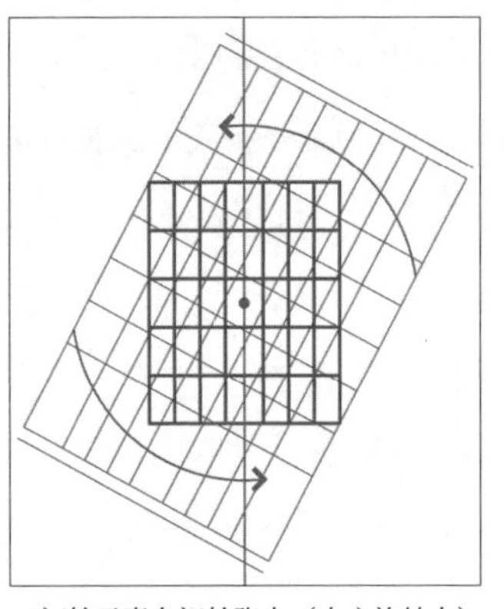

5. 初始元素在初始张力（中心旋转力）的推动下逆时针旋转。

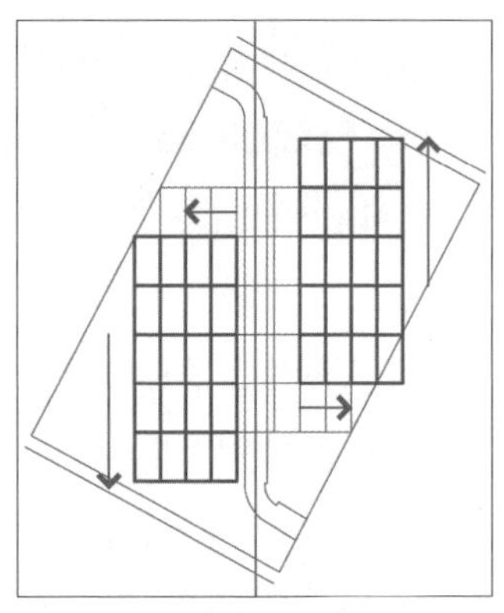

6. 视觉中轴和初始元素中轴重合后，固化为步行桥，将初始元素左右分离。

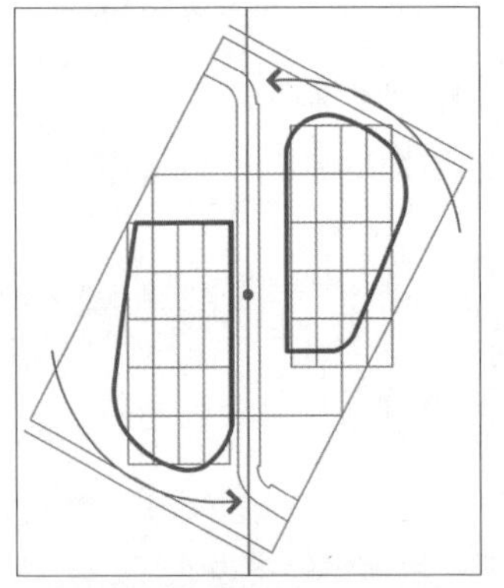

7. 矩形的轮廓进一步变形为有机曲线，以消解旋转力的压迫。

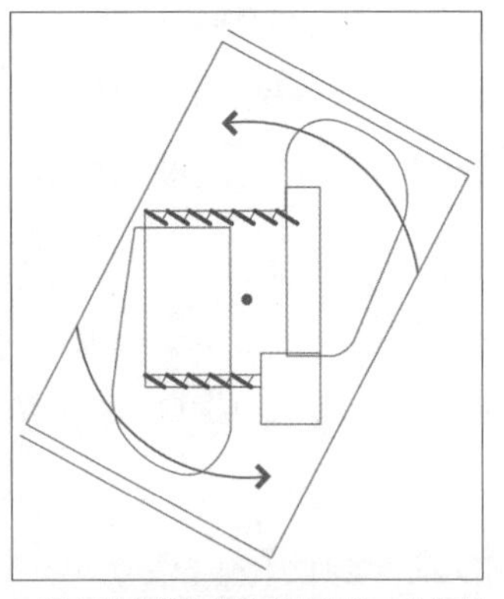

8. 没有被曲线化的轮廓在旋转力和视轴张力的共同压力下匀质破碎。

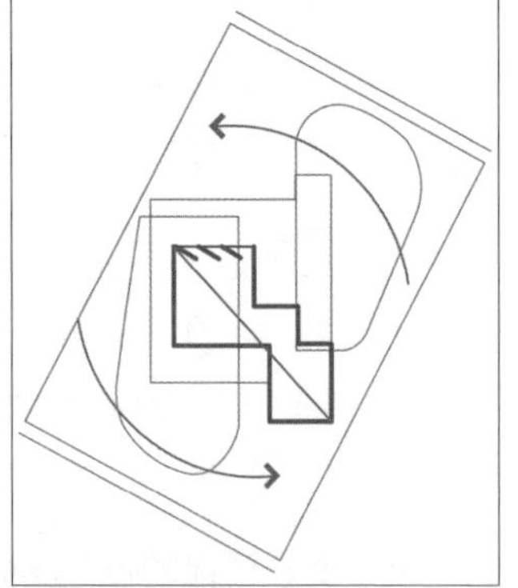

9. 顶层体量呈现阶梯形式分化，逐步消解旋转张力。

图 3.15　卡朋特视觉艺术中心平面生成过程分析

力是双向的，推力与拉力同时作用于初始元素，使其再次沿着视轴方向上下分离（图3.15-6）。

初始旋转力继续作用于左右分离的形象，此时形象的中轴已经与视轴保持一致，所以无法继续旋转（否则又会循环产生阿恩海姆描述的张力矛盾）。但是已经产生的旋转力不会凭空消失，于是形象的轮廓便进一步变形，以消解旋转张力的压迫。分离左右的形象轮廓由直线变为曲线，成为有机的肾形（图3.15-7）。

没有被曲线化的轮廓则在旋转力和视轴的张力共同压力下匀质破碎。轮廓的碎片沿着相同的方向旋转，生成了遮光立面（图3.15-8）。柯布西耶的草图中有对立面遮光角度的研究，可视为对表皮变形角度的推敲，最佳的遮光角度成为表皮碎片凝固的位置。从轮廓的转角变形同样可以看出旋转力作用的痕迹。矩形的直角都被瓦解：在东南角，遮光立面挡板的平面投影与网格方向一致，但整体轮廓变成了曲线；在西北角，遮光立面挡板旋转为斜角。

在形象的中轴无法继续旋转的情况下，初始元素抵消旋转力的另一种方式是体量的分解。形象的顶层体量呈现阶梯形式分化，有层次地逐步消解旋转张力，并最终沿着初始元素的对角线形成了稳定的阶梯式结构（图3.15-9）。对角线可以将矩形分解为两个稳定的三角形，与矩形的横轴和纵轴相比，对角线具有更稳定的张力结构，会使建筑空间变形运动在瞬间达到张力的相互制衡。

最终的点睛之笔是漫步坡道的形态设计，柯布西耶将其路径设定为Z形，这便保留了最初预设视轴的方向性矛盾。在人沿着侧弯的坡道渐渐走到建筑中轴的过程中，视知觉完形压强会因为上述空间操作而渐渐消失，从而体验到感官平衡的愉悦。

柯布西耶说："建筑的生死，取决于运动这一规则在多大程度上被漠视，或被非凡地开发。"[25]人们通常只关注"运动"对空间形成的第一层意义，即"建筑漫步"过程中，观者视域的切换和拼贴带来的蒙太奇般的空间效果。在视觉动力理论的范畴下，"运动"对空间形成有第二层意义，即"建筑漫步"

25　勒·柯布西耶基金会.勒·柯布西耶与学生的对话.[M].牛燕芳，程超，译.北京：中国建筑工业出版社，2003年，第41页。

的路径（斜线）可被视为视觉动力范式中的空间矢量。在格式塔完形倾向的驱动下，建筑形式为了消除张力而随之产生变形运动。这种视觉思维的主动运用，可以使建筑获得有生命的形式。

2. 廓形不变形——梅尔尼科夫的巴黎世博会苏联展览馆

卡朋特视觉艺术中心的案例呈现了正体量作为初始元素，在中心旋转力作用下发生的位移和变形。如果轮廓的形状和位置无法改变，初始元素如何运动？梅尔尼科夫的苏联展览馆是这种情况的说明，呈现了初始元素在轮廓不变形的情况下，其内部网格在单一张力作用下的运动。

20世纪初，在苏联高等艺术与技术学校（Vkhutemas）内部逐渐形成了一个流派，[26]在拉多夫斯基（Nikolai A. Ladovsky）的带领下，构成主义者试图产生一种“建立在人类认知法则基础上的全新的造型语法”[27]，与之联系密切的建筑师康斯坦丁·梅尔尼科夫（Konstantin Melnikov）为1925年巴黎世界博览会设计的苏联馆，被视为当时的集大成之作。

世界博览会会址的主干道横纵相交，形成正交的平面坐标系（图3.17-1）。苏联展览馆位于两条东西方向的道路之间，一系列建筑在此呈线性排列。苏联展览馆的初始元素是在背景环境的正交网格和道路水平张力作用下生成的横向矩形（图3.17-4）。

梅尔尼科夫设定了对角线方向的视轴和流线，这条斜线产生的张力与建筑的初始元素间产生了阿恩海姆所描述的视知觉上的张力冲突。按照前文提到的范式，需要通过旋转矩形廓形来消除视轴和初始元素之间的张力，但是因为空间所限，梅尔尼科夫无法旋转廓形，所以他的第一个思路是消解廓形。宽大的步行楼梯通道将廓形切分为两个直角三角形，并在对角轴线的两翼布置了对等体量的功能体块——西北角的圆形对应东南角的方形。附加的体量

---

26 在古典学院派余息尚存的时代，造型艺术的发展成为现代建筑空间革命的开端。立体主义与未来主义的火种在苏联得到传承，催生了以至上主义与构成主义为代表的前卫艺术。1920年，Inkhuk（艺术文化学院）和Vkhutemas（苏联高等艺术与技术学校）在莫斯科建立，成为苏联前卫艺术集结的阵地。

27 Frampton K. *Modern Architecture: a Critical History (third edition)* [M]. London: Thames and Hudson, 1992, p.171.

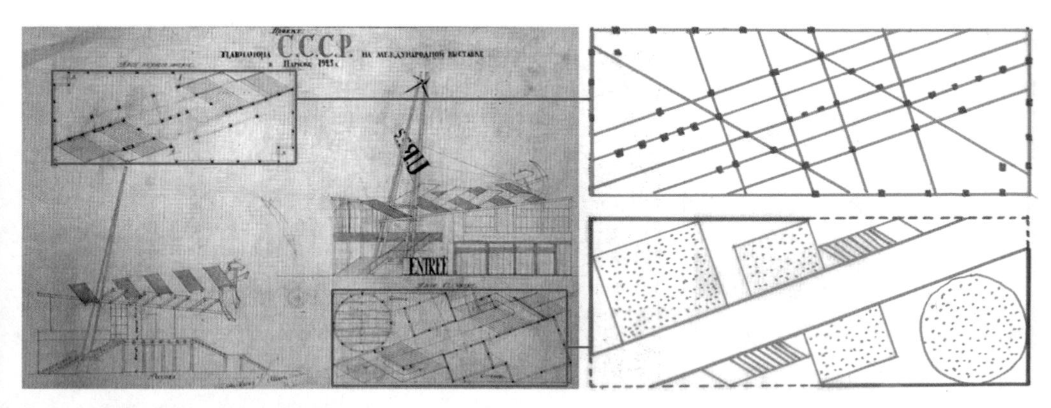

图3.16　梅尔尼科夫的第一版方案

在保持对角轴线两侧平衡的同时，与初始廓形残留的两个直角三角形互相对抗，于是梅尔尼科夫进一步将其削弱，去掉两个三角形尖锐的锐角，并在对角轴线两端相应地增加了步行梯的宽度，进一步强化对角轴线。但是，沿着对角轴线两侧发展的功能体块和初始矩形的柱网并不兼容。对角轴线的张力、其两侧附加体量形成的张力和初始矩形残留廓形的张力相互冲突，使原本简明的空间显得臃肿混乱（图3.16）。

随后，梅尔尼科夫开始尝试保留廓形的思路，确定了用形象中心发出的旋转力作为初始张力，驱动形象的内部网格进行位移和变形，建立一套新的空间坐标，同时保留了初始矩形的廓形，使网格的边缘在初始矩形的轮廓上滑动。梅尔尼科夫去掉了对角轴线两侧附加的体量，先将对角轴线悬置起来。同时，通过发自形象中心的旋转力，推动初始元素的网格进行位移和变形（图3.17-5）。网格的边缘在矩形的边线上滑动，使网格的单元由矩形变成了平行四边形。他截取了这个变形运动过程的瞬间，即当平行四边形的中轴L1刚好和初始矩形单跨网格单元的对角线重合的时刻（图3.17-6）。此时，平行四边形的中轴L1和对角线视轴V1刚好在形象的中心形成直角（图3.17-7），初始元素和视轴形成了瞬间的平衡。我们可以看到，初始矩形自身的对角线和视轴形成的对角线V1并不重合，这一点可以说明视轴形成的对角轴线不同于初始矩形的对角线，初始矩形是在变形过程中找到了与视轴之间的平衡点。或者反向推论，初始视轴主动地和初始矩形变形过程中的一个必然瞬间（形象的中轴与单跨对角线重合时）产生了平衡的关系（视轴V1和变形后的

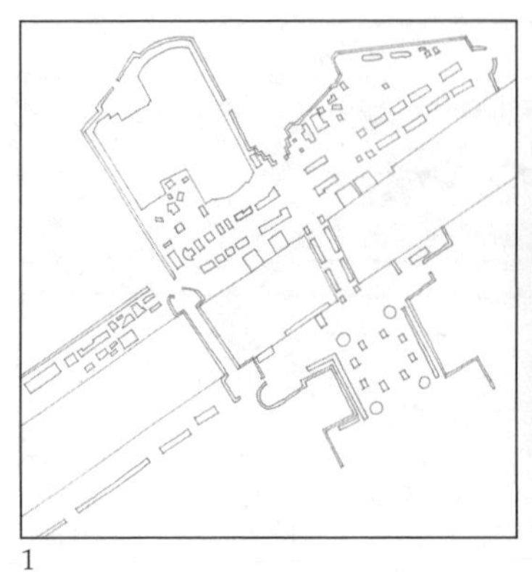
1

2

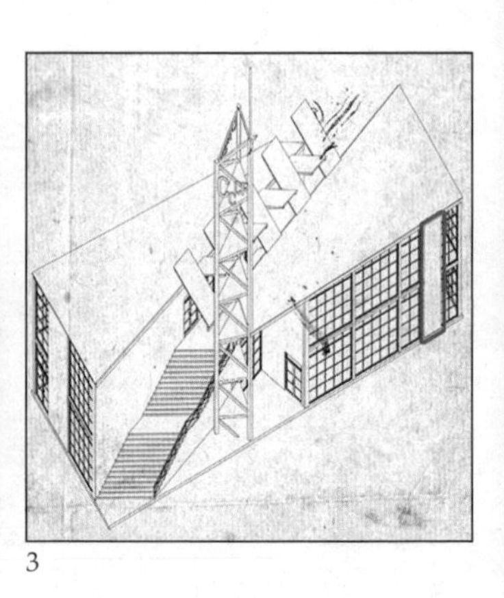
3

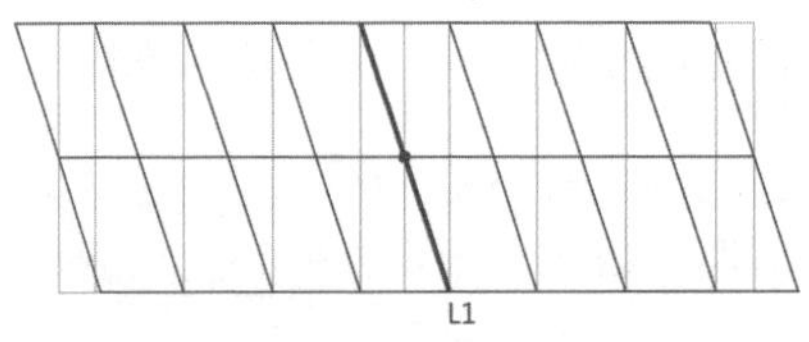
4. 初始形象的初始网格

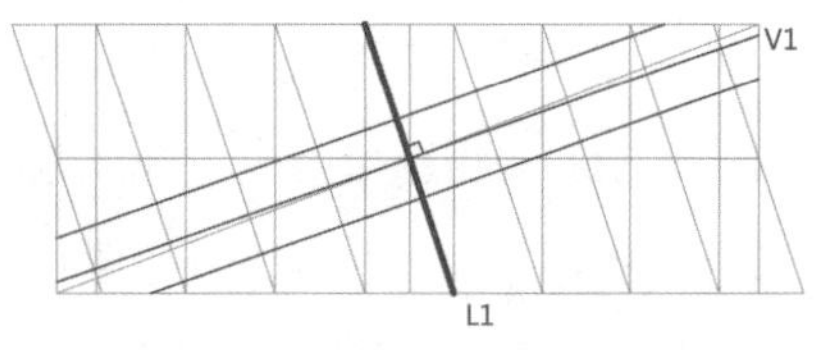

5. 引发变形的初始张力是源自形象中心的旋转力。

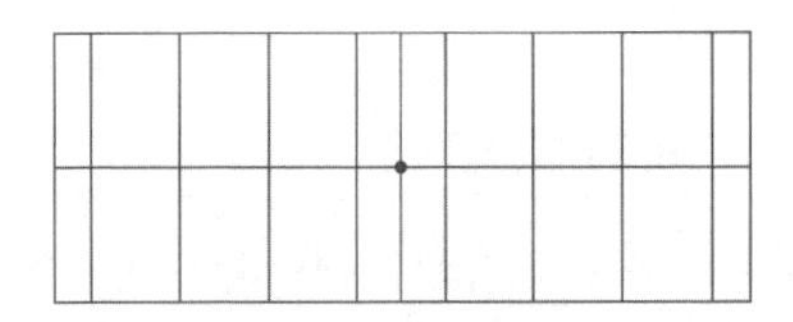

6. 网格的第一次变形停留在形象的网格中轴和单元对角线重合的瞬间。

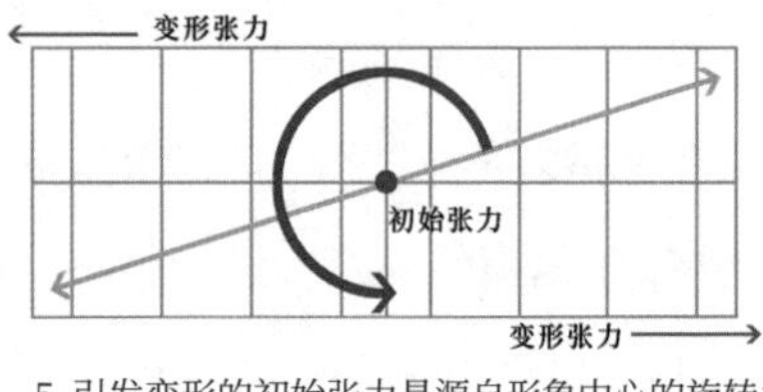

7. 平行四边形的中轴L1和对角线视轴V1刚好在形象的中心形成直角。

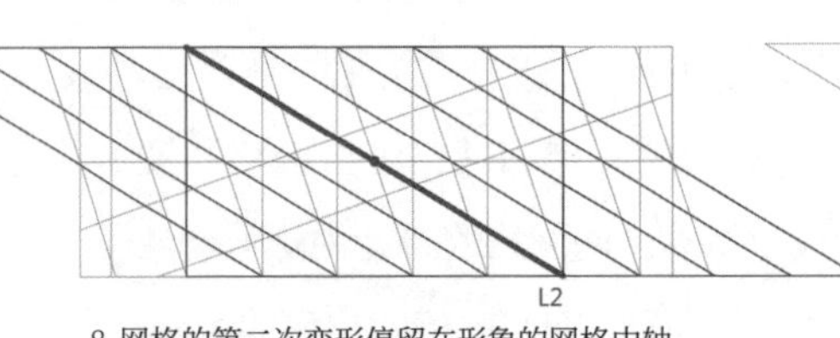

8. 网格的第二次变形停留在形象的网格中轴和单元对角线L2重合的瞬间。

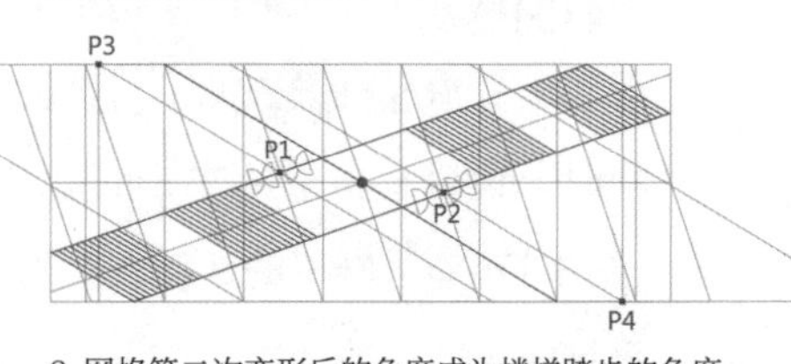

9. 网格第二次变形后的角度成为楼梯踏步的角度。

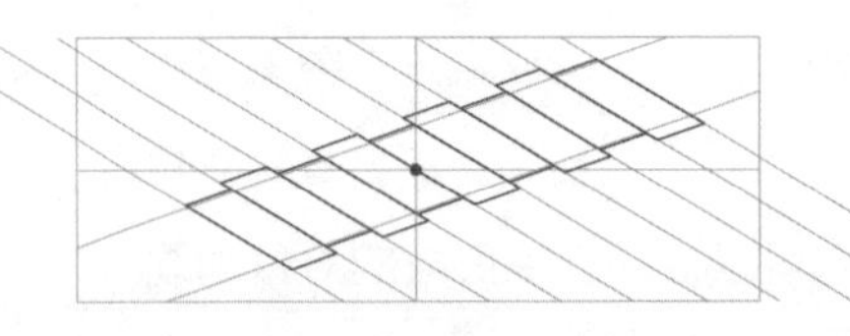
10. 网格第二次变形后的角度成为通道上方遮阳板的平面角度。

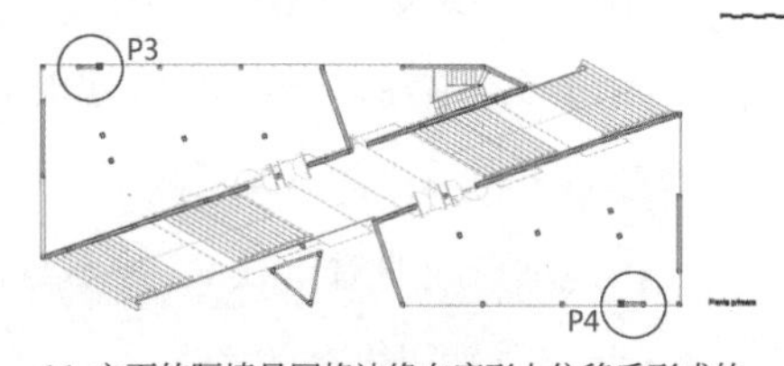

11. 立面的隔墙是网格边缘在廊形上位移后形成的（P3和P4与初始网格边缘点的连接）。

图3.17 巴黎世界博览会苏联展览馆平面生成过程分析

形象中轴L1互为直角）。在这个平衡的瞬间，初始元素和视轴从对峙关系成为生成关系，对角视轴融入了形象在变形过程中的形态，使得初始元素在变形的过程中获得了一个平衡的瞬间，梅尔尼科夫选择了这个瞬间固化为整个结构体系的形态，平行四边形的中轴（图3.17-7-L1）部分地物质化为空间中的实体墙（图3.17-11）。

当张力引发了初始元素的变形后，形象便以运动的方式而存在。这意味着形象不会在一个平衡点上止步不前。初始矩形的网格继续旋转，其边缘在矩形边框滑动相同的距离(等同第一次滑行的距离)。当变形中的平行四边形的中轴和初始矩形的网格中的一条对角线（图3.17-8-L2）重合的时刻，梅尔尼科夫再次固化了这个瞬间，将这个角度作为楼梯踏步（图3.17-9）和通道上方遮阳板（图3.17-10）的平面角度。两次变形过程中形成的网格的交点（P1和P2）物质化为实体柱，决定了对角轴线通道的宽度，和通道墙壁开门的位置。第二次变形中，穿过这两个点的网格和初始矩形在边线的交点也物化为实体柱（P3和P4），同初始矩形网格中的节点定义了立面上的一片狭窄的墙（图3.17-3、图3.17-11圈注部分），解释了最终平面图中两个偏移的柱子生成的过程——这种偏移的错觉其实是两次变形图像的叠加。

正如阿恩海姆所说，任何张力的介入都如同投入水中的石子，引起整个形式的波澜。初始视轴的张力打破了静态的平衡，它引发了形象的运动，而运动中的形象追逐的是下一个平衡。但是，运动不会停止，形象只能从一个平衡再运动到下一个平衡，无止无休。这些平衡的瞬间固化为建筑空间的形式，空间的形式固化的不止一个瞬间，而呈现出多个瞬间图像的叠加，类似绘画中体现的同时性。所以在出色的建筑空间中，我们可以读到形象的连续运动的痕迹，这些痕迹是形象在瞬间平衡时的物质化表现。反之在那些蹩脚的建筑中，或只呈现出没有逻辑的静态叠加，或只呈现出形象在运动过程中随机物质化引起的混乱的视觉灾难。

3. 廓形局部可变形——米拉莱斯的豪斯塔莱斯市政中心

通过上述两个案例，我们根据视知觉动力范式，分析了单一张力（迎合视轴线而产生的旋转力）驱动初始元素在廓形不变形（苏联馆）和廓形可变形（卡朋特视觉艺术中心）的前提下的变形运动。接下来我们将通过米拉莱斯设计的豪斯塔莱斯（Hostalets）市政中心（1986－1992），讨论在廓形局部可变的情况下（方形廓形仅有一条边被固定），为消除视知觉张力，初始元素的变形情况。[28]

豪斯塔莱斯市政厅位于城郊边界的一条街道尽端的方形地块内（图3.18-1）。在接近正方形的红线范围内，建筑体量被布置在场地的左下角，和建筑体量紧贴的场地边廓对建筑体量施加了预设的拉力（图3.18-4）。

同时，正方形场地内部有两股源自背景结构的相互制衡的张力，上半部分折线波动的幅度暗示了一股自上而下的力，而下半部分地面的铺装暗示了一股自下而上的力。这两股力在场地内部针锋相对，推动了建筑初始体量的变形。

建筑的初始体量是被布置在场地左下角的矩形（图3.18-5）。矩形的左边被锚固在正方形场地的左侧（北边界），与此同时，来自背景的两股对立的张力从上下两个方向将初始矩形压缩为三角形（图3.18-6），形成一个可以容纳300人的大堂，这个三角形大堂是方案进一步变形的起点[29]。

“运动赋予了建筑形式，并使建筑从场地消失——将它带往别处。它像一扇很大的门，市政中心大堂的光通过它分离并进入街道。建筑属于这个遥远的街道，在它的尽头，大堂在它内部而不在场地上。”[30]在米拉莱斯的这段诗意而晦涩的陈述中，我们可以看到初始张力作用下初始元素变形运动的终极目标——使建筑的体量从场地消解。这个逻辑在建筑形式的运动中呈现：在初始张力的推动下，建筑的三角形体量在一条边被固定的情况下，逐渐地向这条边的方向压缩，最终被压缩成临街的一个界面（墙体）。在这个墙体上的玻璃幕，便是那扇“很大的门”，形体的变形错动使光线从运动形成的缝隙

---

28 柯蒂斯（William J.R Curtis）曾经分析过前两个方案的坡道形式与米拉莱斯设计的豪斯塔莱斯市政厅的坡道具有相似性。参见：Curtis W J R. *Mental Maps and Social Landscape* [J]. EL Croquis, 2005, 30+49/50+72 [II] +100/101, pp.18-21. 而本文则关注在视知觉范式引导下，米拉莱斯对形式的不同操作。

29 米拉莱斯说：“大堂是方案的基础，放置它，确定它的边界，确定了方案的几何形状。” Miralles E. *Garau Agusti House* [J]. EL croquis, 2005, 30+49/50+72 [II] +100/101, p.114.

30 Miralles E. *Garau Agusti House* [J]. EL croquis, 2005, 30+49/50+72 [II]+100/101, p.114.

1

2

3

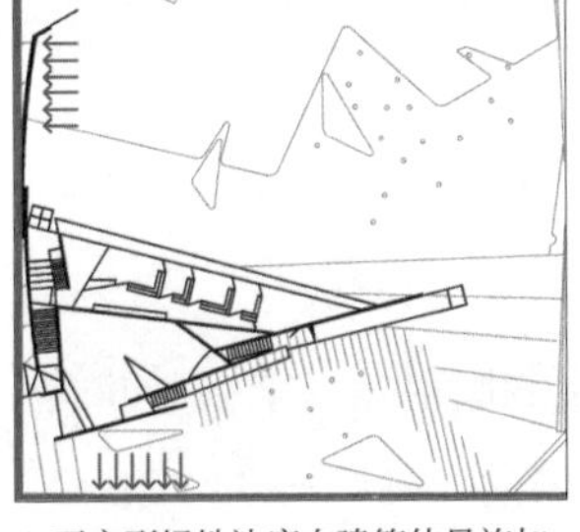

4. 正方形场地边廓向建筑体量施加拉力。

5. 建筑体量的初始元素是在场地左下角的矩形。

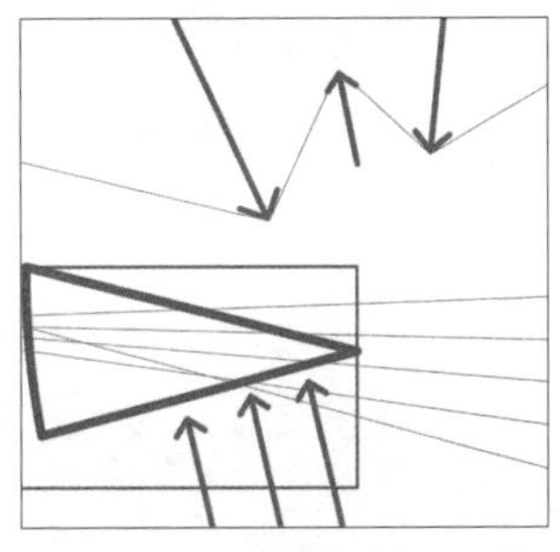

6. 两股对立的张力将初始矩形压缩成三角形。

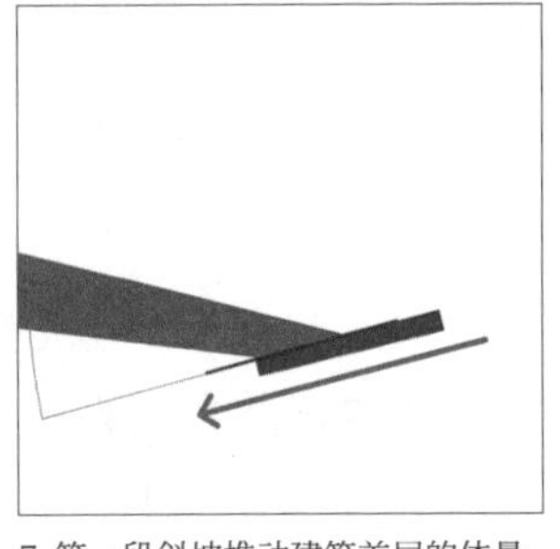

7. 第一段斜坡推动建筑首层的体量向边界靠拢。

8. 斜坡和二层屋顶平台的夹角缩小到130度。

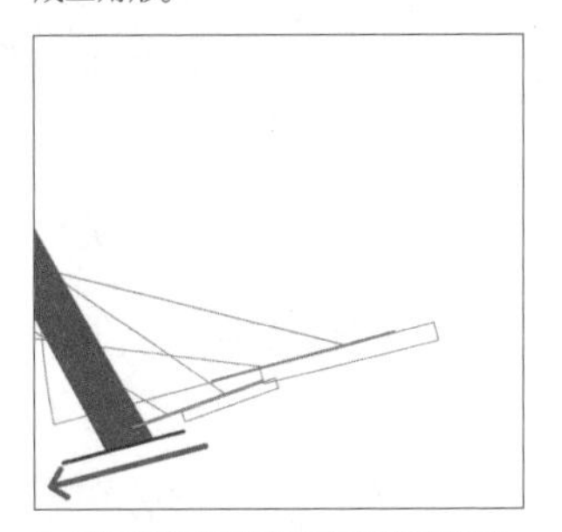

9. 三层楼板与下方边界的墙体夹角缩小到了105度。

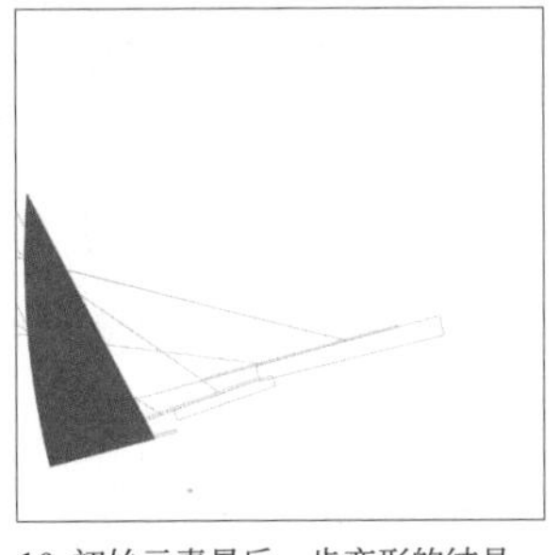

10. 初始元素最后一步变形的结晶

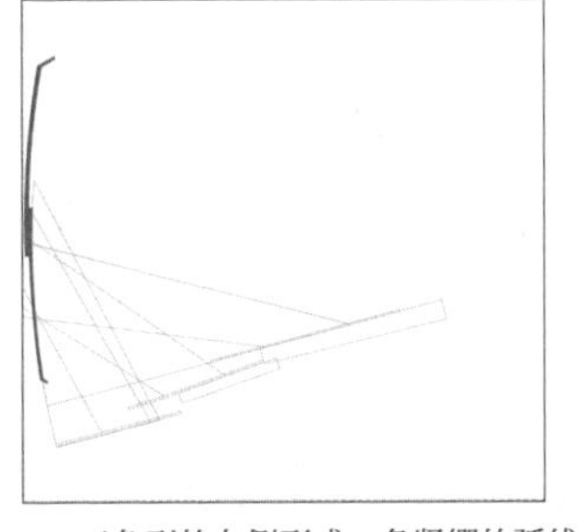

11. 三角形的左侧形成一条紧绷的弧线。

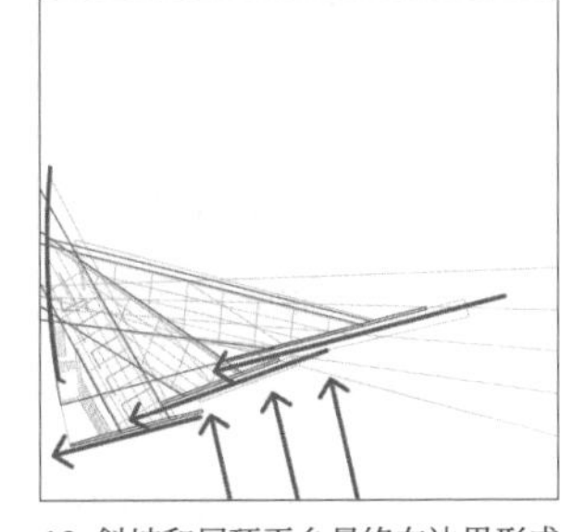

12. 斜坡和屋顶平台最终在边界形成90度夹角。

图3.18　豪斯塔莱斯市政中心平面生成过程分析

中流入大堂的内部，再通过这扇“很大的门”进入街道。

米拉莱斯沿着三角形的一条边设置了一个斜坡（图3.18-3）。“斜坡并没有引导我们的运动，而是赋予了建筑形式。它们是复杂墙体的一部分。”[31]米拉莱斯悬置了斜坡的交通功能，而强调了斜坡作为初始张力的作用。初始张力引导初始元素产生一系列的变形运动，这个形式运动的四个瞬间被结晶：其一，斜坡的第一段推动建筑的首层体量向边界靠拢，斜坡和首层的屋顶平台形成了一个约为155度的钝角（图3.18-7）；其二，斜坡的第二段有一个角度微小的变向，继续推动建筑的二层体量向边界靠拢，并在这一段的尽端到达二层的屋顶平台，斜坡和二层屋顶平台的夹角的角度缩小到130度（图3.18-8）；其三，斜坡并没有通往三层的屋顶，但是初始张力固化为墙体持续发挥作用，继续推动体量向场地正方形的左侧边界压缩，三层楼板与下方边界的墙体夹角缩小到了105度（图3.18-9）；其四，三层的屋顶是一个相对独立的类三角形（有一条边是弧线），可视为平面中的初始元素最后一步变形的结晶（图3.18-10）。

这个类三角形的左边线是一条紧绷的弧线（图3.18-11），场地边界仿佛急于将其吸附在街道的边界上，同时三角形也表现出对场地边界的斥力，仿佛努力挣扎着保持自身的独立性。这个充满矛盾张力的弧墙和建筑体量下方的墙体的夹角缩小到了接近90度直角。最终呈现的直角关系，是在变形过程中一个相对平衡的状态，使屋顶平台与攀爬的斜坡这“两个极端视域”并存。在视觉感知层面，斜坡带来的初始张力和屋顶平台（初始体量的变形）始终存在着前文所说的阿恩海姆所描述的视知觉的矛盾。最终在边界形成的90度夹角，是二者在视知觉上形成的一种新的平衡（正交关系）。而上述初始体量在张力驱使下的每一个变形的过程都结晶为形式的一部分，角度逐渐变化的体量在凝固的大堂空间中清晰可读（图3.18-2）。此时我们便可进一步理解米拉莱斯的叙述，“运动赋予了建筑形式，并使建筑从场地消失——将它带往别处”[32]。张力不断驱使初始元素滑向临界固定的那一边，体量在变形运动过程中不断结晶（图3.18-12），其运动的最终归宿是不在场的“别处”，

31　Miralles E. *Garau Agusti House* [J]. EL croquis, 2005, 30+49/50+72 [II]+100/101, p.114.

32　同上。

即消失在临界的边线。

有机体通过一种能动的自我调节，最大限度地追求内在平衡，以此解除因混乱引起的定向丧失。上述三个案例都在不同程度上回应了格式塔视觉心理学引导的构图范式，去消除一种“完形压强”。但如果仅仅以格式塔惯性力量引导形式的生成会造成对简单格式塔视觉范式的依赖，失去建筑形式的自主性，使视觉思维的创造性泯灭于“消极的格式塔需求”。建筑师对张力和运动原理的运用打破了原有的静止的格式塔，初始元素在张力的作用下不断地追寻新的平衡，这个过程驱动了形式的创新，拓展了视觉思维应用的边界。

（二）单一正体量作为初始元素在多重张力作用下的运动

上一部分我们讨论了在单一张力作用下的正体量的运动。在此基础上，本部分将讨论在多重张力作用下的正体量的运动，分为两种基本的情况：一种是多重张力同时作用于同一初始元素，初始元素的变形体现了多重张力在一个时间点的共同作用；另一种情况是多重张力按照线性时间序列递次作用于一个初始元素，初始元素的变形体现了多重张力在不同时间点的连续作用。阿尔法·阿尔托（Alvar Aalto）的贝克宿舍楼是第一种情况的说明；扎哈·哈迪德的维特拉消防站（Vitra fire station）和香港顶峰俱乐部（The Peak）是第二种情况的说明。

1. 诸力同时作用——阿尔托的贝克宿舍楼

贝克宿舍楼（1947—1948）位于湖畔，北侧是开阔的湖景，南侧是麻省理工学院。场地位于城市与自然的交界，受两种背景结构影响，一种是城市的正交结构，另一种是大自然的有机结构。

从阿尔托的设计推演过程中，我们可以看到贝克楼的初始元素是一个长条矩形[33]，在张力作用下逐渐变形为曲线体量。[34]

33　柯布西耶在1947—1953年设计的马赛公寓，创建了城市公寓的类型学单元——长条矩形。同样在1947年，阿尔托开始了战后第一个重要的项目——麻省理工学院的贝克宿舍楼。

34　从1930年开始，阿尔托不断地在设计的过程中表达“弹性系统（elastic system）”的概念。参见：Aalto A. *Housing Construction in Existing Cities* [M] //S （转143页）

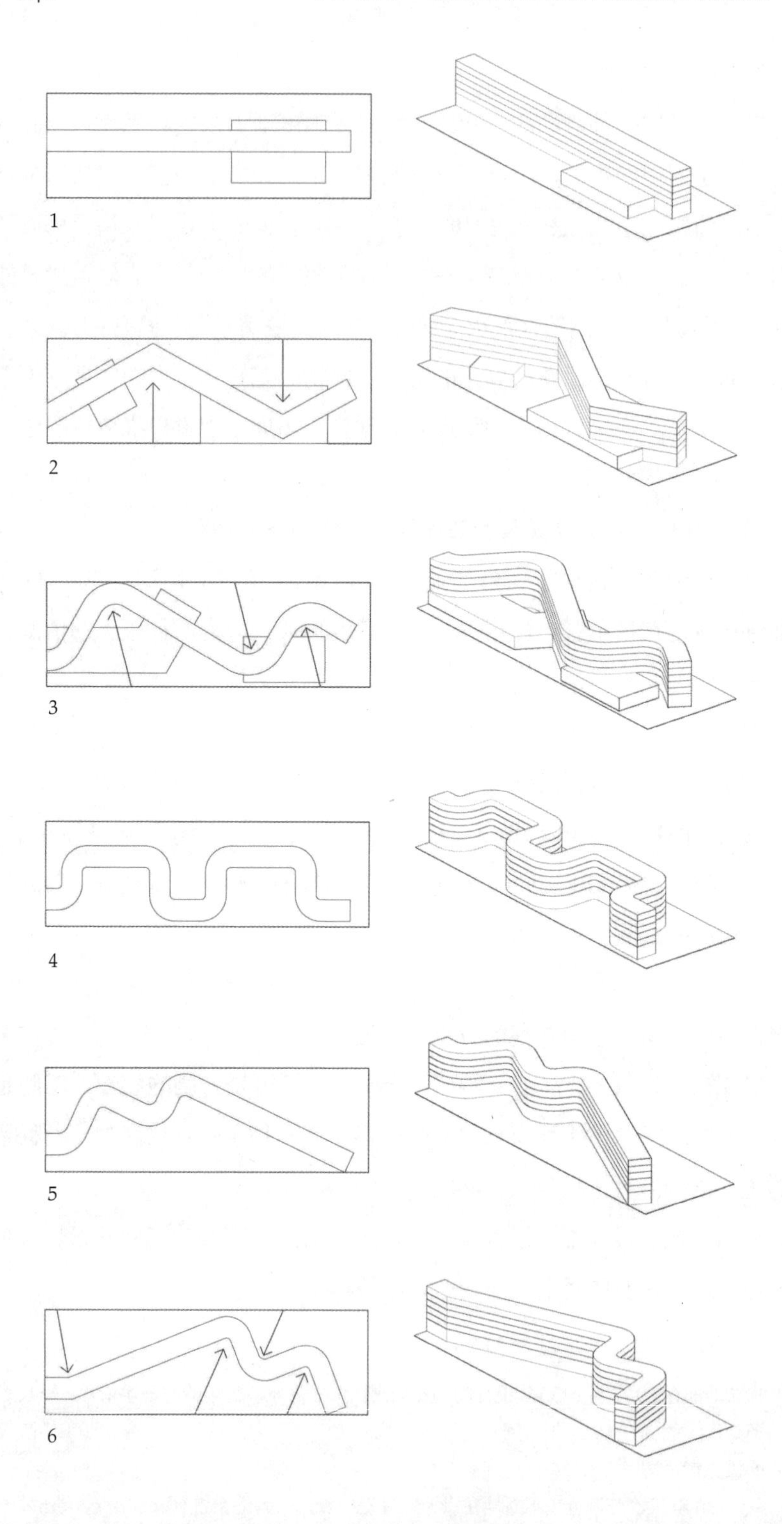

图3.19 贝克宿舍楼（1947—1948）的形式演变过程

在第一张图解中，在长条矩形的底层，一个接近方形的矩形和长条矩形正交叠合在一起，这个矩形是宿舍楼的入口和裙房（图3.19-1）。

在第二张图解中，长条矩形在多重张力的作用下变成了折线式体量，获得更大的面向湖景的延展面。折线力场打破了正交体系的均衡，为场地带来了张力，引发了初始元素的变形运动。底层的裙楼也跟随着折线发生了偏转（图3.19-2）。

在第三张图解中，折线体量的转角变成90度，并在转折处发生了弯曲，最终的形态是一系列弧线和折线的组合。这个形态的背后有两个张力场，一个是引导着长条矩形偏转的折线张力场（转角90度）另一个是曲线张力场，使廓形转角变成弧线（图3.19-3）。

在第四到第六张图解中，裙房的体量被拿掉，阿尔托尝试了不同形态的曲线，实际上是在探索不同的张力场作用下长条矩形的变形。最终他选取了一条富有韵律的曲线。这条展现在阿尔托草图中的优美蜿蜒的曲线，被解读为自然秩序的呈现（图3.19-4至图3.19-6）。这条曲线经过了高度逻辑化的抽象整合，是两个张力场共同作用的产物：折线在第一个张力场的作用下，从沿着对角线方向的斜线延伸，在经过基地中线的时候，发生了三次90度的偏转；同时，在转角处，直角廓形在第二个张力场作用下成为简单弧线。

初始元素的南侧廓形脱离了上述两个张力场，进一步变成了更复杂的折线。这样的变化来源于一个松叶的意象[35]。阿尔托将存在于植物形态中的张力场，挪用到了建筑形态中。这种挪用经过高度抽象化的处理，和建筑的功能紧密结合，依附在这条复杂折线上的每一个宿舍单元，都获得了充足的采光。

阿尔托在设计过程中对初始元素有步骤地变形的方法被弗兰姆普敦称为“生物形态”手法[36]。最终展现的形态被帕拉斯马定义为“森林几何

（接141页）childt G. Alvar Aalto Sketches. Cambridge: MIT Press, 1985, pp.3-6。这种概念和我们探讨初始元素在张力作用下发生变形运动的概念类似。在贝克宿舍设计的过程中，阿尔托用一组形式演变的图示揭示了这个过程。

35　“松树的树枝、针叶和小的枝杈群在其尾部变得更加紧密。作为吸收阳光的一个元素，建筑可以和在大自然中所呈现的整体系统相类比。”从阿尔托的草图中，我们可以看到自然形态的空间转译。参见：Aalto A. *Senior Dormitory M.I.T* [J]. Arkkitehti, 1950(4), p.64。

36　肯尼斯·弗兰姆普敦. 20世纪建筑学的演变：一个概要陈述[M]. 张钦楠，译. 北京：中国建筑工业出版社，2007年，第76页。

(geometry)”[37]。实际上，从张力和运动原理的角度，L.本尼沃洛（L.Benevolo）的解读更为切题：“在第一批现代建筑中，直角的恒在性被用以普及一种构图原理，它事先确定了各要素之间的几何关系。斜面的应用，指出了一种相反的过程，就是使形式变得更有个性和更加精确，允许不平衡和张力的存在，并通过要素和周围的物理常数取得平衡。这种建筑学，失之于礼教的严格性，但得之于温暖、丰富和感觉，并最终延伸了其活动场。”[38]

2. 诸力递次作用——扎哈的维特拉消防站

扎哈设计的维特拉消防站呈现了初始体量在多重张力作用下的连续变形。[39]

场地中的矩形厂房在水平方向挤压出一条狭长的通道，消防站的基地位于通道末端。在草图中，在狭长的通道内，从右至左延伸出多个视域，形成了多股张力（图3.20-A）。在平面图中，可以看到一个矩形像画框一样将建筑围合在中间，这个矩形可视为由周边矩形厂房阵列而界定出的场地边廓（图3.20-B）。在背景结构中，平面上方倾斜的铁轨的张力压迫建筑体量渐渐向下偏移，轨迹呈现为长弧线（图3.20-C），牵引着形象进行有序列的位移和变形：

（1）根据建筑的平面图，我们在矩形线框的右上角还原出了一个小矩形，作为建筑空间的初始元素（图3.20-1）。

（2）在多重初始张力的推动下，初始矩形开始位移和变形，生成一个偏离正交坐标系的平行四边形（图3.20-2），其中与短边平行的内部网格成为消防车的入库轨道（图3.20-10）。

（3）在斜向张力的拉扯下，平行四边形再次变形，长边与矩形线框脱离（图3.28-3）。

---

37 Pallasmaa J. *The Art of Wood* [A] //*The Language of Wood* [C]. Helsinki: Museum of Finnish Architecture, 1989, p.16.

38 Benevolo L. *History of Modern Architecture Vol 2* [M]. Combridge, Mass.: MIT Press, 1971, p.616.

39 有的学者将维特拉消防站的外观形式解读为破碎体量的拼贴，这否定了体量之间的逻辑关联。还有的学者将其内部空间组织解读为电影镜头的切换，但这种对观者感知的蒙太奇拼接有太多的不确定性，也不具备严谨的逻辑关系。

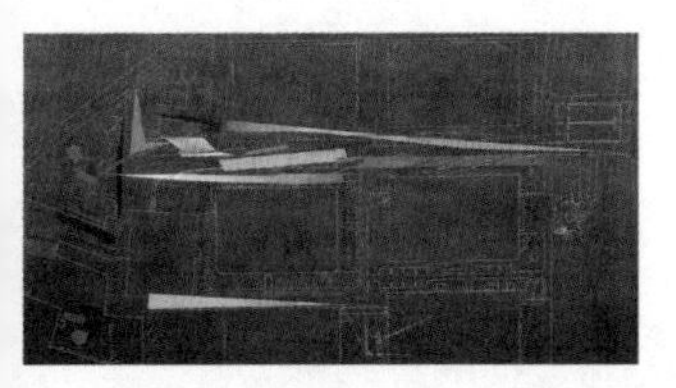

A. 基地的狭长通道内从右至左延伸出多个视域，形成了多股张力。

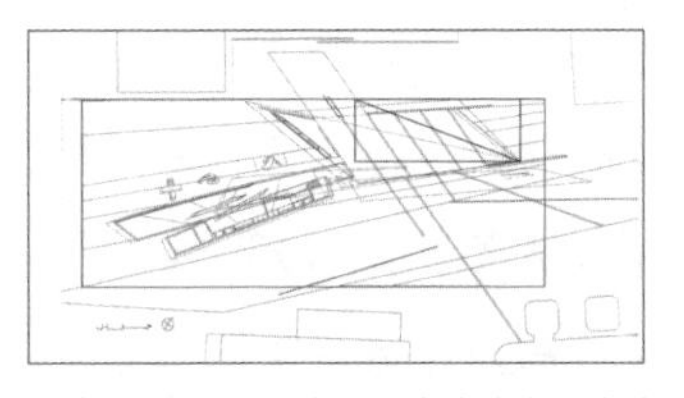

B. 在建筑平面中，如同画框般的矩形框架和内部右上角的初始元素。

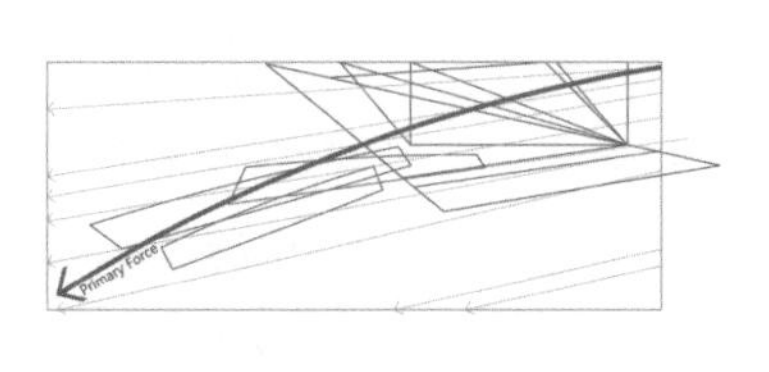

C. 引导体量连续位移和变形的初始张力。

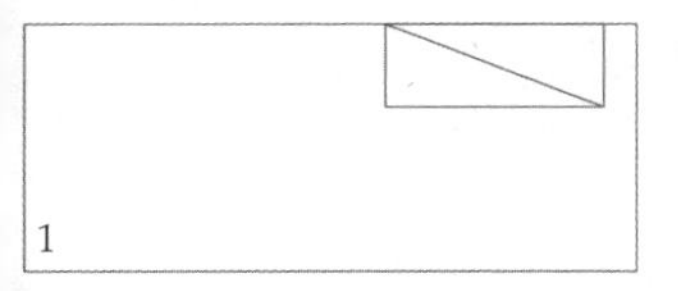

1. 矩形框内的右上角还原出一个矩形，是建筑平面的初始元素。

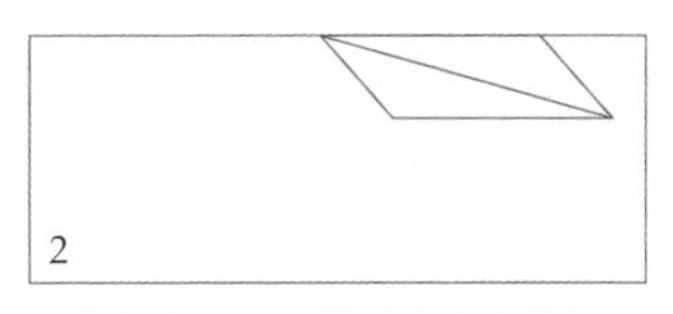

2. 在多重初始张力的推动下，初始矩形变形为平行四边形。

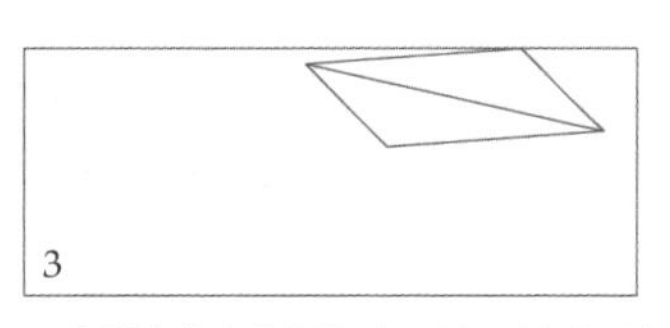

3. 在斜向张力的拉扯下，平行四边形再次变形，其长边脱离矩形画框。

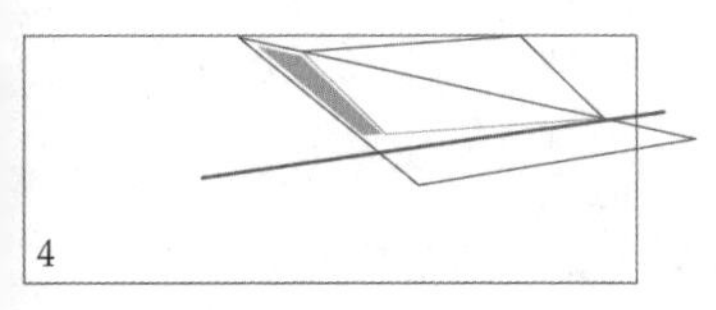

4. 四边形被自身对角线一分为二，下半部分独自变大，变形位移前后的短边夹成了车库左侧的辅助空间。

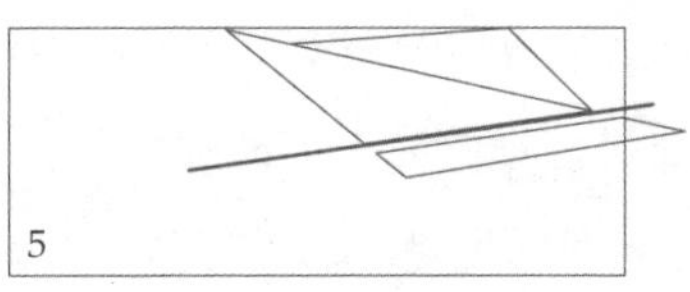

5. 初始张力固化为建筑结构中的横向承重墙，将四边形分为上下两部分，上部分构成车库部分，下部分构成入口的雨棚。

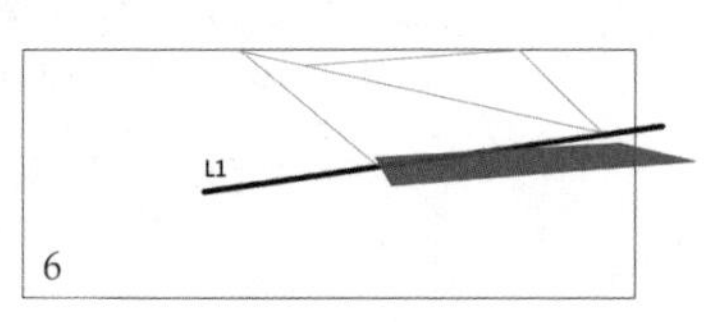

6. 雨棚的平面投影进一步变形，成为消防站西侧三个体量发展的基础。

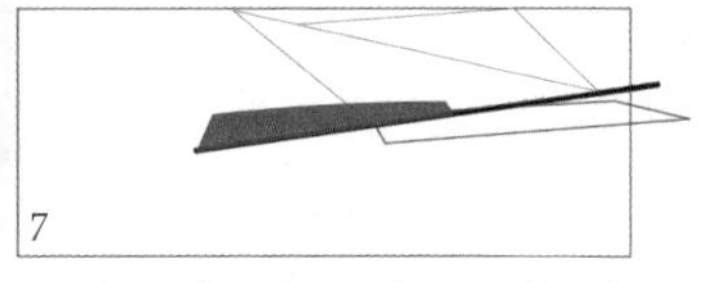

7. 雨棚平面投影变形运动结晶的第一个体量。

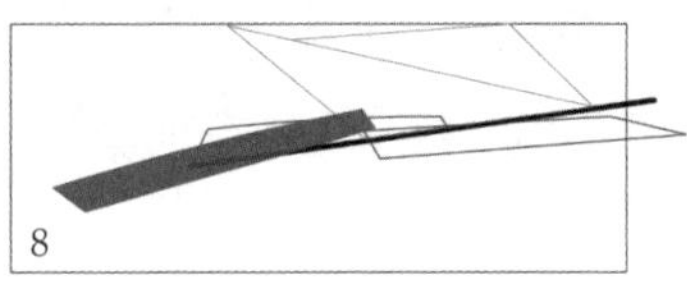

8. 雨棚平面投影变形运动结晶的第二个体量。

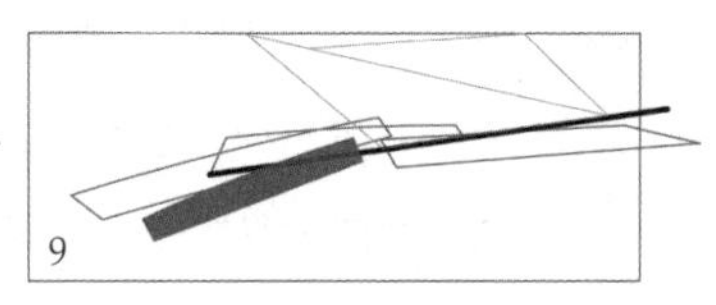

9. 雨棚平面投影变形运动结晶的第三个体量。

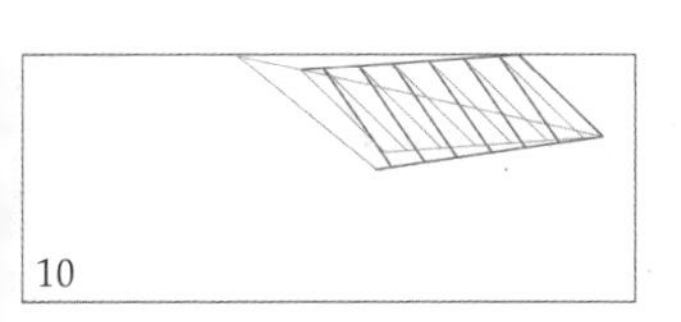

10. 第一次变形的平行四边形（图解2）的内部网格成为消防车的入库轨道。

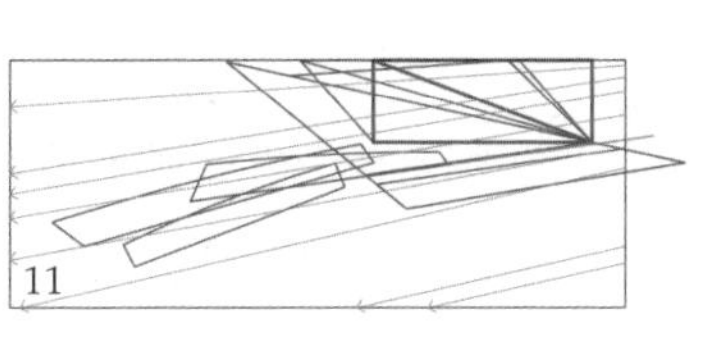

11. 初始体量变形运动的连续过程。

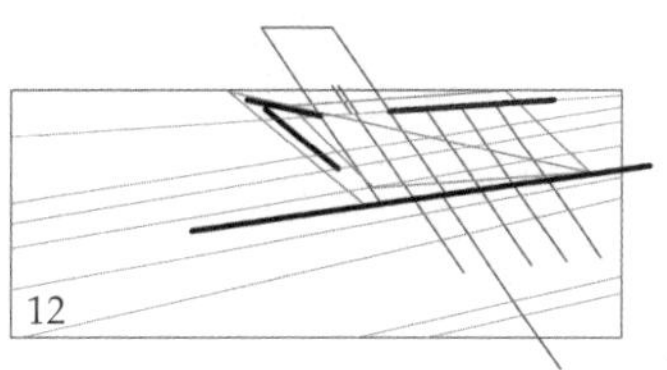

12. 初始体量变形运动的背景结构。

图3.20　维特拉消防站分析组图

（4）四边形被自身对角线一分为二，下半部分独自变大，变形位移前后的短边夹成了车库左侧的辅助空间（图3.20-4）。

（5）初始张力刺破了平行四边形，并将其撕裂。运动中的初始张力固化为建筑结构中横向贯穿的承重墙，成为形象后续变形的锚固部分。承重墙将平行四边形切分为上下两部分，上面较大的体量构成了车库部分，而下面较小的体量只保留了一个屋顶，成为入口空间的雨棚（图3.20-5）。雨棚的平面投影进一步在张力的作用下变形运动，成为消防站西侧三个体量发展的基础（图3.20-6）。

（6）西侧的三个体量在张力的作用下演变为三个递次变形的独立体量，可以解读为同一个体量（从初始元素剥离出来的入口雨棚的原形）在运动中不同的"凝固的瞬间的投影"。第一个体量最为强烈（图3.20-7），它有两层，并依托于初始张力固化而成的承重墙，在剥离的过程中同时呈现出和初始元素之间的连接（和初始元素连接的称重墙）和间隙（入口空间上方的镂空三角形）。第二个体量只有一层，顺应张力的弧形轨迹偏转，与第一个体量交错（图3.20-8）。第三个体量在前者的基础上继续向西南方向偏转，体积更小（图3.20-9）。运动中的体量之间没有明确的分界，其重合的边缘被楼梯和碎片化的更衣橱柜所模糊，形成连续的整体。

在1995年的访谈中，扎哈曾经提到过维特拉消防站的设计，要用静止的材料（混凝土）达到一种透明性（transparency）[40]。扎哈这里提到的这种透明性，显然不是物理的透明性，也不是柯林·罗在解读柯布西耶设计的斯坦因别墅时所提到的"相互渗透但不彼此破坏"的现象的透明性[41]。这里的透明性是关于形式的运动与时间的，正如扎哈所说："一个集合了凝固的运动（frozen movement）的空间是什么样子呢？应该是一个看上去好像在运动中的空间，但同时也是一个凝固瞬间的投影。"[42]维特拉消防站的透明性是

40 参见：Hadid Z. *conversation with Luis Rojo de Castro* [J]. ELcroquis, 1995(73), p.8.

41 参见：Rowe C, Slutzky R. *Transparency: Literal and Phenomenal* [M] //The Mathematics of the ideal villa and other essays. Cambridge and London: The MIT Press, 1956, p.168.

42 Hadid Z. *conversation with Luis Rojo de Castro* [J]. ELcroquis, 1995(73), p.8.

形式在运动过程中彼此之间的渗透，即一个主体在变形运动的不同时间点凝结的形态的渗透，是一种时间的透明性。每一个空间都被贯穿的视线交织在一起，“房间之外也是所在房间的一部分”，彼此连续，整个建筑如同杜尚的《下楼梯的裸女》和波丘尼的《离开的人》，是一个运动的连续体。

扎哈在消防站的设计中，设定了多重初始张力。所以，固化的瞬间选取了变形运动中形象与多个视域张力平衡的时刻，而非与单个视域张力的空间关系，所以呈现的视觉结果更加复杂。

此外，扎哈放弃了形象的中心性，初始张力的中心远远偏离了形象的中心，而形象变形的锚固点也不在其中心，而是设定在张力固化的承重墙上。所以形象的变形和位移的幅度更大，固化叠加后呈现的视觉形象显得更加离散。

3. 诸力递次分层作用——扎哈的香港顶峰俱乐部

香港顶峰俱乐部（The Peak Club，Hong Kong，1982－1983，后文中简称The Peak）呈现了多重张力按照线性时间序列分层作用于初始元素而产生的变形运动，最终的形式体现了初始元素在不同时间点和不同的水平层，在多重张力的连续作用下，产生的形式结晶的叠加。

香港顶峰俱乐部的场地位于脱离城市环境的高地。扎哈·哈迪德说：“The Peak方案中有一个设想，即创造一种新的景观来表达虚空（void）。”[43]这里的核心概念“景观（landscape）”不是指花园城市的田园风光，而是用来暗示“一个开放和连续的空间的意识形态的平面（ideological plane）”[44]。扎哈将这个“意识形态的平面”视作画布平面，将自然环境和人造景观的视觉特征融入其中，由此创造出的“新的景观”，“像一把切开黄油的刀，摧毁传统的原则，建立新的原则，反抗自然，但不摧毁自然”[45]。

为了理解“反抗自然，但不摧毁自然”的设计策略，我们可以与安藤忠雄（Tadao Ando）的六甲集合住宅（Rokko House，1978）对比。面对坡

43 Hadid Z. *Landscape as Plan a conversation with Mohsen Mostafavi* [J]. Elcroquis, 2001(103), p.12.

44 Hadid Z. *Internal terrains* [A] //Read A. *Architecturally Speaking Practices of Art, Architecture and the Everyday* [C]. London: Routledge, 2000, p.211.

45 Hadid Z. *Club the Peak* [J]. ELcroquis, 1991(52+73+103), p.72.

图3.21 六甲集合住宅草图（1978）

度为60度的极限基地，安藤忠雄的策略是“配合山坡地将建筑嵌入自然环境里，绝对不破坏景观”[46]，所以建筑体量沿着地形坡度层层叠退，最大限度地保留地貌原状（图3.21）。而扎哈认为自然是可以改造的“景观”，她将山地一侧挖掘成标高一致的平地（反抗自然），并将挖出的岩石在另一侧堆砌成人工山地，从而“形成了一种新的山顶地质”[47]，建筑体量层层叠退并插入人工山地中，再现了自然地形的叠退关系（不摧毁自然）。通过对整个地形的操控，扎哈用巨大的悬臂形成的人工景观取代了自然的地形（图3.22）。所以在这个案例中，是The Peak拒绝了自然环境的客观限定而主动整合了背景结构。

和贝克楼一样，The Peak的初始元素是长条矩形。在这个方案中，初始元素经过了四次位移，在偏转上升的过程中层层叠退，由下至上形成了5层体量。从形式生成的角度看，可视为同一体量在张力作用下的连续位移和变形，从而形成了一个有时间序列的整体结构。由于扎哈开放了层与层之间的边界，体量间的平台被植入的功能空间填充，强化了多层体量之间的衔接。我们可以用一系列图解来推演平面形式的生成机制：

---

46 安藤忠雄.建筑家安藤忠雄[M].龙国英，译.北京：中信出版社，2011年，第173页。

47 Hadid Z. *Planetary Architecture* [J]. ANY: Architecture New York, 1994, 03(5), p.27.

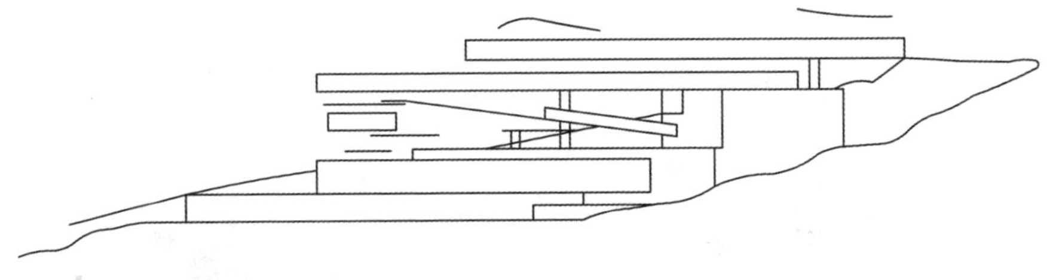

图3.22　The PEAK 剖面

（1）沿着交通流线，扎哈从平面中提炼出三条弧线。这三条弧线产生的张力使The Peak的初始元素层层叠退。其中弧线A与C是主路方向的两次偏转，而在它们之间的弧线B，是在主路旁分出的一条弧形道路，将建筑的体量和主路联系在一起。弯曲的斜坡穿过中空区域的柱子，到达停车场，而后重新回到主路之上（图3.23-1）。

（2）初始元素嵌入挖掘平整后的场地，形成一层体量，由15间跃层公寓组成，公寓之间通过下层的走廊和夹层的阳台连接（图3.23-2）。

（3）初始元素在张力A的作用下产生了水平偏转和位移，形成二层体量，由20间公寓组成，和俱乐部的配套设施（二层与四层之间）紧密连接，其屋顶形成了俱乐部的主平台（图3.23-3）。

（4）初始元素在张力B（弧形支路）的作用下产生了水平偏转和位移，在二层体量的基准上大幅偏转和位移，形成三层的长条泳池体量。在二层屋顶与顶层豪华公寓之间的13米高的开放空间之中，入口平台、坡道路径、餐吧和图书馆等服务设施都被抽象成线元素，盘旋在间隙中（图3.23-4）。

（5）初始元素继续向上叠退，在张力C的作用下，形成四层体量，由四个独立的顶层公寓组成，其标高已经高于弧形坡道B，和第二层体量的水平位置渐渐重合（图3.23-5）。

（6）初始元素在张力C的作用下继续叠退，水平偏转和位移后形成五层体量，由独立公寓和配套的私人泳池组成，顶层甲板上是公寓的私人餐厅和豪华客厅（图3.23-6）。

我们可以通过与安藤忠雄的六甲集合住宅的形式的比较，进一步明确The Peak的形式生成机制。六甲集合住宅的楼层在叠退的过程中没有间隙，是规则体量的叠加，是理性的逻辑秩序和自然的有机环境的融合。而The

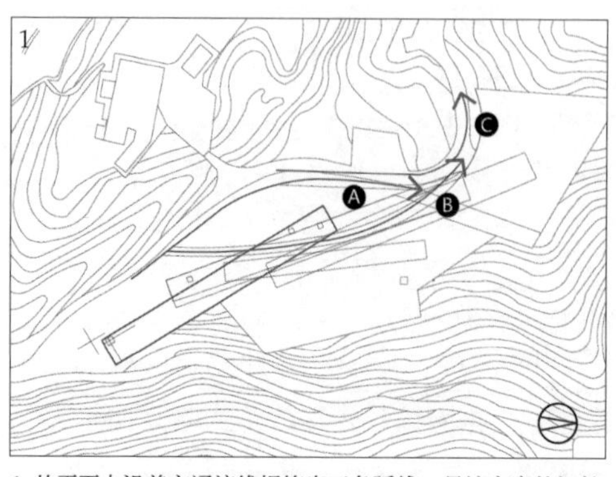

1. 从平面中沿着交通流线提炼出三条弧线，是该方案的初始张力。

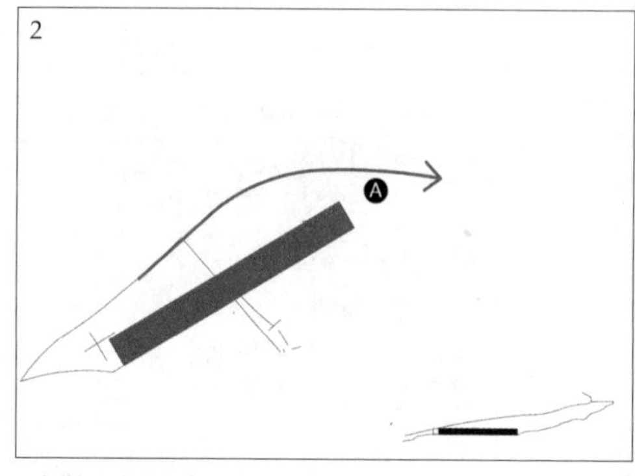

2. 初始元素是长条矩形，嵌入挖掘平整后的场地，一部分埋入地下。

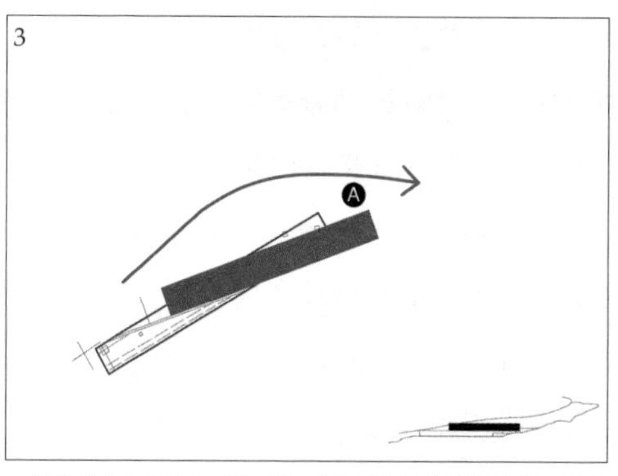

3. 初始元素在张力A的作用下产生了水平偏转和位移，形成二层体量。

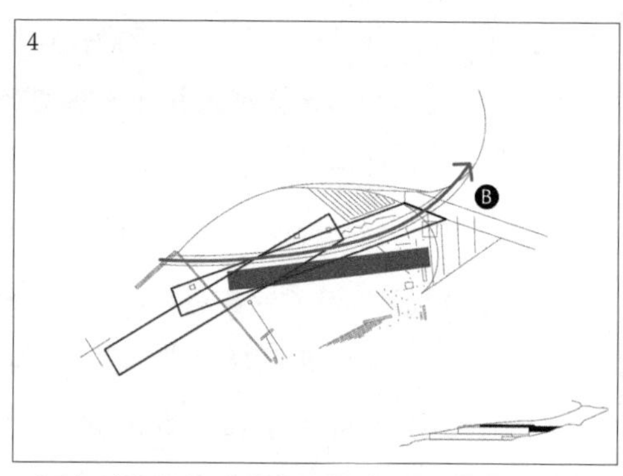

4. 初始元素在张力B的作用下产生了水平偏转和位移，形成三层体量。

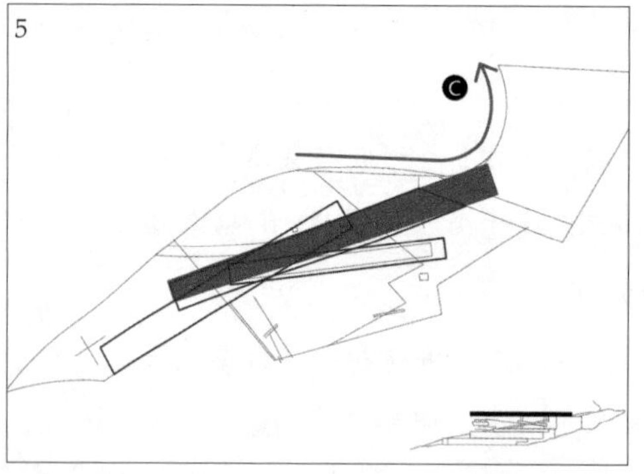

5. 初始元素继续向上叠退，在张力C的作用下，形成四层体量。

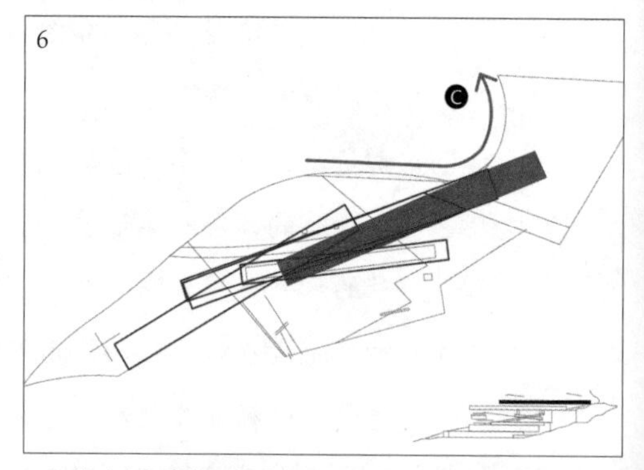

6. 初始元素在张力C的作用下继续叠退，形成五层体量。

图3.23　The Peak 平面构图的演变过程

Peak的每一层都在多重张力的作用下发生变形和位移，层与层之间的空隙形成了不规则的开放公共空间，呈现了有时间序列的运动的绵延，是视觉思维引导下的形式结晶。

（三）多个正体量在彼此之间的张力作用下的运动

我们在前面讨论了单一正体量分别在单一的和多重的背景张力作用下的运动。张力不仅蕴藏在背景中，而且存在于原形内。当多个原形并置的时候，原形彼此之间的张力作用就会显现。原形的张力和背景张力最终会形成两种关系：一是原形的张力形成独立的平衡结构，孤立于背景之中；二是背景张力支配了原形的张力，使之在背景张力场的牵引下排列组合。

1. 初始元素之间——路易·康的多明我教会总部

1965年路易·康（Louis Isadore Kahn）开始设计美国宾夕法尼亚州特拉华县多明我会教会总部（Dominican Congregation—Motherhouse Delaware Country, PA）。这个项目包括了修道院的典型元素：小礼拜堂、食堂、学校、图书馆和修女的生活空间。教会总部位于一个半围合的山坳中，地形的包裹为场地预设了一种向心的围合张力。我们在路易·康前期的方案推敲过程中可以明确地识别这种张力对建筑形体的影响，但是在后期的方案发展过程中，建筑单元形成了自身的张力场，将自然环境的张力排斥在外。

路易·康在一开始将功能单元分为了两个区域：一个区域是修女的生活区域，由几个长条矩形首尾相接，沿着地形排布；另一个区域是公共区域，小礼拜堂、食堂和教室等功能单元被大小不同的正方形承载，通过不同的方式组合在一起。由于多个初始元素（功能单元）并置在一起，每一个元素的运动都会对相邻单元产生影响。

在前文所列举的案例中，我们可以在背景结构中识别出引发初始元素变形的初始张力，但在多个原形同时出现的案例中，我们只能识别出原形聚集后形成的张力场。变形运动的机制不仅涉及张力作用下原形的运动，而且涉及不同张力场之间的相互作用。在路易·康的教会总部方案中，我们可以识别出两个明确的张力场：一个是由长条矩形首尾相接围合而形成的张力场，另一个是由不同的正方形功能单元形成的张力场。前者从顺应地形的多边形结构演化为一个正交的U形结构，后者从线性结构演化为按照特定角度旋转咬合的整体结构。形式的演变过程是两个张力场从相互孤立到融为一体的过程。

对此方案的分析主要以路易·康的20张过程草图为依据，分为四个阶段。

第一个阶段，功能单元形成两个张力场，并各自独立。在第一个张力场中，四个承载了修女的生活单元的长条矩形首尾相接，顺应地形围合成半个正多边形。在第二个张力场中，承载不同的功能单元的正方形按照两种方式组合在一起：一种是围绕着一个内部庭院，另一种是线性排列。路易·康在推敲元素间的相互关系的时候，极力保持各个元素的完整性，每一个元素都是一个房间，“房间们相互讨论然后决定它们的位置”[48]（图3.24）。

第二个阶段，两个张力场开始融合。路易·康试图将两个张力场整合为一个多边形的张力场。修女的生活单元由四个变为五个，它们不再被动地顺应地形，而是发生了剧烈的转折，其转折的原因正是另一个张力场的强力介入。与此同时，不同的正方形功能单元按照线性的方式排列，并通过旋转角度的变化调整组合的形态，试图融入长条矩形的多边形张力场中。不同单元相互联系，每一个单元位置的偏移都会引发相邻单元乃至整体的变形。但是长条矩形和正方形元素没有统一在一个张力场中。1966年形成了的平面被制作成了准备汇报的模型，但是业主认为实现这个方案的造价过高[49]，所以路易·康之后的工作不得不将平面压缩到一个更小的场域中（图3.25）。

第三个阶段，为了压缩空间，两个张力场放弃了形成一个统一的多边形张力场的努力。它们仍然各自保持了独立性，但形成了包含关系，即长条矩形逐渐在外圈形成了正交的U形，将正方形的功能单元组包裹在其中。正交的U形张力场屏蔽了环境的复杂张力，为内部环境提供了一个类似画框的稳

48 路易·康认为建筑师应该是作曲家而不是设计者，设计中的每个元素都是一个整体，应该将独立的元素组织起来。所以，康的事务所在这个方案中决定破坏一张已经画好的图来继续研究这个设计，这样设计中的各个部分就可以像拼贴画一样进行组合和转变。参见：戴维·B.布朗宁，戴维·G.德·龙.路易斯·康：在建筑的王国中：增补修订版[M].马琴，译.南京：江苏凤凰科学技术出版社，2017年，第119页。

49 修道院的玛丽·艾曼纽院长要求路易·康减小建筑的规模，并提醒他要正视一所偏远地区的教堂的实际情况，而不能像中世纪特拉比斯特派修道士那样进行高雅的幻想。参见：戴维·B.布朗宁，戴维·G.德·龙.路易斯·康：在建筑的王国中：增补修订版[M].马琴，译.南京：江苏凤凰科学技术出版社，2017年，第120页。

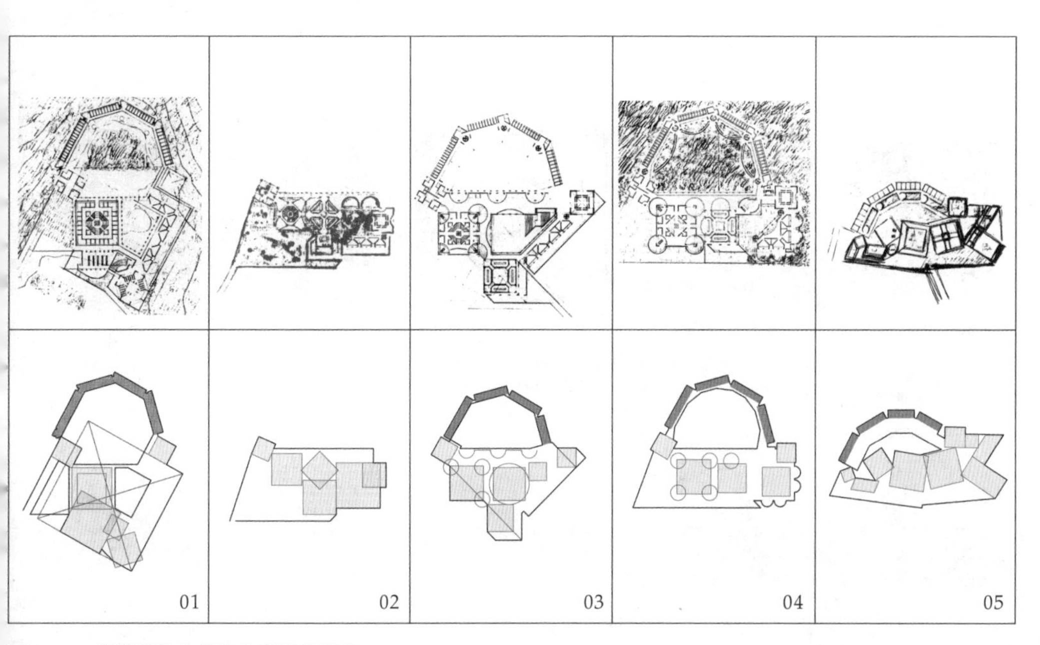

图3.24　多明我教会总部方案演变阶段一

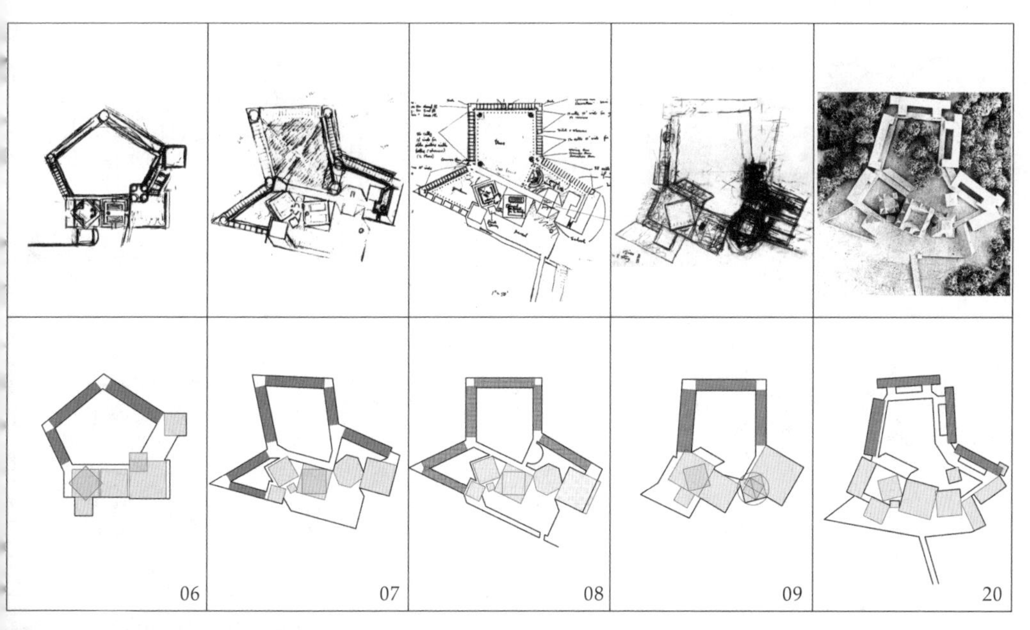

图3.25　多明我教会总部方案演变阶段二

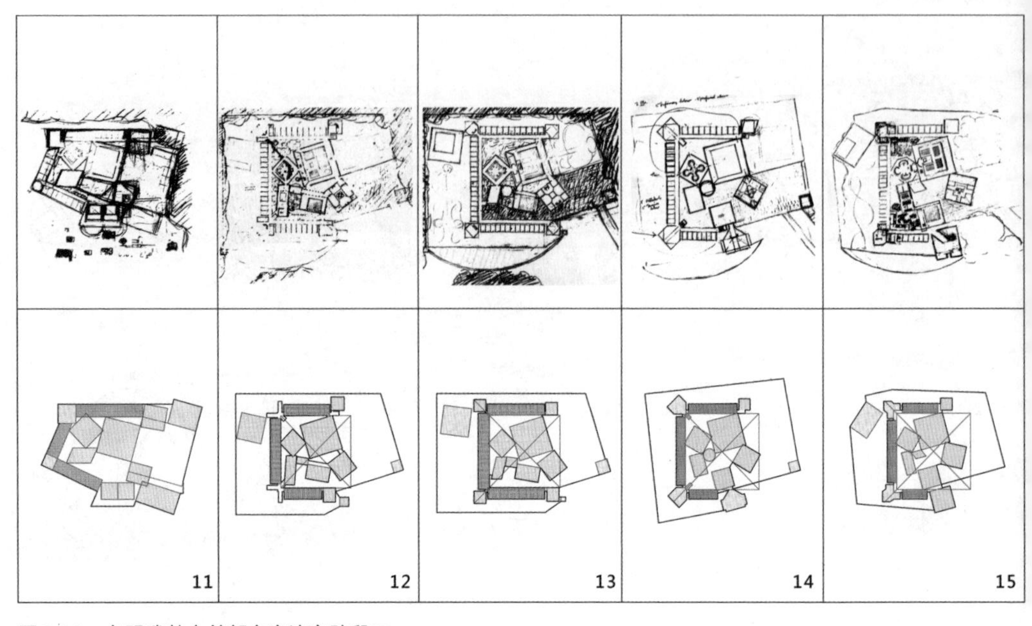

图3.26　多明我教会总部方案演变阶段三

图3.27　多明我教会总部方案演变阶段四

定背景，而内部的正方形功能单元开始通过相同角度的旋转形成新秩序（图3.26）。

第四个阶段，在第三阶段的基础上，内部和外部的两个张力场融合在一起。融合的标志是最右侧的入口塔单元的正方形确立了正交的位置，和另外三边外围的正交长条矩形形成了稳定的结构。内部的功能单元最终在倾斜的正交坐标中（包括中轴十字和对角线）确定了自己的位置，变形过程中的不规则四边形也演变为大小不一的正方形，和其它功能单元按照特定的角度咬合在一起，形成一个由初始元素构成的稳定均衡的结构（图3.27）。

2. 有机元素之间——米拉莱斯的苏格兰爱丁堡议会大厦

苏格兰爱丁堡议会大厦位于爱丁堡皇家大道的尽头，东临荷里路德宫（Palace of Holyrood），南侧是动感地球展示馆（Dynamic Earth），东南方向是荷里路德公园（Holyrood　Park）。两方面的因素构成了影响场地的张力结构：一是城市空间结构，荷里路德宫、动感地球展示馆和昆斯伯里宅邸（Queensberry　House）的中轴线构架了场地内的空间结构；二是从自然地景中延伸的曲线渗透到场地中。

我们可以通过项目的平面构图在不同阶段的变化，理解建筑的多个正体量在城市环境和自然地景的张力作用下形成平面构图结构的过程（图3.28）。在城市的背景环境中，周边的三个现存建筑的基准线对场地产生了影响：荷里路德宫（B1）、南侧的动感地球展示馆（B2）和昆斯伯里宅邸（B3）的基准线共同定义了场地的空间结构。B1的中轴线与场地的边廓的交点P1，B2的前广场的圆心P2，B1的中轴线和B2的中轴延伸线的交点P3，这三个点定义了场地最初的三角形张力场。在这个三角形中，场地被一分为二：在左侧，昆斯伯里宅邸（B3）的中轴线主导了左侧场地的空间，和其南侧保留的一个小建筑共同限定了规整的空间秩序；在右侧，花瓣形状的功能单元向P1聚集，并围绕在辩论大厅的周边[50]。

在方案的调整过程中（图3.28-设计过程04），荷里路德宫的影响逐渐被

50　该方案的建筑体量被分割成花瓣式造型，是为了向苏格兰建筑大师麦金托什（Charles Rennie Mackintosh）的画作《花》致敬，同时也隐喻了船的造型。

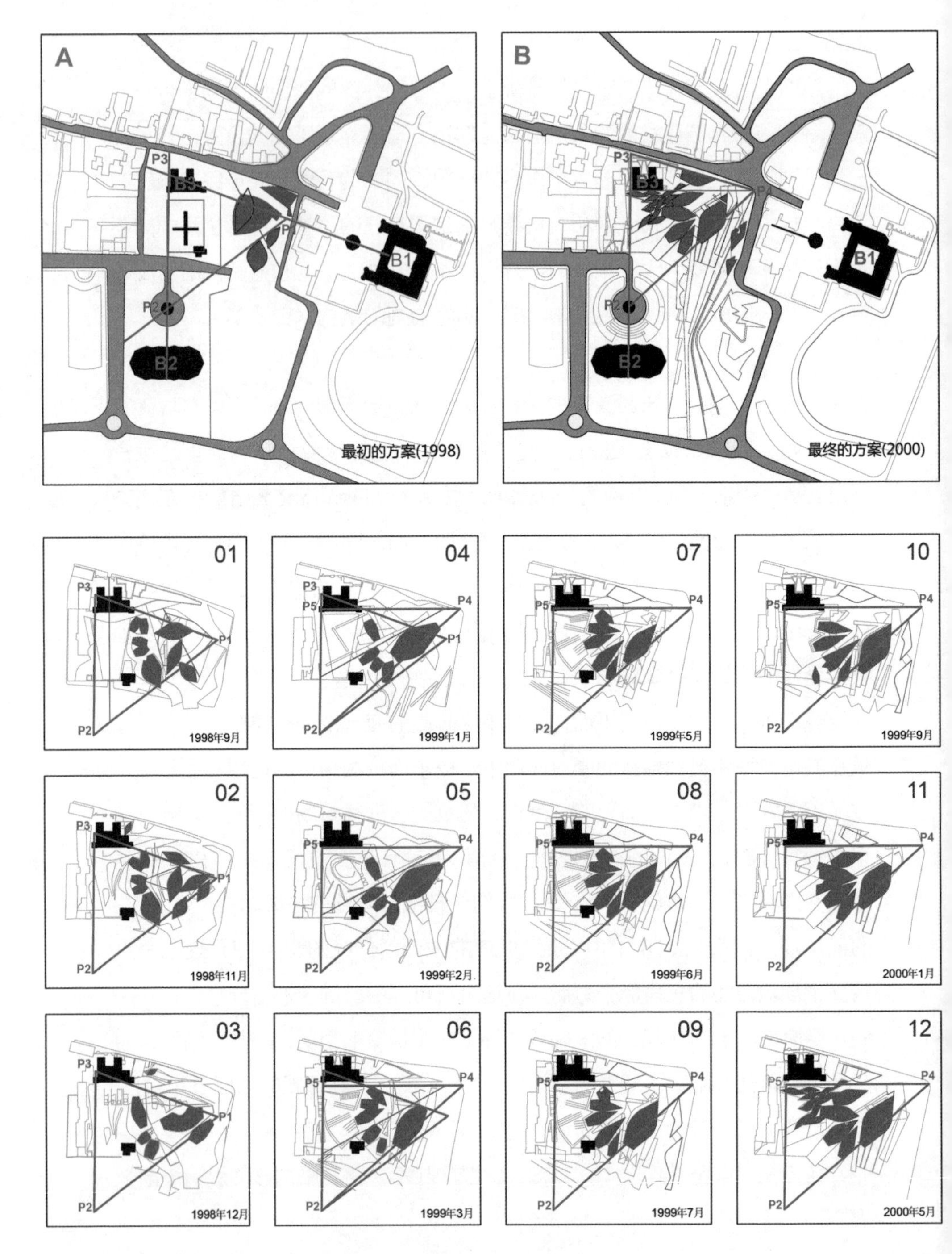

图3.28　苏格兰爱丁堡议会大厦方案的设计过程分析组图（1999—2000）

屏蔽，边廓的开口P1被取消。与此同时，荷里路德宫的中轴线被昆斯伯里宅邸（B3）的水平轴所取代，这条水平轴延伸到场地的边廓，得到了交点P4。P4和P5、P2重新定义了一个三角形张力场。花瓣形状的功能单元向P4聚集。这个三角形内部的空间格局也发生了变化：在左侧，昆斯伯里宅邸（B3）前的场地秩序渐渐摆脱了B3中轴的控制，从自成体系的涡旋结构发展到分散条形元素的组合（图3.28-设计过程05至06），在昆斯伯里宅邸南侧一直保留的小建筑最终被去掉；在右侧，逐渐形成了两个张力结节（聚集点），总体的花瓣形状单元向P4聚集，局部的花瓣形状单元以辩论大厅的讲台为中心而聚集。

最终，左右两个部分形成了统一的张力场，在三角形张力场中，形成了以P4为中心的放射状张力结构。张力场内部的功能单元产生了等级化的结构：最大的辩论大厅在方向上指向P4，但由于自身体量最大，形成了局部的张力结节；次一级的花瓣形状功能单元不仅被P4牵引，也被辩论大厅的中心牵引；昆斯伯里宅邸（B3）前的场地形成了更小的花瓣形状组团，它们是阳光大厅上方的天窗，同样向P4方向聚集。而在三角形的外围，同样形成了多个向P4方向聚集的花瓣形状功能单元（图3.28-设计过程12）。

米拉莱斯宣称“苏格兰是一片土地，而非城市的序列”，但从上述的方案分析中，这句话应该更确切地表述为“苏格兰爱丁堡议会大厦不仅体现了土地的序列，而且体现了城市的序列”。一方面，从地形中延伸的曲线结构为城市中的场地带来了异质化的空间秩序；另一方面，城市空间的基准线形成的张力场（三角形结构）也引导了渗透到场地中的曲线和功能单元的排列。

（四）负体量作为初始元素的运动

前面我们讨论了正体量作为形象在张力作用下的运动。建筑空间是由正体量和负体量共同构成，那么负体量能否作为形象主导空间的形式运动呢？

高迪的米拉公寓和米拉莱斯的汉堡音乐学校是这种情况的说明。如果外部环境被屏蔽，背景网格和形象的辩证关系可以被用于解读建筑的内部空间，此时负体量可以作为形象主导形式的运动。需要注意的是，形象和背景对形式运动的主导关系在运动的过程中发生了翻转。

米拉公寓的平面廓形没有改变，反映在表皮上，呈现出与内部运动无关

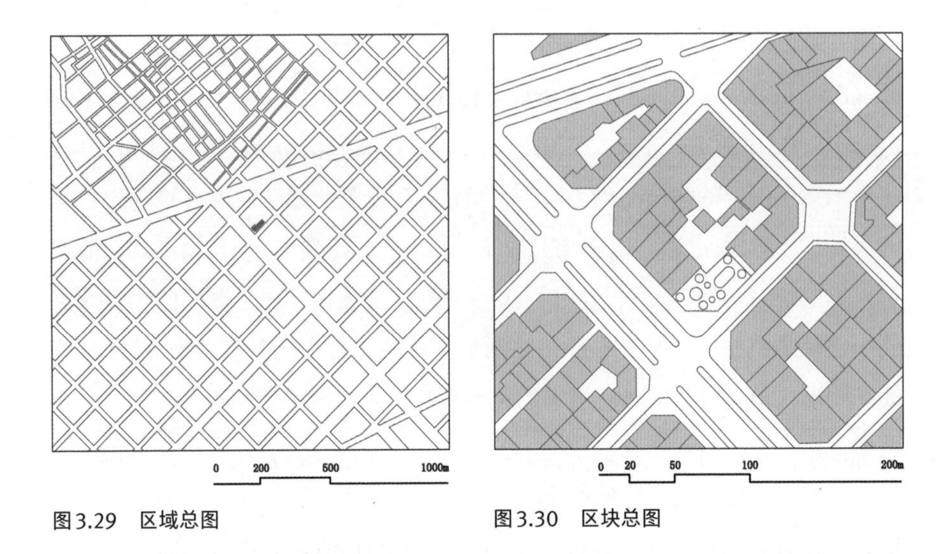

图3.29 区域总图

图3.30 区块总图

的独立性。汉堡音乐学校的平面廓形产生了相应的变形，和环境中树木产生的放射型张力结构相互咬合。

1. 廓形不变——高迪的米拉公寓

1859年，工程师塞尔达（Ildefons Cerdà）所规划的“塞尔达方案（Plan Cerdà）”开始实施，巴塞罗那形成了八角形网格状城市肌理，每个八边形街区都被放在边长为113米的正方形格子内，四个倒角都是45度。巴塞罗那最大的城区勒克桑普勒（L'Eixample）就是在这样的条件下形成，米拉公寓便坐落于此（图3.29、图3.30）。

建筑师安东尼奥·高迪拒绝服从已经凝固的城市秩序。在这个街区的拐角，他选择屏蔽理性正交的环境结构。所以米拉公寓的形式生成逻辑是从建筑内部建立的（这种屏蔽特指建筑平面形式，米拉公寓立面形态和色彩上与环境的呼应在这里不做讨论）。

在前面分析的案例中，我们都是以建筑周边的环境作为“画布的底色”，而将建筑的正体量作为初始元素，解读其在张力作用下的运动。米拉公寓的外界环境被屏蔽，所以我们的解读需要在建筑内部建立形象与背景的辩证关系：内院负体量成为形象，而环绕内院的正体量成为背景结构。

米拉公寓的两个内院的初始元素都是正圆。左侧内院的圆形源自地下停车场的支撑结构（图3.31）。右侧内院中的铺地上的圆形位置偏右，内院形

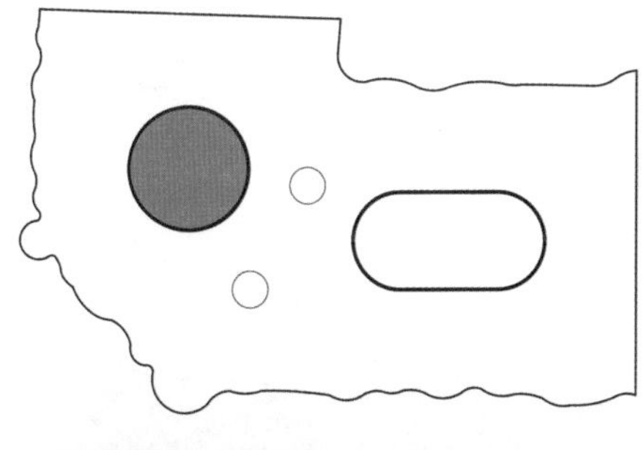

图3.31　左侧内院的圆形源自地下停车场的支撑结构

态是正圆形向左滚动形成的类似操场跑道的类椭圆形（图3.32）。

初始动力从初始元素内部发出，是圆形内院中心发出的旋转力。类椭圆形和正圆形相比，自身具有横向运动的张力，所以可以叠加出更强的初始张力。作为形象的圆形和类椭圆形庭院的体量在旋转力的作用下螺旋上升，影响每一层正体量的生成。在1906年的方案平面图中，沿着庭院边界环绕而上的楼梯是形象内部旋转力的体现（图3.33-1）。在建成方案中，直接环绕到顶层平台的楼梯被取消，但在圆形庭院的边界和椭圆形庭院的内院中，保留了盘旋到达二层主人公寓的楼梯。

庭院的张力对背景柱网的布局产生了决定性的影响。柱子完全脱离了笛卡儿正交参照系的限定，围绕着庭院呈环形散开（图3.33-2）。从庭院中心扩散的张力驱使着流线沿着其轨迹发展，在环形散开的柱子间穿越，A流线由类椭圆庭院盘旋而下到地下停车场，B流线从出入口开始环绕串联两个庭院，C和D流线是围绕中庭的内走廊里的环绕流线（图3.33-3）。

两个庭院之间的空间在两侧对峙张力的作用下固化为二者之间的边界。在这个有一定宽度的边界，挤压张力较小的区域形成了两个小的圆形吹拔空间。在公寓的卫生间和这个边界围绕着两个吹拔空间布置。集中而隐蔽布置

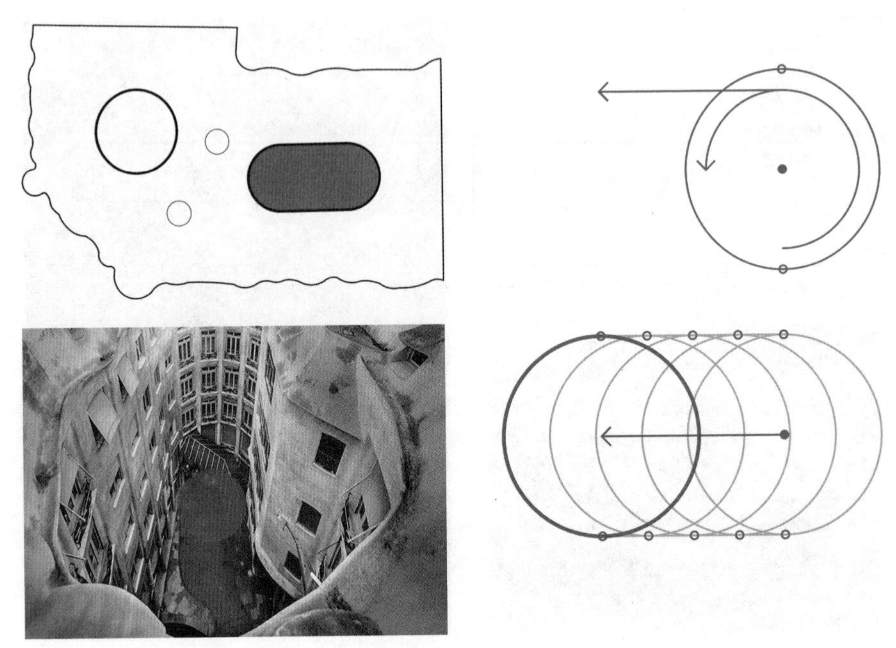

图3.32 右侧内院铺地上的圆形位置偏右，其形态是正圆形向左滚动形成的类椭圆形。

的辅助空间解放了内院的空间的功能布局，使两个庭院的边界轮廓形态更加完整（图3.33-4）。

作为形象的庭院体量的运动轨迹是垂直螺旋上升的，但对每一层作为背景的负体量的影响不同。不同的原因在于背景张力和形象之间的张力在博弈的过程中此消彼长，呈现出不同的阶段。

在辅助空间（中间围绕两个圆形吹拔布置的配套空间）左右两侧的作为背景的正体量中有不同的张力结构，阁楼层平面中通向屋顶平台的圆形楼梯间布局暗示了这种张力结构。左侧的背景结构位于街角，被城市网格街角45度的倒角所限定，拥有稳定的三角结构（图3.33-5左侧）。右侧的背景结构是方形的网格体系，不具备三角形的稳定性，而且缺少了一个支点，容易受到张力的影响而变形（图3.33-5右侧）。所以在左侧三角结构制约下的正圆形庭院负体量因被锚固而静止，而右侧的背景环境则在类椭圆形内部的旋转力作用下变形。

当作为形象的内院张力大于背景结构时，右侧作为背景结构的正体量的变形体现在两个方面：首先是地下室平面中，并排的房间向右倾斜（图

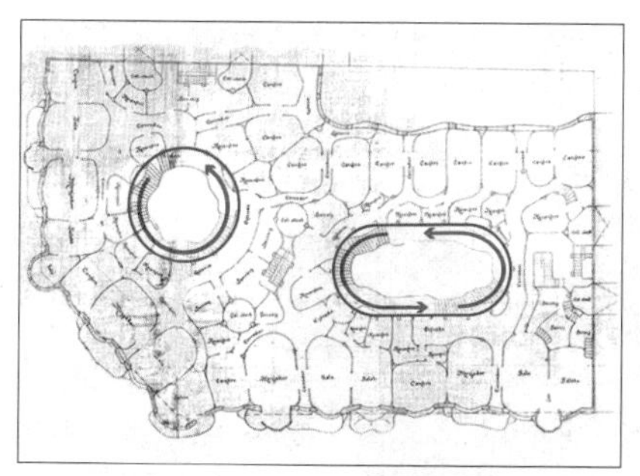

1. 楼梯沿着内院负体量旋转上升产生旋转张力。

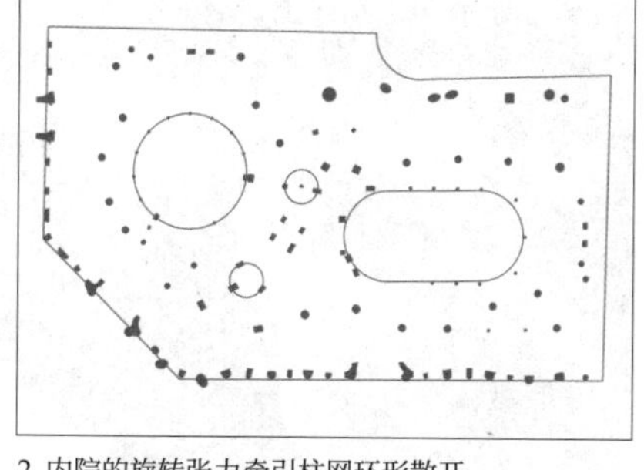

2. 内院的旋转张力牵引柱网环形散开。

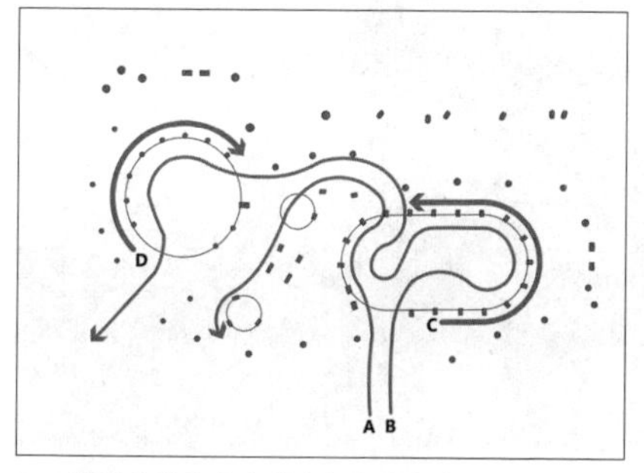

3. 内院的旋转张力牵引内部交通流线。

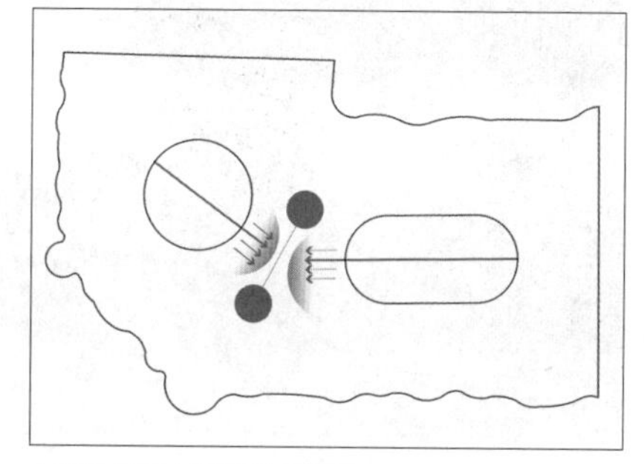

4. 两个内院之间的张力对峙。

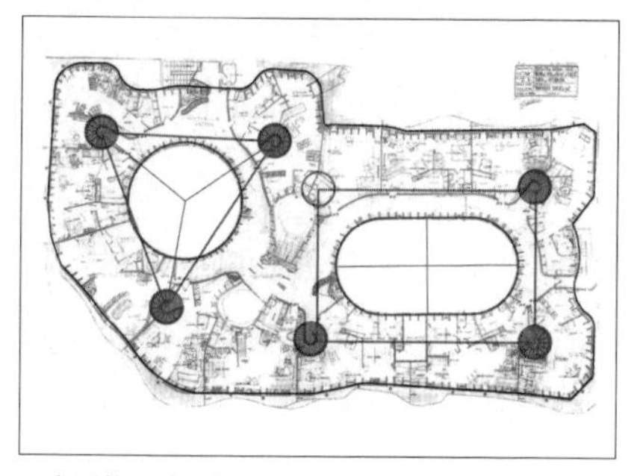

5. 交通核形成三角结构和不稳定的方形结构。

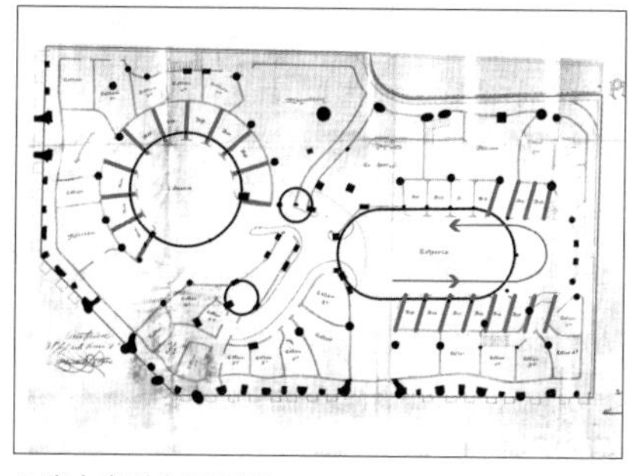

6. 张力牵引内部隔墙。

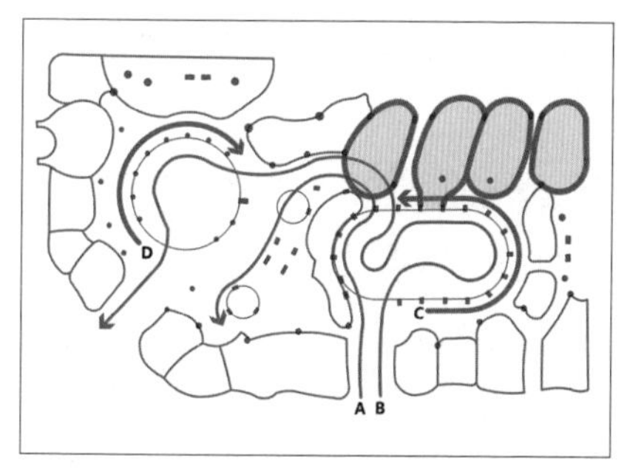

7. 张力牵引内部功能单元。

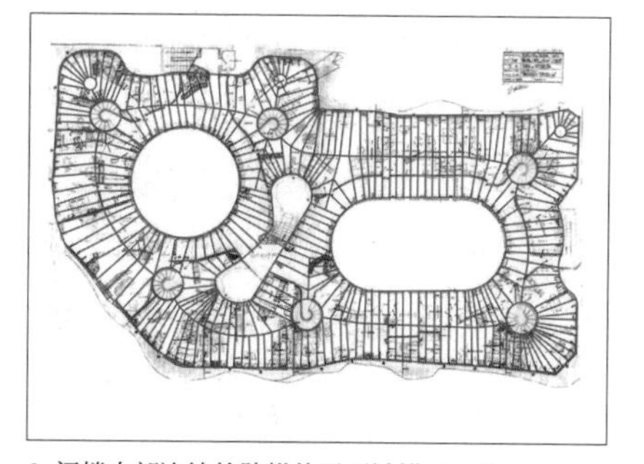

8. 阁楼内部连续的肋拱使平面被锚固而静止。

图3.33　米拉公寓平面构图分析

图3.34 阁楼层结构模型

3.33-6)；其次是在标准层平面中，没有电梯一侧的隔墙向右倾斜（图3.33-7），而有电梯一侧的隔墙被其体量所锚固。

当背景结构的张力大于作为形象的内院张力时，内院负体量被正体量所锚固。在阁楼层的平面，背景结构被拱形结构强力定向（图3.34），使两个庭院体量的张力完全被压制，平面在这个瞬间呈现出静止的状态（图3.33-8）。

但是，阁楼层的形式并没有静止，而是发生了运动方向上的变化。不同高度的连续拱形结构的纵向张力主导了平台的起伏变形，用哥特式建筑的方式和天空的界面产生对话（图3.35）。

高迪的米拉公寓虽然是私人宅邸和商业公寓的复合体，但是高迪把它视为奉献给念珠圣母的纪念建筑。虽然最终的方案没按照高迪的意愿在屋顶立起圣母雕像，但是使用了空间体量的运动形式向天国致敬。

在对米拉公寓的分析中，我们看到形式的运动体现了不同的语法关系：

(1) 屏蔽世俗的环境结构（巴塞罗那街区的理性网格），用建筑内部的正负体量建立背景与形象的辩证关系，这是对形象-轮廓-背景结构的辩证运用。

图3.35　屋顶形式

(2) 空灵的负体量在初期作为初始元素主导运动，其张力通过作为背景的正体量显现，体现了正负体量作为整体空间的不可分割性。

(3) 形象的运动没有被限定在水平范围内，而是在垂直方向盘旋上升（1906年的方案中的旋转楼梯环绕庭院直达屋顶平台），从而引发作为背景结构的正体量的连续变形和位移。在这个过程中，当背景结构足够强大时，也会转化为主导张力，限制形象的运动，改变形式运动的轨迹。这是对形式运动过程中形象-轮廓-背景结构的辩证关系的再次说明，形象和背景在运动过程中的主导性可以发生互换，这是建筑的形式从简单走向复杂的原因之一。

2. 廓形可变——米拉莱斯的汉堡音乐学校

在汉堡音乐学校的方案中，场地环境中的树木是建筑体量塑形的关键要素。以树干为中心，每一棵树都可以在平面中形成一个放射型的圆形张力场，可视为负体量。围绕着这些树形成的负体量，建筑的正体量像围合结构一样，避让树的位置，将其半包裹或全包裹。

如平面所示，场地周边的建筑是一个L形结构，建筑的布局需要对此回应。场地被视为一个由现有的L形建筑和街廓组成的三角形结构，建筑沿着三角形的一边布局，创造了一个连接L形首尾的连续的体量。概念草图1呈现了一种沿着街道边廓布局建筑的体量，与场地中已有的L形合围，将树木包裹在中间，对外面向街廓的一侧相对平滑（图3.36-1）。在概念草图2中，米拉莱斯在草图中不断尝试，围绕着树木，将不同的体量叠合在一起，最终选择将概念草图1中的体量翻转，形成了一个连接场地树木的连续构筑物（图3.36-2）。这个体量沿着三角形结构的一边呈线性布局，对场地上的树木进行了避让，面向街廓，形成了凹凸起伏的建筑边廓（图3.36-3）。

随后调整的方案依然沿着三角结构的一边布局（图3.36-4），并选择了场地中的一棵主要的树作为核心（图3.36-5）。周边的其它树木和地面铺装在平面上对这个放射型的结构进行了牵引，和建筑体量一起，形成了中心放射型（风车状）的空间布局，并呈现出逆时针的运动倾向（图3.36-6）。

米拉公寓和汉堡音乐学校分别呈现出廓形不变和廓形改变情况下，负体量对正体量的塑形过程。高迪的米拉公寓的廓形由街廓所限定，建筑廓形中的庭院负体量牵引着廓形内的造型元素变形和运动。而汉堡音乐学校的建筑廓形是有机变化的，廓形外的一棵树形成的负体量成为张力结构的中心（张力结节），其它树木和地面铺装形成的负体量在周边牵引，和建筑的正体量在平面中一起形成了有机的廓形和风车形的动态构图结构。

（五）小结

阿恩海姆曾说："不和谐的东西不是内部与外部不同，而是它们之间没有可读关系，或者相同的空间陈述是以两种相互孤立的方式表现的。"[51]本章节通过推演论证，建立了现代建筑构图中各个元素之间的联动关系。在本章所选择的建筑作品的平面构图中，元素之间在张力与运动机制的作用下，存在着基于视知觉原理的清晰的可读关系。张力与运动的四种基本类型本身具有逻辑上的递进和互补关系。从单一正体量作为原形在单一张力作用下的运

---

51 鲁道夫·阿恩海姆.建筑形式的视觉动力[M].宁海林，译.北京：中国建筑工业出版社，2012年，第77页。

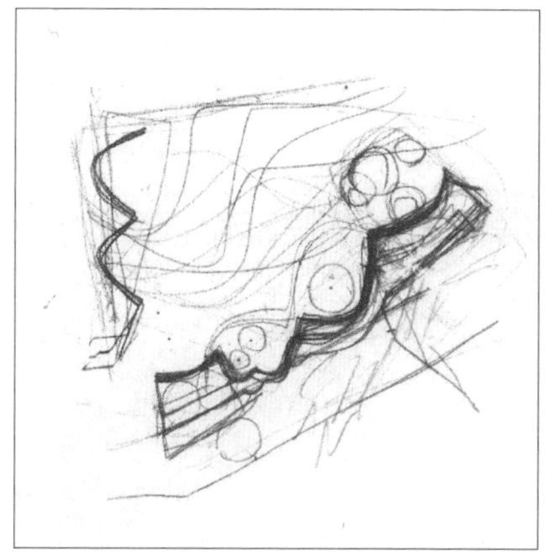

1. 概念草图1

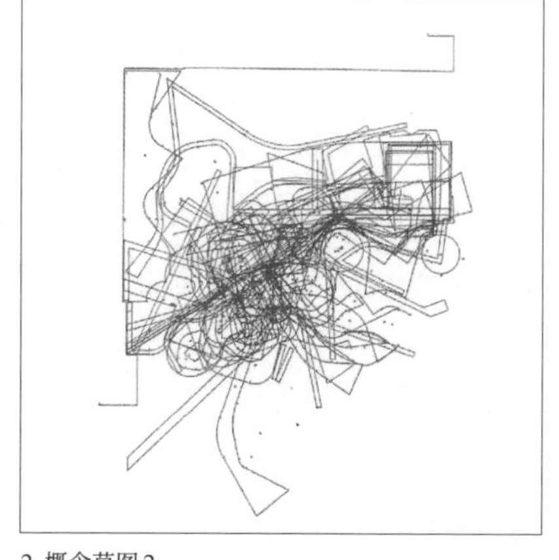

2. 概念草图2

3. 线性布局结构

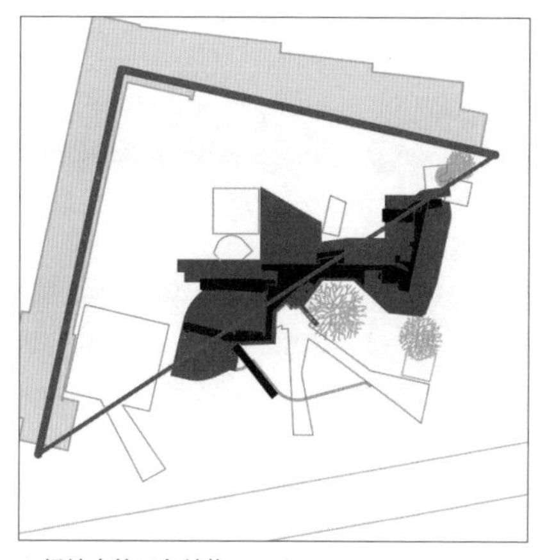

4. 场地中的三角结构

3. 线性布局结构

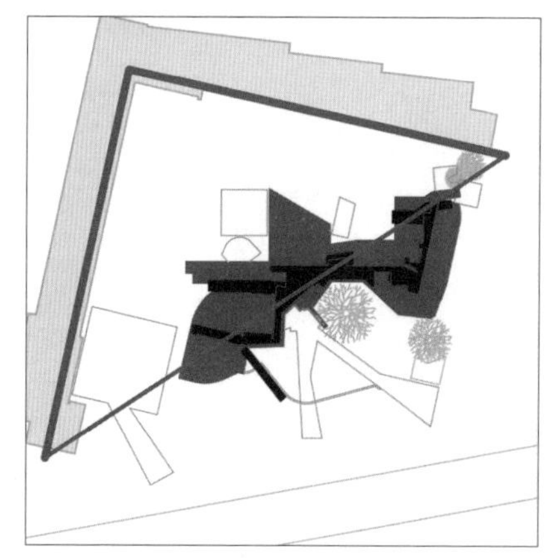

4. 场地中的三角结构

图3.36　米拉莱斯的汉堡音乐学校

动，到单一正体量作为原形在多重张力作用下的运动，再到多个正体量在多重张力下的作用，通过元素和张力在量上的变化，引导平面构图在质上的不同。而负体量作为原形的运动，是基于图底关系的一种辩证的转换。张力与运动机制正是现代构图区别于古典构图的关键所在，同时也建立了现代绘画与现代建筑的构图在视觉思维上的关联性。

第三章图片来源：

图3.1　https://www.moma.org/artists/4192?=undefined&page=&direction=

图3.2　同上。

图3.5　https://www.wikiart.org/en/marcel-duchamp/all-works

图3.6　https://www.moma.org/artists/624?locale=zh

图3.8　同上。

图3.12　同上。

图3.14　引自鲁道夫·阿恩海姆.建筑形式的视觉动力[M].宁海林，译.北京：中国建筑工业出版社，2012年，第84页。

图3.21　引自安藤忠雄.建筑家安藤忠雄[M].龙国英，译.北京：中信出版社，2011年，第170页。

（未标注来源的图皆为作者自绘）

第四章 张力与运动机制的系统化构建

语言是表达意义的符号系统，但索绪尔（Ferdinand de Saussure）消解了符号意义的本质存在，能指（signifiant）和所指（signifié）间没有必然的联系。[1] 20世纪初的抽象艺术摧毁了所有传统图像学的意义，在视知觉张力的引导下生成构图的形式体系。[2]在本书所选的20世纪80—90年代的建筑平面中，张力成为各种影响建筑因素（环境空间、地形、交通流线、宗教的方位象征等）转化而成的矢量，并可以生成建筑的要素（廓形、体量和结构等），重新建立了能指和所指的动态关系，张力符号成为形象和概念之间不确定关系的联系体，建立了一个开放的动态语言体系。本章正是在结构语言学理论的启发下，对现代绘画和现代建筑的平面构图进行了结构化和系统化的梳理。

图像和语言的区分是视觉和思维的对立，而“视觉思维”则是将对语言的思维和对图像的感知相结合。索绪尔将语言的特征归纳为一种完全以具体单位的对立为基础的系统。[3]这个系统首先需要对语言的具体单位进行界定，进而形成相互关联的体系。20世纪初，马列维奇和康定斯基在抽象绘画中

1 索绪尔不是强调语言的稳定或静态，相反，他强调时间和历史的演变没有恒定的基础。符号整体中，能指和所指的联系是任意的，二者没有必然的联系，具有不可论证性。

2 平面中的张力是不可见的，本书图解中用玫瑰红色的带箭头的指示符号作为中介，建立起了形象和概念的联系，那些记号在抽象绘画中没有图像学的意义。

3 几乎在格式塔心理学形成学派的同时（1912），1907—1911年，索绪尔三次讲述“普通语言学”。1913年索绪尔完成了他生平最后一次普通语言学的授课。索绪尔去世后，他的两个学生巴利（Ch.Bally）和薛施霭（Albert Sechehaye），根据当时获得的索绪尔的一些手稿以及搜集的课堂笔记，特别是第三次课的笔记，编排整理出《普通语言学教程》，在1916年出版，呈现出结构主义的语言符号观念和方法论。

界定了相同的初始元素，并对其进行衍生，形成构图的基本词汇，通过不同的张力模式确定造型元素间的关系，建立起了结构性的形式语法，并通过形式语法规则来创造多样化的构图。同样的方法论可以平移到建筑学，在建筑平面中，每一个案例的信息量都要比绘画复杂很多，对每一个案例的分析都像是对碎片的收集，这些碎片化的案例必须像语言中的词语一样被高度地提纯，成为一些必然关系的压缩式表达。通过对平面构图中元素关系的观察和分析，进行系统性编目，通过对组合类型的归纳，把呈现于感觉的张力和运动结构化，并将结构化的秩序引入建筑平面构图的形式生成过程中。

第一节　现代绘画平面构图的形式生成机制

（一）马列维奇的至上主义

马列维奇认为塞尚、立体主义和未来主义是现代艺术的主要基石[4]，在1912年创作的《磨刀的人》中，马列维奇融合了立体主义和未来主义的手法：一方面，画中的主体被碎片化，融入破碎的背景中，以中间的刀架为中心，形成稳定的构图秩序（图4.1-2、图4.1-3）；另一方面，主体被分解为时间序列的切片，围绕着以磨刀架为中心的静态结构，人的双手（图4.1-4）、双脚（图4.1-5）和头部（图4.1-6）左右摇摆，形成了连续运动的序列。立

4　马列维奇认为印象派（马奈）、后印象派（塞尚等）、立体主义、未来主义和至上主义是新艺术的基石，构成了新艺术学派（UNOVIS, 1919—1922）艺术的基础。参见：Marcadé J. *UNOVIS in the History of the Russian Avant-Garde* [M] //Chagall, Lissitzky, Malevich: The Russian Avant-Garde in Vitebsk, 1918—1922. Paris: Éditions du Centre Pompidou, 2018, p.219。他直接肯定过立体主义和未来主义的贡献：一方面，立体主义消解了客体，“在立体派的决定性攻击下，物不仅失去了它们的结构，而且它们的部分也被拿去构筑画面的新构成并失去了逼真的图像。物不见了。物变成了一个用来构建画面的团块。”参见：Malevich K. *Cubism* [M] //RAILING P. Malecivh Writes A Theory of Creativity Cubism to Suprematism. Translated from the Russian by Ella Zilberberg East Sussex: Artists·Bookworks, 1917, p.93。另一方面，未来主义没有脱离客体，为了获得动力而分解客体，展现了现代的速度，用运动的新景观取代了已成死尸的旧的骨与肉。参见：Malevich K. *Futurism* [M] //RAILING P. Malecivh Writes A Theory of Creativity Cubism to Suprematism. Translated from the Russian by Ella Zilberberg East Sussex: Artists·Bookworks, 1917, p.96。

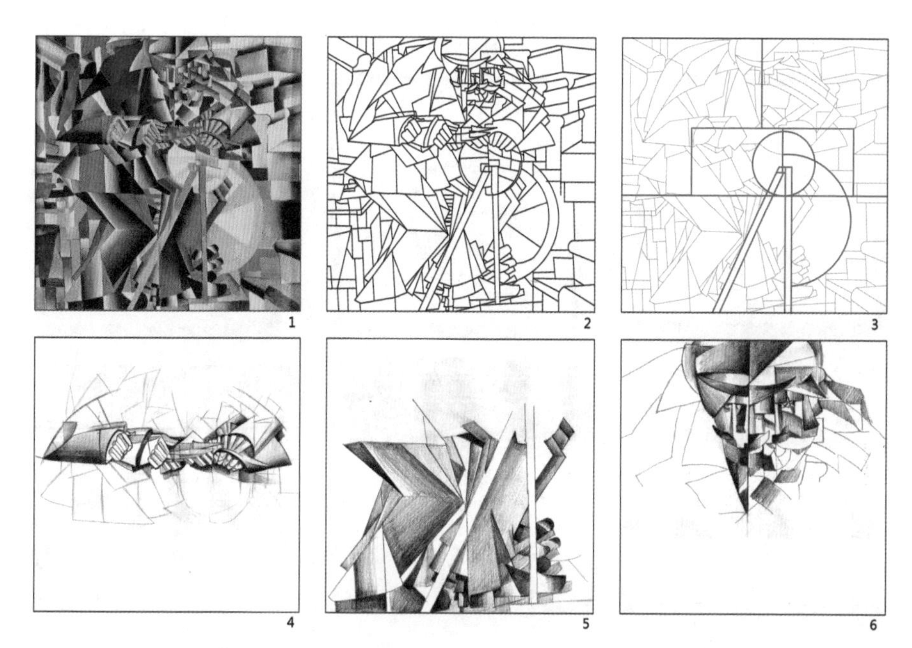

图 4.1　马列维奇的《磨刀的人》分析组图

体主义通过破坏和截断物的完整性，加速了创造性艺术中物的毁灭。未来主义通过重建碎片的序列，构建形式的运动。这两种努力最终走向绘画的至上主义——一种纯粹抽象的造型语言。[5]

1. 至上主义的基本张力模式

真实存在于抽象的视觉现象中，[6]通过画家潜意识的引导，呈现为画面的

5　马列维奇认为："未来主义通过形式学院派，走向绘画的动态。立体派，通过事物的湮没，走向纯粹的绘画。这两种努力实质上都渴望绘画的至上主义，战胜创造性智力的功利形式。"参见：Malevich K. *From Cubism to Suprematism in Art To the New Realism of Painting, to Absolute Creation* [M] //RAILING P. Malecivh Writes A Theory of Creativity Cubism to Suprematism. Translated from the Russian by Charlotte Douglas East Sussex: Artists·Bookworks, 1915, p.28。

6　马列维奇将艺术表现的诸多现象分为两种类型：一种是源自清醒意识的具象的视觉现象；另一种是源自潜意识的抽象的视觉现象。具象的视觉现象是不真实的，因为现实中诸多元素总是相互作用，从而在意识中留下了扭曲的图像。真实存在于抽象的视觉现象中，却不会自我显现，必须通过潜意识的引导，才能打破对具象世界的模仿，重建非具象的真实。参见：Malevich K. *Introduction to the Theory of the Additional Element in Painting* [M] //RAILING P. Malecivh Writes A Theory of Creativity Cubism to Suprematism. East Sussex: Artists·Bookworks, 1923, p.322。

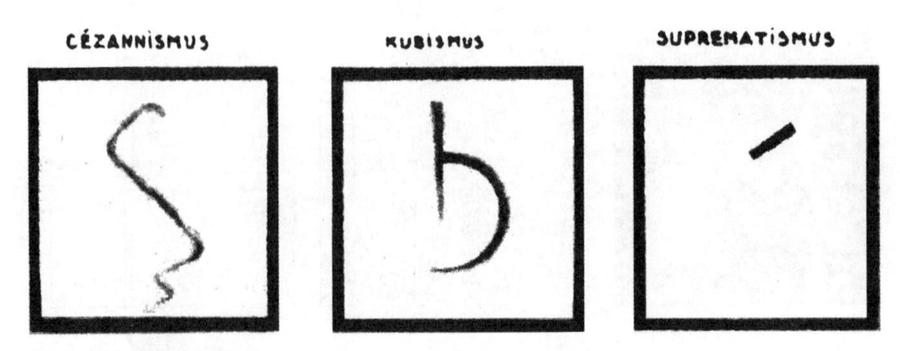

图4.2 马列维奇提取的塞尚、立体主义和至上主义作品的附加元素

“附加元素（additional element）”[7]。附加元素是新形式的活性因子，激烈地展现出全新的形式与色彩，与已经形成的标准剧烈冲突，最终将对立的元素吞噬，形成新的秩序。

马列维奇对塞尚、立体主义和至上主义的作品进行了图解，并提取了三种典型的附加元素（图4.2）。“在附加元素的符号背后蕴藏着文化的独特印记，呈现为个性化的直线与曲线。”[8] 在视觉思维的视角下，这三种附加元素可以对应构图中的三种“张力”的模式：

（1）塞尚的附加元素是震颤的曲线轨迹。驱使点在平面中按照这个轨迹摇摆滑行的存在，是背景中蕴藏的对立平衡的张力（图4.2）。曲线轨迹将背景平面划分为左右两个面域，此消彼长，呈现出动态的对立平衡。塞尚的附加元素呈现了造型元素和背景之间的动态平衡的张力模式。

（2）立体主义的附加元素是两个分别按照直线和弧线滑行的点的轨迹。这两条轨迹相互制衡，垂直线的轨迹在弧形的张力阻碍下戛然而止，

7 非具象的真实的每次重建都伴随着特定的时间与环境，艺术家平静的内心会因情境的不同而产生波澜，从而在创作体系中呈现新的造型语言，即“附加元素（additional element）”。附加元素是新形式的活性因子，与已经形成的标准剧烈冲突，通过推翻旧标准而催生新形式。艺术家用新的形式的动态来构建新的系统，将附加元素规范成一种合理的秩序。

8 Malevich K. *Introduction to the Theory of the Additional Element in Painting* [M] //RAILING P. Malecivh Writes A Theory of Creativity Cubism to Suprematism. East Sussex: Artists·Bookworks, 1923, p.331.

反之，弧线的轨迹在垂直线的制约下也止于其延长线的边界。立体主义将对象分解为琐碎的几何单元，单元之间的张力彼此制衡，相互消解。立体主义的附加元素呈现了造型元素之间的静态平衡的张力模式。

（3）至上主义的附加元素是一个短小的对角线方向的斜线轨迹，它盘踞在方形背景平面的右上方。这个短促的斜线轨迹打破了平面构图的均衡。至上主义的附加元素呈现了造型元素和背景之间的动态不均衡的张力模式，是马列维奇至上主义新秩序的起点。

2. 至上主义的元素构词法

马列维奇在未来主义歌剧《征服太阳》[9]的舞台布景中用黑色的和白色的三角形组成了一个方形，成为至上主义初始造型元素的起源。1913年用铅笔所绘的黑色方块是马列维奇的第一张至上主义作品。“1913年，我不顾一切地尝试将艺术从死气沉沉的客观性中解救出来，最终在方形中找到了庇护所……我展出的不是‘空洞的方块’，而是对非具象（non-objective）的感知。”[10]白色背景中的黑方块是马列维奇第一次赋予了非具象感受以具象的形态，是至上主义造型单元的初始元素。黑色方块的廓形的细微变形，暗示出在白色背景中蕴含着将其包裹的张力。此后，马列维奇以方块为母题，先后创作了三幅作品：《黑色方块》（*Black square*，1915）、《红色方块》（*Red square*，1916—1917）和《白色方块》（*white on white*，1918），并据此将至上主义分为三个时期：黑色时期、彩色时期和白色时期。不同的颜色中蕴含着不同的张力，[11]在背景平面中的变形和位移也逐渐地增强。从黑色方块的相对静

9　1913年马列维奇和马丘新（Matyushin）、克鲁钦基（Kruchenykh）共同起草了未来主义者大会的宣言，同年，三人又联手创作了未来主义歌剧《征服太阳》，马列维奇负责舞美和服装，克鲁钦基负责编剧，马丘新负责谱曲。

10　马列维奇．非具象世界[M]．张含，译．北京：北京建筑工业出版社，2017年，第84—90页。

11　马列维奇认为黑色和白色中所蕴含的能量（energies）是至上主义的基础，它们决定了运动的形状（shape of the action），即形式（form）。参见：Malevich K. *Suprematism·34 Drawings* [M] //RAILING P. Malecivh Writes A Theory of Creativity Cubism to Suprematism. East Sussex: Artists·Bookworks, 1920, p.266。

图 4.3　至上主义的初始元素——正方形的衍生

图 4.4　至上主义通过变形从初始元素生成造型语言的基本词汇

止，到红色方块的角部变形（右上角向上挑），再到白色方块的下坠和旋转，我们可以感受到不同的方块内部的不同张力和背景张力的相互作用(图 4.3)。

初始元素（方形）在自身张力和背景张力的相互作用下，通过变形产生了不同形式的造型单元。这些造型单元是至上主义的初始元素在张力作用下的运动形态的结晶。方形旋转从而形成了圆形、方形平移和错动，形成了矩形和十字形等不同的造型单元（图 4.4）。

在初始元素和其衍生的造型元素形成后，马列维奇通过造型单元的数量上的增减和不同张力样式的组合生成了至上主义的造型谱系。

3. 至上主义的构图句法——34 幅素描精读

1920 年 12 月，马列维奇在维特布斯克实用艺术学院（Vitebsk Practical

Art School）印制了34张素描（34 drawings）并结集出版。这本作品集是对至上主义作品（1913—1919）的回顾，其造型元素以黑、白、灰呈现，提取了原作构图的精华。这34幅作品系统地呈现了至上主义的视觉语言的生成语法。我们将这34幅作品的顺序略作调整并分类，可以看出作品之间的关联逻辑。

第一张黑方块是至上主义造型语言的初始元素，随后的三张分别是初始元素在张力作用下的变体，它们构成了至上主义造型语言的基础“字母表”（图4.5）。

5号至13号九张作品是至上主义造型元素的不同组合。5号和6号作品在平面中只有一个元素，通过大小和位置的变化进入至上主义的构图模式，画面的不均衡和运动感已经产生。7号作品中开始出现两个方形，彼此上下制衡。8号作品中出现了3个造型单元，分别是1、2、3号作品中的造型单元。以此类推，9号作品和10号作品分别出现了4个和5个造型单元。由此可见，5号到10号作品呈现的是不同数量的造型单元的组合情况（图4.6）。

11、12、13号作品呈现了不同数量和不同性质的造型元素的组合情况。11号作品中，5个造型单元呈正交关系排列，背景中出现了斜线元素，其下方出现了两个点元素，点、线、面不同类型的造型元素组合在一起。12号作

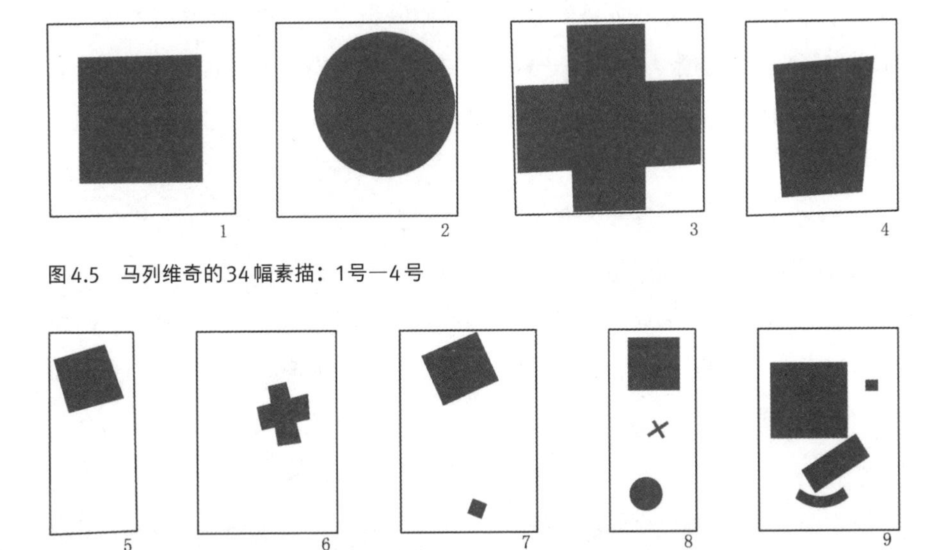

图4.5　马列维奇的34幅素描：1号—4号

图4.6　马列维奇的34幅素描：5号—9号

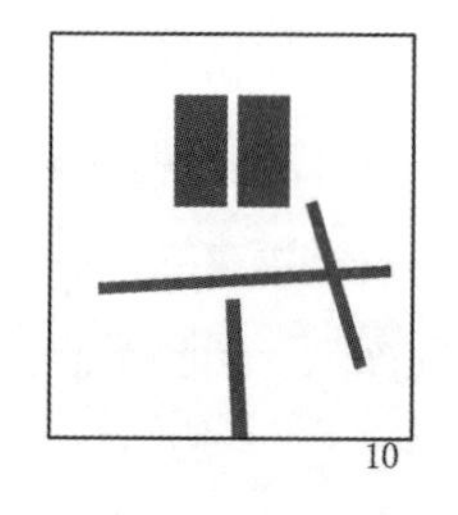

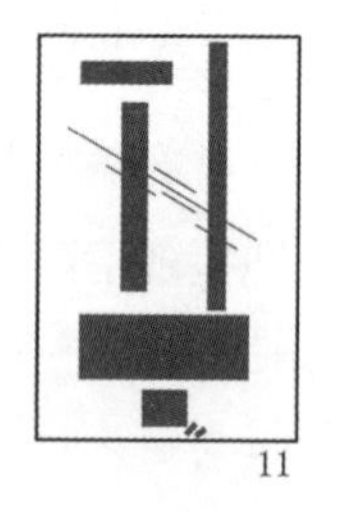

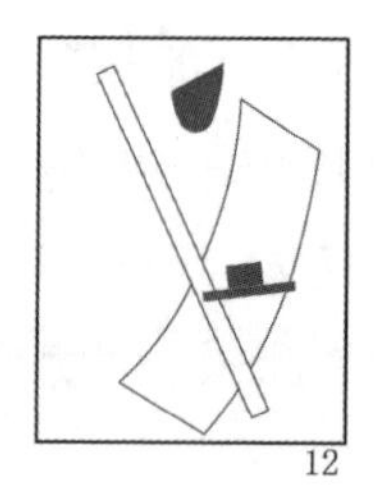

图4.7　马列维奇的34幅素描：10号—13号

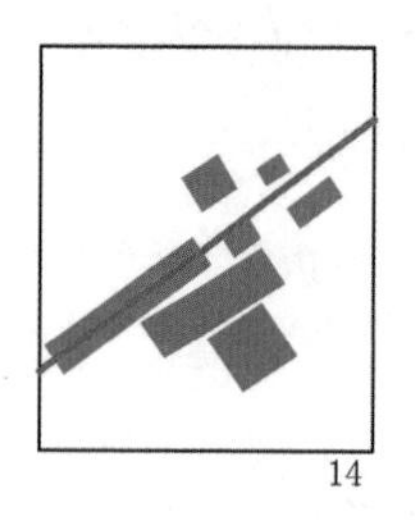

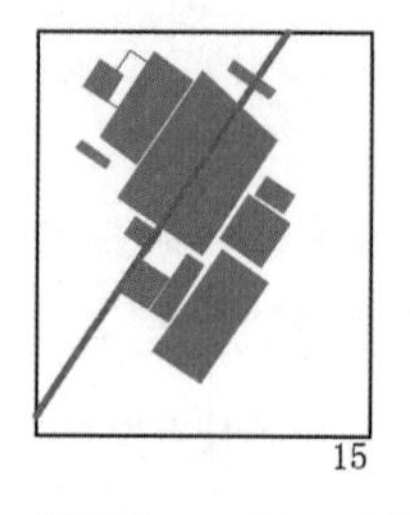

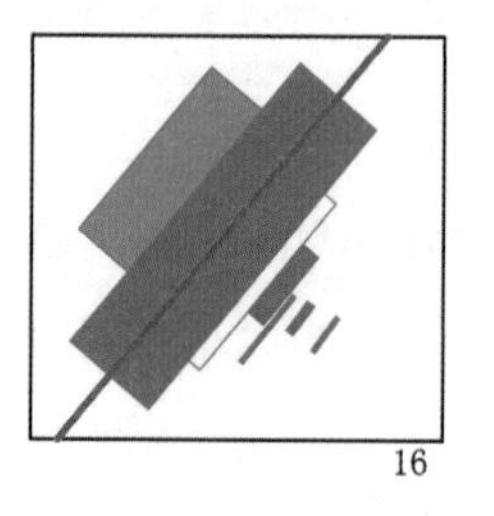

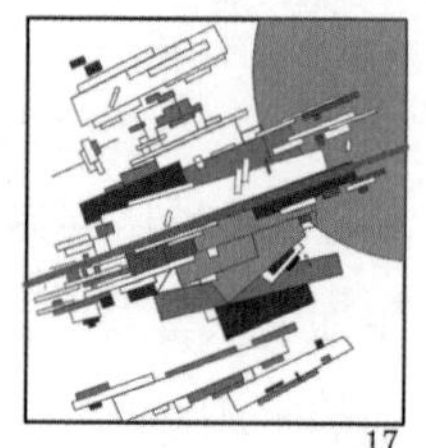

图4.8　马列维奇的34幅素描：14号—17号

品中，白色的弧形曲面，斜向的直线和另外三个小的黑色形状交叉在一起。13号作品中出现了上述所有元素的类型，包括点、线、面，白色与黑色，直线与弧线廓形，这些性质不同的造型元素聚集成三个组团，包括上半部分的一个大组团和下半部分的两个小组团。（图4.7）

在对造型单元的数量和性质进行变化组合之后，马列维奇开始在构图中探索不同的张力模式。14号到17号作品中的张力模式和马列维奇提炼的至上主义附加元素的张力模式是一致的，在单一的斜向张力（右上到左下）驱使下，不同数量和性质的造型单元聚集在一起，形成了相同趋向的排列组合（图4.8）。

18号到20号作品在单向张力的基础上增加了垂直方向的张力，形成了十字交叉的张力结构，不同数量和性质的造型单元依附在十字张力场周围。21号和22号作品在此基础上增加了新的元素，在十字交叉组团的左下方，两道斜线暗示了另外两股张力，通过张力结构数量的增加形成了更复杂的张力模式。（图4.9）

23号到26号作品中呈现出4个方向的张力，可以视为两组十字张力场的叠加。不同性质和数量的造型单元聚集在交叉的张力场周围，形成了一个集中的或多个分散的组团（图4.10）。

27号到34号作品中的张力模式的性质发生了变化，出现了弧形张力场。27号作品中多个弧形张力场相互交叉。28号到34号作品中，弧形张力场与直线张力场相互交叉。不同性质和数量的造型单元在复合张力模式的影响下形成了不同的组合。（图4.11）

这34幅至上主义作品由简入繁地呈现了初始元素在不同张力模式下的衍化。初始元素在张力的作用下产生变形，形成数量和性质的变化，基本张

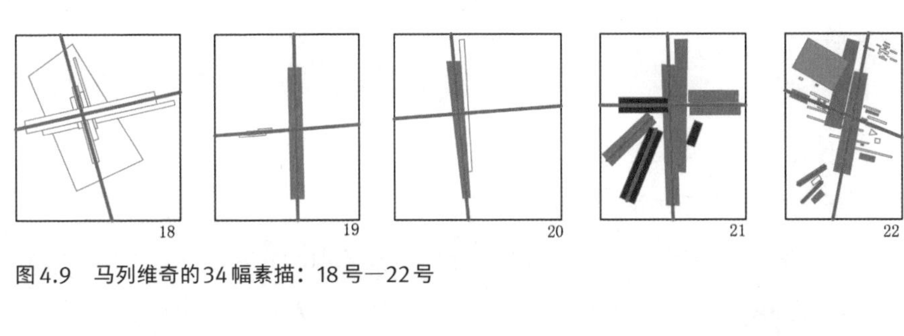

图4.9　马列维奇的34幅素描：18号—22号

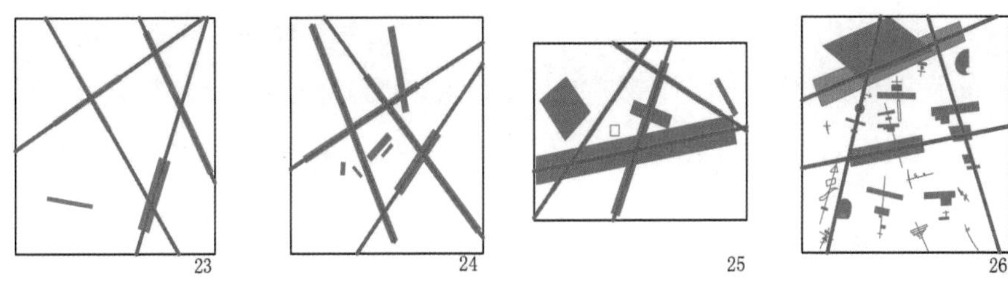

图4.10　马列维奇的34幅素描：23号—26号

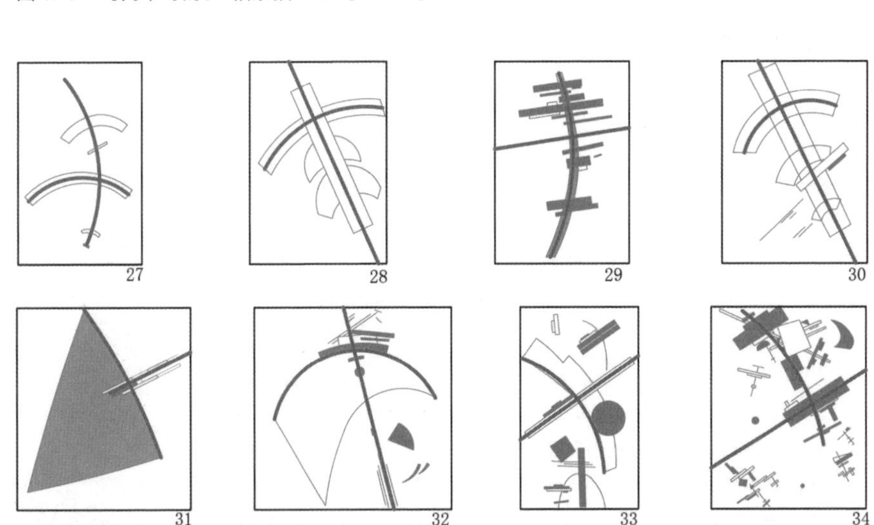

图4.11　马列维奇的34幅素描：27号—34号

力模式也呈现出从简单到复杂的变化，最终我们可以从中得到至上主义形式生成的公式：

初始元素×变量(数量和性质)+基本张力模式×变量(数量和性质)=形式[12]

马列维奇的至上主义在立体-未来主义的基础上将绘画中的造型元素推向了纯粹抽象，剥离了意义的造型元素获得了绝对的自主性，成了可操作的纯粹视觉符号[13]。不同数量和性质的造型元素在不同数量和性质的张力作用下呈现出不同的运动轨迹，并在运动的过程中结晶，最终汇聚为至上主义的艺术形式家族。

（二）康定斯基的造型语言

1.“内在的”张力与运动

马列维奇将现象可以分为两种：源自清醒意识的具象的视觉现象和源自潜意识的抽象的视觉现象。与此相似，康定斯基将对现象的体验方式分为两种：外在的与内在的[14]。“外在的”与“内在的”是事物显现的两种方式。“外在的”并不是描述外部的事物，而是事物主动将自身显现（manifest itself）给我们的方式，是一种外在性（exteriority），它使事物变得可见（visible）。

---

12 初始元素数量变量=1，2，3…n；
初始元素性质变量=不同形态：点、线、面；不同颜色：黑色、灰色、白色、渐变色；
张力模式数量变量=1，2，3…n；
张力模式性质变量=不同方向；不同形态：直线场、弧线场。

13 塔夫里（Manfredo Tafuri）认为，在第一次世界大战之前，先锋派就发现了纯粹符号——不需要任何所指，对象即其本身，具备了语言学“材料（material）”的绝对自主性。在这个意义上马列维奇的《非具象世界》、李西斯基的《基本原理》和凡·杜斯堡的基本要素主义（Elementarism）本质上是一样的。参见：曼弗雷多·塔夫里.建筑及其二重性：符号主义与形式主义[M]//胡恒.建筑文化研究（第8辑）.上海：同济大学出版社，2016年，第202—203页。

14 在1926年的著作《点、线、面》当中，康定斯基在序言的首段写道：“所有现象都可以通过两种方式被经验，这两种方式不是任意的，而是源自现象本质中不可分的两种特性：外在的（external）与内在的（internal）。”所有现象，包括我们的身体本身，都以这两种方式而存在：外在的和内在的。一方面，我们存在于身体之外，可以看到和触摸到身体；另一方面，我们存在于身体之内，我们通过身体来感知自身。参见：Kandinsky W. *Point and Line to Plane* [M]. translated by DEARSTYNE H, REBAY H. New York: Dover Pubications, 1979, p.5。

同样，“内在的”不是描述内部的事物，而是事物被显现（being revealed）的一种方式，它是不可见的。它以一种生命（life）的方式存在，以一种情感（pathos）的方式呈现。

康定斯基在对于“外在的”和“内在的”的描述中隐晦地描述了“张力”这种不可见但可被感知的存在。他将“外在的”比喻为一种被玻璃窗隔绝的存在，一切声音都被压制。“当人推开这扇玻璃窗，便可潜入‘内在的’街道，通过自己的感觉来感知它的跳动。一时间，声音充满四周，不断地改变音量与速度，人们如同被卷入激流的漩涡中而随之激荡。垂直和水平的运动会偏转成不同的角度包裹着我们，让我们感受色彩的时浓时淡，音调的时高时低。”[15]康定斯基用诗意的隐喻道出了对“内在的”感知过程中张力与运动的存在。米歇尔·亨利（Michel Henry）用一个简明的公式将康定斯基阐释的一连串的概念联系在一起[16]，我们可以完善米歇尔·亨利总结的公式，将张力与运动代入其中：

内在的（internal）=内在性（interiority）=生命（life）=

不可见的（invisible）=情感（pathos）=抽象（abstract）=张力与运动

同样，我们可以将前文画家所提出的一系列相关概念联系在一起：

张力与运动=康定斯基的“内在的”=塞尚绘画中的物性（内在性）=马列维奇的源自潜意识的视觉现象（抽象）

通过这种近似概念的关联，我们可以看到不同时期的画家对同一问题的不同阐释。康定斯基认为自己延续了塞尚对物性（内在性）的探索，[17]在他所

15　Kandinsky W. *Point and Line to Plane* [M]. translated by DEARSTYNE H, REBAY H. New York: Dover Pubications, 1979, p.17.

16　“内在的（internal）= 内在性（interiority）= 生命（life）= 不可见的（invisible）= 情感（pathos）= 抽象（abstract）”参见：Henry M. *Seeing the Invisible* [M]. translated by Scott Davidson. London: Continuum International Publishing Group, 2005, p.7。

17　康定斯基对历史上的艺术家的工作性质有所区分。他将艺术精神比拟为一个锐角三角形，三角形的每一个部分都有艺术家，不断地突破自己的界限向上运动，从三角形底部猴子般地模仿自然，进化到了顶端抽象地表达内在。康定斯基认为向上攀登有两种方式：一种是从外在寻找内在，另一种是纯粹的绘画方式。前拉斐尔时期的罗塞提（Dante Gabriel Rossetti），倾向童话与神话的勃克林（Arnold Bocklin），以明显物体形态表现抽象的塞甘蒂尼（Giovanni Segantini）代表了前一种（转下页）

著的《点、线、面》中，对张力与运动的机制作出了进一步的阐释。在康定斯基的理论中，“形”与“色”都有复杂严谨的层次和固定的搭配关系，[18]但这种关系带有主观的强制性。本书只聚焦于“形”背后的张力与运动，而悬置了对“色”的研究。

2. 康定斯基的元素构词法

对应外在性的与内在性的元素有两种概念：一种作为外在的概念，另一种作为内在的概念。就外在的概念而言，任何一个图像（graphic）或绘画形式（pictoral form）都是一个元素。就内在的概念而言，并不是形式本身，活跃其中的内在张力（tension）才是元素。从内在张力分离出来的形式是空洞的“元素”，真正的元素是“具有张力的形式”[19]。

点是作画工具与画布平面首次碰撞的产物，在康定斯基的造型语言中，是“绘画的初始元素（proto-element）”。点自跃入画布平面伊始，便具备了内在的张力，一种向心力（concentric），同时相伴着离心力（eccentric），“点是向心力和离心力的二重奏”[20]，孤立的点在向心力和离心力的相互制衡作用下是静止的。除了相互制衡离心力和向心力之外，点还受到了其它张力的影响，迫使其通过形态变化寻找新的平衡，从而衍生出多变的形状（图4.12）。

（接上页）方式。塑造内在绘画性的塞尚，表现色彩的马蒂斯（Henri Matisse），抛弃色彩而致力于形的探索的毕加索开创了后一条道路，这也是康定斯基选择的道路。

18 马蒂斯的“色”与毕加索的”形”，在康定斯基看来是画面构图的两个主要媒介。康定斯基对形与色作了更彻底的元素化的分解与区别，并通过组合产生了精确性与多样性，像音符一样传达心灵的声音。“鲜艳的色彩又加上尖锐的形（如三角形涂黄），它的特质就变得更强烈。深沉的色涂在圆上，它的效果也会增强，（如蓝涂在圆上）。当色彩与形不配合时，不应以‘不和谐’视之，而应视为新和谐的可能性。”康定斯基认为，每个形都有它的内涵，或为界限来标识出物体的范围，或为保持抽象来描述非物质的精神实体。每种色都有它的作用，分为冷暖明暗。心灵是琴弦，眼睛是音槌，色彩与形便是琴键，艺术家便是需要敲键来引起心灵变化的手。而这双手需要听心灵的指挥，形与色的和谐必须建立在心灵的需求上，这便是康定斯基一直强调的“内在需要的原则”。参见：康定斯基．艺术的精神性[M]．吴玛悧，译．台北：艺术家出版社，1985年，第52页。

19 参见：Kandinsky W. *Point and Line to Plane* [M]. Translated by Dearstyne H, Rebay H. New York: Dover Pubications, 1979, p.33。

20 同上书，p.32。

图4.12　点的不同形态

于是，我们会产生两个问题：

（1）如果点具有形状，那怎样和面区分？

（2）在形状各异的点之中，哪一个是初始元素？对于第一个问题，康定斯基认为点与面之间的界限是相对的，点有时会扩大为平面。[21]对于第二个问题，康定斯基认为，虽然圆形具备均衡的向心型张力，但方形更接近绝对意义的点，因为方形以更加中立和静止的姿态呈现了向心力和离心力的制衡，所以方形点是造型的初始元素[22]。

由上述两点，我们可以立刻联想到马列维奇的黑方块，可以等同于放大的方形黑点。康定斯基和马列维奇的造型元素选择了相同的初始点。马列维奇在初始元素上施加了至上主义的基本张力模式，并不断地通过造型元素与张力模式的数量和性质的变化，衍生出由简入繁的至上主义构图。相比之下，康定斯基的造型语言更加谨慎，他首先研究的是初始元素从静止到运动的机制，即点的运动。

单独的点与周边完全隔绝，其内部张力的对抗只会引起轮廓的颤动，不会表现出定向运动的趋势，但是点的外部还存在着其它张力。这种张力向着一个或多个方向推动着点。点的静态被破坏，导致了点的消亡，与此同时，产生了新的实体——线。

21　康定斯基认为作为画布平面最小形式、点与面概念的界定取决于点的大小、平面大小和平面上其它形式的大小之间的比例关系。参见：Kandinsky W. *Point and Line to Plane* [M]. Translated by Dearstyne H, Rebay H. New York: Dover Pubications, 1979, p.29。

22　同上书，p.32。

线产生于点的运动，是初始元素（方形的点）从静止状态转向运动状态的产物。使点成为线的张力多种多样，不同性质和数量的张力的组合，决定了线的形态差异。康定斯基将情况分为三种：

（1）一股张力作用的情况；

（2）两股张力一次乃至多次交替发生作用的情况；

（3）两股张力作用同时发生作用的情况。

一股张力作用于点，将其推向单一的方向，产生直线，这是张力产生的最简洁的形态。直线的形态又可分为三种：水平线、垂直线和对角线。其它所有倾斜的直线都可视为产生了位移的对角线（图4.13-A）。

两股外力一次交替作用会产生折线，多次交替作用会产生带有不同偏折角度的复杂折线（图4.13-B）。

两股外力同时发生作用会产生单纯曲线。三种或三种以上外力同时发生作用则会产生任意的波状曲线。张力的数量和性质（方向和强度）不同，会影响波状曲线的形态（图4.13-C）。

线被赋予了不同的重音，我们可以将其视为点在运动过程中的变形，从而使线的轮廓发生变化（图4.13-D）。

线可以产生不同的组合关系（图4.13-E）：

（1）曲线与折线的组合；

（2）单纯曲线与复杂曲线的组合；

（3）复杂曲线和复杂曲线的组合；

（4）不同重音曲线的组合。

面由线生成。圆有两种生成方式：一种源自直线，相同中心的直线通过密度的增加变成面，可以视为线通过数量的增加生成了圆形面；另一种源自曲线，曲线包含着向面发展的趋势，在特定不变的两侧张力推动下，点运动的轨迹的起点和终点重合，产生了圆，我们可以认为线在特定性质的两股张力同时发生作用的情况下生成了圆形面。如果张力的性质多于两种，当它们交替发生作用时就会生成多折线廓形的复杂面，三角形可视为三种张力交替作用而生成的形式，当多种张力同时发生作用就会产生廓形波动的复杂面。（图4.13-F）

上述内容是康定斯基在《点、线、面》（1926）里建立的以张力为主导

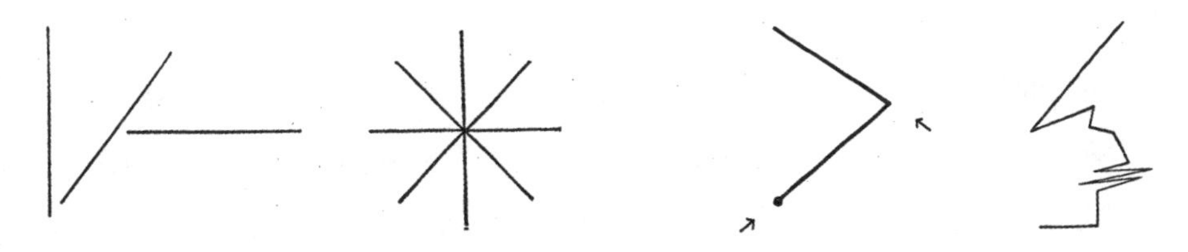

A　一股张力作用于点，将其推向单一的方向，产生直线。　B　两股外力一次交替产生折线，多次交替作用产生复杂折线。

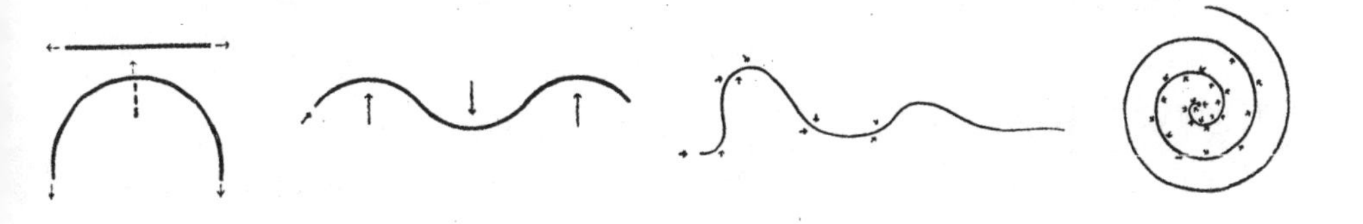

C　两股外力同时发生作用会产生单纯曲线。三种或三种以上外力同时发生作用则会产生任意的波状曲线。

D　线被赋予了不同的重音，我们可以将其视为点在运动过程中的变形，从而使线的轮廓发生变化。

E　线可以产生不同的组合关系：
1. 曲线折线的组合；2. 单纯曲线与复杂曲线的组合；3．复杂曲线和复杂曲线的组合；4．不同重音曲线的组合。

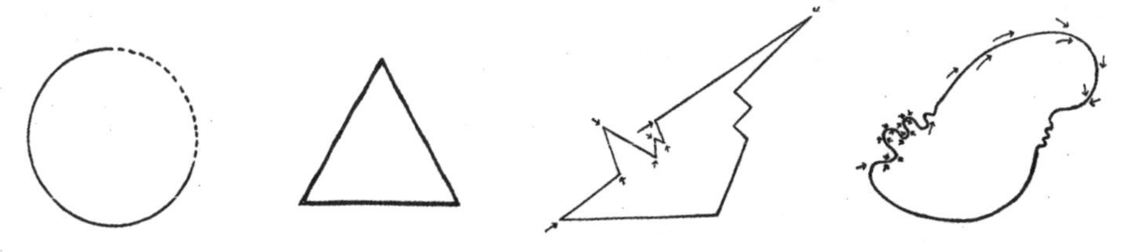

F　面由线生成。圆有两种生成方式：一种源自直线，另一种源自曲线。三角形可视为三种张力交替作用生成的形式。当多股张力同时发生作用就会产生廓形波动的复杂面。

图 4.13　康定斯基的造型元素构词法（作者编绘）

的元素构词法，即造型元素的基本衍生法则。[23]张力使元素的内在性表现出来，元素是力作用在物质上的实际成果。在所有的造型元素中，线是最简单、清楚的一种，每一条线的始源都是张力，它的发生是精准而规则的，在应用上也必须有精确的规则性。所谓构图，本质上就是将元素中的张力，在"基础平面（basic plane）"中，精确并合乎法则地组织起来[24]。

"基础平面"是承载艺术作品内容的物质的面，在基础平面的类型里，最客观的是正方形[25]。艺术作品的力量不仅仅取决于独立的造型元素的特性，同时也取决于基础平面的特性。在基础平面内，张力的分布并不均匀，十字中轴可以将基础平面划分为四个不同的部分，每个部分有不同的"重量"，这增加了构图句法的复杂性。点、线和面等造型元素在基础平面中的张力取决于和中心、十字中轴、对角线以及四条边的相对位置。我们将在下文通过分析康定斯基的《小世界》组画，来进一步研究康定斯基的绘画构图中的张力模式的复杂变化。

3. 康定斯基的构图句法——《小世界》组画

1922年12月，在包豪斯执教半年后，康定斯基创作了的《小世界》(*Small*

23 两年后，康定斯基再次总结："1. 通过对初始元素进行准确定位以及对其衍生元素命名，后者更加区分有度且复杂（分析部分）。2. 通过建立在工作中对这些元素排序的可行法则（整合部分），作图的初始元素是点，是可见的。所有的线都是从点有机衍生出来的：

A. 线

I. 线：a. 水平/b. 垂直/c. 斜的/d. 直的；

II. 成角度的线和成直角的线：a. 几何角度的/b. 自由角度的——水平、垂直和其它方向；

III. 曲线：a. 几何角度的/b. 自由角度的，如上II. 中的。

B. 面

a. 三角形/b. 长方形/c. 圆形/d. 比这三种基本形状更加自由的形状/e. 并非从几何形状衍生出来的自由平面。"

参见：让尼娜·菲德勒，彼得·费尔阿本德. 包豪斯[M]. 查明建，梁雪，刘晓菁，译. 杭州：浙江人民美术出版社，2013年，383页。

24 参见：Kandinsky W. *Point and Line to Plane* [M]. Translated by DEARSTYNE H, REBAY H. New York: Dover Pubications, 1979, p.92。

25 同上书，p.103。

worlds）系列版画[26]。这个系列的作品总共包含12幅，完整地呈现了康定斯基的构图句法。

作品1　多中心/圆形/向心型张力结构。造型元素交叉聚集在三个大小不一的圆形/向心型结构中。除此之外，还有一组造型元素形成了一个环状，将上面三个圆形张力结构的重心包裹在其中，最终在画面中心聚集成一个大的圆形组团。小组团的重心在大组团内部左右对峙，保持了总体结构的平衡。（图4.14）

作品2　对角线式张力结构。两个黑色圆形分别占据右上角与左下角，沿着对角线将蓝色廓形拉扯为类椭圆形，大圆形在右上方拉扯着“小头”，而小圆形在左下方拖拽着“大肚”，其它造型元素交错配置，平衡了右上—左下对角线方向上的元素的张力。一部分线元素向“小头”聚集，强化了这个对角线方向的运动趋势，而反方向的对角线上也聚集了相应的造型元素，彼此制衡。（图4.15）

作品3　不规则曲线廓形张力结构。不规则的闭合曲线重新界定了矩形画框内的廓形，廓形内造型元素的张力结构和运动方向塑造了边廓的形态。左下方和右上方的组团形成了对峙，右上方的组团呈同心圆扩散结构，周边的造型元素聚集成小组团，边侧带有尾巴一样的曲线暗示了这些组团正向左下角移动。造型元素在对角线方向的集结和运动，使得不规则廓形迫近画布平面的右上角和左下角。根据平衡补偿的原则，在反方向的对角线上，聚集的造型元素和右上—左下方向的张力形成了交叉关系。（图4.16）

作品4　单一中心向心型张力结构。画面偏左上方有一个黑色圆环，在其内部右下方，有一个向心型组团形成了环状张力结节，结节的位置向右下偏移，周边元素聚集在圆环周围。一组交叉的斜线通过交点的位置将画面的重心强化到了画面的左上方。康定斯基又添加了两个线性元素，和其中的一

26　这个系列的作品总共包含12幅：编号I到IV是四幅石版画（lithographs）；编号V到VIII是四张木刻版画；编号IX到XII是四张铜版蚀刻画（etchings）。这套版画先后印制了230份，康定斯基全部亲自制版并监制了整个印制的过程，其中铜版蚀刻和黑白木刻是在包豪斯内印制，石版画和彩色木版画由魏玛的印刷技师印制。参见：Friedel H. *the invention of abstraction* [A] //FRIEDEL H, HOBERG A. *Vasily Kandinsky* [C]. PRESTEL, 2016, p.26。

组斜线构成了三角形，其宽大的底部将画面结构的重心拽向了画布平面的右下方，呈现了平衡补偿的构图原则。（图 4.17）

作品 5　方形/圆形/离心型张力结构。外圈为稳定的方形张力场，内圈为圆形/离心型张力场。外圈的方形张力场将所有造型元素限定于其中，在其影响下，其中四个方形造型元素保持了正交的位置。内圈的圆形力场打破了方形张力场中的平衡，线性造型元素和圆形元素在圆形张力场的影响下，围绕着画面的中心旋转。还有一部分方形元素在圆形张力场的影响下发生了偏转，并且产生了变形。画面的构图结构在外圈方形张力场和内圈圆形张力场的共同作用下形成动态的平衡。（图 4.18）

作品 6　四线交叉式/对角线式张力结构。四条斜线交叉切分画布平面，画面被相间的黑色和白色分为三个色区，中间沿对角线分布的白色区域又被划分为三部分，每一个部分的中心都被一组造型元素所占据。四条斜线中有两条（右上—左下）是纯粹的画布分割线，而另外两条（左上—右下）则被元素化。如果只提取造型的线元素，其分布是匀质的。（图 4.19）

作品 7　对角线交叉式/离心型张力结构。造型元素沿着画面的两条对角线向外逃逸，中心出现真空。画布平面上方聚集了一个向心型的圆形结构，使画面的重心上倾。在画面的右下方出现多个正交的造型元素，它们形成了一个矩形的张力场，将画面的重心又拉了回来。在矩形张力场的左上方，一组对峙的正交造型元素形成了一个张力更强的矩形核心力场，填补了画布平面的中心部位的空白。几个正交造型元素组成的张力场，将整个构图结构拉回了平衡的状态。（图 4.20）

作品 8　对角线式/弧线式/交叉式张力结构。8 号作品的每个造型元素在运动中都有自己“重音”的变化，呈现出有韵律的粗细变化。左上—右下方向的一组交叉直线支起了画面结构的骨架。在这股对角线张力的支撑下，线元素呈现出方向相反的两组弧线，倾向左上方的弧线呈现出更强的张力场。纠缠在一起的线性元素形成了多个旋转的张力结节，这些结节大部分聚集于画面的左上方。与此同时，右下方的一组弧线凝聚起向下的张力，与向左上的张力形成对峙。（图 4.21）

作品 9　三角形/向心型张力结构。画面结构有两个张力结节：一方面，间隔排列的四边形通过变形指向了一个尽端，它们组成了一个三角形的网，并将运动的目标指向了三角形上方的顶点，形成了画面的第一个张力结节。周边环绕的点和破碎的面都围绕着这个结节，向它聚集。另一方面，三条交叉的斜线在三角形自身的中心位置形成了交叉，交点和三角形自身的中心重合，形成了画面结构的第二个张力结节。在三角形内，两个张力结节在对峙中相互平衡。（图 4.22）

作品 10　圆形/向心型张力结构。张力牵引造型元素向中心聚集。在中心，元素聚集成一个大的组团。在周边，元素聚集成 10 个小的组团，如同 10 个行星围绕着中央的恒星，被其吸引，又极力保持一定的距离。值得注意的是最小的点元素，它们一部分聚集在可见造型元素周边，被吸附在线和面的廓形周边；另一部分凭空聚集在背景中，向各自的次中心聚集。带有基准线的图解证明了张力既存在于造型元素内，也存在于基准线所控的背景中。（图 4.23）

作品 11　三角形/离心型张力结构。在画面左下方，线性造型元素限定了一个三角形的力场，其上方和右侧的两个顶点牵引了成组的造型元素，形成了两个张力结节，而左下方的顶点位置只有康定斯基的签名。与此同时，另一组造型元素聚集在右上—左下的对角线方向，这个方向的张力指向三角形力场的左下角，弥补了这个区域的张力真空。这两组造型元素组成的图形基本聚集在画面的左上方，康定斯基又在画面的右下方配置了一组元素将其填补。同时，沿着画面的十字中轴均衡布置的造型元素稳定了整个画面结构。当构图达到一种绝对均衡的状态时，所有的张力会彼此抵消，造型元素会在画布平面上形成一种飘浮感，这种飘浮感是康定斯基和保罗 · 克利在后期的绘画中所追求的一种基调。（图 4.24）

作品 12　对角线式/弧线/交叉式张力结构。造型元素沿着画面的两条对角线聚集并交叉。画面背景中隐藏着其它张力，一组弧线表现出了相同的趋向，暗示了从左上到右下方向的张力场。画面中的点元素沿着画面基准线匀质地布局，中和了对角线和弧线上的动态张力。12 号作品在动态的张力场（从左上到右下方向）和静态的张力场（画布平面的基准结构）的对峙中保持平衡。（图 4.25）

康定斯基认为绘画的元素和元素之间有稳定的关系。这一关系依存于元素之间的内在力量，这些内在力量即所谓的张力。

张力通过特定的模式呈现：一类张力以点、线、面的模式存在，造型元素在张力的驱使下，形成了具有可识别廓形的组团，它们被张力所牵引或限定；另一类张力存在于画布平面，成对出现，包括向心型和离心型，单一对角线式和交叉对角线式、水平式和垂直式。画面的构图取决于张力模式，严格遵守平衡补偿的原则，即如果有一个方向的张力存在，在相反方向必然会有另一组张力对其产生制衡。很多人在康定斯基的构图中感受到一种悬浮感，这正是张力在彼此抵消后给人的视觉感受。[27]

20世纪20年代中后期，康定斯基的绘画风格转向了精确的几何结构，康定斯基自己阐述了这种转变的原因：一是建筑中抽象色彩的运用和绘画中“水平—垂直”图示产生了共鸣，二是回到元素的趋势使绘画还原到更为抽象的基本元素和元素之间的结构。[28] 从这种解释中我们可以看到荷兰风格派和苏联构成主义对身处包豪斯的康定斯基的影响。

康定斯基在包豪斯开设了“分析绘画”的课程，不但对构图元素进行分析，还要分析元素内在的张力，使之成为一种“可以复制的联系”，并且“通过这样的联系，将平面的外观移情到三维空间”[29]。

---

27 康定斯基认为画布平面的物质因素减少了绘画的可能性，于是需要在意识中创造一个“理想的平面”。这个平面不是呆板的二维空间的平面，而是在水平方向的一个超越画布表面的“平面的空间”，画家可以通过线条的粗细、色彩的进退、形式间的交替来创造一种在平面空间中的悬浮感。

28 康定斯基. 点、线、面[M]. 吴玛悧，译. 台北：艺术家出版社，1973年，第96页。

29 诺伯特·M. 施密茨. 瓦西里·康定斯基和保罗·克利的教学[M]//让尼娜·菲德勒，彼得·费尔阿本德. 包豪斯. 查明建，梁雪，刘晓菁，译. 杭州：浙江人民出版社，2013年，第387页。

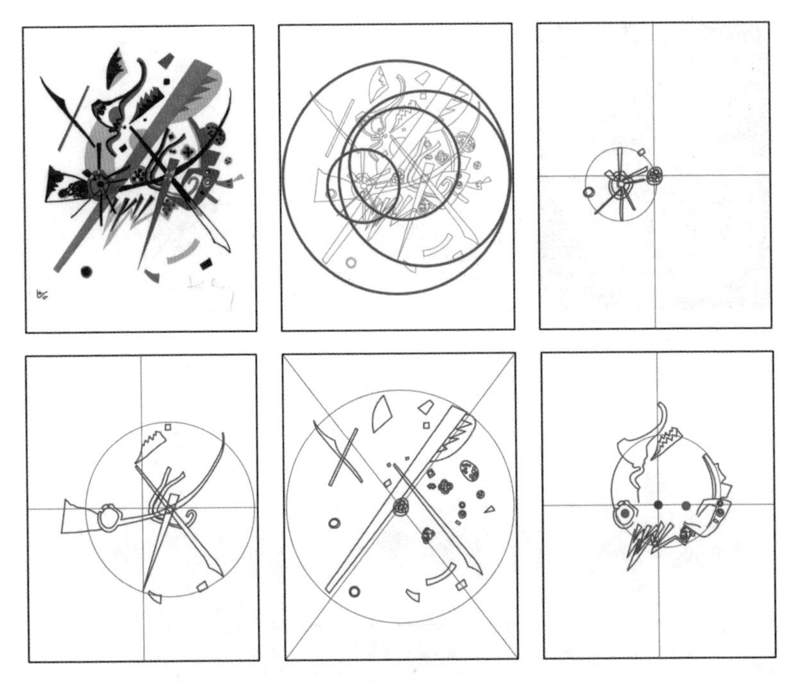

图4.14　《小世界》组画作品1号分析组图

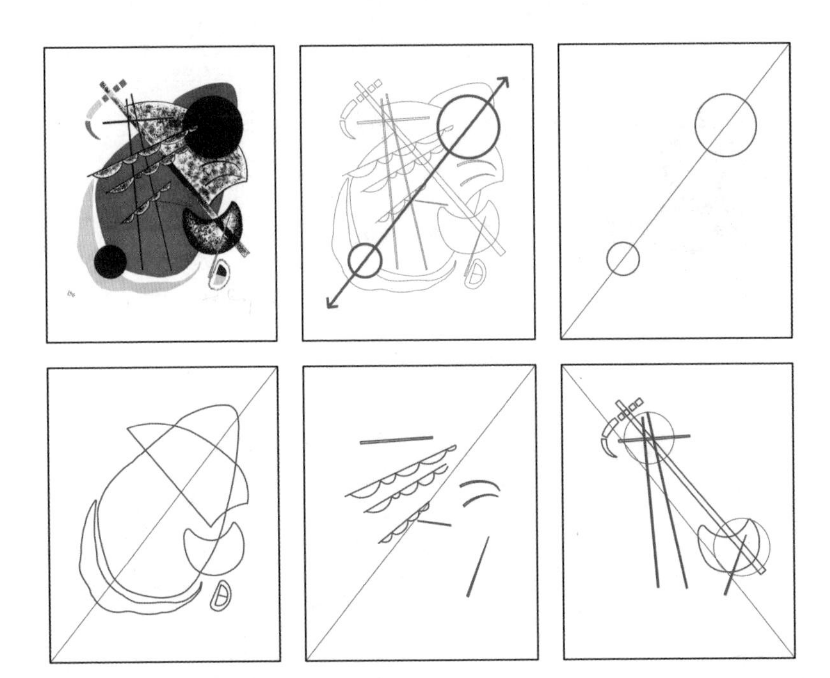

图4.15　《小世界》组画作品2号分析组图

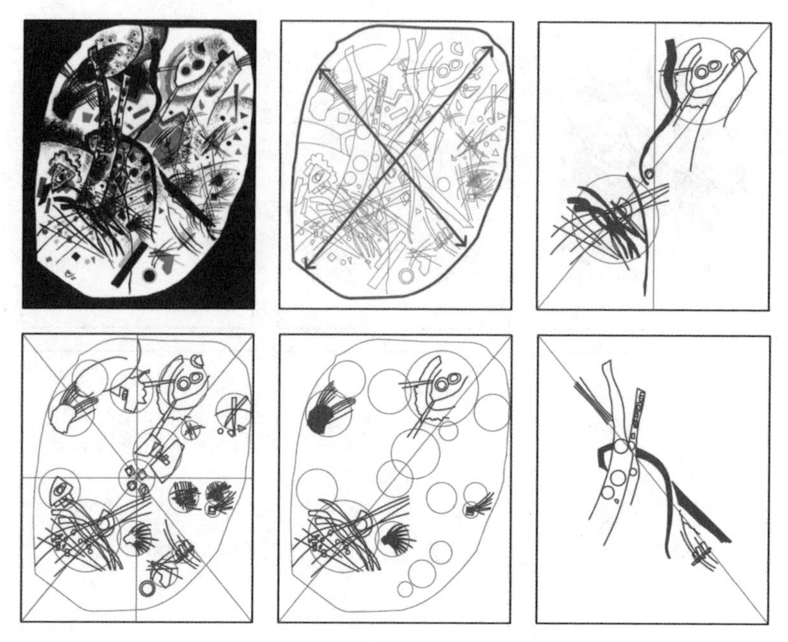

图4.16 《小世界》组画作品3号分析组图

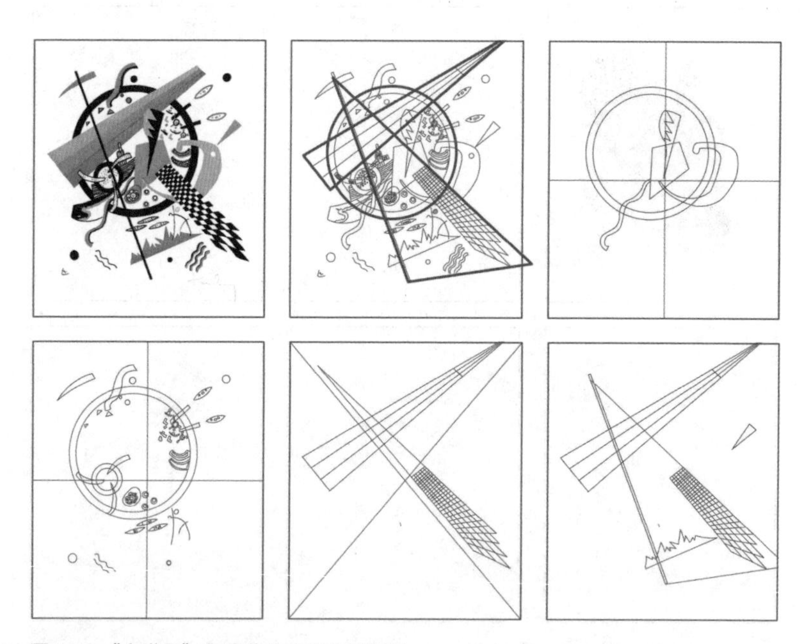

图4.17 《小世界》组画作品4号分析组图

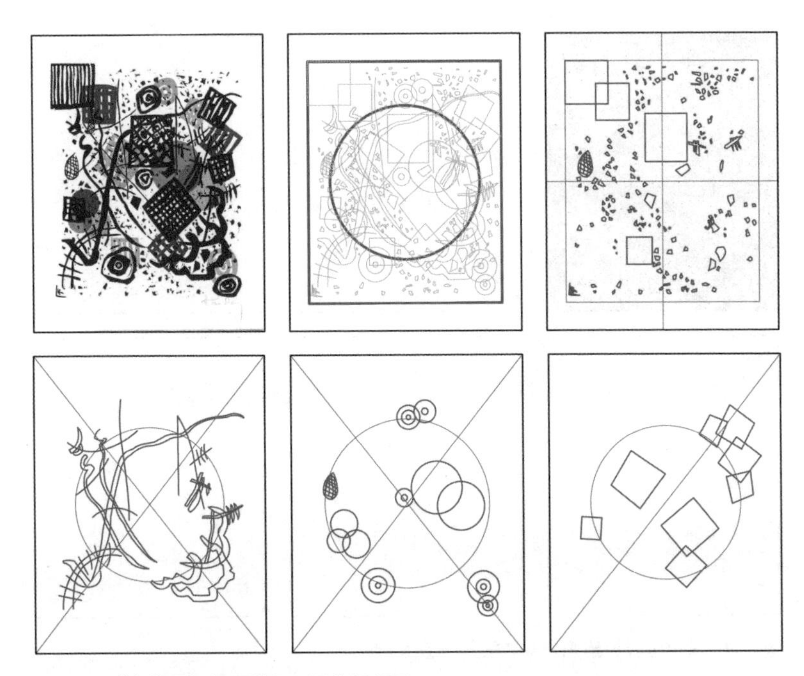

图 4.18 《小世界》组画作品 5 号分析组图

图 4.19 《小世界》组画作品 6 号分析组图

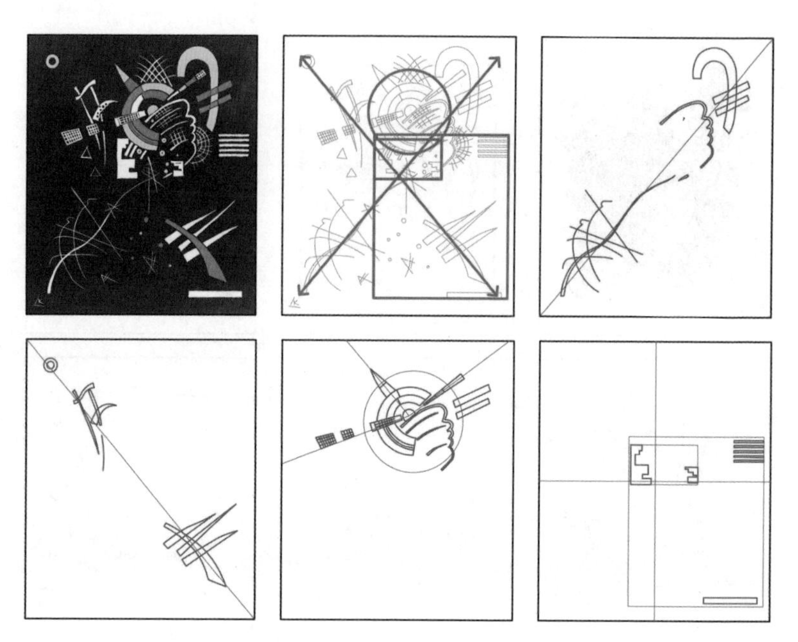

图4.20 《小世界》组画作品7号分析组图

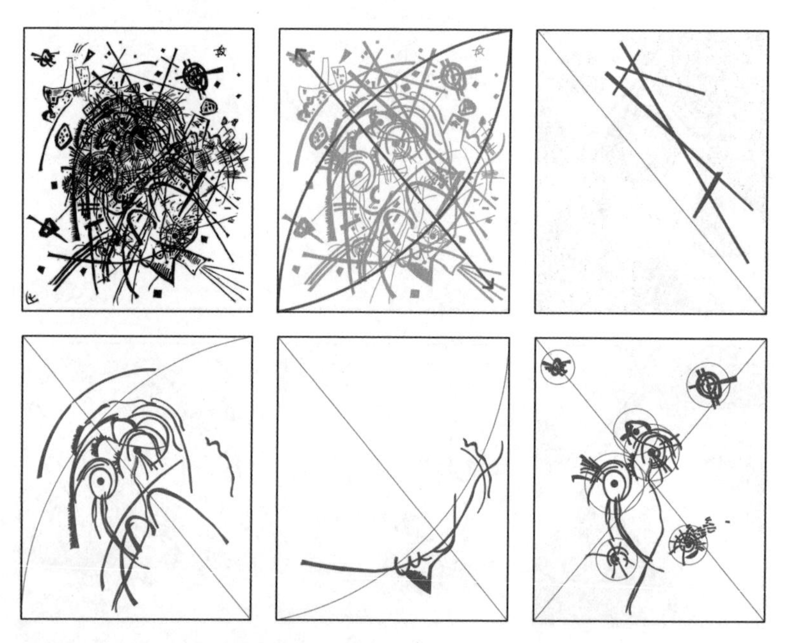

图4.21 《小世界》组画作品8号分析组图

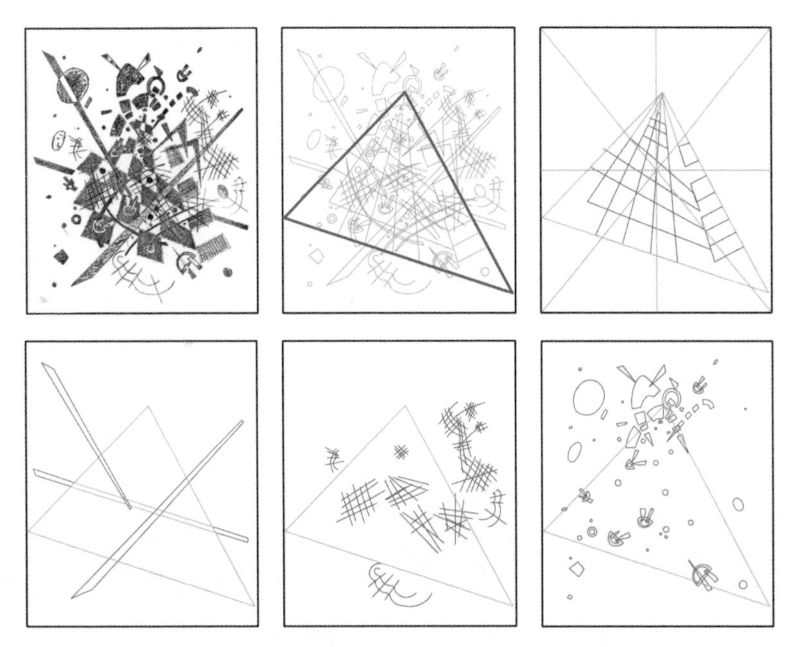

图4.22 《小世界》组画作品9号分析组图

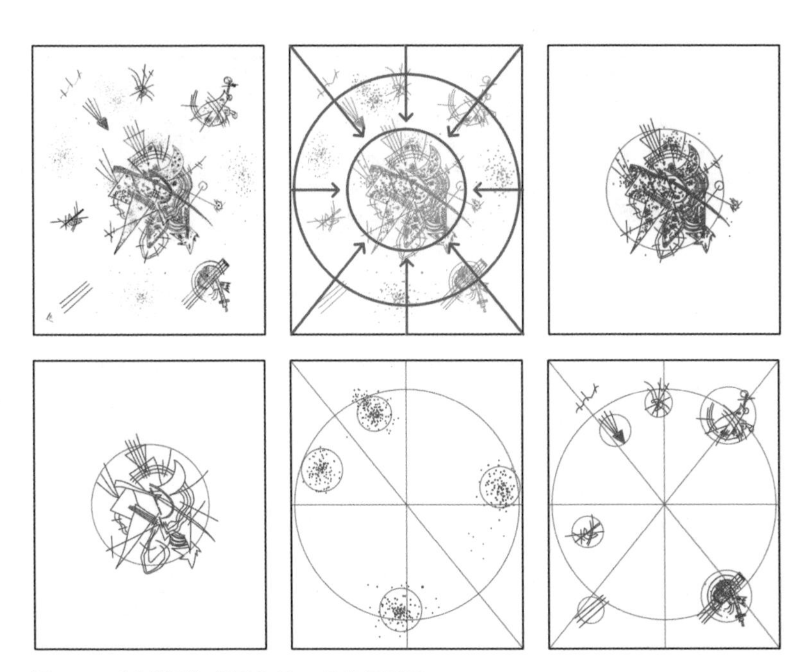

图4.23 《小世界》组画作品10号分析组图

图 4.24 《小世界》组画作品 11 号分析组图

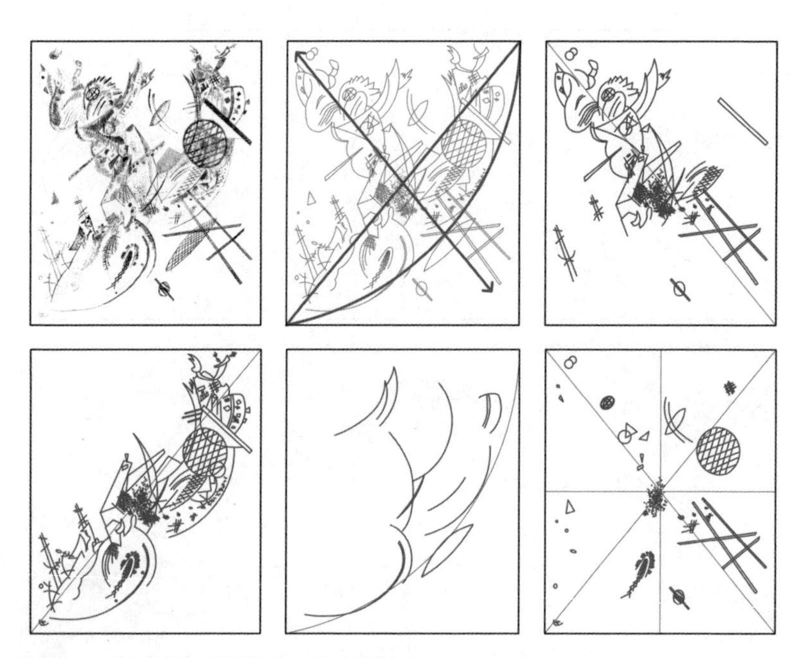

图 4.25 《小世界》组画作品 12 号分析组图

(三)小结

柯林·罗认为康定斯基、马列维奇和凡·杜斯堡的工作只是简化处理立体主义者的绘画,“将其视为一系列几何平面的构图练习”[30],但是本书的观点却和柯林·罗完全相反。如果用柯林·罗的静观的方式来审视,自然会得到上述结论,但是如果用张力和运动原理的视角来审视,大多数的立体者并无突破,直到格里斯将元素截面化,构图中有倾向性的张力才有所呈现。杜尚和未来主义发展了塞尚艺术中张力引导下的造型元素的运动机制,风格派、康定斯基和马列维奇的简化是一种将张力与运动机制系统化和语言化的努力。在他们的作品中,所用造型语言的片段汇聚成为张力与运动机制的构图语法。马列维奇用34幅素描展现了构图衍生的逻辑,如果将它们编成34帧动画,顺次放映,形成连续的动态影像,或许才是这组作品的正确的打开方式。而康定斯基的《小世界》组画则强调构图中形式之间的关联,通过整体构图中“小构图”之间的对抗,来达到总体的均衡。[31]

现代绘画的抽象的构图形式语言可以启发建筑的形式生成,使画布平面成为创造的媒介,“打开了实验性建筑的世界”[32]。这种关联性可以是直接的,例如,扎哈·哈迪德曾经直言不讳地承认马列维奇对她的建筑形式语言的影响。绘画和建筑的关联性在更多的情况下是间接的,因为二者遵循着以张力与运动主导的形式生成机制,所以呈现出相似的构图结构,例如米拉莱斯的建筑作品的形式谱系便和康定斯基的抽象绘画共同呈现了以各种线性的张力场为主导的构图形式生成机制。

---

30 Rowe C, Slutzky R. *Transparency: Literal and Phenomenal* [A] //*The Mathematics of the ideal villa and other essays* [C]. Cambridge and London: The MIT Press, 1956, p.170.

31 康定斯基认为纯艺术构图有两个因素:(1)整幅画的总体构图;(2)总体构图中包括许多小构图,这些小构图相互对抗,在对抗中创造和谐。这种和谐来自形式和形式之间不断变化的关系,形式之间任何微小的接近和退却都会影响这种和谐。康定斯基打破了构图的静态结构,构图的基础是相对的关系,随着形式的变形和运动而改变。参见:康定斯基.艺术的精神性[M].吴玛悧,译.台北:艺术家出版社,1985年,第54页。

32 参见:Schumacher P. *Digital Hadid Landscape in Motion* [M]. Basel·Boston·Berlin: Birkhäuser, 2004, p.16.

第二节 现代建筑平面构图的形式生成机制

本节通过对两位建筑师作品的归纳分析，系统地呈现张力和运动机制在建筑平面设计过程中的作用，从而形成一套可操作的建筑设计语言。这个过程中要注意三个问题:

（1）影响建筑的各种要素怎样转化为平面张力；

（2）张力和运动机制的类型化；

（3）张力和运动机制所传达的意义。

（一）扎哈·哈迪德的构图语言

扎哈和俄国的先锋艺术联系紧密，[33]她对以至上主义为代表的先锋艺术的学习和借鉴不断地进阶，每个阶段展现了不同的内容。

最初阶段是对形式的直接模仿。扎哈在英国建筑联盟（Architectural Association）的毕业设计《马列维奇的构造》（*Maleviche's Tektonik*，1977）几乎复制了马列维奇在1923—1927年所制作的至上主义模型的体量。[34]

第二个阶段是形式的类比。在1986—1989年的三个城市设计方案中，扎哈借用了现代绘画的构图形式，将马列维奇和康定斯基的作品拼贴到城市现有的肌理上，直接切分城市空间，生成大尺度的巨构建筑（图4.26）。

第三个阶段是对构图的生形机制的借鉴。在前文中，我们对香港顶峰俱乐部（1982—1983）和维特拉消防站（1991）的方案进行过形式分析，从

33 扎哈在1991年第一次接受*EL Croquis*（建筑素描）采访时，谈到了俄国先锋艺术的影响。参见：Hadid Z. *Interview with Richard Levene & Fernando Marquez Cecilia* [J]. ELcroquis, 1991(52+73+103), pp.22-23。1992年，扎哈的团队第一次在纽约的古根海姆美术馆策划了名为"伟大的乌托邦：俄国与苏维埃的前卫艺术1915—1932"的展览。2010年，扎哈的团队在苏黎世的Gmurzynska画廊再次策划了名为"扎哈·哈迪德和至上主义"的展览。扎哈·哈迪德认为至上主义和构成主义真正的影响是其带来的现代性，现代主义的观念在一个阶段终止的时候便会重新开始，从不衰竭。

34 扎哈在英国建筑联盟的毕业设计《马列维奇的构造》获得了学位大奖（the Diploma Prize）。她在一座桥上建设了一个旅馆，探索用变异（mutation）的元素，结合至上主义的艺术形式来满足场地对功能的需求。参见：Hadid Z. *The complete Zaha Hadid* [M]. London: Thames&Hudson, 2009, p.18。

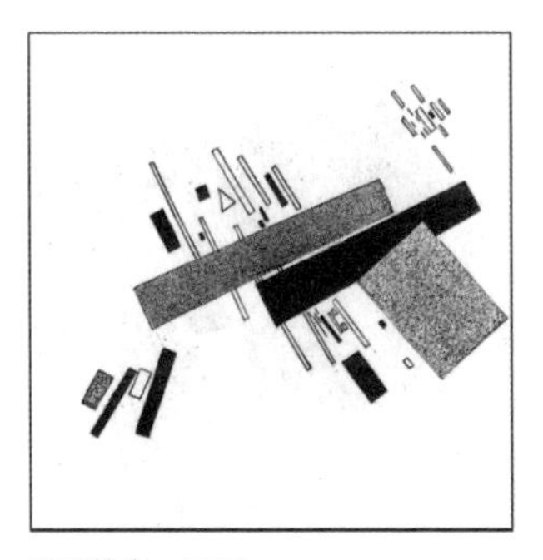

马列维奇，1920

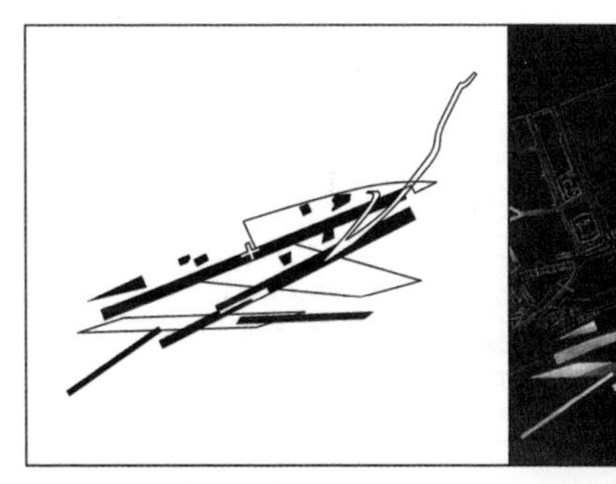

扎哈·哈迪德，汉堡港口，1986

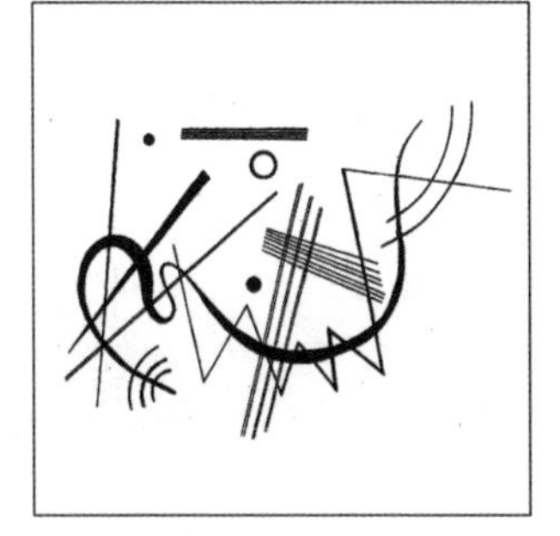

康定斯基，1926

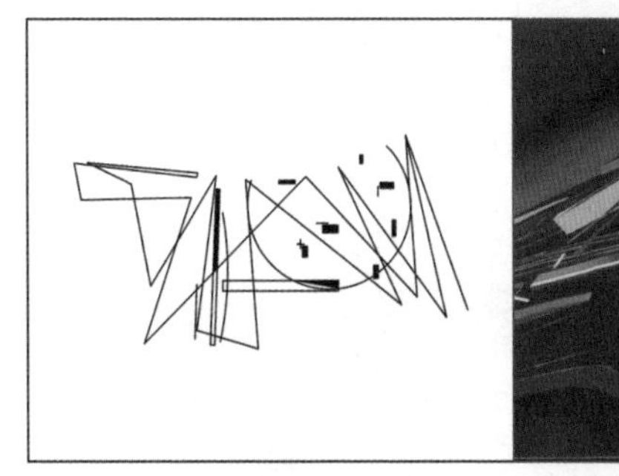

扎哈·哈迪德，西好莱坞市政中心，1987

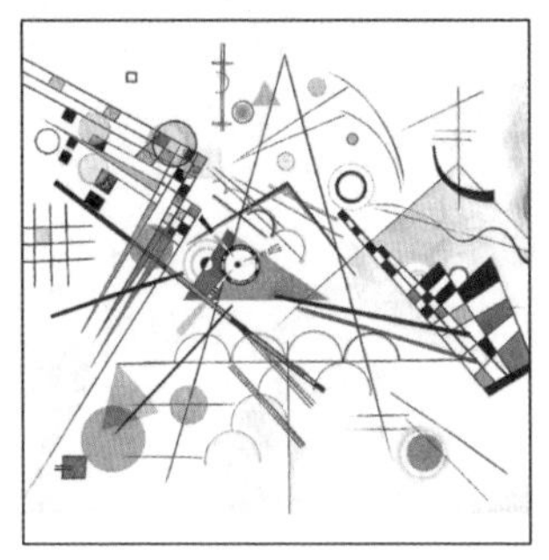

康定斯基，1923

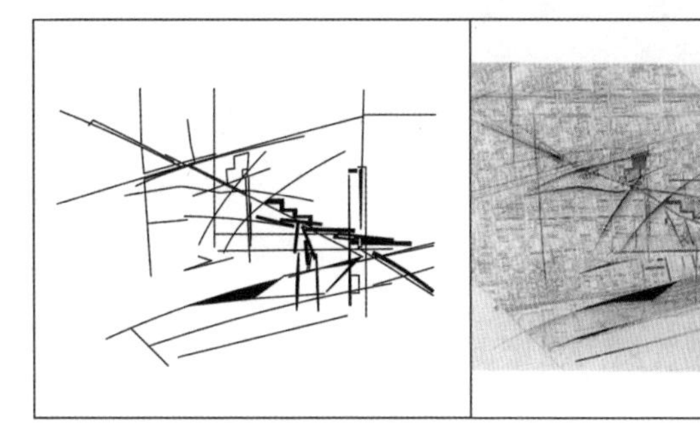

扎哈·哈迪德，新巴塞罗那，1989

图4.26　形式的类比——城市设计方案三例子（1986—1989）分析组图

纸上竞赛方案到第一个建成作品，扎哈的建筑平面构图中展现出一种线性的时间序列（图4.27）。

第四个阶段是通过大量的设计实践，形成了类似马列维奇的34幅素描一样的系统化的构图机制，将复杂的影响建筑的要素转化为平面中的矢量，按照类型学的方式，进行了语言化的重组。我们将进一步分析这套形式语言的规律。

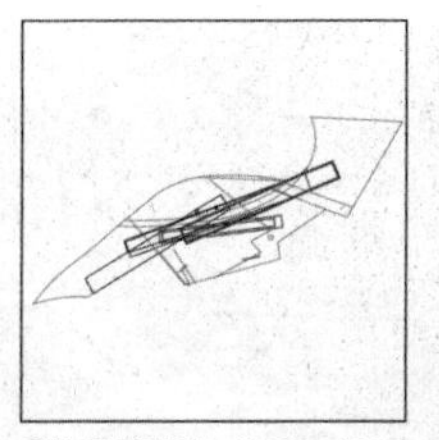

香港顶峰俱乐部（1982—1983）

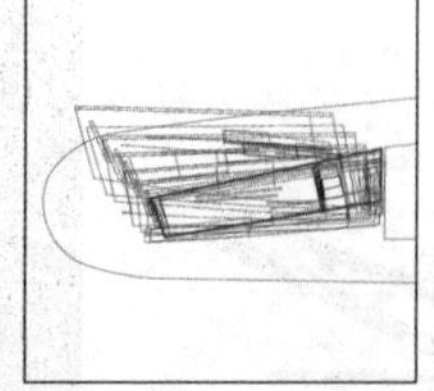

哈芬大街商住楼（1989）

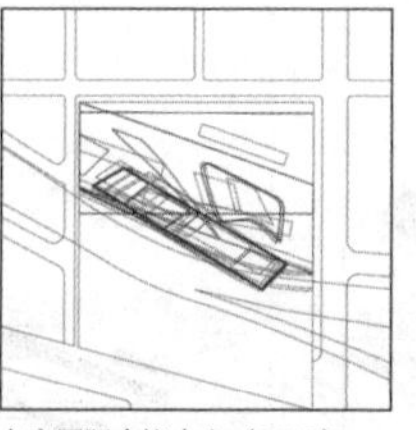

东京国际会议中心（1989）

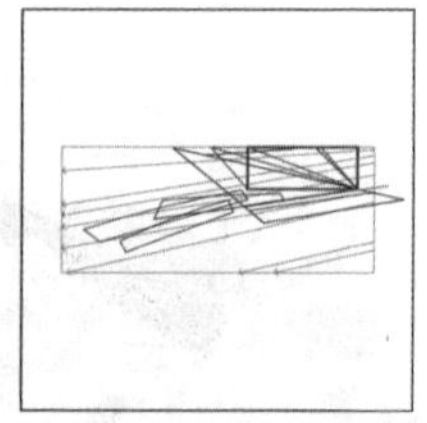

维特拉消防站（1991）

图4.27　形式的运动机制——扎哈建筑平面构图中的线性时间序列

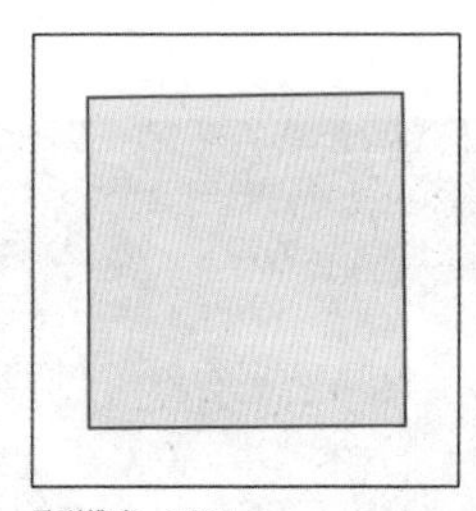

马列维奇，1915

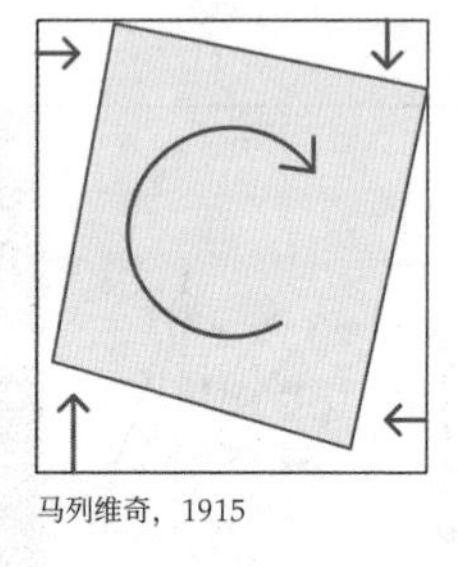

马列维奇，1915

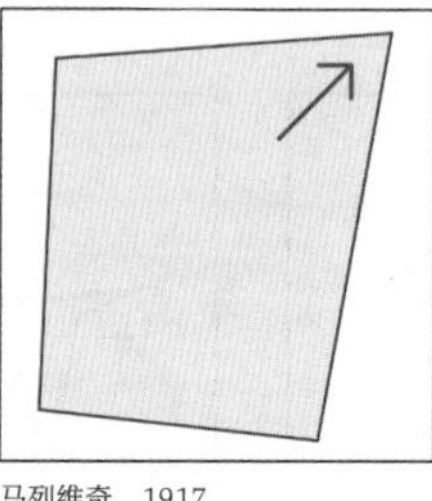

马列维奇，1917

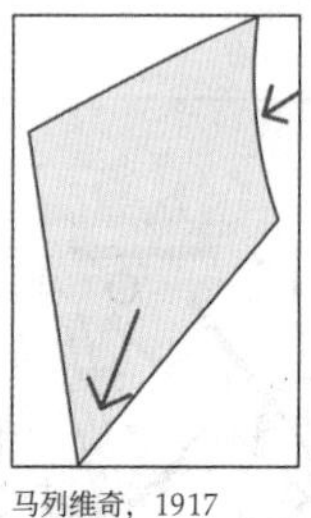

马列维奇，1917

图4.28　对马列维奇正方形制构图的至上主义绘画的分析

1. 正方形制

正方形是平面造型语言的初始元素。作为图形的正方形是词根，通过变形、运动（连续变形）和组合（连续变形过程中不同瞬间的结晶的叠加）衍生出新的造型元素。作为结构的正方形是句法，通过其张力场，引导造型元素的变形、运动的组合。[35]

马列维奇以正方形为母题的作品，先后呈现了初始正方形在张力作用下位移和变形的情况（图4.28）。与之相对应，在扎哈的四个使用正方形作为平面母题的方案中，呈现出相似的构图机制。正方形廓形可以相对不变（方案A1），也可以受到环境张力的影响（方案A2、A3、A4）而变形。廓形内的元素可以服从廓形张力的支配，也可以形成相对独立的张力结构（方案A1中的斜十字和方案A2中电梯形成的锚固点）。方案最终的形态是方形廓形的

35　作为结构的正方形的张力场由两部分构成：一是廓形，二是廓形内的基准结构（十字中轴和对角线）。在格式塔“最简原则”的影响下，廓形的变形和廓形内的造型元素相对于基准结构的位移，都会在完形压强下产生张力，驱使造型元素为了重获平衡而产生一系列的变形和运动。

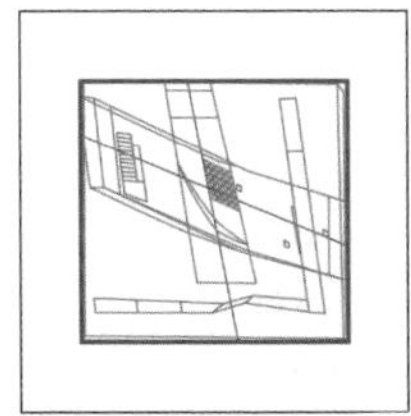
A1 海牙别墅（1991）

A2 比利·施特劳斯旅馆扩建项目（1992）

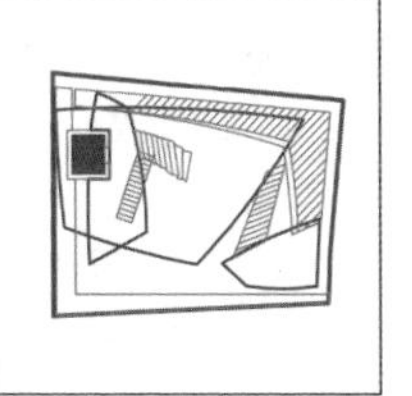
A3 富谷公寓（1987）

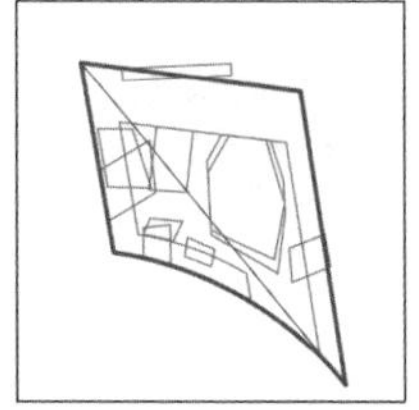
A4 加迪夫歌剧院（1994）

图4.29　扎哈·哈迪德建筑平面构图中的正方形制

X射线平面图（X-ray plan）

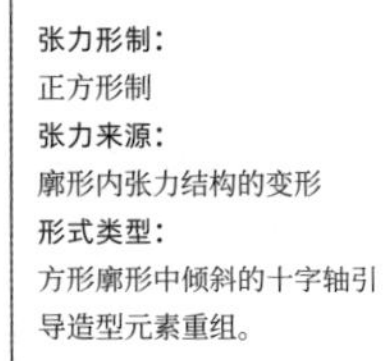

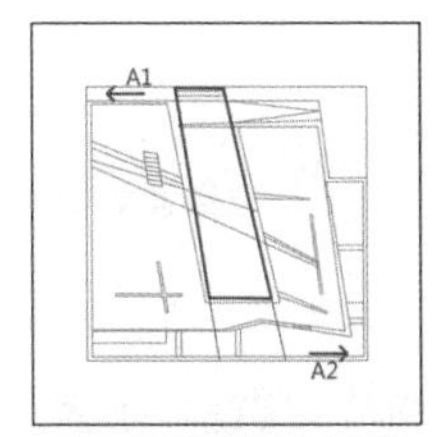

1. 张力牵引造型单元向角部运。

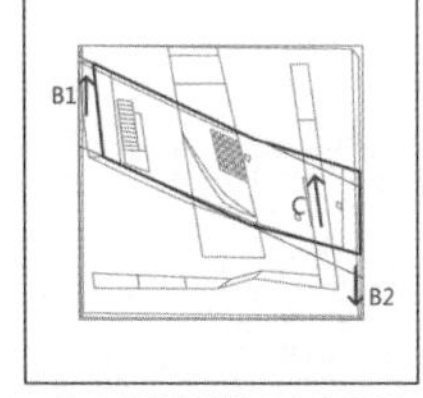

2. 张力牵引造型单元向角部运。

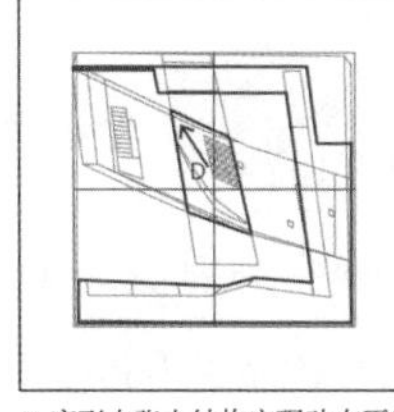

3. 廓形内张力结构实现动态平衡。

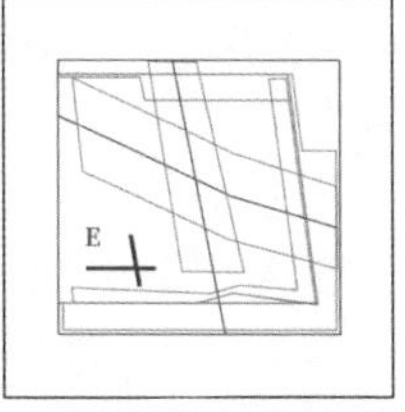

4. 廓形内造型单元实现动态平衡。

图4.30　海牙别墅（1991）分析组图

基准张力结构（包括变形后的方形）和其内部元素自身的张力结构相互作用的结果（图4.29）。

海牙别墅（1991）

概况：方形廓形中，倾斜的十字轴牵引廓形内的体量。

建筑首层的中空庭院和二层悬浮的体量形成了斜十字结构，这两个体量相对于正交十字中轴的位移，使张力向方形的左上角和右下角聚集（图4.30-1、图4.30-2中的箭头A1、A2、B1、B2表示了向角部聚集的张力）。斜向十字结构形成的张力结节的重心偏向廓形的左上方（图4.30-3中的箭头D）。首层平面中，沿着廓形的三条边有一个辅助性的长条空间（由厕所、储物间等功能模块组成），和天窗一起形成了一个U形，紧贴着廓形内侧。这个U形的张力和斜十字的偏离的重心互相平衡，强化了左上角和右下角的结构重量，稳固了廓形内的张力结构，同时牵引顶层悬浮的体量在形体上发生

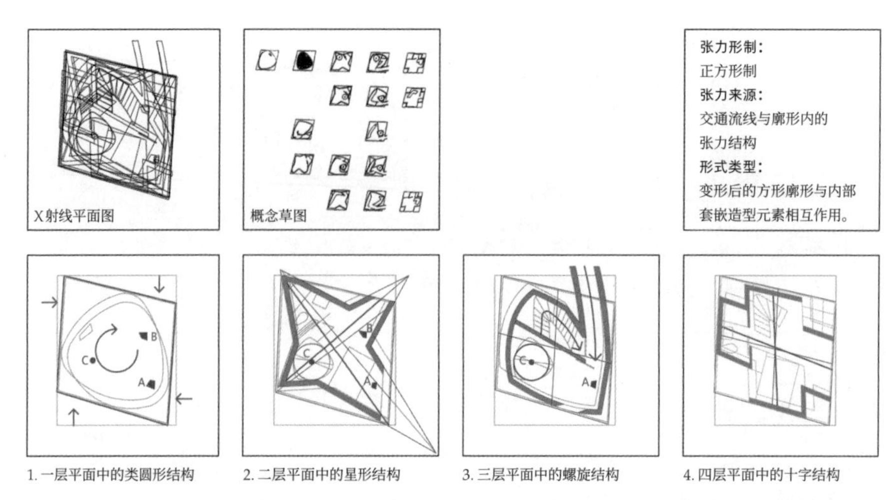

图4.31 比利·施特劳斯（Billie Strauss）旅馆扩建项目（1992）分析组图

了偏折（图4.30-2中的箭头C）。斜十字结构和U形结构组合后，唯独在廓形的左下角出现了一处张力真空，于是首层空间的一组十字交叉的承重隔墙出现在这个区域（图4.30-4中的元素E），加重了这个方向的视觉重量，使构图重新获得平衡。

比利·施特劳斯（Billie Strauss）旅馆扩建项目（1992）

概况：变形后的方形廓形牵引嵌套在其内部的体量。

正方形变形为平行四边形，垂直叠加生成结构框架，首层架空。在其余的四个层的平面中，扎哈·哈迪德分别将不同的形状嵌套在四边形廓形中。在地下层，压迫廓形变形的外部张力形成了旋转力，围绕着三个支撑点（图4.31-1-A、B、C），方形廓形内生成了不规则的类圆形，紧贴着廓形内侧，是一个可以举办展览活动的公共空间。二层和四层是两个设施完备的独立空间，二层空间沿着四边形的对角线布局，生成了星形形态（图4.31-2）。四层空间沿着四边形的十字中轴布局，生成了倾斜的十字形态（图4.31-4）。第三层空间比较特殊，有一个连廊将新旧建筑联系在一起，连廊从四边形框架的一侧切入新建筑的第三层平面，在平面上生成了一个侧向推力，进而使第三层空间演变为螺旋形态，成为连接第二层和第四层的枢纽（图4.31-3）。嵌套在三个平面中的形状和方形廓形的基准结构张力场相互作用，中心位置都是

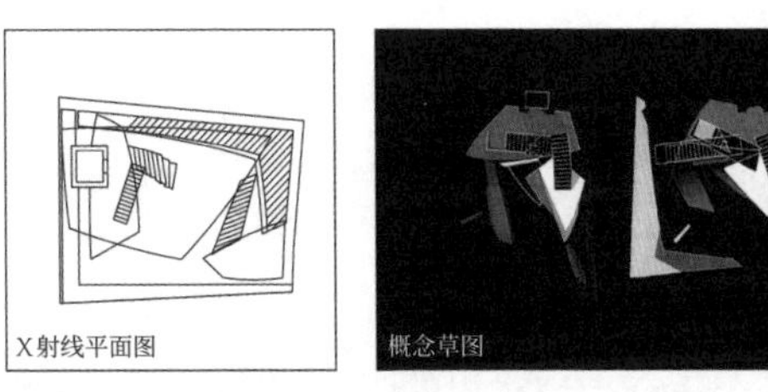

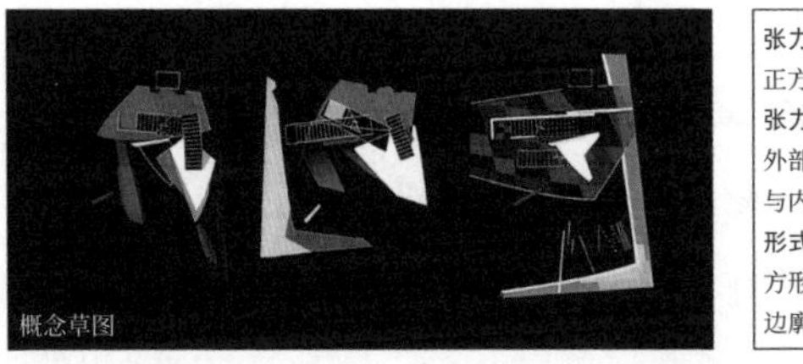

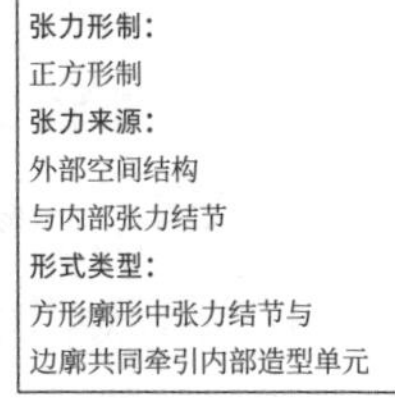

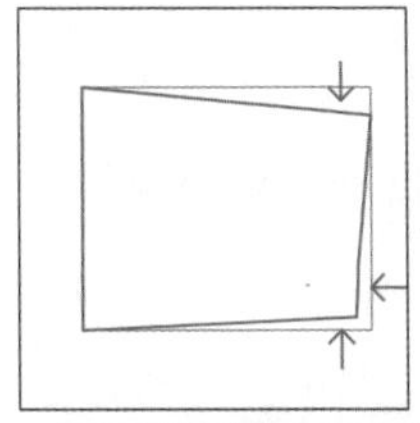
1. 廓形在环境张力的挤压下变形。
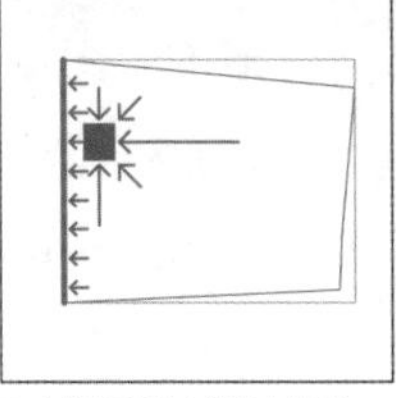
2. 电梯是廓形内的张力结节。
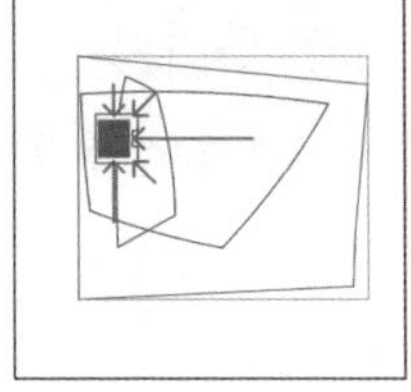
3. 漂浮的体量被向心拉力锚固。
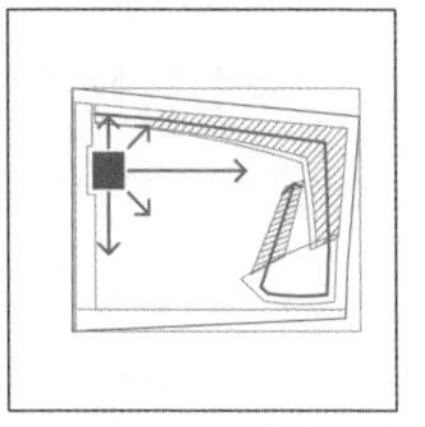
4. 离心推力外推边缘的造型元素。

图4.32　富谷公寓（1987）分析组图

空的，在变形扭曲的方形框架中呈现出一种螺旋向上的离心力，同外部的方形框架轮廓的张力相互制衡。

富谷公寓（Tomigaya Building，1987）

概况：张力结节牵引变形后的方形廓形的内部体量。

富谷公寓位于拥挤的城市环境，廓形在环境张力的挤压下，在一条边被固定的情况下，另外三条边发生了变形（图4.32-1）。邻近被固定的边的电梯是廓形内的张力结节（图4.32-2）。飘浮在空中的体量被向电梯聚拢的向心型张力牢牢锚固（图4.32-3）。同时，在廓形的引力和张力结节的离心力的影响下，造型元素紧贴着廓形内侧盘旋（图4.32-4）。值得注意的是，张力结节产生的力在图4.32-3中表现为向心拉力，聚合中心的造型元素，而在图4.32-4中表现为离心推力，外推边缘的造型元素。张力结节可以产生两种对立的力，符合阿恩海姆对矢量（视觉对象的形状和构型产生的力）的定义，除非一个特定的基点决定了矢量起始原点从而决定了其方向，否则视觉矢量便被看成在两个方向上均可定向。[36]

36　鲁道夫·阿恩海姆. 中心的力量——视觉艺术构图研究[M]. 张维波，周彦，译. 成都：四川美术出版社，1990年，第197页。

加迪夫歌剧院（1994）

概况：方形廓形变形，牵引内部体量。

在草图上，场地中预设了方形的母题，方形廓形的下边被环境形成的张力压迫成弧线（图4.33-1）。这股外力打破了平衡，使另外的三条边产生了连锁的变形反应，下方张力和上方三个正交街道边界的张力相互制衡，三条边的变形被限定在街道环境所形成的方形廓形内（图4.33-2），并生成了底层架空的围合体量。从廓形的西南和东南方向插入了两个楔形，是建筑的公共中庭。这两个中庭廓形向外压迫，同时方形廓形的两条边在变形后向内压迫，四个方向的张力在廓形的右上方形成了张力结节C，结节所在的地方成为建筑廓形内的核心体量，即主剧场空间（图4.33-3）。为了平衡廓形内的体量分布，多个功能单元依附在廓形体量内侧，填充了内院空间余下的空隙（图4.33-4），最终形成了四边环绕中心的构图模式。

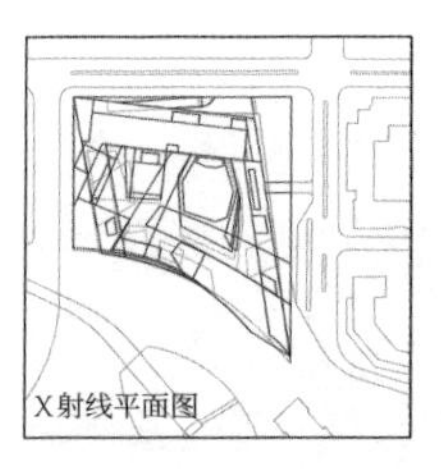

X射线平面图

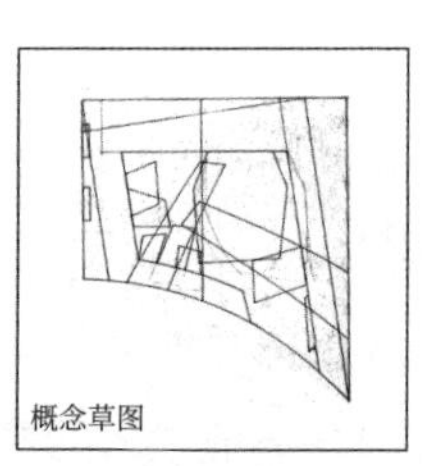

概念草图

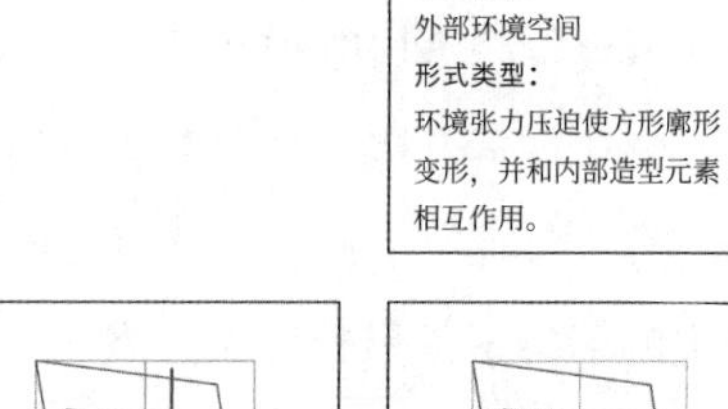

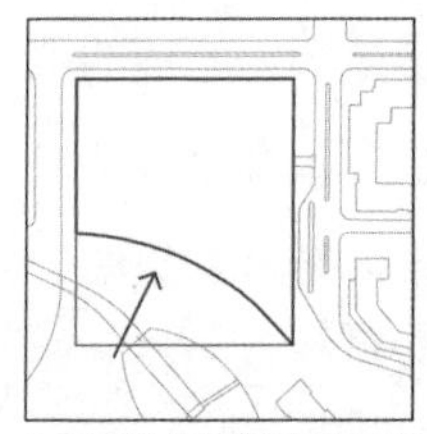

1. 方形下边被环境张力压迫成弧线。

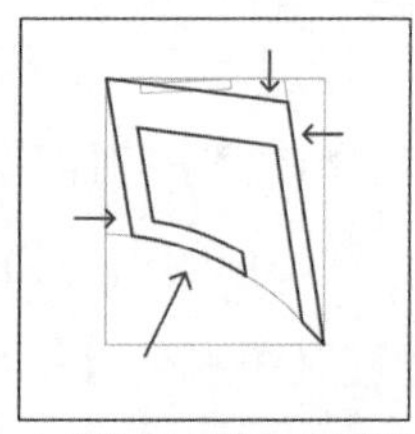

2. 方形另外三条边产生连锁变形。

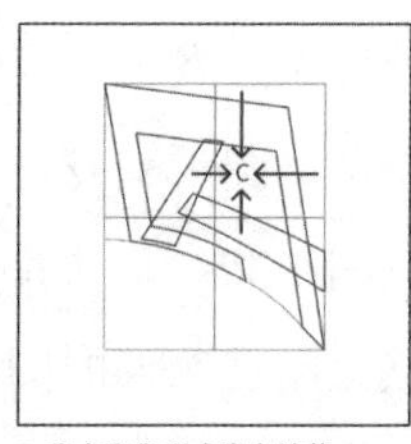

3. 张力聚集形成张力结节。

4. 功能单元依附在廓形体量内侧。

图4.33 加迪夫歌剧院（1994）分析组图

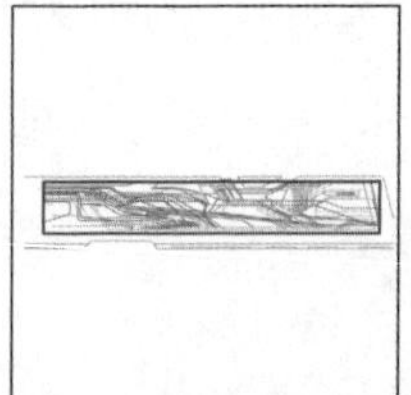

B1 魁北克国家图书馆（2000）

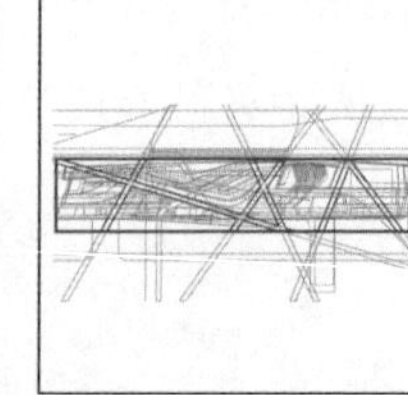

B2 IIT 新校园中心（1998）

B3 斯皮特劳高架桥住宅（1994）

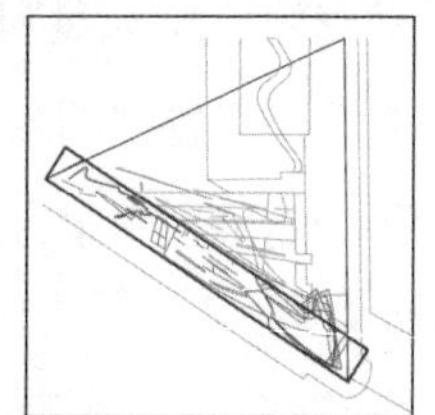

B4 柏林IBA中心（1987）

图4.34 扎哈·哈迪德建筑平面构图中的矩形制

2. 矩形制

矩形是正方形受到水平张力的拉伸而形成的。所以和正方形的均衡不同，长条矩形内部已经具有了主导性的水平张力。四个以矩形为母题的平面中，呈现出四种情况（图4.34）：

（1）限制在矩形廓形内的线性张力场切分矩形的内部空间（B1）；

（2）外部张力场介入矩形廓形后的交叉张力场切分矩形的内部空间（B2）；

（3）限制在矩形廓形内的独立造型单元在线性张力的影响下的连续运动（B3）；

（4）外部张力场（三角形街区）介入矩形廓形后，矩形廓形内的独立造型单元的连续运动（B4）。

魁北克国家图书馆（2000）

概况：长条矩形廓形内，体量被水平拉力牵引，被外部张力切分。

草图中的线性元素交织在一起，扎哈将其比喻为生长的树枝。在这些线中，有些被加粗强调，生成建筑的内部流线，切分建筑的内部体量。廓形内存在两股流线引导的张力：一股来自进入建筑主入口的流线，产生了自左向右的水平张力（图4.35-2-A1），推动线条水平延伸；另一股来自从上方进入廓形的流线，产生了从左上方到右下方的张力（图4.35-2-A2），使水平运动

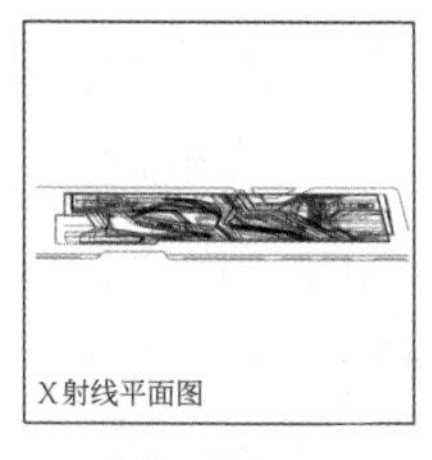

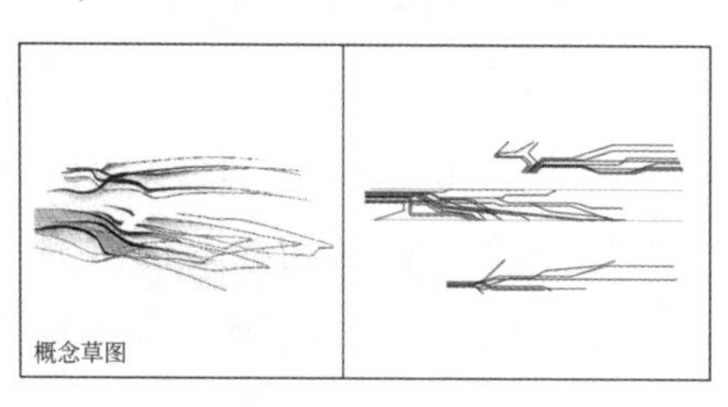

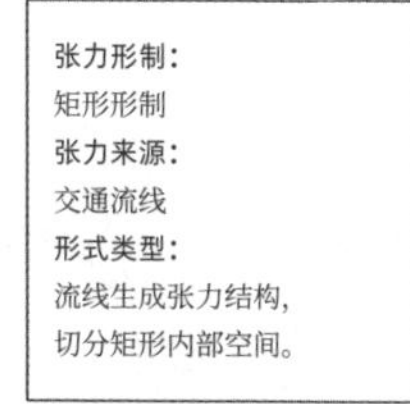

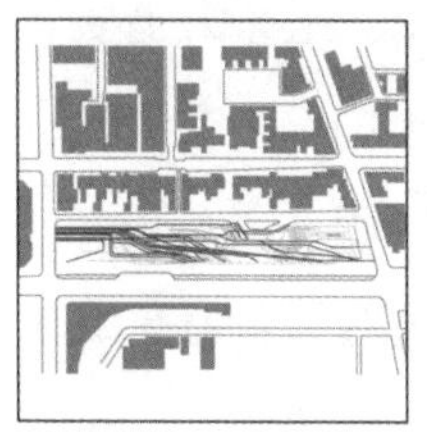

1. 矩形廓形内预设张力结构。

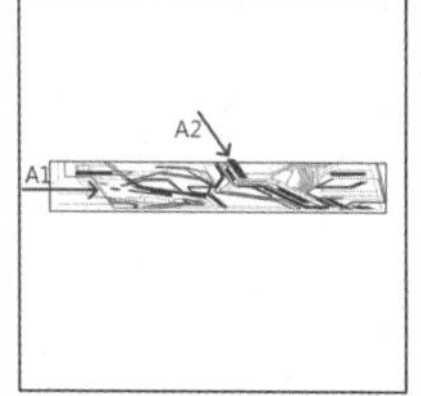

2. 交通流线成为廓形内主导张力。

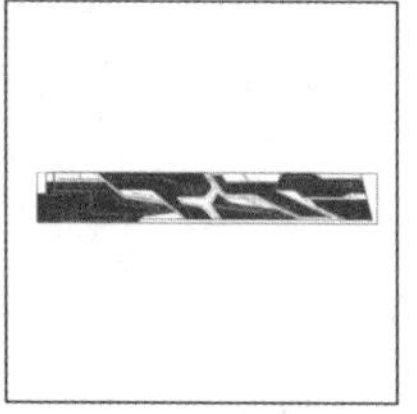

3. 张力结构切分内部空间生成团块。

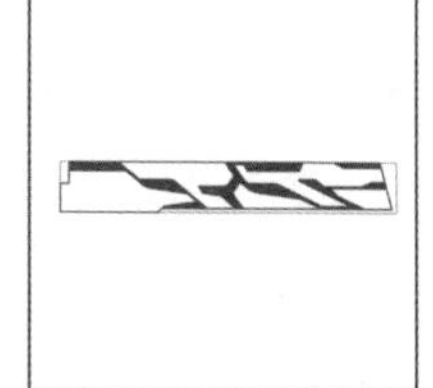

4. 团块间隙成为交通空间。

图4.35　魁北克国家图书馆（2000）分析组图

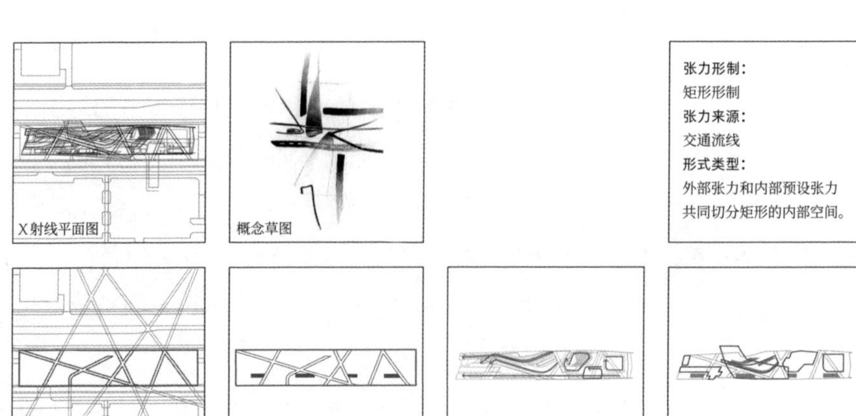

1. 环境张力结构切分矩形廓形。 2. 外部张力切割后的平面结构。 3. 二层平面廓形内流动的张力。 4. 内外张力作用下的平面单元。

图4.36 伊利诺伊理工大学（IIT）新校园中心（1998）分析组图

的线产生了方向的偏折，向右下方扩散。在这些线性张力的冲切下，廓形内部被切分成团块（图4.35-3），生成不同的功能空间。团块的间隙，充斥着流动的张力，成为廓形内功能模块之间的交通空间（图4.35-4）。

伊利诺伊理工大学（IIT）新校园中心（1998）

概况：外部张力和内部张力共同切分长条矩形的内部空间。

伊利诺伊理工大学的校园被密斯·凡·得·罗赋予了精确的正交网格秩序，新校园中心的设计既要尊重背景环境，又要有所突破。这个悖论最终表现为四组张力在平面中的交错：第一组张力来自背景环境，长方形的廓形是对整个校园空间秩序和建筑形态特征的回应；第二组张力是贯穿廓形的交叉直线，穿过建筑，成为联系校园南北不同功能区域的步行流线（图4.36-1），并将廓形内的平面空间切分成不同的区块（图4.36-2）；第三组张力是横贯东西的城市交通流线（汽车和轻轨）；最后一组张力来自廓形内部，在平面中流动的张力贯穿于区块之间，牵引着被切分的区块黏合在一起（图4.36-3），有时推动着这些区块突破了廓形的边界（图4.36-4）。上述四组张力交织在一起，塑造了最终的平面形态，呈现出扎哈在那时所迷恋的“流动性（fluidity）”、“模糊性（ambiguity）”和“杂交性（hybridity）”。

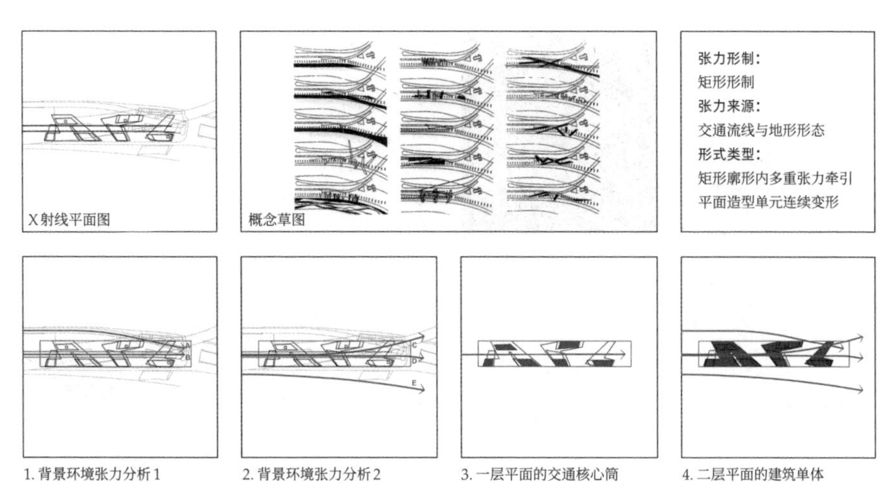

图4.37　斯皮特劳高架桥住宅（1994）分析组图

斯皮特劳高架桥住宅（Spittelau Viaducts Housing，1994）

概况：多重外部张力牵引单元体量在长条矩形廓形内的连续变形和位移。

横向延伸的高架拱桥在平面中产生了水平推力（图4.37-1-B），弧形轨道同时向矩形的端头施加了推力（图4.37-1-A），两股张力聚集在廓形的端头。向左下方延伸的水岸线（图4.37-2-E），沿着水岸线的轨道（图4.37-2-D）和向右上方延伸的步行路（图4.37-2-C）共同引导着水平张力从左向右逐渐扩散。垂直交通核沿着水平张力分布（图4.37-3）。过去的滨水铁路高架桥上方被布局了三个独立的功能单元，被限定在不可见的矩形廓形中。三个轻盈的单元仿佛被置于网中，接受横向张力的冲击而飘浮起来（图4.37-4）。我们可以将这三个单元视为一个箭头状的体量在水平张力的冲击下从左向右翻转，在运动过程中结晶的三个瞬间组成了线性的运动序列。

柏林IBA中心（1987）

概况：环境张力和矩形内部张力共同作用下的张力结节处生成主要体量。

IBA中心位于一个街区的端头，背景环境中呈现出两个三角形张力场，一个是外街廓形构成的三角形A，另一个是新旧建筑围合成的三角形庭院B（图4.38-1）。任务书要求沿街设计一个均高五层的长条形体量，但是扎哈为了创造一个标志性的建筑，将建筑密度重新分配，设计了高三层的裙楼和高

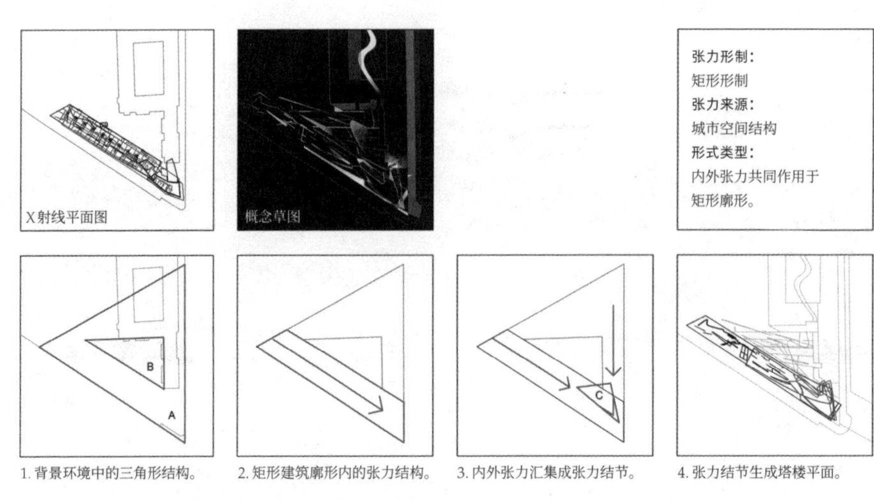

图4.38 柏林IBA中心（1987）分析组图

八层的塔楼的组合体量，在环境张力和廓形内张力的共同作用下生成平面形态。一方面，沿街的矩形廓形内具有线性的张力（图4.38-2）；另一方面，在环境的三角形张力场内，张力向角部聚集，在二者的共同作用下，矩形的一个端头，同时也是三角形的一个顶点，生成了张力结节C（图4.38-3）。在扎哈的手绘图中，一个箭头形状的体量在张力结节的区域连续位移变形，运动过程中的三个瞬间结晶为端头的塔楼的各层平面。最终，聚集在矩形和三角形共同端点的张力结节区域生成了一个具有连续性的动感体量（图4.38-4）。

3. L形制

L形是单向拉伸的长条矩形在端头发生了方向上的偏折，这个偏折意味着在平面水平张力的基础上，增加了另一个方向上的张力。L形既可作为承载体量的廓形，也可作为牵引体量运动的轨迹。以下四个方案分别呈现了这两种情况：罗马当代艺术中心（C1）和西班牙皇家收藏博物馆（C2）将L形作为廓形，内部流动的张力分别生成了正体量和负体量；萨勒诺渡轮码头（C3）和地形1号（Land Formation-One，缩写为LFone）园艺展廊（C4）则将L形作为牵引体量运动方向的张力，前者的体量在偏转后，最终以涡旋的形态被收纳于矩形廓形之内，后者的体量则在偏转后继续延伸，保持了前进的动势。

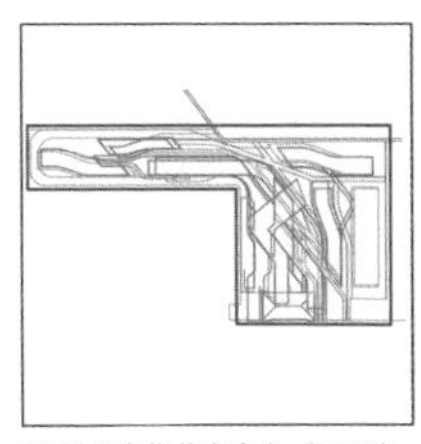
C1 罗马当代艺术中心（1999）

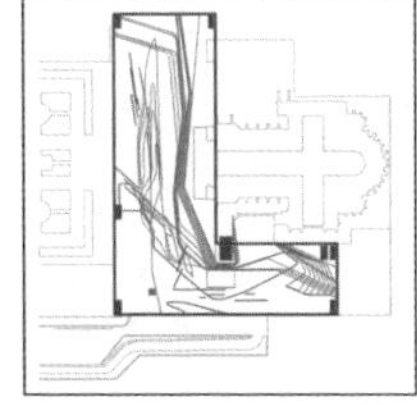
C2 西班牙皇家收藏博物馆（1999）

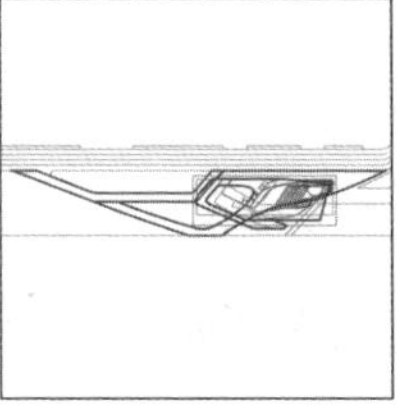
C3 萨勒诺渡轮码头（1999）

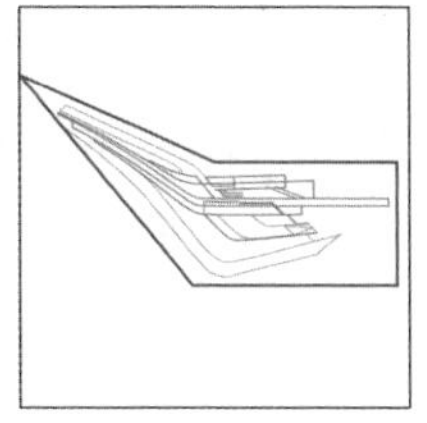
C4 地形1号园艺展廊（1999）

图4.39　扎哈·哈迪德建筑平面构图中的L形制

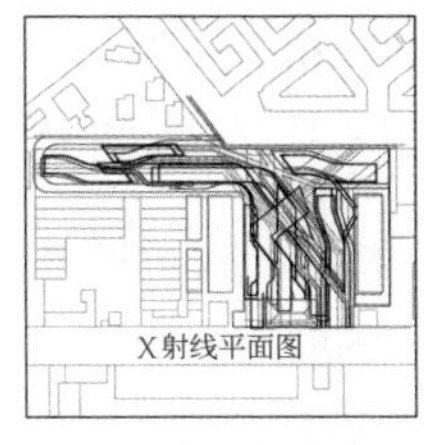

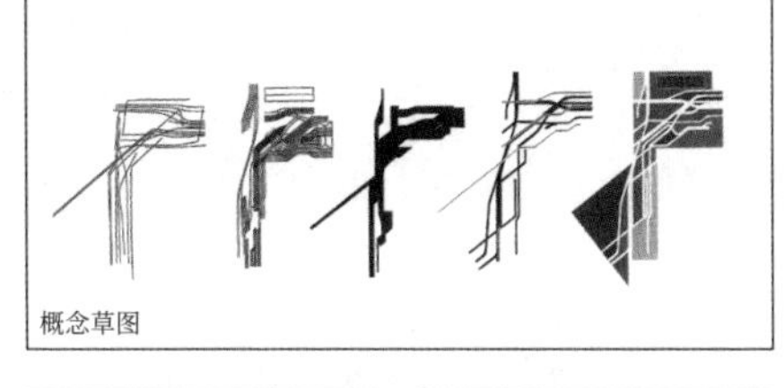

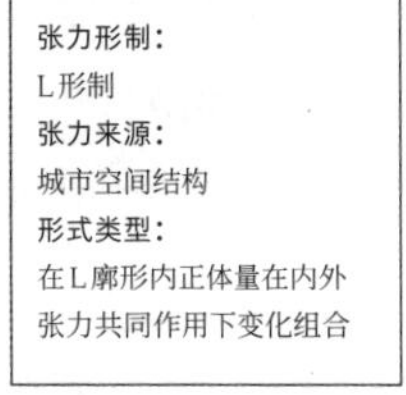

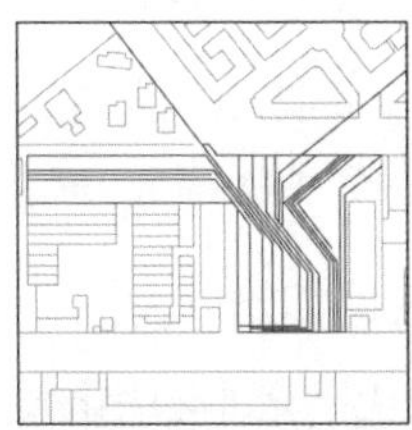
1. 环境张力对廓形内结构的影响。

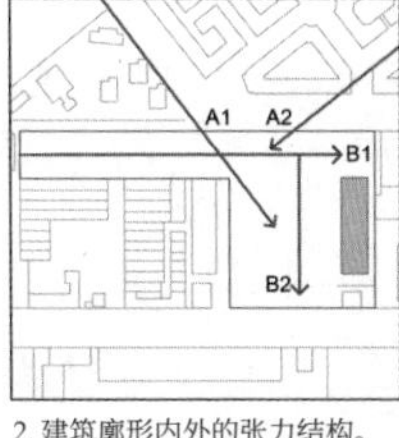

2. 建筑廓形内外的张力结构。

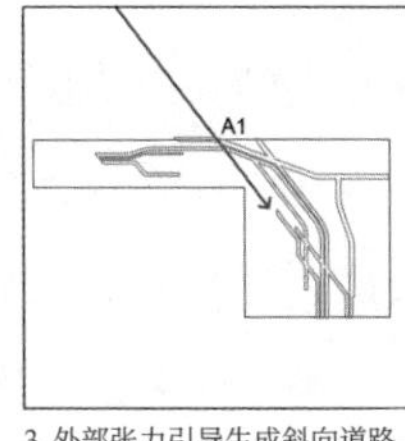

3. 外部张力引导生成斜向道路。

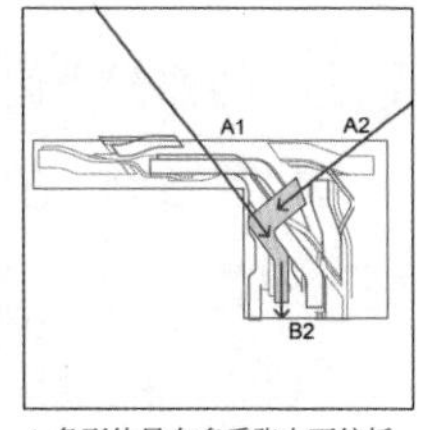

4. 条形体量在多重张力下偏折。

图4.40　罗马当代艺术中心（1999）分析组图

罗马当代艺术中心（1999）

概况：在L廓形内，线性正体量在内外张力共同牵引下变化组合。

扎哈在分析图中表现了城市环境的结构性张力对廓形内张力场的影响[37]（图4.40-1）。从周边城市街廓中提取的斜向张力A1和A2直接进入了廓形内部，而L廓形内侧固有的水平张力B1和垂直张力B2，在廓形内现存建筑体量C的影响下呈现为T形结构（图4.40-2）。外部的斜向张力A1在廓形内引导了斜向道路的生成（图4.40-3）。L廓形可被视为是承载内部剧烈张力与运

37　在罗马当代艺术中心的几组概念图中，扎哈·哈迪德在L廓形内尝试了多种线性元素的组合，这些线的肌理和周边环境并不相融。在她的文本表述中，“城市嫁接”（Urban graft）和“场地的第二层皮肤”（a second skin to the site）等关键词阐明了她对城市环境的观点：一方面，新建筑要不同于城市已有的肌理；另一方面，新建筑要具有都市性，建筑内的交通流线与城市的肌理相互交织，将周边建筑和环境以新的方式链接在一起。

动的容器，内部的张力曲线最终生成交织的正体量，这些体量在内外张力的牵引下定形。例如，方案最上层的条形体量在外部张力A1和A2与内部垂直张力B2共同牵引下多次偏折（图4.40-4）。每一个条形正体量都在内外张力的共同作用下形成了独特的展示空间，为参展艺术家提供了多样化的选择。

西班牙皇家收藏博物馆（1999）

概况：L廓形作为实体，其内部在内外张力共同作用下生成负空间。

博物馆场地位于阿尔穆德纳（Almudena）天主教堂和皇家广场之间的L形场地上。教堂和周边建筑向L廓形内施加了多股张力（图4.41-1）。沿着L廓形内侧边缘布置的多个交通核都位于廓形的关键节点，在廓形边缘形成稳定的张力场，廓形内的张力按照L形的轨迹循环流动，而场地原有的雕塑A界定了内部张力偏折方向的转折点（图4.41-2）。廓形生成了正体量，流动的张力以“蚀刻”的方式在内侧雕琢出负空间，并在L廓形右下方的端头“蚀刻”出叠退的体量，成为阶梯剧场（图4.41-3）。周边建筑施加的张力进一步使负空间的边缘产生相应的变形（图4.41-4）。和罗马当代艺术中心相比，前者的曲线直接生成交织在一起的正体量，而此方案却将L廓形整体视为正体量，曲线以一种“蚀刻”的方式，对正体量的内部进行“破碎”（poché），形成廓形内的“负体量”。

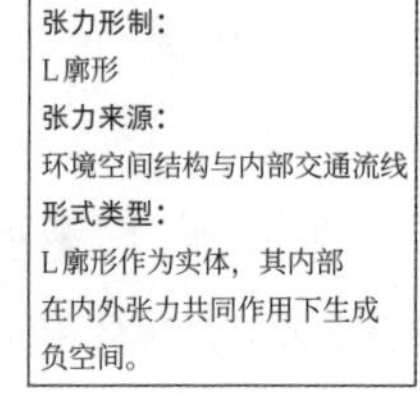

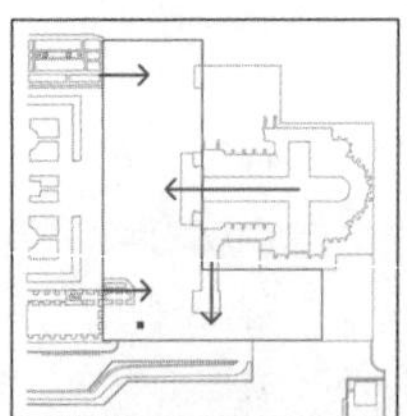
1. L廓形外的环境张力。

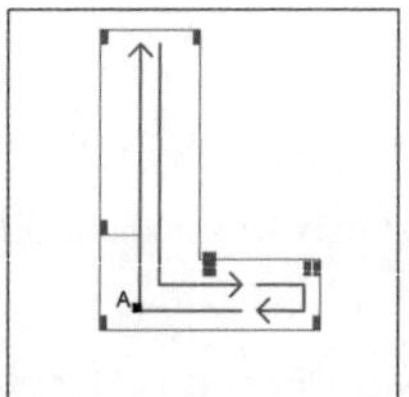

2. L廓形内的张力结构。

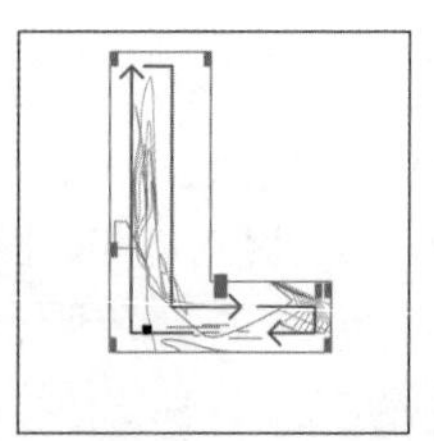
3. 内部环形流动张力形成负空间。

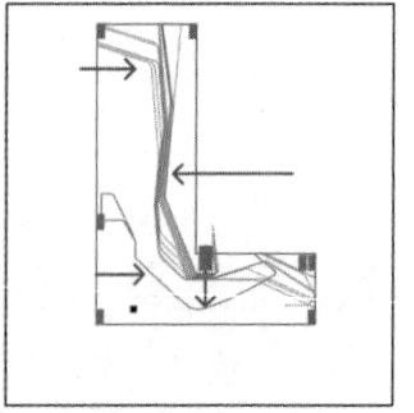
4. 外部张力塑造内部体量形态。

图4.41 西班牙皇家收藏博物馆（1999）分析组图

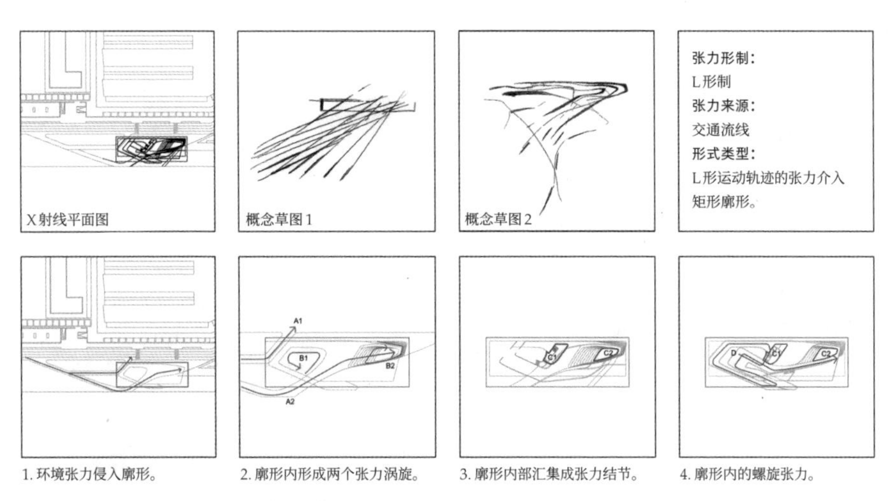

图4.42　萨勒诺渡轮码头（1999）分析组图

萨勒诺渡轮码头（1999）

概况：L形运动轨迹的张力介入矩形廓形，牵引内部体量。

从草图1中，我们可以看到一组线性元素在运动过程中转变了方向，最终进入到长方形廓形中。在草图2中，汇集的张力呈现出涡旋状。在对应的方案平面中，一股张力从左至右介入滨水空间，呈现出扩散的态势，并在介入矩形廓形后，发生了方向上的偏折（图4.42-1）。这股张力最终被限定在矩形内，像湍急的水流进入容器一样，产生了涡旋状的张力场B1和B2（图4.42-2），继而形成了两个张力结节C1和C2，前者成为垂直交通核，而后者在矩形的端头生成了阶梯剧场（图4.42-3）。在矩形廓形内，围绕着这两个张力结节，形成了螺旋状的运动轨迹，成为联系建筑内外的流线，廓形内的平面形态也在张力的牵引下生成了空间中的涡旋，被扎哈·哈迪德比喻为“牡蛎”[38]（图4.42-4）。

德国莱茵河畔威尔城地形1号园艺展廊（1999）

概况：L形运动轨迹的张力生成交叉的正体量。

地形1号园艺展廊的体量源于从周边的道路上引出的一组线性元素，多条直线发源于一点，在运动的过程中受到场地中椭圆形张力场（椭圆形道路

38　Zaha Hadid. *Ferry Terminal in Salerno* [J]. ELcroquis, 2001(103), p.190.

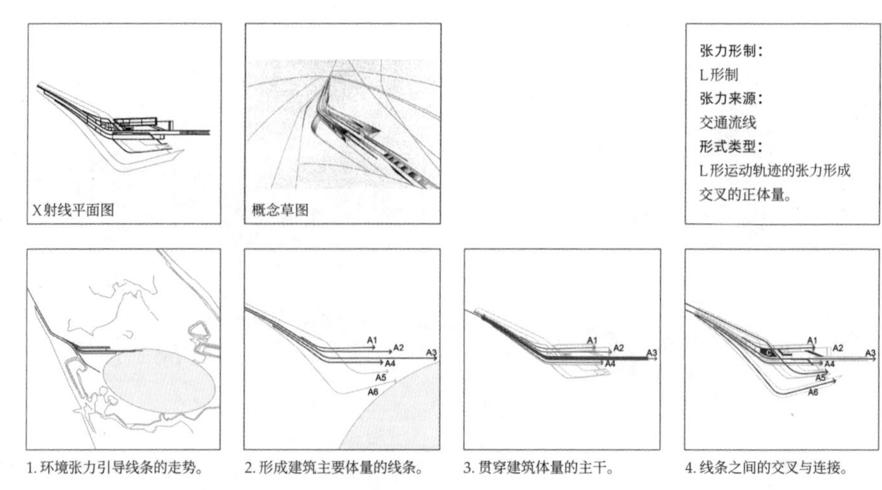

图4.43　地形1号园艺展廊（1999）分析组图

围合出的一个花园）的吸引，发生了方向的偏折，并逐渐发散，呈现出L形的运动轨迹（图4.43-1）。多条线在延伸的过程中分为两组，第一组直线（A1、A2、A3、A4）在偏折后平行延伸，生成了建筑的正体量，第二组直线（A5、A6）作为交通流线和前一组交叉在一起，二组直线均止于椭圆形张力场的边缘（图4.43-2）。在第一组直线中，A3作为体量的主干，生成了贯穿建筑的阶梯和坡道（图4.43-3），和A5交叉在一起，在交点的一侧形成张力结节C，这个空间成为厕所和储物间。斜向的阶梯将一组平行的直线编织在一起，在内部形成了贯通的整体空间（图4.43-4）。线性元素在环境张力的引导下最终生成了正体量和穿插在其中的交通流线。

4. 三角形制

和正方形一样，三角形是现代绘画中的初始元素之一。在三角形内，角部是张力聚集的结节，廓形内的造型元素会在张力的吸引下向角部运动（图4.44-1）。三角形的廓形会在其它造型牵引下发生变形（图4.44-2）。也可以作为造型单元参与到平面构图中（图4.44-3、图4.44-4）。

扎哈的建筑平面构图中经常会出现叠合的三角形，在下面四个方案中，扎哈均采用了三角形叠合的手法，根据场地情况来调整廓形的方位，使叠合的位置发生变化，从而在廓形内部，形成张力强度不同的区域。在此基础上，引入外部张力，或者切分廓形内部空间（D1-德国沃尔夫斯堡科学中心

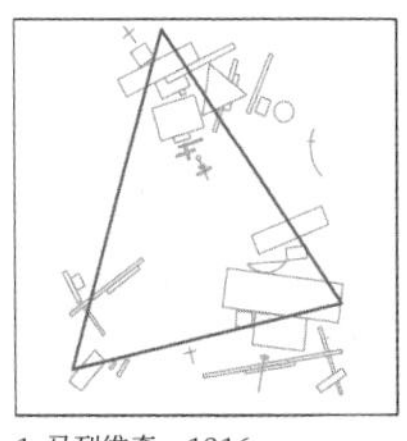
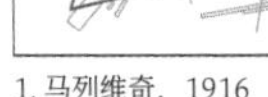

1. 马列维奇，1916

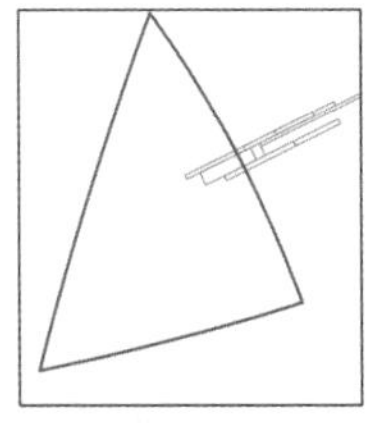

2. 马列维奇，1920

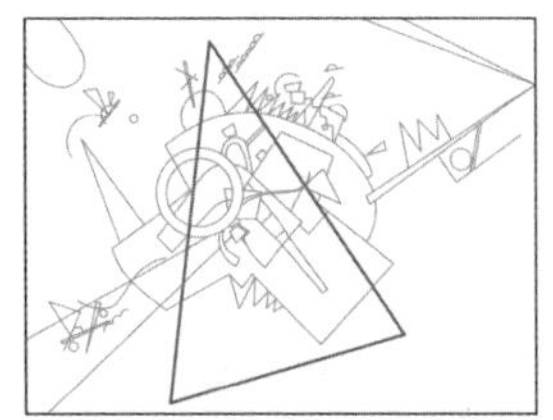

3. 康定斯基，1923

4. 康定斯基，1923

图 4.44　现代绘画中的三角形制

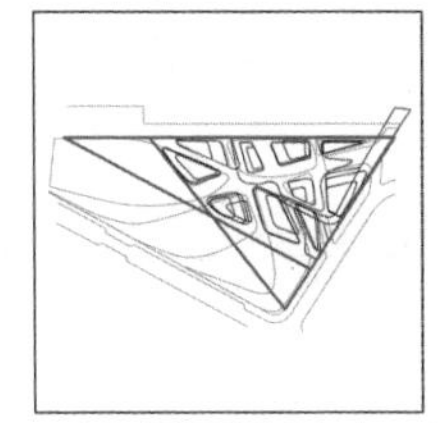

D1 沃尔夫斯堡科学中心（2000）

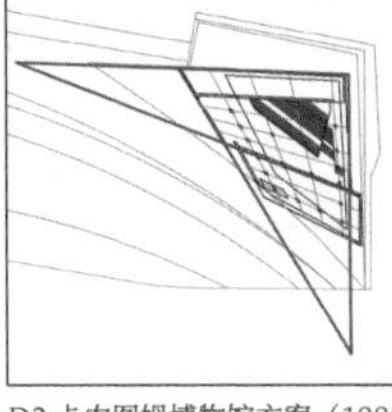

D2 卡农图姆博物馆方案（1993）

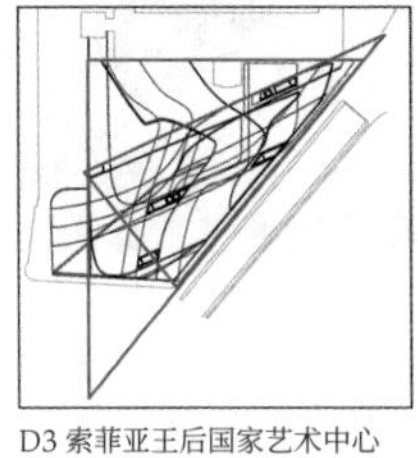

D3 索菲亚王后国家艺术中心博物馆（1999）

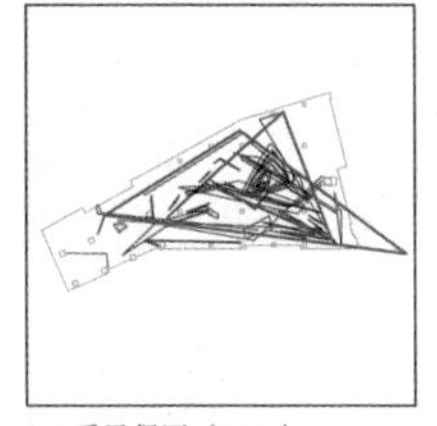

D4 季风餐厅（1990）

图 4.45　扎哈·哈迪德建筑平面卡农图姆构图中的三角形制

的蜂巢空间体系），或者融入廓形内原有的张力场，生成相互协调的结构体系（D2-维也纳卡农图姆博物馆竞赛方案的内部网格）。廓形内的造型元素或者从属于这个复合的张力体系而产生变形（D3-西班牙索菲亚王后国家艺术中心博物馆扩建中的弓形），或者形成具有自主性的张力系统（D1-德国沃尔夫斯堡科学中心的蜂巢空间衍生出的流动曲线网络），或者是这两种情况的结合（D4-季风餐厅的“冰”与“火”组团同时从属于三角形廓形内的张力场，但通过高差而保持各自的独立）。（图 4.45）

德国沃尔夫斯堡科学中心（2000）

概况：两个三角形叠合部分生成建筑廓形，被外部张力切分，生成蜂窝结构。

德国沃尔夫斯堡科学中心位于内城边缘，两个三角形的重合部分形成建筑的廓形——四边形 BCDF。三角形 ACD 是退线形成的，三角形 BCE 是由街廓 CE 和已有建筑的端点 B 限定的（图 4.46-1）。扎哈·哈迪德从城市现有的标志性建筑的轴线延伸出来一组交叉的直线，用来切分廓形内的空间。这组交叉直线将廓形平面分割成很多独立的空间单元，每个单元的中心形成筒状结构，整体上形成蜂窝状的结构体系（图 4.46-2）。虽然筒状单元彼此分隔，但

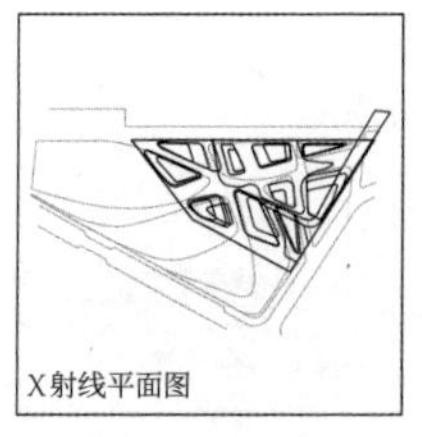
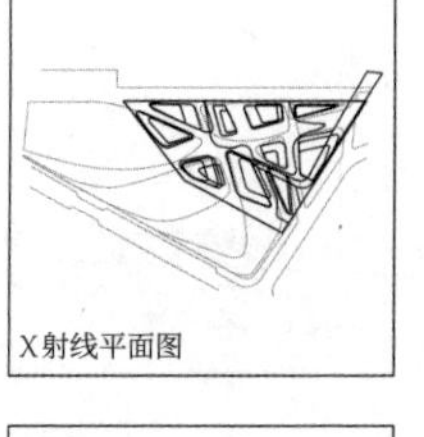

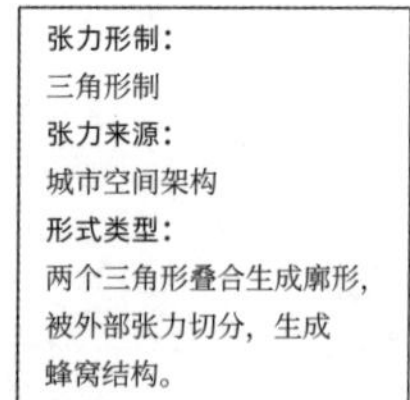

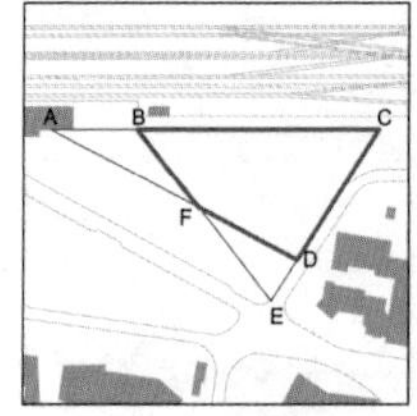

1. 背景环境分析。

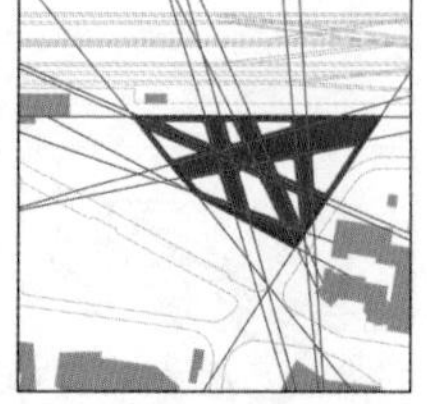

2. 环境张力切分三角形内部空间。

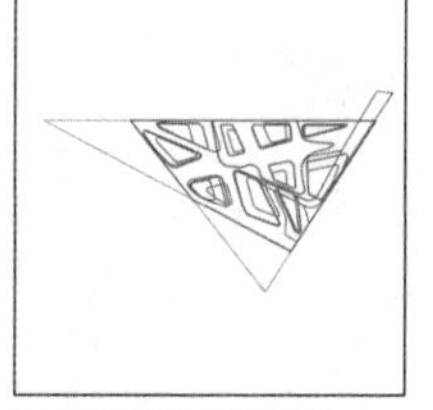

3. 平面中错动的筒状空间。

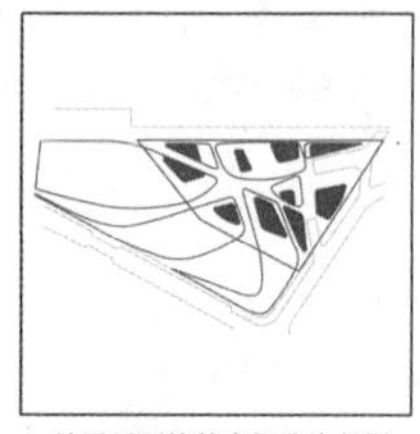

4. 首层平面筒状空间张力外溢。

图4.46　德国沃尔夫斯堡科学中心（2000）分析组图

是依然在形态上受到廓形固有张力结构的影响，趋向廓形的角部，使筒状单元在不同水平层的位置上的形状大小产生渐变（图4.46-3）。在建筑的首层，以这些筒状空间为中心，形成了一套曲线张力系统，和景观连成一体，使廓形内外空间产生了流动感（图4.46-4）。综上所述，德国沃尔夫斯堡科学中心的平面形态在环境张力的作用下经历了四个阶段的演变：

（1）和街廓相关的两个三角形重合生成廓形；

（2）外部张力切分内部空间；

（3）形成多个独立的筒状结构；

（4）以筒状结构为中心，衍生出联结廓形内外的曲线张力网格。

维也纳卡农图姆（Carnuntum）博物馆竞赛方案（1993）

概况：多个三角形叠合部分与外部张力生成相互协调的网格结构体系。

维也纳卡农图姆博物馆竞赛方案是由一组和环境融合的景观建筑组成的。在西南角的资料档案图书馆的廓形是由一系列三角形界定的。架空的地面层避开了南侧的现有建筑，确定了第1个三角形廓形（图4.47-1）。第2个三角形（图4.47-2）和第3个三角形（图4.47-3）的重合部分是新建筑廓形的主要部分，新建筑首层的台阶式体量和异型支柱位于叠合部分的张力场中，锚固了整个架空的建筑体量（图4.47-2）。在概念图纸中，一组自北向南的平行线延伸到廓形中，并向初始三角形的一个角聚集，形成了建筑廓形内的

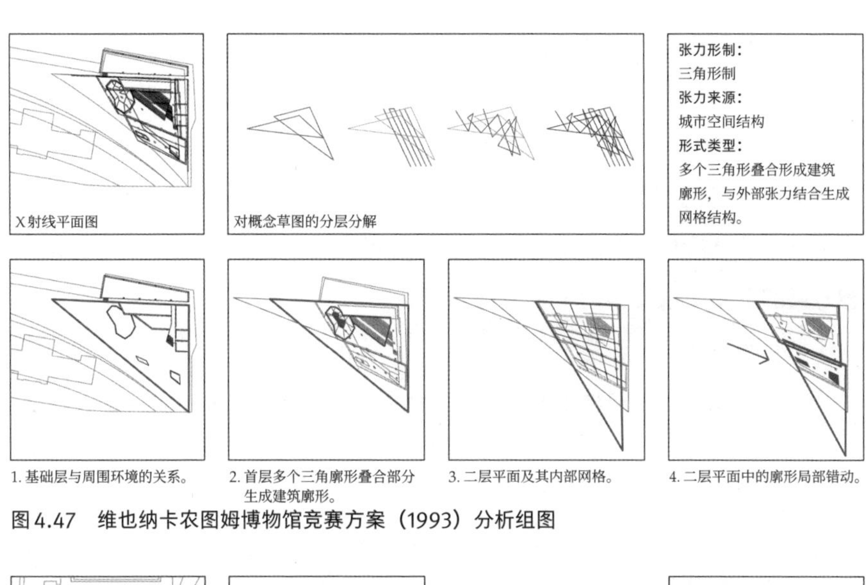

1. 基础层与周围环境的关系。　2. 首层多个三角廓形叠合部分生成建筑廓形。　3. 二层平面及其内部网格。　4. 二层平面中的廓形局部错动。

图4.47　维也纳卡农图姆博物馆竞赛方案（1993）分析组图

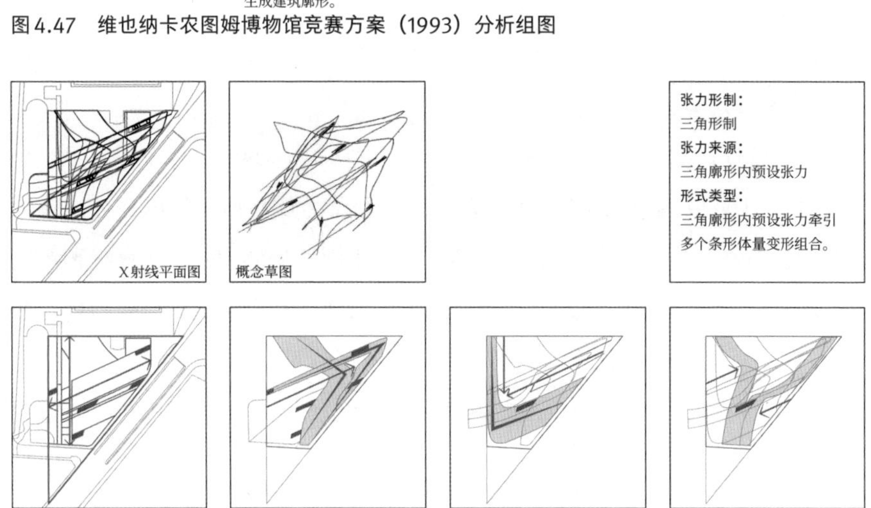

1. 廓形中预设了直线和斜线张力。　2. 体量在张力作用下呈现弓形。　3. 体量在张力作用下趋向左下角。　4. 体量在张力作用下呈现曲线。

图4.48　西班牙索菲亚王后国家艺术中心博物馆扩建方案（1999）分析组图

结构网格体系（图4.47-3）。两个三角形的叠合部分和未叠合部分的不同的张力场引发了平面的错动，将廓形分成了两部分（图4.47-4）。

西班牙索菲亚王后国家艺术中心博物馆扩建方案（1999）

概况：三角廓形内预设张力牵引多个条形体量的变形组合。

该方案将多个条形体量垂直叠放在一起，每个条形都受张力影响而变形，从而形成不同的展示空间。三角形的场地在形态方正的老博物馆南侧，被街道切去下角。在博物馆的地下基础层，一组直线从老建筑垂直引出，和一组平行的斜线共同确立了方案的初始张力，平行斜线所预设的张力是双向的（图4.48-1）。一层和二层的长条体量在斜向张力的作用下，如同拉开的弓，直指右上角（图4.48-2）。三层和四层的体量在反向的斜向张力和垂直张力的共同作用下，趋向廓形左下角（图4.48-3）。五层体量在向内释放的斜向张力作用下，从廓形边缘向内扭曲，呈现出蜿蜒的曲线（图4.48-4）。综上所述，该方案的形态生成受到两个张力场的影响：

（1）场地的三角形廓形；

（2）在廓形内部的地下基础层预设的斜向和垂直方向的张力。

季风餐厅（Moonsoon Restaurant，1990）

概况：在现有廓形内，被置入的三角形张力场和螺旋形张力场共同牵引元素。

现有建筑内部的柱子形成了线性空间序列，中心的四个柱子界定了一个正方形的中心（图4.49-1）。扎哈置入的两套张力体系衍生的形式被比喻为“冰”和“火”。“冰”表现为直线元素，首层平面的隔墙和长桌以直线和折线的形式插入原有空间的间隙，在建筑廓形内形成了独立的三角形张力场（图4.49-2），而首层的天花板则形成了另一个三角形张力场（图4.49-3），两个三角形力场重合的部分形成了张力结节，成为造型元素聚集的中心。同直线

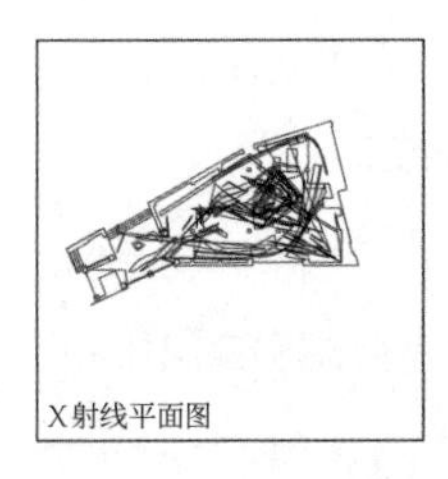

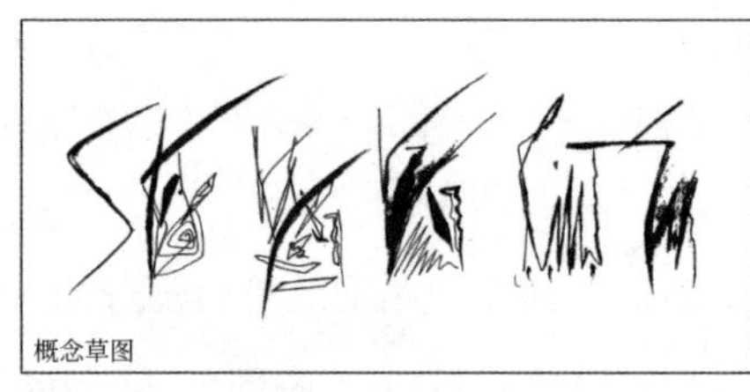

张力形制：
三角形制
张力来源：
廓形内空间结构
形式类型：
廓形内被置入的三角形张力体系和螺旋形张力体系共同作用。

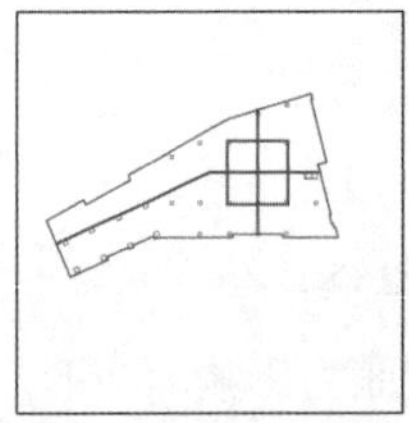

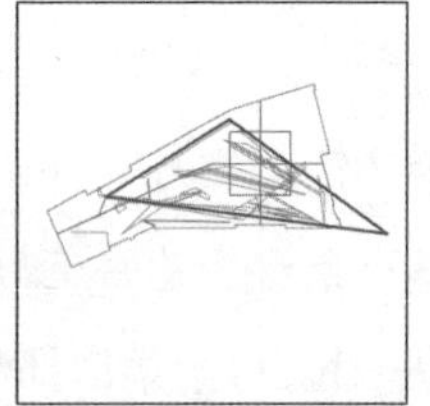

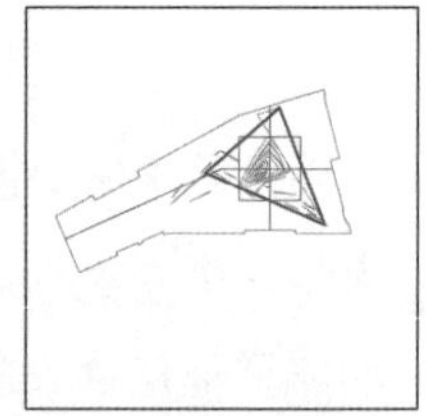

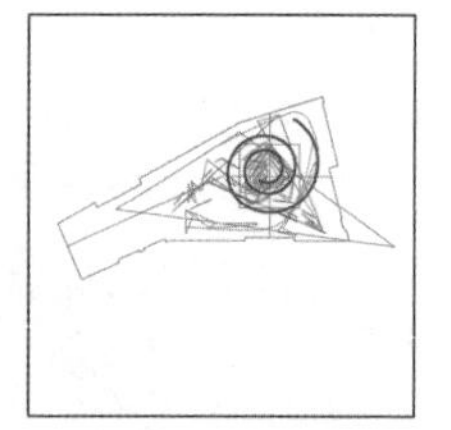

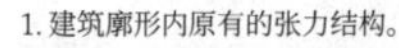

1. 建筑廓形内原有的张力结构。

2. 首层平面中被置入三角形张力体系——“冰”。

3. 首层天花平面形成张力结节。

4. 改造后首层与二层的天花板形成的螺旋张力结构——“火”。

图4.49 季风餐厅（1990）分析组图

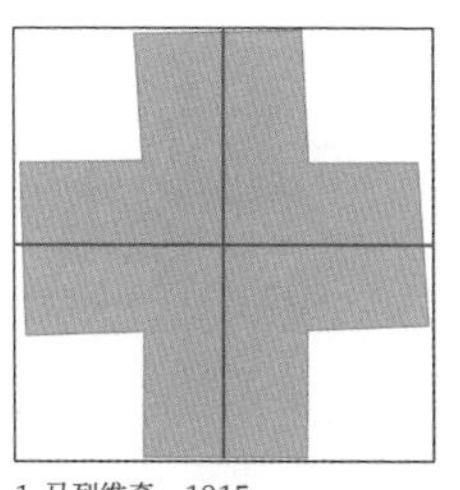
1. 马列维奇，1915

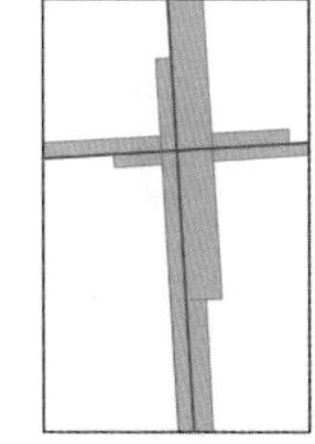
2. 马列维奇，1915

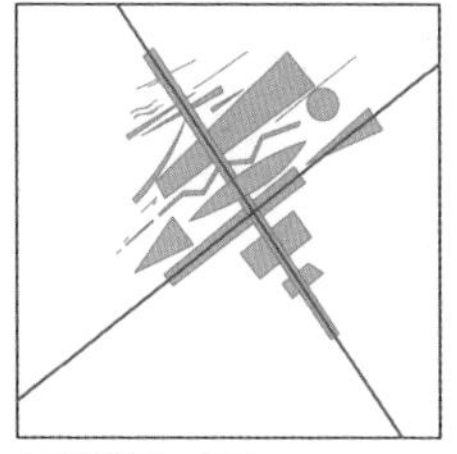
3. 马列维奇，1920

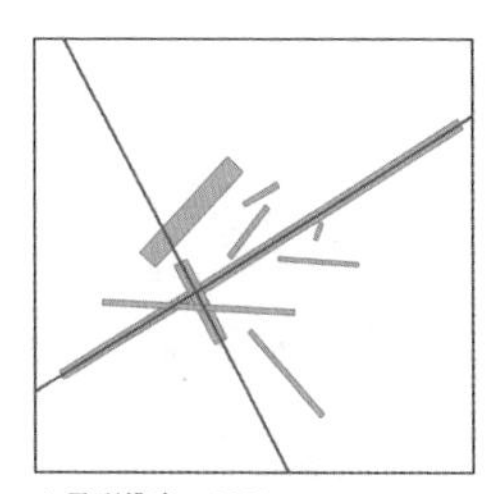
4. 马列维奇，1920

图4.50　对马列维奇十字形制的至上主义绘画的分析

与折线组成的“冰”元素相对照，“火”则表现为盘旋上升的曲线元素。在两个三角形的重合区域，连续的线性元素盘旋上升，直接冲破天花板，到达了二层的穹顶。这个螺旋之下是餐厅功能上的核心区——吧台，螺旋的中心和建筑廓形内正方形的中心相重合（图4.49-4）。“冰”体系的构件用玻璃与抛光的金属表现，盘旋上升的“火”元素则被涂上了红色和橙色。造型元素背后不可见的张力场牵引着空间中的造型元素，与材料和色彩搭配，生成了明确有力的空间形象。

5. 十字形制

正交网格体系是视知觉认知的基本参照，正方形的十字中轴和笛卡儿坐标的平面投影相符合，在视知觉中具备绝对的稳定性。十字轴倾斜变形后，会在完形压强的影响下产生张力，引发平面结构的动态变化。

十字形制是马列维奇的至上主义绘画和扎哈建筑平面构图的基本母题。马列维奇以十字形制为母题的至上主义绘画，呈现了正交十字和倾斜十字结构牵引造型元素排列组合的情况（图4.50）。在扎哈的十字形制的建筑平面中，呈现了四种情况（图4.51）：

（1）造型元素被正交十字轴牵引而聚集的“马列维奇的构造”（E1）；

（2）斜向十字分别生成负体量和正体量的维克多利亚城市区域设计（E2）；

（3）两个交叉十字结构共同切分场地的卢森堡歌剧院（E3）；

（4）斜向十字在廓形内牵引体量单元的辛辛那提艺术中心（E4）。

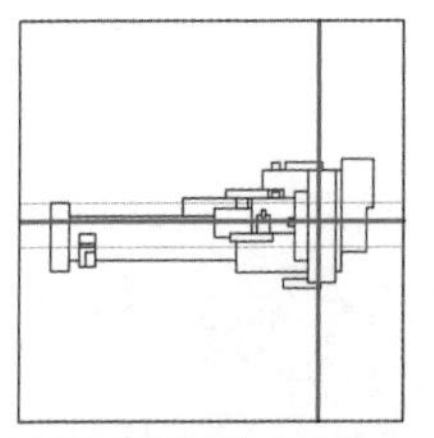

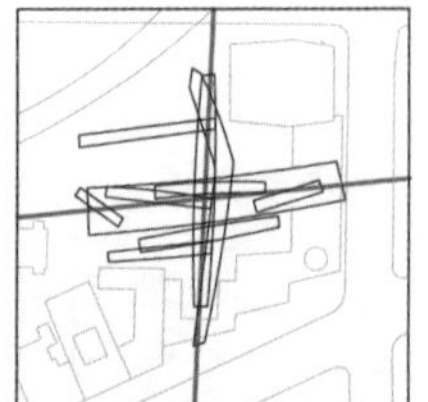

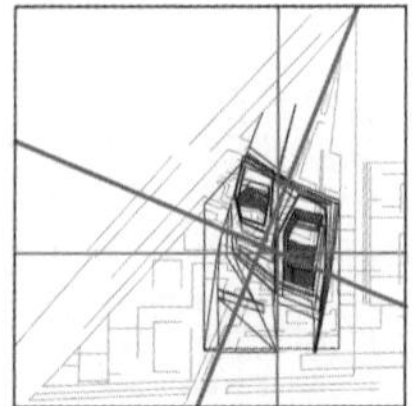

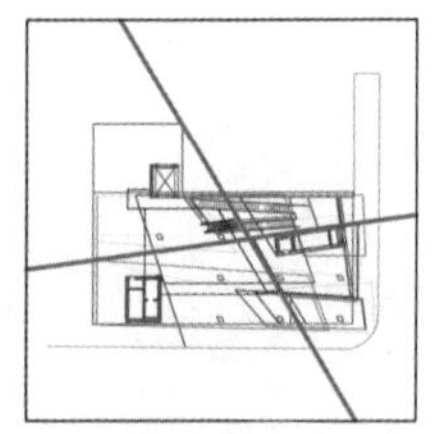

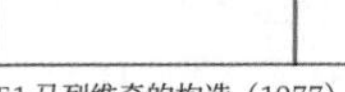

E1 马列维奇的构造（1977）　E2 维克多利亚城市区域设计（1988）　E3 卢森堡歌剧院（1997）　E4 辛辛那提艺术中心（1999）

图4.51 扎哈·哈迪德建筑平面构图中的十字形制

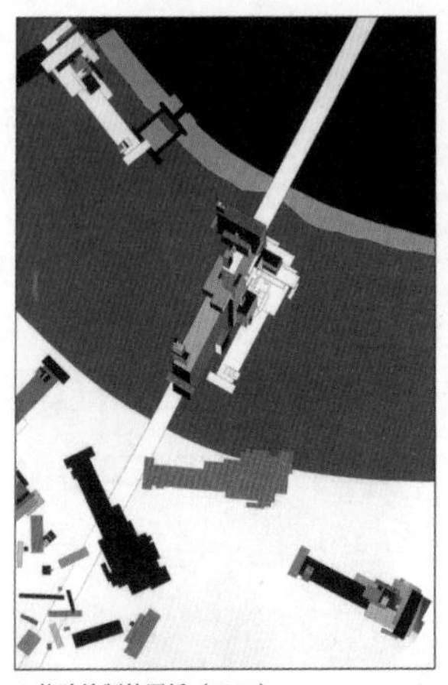

1. 扎哈绘制的图纸（1977）

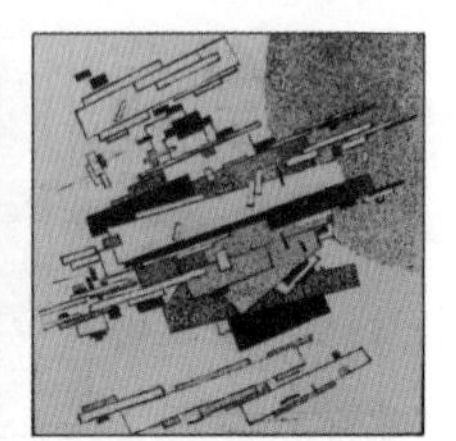

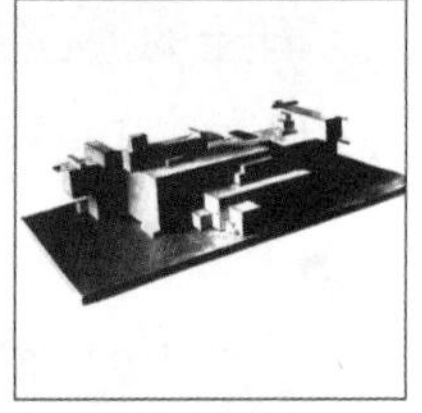

2. 马列维奇的绘画和模型（1923）

张力形制：
十字形制
张力来源：
交通流线（桥梁）
形式类型：
正交十字形制张力结构
牵引造型单元排列组合。

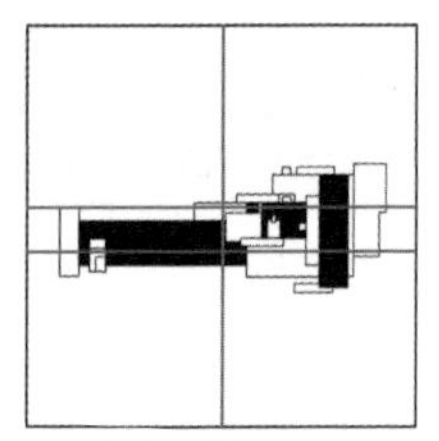

3. 方案中的十字结构

图4.52　扎哈的毕业设计《马列维奇的构造》

《马列维奇的构造》（*Malevich's Tektonik*, 1977）

马列维奇曾用一系列空间模型探索方块体量在笛卡儿坐标系下的空间构成，将平面造型语言向三维空间拓展。方块体量被中心张力牵引，并沿着空间十字轴水平拉伸和垂直延展。在英国建筑联盟学院（Architectural Association School of Architecture）求学时期，扎哈·哈迪德受到马列维奇的造型语言的影响，并将其转译为毕业设计的建筑形式语言，在一座桥上虚构了一个建筑综合体。扎哈·哈迪德喜欢将一种异质的张力场植入环境，在桥所固有的水平拉力的张力场基础上，她引入了正交十字作为参照，引导造型元素沿着X、Y和Z轴叠加。值得注意的是，在扎哈绘制的图版中，整体构图结构沿着对角线分布，所有被拆解出来的造型单元都偏离了正交十字的角度（图4.52-1），这一点和马列维奇也很相似，正交十字引导的网格系统只是作为形式生成体系的一个参照的基点，最终的构图结构会在这个基准参照系的基础上发生位移、变形和叠加（图4.52-2）。

维克多利亚城市区域设计（1988）

概况：十字形制的张力牵引建筑体量变化和组合。

城市的发展需要在原有场地上增加建筑的密度和单体的功能，用城市建筑综合体重新构建城市的局部肌理。维克多利亚的城市区块中隐含着十字结构（图4.53-1），扎哈将其发展为底层公共空间的平面构图结构，以负空间的形式呈现，商业单元围绕着中心的十字空间进行环绕布局（图4.53-2）。在中间层，十字轴的横向张力引导着办公楼体量横向布局，并向右上方倾斜。其中处于左右端头的体量V2和V1在廓形张力的影响下发生了方向上的偏折（图4.53-3）。在顶层，十字轴的纵向张力牵引了酒店长条体量的布局，在环境张力T1（由左上角的周边建筑体量产生）和十字轴横向张力T2的影响下，长条体量在中间产生了折角（图4.53-4）。虽然三个层（底层商业公共空间、中间层办公空间和顶层酒店空间）在功能上各自独立，但是在平面上共同受到城市空间环境的张力场的牵引，形成整体的构图结构。

卢森堡歌剧院（1997）

概况：两个十字张力场并置，共同切分平面空间。

场地的廓形是三角形，扎哈从顶端引出了一条轴线，将廓形一分为二，和这条轴线对应的斜向十字轴切分出歌剧院的两个演出厅的区域，而且确定

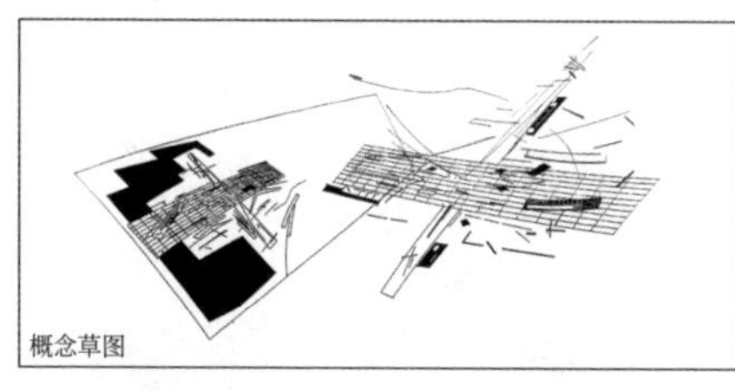

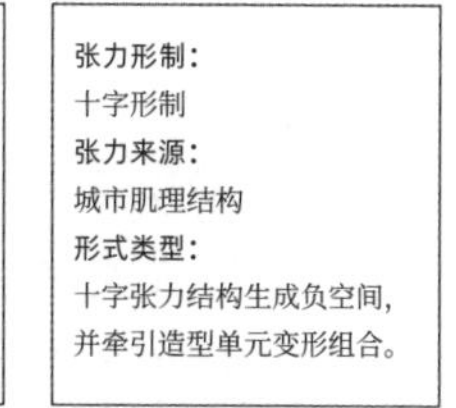

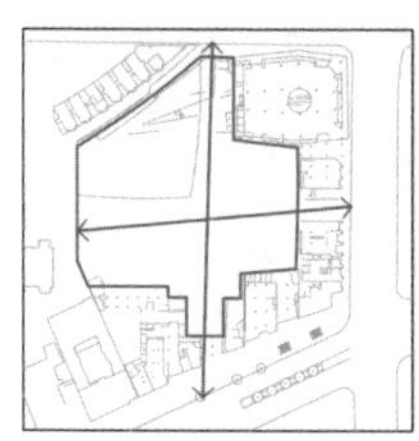

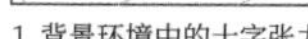
1. 背景环境中的十字张力。

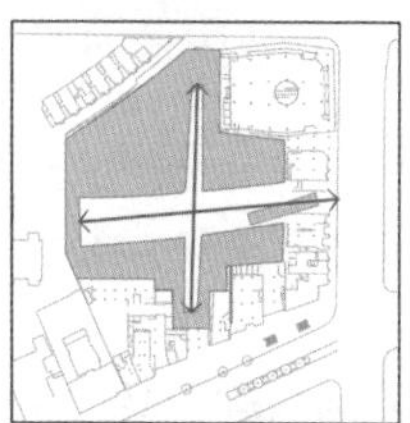

2. 环境张力形成十字形公共空间。

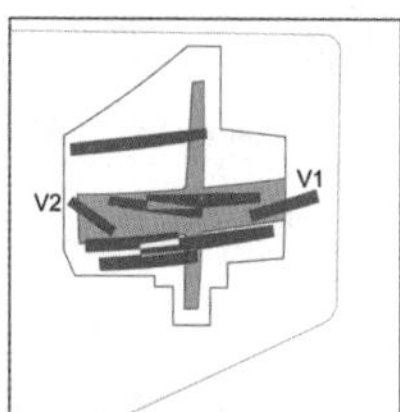

3. 贯穿建筑体量的主干。

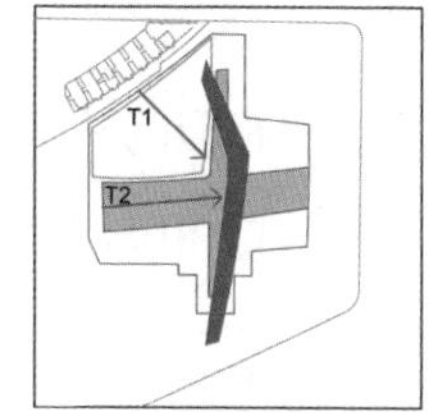

4. 线条之间的交叉与连接。

图4.53　维克多利亚城市区域设计（1988）分析组图

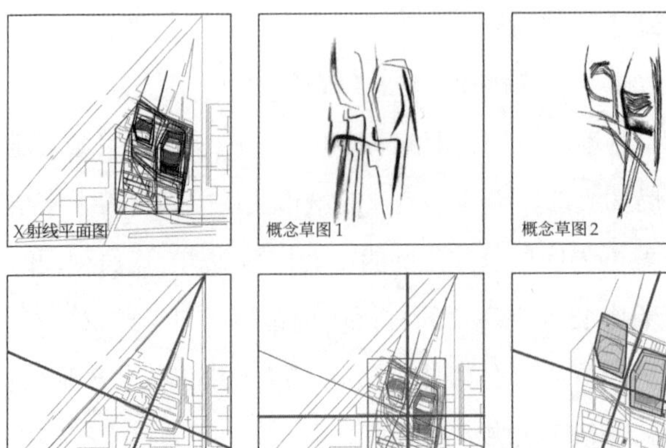

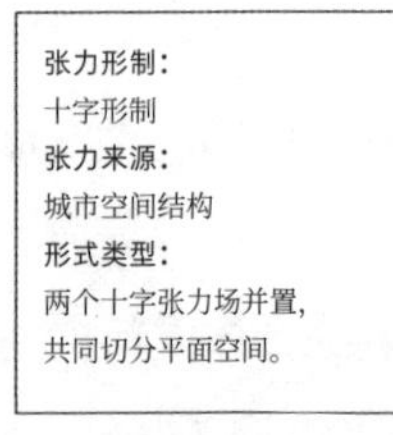

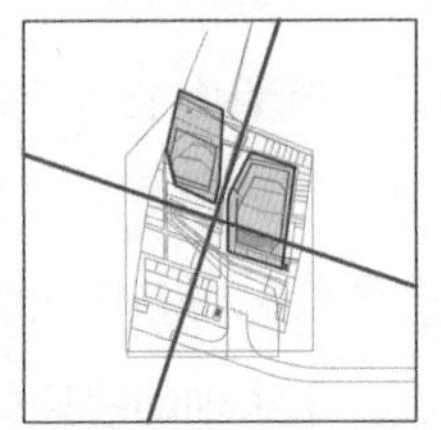

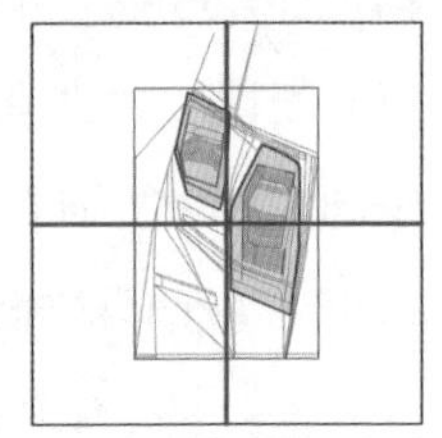

1. 背景环境中的斜向十字结构。 2. 建筑廓形中的正交十字结构。 3. 斜向十字结构引导的平面形式。 4. 正交十字结构引导的平面形式。

图4.54　卢森堡歌剧院（1997）分析组图

了地面公共景观的中轴线，创造了一个面向城市的大斜坡（图4.54-1）。在场地中心，一个矩形廓形和其正交十字轴进一步限定了建筑平面（图4.54-2）。斜向十字在划分两个演出厅区域的同时，引导了建筑底层平面的布局方向（图4.54-3）。而正交十字和旧城的正交网格肌理相呼应，一条笔直的纵轴从两个体量中间切过，决定了两个剧场体量的内侧造型（图4.54-4）。扎哈·哈迪德喜欢将两个相同类型的张力场同时并置在同一个场地中，两个张力场往往在位置上略有偏移。本案场地中的两个十字轴的中心几乎相同，我们可以将其中一个视为另外一个的偏转，二者在不同的标高上对建筑平面施加张力，由平面生成的建筑体量因此有了一种视觉上的连续性。

辛辛那提艺术中心（1999）

概况：正交十字形制和斜向十字形制的张力同时作用于L廓形。

场地位于城区的街角，背景环境中蕴含了正交十字形制的张力，和两股外部张力T1和T2（图4.55-1）。正交十字张力结构是内部空间的基准参照，影响了L廓形内柱网的分布和交通核的位置（图4.55-2）。来自城市空间的外部张力（T1和T2）被描述为由外向内延伸的“城市地毯（Urban Carpet）”[39]，

39　“如果将上述城市地毯解读为辛辛那提平面本身的翻版结构，画廊将从这种纹理变成体积挤压。就像城市空间本身一样，它们包括各种感知，在开放和压缩、封闭和空虚之间振荡。”参见：Hadid Z. *Internal terrains* [A] //READ A. *Architecturally*

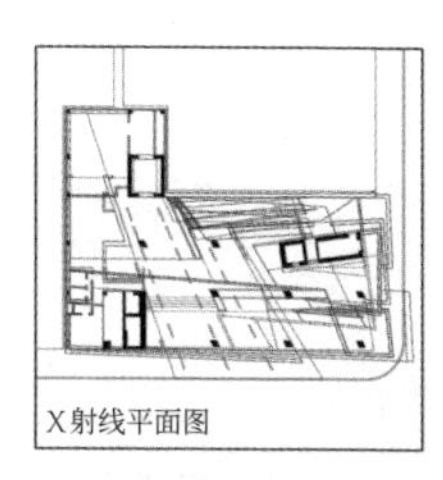

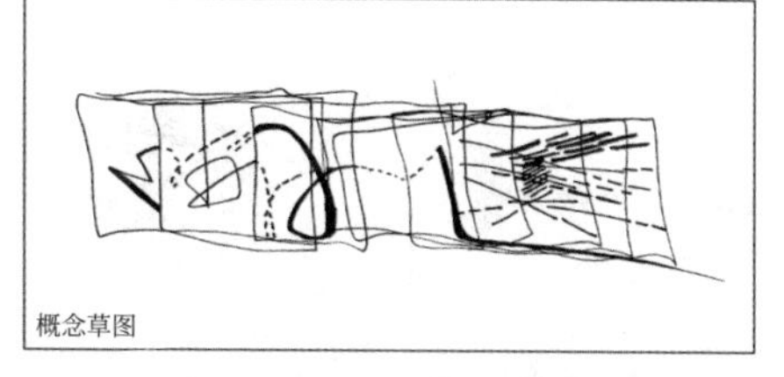

张力形制：
十字形制
张力来源：
环境空间结构
形式类型：
正交十字轴和斜向十字轴同时作用于L廓形。

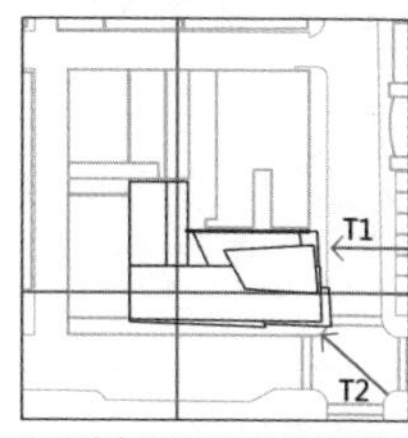

1. 环境中的正交与斜向十字张力。

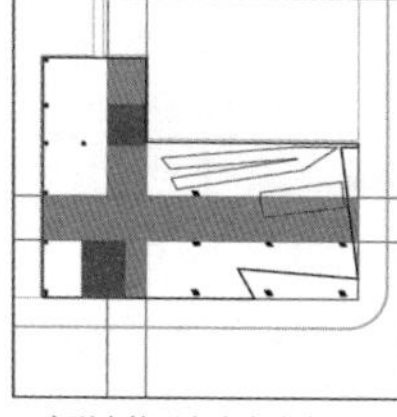

2. 廓形内的正交十字张力。

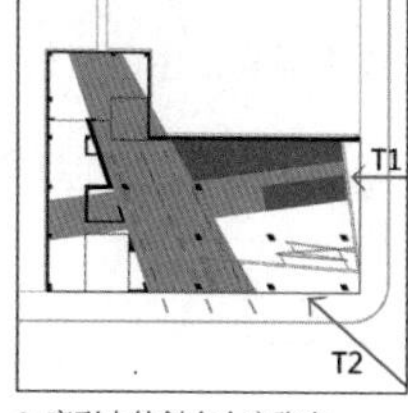

3. 廓形内的斜向十字张力。

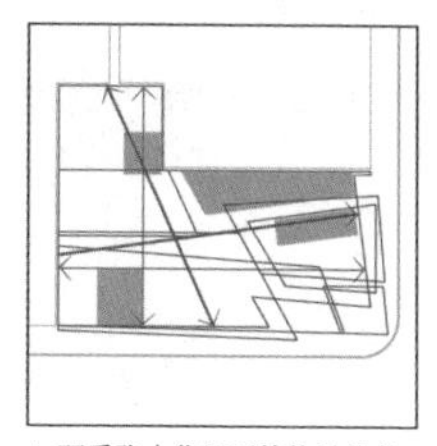

4. 双重张力作用下的体量分布。

图4.55　辛辛那提艺术中心（1999）分析组图

将城市的流线从底层引入到建筑内部，对形式产生了两种影响：一是在L廓形内部催生了斜向的张力结构，决定了廓形内右上方的交通核的位置，并使柱子和扶梯的形状以相同的角度倾斜；二是重塑了L廓形的边缘，沿着张力T1和T2的方向，边廓向内退去，形成首层入口空间（图4.55-3）。正交十字结构和斜向十字结构同时作用于L廓形，使内部功能模块交错咬合，而外部体量则呈现为交错并置的线性混凝土体块，表现出内部空间张力交错的状态[40]（图4.55-4）。

6. 折线形制

折线形制是扎哈建筑平面构图的基本母题之一，集中出现在1989—1992年。接下来的一组方案呈现了折线张力场对平面形式的影响，分为两种情况：一方面，折线张力场可以牵引造型单元随之错动，例如哈芬大街商住楼（F1）和佐尔霍夫（ZOLLHOF）媒体公园建筑综合体（F2）；另一方面，

Speaking Practices of Art, Architecture and the Everyday [C]. London: Routledge, 2000, p.229。

40　艺术中心将一个相对同质的程序细分成空间多样化体验，它的多功能模块以独立体量的形式并置在一起。“在外部表现出自身的内部破裂，以及在皮肤上蚀刻出的在内部发生的事件，”参见：Hadid Z. *Internal terrains* [A] //READ A. *Architecturally Speaking Practices of Art, Architecture and the Everyday* [C]. London: Routledge, 2000, p.228。

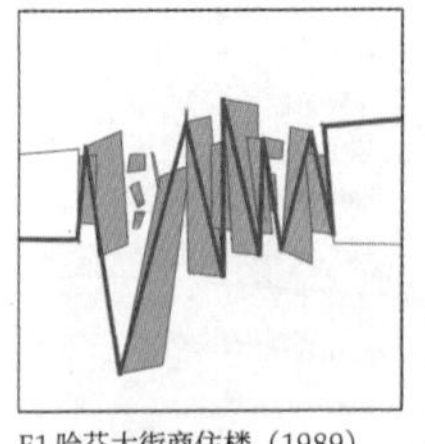

F1 哈芬大街商住楼（1989）

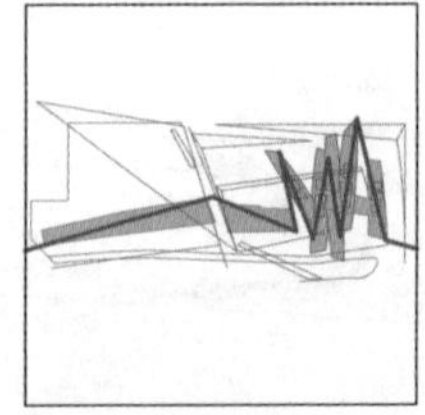

F2 佐尔霍夫媒体公园（1992）

F3 莱斯特广场改造（1990）

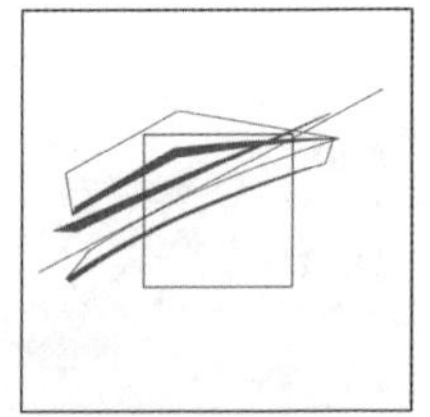

F4 大阪世博会广场装置（1990）

图4.56　扎哈·哈迪德建筑平面构图中的折线形制

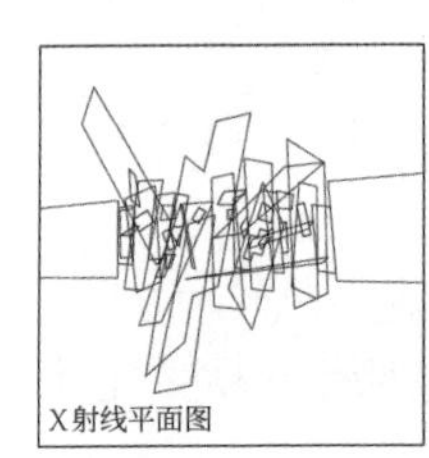

X射线平面图

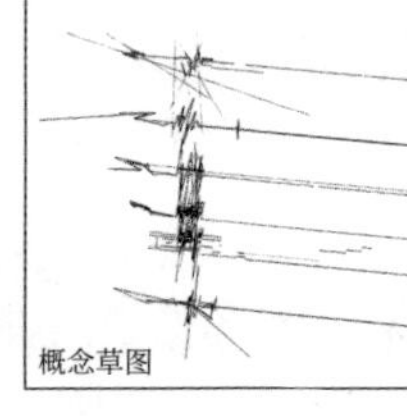

概念草图

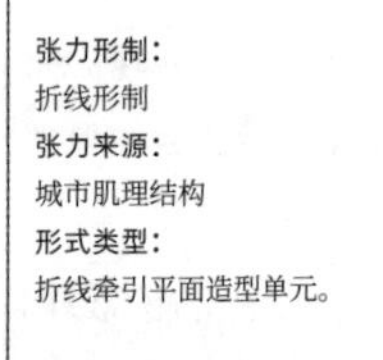

张力形制：

折线形制

张力来源：

城市肌理结构

形式类型：

折线牵引平面造型单元。

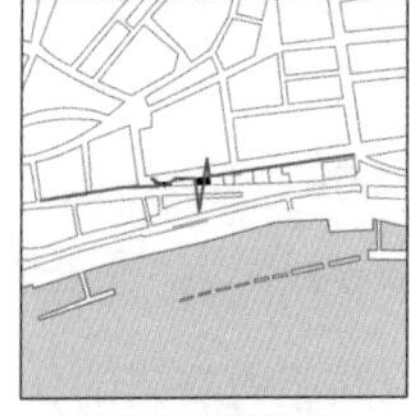

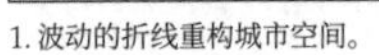

1. 波动的折线重构城市空间。

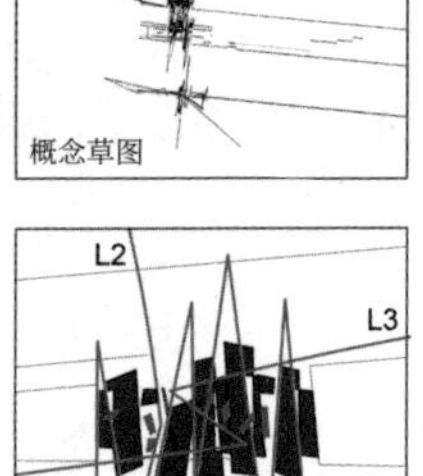

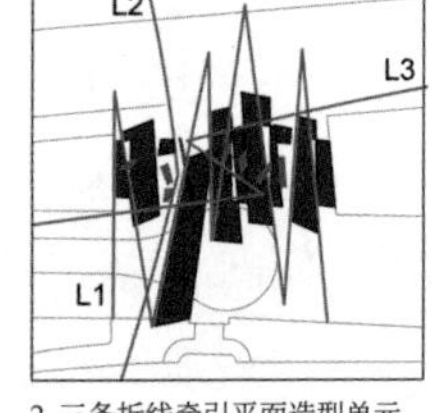

2. 三条折线牵引平面造型单元。

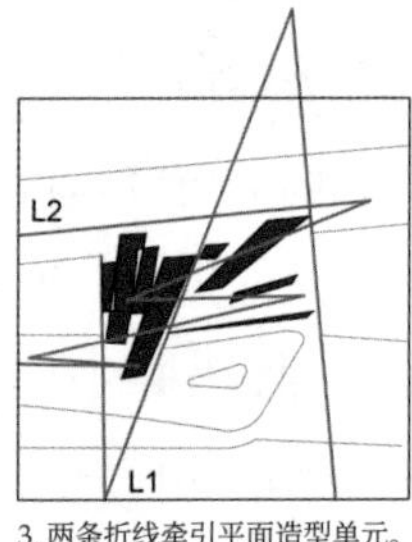

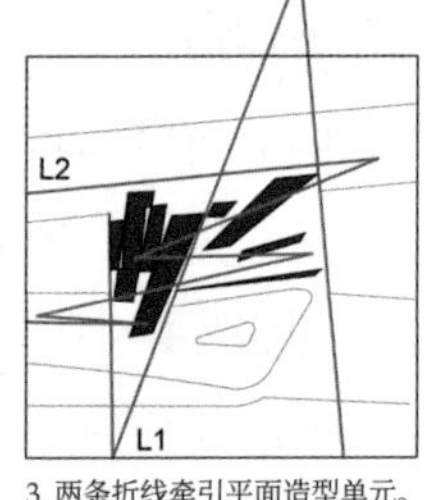

3. 两条折线牵引平面造型单元。

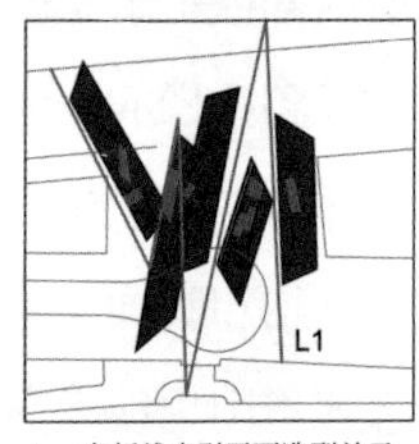

4. 一条折线牵引平面造型单元。

图4.57　哈芬大街商住楼（1989）分析组图

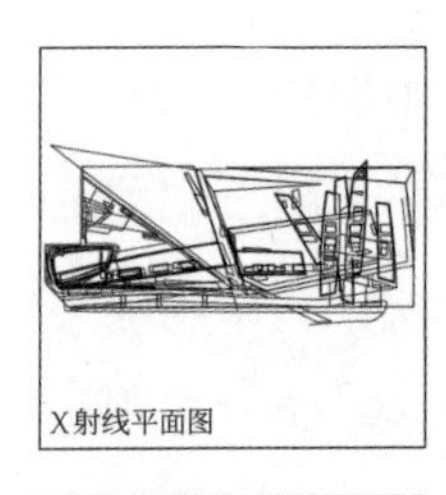

X射线平面图

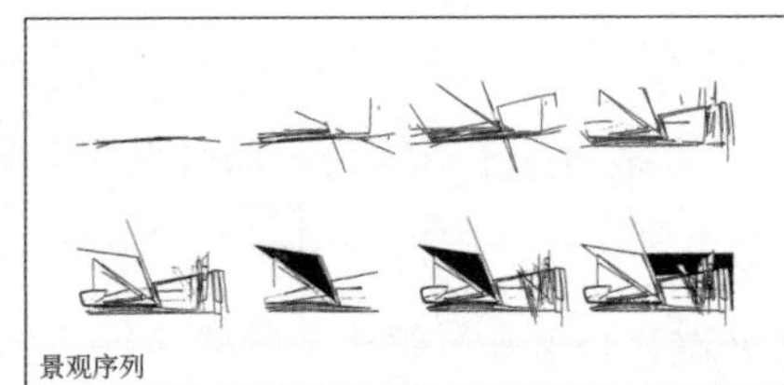

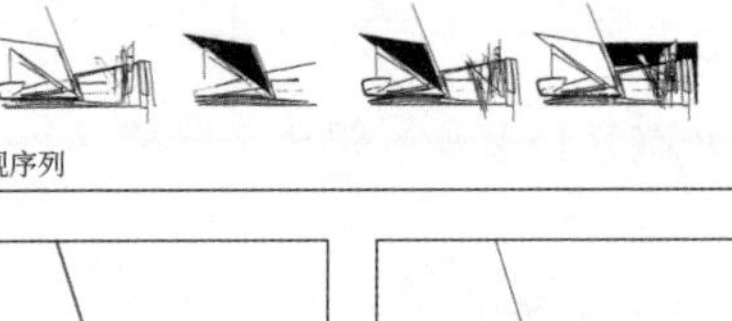

景观序列

张力形制：

折线形制

张力来源：

城市肌理结构

形式类型：

结构线切分裙楼功能单元，

折线牵引塔楼的造型单元。

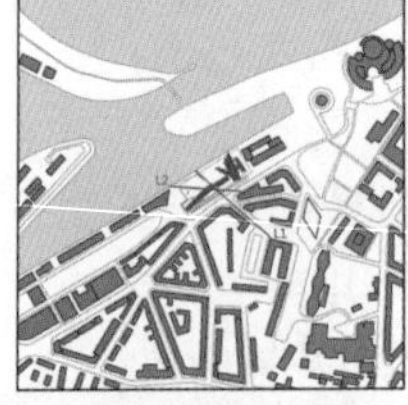

1. 两条结构线重构滨水空间。

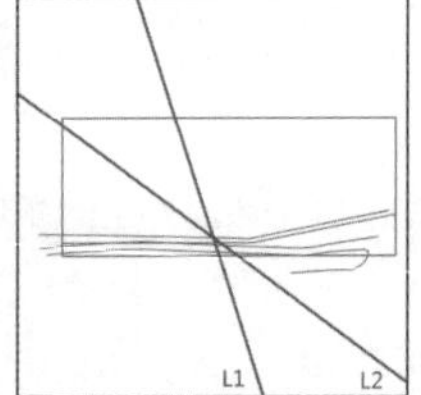

2. 两条结构线切分廊形内空间。

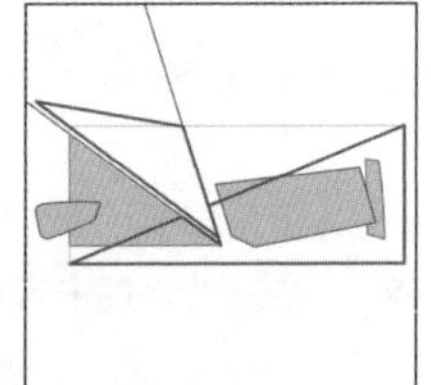

3. 裙楼功能体量切分。

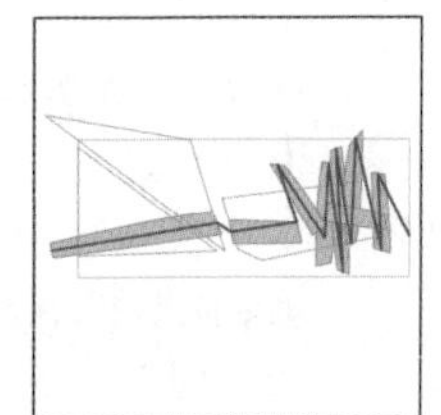

4. 折线牵引塔楼体量。

图4.58　佐尔霍夫媒体公园（1992）分析组图

折线本身可以生成对应的负体量（嵌入地下的体量），例如伦敦莱斯特广场（Lercester Square）改造项目（F3），或正体量（地面的体量），例如大阪世博会广场装置（F4）。（图4.56）

哈芬大街商住楼（1989）

概况：折线形制的张力切分并牵引平面造型单元排列组合。

该方案的场地位于一个线性街区的两处空地（端头和中间），与一排5层的传统建筑相邻。如果使用“嵌入”的方法，只需要将空缺处补齐，便可修复城市的肌理。但是扎哈使用了“置入”的方法，通过置入新的张力场，在场地中形成流线的波动，公共流线从错动体量的空缺处渗透，从而建立前后街区的联系，将北面的城区与南面滨水的运动场连接在一起。在多个版本的草图中，总有一条连续的折线（L1）将两处空地的体量连接在一起，折线在中间的缺口处剧烈地波动，使建筑的平面被切分为数条并置的长条形。在最终生成的体量中，建筑的底层架空，而上层空间则在多条折线的影响下，生成了5个参差毗邻的体量。连续的折线像游走于场地两端的针线，动态地缝合了场地的缺口（图4.57）。

佐尔霍夫媒体公园（1992）

概况：折线形制的张力在廓形内切分空间，并牵引造型单元。

在佐尔霍夫媒体公园的项目中，矩形廓形被引自城市空间的两条结构线（L1、L2）切分（图4.58-1、图4.58-2）。在建筑的首层，被切分出来的三角形体量产生变形，破开矩形边廓，其锐角直接切入场地，打断地面建筑的连续体量，形成一个斜坡入口，下方成为一个切斜的广场（图4.58-3）。随后，扎哈运用了和哈芬大街商住楼一样的连续折线来牵引地面的建筑体量，波动的折线带动分散的体量在平面中交错起伏，流线从体量间的缝隙中渗透，将杜塞尔多夫的老城区和新的商务区连接在一起（图4.58-4）。

伦敦莱斯特广场改造项目（1990）

概况：折线聚集形成张力结节，生成插入地下的负体量。

待改造的广场位于市中心的四边形场地，扎哈没有按任务书的要求来设

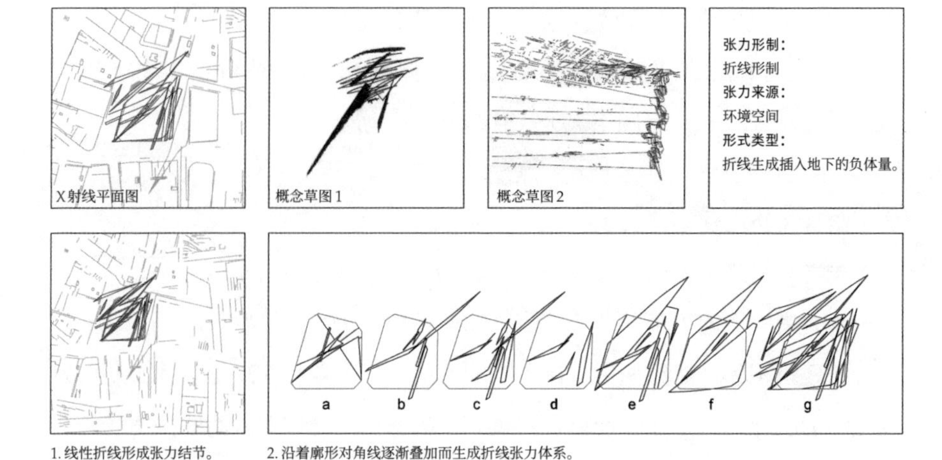

1. 线性折线形成张力结节。　2. 沿着廓形对角线逐渐叠加而生成折线张力体系。

图4.59　伦敦莱斯特广场改造项目（1990）分析组图

计一个喷泉，而是设计了一组垂直向下的塔楼，伴随着小瀑布插入地下。扎哈在四边形场地上画出几组交错的折线，这些折线向四边形的一角聚集，像利刃一样将地表切开。阳光从切开的缝隙中，伴随着瀑布的反射与折射深入地下。在这个方案中，折线以一种强势的姿态插入场地，以针灸的方式打破城市肌理的平衡，形成张力结节（图4.59-1）。在廓形内，沿着对角线叠加的折线直接生成了插入地下的“负体量”（图4.59-2）。

大阪世博会广场装置（Osaka Folly，1990）

概况：被环境张力所牵引的折线，生成地面景观构筑物的正体量。

该方案位于一个多条路径交会的广场。在草图中，一组线性元素暗示了流线运动，并拉伸生成了装置的体量。我们从平面的角度审视这些线性元素的生成过程：在概念方案1中，广场边空中滑轨的张力场牵引一组线性元素以一个与之平行的倾斜角度介入方形场地（图4.60-1）；在概念方案2中，两条折线沿着方形场地布局，和对面的街廓呼应，合围成一个半开放的场域（图4.60-2）；在概念方案3中，一个和方形场地同心的圆环被标识，在圆形张力场的牵引下，线性元素受离心力作用，在方形场地的周边环绕布局（图4.60-3）。最终的方案综合了上述张力，包括滑轨的斜线牵引力、向心围合力和离心旋转力。与莱斯特广场方案中折线生成向下的“负体量”相反，此方

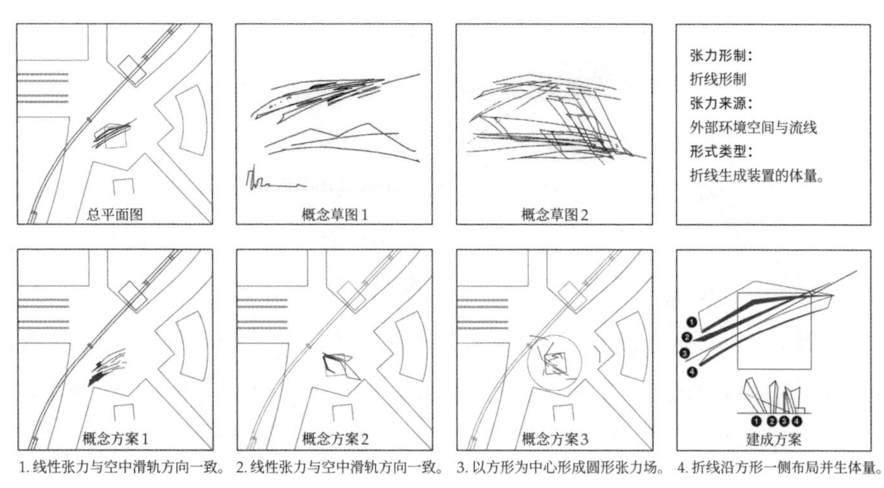

图4.60　大阪世博会广场装置（1990）分析组图

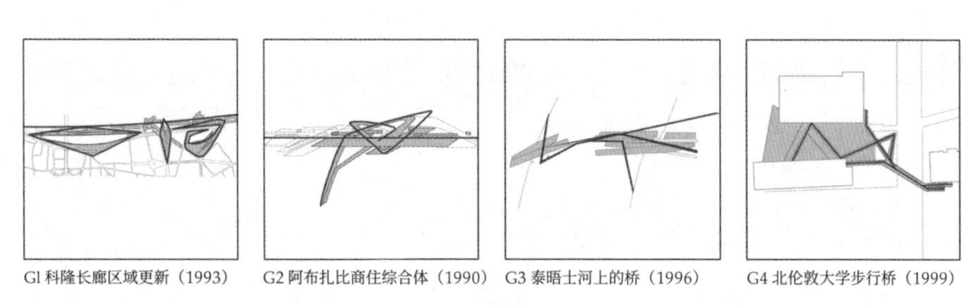

图4.61　扎哈·哈迪德建筑平面构图中的多线组合形制

案的线性元素最终通过拉伸的方式生成了垂直向上和水平延伸的正体量（图4.60-4）。

7. 多线组合形制

多线组合形制是由直线、折线和曲线组合而成的复合形制。接下来的一组方案呈现了多线组合张力场对平面形式的影响。多线组合形制出现在不同尺度的方案中，既可以运用于城市设计（G1），也可以运用于建筑综合体（G2、G3、G4）。多线组合形制可以通过四种操作程序作用于平面构图（图4.61）：

（1）形成闭合面域而产生廊形张力场（G1）；

（2）切分基准体量并生成异型体量（G2）；

（3）作为交通流线牵引功能单元的组合（G3）；

（4）作为交通流线切分功能单元（G4）。

科隆长廊区域更新（1993）

概况：多线组合张力形成区块廓形，切分空间，生成体量。

科隆长廊位于南部铁路桥（Südbrücke）和塞维林桥（Severin Brücke）之间的莱茵河畔区域。为了在河畔的老工业区和城区之间形成纵深关联，扎哈用三种几何图形——不等边四边形（trapezoid）、楔形（wedge）和螺旋形（spiral），以城市的尺度介入平面构图中（图4.62-1）。三个图形在自身的廓形范围内形成了面域张力场。四边形的面域跨越了莱茵河的内湾，它的边廓生成了线性的建筑体量，成为船舶客运的配套设施（图4.62-2）。中间的楔形将河畔走廊与纵深方向的城市居住区连接起来，底层架空，直线建筑体量跨越了楔形的廓形（图4.62-3）。在四边形区域和楔形区域之间，平面中的点状斑块被垂直拉起，生成高层办公楼。螺旋形将河畔与公园（Römepark）连接，沿着廓形生成文化中心的外部体量（图4.62-4）。三个图形被莱茵河岸线串联在一起，形成复合张力场。

阿布扎比酒店和住宅综合体（1990）

概况：多线组合形制张力切分基准体量，并生成异形功能单元。

笛卡儿正交网格赋予了阿布扎比统一匀质的空间秩序，并浓缩于建筑的基准体量，成为酒店和住宅综合体的基本单元。同时，建筑师置入了异质的

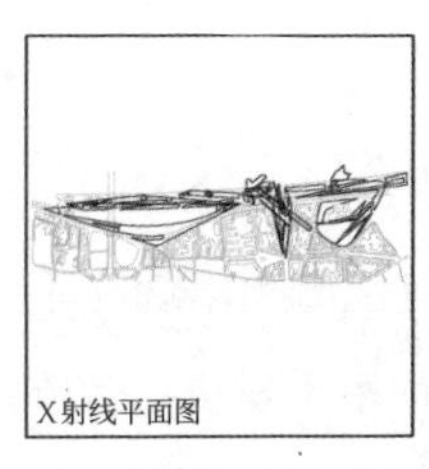
X射线平面图

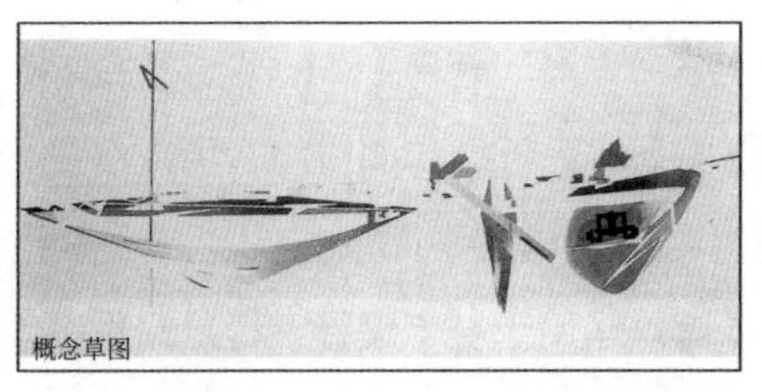
概念草图

张力形制：
多线组合形制
张力来源：
城市肌理
形式类型：
城市肌理形成张力结构，
并在局部形成张力面域。

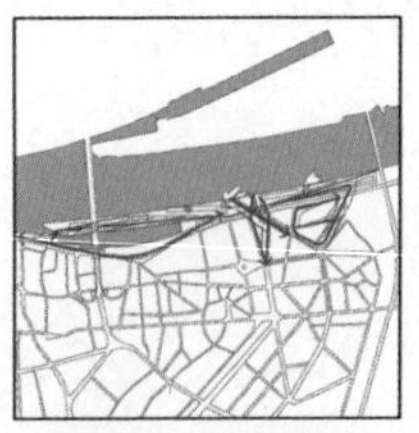
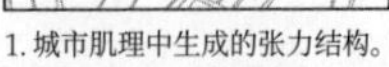
1. 城市肌理中生成的张力结构。

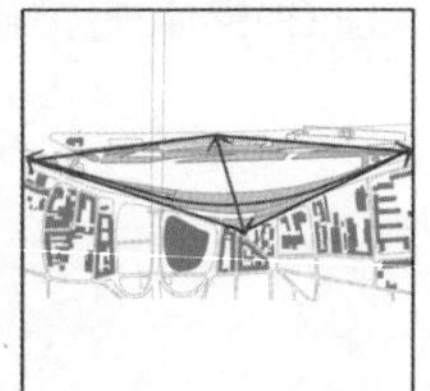
2. 不等边四边形张力结构。

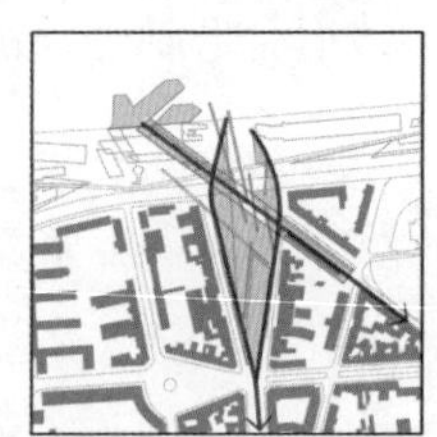
3. 楔形张力结构。

4. 螺旋形张力结构。

图4.62　科隆长廊区域更新（1993）分析组图

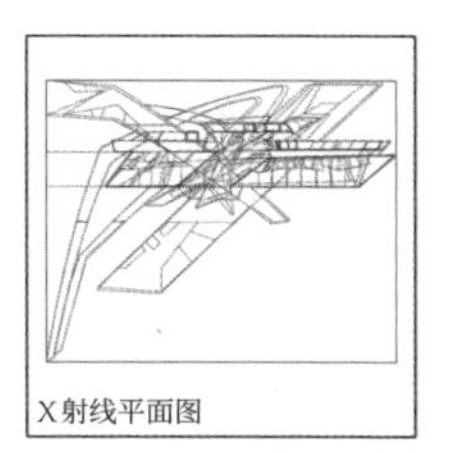

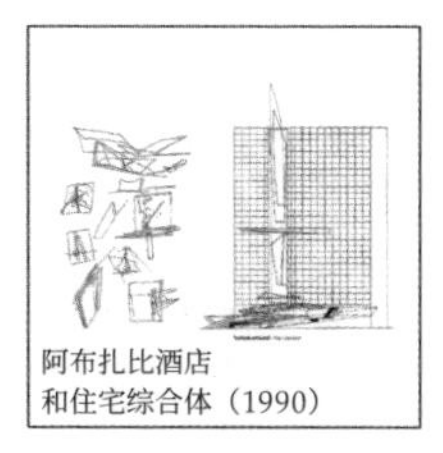

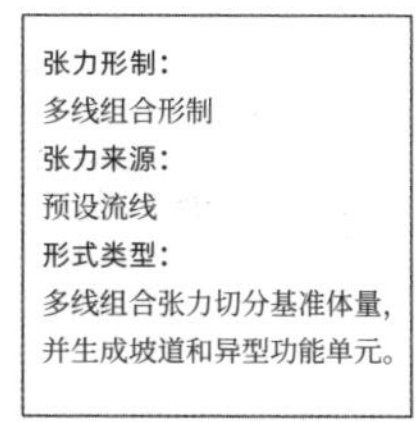

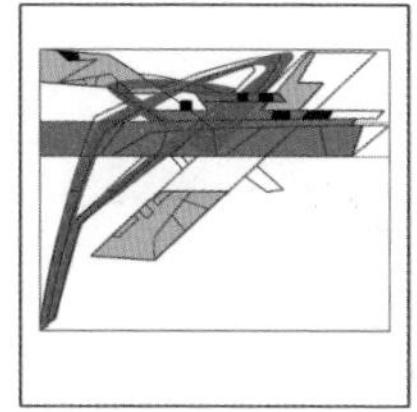
1. 切分首层平面的曲环张力。

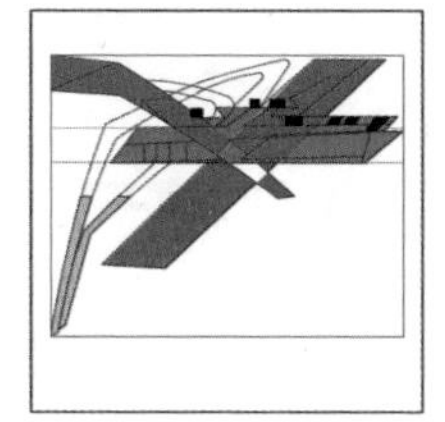
2. 切分二层平面的交叉张力。

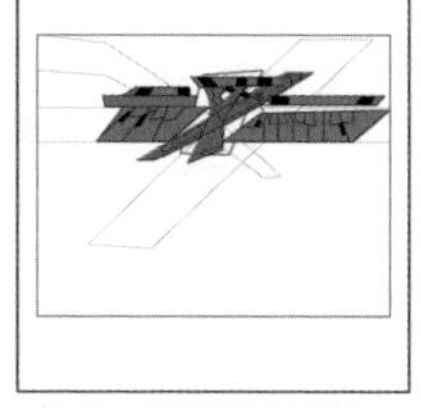
3. 切分13层平面的交叉张力。

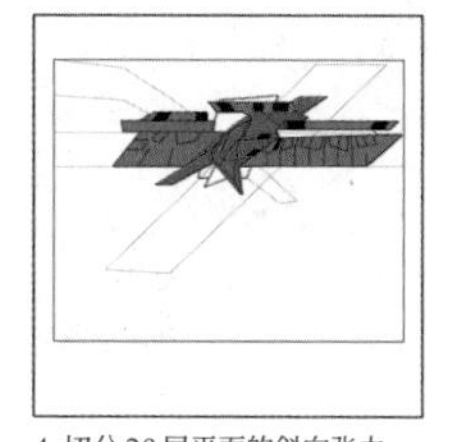
4. 切分20层平面的斜向张力。

图4.63　阿布扎比酒店和住宅综合体（1990）分析组图

张力，运用多线组合张力结构对基准体量进行切分。相似的形式范式曾经出现在位于荷兰的音乐视频展厅（1990），而同年设计的阿布扎比酒店和住宅综合体放大了该范式的尺度。（图4.63上排中间两图）在平面上，呈现为多线组合形制的张力结构对基准体量进行不同方式的切分：

（1）切分首层平面的曲环张力（图4.63-1）；

（2）切分二层平面的交叉张力（图4.63-2）；

（3）切分13层平面的交叉张力（图4.63-3）；

（4）切分20层平面的斜向张力（图4.63-4）。

异型的线性张力结构生成独立功能模块，包括酒店的会议室和办公娱乐设施，在立面上呈现为穿插在楼板之间的异型体量。

泰晤士河上可居住的桥（1996）

概括：多条折线牵引桥梁上的功能单元排列组合。

在伦敦泰晤士河上的桥梁竞赛中，扎哈·哈迪德延续了《马列维奇的构造》的母题。桥梁不仅连接两岸的交通，也是城市功能的延续，居住、商业、文化、娱乐和办公等综合功能集成于水上的线性空间。来自两岸的四股线性张力不断碰撞和融合（图4.64-1）。隐匿的水平基准线与另外三条交通流线形成的折线在首层平面交错（图4.64-2）。水平线牵引着叠合的条形体量从两岸向河面延伸（图4.64-3）。与此同时，三条折线牵引着条形体量，使其

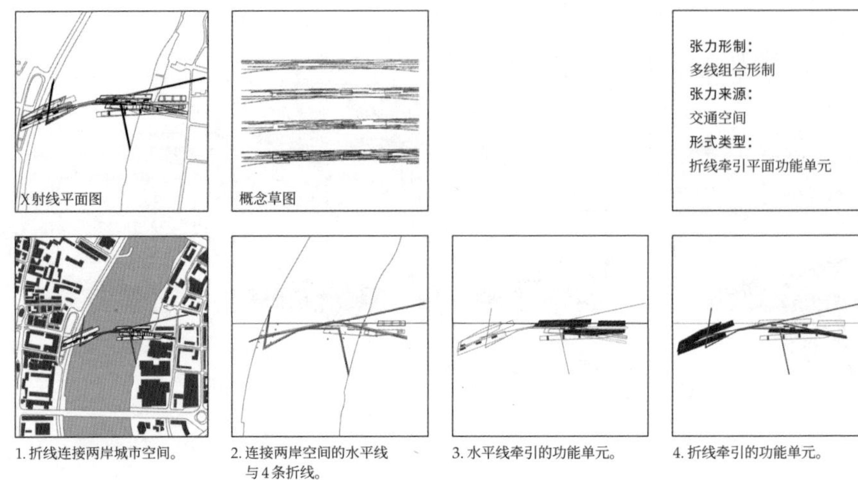

图4.64　泰晤士河上可居住的桥（1996）分析组图

在方向上偏折（图4.64-4）。水平线是两岸空间连接最简洁有力的形制，其它折线的介入使平面中产生了复杂的张力结构，牵引造型单元交错编织在一起，呈现了城市空间的“杂交性”与“模糊性”。

北伦敦大学霍洛威路步行桥（Holloway road bridge, 1999）

概况：多线组合张力结构生成步行桥，连接城市空间，切分外部空间体量。

北伦敦大学[41]的校舍分散在城市街区，与城市的基础设施网络交织在一起，学校本身同时拥有属于自己的二级网络，内部道路和连廊将散落于城市的各个教学楼单元编织在一起（图4.65-1）。步行桥由一组折线生成，桥梁和建筑接触的部分被设计为咖啡厅、图书馆和自习室等校园公共空间。而步行桥的外立面则被数字信息所包裹，成为城市空间的一部分（图4.65-2、图4.65-3）。交织的折线不但连接了各个建筑体量，而且切分了体量之间的户外空间，划分出不同的功能区块（图4.65-4）。

41　2002年，北伦敦大学（University of North London）和伦敦市政厅大学（London Guildhall University）合并，成立英国城市大学（London Metropolitan University）。

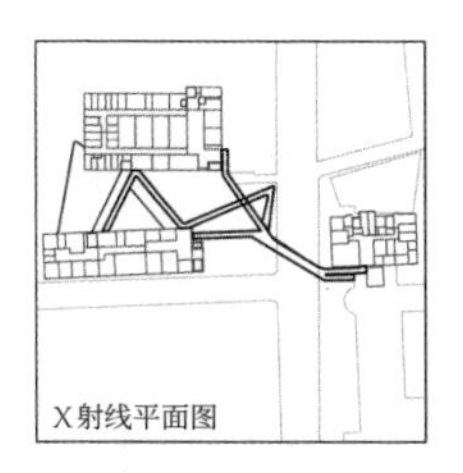

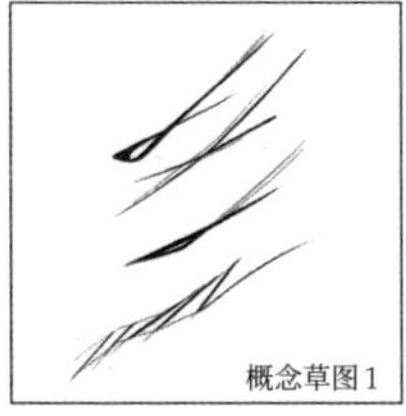

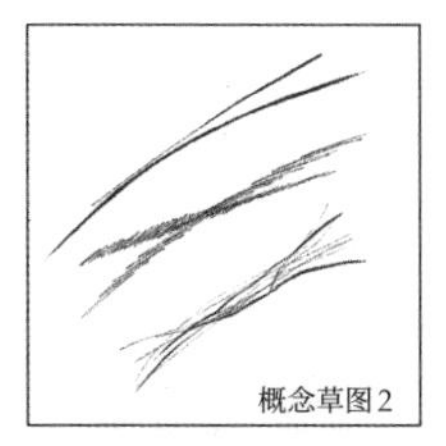

张力形制：
多线组合形制
张力来源：
交通流线
形式类型：
多条线性结构连接城市建筑内的步行网络，并切分外部体量。

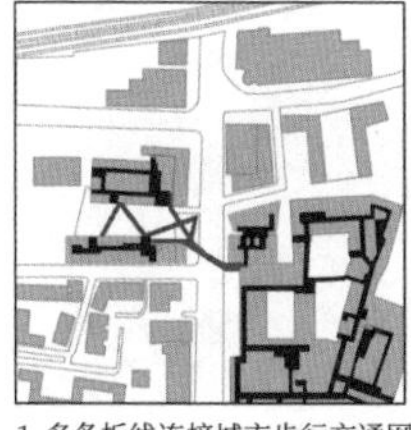

1. 多条折线连接城市步行交通网。

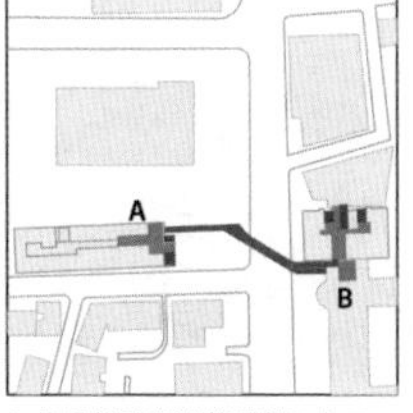

2. 步行桥跨街连接建筑A与B。

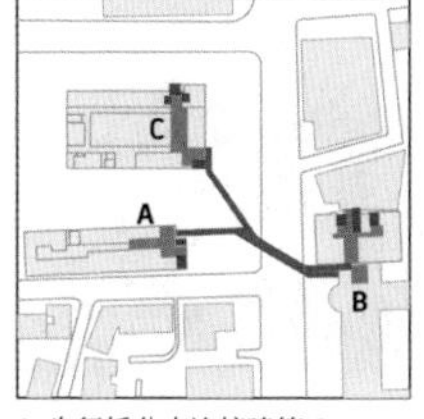

3. 步行桥分支连接建筑C。

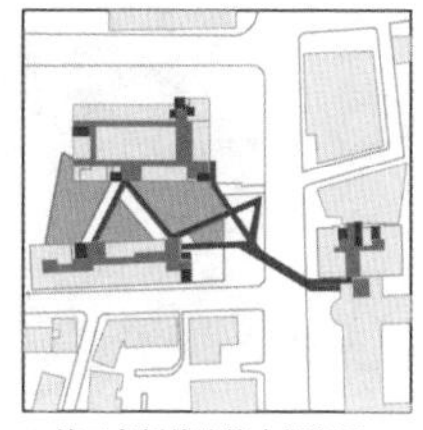

4. 第三条折线连接内部交通。

图4.65　北伦敦大学霍洛威路步行桥（1999）分析组图

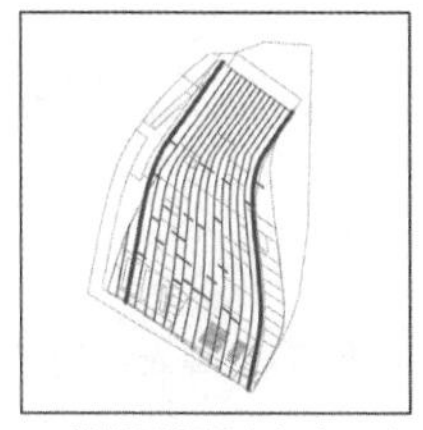

H1 斯特拉斯堡清真寺（2000）

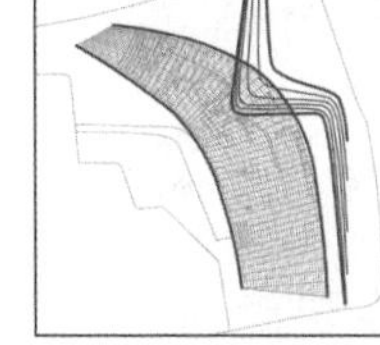

H2 多哈伊斯兰艺术博物馆（1997）

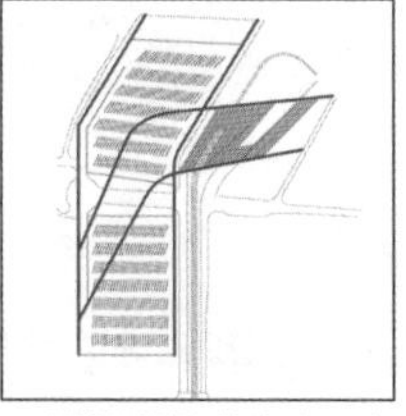

H3 斯特拉斯堡轻轨站（1999）

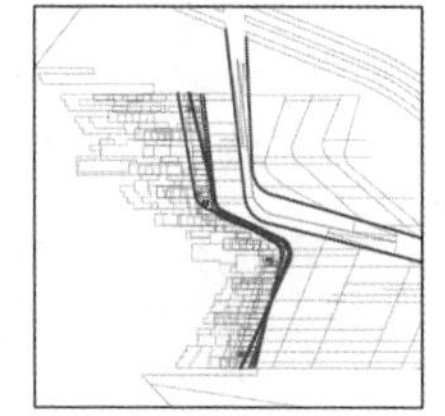

H4 瓜达拉哈拉JVC酒店（2000）

图4.66 扎哈·哈迪德建筑平面构图中由线构成动态面域

8. 多线构成的动态面域形制

多条并置的线沿着相同的方向运动，可以生成动态面域。接下来的一组方案呈现了多线构成的动态面域在平面构图中的不同作用（图4.66）：

（1）单组动态面域生成大尺度的公共建筑，构成面域的线元素生成结构框架（H1）；

（2）两组动态面域交叉，运动方向相悖，生成地形和交通流线的面域介入生成建筑体量的面域，牵引了建筑内部元素的排列组合（H2）；

（3）两组动态面域交叉，运动方向一致，分别生成场地（停车场）和建筑体量（车站）（H3）；

（4）两组动态面域咬合在一起，分别生成场地（交通流线和地形）和建筑体量，建筑体量不仅在水平方向形成面域，还在垂直方向交错排列，生成垂直面域（H4）。

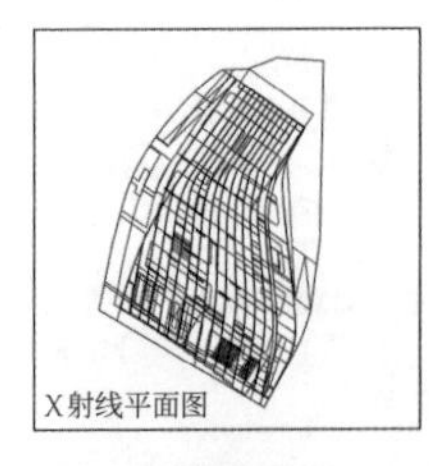

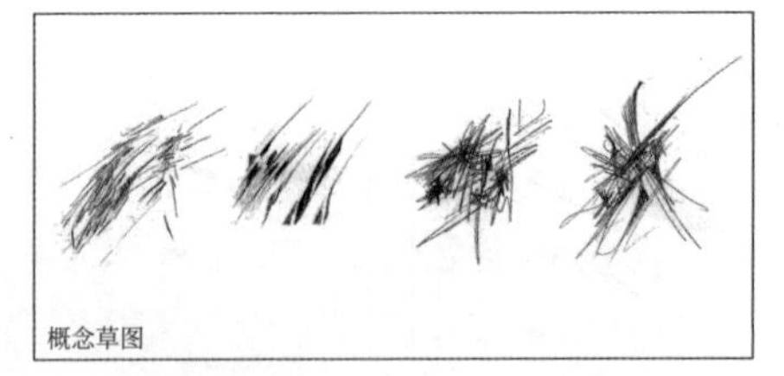

张力形制：
交叉网格构成的动态面域形制
张力来源：
自然形态与象征性结构
形式类型：
动态面域中形成功能模块。

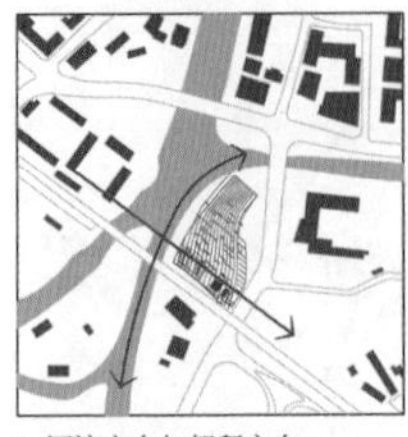

1. 河流方向与朝拜方向。

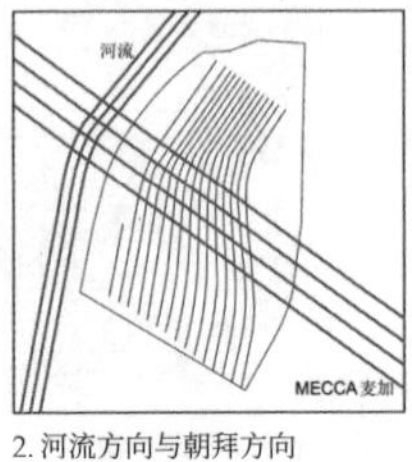

2. 河流方向与朝拜方向交叉形成矩阵。

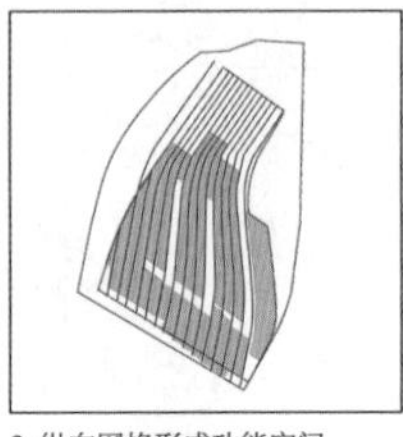

3. 纵向网格形成功能空间。

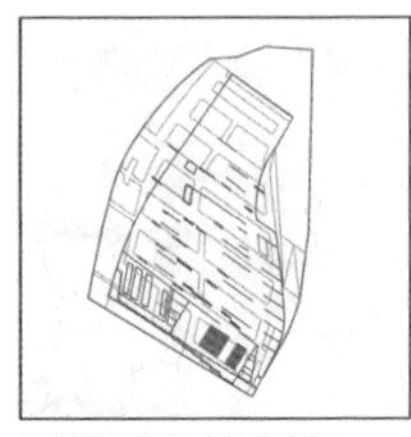

4. 横向网格形成朝拜空间。

图4.67　斯特拉斯堡大清真寺（2000）分析组图

斯特拉斯堡清真寺（2000）

概况：动态面域生成连续的空间，牵引内部体量。

该项目位于河边，建筑形体在网格的控制之下。网格的坐标沿着两条轴线展开，一条轴线沿着河流的方向，另一条轴线面向朝圣的方向。沿着河流方向的轴线生成了并置的条形体量，每条曲线都在空间中渐次波动，使建筑的体量像波浪一样起伏。在平面中，矩阵中的曲线随着河流的曲率收放变形，而在三维空间中，竖向上的波动和功能紧密结合。波浪之下是世俗空间，安置了入口大堂、讲堂、用餐空间和展陈空间。波浪之上是清真寺所在的宗教空间，起伏的屋面形成了围合空间，划分出不同的祷告区域。起伏的曲线生成了大跨度的结构梁，支撑起大跨度的连续空间（图4.67）。

多哈伊斯兰艺术博物馆（1997）

概况：两组弯曲交叉的动态面域，牵引内部体量。

项目场地西邻城市边缘，东临港口，北邻国家博物馆，要调和多样的尺度，并和环境景观融为一体。传统伊斯兰艺术中的装饰性纹样通过单元的重复阵列而形成面域，扎哈受此启发而采用了线的阵列形成结构网格，将功能单元、中空庭院和大面积的教育空间与展陈空间镶嵌在网格中，用曲线坡道串联在一起。和静态面域相比，草图中短促的排线形成的动态面域有明确的

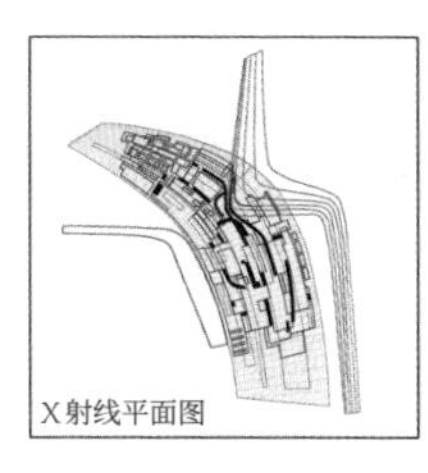

张力形制：
阵列曲线构成的动态面域形制
张力来源：
结构网格
形式类型：
阵列曲线组成的动态面域牵引内部功能模块的布局。

1. 总平面中两组交叉的动态面域。

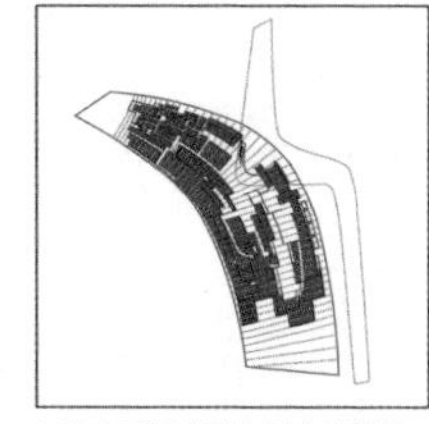
2. 动态面域牵引内部功能模块。

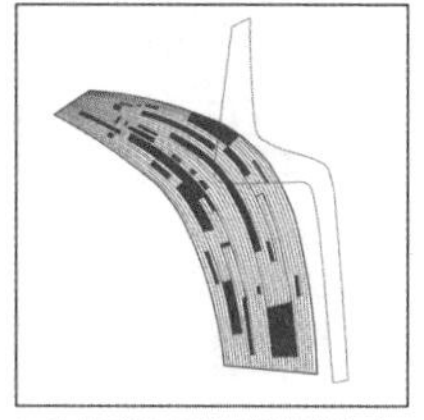
3. 动态面域牵引屋顶造型单元。

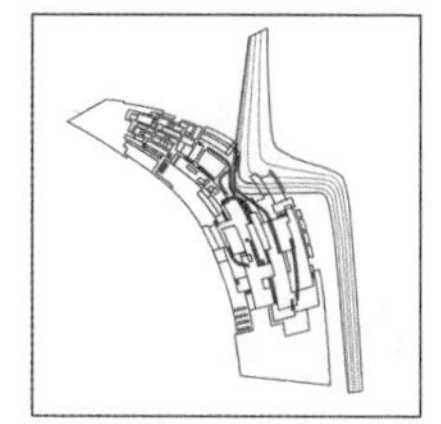
4. 两组动态面域交叉塑造内部空间。

图4.68　多哈伊斯兰艺术博物馆（1997）分析组图

方向性，在最终方案中，动态面域根据场地廓形发生弯曲。在弯曲的面域中，很多庭院以“负体量”的方式嵌入，而功能单元（衣帽间、卫生间、VIP室等）则以“正体量”的方式插入（图4.68-2）。网格单元的尺度由大变小，最终和景观融为一体。在建筑主体的东面，另一组曲线形成的面域沿着相反的弧度侵入主体网格之中，与地形结合，并将外部景观直接引入建筑主体内（图4.68-4）。在两个动态面域的交会处形成了平面中的张力结节，成为建筑入口的大堂空间。

斯特拉斯堡轻轨换乘站（1999）

概况：两组弯曲的动态面域交叉，面域的终端生成建筑体量。

平面中由线性元素构成了两个交叉的动态面域，两个面域的廓形和内部的组成元素具有同构的关系。在廓形层面，一个面域的尽端是高地上的火车站（A），另一个面域的尽端是新建的轻轨站（B），两个面域交错延展，形态相似，轻轨站所在的小面域像是大面域中分出的支流（图4.69-1）。在面域内部，停车场内流动的车辆是场地内不断运动的元素，扎哈·哈迪德设计了车行的轨迹，在黑色柏油路上按照一定的曲率画上了白色的车位线，这些线段的弯曲角度呈现了明显的递进序列，形成运动感，被扎哈称为“磁性场地

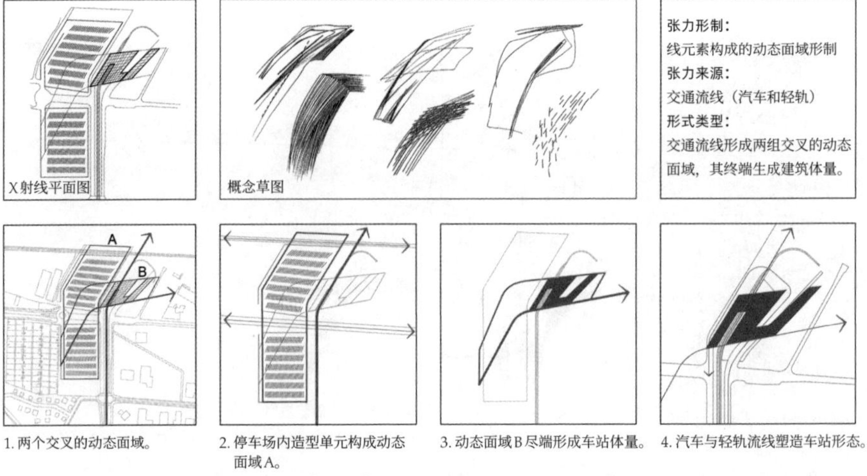

1. 两个交叉的动态面域。 2. 停车场内造型单元构成动态面域A。 3. 动态面域B尽端形成车站体量。 4. 汽车与轻轨流线塑造车站形态。

图4.69 斯特拉斯堡轻轨换乘站（1999）分析组图

(magnetic field)”[42]（图4.69-2）。每一个车位线的端头都设有一个垂直的光柱，白天的光影序列、黑夜的灯光阵列、地面的白色车位线和建筑的连续墙面，所有这些视觉元素联结成一个同步运动的整体。该项目的形式被汽车和轻轨的流线限定，两个动态面域组合生成了具有运动感的空间实体和光影空间（图4.69-3、图4.69-4）。

瓜达拉哈拉的JVC酒店（2000）

概况：两组弯曲的动态面域交叉，生成建筑体量。

项目位于JVC酒店中心的北部边界，南面朝向人工湖，北面毗邻串联JVC中心所有项目的环路。这样的场地让我们想起阿尔托设计的贝克宿舍楼，为了在滨湖一侧取得最大的观景延展面，长条形体量生成蜿蜒的弧线，以客房单元为基本模数生成了网格，然后根据最佳的观赏角度，利用长条体量的延展性，每一层都渐次调整角度，在竖向上按照扇面的形态叠加。在主体量的一侧，向景观湖方向平行伸出很多矩形体量，这些伸出的“手指”成为会议室和屋顶平台。从北侧主路方向引入的交通流线是一条弧向相反的曲线，两条曲线在各自张力的顶点汇聚在一起，形成了张力的对冲，成为建筑的入口

---

42 Zaha Hadid. *Car Park and Terminus Hoenheim-nord* [J]. ELcroquis, 2001 (103), p.140.

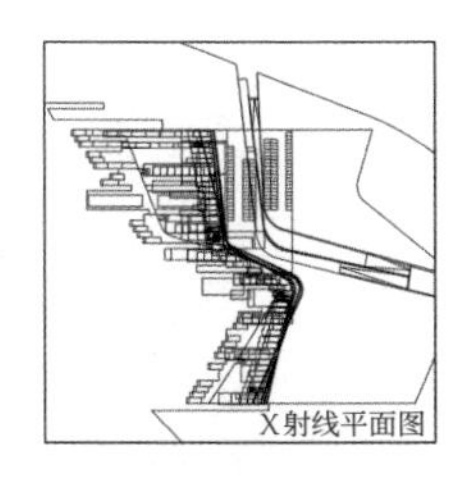

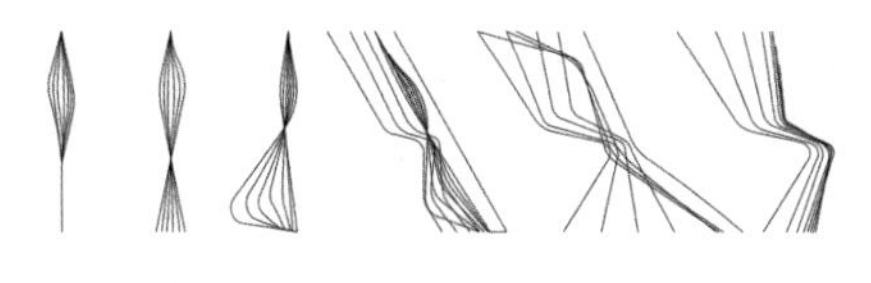

扎哈绘制的概念图解中的曲线变化呈现出线性时间序列

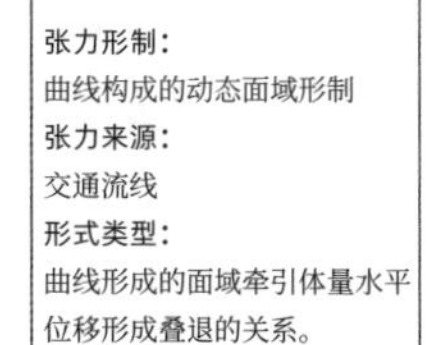

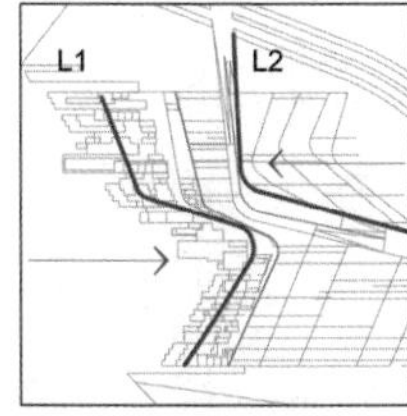

1. 平面流线中对立的两条曲线。

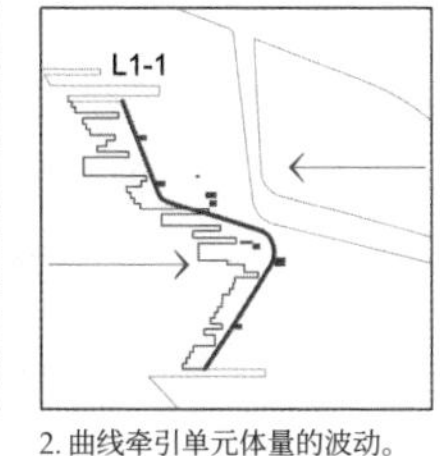

2. 曲线牵引单元体量的波动。

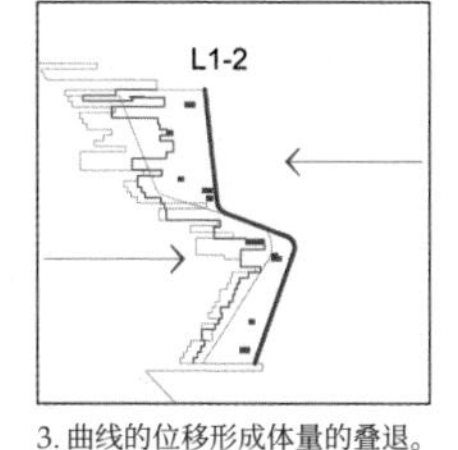

3. 曲线的位移形成体量的叠退。

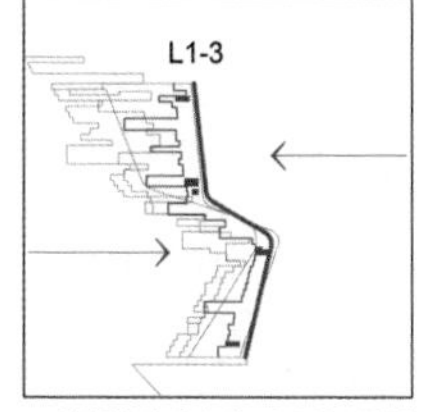

4. 曲线的张力变化引导体量渐变。

图4.70　瓜达拉哈拉的JVC酒店（2000）分析组图

区域。阵列的房间和交通流线形成的两个面域在平面中形成了对立平衡的关系，并结合为一个整体，被扎哈表述为“辩证的综合体（dialectic synthesis）”[43]，这种形式的辩证关系还表现在两个主要的立面上，北立面是连续的走廊，南立面是像素化的房间阵列（图4.70）。

9. 对扎哈·哈迪德建筑作品的归纳分析

扎哈的第一个建成作品——维特拉消防站的创作过程严格地遵循了形式美的规则，参与此项目的帕特里克·舒马赫（Patrik Schumacher）称之为“构成的立场（compositional stance）”[44]。所有的元素都被置入严格的形式框架中，所有的功能元素都是在形式语言经精心调整和雕琢之后被小心地置入。虽然根据建造的逻辑要对几何形态进行合理化调整，但这种调整是在保证和强化最初的形式设计意图上进行的。舒马赫认为这种将实用功能性的考虑置入严格的形式框架的做法，就建筑的终极意义而言，体现了建筑的社会意义，“为社会互动、交流提供直观的视觉构架（visual frames）”[45]。这种“构成的立场”使建筑创作和绘画创作达成了共同的原则：“建立体量上的平衡关系，精炼曲线的比例、流动感以及张弛度。所有的建筑元素——墙、柱、门、

43　Zaha Hadid. *JVC Hotel in Guadalajara* [J]. ELcroquis, 2001(103), p.217.

44　帕特里克·舒马赫. 第一次完整建造：维特拉消防站[J]. 建筑创作，2017(Z1)：152。

45　同上书，第153页。

窗——都必须被当成‘艺术’作品的一部分。这些元素就像一幅画的每个笔触，构成了逻辑清晰的整幅画作。”[46]如果上述假设成立，我们便可以在现代绘画作品中寻找到相似的构图原理作为参照。

在扎哈早期的设计实践中，马列维奇的至上主义为建筑平面带来了一种启示，使其获得了一种摆脱重力的自由，但这不是可以在空中飘浮的意思，而是建筑平面可以从已经存在的秩序中获得自由，由此成为扎哈强调的“新平面”。新平面包含着更多的信息，包括环境地形、人造景观、视线与流线，甚至人的日常生活，这些影响建筑的因素都转化为平面中的矢量，成为平面构图中的元素和结构。随着实践经验的积累，扎哈用“景观”一词代替了“新平面”，在2001年*EL Croquis*（建筑素描）的第三次访谈中，“作为平面的景观（Landscape as Plan）”被归纳为访谈的题目[47]。在数字建筑的时代，扎哈的合伙人帕特里克·舒马赫进一步用“运动景观（Landscapes in Motion）”[48]来概括扎哈的作品。这些概念的演变呈现了平面构图中的元素在张力作用下连续运动而产生的形式生成法则。

我们比照前文对马列维奇34幅素描的分析，通过对扎哈2000年以前创作的建筑平面构图进行类型学的整理编目（图4.71），并分析其形式语言的操作过程，我们可以发现扎哈建筑设计的形式谱系中具有和马列维奇至上主义造型语言相似的动力结构和生成逻辑（图4.72）。画家和建筑师的形式语言体系具有关联性，从基本造型单元的组合（遣词），到形式生成机制的演绎（造句），由简入繁地形成了一套相近的形式语法。

这套形式设计语言的编目按照建筑平面构图中的元素和结构进行分类（下面括号中是组图4.71编目中的方案编号）。造型元素，是形（figure）的基本单元，包括线性元素和面域元素：线性元素包括直线、曲线和折线（F1—F4），并可以通过组合形成十字结构（E1—E4）和多线组团（G1—G4）；面域元素包括正方形（A1—A4）和三角形（D1—D4），并可以继续演化为长

---

46 帕特里克·舒马赫.第一次完整建造：维特拉消防站[J].建筑创作，2017(Z1)：154。

47 Hadid Z. *Landscape as Plan a conversation with Mohsen Mostafavi* [J]. Elcroquis, 2001(103), p.6.

48 Schumacher P. *Digital Hadid Landscape in Motion* [M]. Basel·Boston·Berlin: Birkhäuser, 2004.

第1组
限定在**正方形**和其变形力场中的张力交织

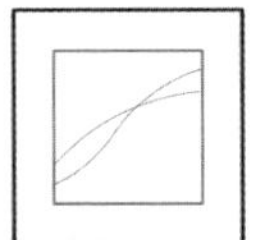

A1：海牙别墅（1991）　A2：比利·施特劳斯旅馆扩建（1992）　A3：富谷公寓（1987）　A4：加迪夫歌剧院（1994）

第2组
限定在**矩形**力场中的张力交织

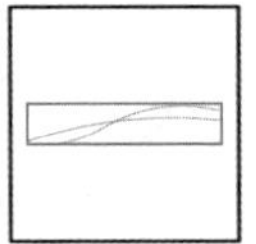
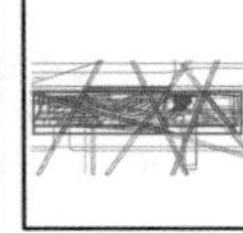
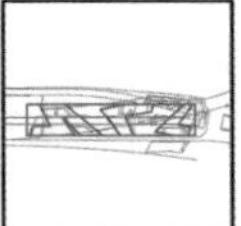
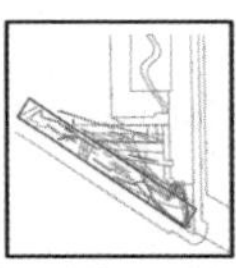

Bl：魁北克国家图书馆（2000）　B2：IIT新校园中心（1998）　B3：斯皮特劳高架桥住宅（1994）　B4：柏林IBA中心（1987）

第3组
限定在**L形**力场中的张力交织

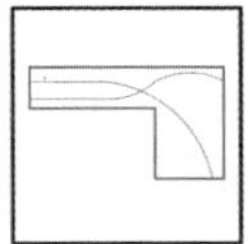
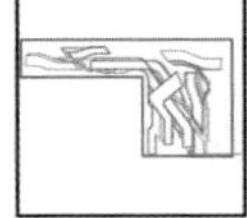
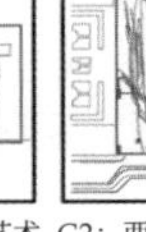
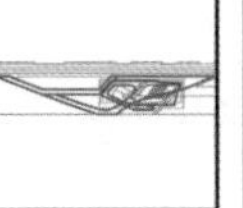
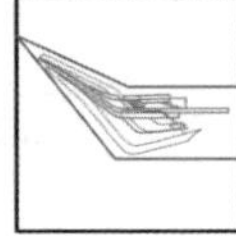

C1：罗马当代艺术中心（1999）　C2：西班牙皇家收藏博物馆（1999）　C3：萨勒诺渡轮码头（1999）　C4：地形1号园艺展廊（1999）

第4组
限定在**三角形**力场中的张力交织

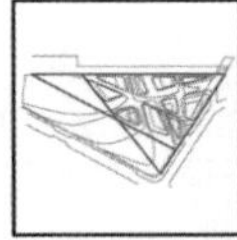
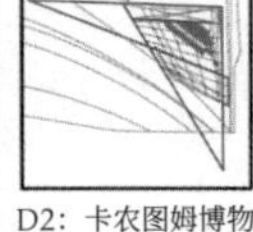
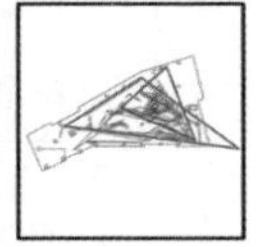

Dl：沃尔夫斯堡科学中心（2000）　D2：卡农图姆博物馆（1993）　D3：索菲亚王后国家艺术中心博物馆（1999）　D4：季风餐厅（1990）

第5组
限定在**十字**力场中的张力交织

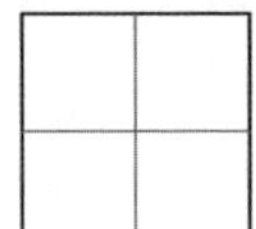
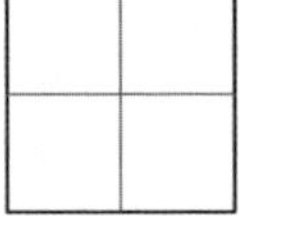
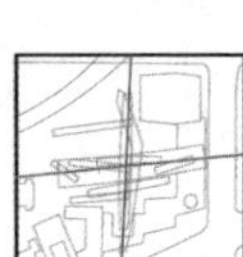
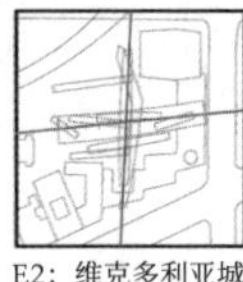
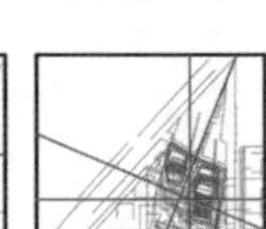
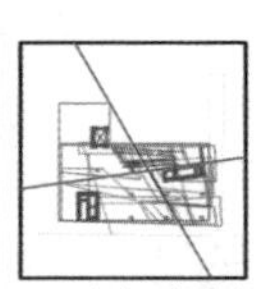

El：马列维奇的构造（1977）　E2：维克多利亚城市区域设计（1988）　E3：卢森堡歌剧院（1997）　E4：辛辛那提艺术中心（1999）

第6组
单一线性力场的变奏

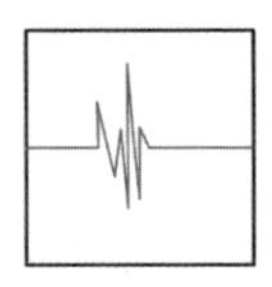
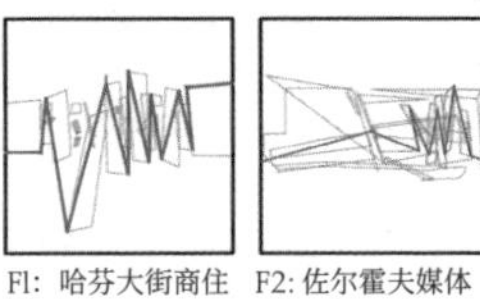
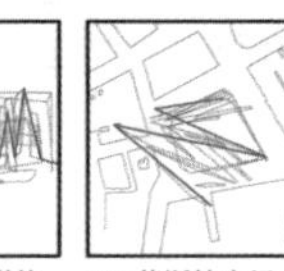

Fl：哈芬大街商住楼（1989）　F2：佐尔霍夫媒体公园（1992）　F3：莱斯特广场改造（1990）　F4：大阪世博会广场装置（1990）

第7组
不同线性力场的交织

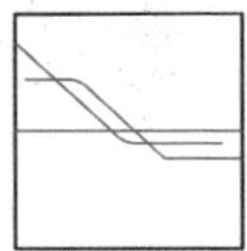
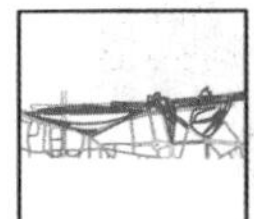
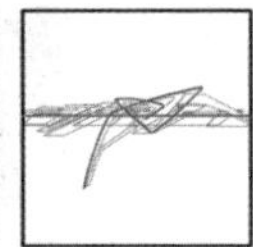

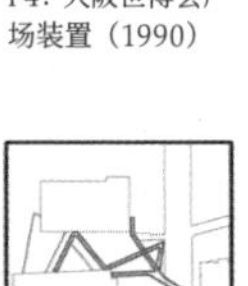
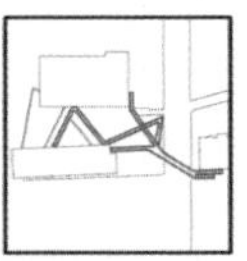
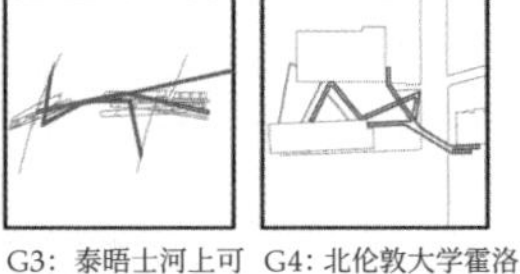

Gl：科隆长廊区域更新（1993）　G2：阿布扎比酒店和住宅综合体（1990）　G3：泰晤士河上可居住的桥（1996）　G4：北伦敦大学霍洛威路步行桥（1999）

第8组
多重线性力场聚合成面域力场

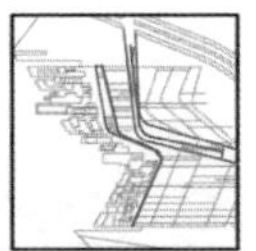

H1：斯特拉斯堡清真寺（2000）　H2：多哈伊斯兰艺术博物馆（1997）　H3：斯特拉斯堡轻轨换乘站（1999）　H4：瓜达拉哈拉的JVC酒店（2000）

图4.71　扎哈·哈迪德在2000年以前的建筑作品的平面构图编目

廓形

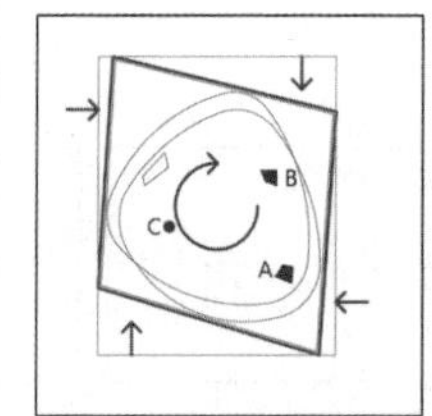

1. 一层平面中的类圆形结构。

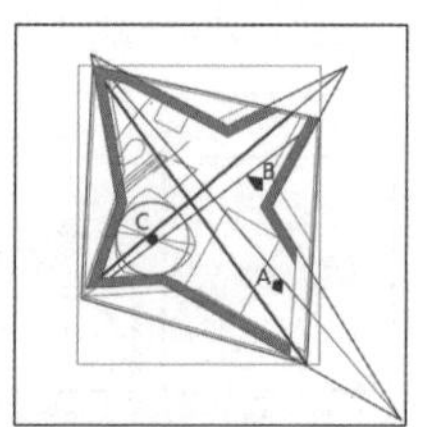

2. 二层平面中的星形结构。

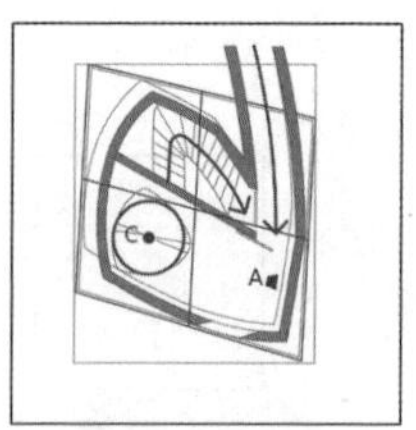

3. 三层平面中的螺旋结构。

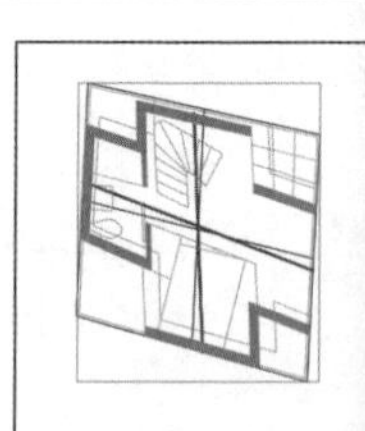
4. 四层平面中的十字结构。

A1: 比利 · 施特劳斯旅馆扩建（1992）分析组图

切分

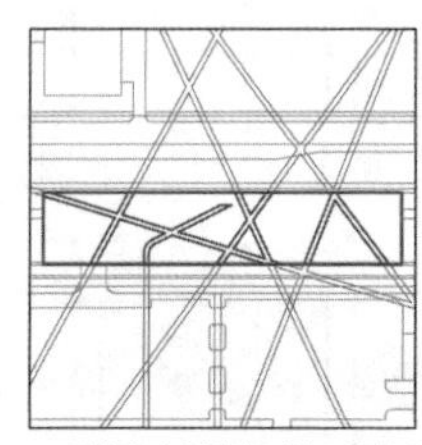
1. 环境张力结构切分矩形廓形。

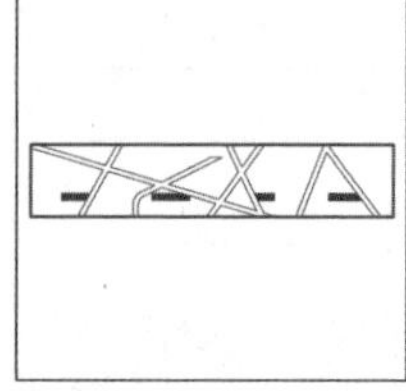
2. 外部张力切割后的平面结构。

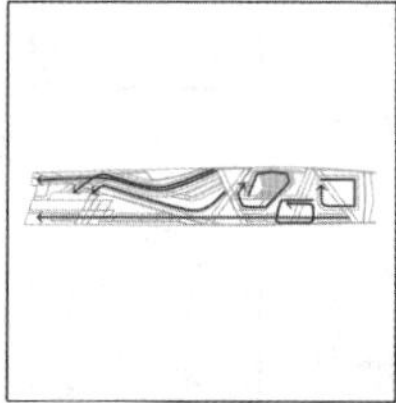
3. 二层平面廓形内流动的张力。

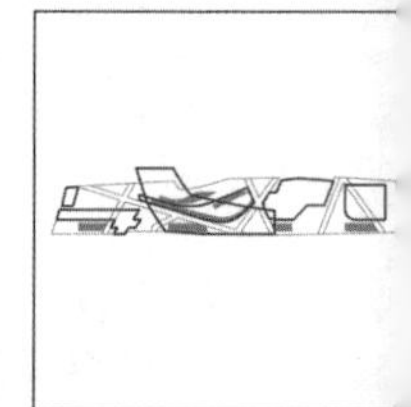
4. 内外张力作用下的平面

B2: IIT新校园中心（1998）分析组图

生成

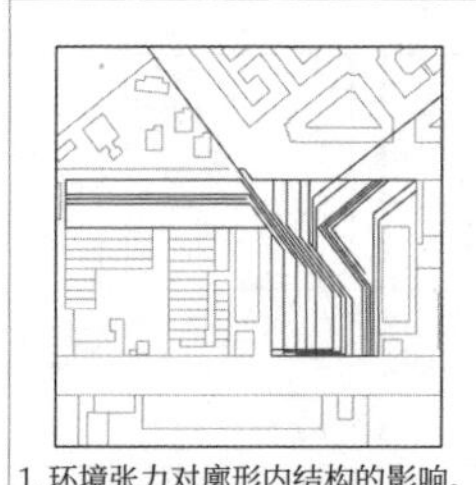
1. 环境张力对廓形内结构的影响。

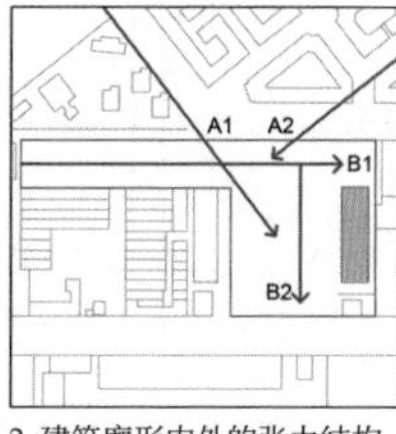

2. 建筑廓形内外的张力结构。

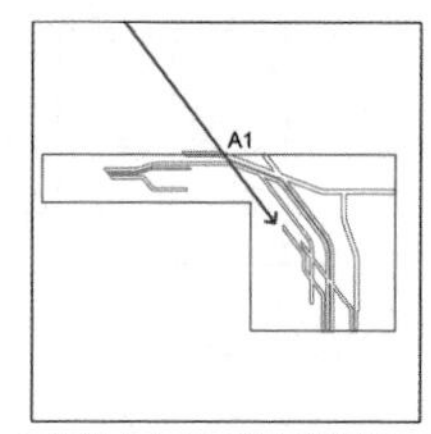

3. 外部张力引导斜向道路的生成。

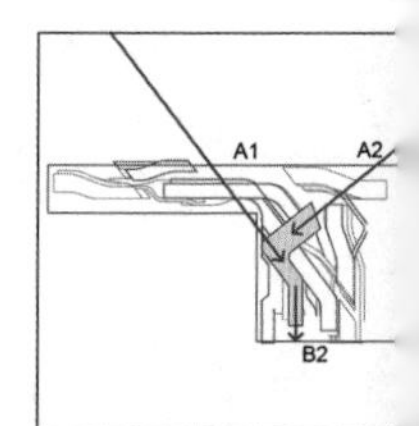

4. 条形体量在多重张力下

C1: 罗马当代艺术中心（1999）分析组图

牵引

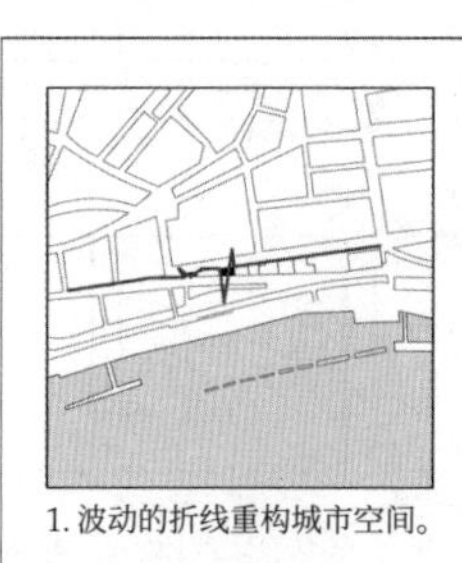

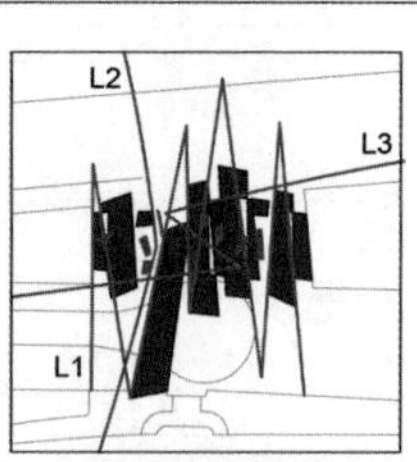

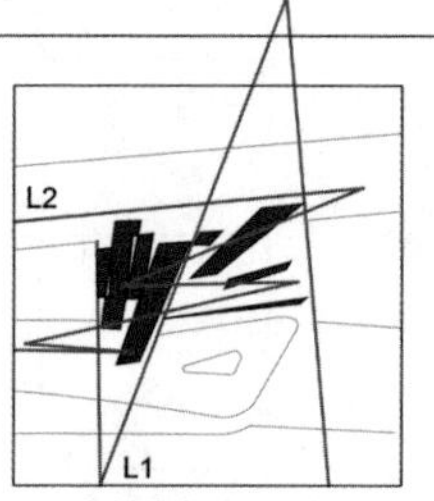

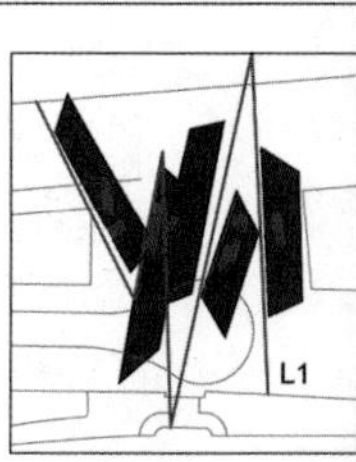

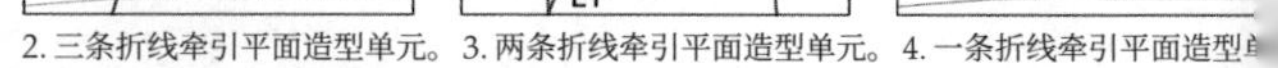
1. 波动的折线重构城市空间。 2. 三条折线牵引平面造型单元。 3. 两条折线牵引平面造型单元。 4. 一条折线牵引平面造型

F1: 哈芬大街商住楼（1989）分析组图

图 4.72　扎哈建筑作品中张力作用于平面构图的四种操作程序

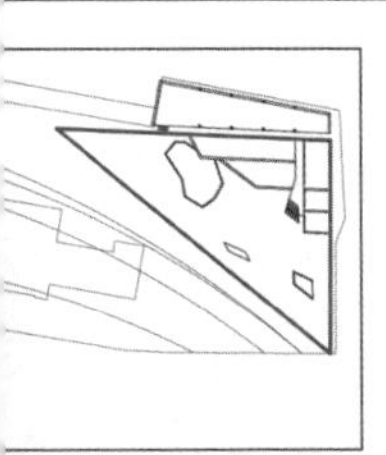

基础层与周围环境的关系。

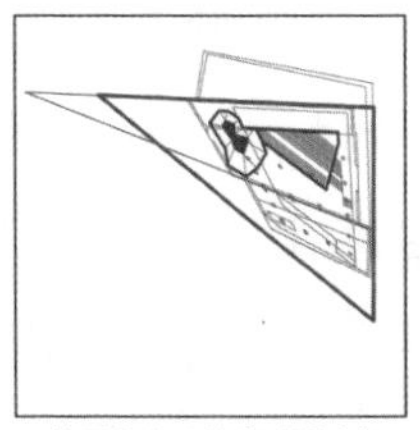

2. 首层多个三角廓形叠合部分生成建筑的廓形。

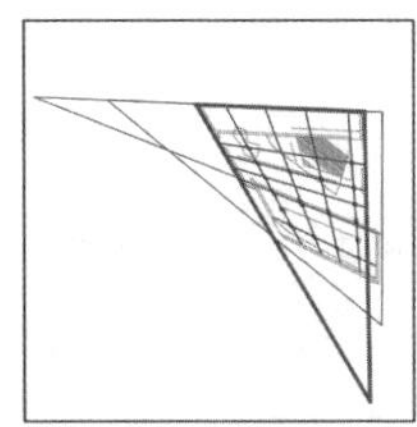

3. 二层平面及其内部网格。

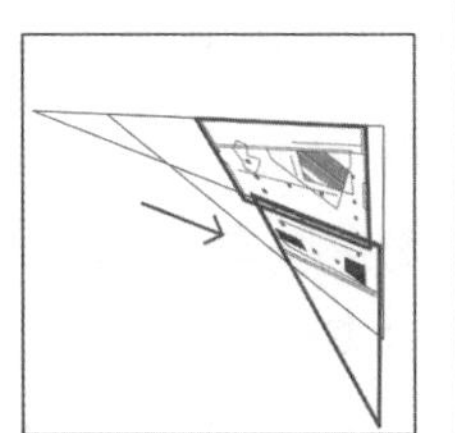

4. 二层平面中的廓形的局部错动。

卡农图姆博物馆竞赛方案（1993）分析组图

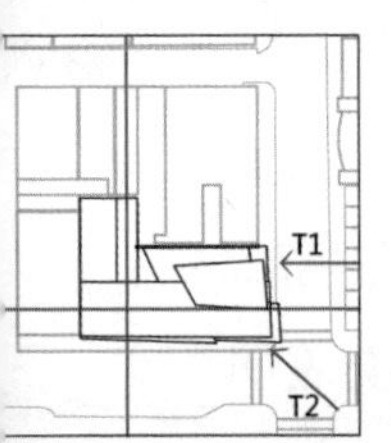

境中的正交与斜向十字张力。

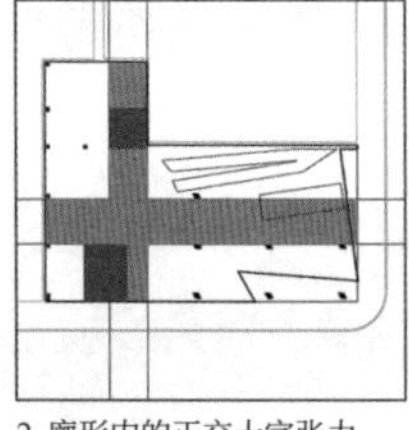

2. 廓形内的正交十字张力。

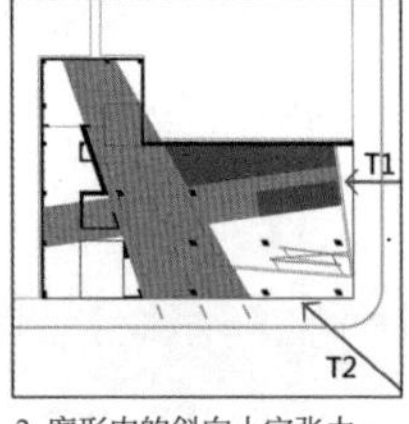

3. 廓形内的斜向十字张力。

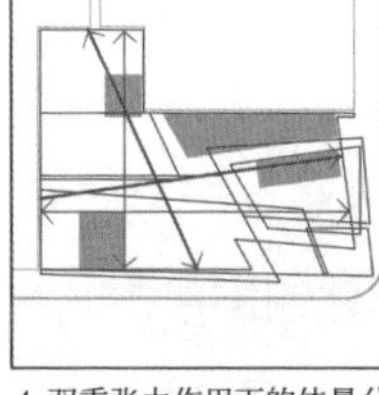

4. 双重张力作用下的体量分布。

辛辛那提艺术中心（1999）分析组图

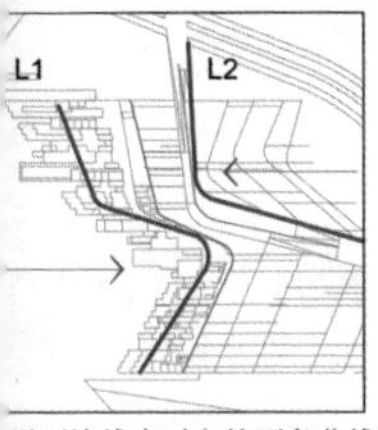

平面流线中对立的两条曲线。

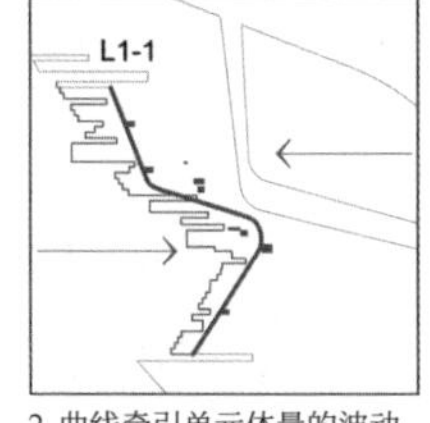

2. 曲线牵引单元体量的波动。

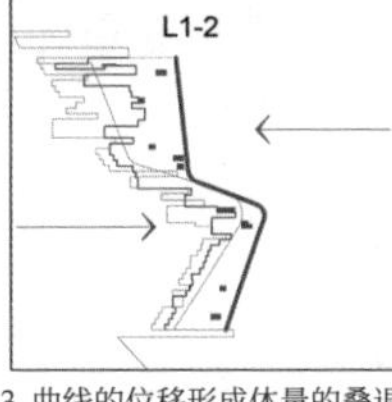

3. 曲线的位移形成体量的叠退。

4. 曲线的张力变化引导体量渐变。

瓜达拉哈拉的JVC酒店（2000）分析组图

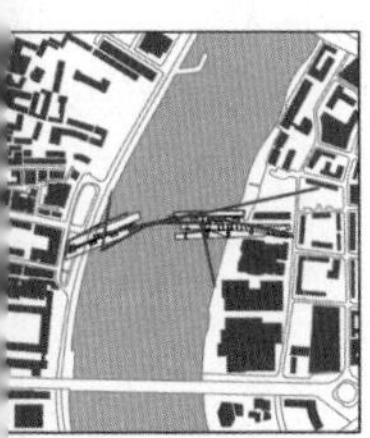

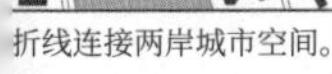

折线连接两岸城市空间。

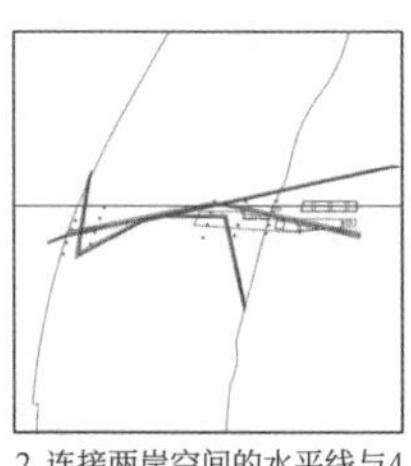

2. 连接两岸空间的水平线与4条折线。

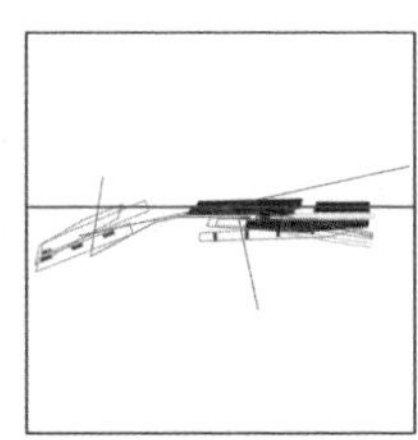

3. 水平线牵引的功能单元。

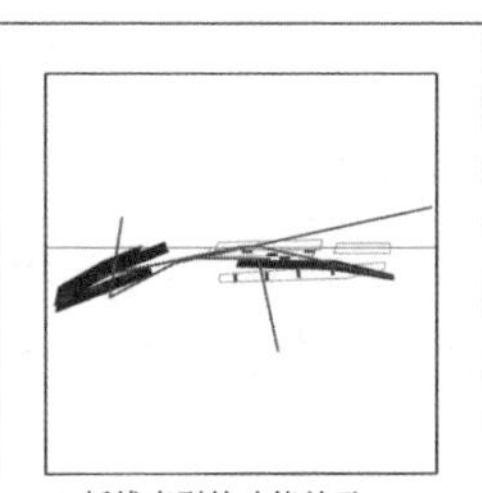

4. 折线牵引的功能单元。

泰晤士河上可居住的桥（1996）分析组图

方形（B1—B4）和L形（C1—C4）。在线性张力和面域张力之间，还存在一种由线的组团形成的面域（H1—H4）。结构是造型单元有机组合的依据，可见的结构以造型元素为依托，不可见的结构是基础平面内部的基准线（包括轴线、对角线等）。造型元素在结构的作用下有机组合，形成了平面构图。

造型元素和结构通过不可见的“张力”进行运作。张力实际上是现实中的物质形态、运动、方位等信息转化的一种符号，以符号作为媒介，将现实中的物理力投射在视知觉对应的大脑皮层上。它们将影响建筑的因素转化为一种可以操作的符号系统。可以转化成张力的现实因素包括：环境空间架构、场地廓形、交通流线、地形形态、建筑结构造型和文化象征符号等。

张力通过四种操作程序作用于平面构图，包括“廓形”、“切分”、“生成”和“牵引”（图4.72）：“廓形”（A1、D2）——面域张力形成建筑组团的场地或建筑单体的廓形，其自身内部的结构线（中轴线、对角线或正交切分网格）对内部的造型单元施加影响；“切分”（B2、E4）——线性张力介入廓形内，将廓形切分为不同的体量；“生成”（C1、H4）——线性或面域张力直接生成和自身形式同构的正体量或负体量；“牵引”（F1、G3）——线性张力带动造型单元一起波动，使得分散的造型单元以一种可感知的结构组织在一起，并有规律地变形和位移。

在张力的作用下，造型元素在平面中连续地变形，形成运动的序列，像杜尚的《下楼梯的裸女》和波丘尼的《离开的人》一样，在平面构图中呈现出时间性。在前文中，我们对香港顶峰俱乐部（1982—1983）和维特拉消防站（1991）的方案进行过形式分析，从纸上竞赛方案到第一个建成作品，包括在二者之间所作的其它方案中（东京国际会议中心，哈芬大街商住楼，1989），扎哈在平面构图中展现出一种类似的线性的时间序列。如果这个序列的切片无限密集，这种形式最终会发展为具有连续性的平滑曲线，成为扎哈后期建筑作品的主要形式特征（图4.73）。

（二）恩里克·米拉莱斯的构图语言

西班牙建筑师米拉莱斯虽然没有像扎哈那样反复提及和马列维奇在艺术语言上的关联性，但在他的以线的张力场为主导的建筑平面构图中，蕴含着和康定斯基的绘画相似的构图形式的生成机制。

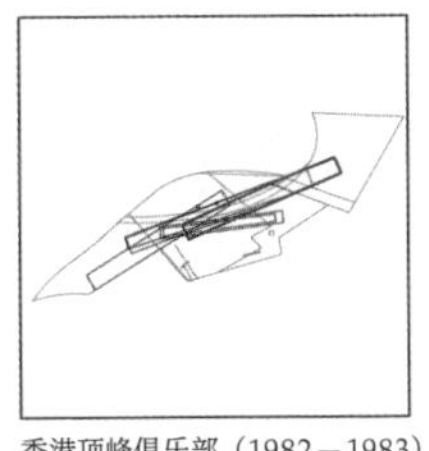
香港顶峰俱乐部（1982—1983）

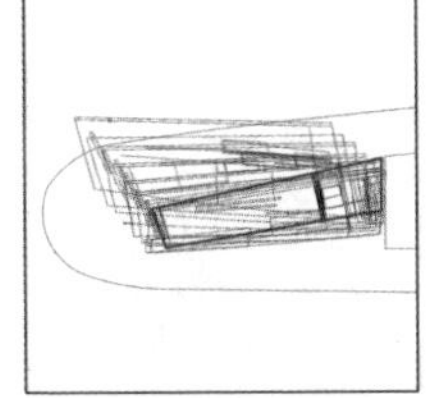
哈芬大街商住楼（1989）

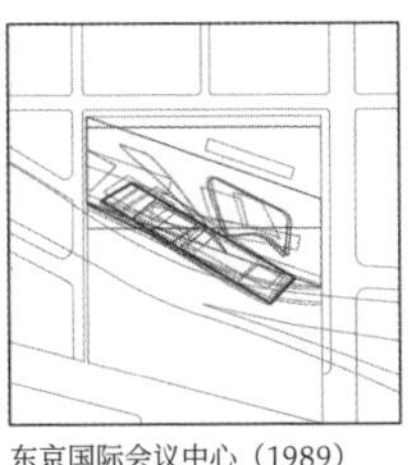
东京国际会议中心（1989）

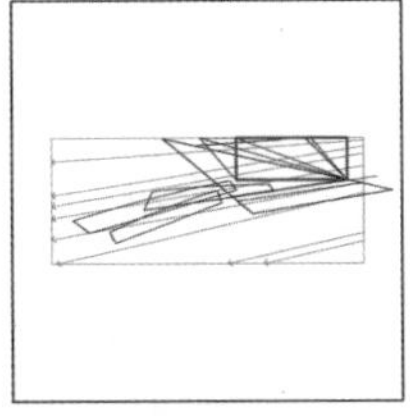
维特拉消防站（1991）

图4.73　扎哈建筑作品平面构图中的线性时间序列

米拉莱斯的形式语言背后有多种驱动，在人类活动与已经存在于地形和文化景观中的痕迹之间建立秩序。米拉莱斯探索了一个模糊的中间状态，介于雕塑建筑、城市设计和景观设计之间。在这后面暗藏的图像，是一种力的场，一种社会关系的网络，被图解为很多节点和路径。因此，建筑的平面总是大胆地被几何切口、对角线通道和曲折的道路所定义。这个秩序也是地形的，它加强了在场地中已经存在并且部分隐藏的矢量。这些秩序在不同的尺度中发挥作用，可以在不同的地形和历史痕迹的叠加中被感知，包括河床、道路、平整的场地的轮廓和现存建筑。米拉莱斯的建筑，加强了这些隐藏的力，同时鼓励和人的活动相交叉。

米拉莱斯认为任何基地都蕴含着许多抽象的线，设计师应该发现这些潜在的线，并且使它们具备可见性。他说："有太多的线条等待人们去发掘，其中的一些超乎寻常的长，长到可以把项目的边角空间全部填满。"[49]基地中原有的等高线是重点考察的对象，米拉莱斯习惯从中寻找关联性和一致性，突出的几组线来构建设计形态，这种手法使得设计场地与原有地形相契合。

人群流动的线性变化也在一定程度上决定了设计线条的形态，米拉莱斯通过分析人流走向来确定线性趋势，并组织沿途空间和视觉效果。他将人群的流动类比为梳理头发，当人群拥挤时，设计师需要把他们先分开，再聚集在一起，因此人群本身也帮助塑造场地形态。同时，建筑加强了人类的活动，并且将运动中的物理感觉加以呈现。

威廉·柯蒂斯（Willam J.R. Cutis）用"社会景观"（social landscape）

49　Cortes J A. *The Complexity of the Real* [J]. ElCroquis, 2009(144), p.24.

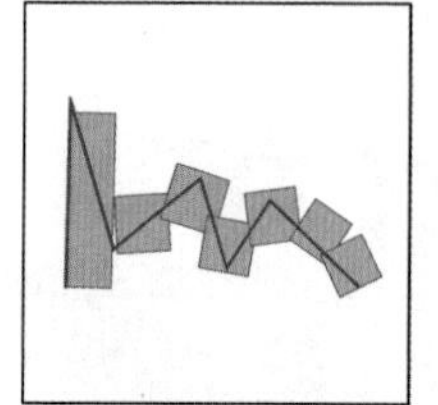

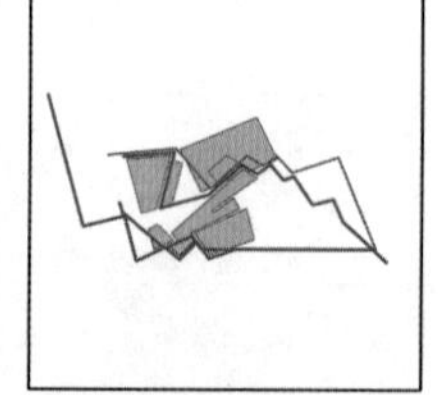

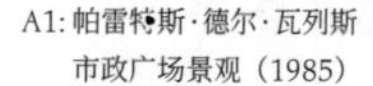

A1: 帕雷特斯·德尔·瓦列斯市政广场景观（1985）

A2: 加劳·阿古斯蒂住宅（1988—1993）

A3: 帕拉莫斯老年人医院（1993） A4: 达姆格别墅（1999）

图 4.74 米拉莱斯建筑平面构图中的折线形制

的概念将这些元素全部合并在一起。[50]作为景观的建筑，或者说是作为建筑的景观，需要被看成是城市的一种扩张，或者是自然的一种干预。米拉莱斯的很多方案都是在城市快速增长的郊区，社会景观将那里的制度、文脉和自然融汇为交叉的关系，并尝试着将老社区的发展糅合在一起。

绘画是基本的媒介，“线”是米拉莱斯形式操作的核心，将各种复杂的因素转化为平面中的线性矢量，通过张力和运动机制转化为最终的形式。

1. 折线形制

折线形制是米拉莱斯建筑作品的基本母题。接下来的一组方案呈现了折线张力场在平面构图中的四种生形机制：单一折线牵引外部体量（A1）；多条折线形成平面廓形，牵引内部体量（A2）；多条折线生成外部体量并在垂直方向叠加（A3）；折线切分廓形内部空间，并牵引廓形内部和外部体量（A4）。（图 4.74）

帕雷特斯·德尔·瓦列斯市镇广场景观（1985）

概括：单一折线牵引外部体量。

方案场地位于十字路口的街角，廓形呈现出勺子形态。“勺把儿”内侧紧贴现有建筑B，并在B建筑的正前方围合了小空地S1，勺形的主体围合成大空地S2，从勺把儿到勺形主体形成了自左向右的张力T0（图 4.75-1）。S2由一组点的矩阵形成正方形廓形，坡道L2从正方形边缘爬升，并在其左侧形成

50 Curtis W J R. *Mental Maps and Social Landscape* [J]. EL Croquis, 2005, 30+49/50+72 [II]+100/101, p.9.

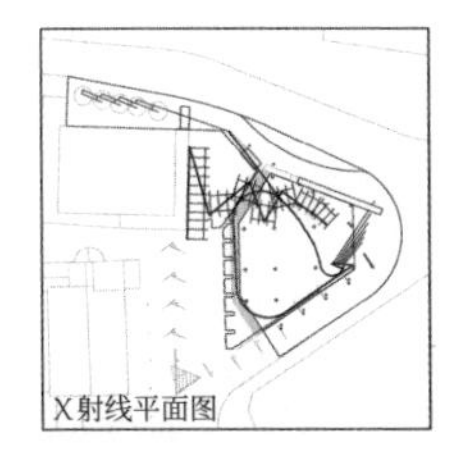

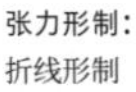

张力形制：
折线形制
张力来源：
构造结构与环境空间架构
形式类型：
折线牵引造型单元组合排列。

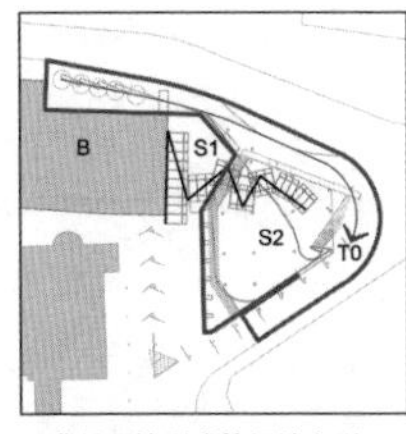

1. 背景环境形成的场地廓形。

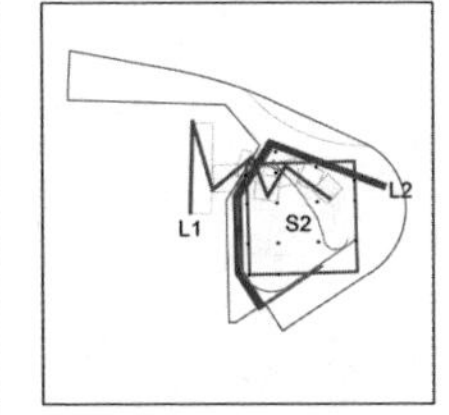

2. 场地廓形内的造型元素组合。

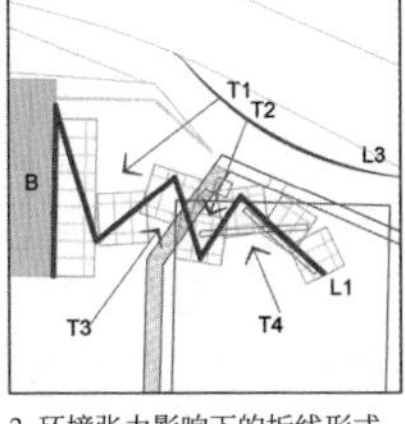

3. 环境张力影响下的折线形式。

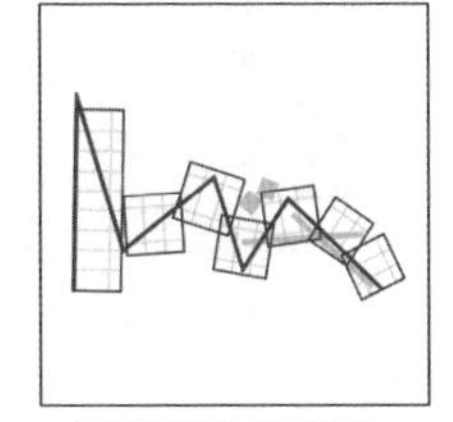

4. 折线引导的单元排列组合。

图4.75　帕雷特斯·德尔·瓦列斯市镇广场景观（1985）分析组图

了线性阶梯，利用阶梯的高差使S2从平面中独立出来。同时从B建筑内侧引出的折线L1贯穿了廓形的内外（图4.75-2）。折线的开端被紧紧吸附在B建筑的边缘，同时受到勺形廓形内张力T0的驱动，自左向右延伸。街廓内收形成的弧线L3向折线L1施加了张力T1和T2；在相反的方向上，正方形S2左侧边缘的阶梯和S2的中心分别反向施加了张力T3和T4，这四股张力牵引了折线L1的波动形态（图4.75-3）。沿着折线波动的轨迹，一组矩形和正方形组成的景观亭的屋面自左向右起伏排列，形成了整个区块的标志性景观（图4.75-4）。

加劳·阿古斯蒂住宅（Garau Agusti House，1988—1993）

概况：多条折线形成平面廓形，牵引内部体量。

方案场地被双重限定：一方面，位于一个长条地块，自左向右，由高至低；另一方面，在长条地块左上方设定的两道弧线和地块右下方的地形等高线围合成一个倾斜的椭圆。一条折线环绕在椭圆的左侧，椭圆廓形自身的张力将其吸附在周边。椭圆上下的现有建筑分别向椭圆施加了张力T1和T2，将折线稍微推入椭圆之内。同时，椭圆横轴的张力T3将折线稍微推出椭圆之外，这条折线限定了建筑的范围（图4.76-1）。在这个范围内，住宅的三个楼层的边缘呈现出交错的多条折线。折线之间的交通结节将它们吸附在一起

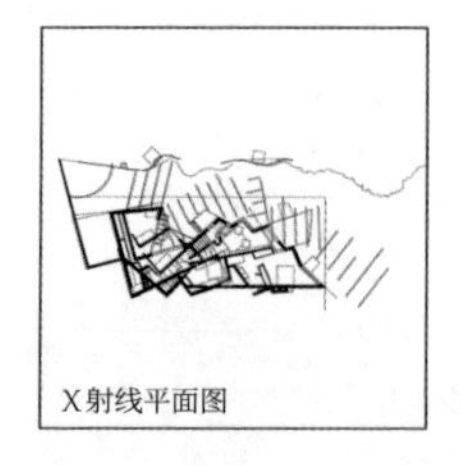

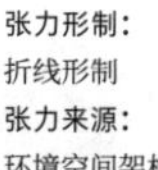

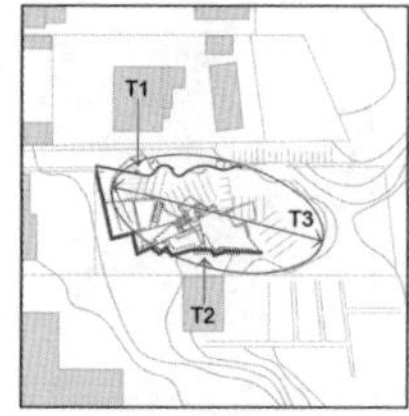

1. 背景环境张力引导折线形态。

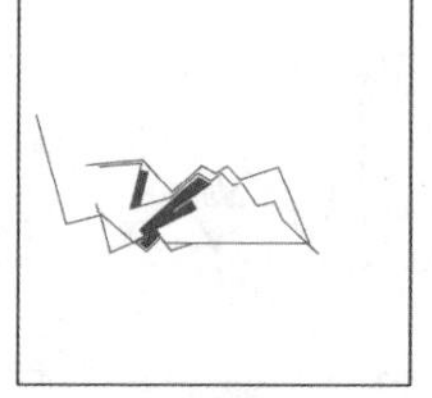

2. 连接折线的交通结节。

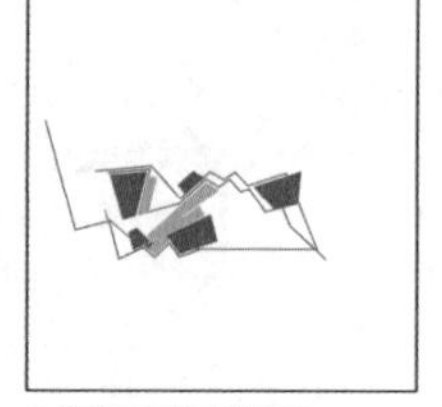

3. 折线引导的内部体块。

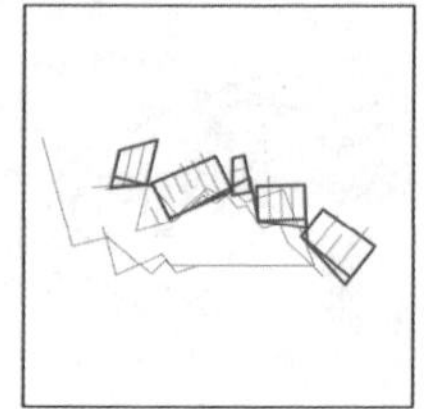

4. 折线引导的外部体块。

图4.76 加劳·阿古斯蒂 住宅（1988—1993）分析组图

（图4.76-2），形成了建筑平面的主要张力构架。折线之间，小的室内功能单元和室外构筑物单元被吸附在折线内侧（图4.76-3），这些单元之间的留白是起居室这样相对大的功能单元。折线之外，地面的铺装以多组平行线组成单元团块，被吸附在折线外侧（图4.76-4）。

帕拉莫斯老年人医院（1993）

概况：多条折线生成外部体量并在垂直方向叠加。

在场地边廓的钝角中，形成了作为“基准”的体量（B1）。面向河道和树林方向，数条折线围绕着基准体量B1在廓形内波动。在米拉莱斯的草图中，我们看到了三种颜色的折线，对应了建筑的三个楼层中的流线：首层（L1），二层（L2），三层（L3）。这些折线转化为建筑中的走廊，牵引着医院的病房单元生成了建筑正体量。[51]方案中的折线都以基准体量B1作为参照而获得秩序，呈现出非线性时间变化序列[52]（图4.77）。

---

51 医院专门收治阿尔茨海默病患者，根据不同的病症，匹配不同的医治和疗养环境。医院病房的线性体量的转折角度和转折密度与景观、流线和功能密切相关。上层的病房需要收治失去部分记忆的患者，所以体量内的流线要简洁，以方便对病患的监护。而在地面层，折线的密集转折，和周边的树木结合在一起，形成了迷宫一样的景观空间。

52 在平面构图中，首层、二层和三层的折线体量叠合在一起，就像在一块画布上，确定了起点和终点，然后反复描绘折线。折线之间并没有逻辑上的变形序列，而是在

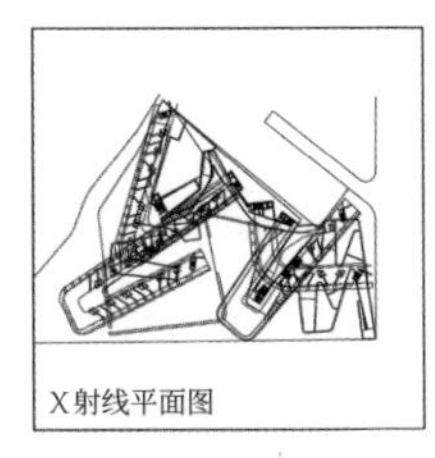
X射线平面图

概念草图

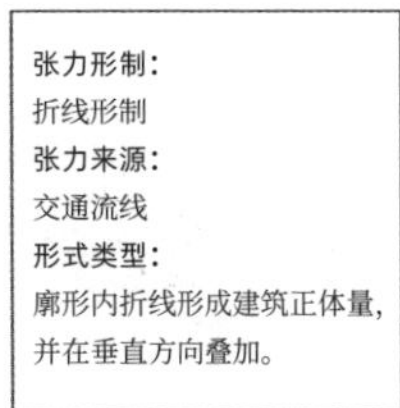

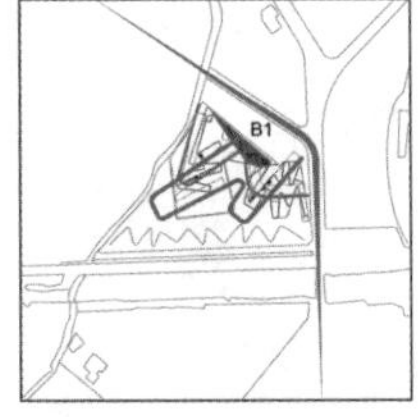

1. 在廓形内波动的张力。

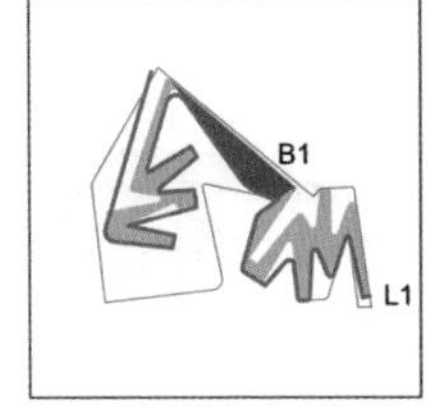

2. 首层的张力波动。

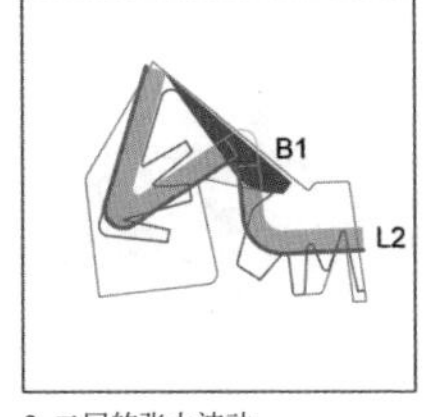

3. 二层的张力波动。

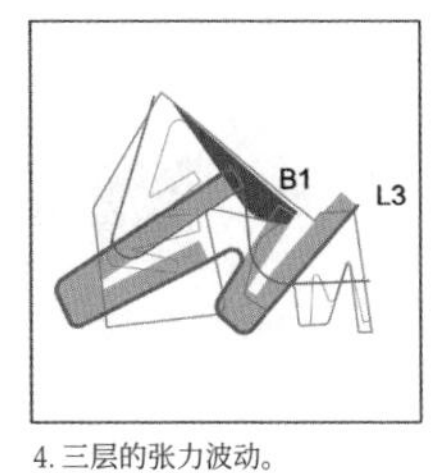

4. 三层的张力波动。

图4.77　帕拉莫斯老年人医院（1993）分析组图

达姆格别墅（Damge House，1999）

概况：折线切分建筑廓形内部空间，牵引廓形内外的体量。

在现有建筑廓形的左侧，正方形廓形两边的延长线和街廓的两边在庭院中定义了一个梯形平面，复杂折线在环境多重张力下盘踞在梯形的边缘：入口流线带来的张力T1、梯形对角线带来的张力T2和现有建筑轴线带来的张力T3将这组折线推向梯形廓形的上侧边缘。在首层平面，折线开始侵入正方形廓形内部，在入口呈现出不规则的内廓（图4.78-1）。随着层高的抬升，折线也不断地扩大对正方形廓形的侵入范围，在二层已经影响了正方廓形内一半的空间（图4.78-2），而在第三层平面已经将正方形贯穿（图4.78-3）。在屋顶平面，折线形成的构筑物越过了屋顶，形成了加建的阶梯平台，折线系统的中心和正方形廓形的中心通过屋顶平台连接在一起，共同强化了平面构图的中心（图4.78-4）。

不同的水平层平行发展，既和《小径分叉的花园》所描述的平行空间相似，又和贾科梅蒂的系列绘画所体现的时间序列相仿，在同样的起点和终点之间，通过建筑的体量生成平行世界。这一点可以和扎哈设计的JVC酒店（2000）形成对比，后者的折线形成了按照线性时间变化的序列。

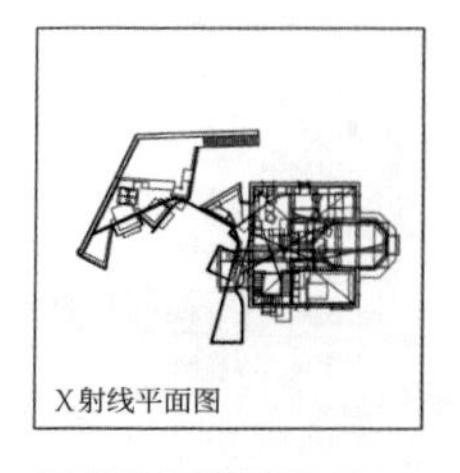

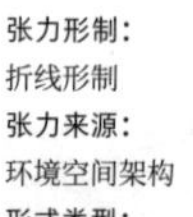

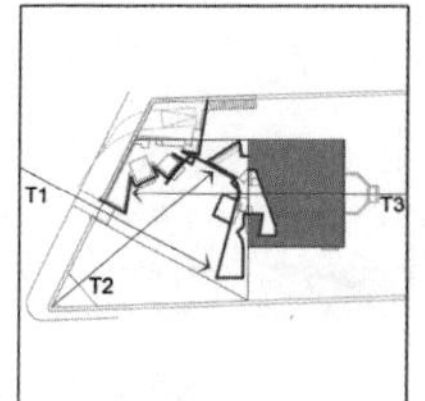

1. 背景环境张力引导折线形态。

2. 折线侵入二层建筑廊形。

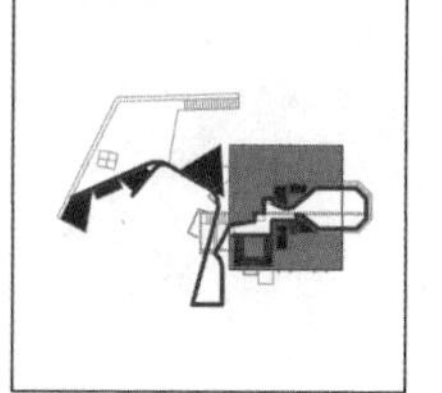

3. 折线侵入三层建筑廊形。

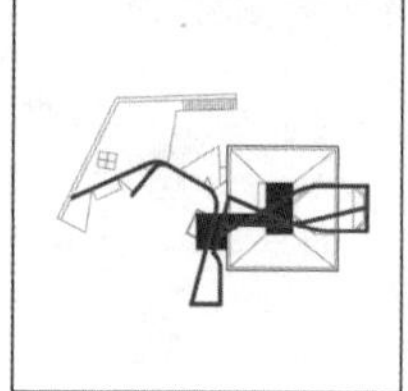

4. 折线跨越屋顶自成体系。

图4.78　DAMGE别墅（1999）分析组图

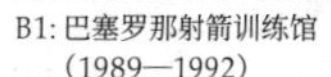

B1：巴塞罗那射箭训练馆（1989—1992）

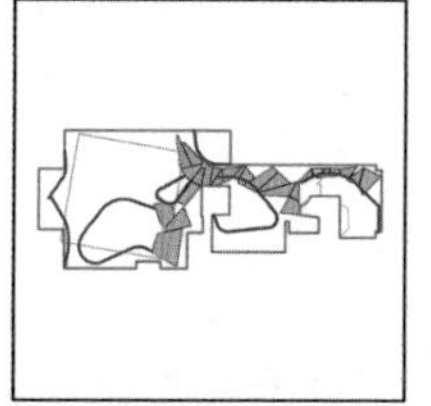

B2：编辑总部办公中心（1990—1991）

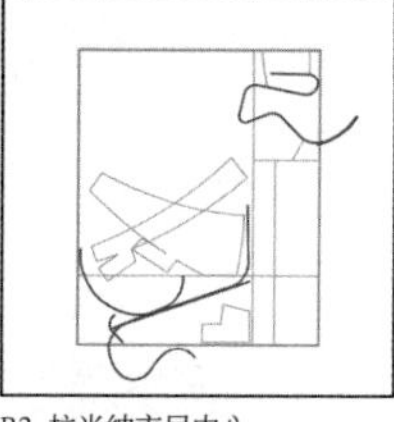

B3：拉米纳市民中心（1987—1993）

B4：赫尔辛基现代博物馆（1993）

图4.79　米拉莱斯建筑平面构图中的线性曲线形制

2. 线性曲线形制

线性曲线形制是米拉莱斯建筑作品的基本母题之一。接下来的一组方案呈现了线性曲线张力场在平面构图中的四种生形机制（图4.79）：

1　线性曲线对外部体量的牵引，和对平面边缘的廓形（B1）；

2　线性曲线对不规则廓形内的体量的牵引（B2）；

3　线性曲线对矩形内部空间的切分，并生成隔墙（B3）；

4　线性曲线对内部空间的切分，并生成连接内外空间的坡道（B4）。

巴塞罗那射箭训练馆（1989—1992）

概况：线性曲线牵引外部体量。

在训练场地的边缘，线性曲线沿着高地的边缘延伸，从平缓逐渐变得起伏，并在左侧发生了激变的跳跃，甚至在波峰发生了断裂（图4.80-1）。在

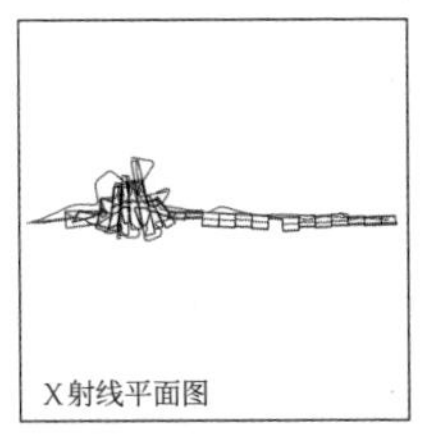

张力形制：
曲线形制
张力来源：
地形中的曲线墙堤
形式类型：
线性曲线引导造型单元排列。

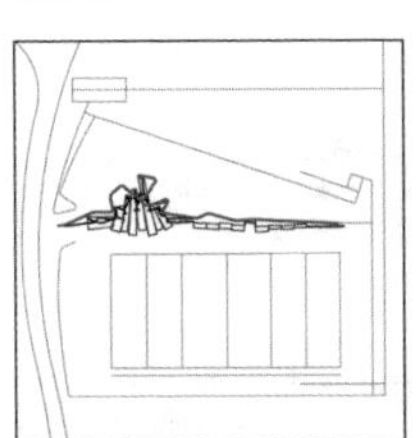
1. 曲线墙堤引导屋顶排列。

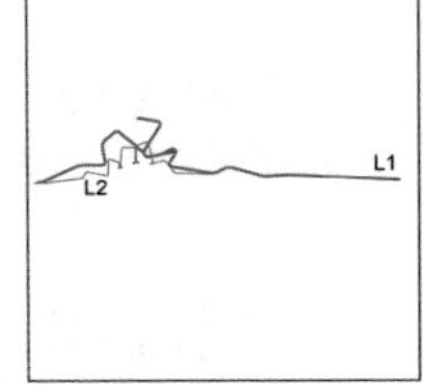

2. 曲线墙堤引导建筑边廓。

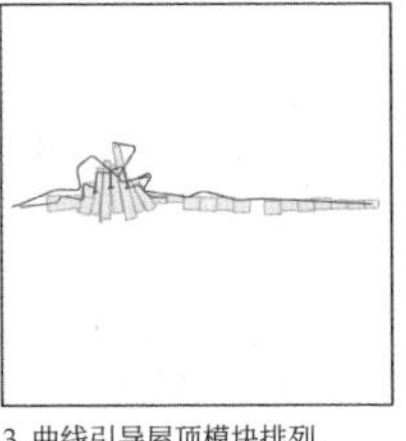
3. 曲线引导屋顶模块排列。

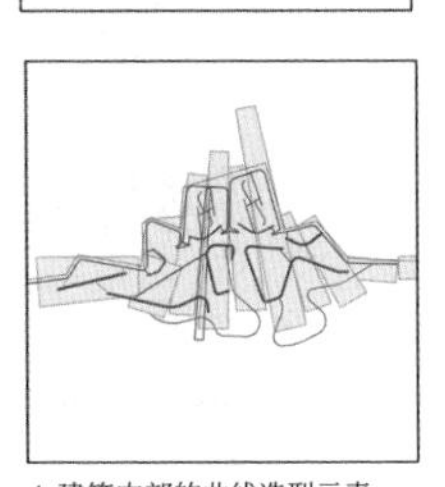
4. 建筑内部的曲线造型元素。

图4.80　巴塞罗那射箭训练馆（1989—1992）分析组图

这条曲线的内侧（图4.80-2-L1），形成了训练馆内部空间的边廓（图4.80-2- L2）。建筑的片状屋顶沿着曲线分布，在波峰处形成聚集的张力结节（图4.80-3）。我们将张力结节的区域放大（图4.80-4），在靠近挡土墙的建筑的边廓L2附近，功能布局紧凑，洗浴间、厕所和更衣室等辅助性空间被安置在较小的空间中。随着和L2距离的增大，室内空间逐渐扩大，渐渐摆脱了L2张力的束缚，形成了自由曲线组成的隔墙（图4.80-4的红色曲线），围合成较为灵活的活动空间。在该方案中，张力曲线依靠自身韵律的变化，牵引造型单元（屋顶）的排列组合。在室内空间中，张力曲线的距离的变化引起了张力场的强度变化（近强远弱），平面构图也随之发生了形态的变化。

编辑总部办公中心（1990—1991）

概况：曲线与折线牵引不规则廓形内的体量。

现有建筑的廓形呈现锯齿状，入口在右边端头，水平主轴上形成了自右向左的线性张力。在矩形廓形的间隙中，有两股外部张力T1和T2向主轴方向压迫，在间隙分隔的空间内沿着廓形边缘分别形成了回旋性的张力，廓形内继而形成了顺应上述张力的曲线结构(图4.81-1)。交通空间被设置在廓形的边缘，形成了锚固锯齿状廓形的张力结节。在廓形内部，回旋张力引导平面形成了形状各异的夹层的楼板(图4.81-2)。沿着自右向左的线性张力，连续曲线与折线牵引着天花板的折板在廓形内的交通空间中延伸（图4.81-3）。

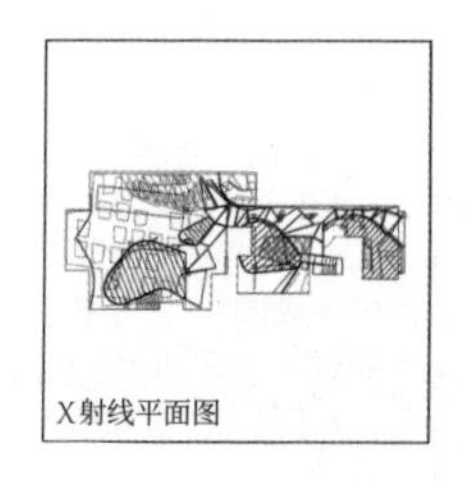

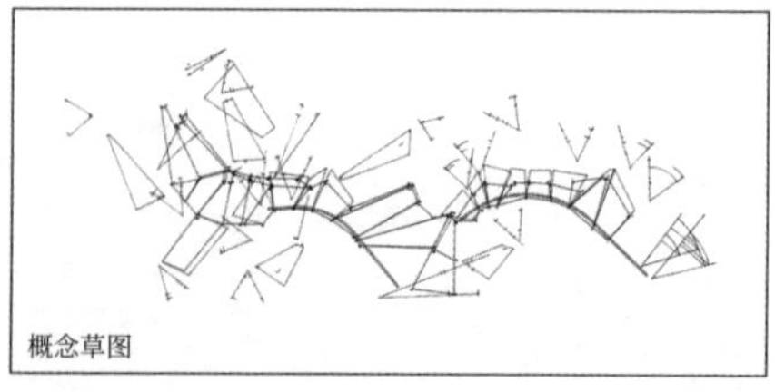

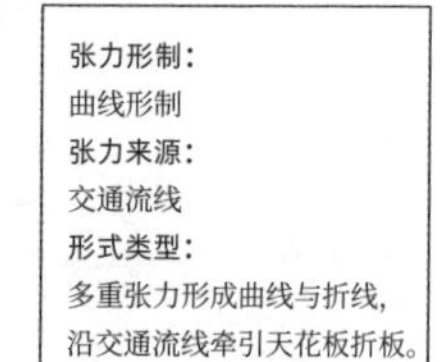

张力形制：
曲线形制
张力来源：
交通流线
形式类型：
多重张力形成曲线与折线，沿交通流线牵引天花板折板。

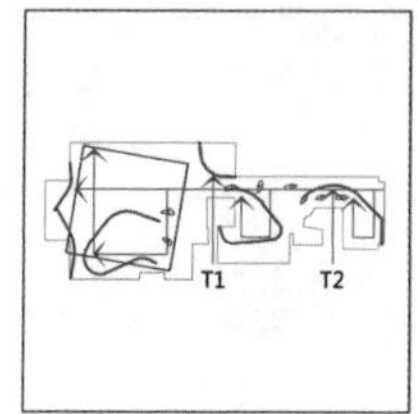

1. 背景环境张力形成曲线。

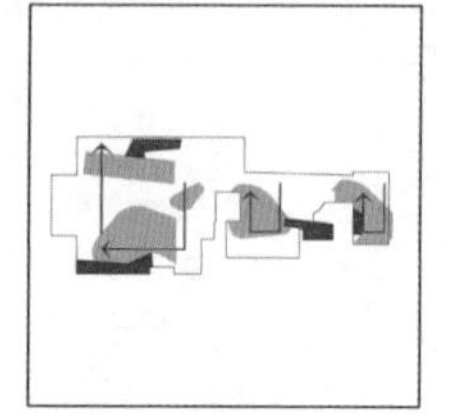

2. 张力结节（楼梯与夹层）。

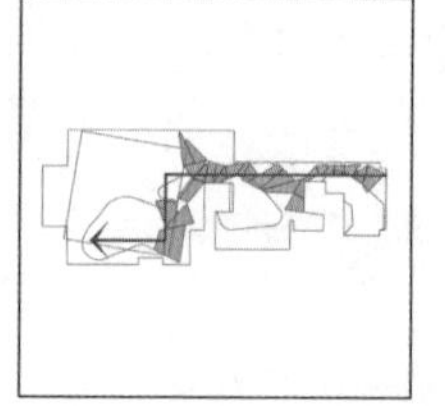

3. 连续曲线与折线牵引的天花板折板。

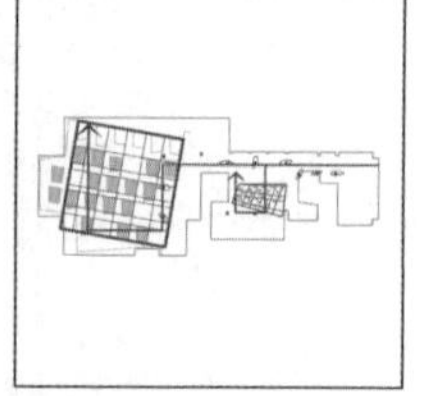

4. 廊形内形成的天花体量。

图4.81 编辑总部办公中心（1990—1991）分析组图

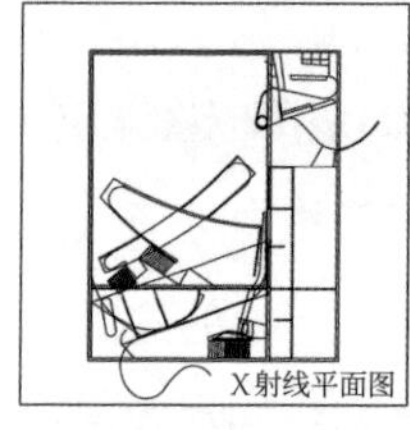

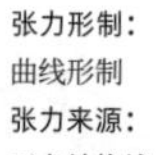

张力形制：
曲线形制
张力来源：
正交结构墙与曲线造型元素
形式类型：
廊形内部被正交结构切分后，曲线介入局部区块。

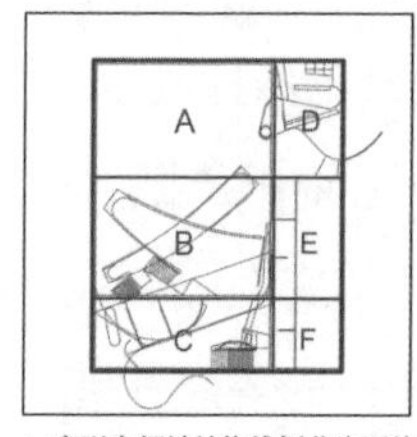

1. 廊形内部被结构线划分为区块。

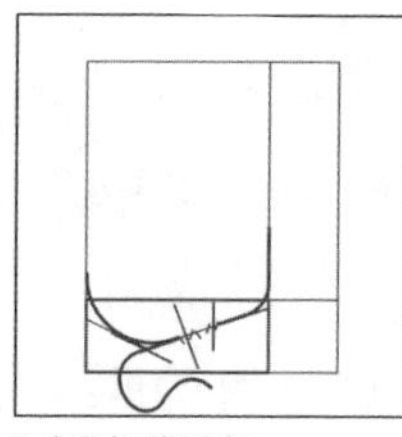

2. 廊形内局部区块1。

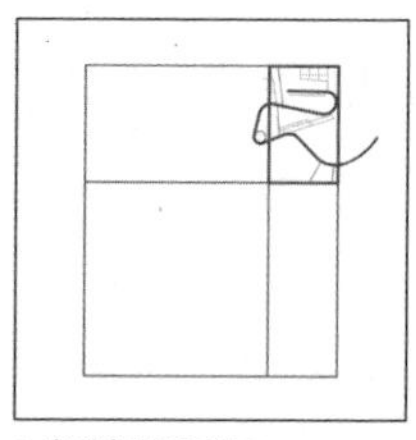

3. 廊形内局部区块2。

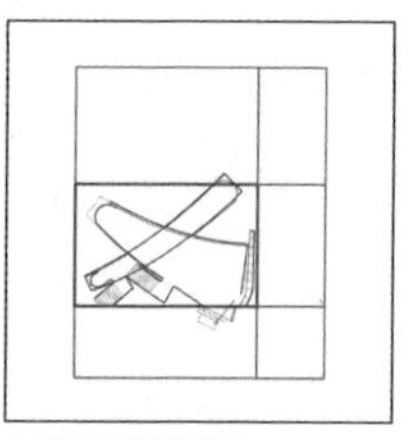

4. 廊形内局部区块3。

图4.82 拉米纳市民中心（1987—1993）分析组图

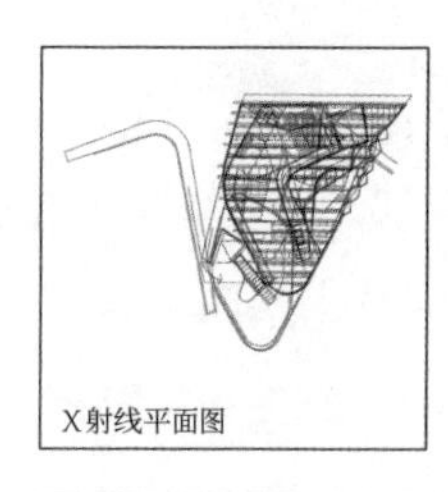

张力形制：
曲线形制
张力来源：
交通流线（坡道）
形式类型：
线性张力连接廊形内外空间，并切分廊形内部空间。

1. 背景环境道路形成张力结节。

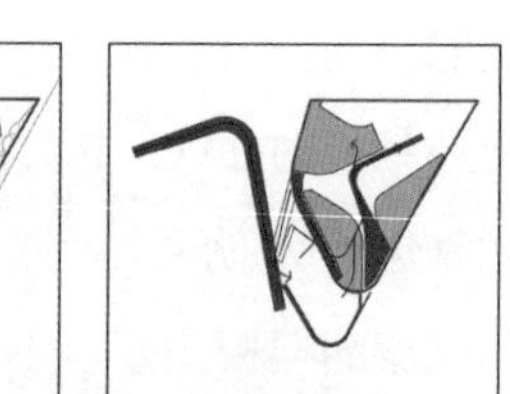

2. 流线连接廊形内外空间。

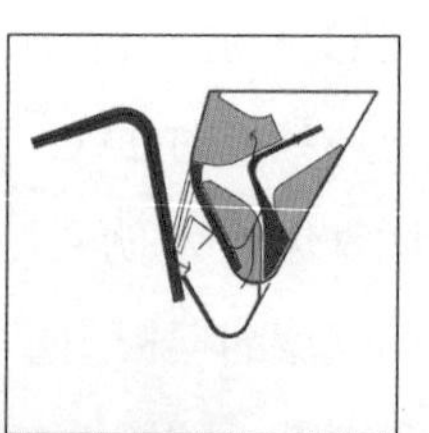

3. 流线切分廊形内部空间。

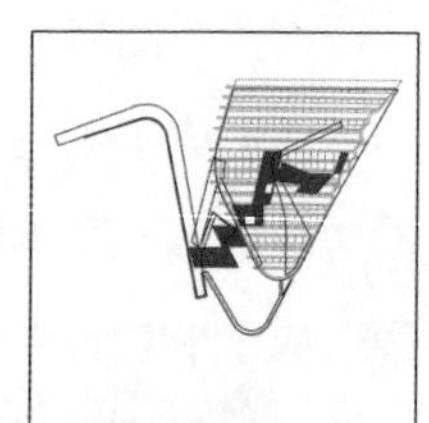

4. 屋顶单元体量叠加。

图4.83 赫尔辛基现代博物馆（1993）分析组图

在线性张力和回旋张力的共同作用下，天花板的形状产生了相对的偏转，形成了倾斜的正方形网格，天窗在网格中错落分布（图4.81-4）。

拉米纳市民中心（La Mina Civic Center，1987—1993）

概况：曲线生成隔墙，切分矩形内部空间。

正方形的廓形内，被正交结构线切分成六个区域，其中A区和B区中间没有隔断，合并为一个最大的区域（图4.82-1）。C区内，沿对角线方向切入的结构线切分了空间。结构线在端头转向弯曲，曲线延伸至B区和廓形外（图4.82-2）。D区内，结构线以蛇形切入，延伸至A区和廓形外（图4.82-3）。B区内，两个不同标高的高架平台在平面相交，形成廓形内的张力结节（视觉上的空间焦点），其边缘延伸至A区和C区（图4.82-4）。B、C、D三个区块各自独立，介入的曲线跨越了区块的边界和整体廓形，打破了正交结构的封闭性，建立了区块间的关联和廓形内外的关联。整个形式生成的过程呈现出“切分”（直线切分划界）—“缝合”（曲线越界游走）的空间操作。

赫尔辛基现代博物馆（1993）

概况：曲线生成连接内外空间的坡道，并切分内部空间。

三条城市道路（图4.83-1-L1至L3）在背景环境中形成张力结节C，以C为支点，在场地中形成了三个三角廓形（图4.83-1-CBA1、图4.83-1-CBA2、图4.83-1-CBA3）。这三个廓形组成了一个渐变的梯度：最大的三角形CBA1包含了主干道路两边的两块空地；在中间的三角形CBA2中，预设了一条曲线，贯穿道路两边的地块，并成为影响建筑平面形式生成的主要张力结构；三角形CBA3位于尽端，聚集了最大的张力，在其中生成了建筑的主要体量。博物馆建筑可以分为封闭的展览空间和开放的公共空间，曲线张力结构成为连接二者的桥梁，贯通了建筑廓形内外的空间（图4.83-2）。进入廓形内的曲线切分了内部空间，形成了三个封闭的体量，它们的间隙成为建筑内部的公共空间（图4.83-3）。博物馆屋顶的造型单元体量在曲线之间串联成一个独立的序列，和平面中其它的造型序列叠加拼贴在一起（图4.83-4）。在这个案例中，曲线张力由外而内进入建筑廓形，最终切分内部空间，并生成连接内外空间的坡道。

3.“人”字曲线形制

“人”字曲线形制是一种特定的线性曲线形制。接下来的一组方案呈现了“人”字曲线形制张力场在平面构图中的四种生形机制（图4.84）：

（1）“人”字曲线切分廓形，并牵引内部体量（C1、C2）；

（2）“人”字曲线牵引外部体量，并生成坡道和构筑（C3）；“人”字曲线形成局部廓形，并生成外部体量，牵引内部体量（C4）。

艺术体操体育中心（1990—1993）

概况：“人”字曲线切分三角形廓形，牵引内部体量。

艺术体操场地的左侧是矩形足球场，右下方是自然山地，整体呈现为三角形廓形。场地上方的道路引出一条轴线，将三角廓形一分为二（图4.85-1）。沿着廓形内的横轴方向，形成三条向端点聚集的直线，这三条线是支撑

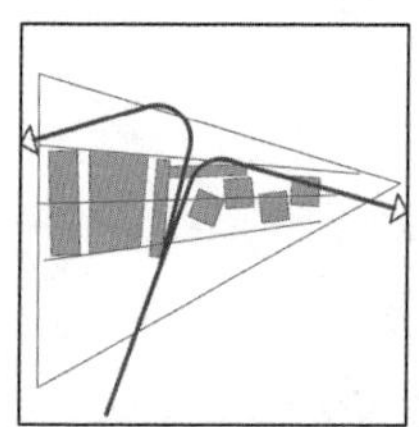

C1：艺术体操体育中心（1990—1993）

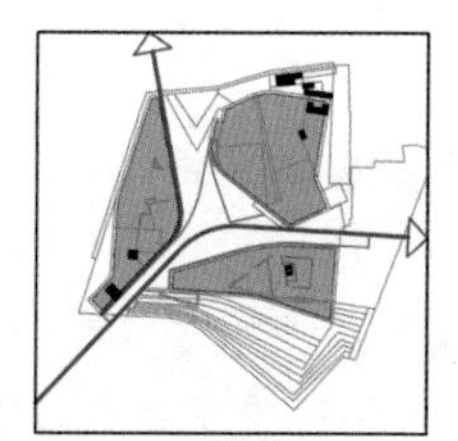

C2：威尼斯建筑学院（1998）

C3：德累斯顿大学实验室（1995）

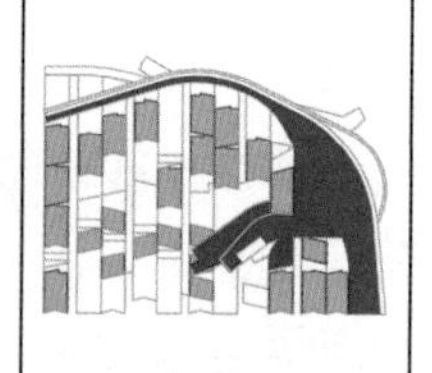

C4：瓦伦西亚大学教学楼（1991—1994）

图4.84　米拉莱斯建筑平面构成中的“人”字曲线形制

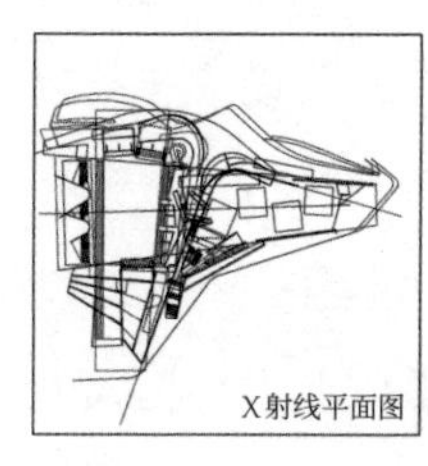

张力形制：
“人”字曲线形制
张力来源：
交通流线／廓形内结构桁架
形式类型：
三角形张力场决定结构形制，
人字形流动张力切分空间。

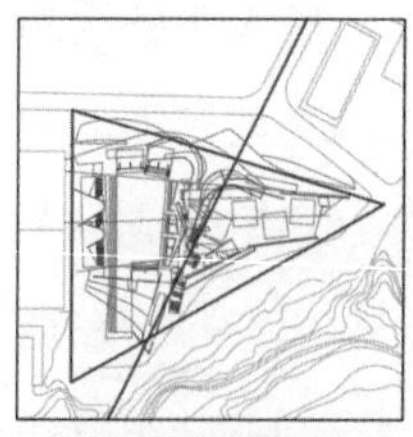

1. 场地廓形与背景环境的张力。

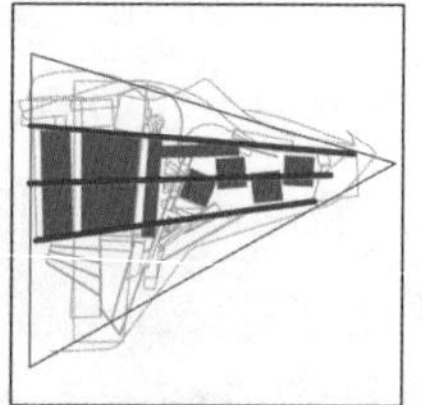

2. 吊接屋顶的三条横向桁架。

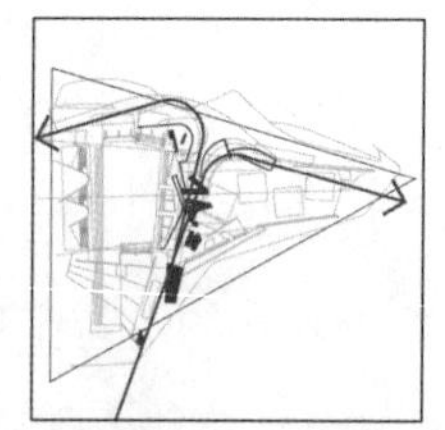

3. 穿越建筑的交通流线与隔墙。

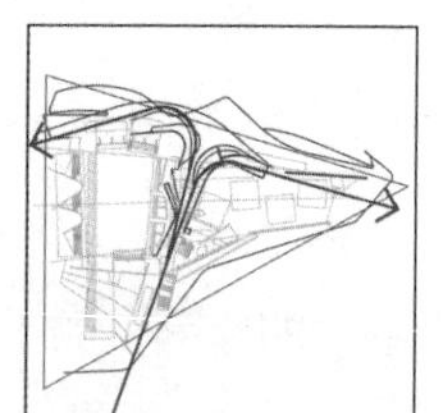

4. 溢出并重塑边界的“人”字曲线。

图4.85　艺术体操体育中心（1990—1993）分析组图

屋顶主体的桁架结构（图4.85-2）。沿着道路生成的斜向轴线，将建筑综合体切分为比赛场地和训练场地，纵向交通空间沿着轴线主干分布，主轴左侧是一块整体的比赛场地，而右侧形成了数个小的正方形训练场地，当轴线延伸至三角形的边廓时，向两侧分开，形成“人字形”（图4.85-3）。“人”字流线在三角形的边缘衍生出波动的曲线，成为建筑边界处平面和立面形式变化的依据（图4.85-4）。“人”字流线是此方案的骨架，切分并牵引了三角廓形的内部空间。

威尼斯建筑学院（1998）

概况：“人”字曲线切分廓形，牵引内部体量，生成屋顶平面。

交错的河道建构了威尼斯水城的基本空间结构，界定了场地北侧和东侧的边界。贯穿场地的步行流线分成两个方向，一条跨越河道，另一条进入街区，形成了“人”字形交通流线（图4.86-1）。在首层，“人”字流线将场地切分成三个部分，形成了3个三层高的建筑正体量（图4.86-2）。在第四层，“人”字形已经从交通流线转变为架构空间的张力结构，牵引着十余个矩形教室的单元体量形成组团（图4.86-3）。在屋顶，“人”字形曲线生成了形式同构的屋面，将分散的教室单元的屋顶连接在一起（图4.86-4）。

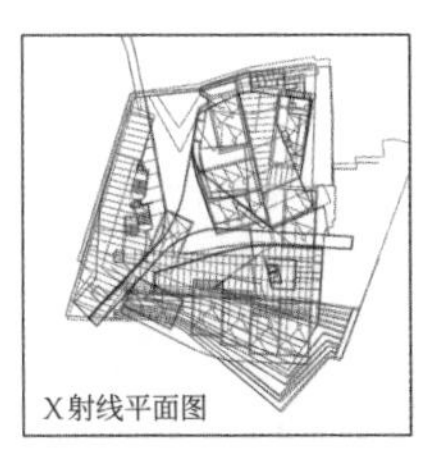

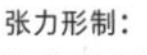

张力形制：
“人”字曲线形制
张力来源：
交通流线
形式类型：
“人”字形流动张力切分正体量，并引导功能单元排列组合。

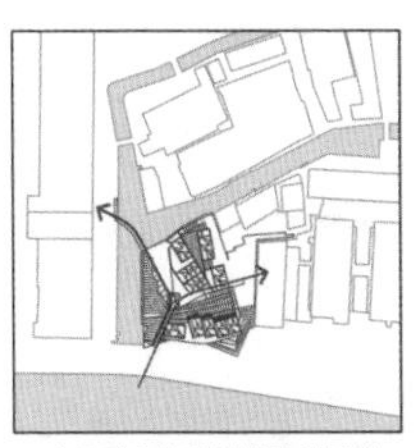

1.步行“人”字流线跨越河道。

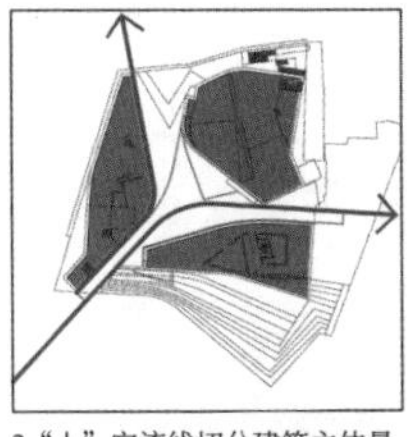

2.“人”字流线切分建筑主体量。

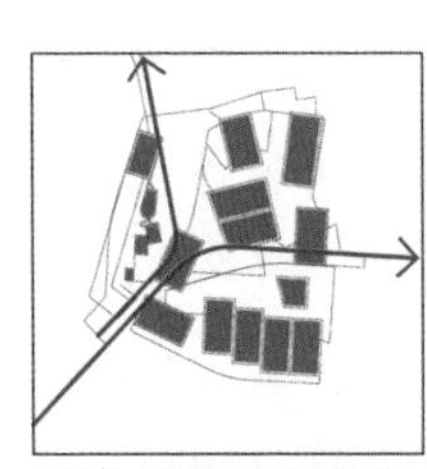

3.“人”字流线引导单元体量。

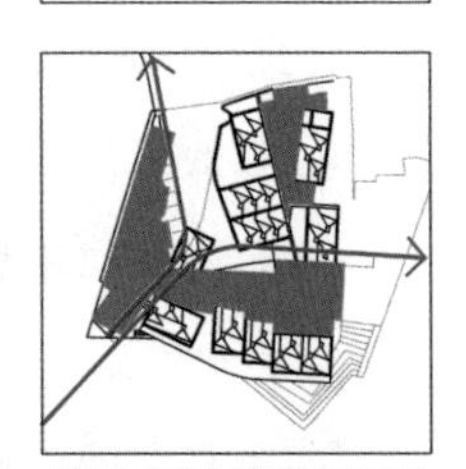

4.“人”字流线与屋顶形式同构。

图4.86 威尼斯建筑学院（1998）分析组图

德累斯顿大学实验室（1995）

概况：“人”字曲线牵引外部体量，并生成坡道和构筑物。

原有的贯穿场地的斜向道路肌理被保留（图4.87-1-AB）。顺着坡道AB，“人”字曲线形制的构筑物形成了平面构图中的张力结构的主干。沿着场地廓形，“人”字形围墙的中心成为建筑组团的入口。两个“人”字形和斜向道路组成了场地廓形内的张力架构（图4.87-1）。大学的实验室在场地中形成阵列，“人”字结构牵引着首层平面右侧的功能组团整体向右下方倾斜（图4.87-2）。在二层平面，沿着“人”字结构的长边生成了斜向直线形状的建筑体量（图4.87-3）。在屋顶平面，有机图形嵌入到“人”字曲线的结构空隙中（图4.87-4）。

瓦伦西亚大学教学楼（1991—1994）

概况：“人”字曲线形成建筑廓形，生成外部体量，牵引廓形内部体量。

在场地背景中形成了和主路平行的矩形廓形，建筑师在矩形内预设了“人”字形曲线(图4.88-1)。教室功能单元在矩形内形成兵营式的阵列，“人”字曲线形成了教室组团的北部边界的廓形（图4.88-2）。“人”字曲线的分支探入教室组团内部，牵引教室功能单元的排列组合（图4.88-3）。“人”字曲线本身生成建筑体量，成为公共空间（图4.88-4）。“人”字曲线在该方案的形式生成过程中，完成了“廓形”、“牵引”和“生成”的空间操作。

4. 曲线组团形制

曲线组团是多条线性曲线的集合。接下来的一组方案呈现了曲线组团形制张力场在平面构图中的四种生形机制（图4.89）：

（1）曲线组团牵引外部体量（D1）；

（2）曲线组团牵引外部体量，并生成体量间的隔墙（D2）；

（3）曲线组团牵引廓形内的体量（D3）；

（4）曲线组团切分内部空间，并牵引内部体量（D4）。

撒丁岛滨海度假酒店（1983）

概况：由地形高程和交通流线生成的曲线组团牵引外部体量。

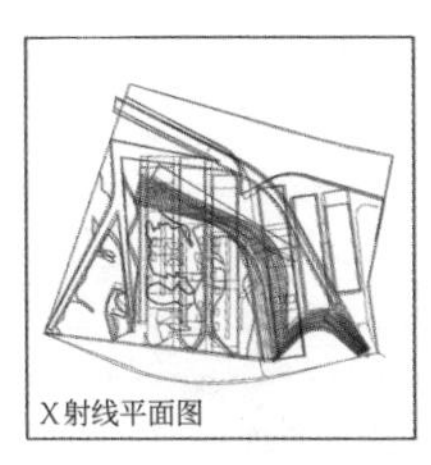
X射线平面图

概念草图1

概念草图2

张力形制：
“人”字曲线形制
张力来源：
构造结构
形式类型：
“人”字曲线张力结构牵引并生成体量。

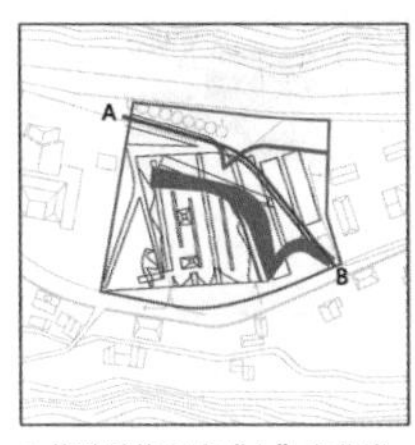

1. 构造结构形成“人”字曲线。

2.“人”字曲线牵引体量排列。

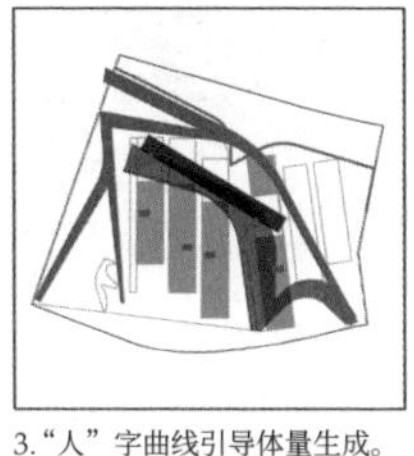
3.“人”字曲线引导体量生成。

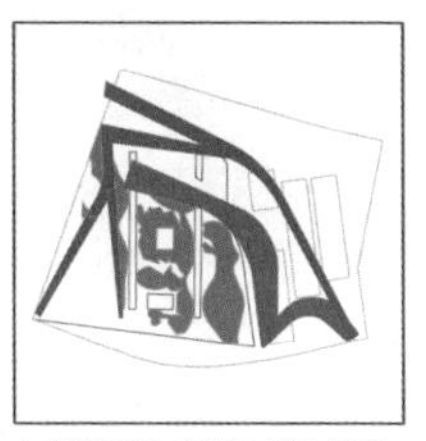
4. 有机图形（植被）嵌入平面。

图4.87　德累斯顿大学实验室（1995）分析组图

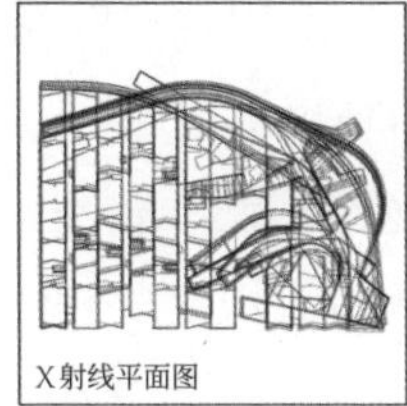

X射线平面图

张力形制：
“人”字曲线形制
张力来源：
交通流线（坡道）
形式类型：
“人”字曲线形成廓形，牵引功能单元，并生成建筑体量。

1. 场地廓形内的“人”字曲线。

屋顶平面
2.“人”字曲线生成建筑廓形。

标高+14.79米平面
3.“人”字曲线牵引功能单元。

标高+21.42米平面
4.“人”字曲线生成建筑体量。

图4.88　瓦伦西亚大学教学楼（1991—1994）分析组图

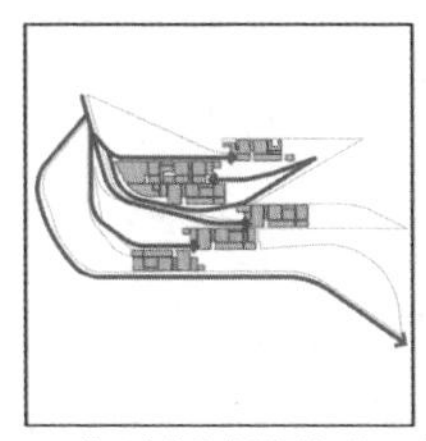
D1: 撒丁岛滨海度假酒店（1983）

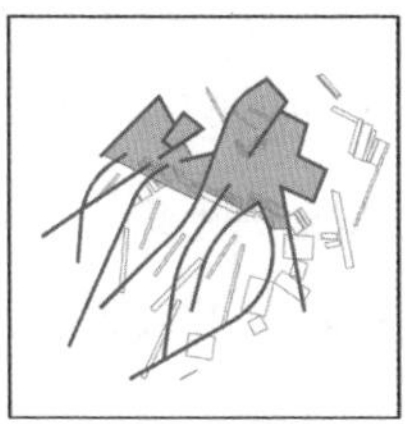
D2: 帕拉福斯公共图书馆（1997—2007）

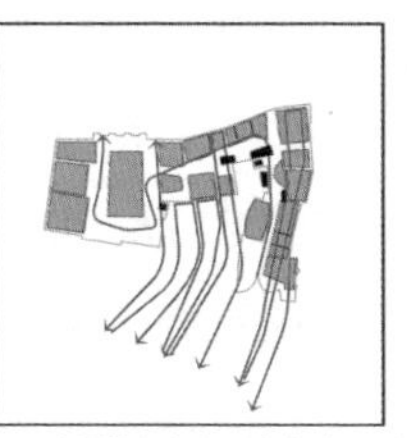
D3: 乌得勒支市政厅改造（1997）

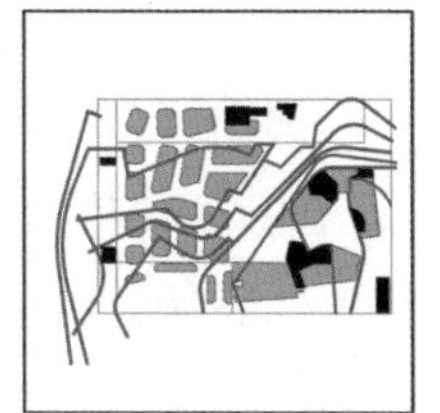
D4: 圣卡特琳娜市场（1997）

图4.89　米拉莱斯建筑平面构图中的曲线组团形制

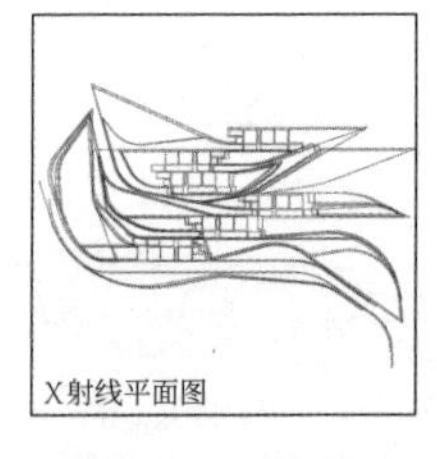

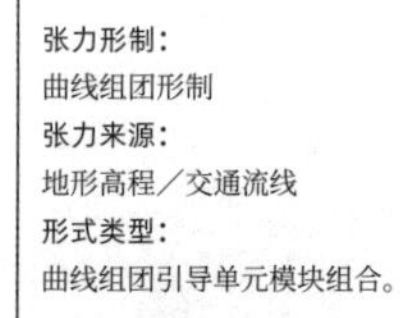

1. 地形生成的曲线高程组团。

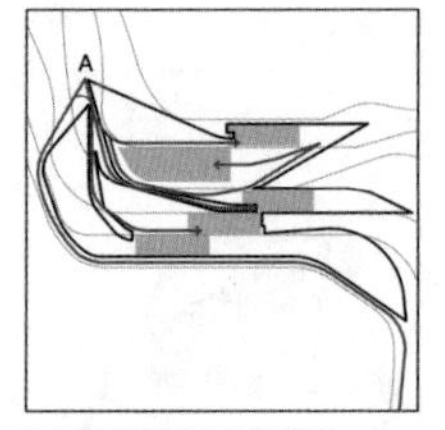

2. 场地的廓形与交通流线。

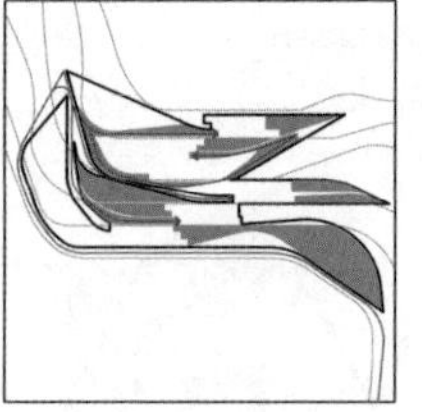

3. 廓形中的负空间（交通与庭院）。

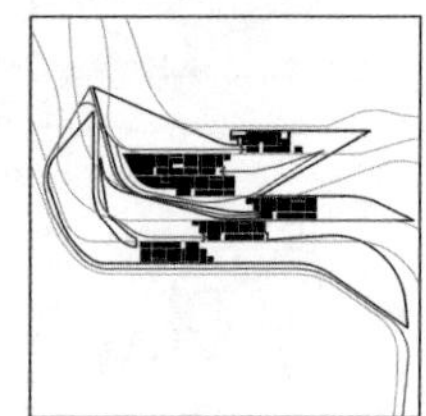

4. 被曲线牵引的建筑正体量。

图4.90 撒丁岛滨海度假酒店（1983）分析组图

场地位于山坡之上，整理后的等高线形成了第一组曲线张力组团，将场地塑造成叠退的阶梯状（图4.90-1）。通往场地的机动交通路位于南侧，向西北方向延伸，并在（A点）形成了张力结节，由此向场地内发散，通向位于不同高程的建筑组团内，形成了第2组曲线张力组团（图4.90-2）。两个组团共同勾勒出场地的廓形，并形成了内部平面的布局结构，围绕着交通流线，在廓形边缘的内侧形成了道路和庭院组成的负空间（图4.90-3），以及和负空间相互咬合的建筑正体量组团（图4.90-4）。

帕拉福斯公共图书馆（1997—2007）

概况：曲线组团生成墙体，牵引体量。

曲线组团避开场地上方的边界，向左下方延伸，生成建筑的隔墙和景观中的矮墙。在组团中间存在着两股横向的张力将组团箍在一起：一股是存在于场地中设置的横向绿植带的张力T1；另一股是位于曲线组团中间的T2，是建筑的入口的位置（图4.91-1）。曲线组团在右上角交叉聚集在一起，线之间的连续的横向折线将组团锚固，生成了横向交错的横梁，继而在线之间形成建筑的体量（图4.91-2）。同时，曲线组团也牵引了外部景观的布局，使景观树依附在曲线周边（图4.91-3）。由砖构成的地面铺装受到曲线组团内上述张力的影响，由左下方的斜向线段，转变为中上部的横向线段（图4.91-4）。

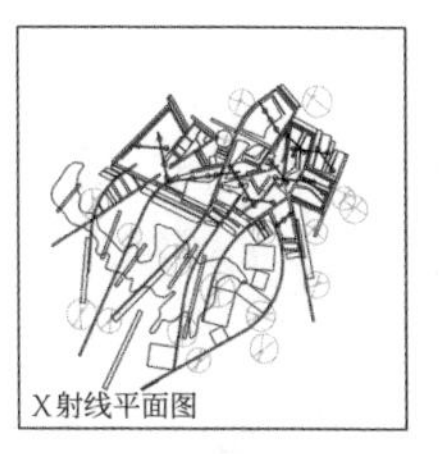

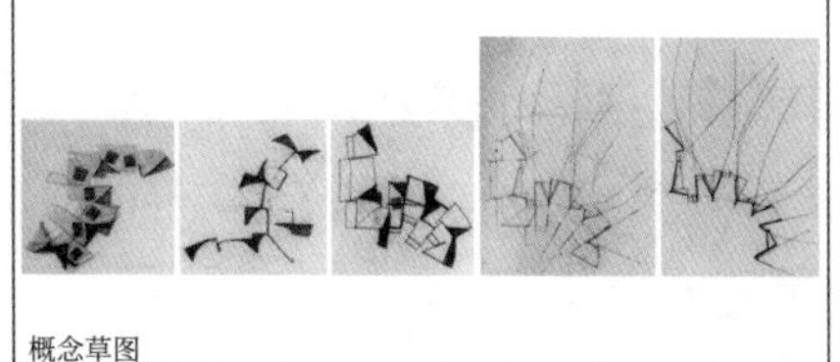

张力形制：
曲线组团形制
张力来源：
交通流线与场地地形
形式类型：
曲线组团牵引建筑体量生成于其间的空隙。

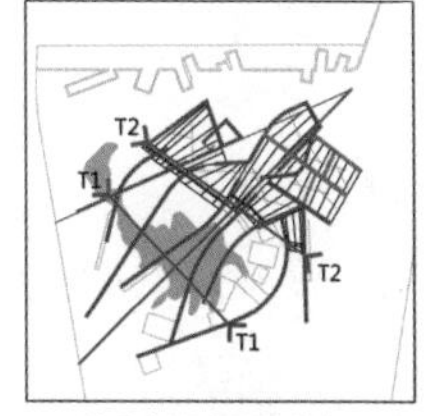

1. 环境张力影响下的曲线。

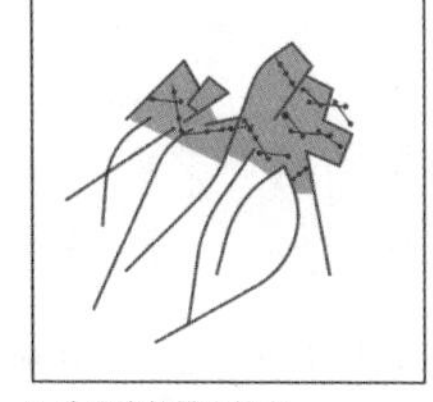

2. 廊形内的横向拉力。

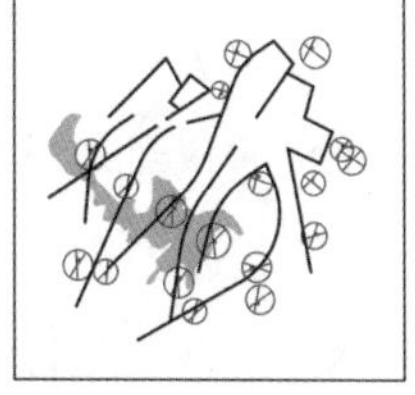

3. 随着曲线波动的树木。

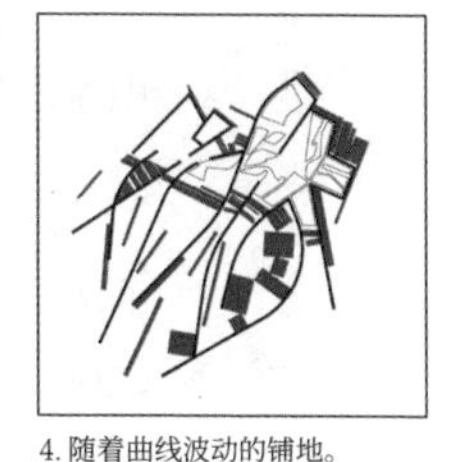

4. 随着曲线波动的铺地。

图4.91　帕拉福斯公共图书馆（1997—2007）分析组图

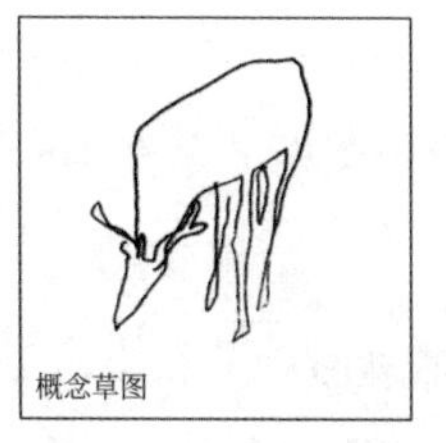

张力形制：
曲线组团形制
张力来源：
环境肌理和交通流线
形式类型：
曲线组团牵引廓形内外的功能体量。

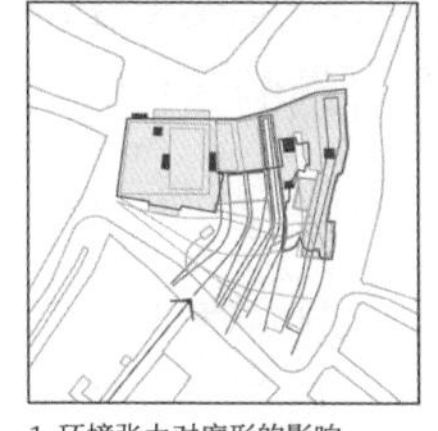

1. 环境张力对廓形的影响。

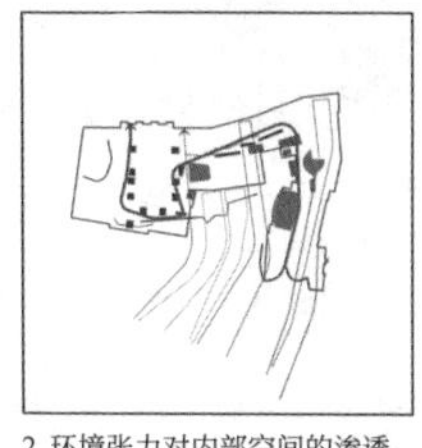

2. 环境张力对内部空间的渗透。

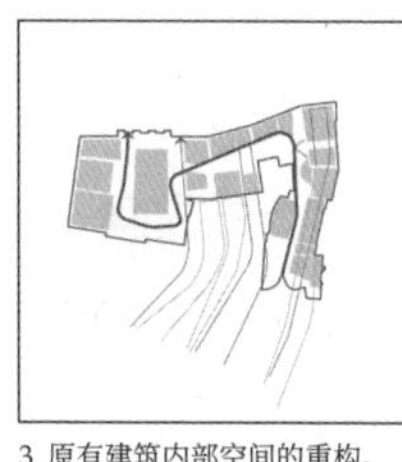

3. 原有建筑内部空间的重构。

4. 廓形外的加建体量元素。

图4.92　乌得勒支市政厅改造（1997）分析组图

乌得勒支市政厅改造（1997）

概况：曲线组团切分并牵引现存建筑廓形内的体量。

场地对面的背景环境肌理蕴含着线性张力，这股张力转变为曲线组团渗入场地，从现有建筑组团的凹形入口渗入建筑内部（图4.92-1）。原有建筑内部的空间被曲线组团切分成独立的单元，在单元的间隙形成了线性的张力，被切割的组团沿着张力的曲线分布（图4.92-3）。米拉莱斯在铺地上设置了很多长条矩形和正方形的木质铺装，嵌在这些功能组团的入口，在平面上形成了随张力曲线波动的碎片，和交通核一起随势分布（图4.92-2）。在廓形内，曲线组团切割了内部空间，在内部体量的间隙形成了波动的张力曲线，并塑造了廓形外部的第二层表皮。连续的折墙、延伸的金属管和线性的景观水槽在建筑的凹口处构成了一组复杂的构筑物，其破碎的造型呈现出曲线组团侵入时张力所牵引的形态变化（图4.92-4）。

圣卡特琳娜市场（1997）

概况：交通流线生成曲线组团切分廓形内部空间，牵引内部体量。

圣卡特琳娜市场位于巴塞罗那中心的老城区（Ciutat Vella），是城中之城。在这样复杂的场地中，需要一种能体现时间变化的方式，将新的形式渗入原有的文脉中。这种渗透以“流线”作为载体，体现出米拉莱斯所定义的“不断变化的流动”。旧城中的公共建筑是城市生活的核心，而连接彼此的交通流线呈现出多股有方向性的流动张力(图4.93-1)。原有市场建筑在矩形场地中呈现出“凹”形的空间结构，在米拉莱斯的草图中，流动的张力从“凹”形入口渗入并向左偏转而出。旧建筑“凹”形体量的三个外立面被保留，而内部空间被张力重塑，一组折线从场地廓形内的右上方进，从左下方出，其张力牵引了铺地的肌理(图4.93-2)。廓形内部被对角线一分为二，左上方的柜台组团受到牵引而略有波动，右下方的住宅塔楼基座则被扩散的环状结构界定并包裹（图4.93-3）。在屋顶平面中，横向结构杆件沿着水平方向布局，和一组垂直的梁形成张力结节，将杆件固定在一起（图4.93-4）。在本方案中，交通流线生成的曲线组团张力场在廓形内完成了“切分”和“牵引”的空间操作。

5. 放射线形制

放射线形制是米拉莱斯建筑平面构图的基本母题。接下来的一组方案呈现了放射线形制张力场在平面构图中的四种生形机制（图4.94）：

（1）放射线形制张力牵引外部体量（E1）；

（2）放射线形制张力切分场地，牵引三角形功能组团，并生成雨水回收系统的管沟（E2）；

（3）放射线形制张力生成木结构框架（E3）；

（4）放射线形制张力切分场地，并引导生成建筑体量（E4）。

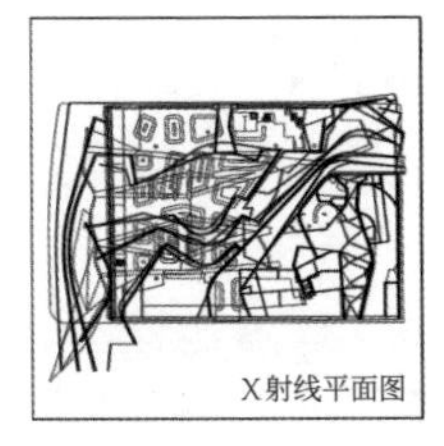

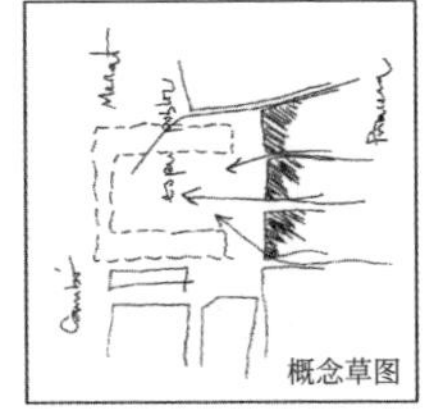

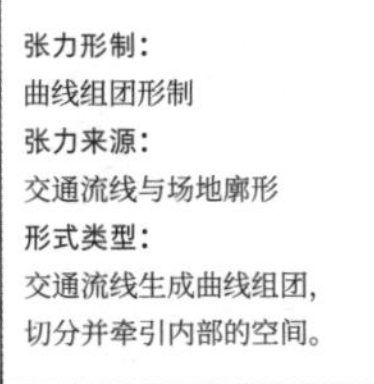

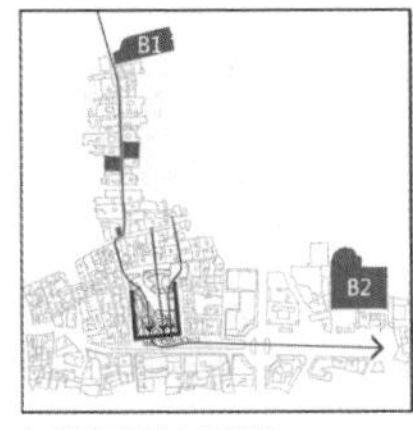

1. 背景环境中的流线。

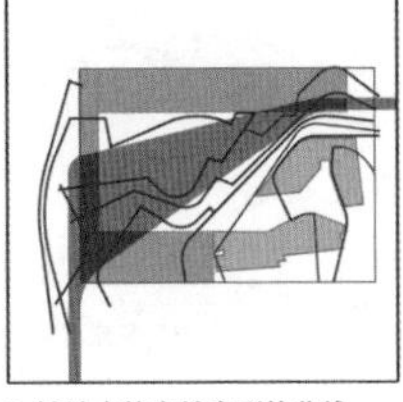

2. 铺地中的穿越廓形的曲线。

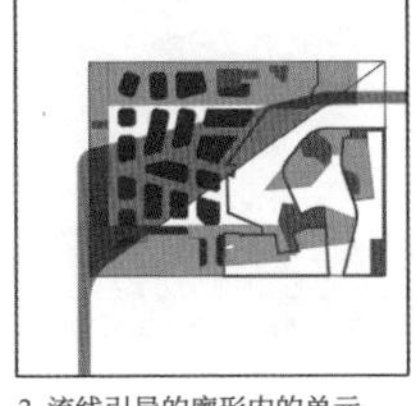

3. 流线引导的廓形内的单元。

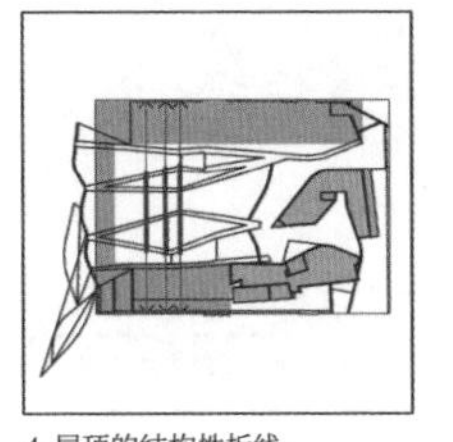

4. 屋顶的结构性折线。

图4.93　圣卡特琳娜市场（1997）分析组图

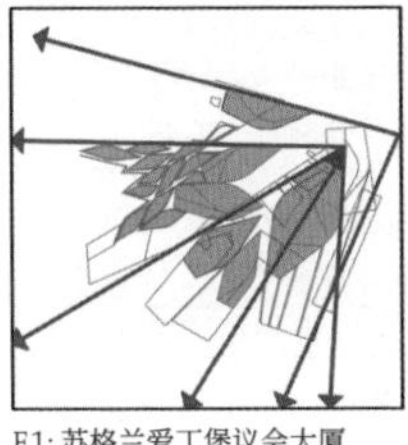

E1: 苏格兰爱丁堡议会大厦（1998）

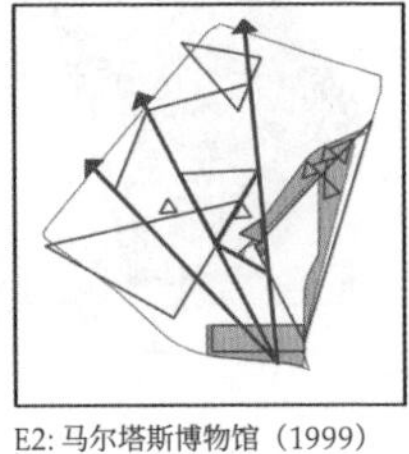

E2: 马尔塔斯博物馆（1999）

E3: 斯丹佛玫瑰博物馆扩建方案（1995）

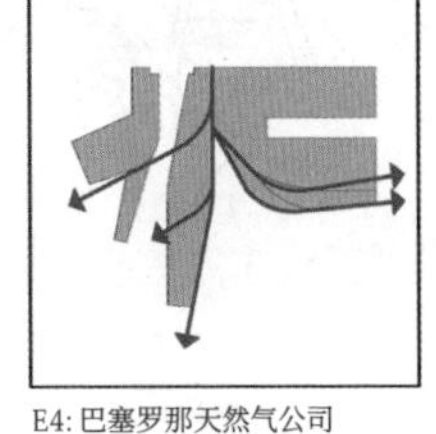

E4: 巴塞罗那天然气公司（1999－2007）

图4.94　米拉莱斯建筑平面构图中的放射线形制

苏格兰爱丁堡议会大厦（1998）

概况：由地形和城市空间架构形成的放射型张力结构牵引外部体量。

米拉莱斯认为苏格兰爱丁堡议会大厦应该回应它所在的土地，并嵌入其中。一组由地形延伸出来的折线L1从南边切入场地（图4.95-1），和街廓直线L3，以及城市建筑轴线L2共同界定了场地边廓，并在廓形内形成了向A点聚集的放射型张力结构。在这个城市尺度的放射型结构中，分布了多个次一级的张力结构：以主会场建筑的端点B为结节的放射结构牵引了平面上所有的功能单元（图4.95-2）；以建筑体量的端点C点为结节的放射结构牵引了天窗造型体量（图4.95-3）；以主会场中心D为结节的放射结构牵引了多层建筑的体量（图4.95-4）。在本方案中，多个放射型张力完成了“牵引”的空间操作。

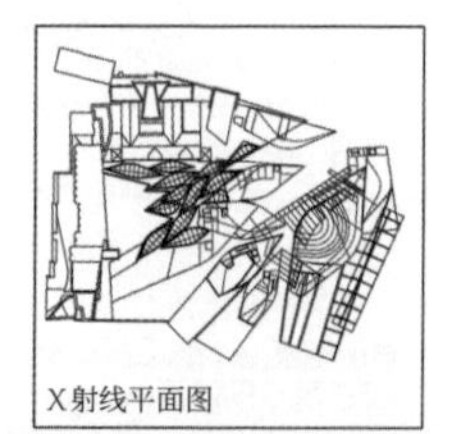
X射线平面图

概念草图

张力形制：
放射线形制
张力来源：
地形景观与城市空间架构
形式类型：
放射形张力结构牵引造型单元。

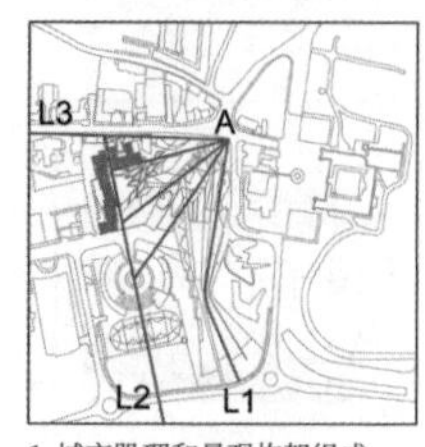

1. 城市肌理和景观构架组成放射结构。

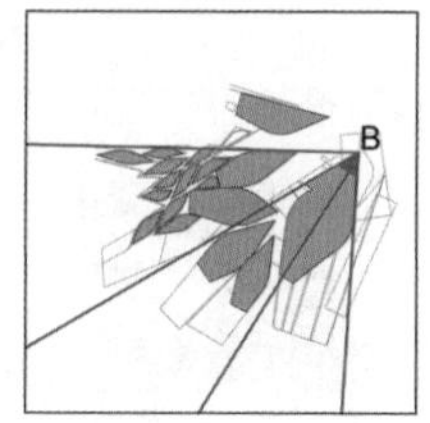

2. 整体放射结构牵引单元造型。

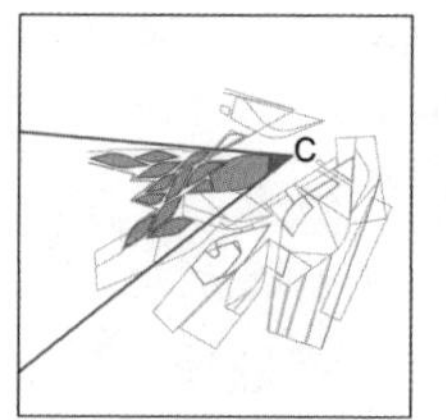

3. 局部放射结构牵引天窗单元。

4. 以主会场为中心的局部放射结构。

图4.95　苏格兰爱丁堡议会大厦（1998）分析组图

X射线平面图

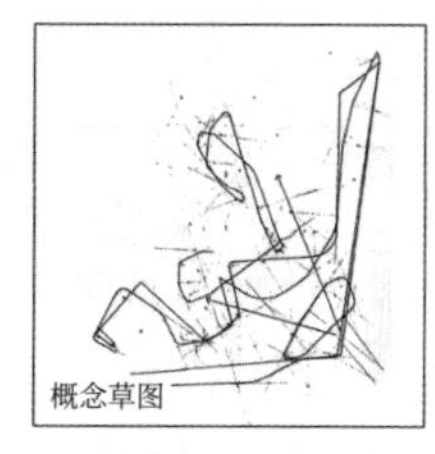
概念草图

模型

张力形制：
放射线形制
张力来源：
地形
形式类型：
放射线切分场地，生成雨水回收系统，牵引平面三角形组团。

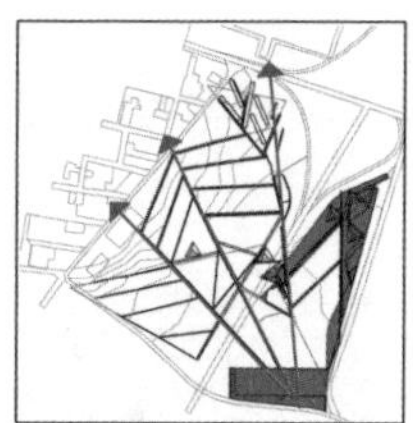
1. 放射线切分场地。

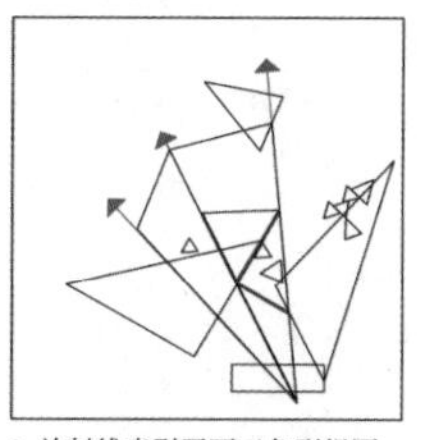
2. 放射线牵引平面三角形组团。

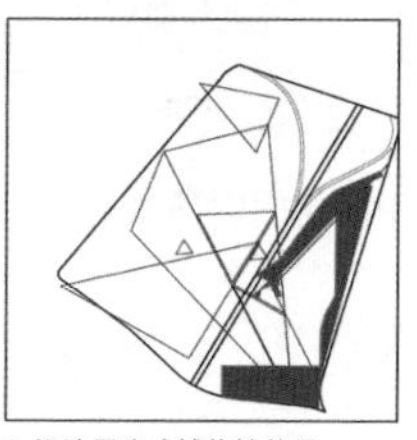
3. 沿边界生成博物馆体量。

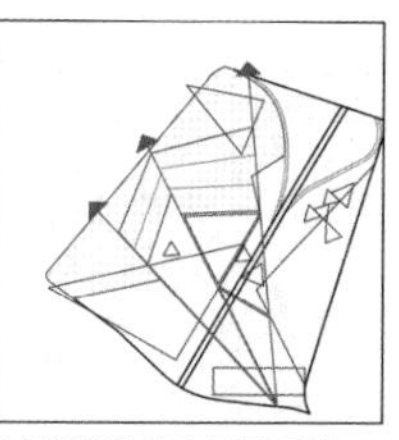
4. 放射线生成雨水回收系统。

图4.96　马尔塔斯博物馆（1999）分析组图

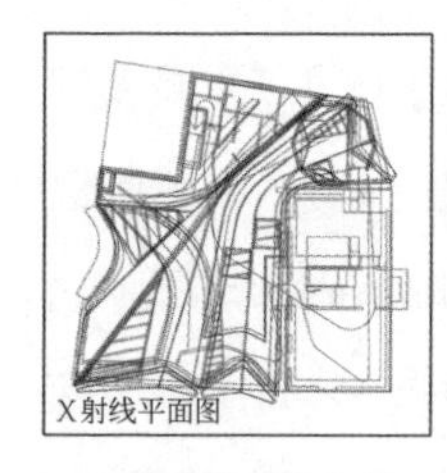
X射线平面图

模型

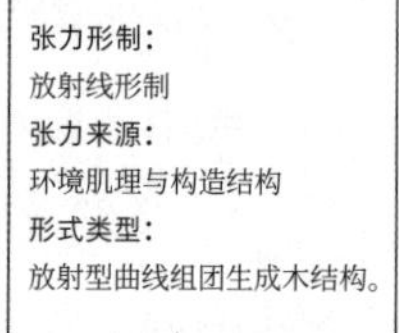
张力形制：
放射线形制
张力来源：
环境肌理与构造结构
形式类型：
放射型曲线组团生成木结构。

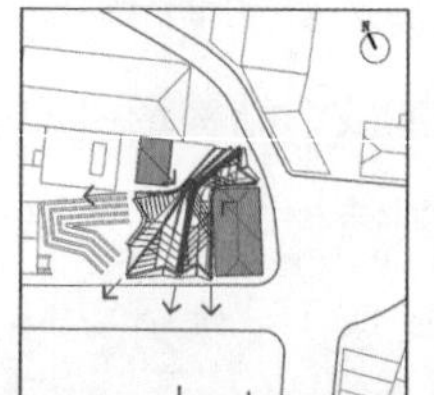
1. 环境挤压生成放射型张力。

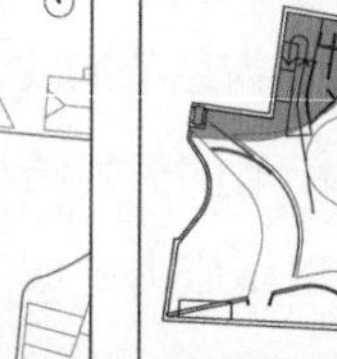
2. 地下层的张力结节与张力扩散。

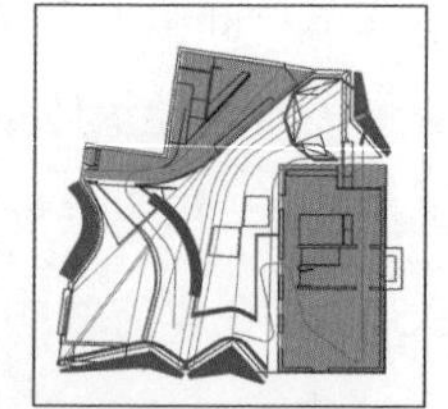
3. 廊形内放射型张力与边缘反作用力。

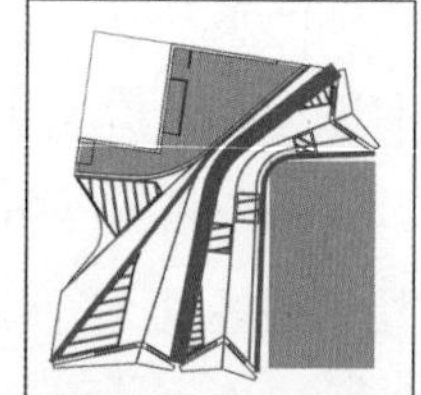
4. 放射型曲线组团生成木结构框架。

图4.97　斯丹佛玫瑰博物馆扩建方案（1995）分析组图

马尔塔斯博物馆（1999）

概况：放射线切分场地，生成雨水利用系统的管沟，并牵引三角形功能组团。

贯穿的铁路线将场地一分为二，由场地右下方发散的放射线重新整合了场地结构，并以此为基础生成了雨水回收系统的管沟（图4.96-1）。放射线切分的场地上形成了大小不等的三角形，在放射线的牵引下分别定向聚集成组团，最小的三角形组团是垂直贯穿建筑体量的采光井（图4.96-2）。沿着场地的边界生成了折线形制的博物馆体量（图4.96-3）。隆起的地形缝合了被铁路割裂的场地，在放射线的引导下形成的排水系统被用于灌溉场地边缘的植物群（图4.96-4）。在本方案中，放射型张力完成了“切分”、“牵引”和“生成”的空间操作。

斯丹佛玫瑰博物馆扩建方案（1995）

概况：放射型曲线组团生成框架结构。

待扩建的空地形成了“口袋状”的廓形，现存建筑对空地右上方形成张力压迫，使廓形内的曲线组团自上而下（自东向西）束状发散（图4.97-1）。在地下层平面的右上方（东侧），即廓形的“袋口”部位，圆形空间形成了张力结节，推动内部空间的隔墙向“带囊”扩散（图4.97-2）。在首层平面，曲线组团（框架结构的投影）和廓形内扩散状的隔墙叠合，强化了放射型张力结构。在廓形边缘的外侧，围护结构形成了反向的张力，使廓形边缘在相互对立的张力的作用下形成凹凸有致的形态（图4.97-3）。在屋顶平面，放射型曲线组团“生成”了木质框架结构，覆盖了加建部分的空间，由此构建的温室展厅可以在阳光下展示玫瑰的生长（图4.97-4）。

巴塞罗那天然气公司总部（1999—2007）

概况：放射线形制张力切分场地，引导生成建筑体量。

城市空间构架形成放射线形制的张力结构，并在局部区块形成张力结节（图4.98-1中的三角形ABC）。在场地内，步行流线沿着三角形的BC边渗入并切分地块，进而形成景观（图4.98-2）。从临街的另一边，沿着切分的方向生成了叶脉状的放射型张力结构，引导建筑体量的生成（图4.98-3）。在张

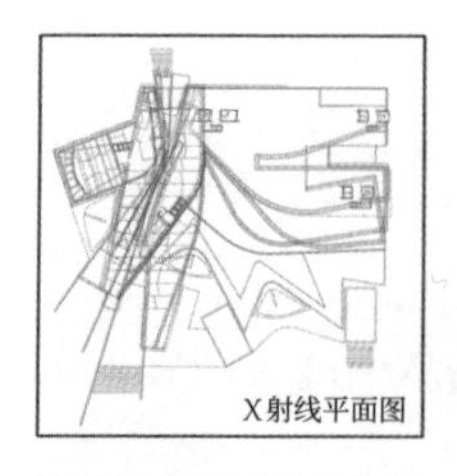

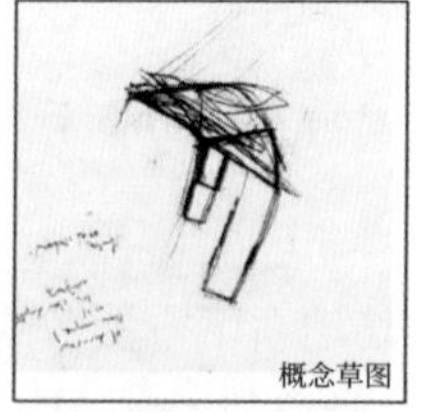

张力形制：
放射线形制
张力来源：
城市空间架构／交通流线
形式类型：
放射线形制张力切分场地，并生成建筑体量。

1. 城市空间架构生成放射线张力。

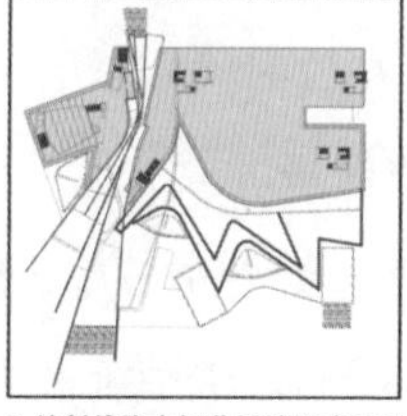

2. 放射线张力切分场地形成景观。

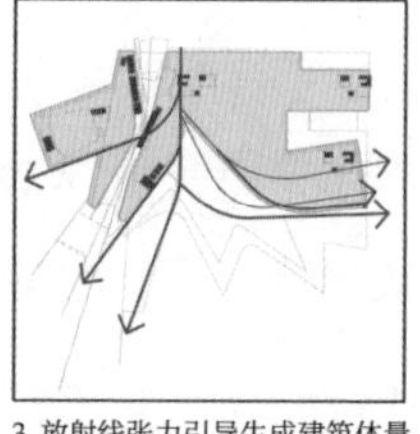

3. 放射线张力引导生成建筑体量。

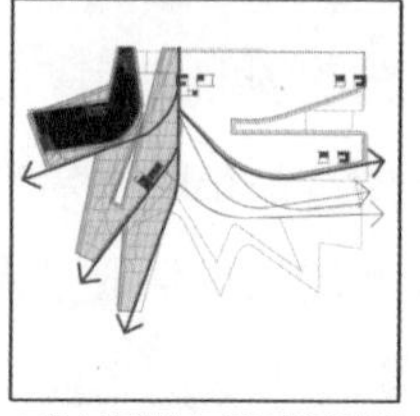

4. 张力结节处生成主要建筑体量。

图4.98 巴塞罗那天然气公司总部（1999—2007）分析组图

力结节的范围内（三角形ABC内）生成了建筑组团中标志性塔楼的体量（图4.98-4左上方），这也是概念草图中所画的平面部分。在本方案中，放射型张力完成了“切分”和“生成”的空间操作。

6. 螺旋线形制

螺旋线形制是米拉莱斯建筑平面构图的特色母题之一，往往和放射线形制相结合。接下来的一组方案呈现了螺旋线形制张力场在平面构图中的四种生形机制（图4.99）：

（1）螺旋形张力牵引结构网格和内部体量（F1）；

（2）螺旋线形成廓形，生成步行桥，切分内部空间，牵引内部体量（F2）；

（3）螺旋形/中心放射型张力场牵引外部体量（F3）；

（4）螺旋形/中心放射型张力场生成建筑隔墙，并牵引环境空间（F4）。

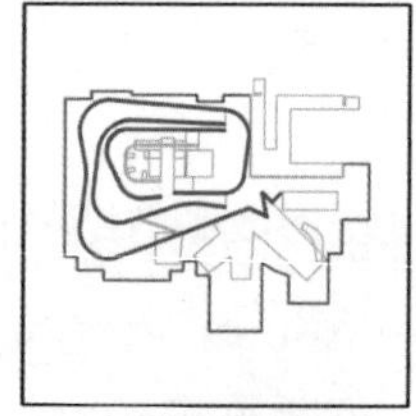

F1: 日本国家图书馆竞赛方案（1996）

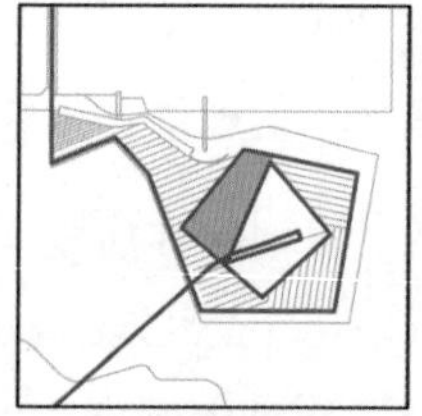

F2: 伊索拉圣米歇尔公墓（1998）

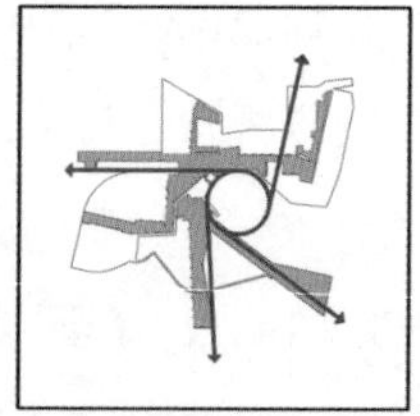

F3: 汉堡音乐学校（1997—2000）

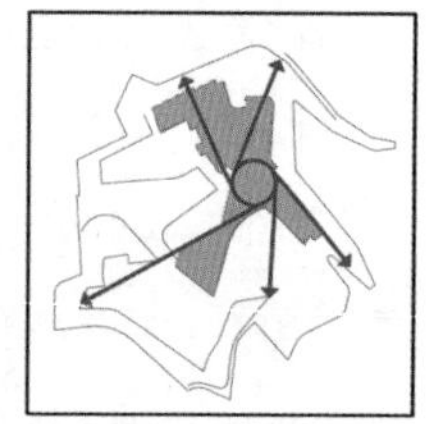

F4: 丰塔纳尔斯高尔夫俱乐部（1997）

图4.99 米拉莱斯建筑平面构图中的螺旋线形制

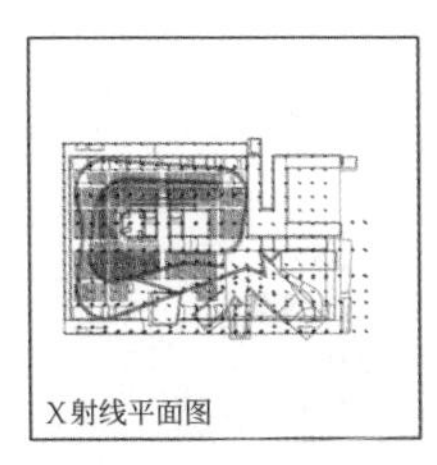
X射线平面图

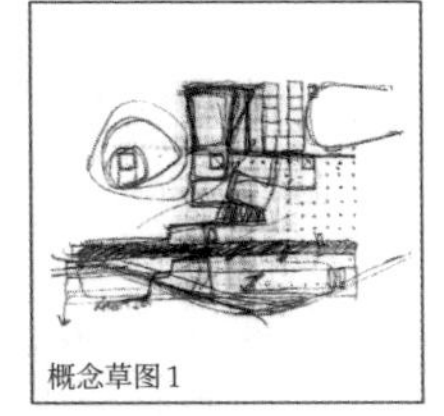
概念草图1

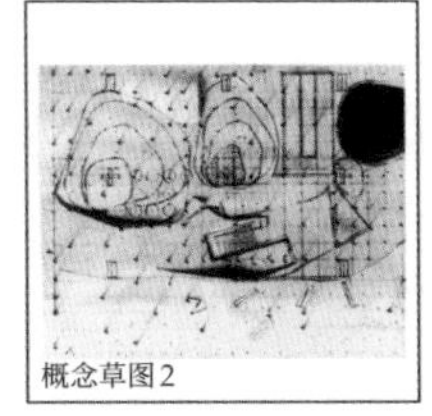
概念草图2

张力形制：
螺旋线形制
张力来源：
交通流线
形式类型：
螺旋形张力结构在正交网格体系中牵引功能单元。

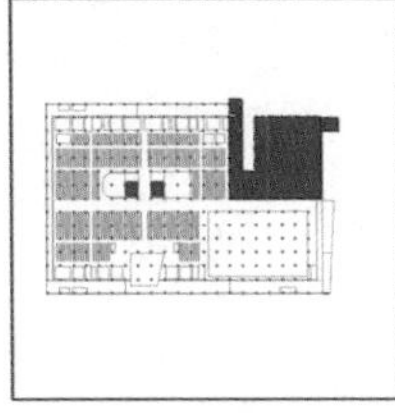
1. 地下空间的正交柱网。

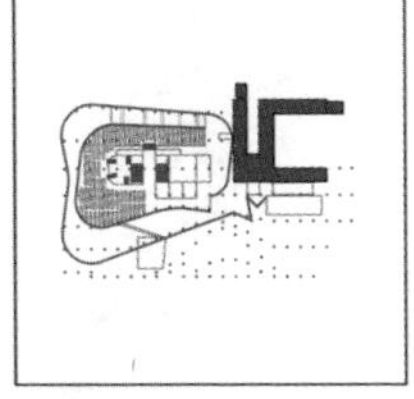
2. 螺旋张力结构自成体系。

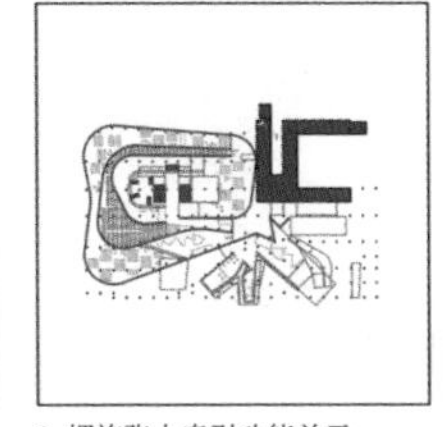
3. 螺旋张力牵引功能单元。

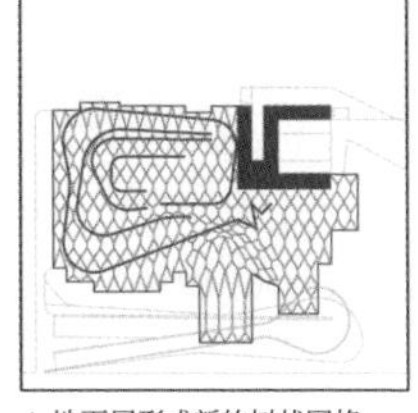
4. 地面层形成新的树状网格。

图4.100　日本国家图书馆竞赛方案（1996）

日本国家图书馆竞赛方案（1996）

概况：螺旋形张力结构牵引结构网格与内部体量。

图书馆体现了建筑与地形共生的关系：书库的体量重塑了地形，用树状结构重现了森林的意向；重塑的地形创造了新景观，用村庄的形态定义了图书馆一系列的房间。建筑的平面构图包括两个张力场：正交基准网格形成的张力场和螺旋形张力场。基准网格张力场主导了地下空间的秩序，螺旋张力场牵引了地上功能单元的布局。在最初的草图中，一个螺旋结构孤立地占据着左上角，和其它功能单元并置。随后的草图中出现了两个螺旋结构，并侵入了场地中的基准网格。最终的方案形成了一个大的螺旋结构，规整的交通核和其它服务空间被包裹在中间，随着螺旋结构不断地向外扩张，阅读空间随之分布，屋顶的网架结构也被其牵引，建筑与地形统一在螺旋张力场中，最终形成了一种乡村特有的空间意向：“阅读于大树之下，阅读于屋舍之间”（图4.100）。

伊索拉圣米歇尔公墓（1998）

概况：螺旋线形成廓形，生成步行桥，切分内部空间，牵引内部体量。

该方案所运用的螺旋线的原型取自圣米歇尔教堂（San Michele Church）和艾米连尼小教堂（Emiliani Chapel）中的图案，中心是三角形，每增长一

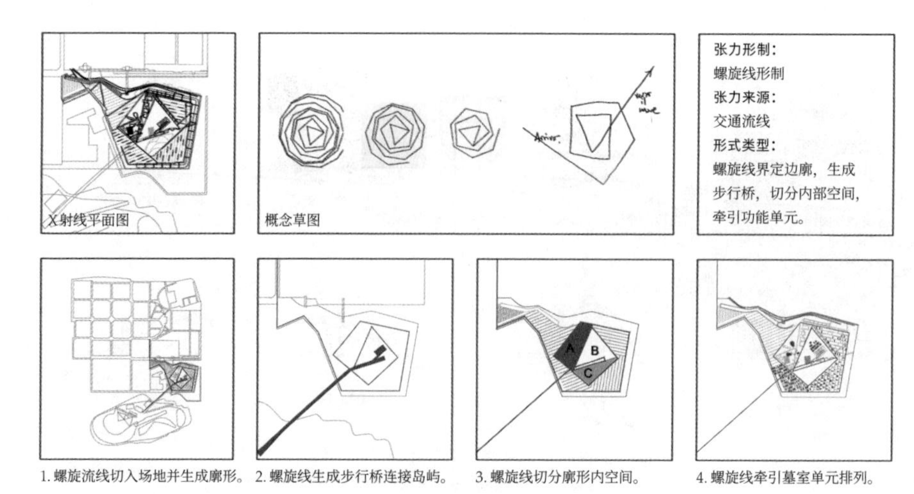

1. 螺旋流线切入场地并生成廓形。 2. 螺旋线生成步行桥连接岛屿。 3. 螺旋线切分廓形内空间。 4. 螺旋线牵引墓室单元排列。

图4.101　伊索拉岛（ISOLA）的圣米歇尔公墓（1998）

圈，边的数量会相应地增加。场地所在的威尼斯圣米歇尔岛（San Michele Island）的一隅脱离了正交网格的秩序，介入的螺旋线重构了填海而形成的场地的廓形（图4.101-1），并将其和周边的陆地连接，生成了跨海步行桥（图4.101-2）。螺旋线切分廓形的内部空间，在周边形成了墓地安置区，在中心形成了三个区域：屋顶覆盖的功能性空间（包括室内小教堂等），三角形坡地（C），和中心的三角形户外空间（B）（图4.101-3A）。螺旋线牵引着周边墓地的排布方向，形成了围绕中心旋转布局的点阵（图4.101-4）。在该方案中，由交通流线生成的螺旋线同时完成了“廓形”、“生成”、“切分”和“牵引”的空间操作。

汉堡音乐学校（1997—2000）

概况：螺旋形/中心放射形张力结构牵引外部体量。

场地中的树是平面构图的关键要素。音乐学校最初的方案是一个连接场地树木的连续构筑物，建筑的形体避让树的位置，成为树木的围护（图4.102-1）。如平面所示，场地周边的建筑是一个L形体量，建筑的布局需要对此回应。概念草图1呈现了一种沿着街道边廓布局的体量，与场地中已有的L形围合，将树木包裹在中间。概念草图2创造了一个连接L形首尾的体量，或

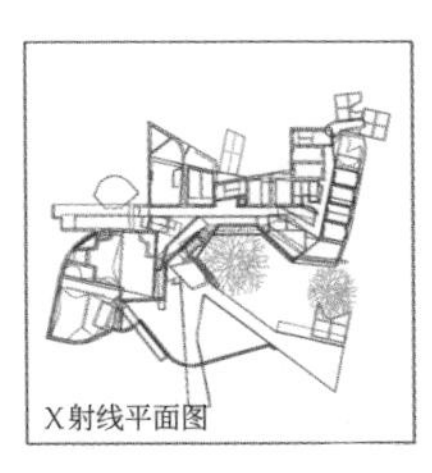

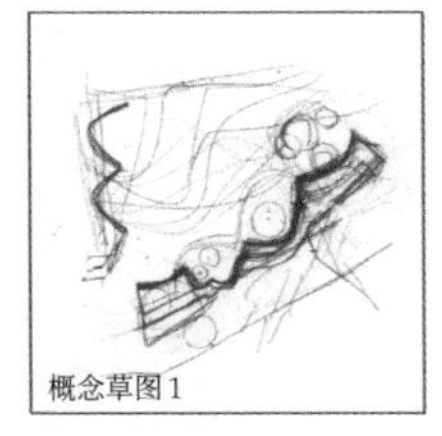

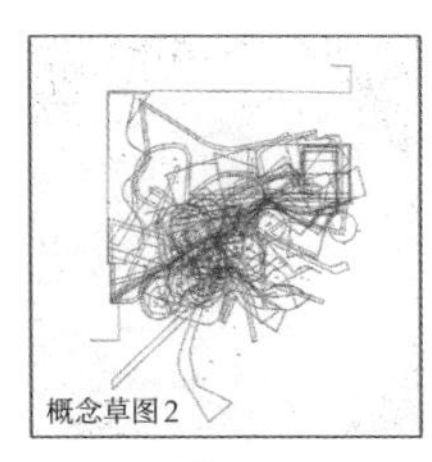

张力形制：
螺旋线形制
张力来源：
建筑内外交通流线
形式类型：
中心放射张力结构牵引建筑体量和地面铺装环绕布局。

1. 最初方案沿着树木呈线性布局。

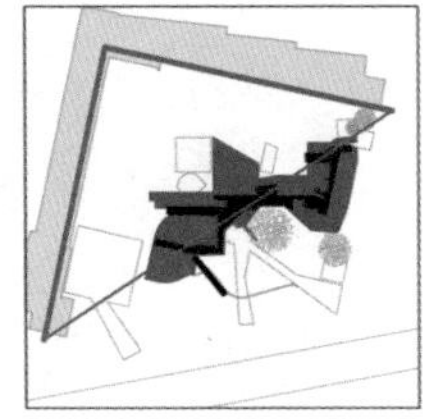

2. 建筑体量与周边建筑形成三角形。

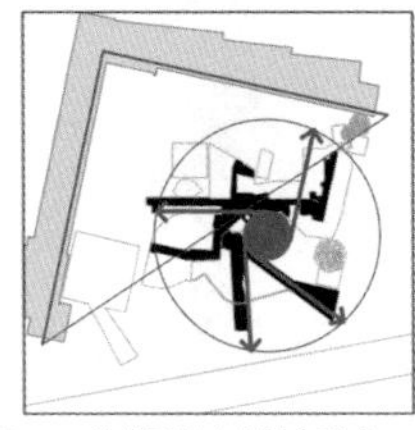

3. 流线沿着中心树木形成放射结构。

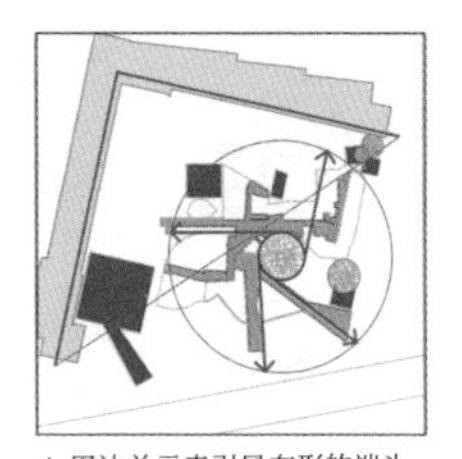

4. 周边单元牵引风车形的端头。

图4.102　汉堡音乐学校（1997—2000）分析组图

者说是把场地看作一个三角形，沿着三角形的一边布局，形成了连续的体量。这个体量对场地上的树木进行了避让，形成了凹凸起伏的边廓（图4.102-2）。随后的方案选择了场地中的一棵树作为核心，形成了中心放射型（风车状）的空间布局（图4.102-3）。周边的其它树木和地面铺装在平面上对这个放射型的结构进行了牵引，使整体构图呈现出螺旋形（逆时针）的运动倾向（图4.102-4）。

丰塔纳尔斯高尔夫俱乐部竞赛方案（1997）

概况：螺旋形/中心放射形张力结构生成建筑隔墙并牵引环境空间。

该方案的设计与外部环境密切相关，是地形与环境张力场的缩影。在环绕建筑的地形中包含着两股方向相悖的中心旋转力，牵引着地形的等高线形成律动的平面曲线（图4.103-1）。旋转力的中心成为建筑体量的中心，从中心发散，同时形成了顺时针方向旋转的和逆时针方向旋转的两种张力结构（图4.103-2、图4.103-3）。从两个并置的张力结构中发散出的放射线生成了建筑体量内的隔墙，并牵引周边的环境空间，形成功能性的附属场地（图4.103-4）。在本方案中，两个矛盾统一的螺旋形/中心放射形张力结构完成“生成”和“牵引”的空间操作。

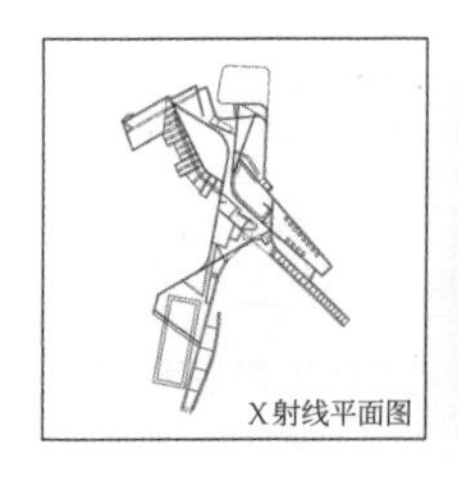

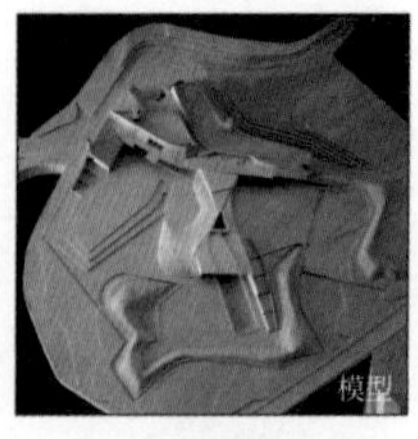

张力形制：
中心放射型/螺旋线形制
张力来源：
地形景观
形式类型：
中心放射螺旋形张力生成建筑内部隔墙，并牵引环境空间。

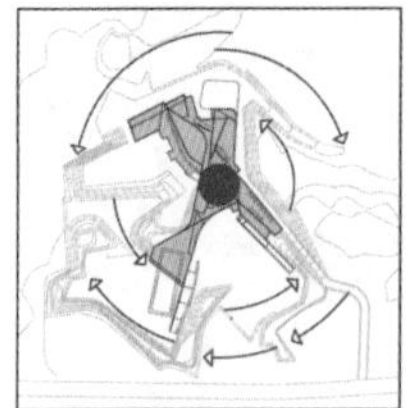
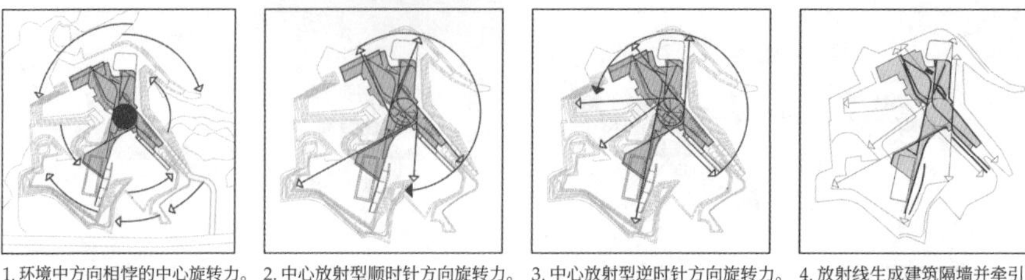
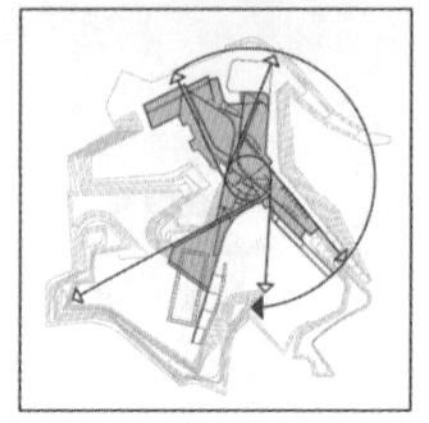
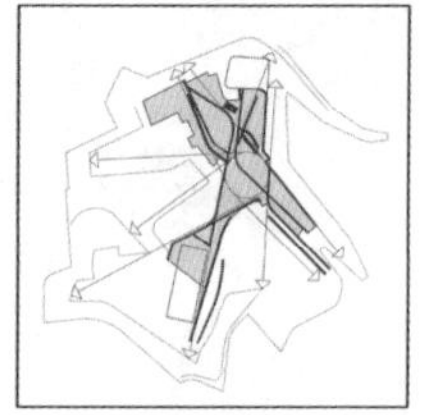

1. 环境中方向相悖的中心旋转力。 2. 中心放射型顺时针方向旋转力。 3. 中心放射型逆时针方向旋转力。 4. 放射线生成建筑隔墙并牵引环境。

图4.103 丰塔纳尔斯高尔夫俱乐部竞赛方案（1997）分析组图

7. 对恩里克·米拉莱斯建筑作品的归纳分析

1991年，米拉莱斯对一个羊角面包进行了测绘研究，他用三个三角形对面包进行了划分，然后将三角形的三边上的垂线向外延伸，从而得到了面包的精准轮廓。同时通过一系列的剖切面测绘，将面包的体量通过平面的方式描绘出来。这个游戏式的研究体现了米拉莱斯创造形式的基本方法(图4.104)。

米拉莱斯曾说："我设计不同层面的平面图，平面最终自动地构建起剖面。三维形式只出现在整个进程的结尾，而不是产生在这些平面之前。这一系列的处理最终赋予建筑以意义。"米拉莱斯确立了平面构图在形式创造中的核心位置，他将任意的形态还原成初始形状——三角形，通过对三角形的变化组合，可以衍生出构图中任意的造型元素。在古典建筑的形式操作中，塞利奥将所有的形状还原成长方形，进而还原成正方形，通过对正方形的变化组合，可以衍生出所有的古典构图中的造型元素。与古典构图法式不同，米拉莱斯不仅将构图中的初始元素从正方形变成了三角形，而且使用线性张力来引导平面构图的形式生成过程。

在米拉莱斯的平面构图中，他善于使用各种形制的"线"来引导形式操作，将之作为平面构图的张力结构，包括折线形制、线性曲线形制、"人"字曲线形制、曲线组团形制、放射线形制和螺旋线形制(图4.105)。

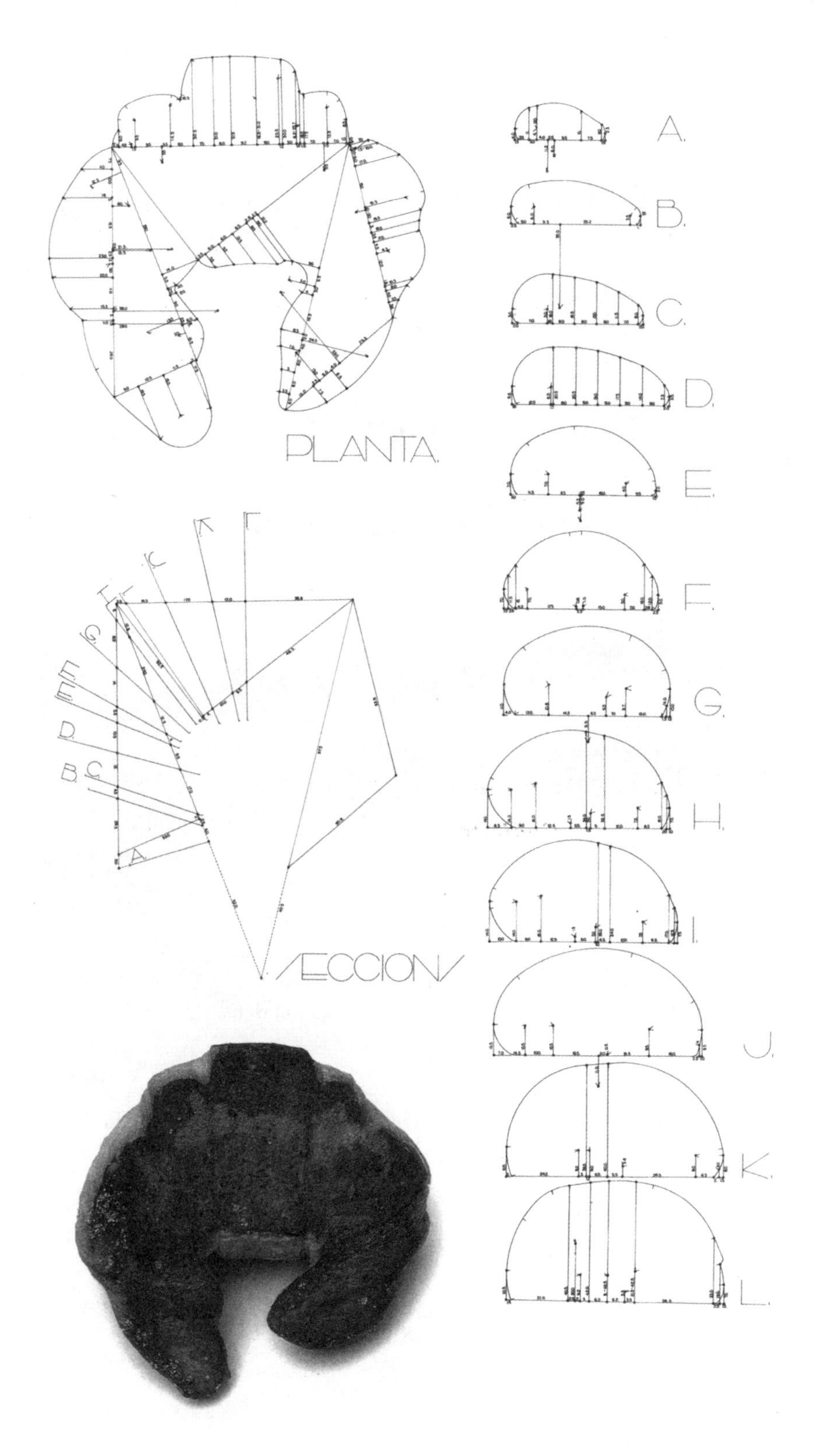

图4.104　米拉莱斯对羊角面包的测绘

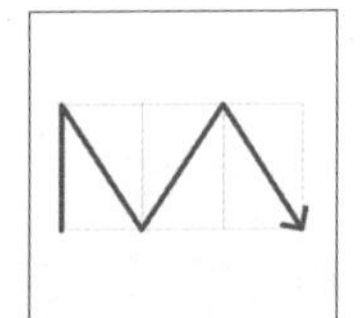
A：折线形制

A1: 帕雷特斯·德尔·瓦列斯市镇广场景观（1985）

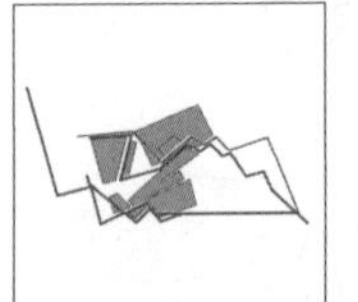
A2: 加劳·阿古斯蒂住宅（1988—1993）

A3: 帕拉莫斯老年人医院（1993）

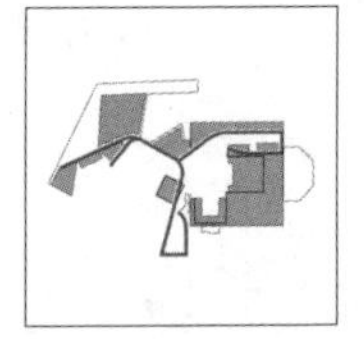
A4: 达姆格别墅（1999）

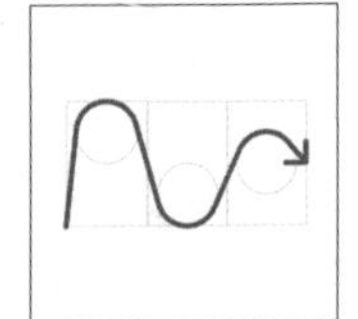
B：线性曲线形制

B1: 巴塞罗那射箭训练馆（1989－1992）

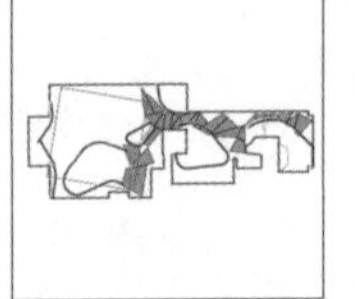
B2: 编辑总部办公中心（1990－1991）

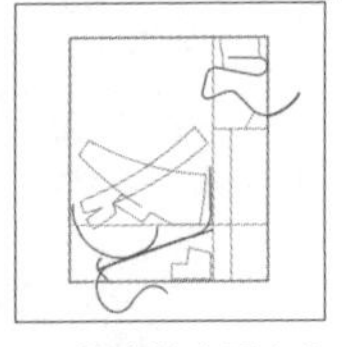
B3: 拉米纳市民中心（1987—1993）

B4: 赫尔辛基现代博物馆（1993）

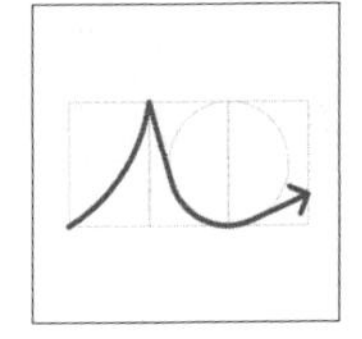
C：人字曲线形制

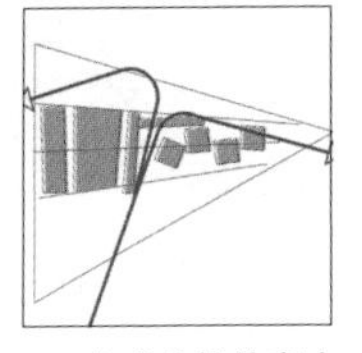
C1: 艺术体操体育中心（1990－1993）

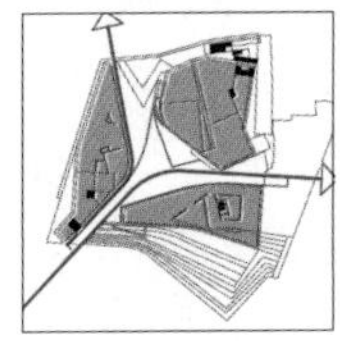
C2: 威尼斯建筑学院（1998）

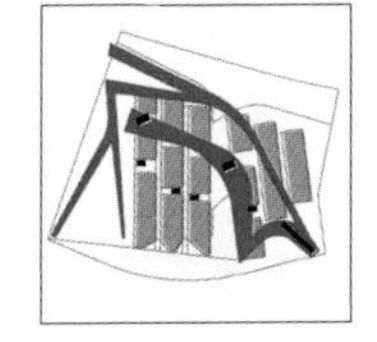
C3: 德累斯顿大学实验室（1995）

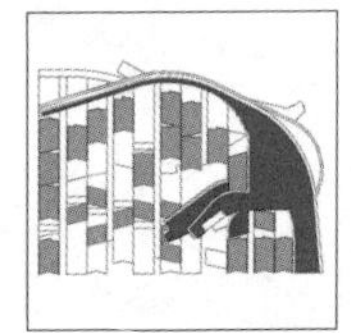
C4: 瓦伦西亚大学教学楼（1991－1994）

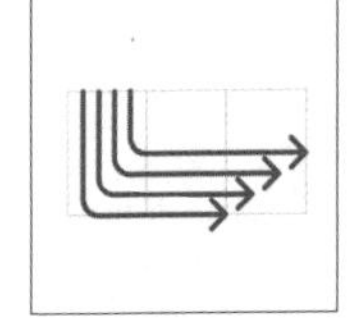
D：曲线组团形制

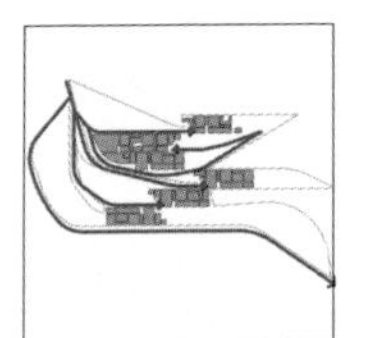
D1: 撒丁岛滨海度假酒店（1983）

D2: 帕拉福斯公共图书馆（1997－2007）

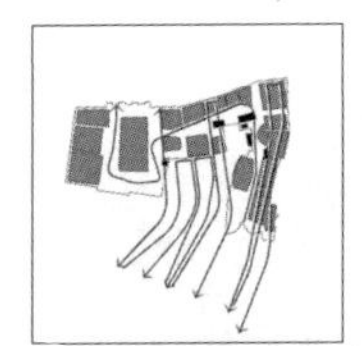
D3: 乌得勒支市政厅改造（1997）

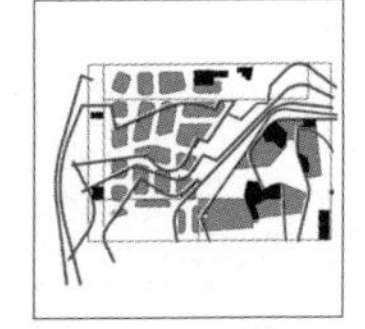
D4: 圣卡特琳娜市场（1997）

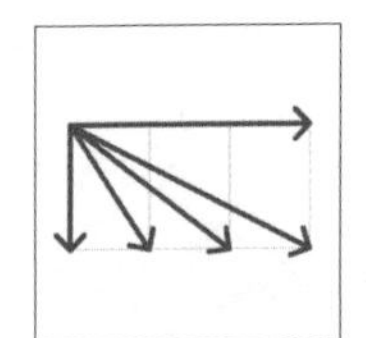
E：放射线形制

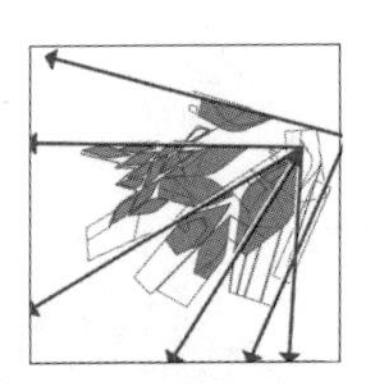
E1: 苏格兰爱丁堡议会大厦（1998）

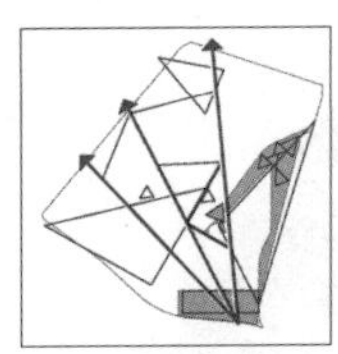
E2: 马尔塔斯博物馆（1999）

E3: 斯丹佛玫瑰博物馆（1995）

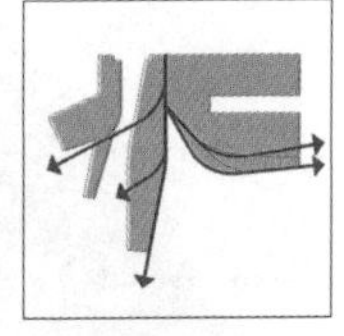
E4: 巴塞罗那天然气公司总部（1999－2007）

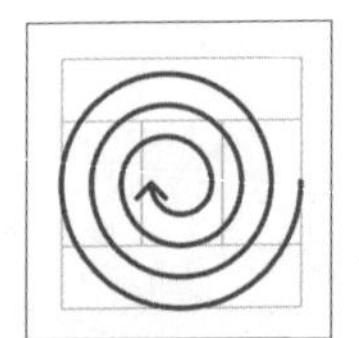
F：螺旋线形制

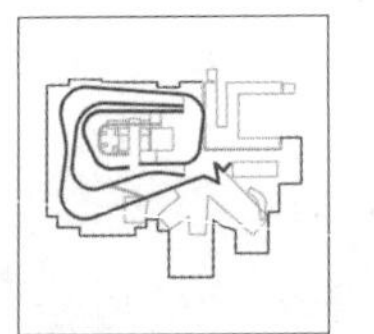
F1: 日本国家图书馆音赛方案（1996）

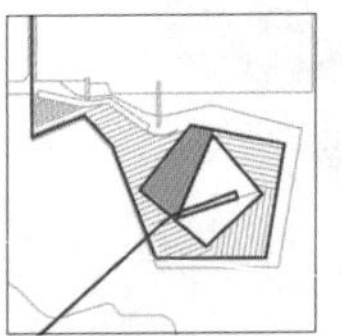
F2: 伊索拉圣米歇尔公墓（1998）

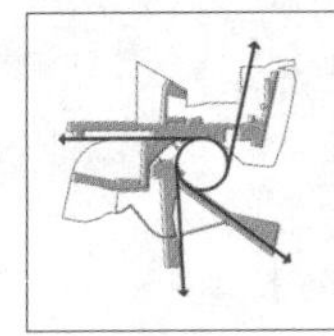
F3: 汉堡音乐学校（1997－2000）

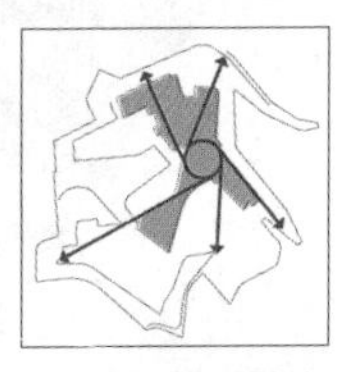
F4: 丰塔纳尔斯高尔夫俱乐部（1997）

图 4.105　米拉莱斯建筑作品的平面构图编目

此前，我们论述过扎哈作品中的线性时间序列，相同的构成逻辑也存在于在米拉莱斯的构图中。但是，后者的作品中还存在着另一种相反的构图逻辑——一种非线性时间序列（图4.106）。“时间”是米拉莱斯在设计中经常提及的关键词。他曾经从贾科梅蒂（Alberto Giacometti）对詹姆士·罗德（James Lord）绘制的一套肖像画的过程中，体悟到其中包含的和设计相关的方法论。这组肖像画包含了18张坐像，每一张都是在不同的时间和相同的地点所绘制的，它们不是一张画的不同时刻，而是在“同一个地方的重复（repetition）”。每一张画都处于一种未完成的状态，模特的头部在阴暗的背景中模糊地显现，贾科梅蒂用塞尚的画来解释这种状态，“在一张画布上的画越多，这张画就越不可能完成……”。这种状态体现了一种工作方式——“图像突然出现和消失的方式”，18张画是便代表了图像18次出现和消失的过程，正如贾科梅蒂所说“一切都应该取消。我应该从头开始……”。这些画通过重复相同的人物获得的连续性不是一种线性的变化序列，而是在相同的地方不断地涌现出不同的偶然的可能性。这种非线性的时间序列，常常被人解读为一种拼贴，但是拼贴是一种无关联的元素之间的任意组合，而在非线性的时间序列中，初始元素在变形过程中有相同的起点和终点，通过重复和叠加，产生了叠合在一起的轨迹。这种非线性时间序列和博尔赫斯在《小径分叉的花园》中所描述的时间迷宫暗合，被米拉莱斯借用到建筑平面的形式生成的过程中。

（三）小结

通过对扎哈和米拉莱斯的建筑作品的系统性分析和归纳，我们可以总结出现代建筑平面构图的形式生成机制：

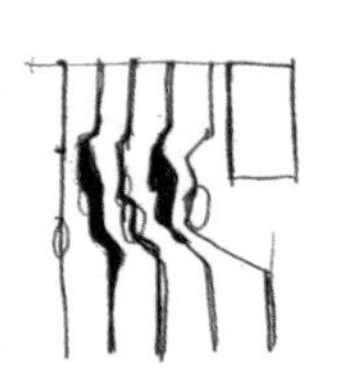
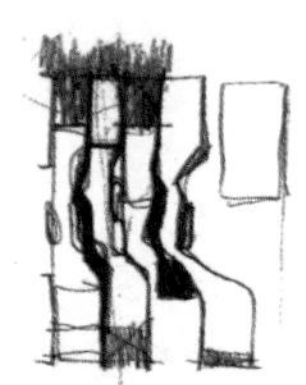
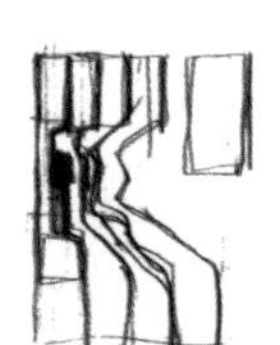

阿姆斯特丹博尔内奥岛的六个住宅（Six dwellings in Borneo Eiland，1996—2000）

帕拉莫斯老年人医院（1993）

图4.106　线性时间序列（左）与非线性时间序列（右）

平面构图的元素与结构

造型元素，是形的最基本单元，包括线性元素（线）和廓形元素（面）。线性初始元素包括直线、折线和曲线。廓形初始元素包括圆形、正方形和三角形。这些初始元素是构图的基本单元，也能够产生相应的张力场。

结构是组织造型元素形成平面构图的依据，有依托元素形成张力场的可见结构，也有依托隐藏的基准结构形成张力场的不可见结构。

构图中的时间序列：线性与非线性

造型元素是一种动力元素，它们在平面中所创造出的形式可以根据运动行为本身，成为一个具有时间性的形式，表现为两种序列：

（1）线性时间序列：初始元素有序列地变形组合而形成的绵延一致的整体结构。

（2）非线性时间序列：初始元素无序列地变形组合而形成的拼贴结构。

平面张力场的分类

建筑平面中的张力有两大类型：线性张力和面域张力。

线性张力可细分为两种：曲线与折线（由直线演化）。如果曲线在中途向两个相反的方向运动，会产生人字形制。面域张力可以分为三类：正方形、三角形和圆形。可以继续衍生出长方形和L形（由正方形衍生）、角状放射形（由三角形衍生）和椭圆形（由圆形衍生）。在线性张力和面域张力之间，还存在一种由线的组团形成的张力场，同时拥有线性张力场和面域张力场的性质。具体可以分为曲线组团、折线组团、放射线组团和多种形制混合的线性组团。平面张力场将现实中的物质空间形态、流线运动、方位等信息转化为一种符号，通过符号作为媒介，将现实中的物理张力场投射在视知觉对应的大脑皮层上。

平面张力场的生成依据

生成依据包括环境肌理、交通流线、建筑结构和文化象征。

（1）环境肌理：包括城市空间架构（场地廓形、街道结构、公共空间和毗邻建筑）和自然空间架构（地形高程、水域结构）。

(2) 交通流线：步行流线、机动车流线、垂直交通流线（一般会形成张力结节）。

(3) 建筑结构：框架结构的主体桁架、线性承重墙。

(4) 文化象征：指向宗教圣地（例如麦加）的方向。

平面张力场的作用机制

平面张力场的作用机制是张力作用于平面构图的操作方法。

线性张力场的作用机制主要有四种："廓形"、"切分"、"生成" 和 "牵引"。

(1) 廓形：线性张力场直接生成建筑边廓。

(2) 切分：线性张力场介入廓形内，将廓形切分为不同的体量。

(3) 生成：线性张力场直接生成和自身形式同构的正体量或负体量。

(4) 牵引：线性张力场带动造型单元一起波动，使得分散的造型单元以一种可感知的结构组织在一起，并有规律地变形和位移。

面域张力场的作用机制同样有四种："廓形"、"切分"、"生成" 和 "牵引"。

(1) 廓形：面域张力场形成建筑组团或单体的廓形，廓形的基准结构线对内部的空间和体量产生影响，如果廓形变形，偏移的基准结构线会产生相应的影响。

(2) 切分：面域张力场的切分作用体现在城市尺度中，将局部区块从底图中切分出来。

(3) 生成：面域直接生成形式同构的正体量或负体量。

(4) 牵引：面域张力场的廓形和内部基准结构线起到与线性张力场一样的牵引作用。

第四章图片来源：

图4.2 Malevich K. *Introduction to the Theory of the Additional Element in Painting* [M] //RAILING P. Malecivh Writes A Theory of Creativity Cubism to Suprematism. East Sussex: Artists·Bookworks, 1923, p.332.

图4.3 Souter G. *MALEVICH: Journey to Infinity* [M]. New York: Parkstone Press International, 2008, pp.106, 109, 117.

图4.4 Souter G. *MALEVICH: Journey to Infinity* [M]. New York: Parkstone Press International, 2008, pp.111-175.

图4.12 Kandinsky W. *Point and Line to Plane* [M]. Translated by Dearstyne H, Rebay H. New York: Dover Pubications, 1979, p.31.

图4.13 Kandinsky W. *Point and Line to Plane* [M]. Translated by Dearstyne H, Rebay H. New York: Dover Pubications, 1979. (A)-P59; (B)- P59, P78; (C)- P80, P85, P86; (D)- P89-90; (E)-P95-97; (F)-P81, P84, P85.

图4.52 左1引自Hadid Z. *The complete Zaha Hadid* [M]. London: Thames&Hudson, 2009, p.18。

图4.104 EL croquis [J]. 2005, 30+49/50+72 [II]+100/101: 193.

（未标注来源的图皆为作者自绘）

第五章 总结与讨论

第一节 现代绘画和现代建筑的关联性

张力与运动是现代绘画和现代建筑的平面构图的形式生成的基础动因，决定了形式的生成规律，并在形式产生的过程中显现。一方面，张力驱动初始元素产生变形，生成衍生元素。另一方面，不同形制的张力作用于衍生元素，通过连续变形的运动机制，形成平面构图。本书涉及了15种形制的平面张力和由3个初始元素衍生的11个变形元素（图5.1、图5.2）。不同形制的张力作用于不同的元素所形成的形式语言，构成了20世纪现代绘画和现代建筑的平面构图形式的共同源头（图5.3、图5.4）。

通过本书的研究，历史上关于绘画和建筑关联性的两种论断——衍生论和自律论（“现代绘画形式直接衍生出现代建筑空间形式”和“建筑形式自主发展的路径与绘画无关”）都被证明是片面的。建筑的平面形式不是绘画形式的派生，但是建筑师看到绘画时，会客观地感知到其中的视觉机制，可以类推到建筑的平面构图，反之亦然。[1]形式生产的同源机制使现代绘画和现代建筑的平面构图产生了四个层面的关联性：

第一个层级是表面元素的关联性。我们将康定斯基的构成主义作品（1926）和扎哈设计的西好莱坞市政中心的平面图（1987）并置在一起，可以看到二者的平面构图形式的同构关系（图5.5）。

第二个层级是背景结构的关联性。如果将波丘尼的《离开的人》和扎哈的

1 一部分现代绘画的构图也曾经从建筑平面中提炼出“建筑性”。在此基础上，我们可以做出更进一步的推论：一切与视觉相关的艺术，如雕塑、舞蹈、书法等都可以指向一个共同的视觉机制。

图5.1 本文所涉及的15种张力形制

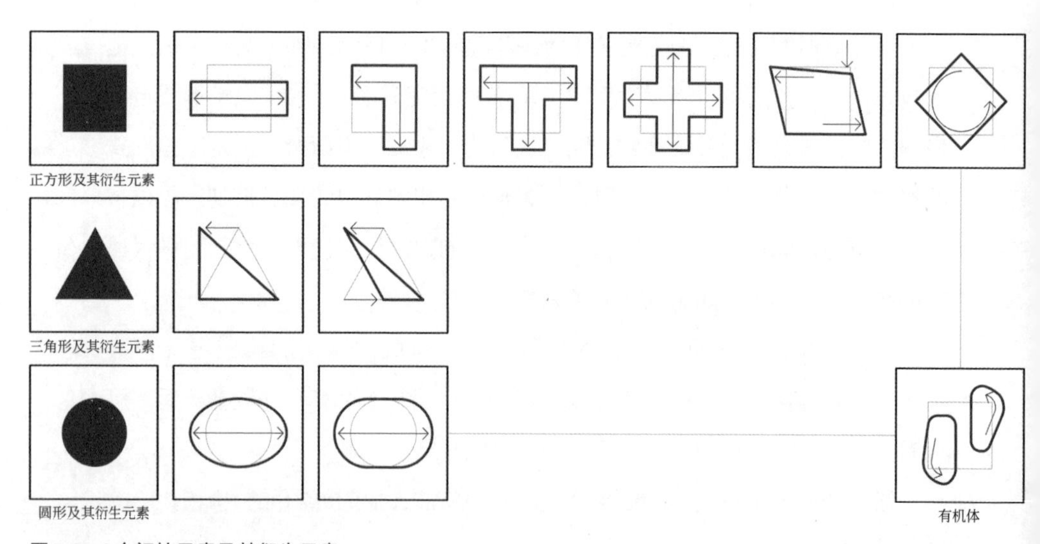

图5.2 3个初始元素及其衍生元素

维特拉消防站的平面背景结构进行对比，建筑场地背景的基准线和消防车入库的轨迹线呈现出的交叉结构和《离开的人》的背景结构高度一致（图5.6）。梅尔尼科夫设计的苏联展览馆和波丘尼创作的《留下的人》的背景结构也十分相似。[2]

第三个层级是生形机制的关联性。建筑的体量和绘画的形象都是在一种复杂张力的推动下进行位移和变形，最终呈现的图像和体量是运动的形式在不同瞬间的固化和叠加，形成线性的或非线性的时间序列（图5.7）。

第四个层级是形式语言体系的关联性。从基本造型单元的组合（遣词），到形式生成机制的演绎（造句），由简入繁地形成了一套相近的形式语法。我们比照马列维奇的34幅素描图和扎哈·哈迪德在2000年以前的作品的平面谱系，可以发现形式谱系中具有相似的张力结构和生成逻辑（图5.8）。康定斯基和米拉莱斯也都以线元素为核心演绎出平面构图的整套形式语法（图5.9）。

第二节　从古典构图走向现代构图

现代构图建立了一种基于视知觉的形式生成法则，在古典构图原则的基础上产生了对应的变化，使古典建筑中的属群（元素）、法式（网格体系）和均衡（各个元素间的关系）被现代建筑中的衍生元素、动态结构和张力与运动机制所取代。

（一）元素——从等级化属群到衍生型元素

从文艺复兴时期开始，阿尔伯蒂将诗学和修辞学与绘画相关联，构成绘画的元素之间具有清晰的等级结构。古典建筑和古典绘画一样，是一个相互关联的系统，构成元素是一种经过预设的、相互之间有特定关联的形式体系，

2　首先，左下—右上的对角线在画面结构和建筑的平面结构中都占有主导性的作用。而画面与建筑平面内都有与之对应的反向结构线来维持平面形式的平衡。其次，源自画面中心和建筑平面中心的旋转力都作为初始动力，驱使画面和建筑平面的网格进行位移和变形，虽然绘画中元素的位移和变形有更多自由的变化，但是网格沿着矩形边框运动的轨迹是相似的（图3.7、图3.17）。

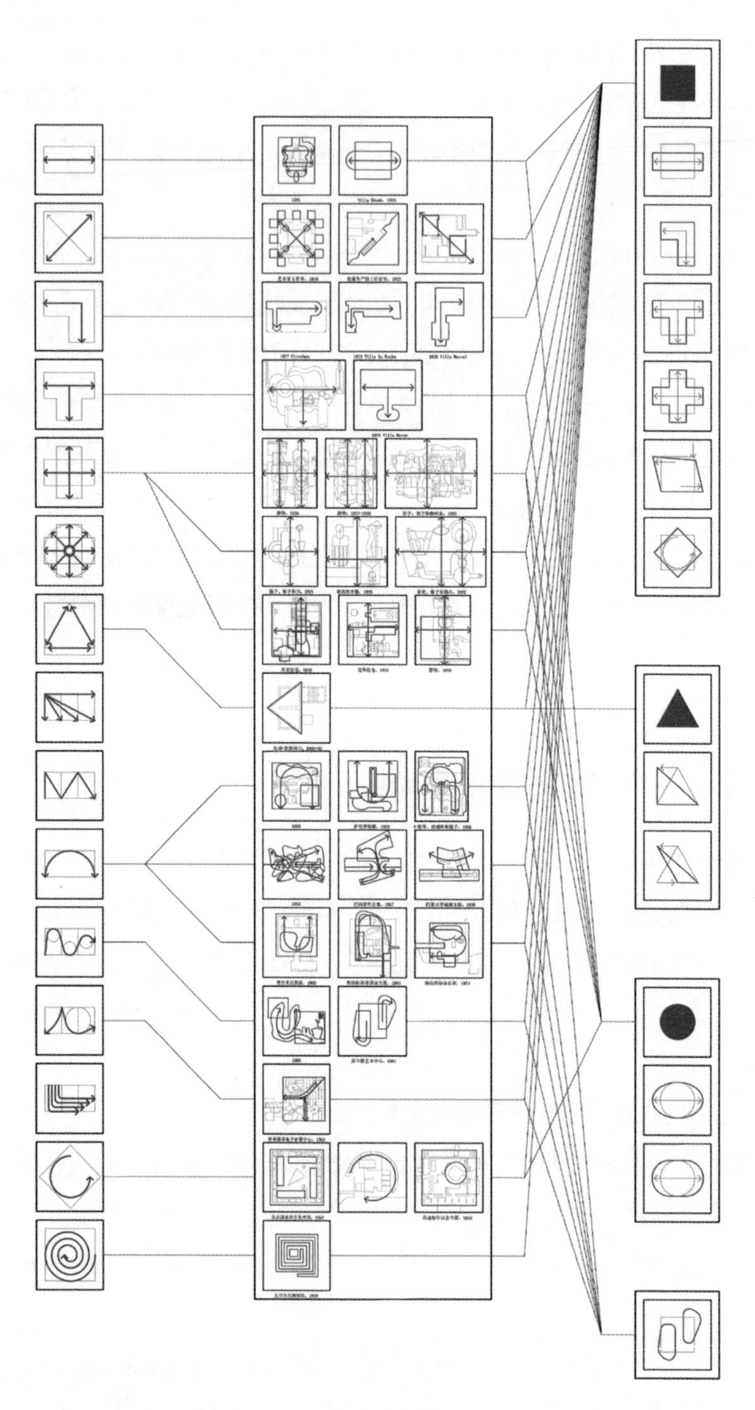

A：柯布西耶

图5.3　现代画家和建筑师的平面构图中的张力结构与构成元素体系

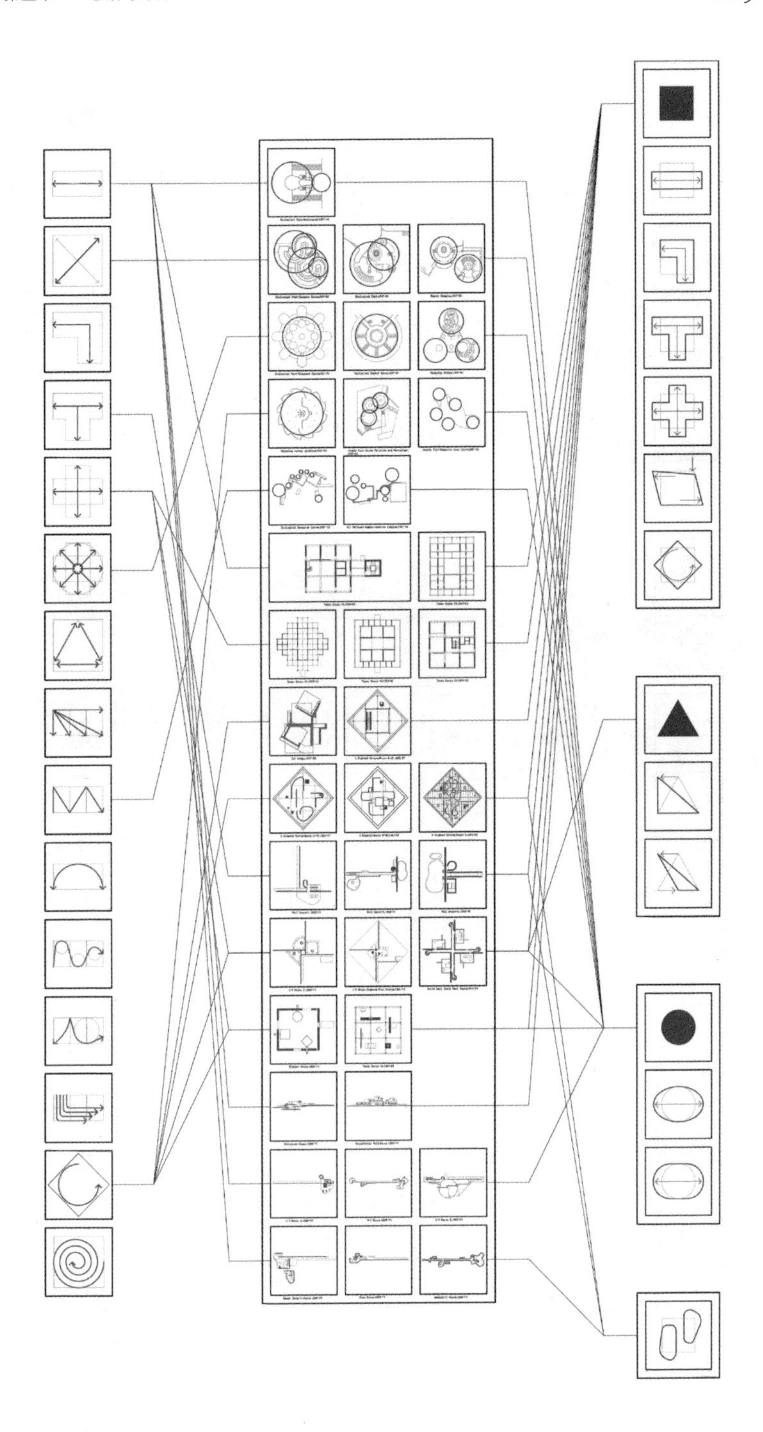

B：海杜克

图5.3　现代画家和建筑师的平面构图中的张力结构与构成元素体系（续）

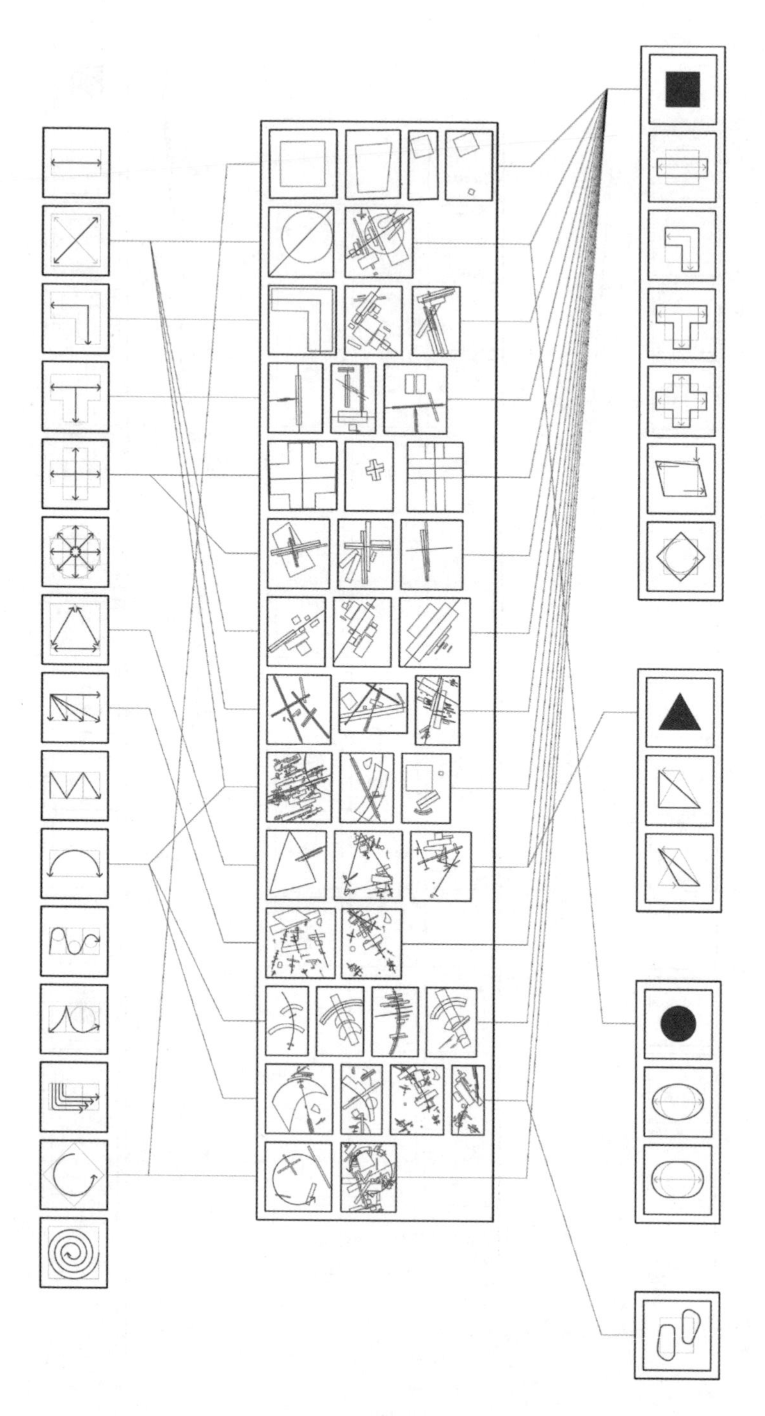

C：马列维奇

图5.3　现代画家和建筑师的平面构图中的张力结构与构成元素体系（续）

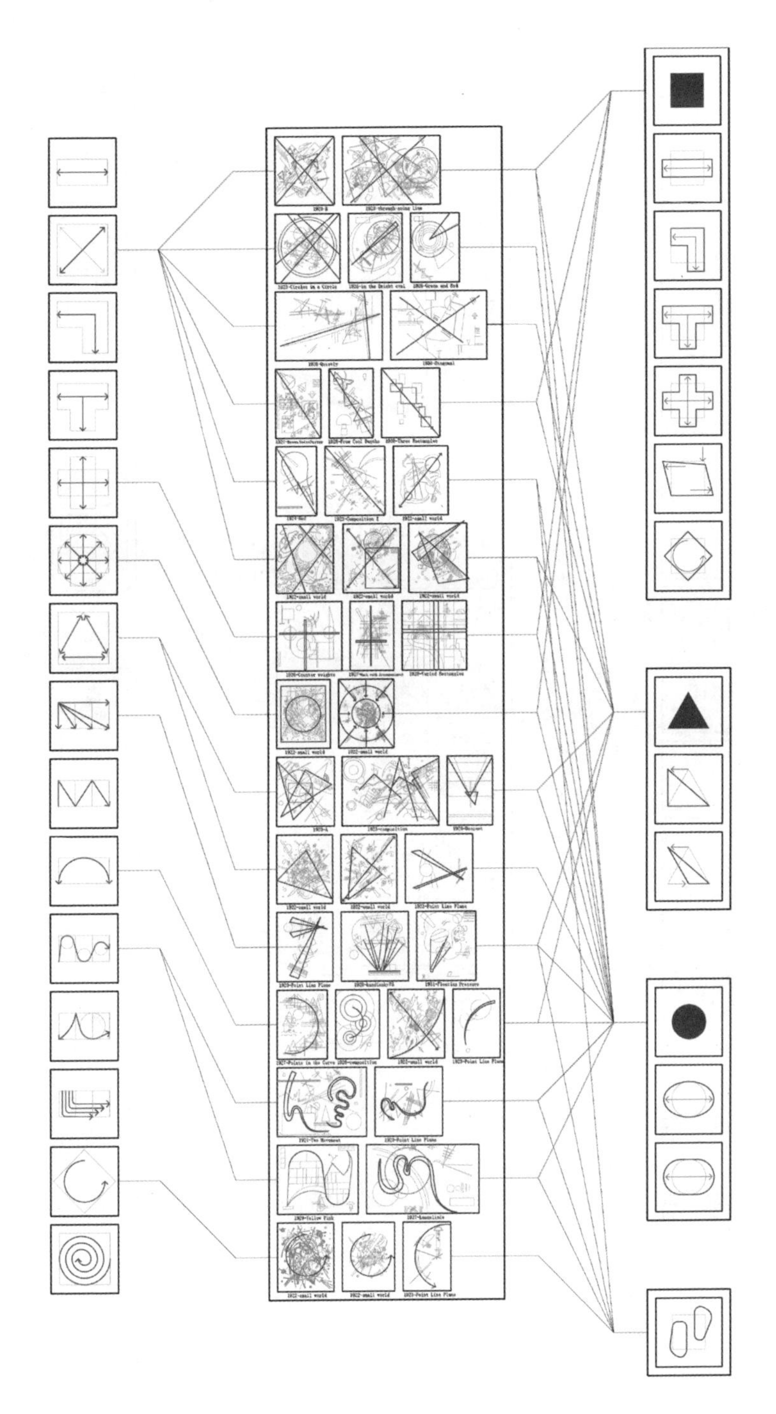

D：康定斯基

图5.3　现代画家和建筑师的平面构图中的张力结构与构成元素体系（续）

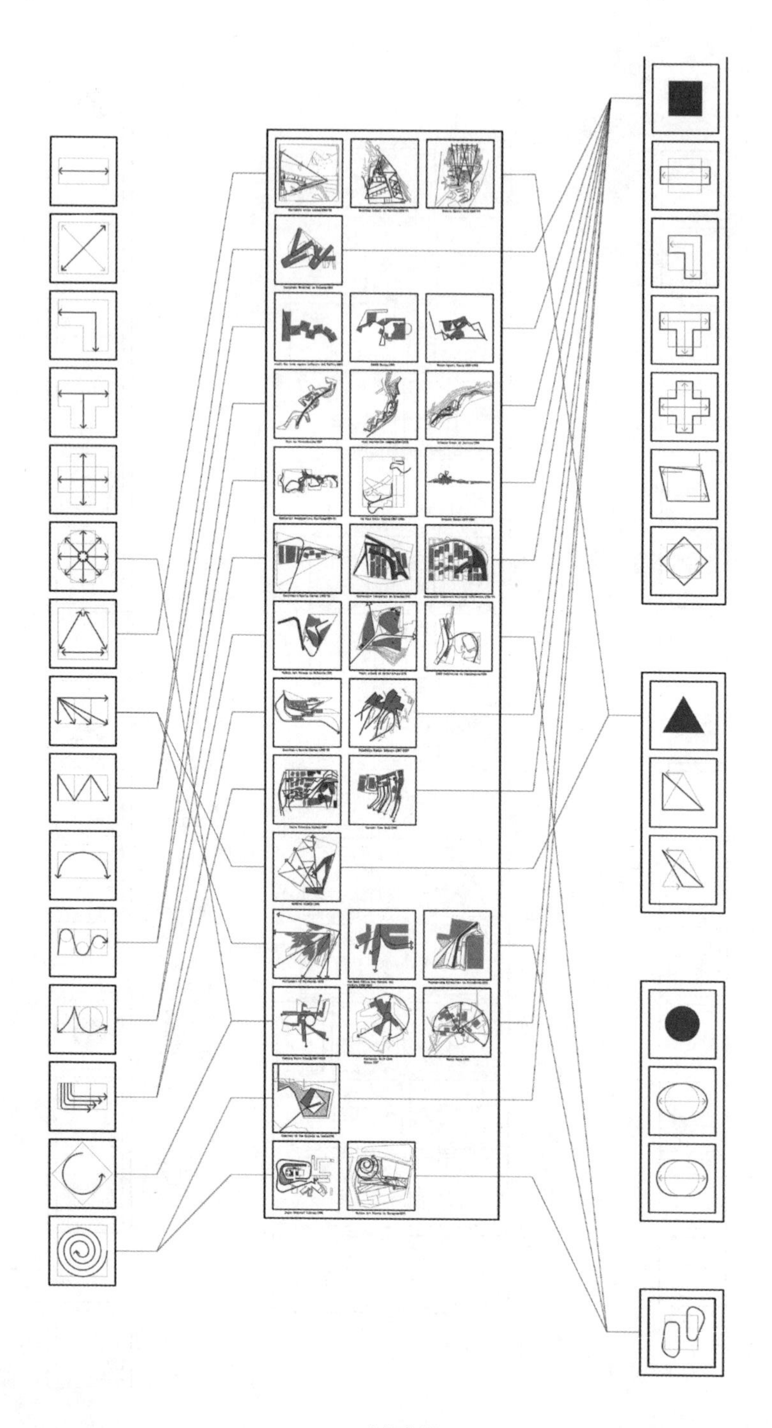

E：米拉莱斯

图5.3 现代画家和建筑师的平面构图中的张力结构与构成元素体系（续）

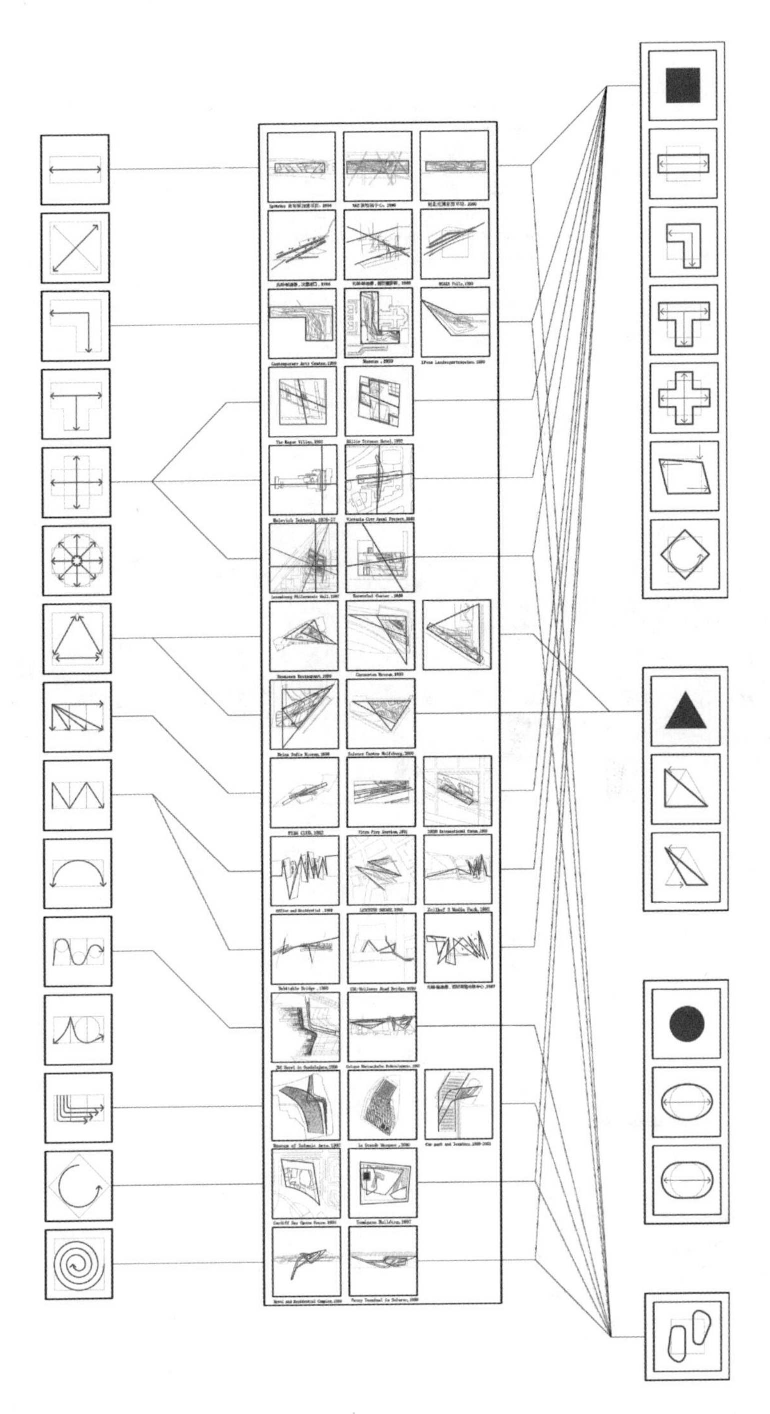

F：扎哈

图5.3　现代画家和建筑师的平面构图中的张力结构与构成元素体系（续）

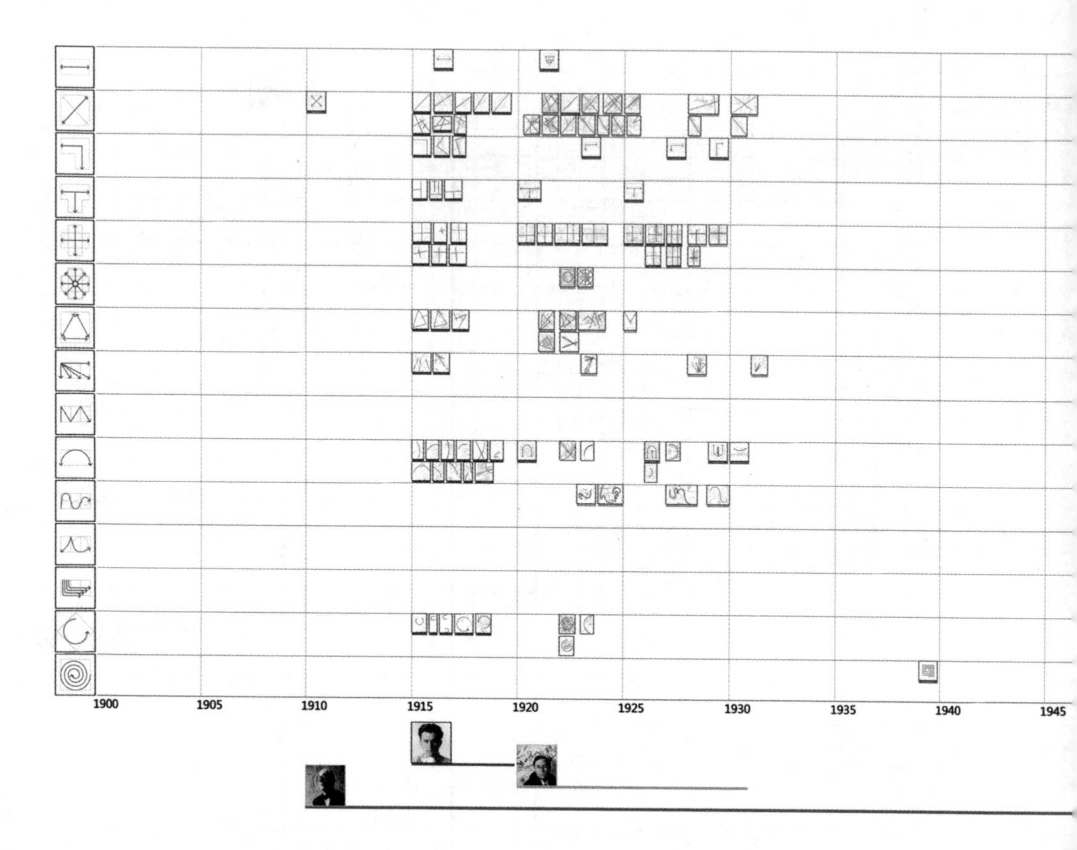

图5.4　现代绘画和现代建筑平面构图（本书所选作品）的同源谱系

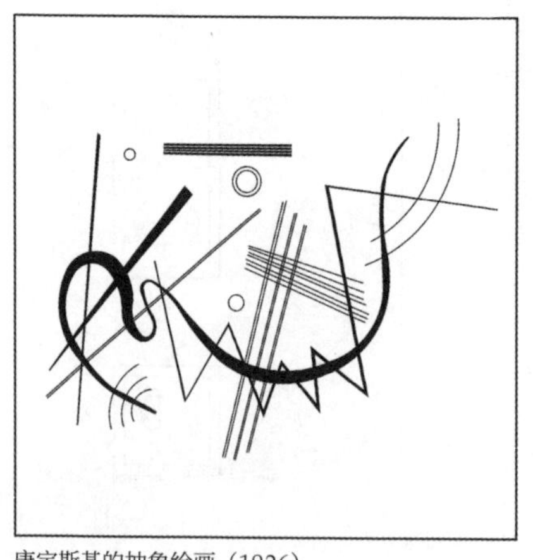

康定斯基的抽象绘画（1926）

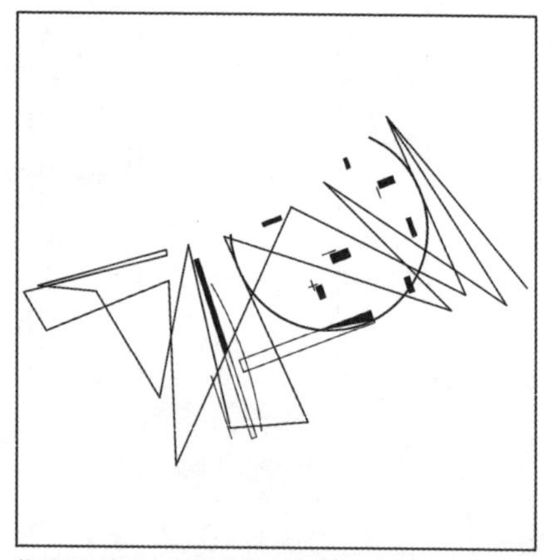

扎哈·哈迪德，西好莱坞市政中心（1987）

图5.5　图像表层的关联性

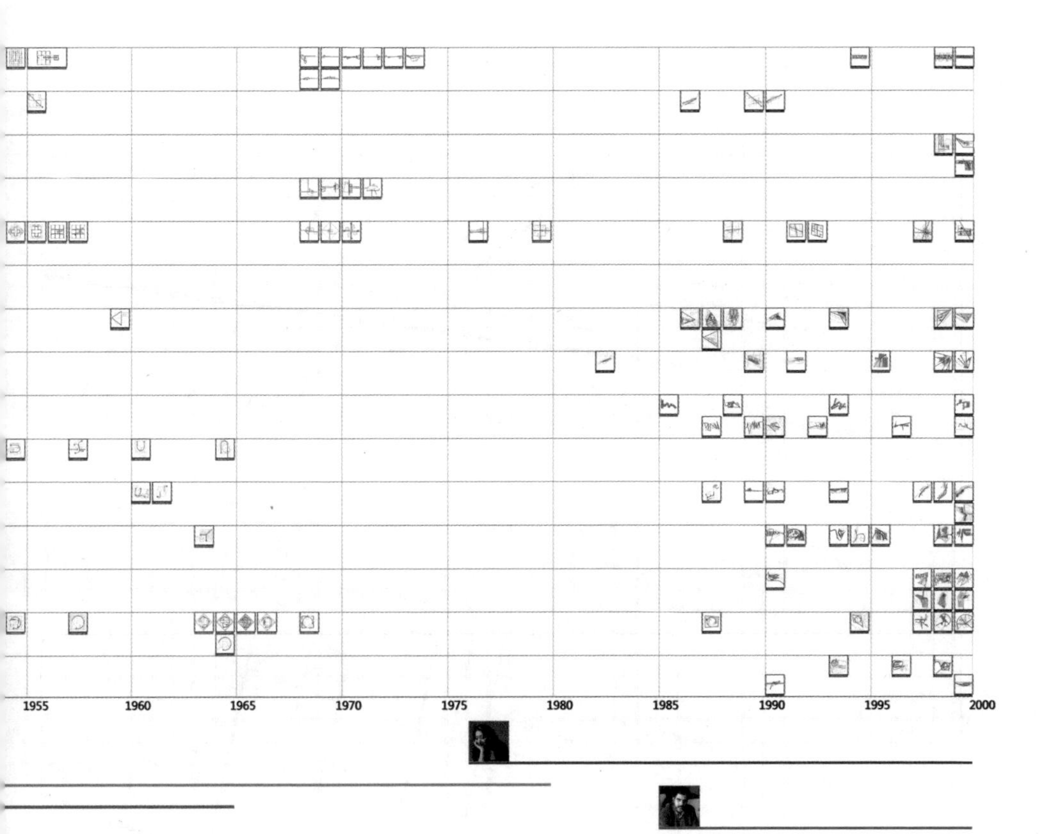
1955
1960
1965
1970
1975
1980
1985
1990
1995
2000

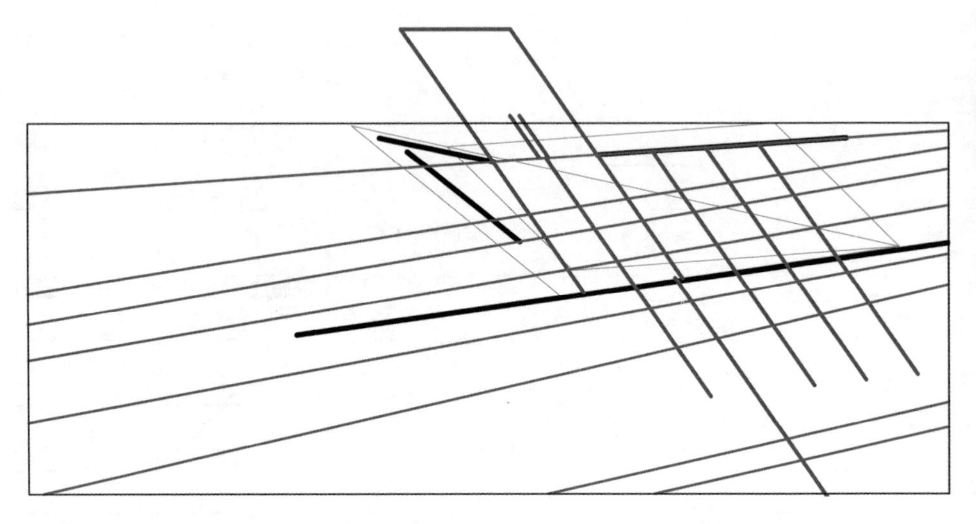

扎哈作品维特拉消防站的背景网格

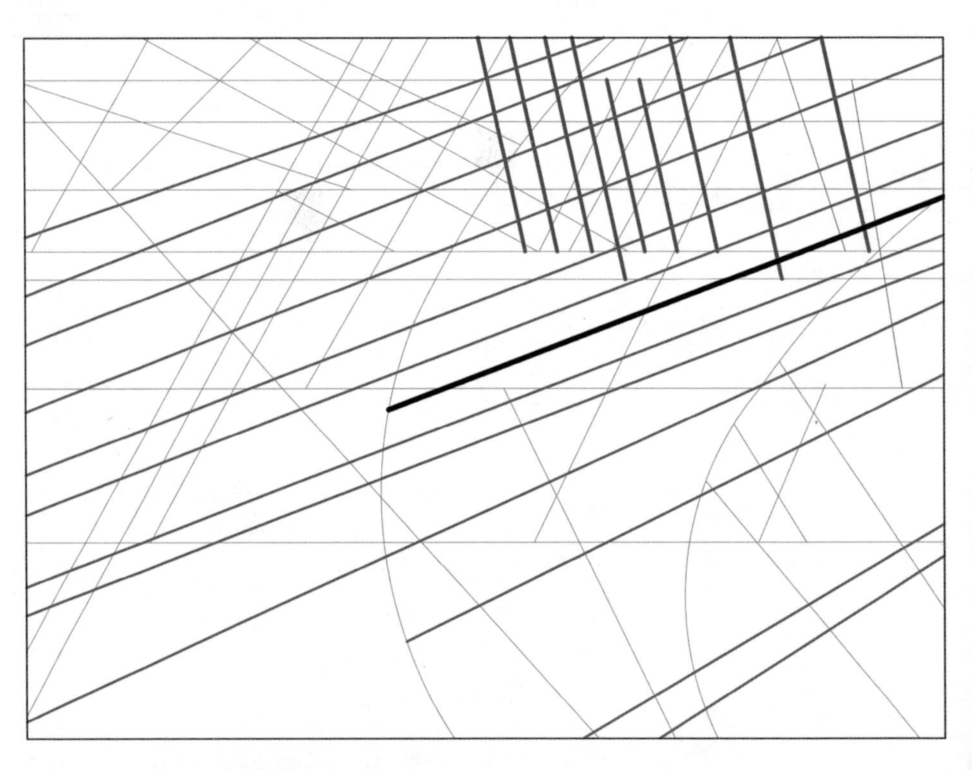

波丘尼画作《离开的人》的背景网格

图5.6　背景深层结构的关联性

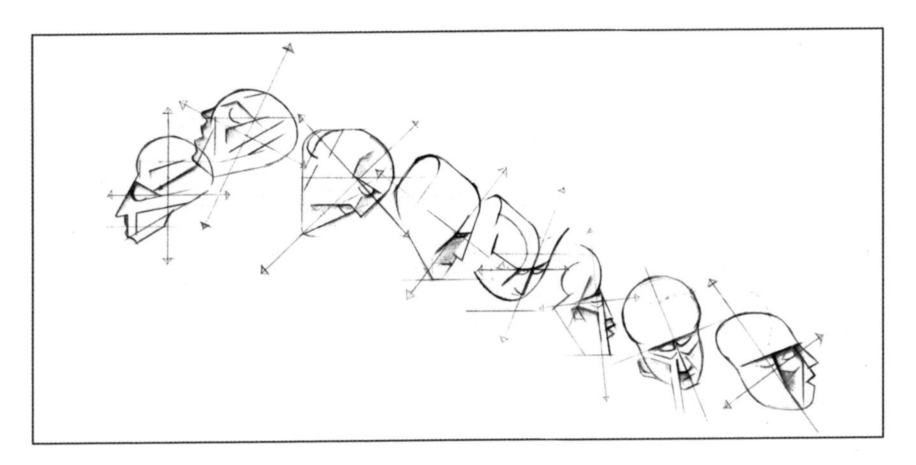

波丘尼画作《离开的人》形式生成分析

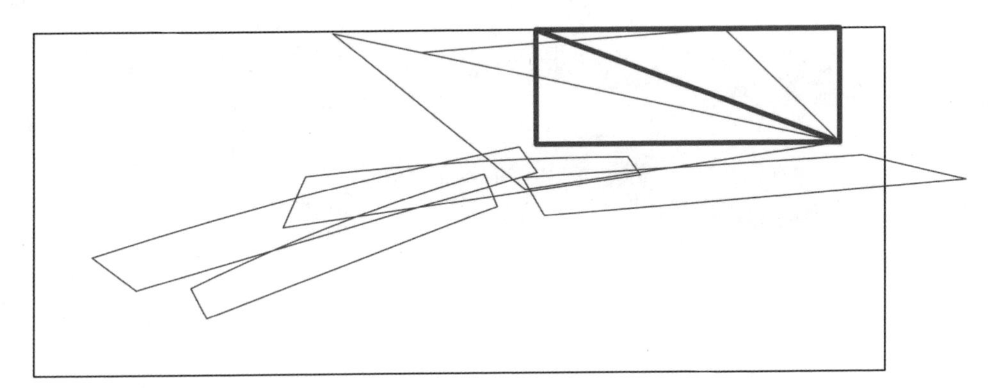

扎哈作品维特拉消防站形式生成分析

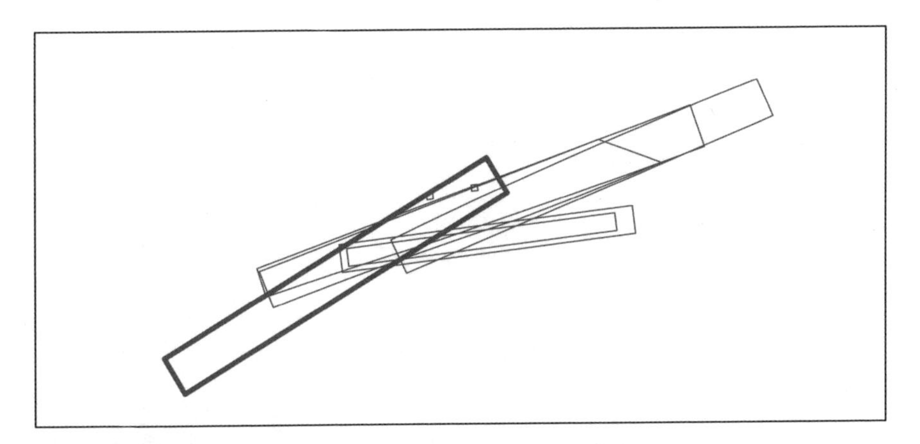

扎哈作品香港顶峰俱乐部形式生成分析

图5.7　形式生成机制的关联性

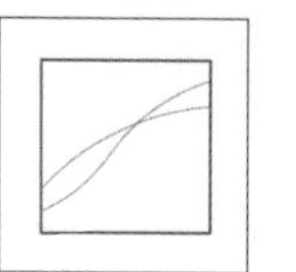

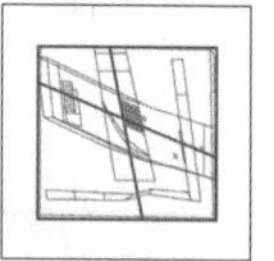

A1: 海牙别墅（1991）

A2: 比利·施特劳斯旅馆扩建（1992）

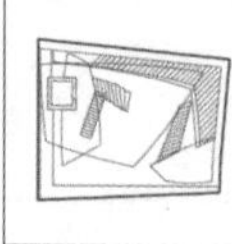

A3: 富谷公寓（1987）

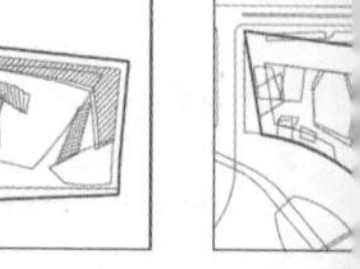

A4: 加迪夫（1994）

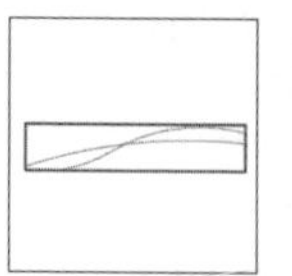

B1: 魁北克国家图书馆（2000）

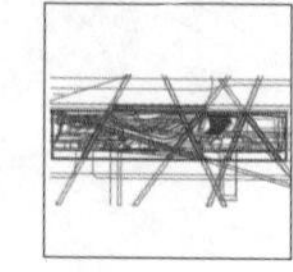

B2: IIT新校园中心（1998）

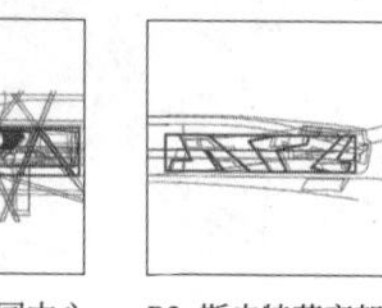

B3: 斯皮特劳高架桥住宅（1994）

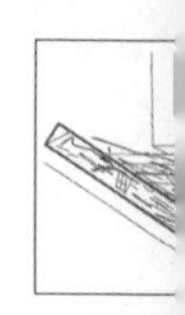

B4: 柏林IE（1987）

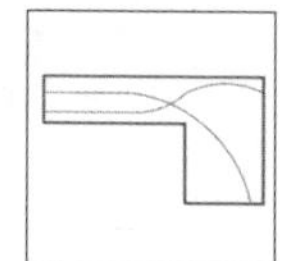

C1: 罗马当代艺术中心（1999）

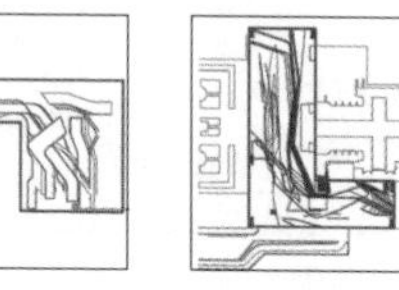

C2: 西班牙皇家收藏博物馆（1999）

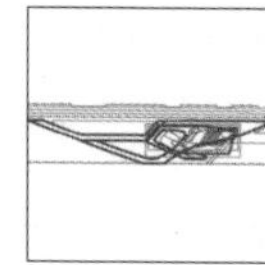

C3: 萨勒诺渡轮码头（1999）

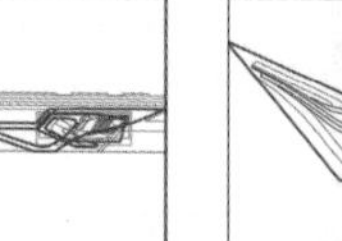

C4: 地形1展廊（19

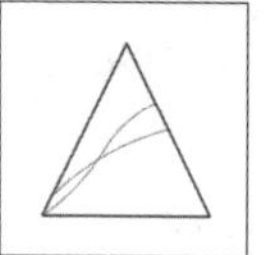

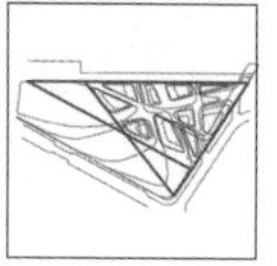

D1: 沃尔夫斯堡科学中心（2000）

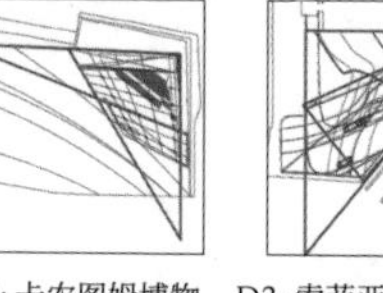

D2: 卡农图姆博物馆（1993）

D3: 索菲亚王后国家艺术中心博物馆（1999）

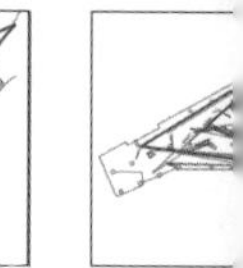

D4: 季风餐（1990）

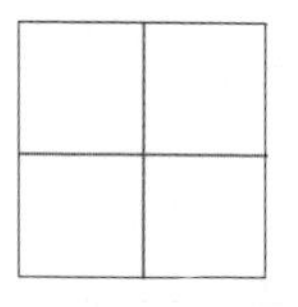

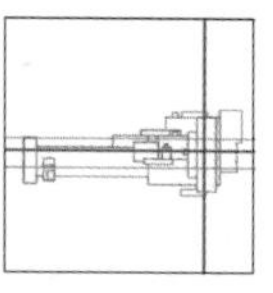

E1: 马列维奇的构造（1977）

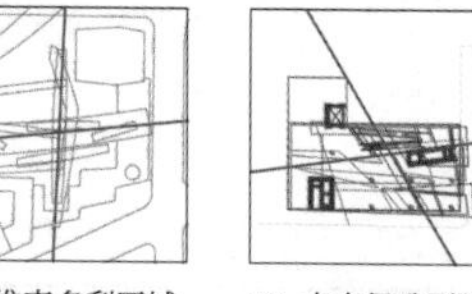

E2: 维克多利亚城市区域设计（1988）

E3: 卢森堡歌剧院（1997）

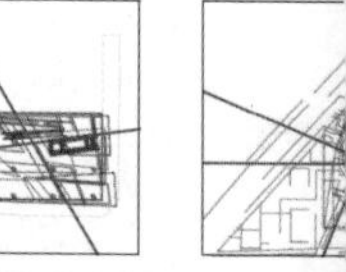

E4: 辛辛那中心（19

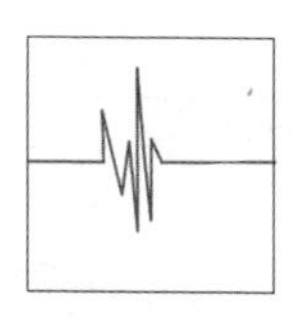

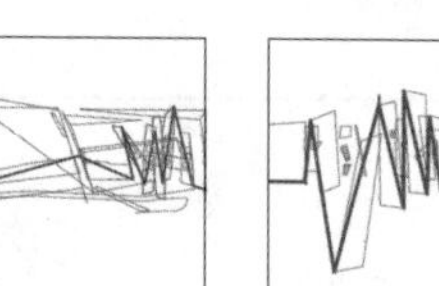

F1: 哈芬大街商住楼（1989）

F2: 佐尔霍夫媒体公园（1992）

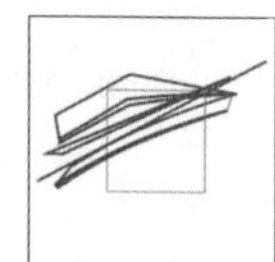

F3: 莱斯特广场改造（1990）

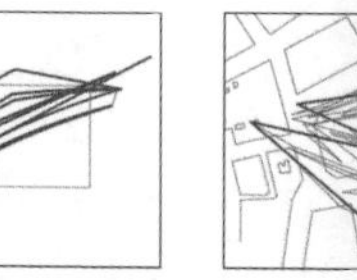

F4: 大阪世场装置（1

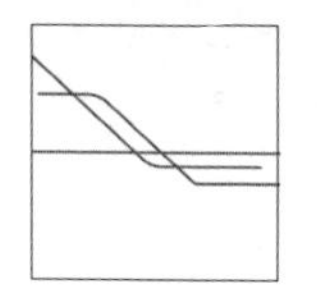

G1: 科隆长廊区域更新（1993）

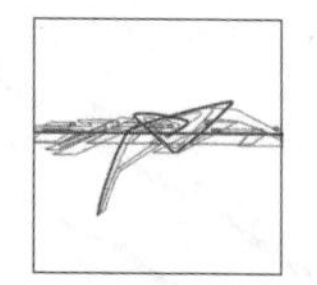

G2: 阿布扎比酒店和住宅综合体（1990）

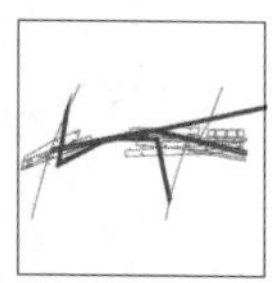

G3: 泰晤士河上可居住的桥（1996）

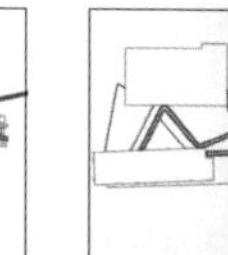

G4: 北伦敦威路步行桥

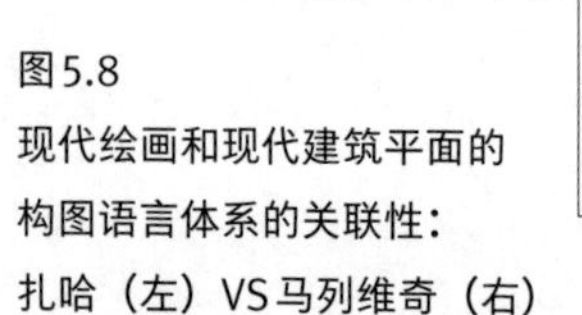

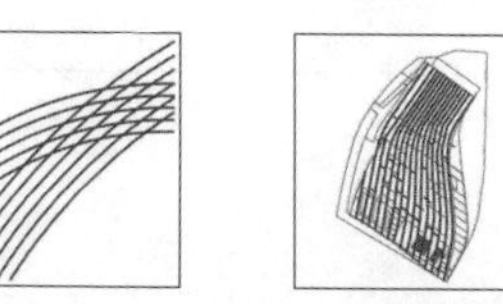

H1: 斯特拉斯堡清真寺（2000）

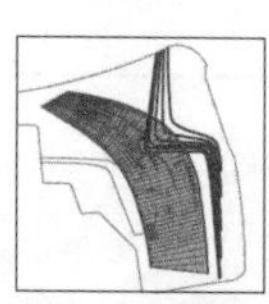

H2: 多哈伊斯兰艺术博物馆（1997）

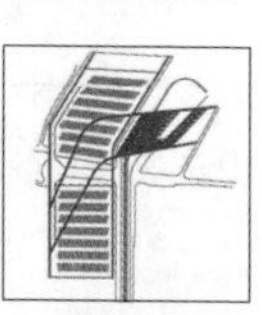

H3: 斯特拉斯堡轻轨换乘站（1999）

H4: 瓜达拉JVC酒店

图5.8

现代绘画和现代建筑平面的构图语言体系的关联性：

扎哈（左）VS马列维奇（右）

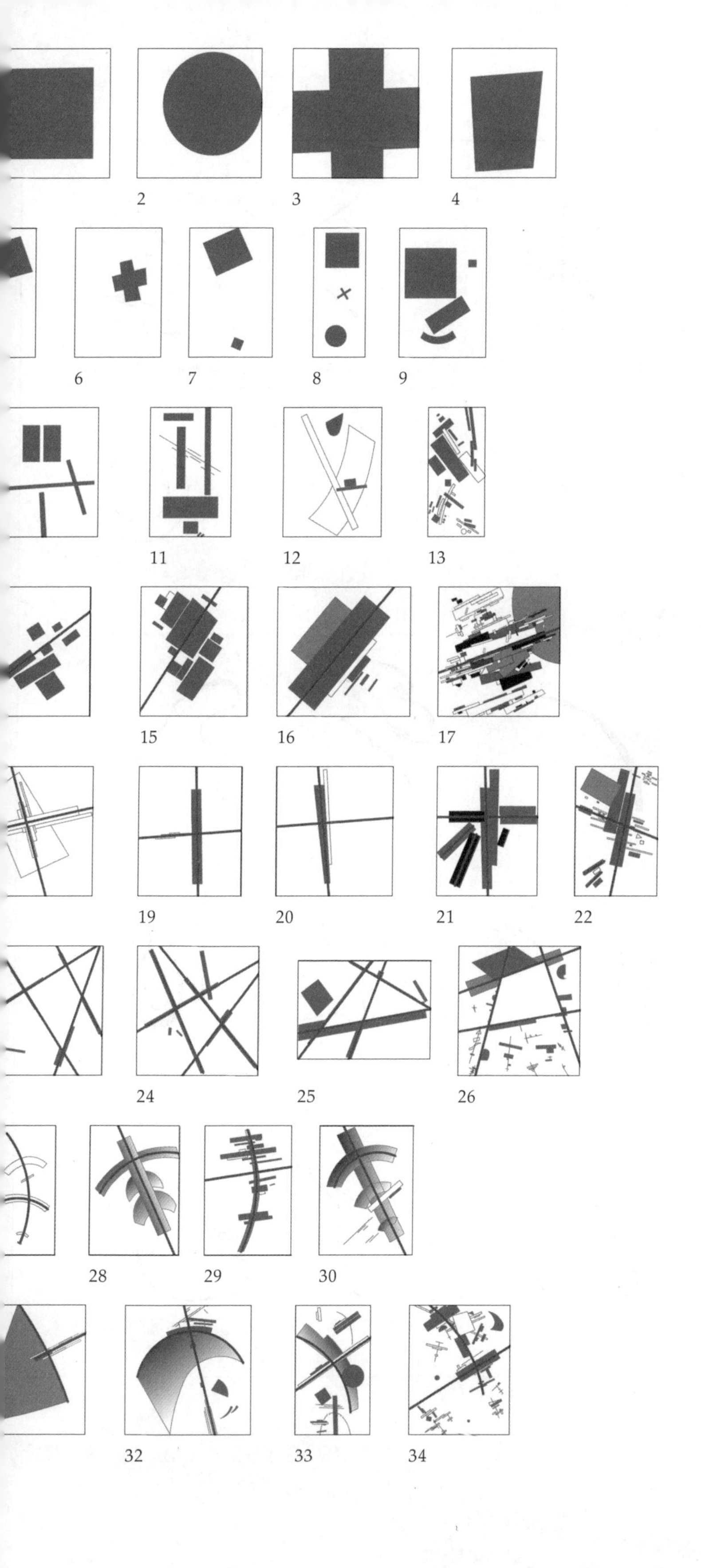
2
3
4
6
7
8
9
11
12
13
15
16
17
19
20
21
22
24
25
26
28
29
30
32
33
34

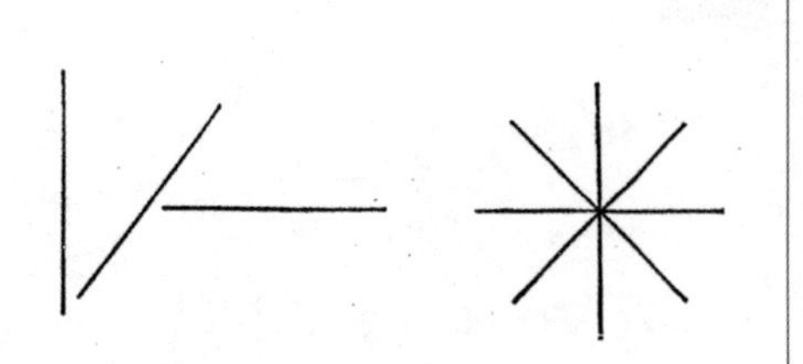
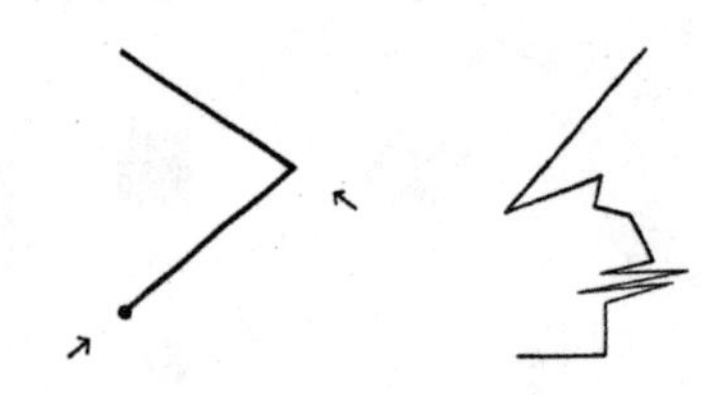

A 一股张力作用于点，将其推向单一的方向，产生直线。

B 两股外力一次交替产生折线，多次交替作用产生复杂折线。

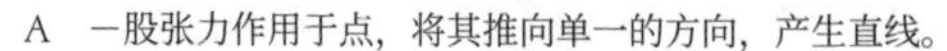
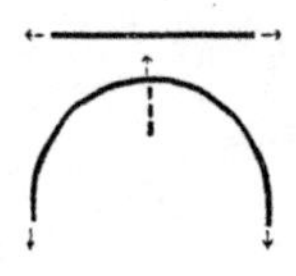

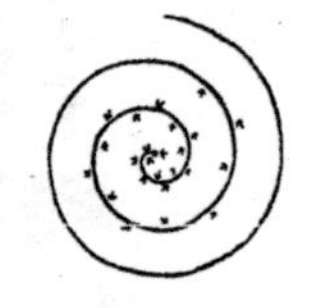

C 两股外力同时发生作用会产生单纯曲线。三种或三种以上外力同时发生作用则会产生任意的波状曲线。

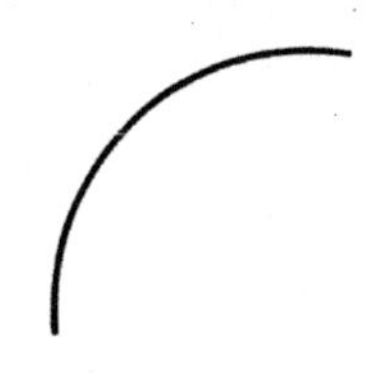

D 线被赋予了不同的重音，我们可以将其视为点在运动过程中的变形，从而使线的轮廓发生变化。

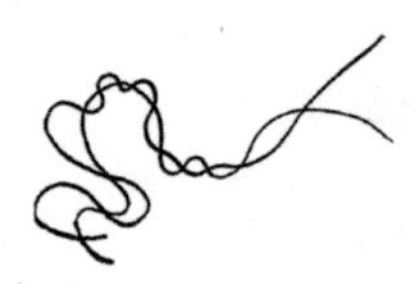

E 线可以产生不同的组合关系：
1. 曲线折线的组合；2. 单纯曲线与复杂曲线的组合；3. 复杂曲线和复杂曲线的组合；4. 不同重音曲线的组合。

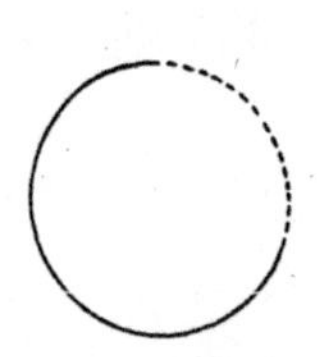

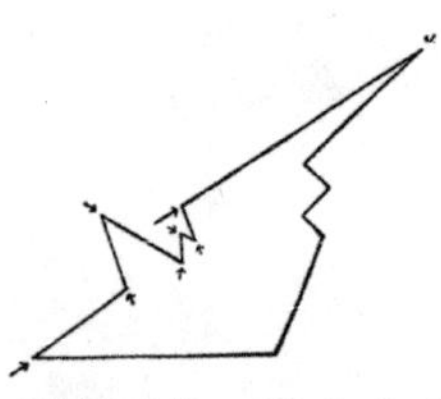
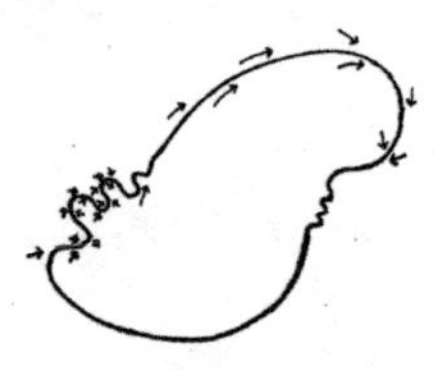

F 面由线生成。圆有两种生成方式：一种源自直线，另一种源自曲线。三角形可视为三种张力交替作用生成的形式。当多股张力同时发生作用就会产生廓形波动的复杂面。

图5.9 现代绘画和现代建筑平面构图语言体系的关联性：康定斯基（左）VS 米拉莱斯（右）

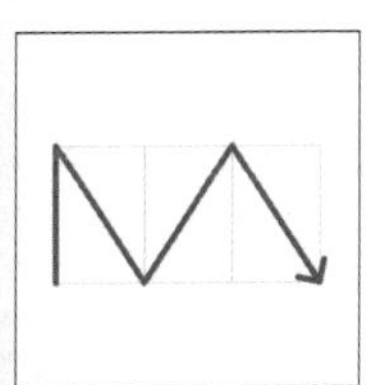
A：折线形制

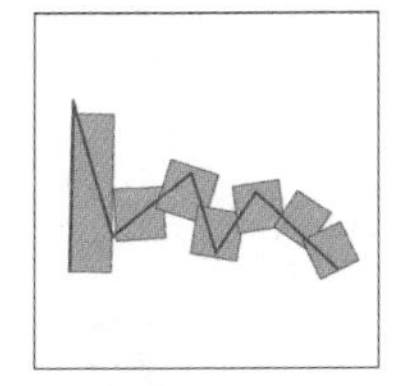
A1: 帕雷特斯·德尔·瓦列斯市镇广场景观（1985）

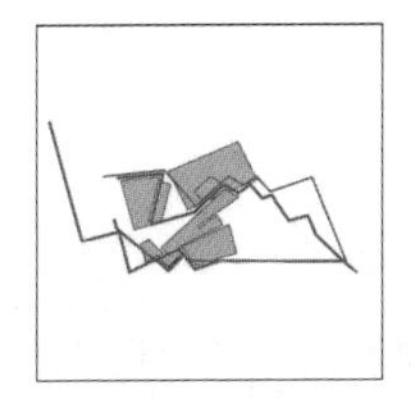
A2: 加劳·阿古斯蒂住宅（1988－1993）

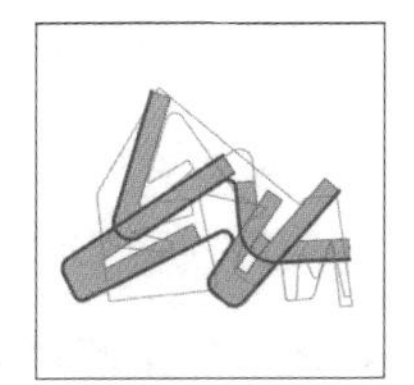
A3: 帕拉莫斯老年人医院（1993）

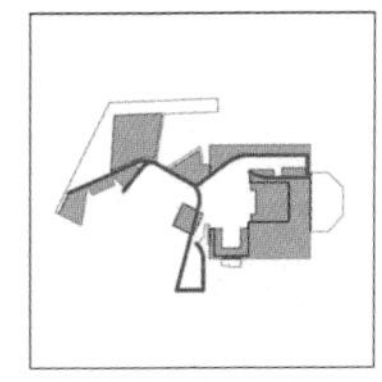
A4: 达姆格别墅（1999）

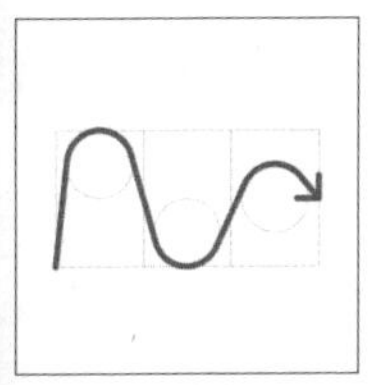
B：线性曲线形制

B1: 巴塞罗那射箭训练馆（1989－1992）

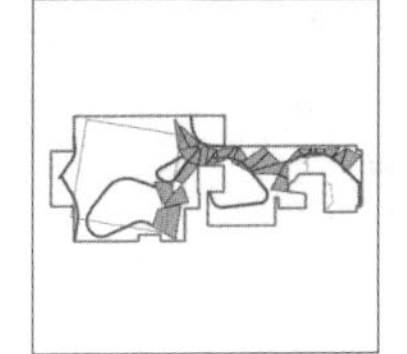
B2: 编辑总部办公中心（1990－1991）

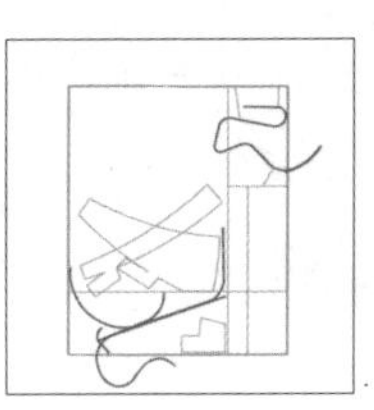
B3: 拉米纳市民中心（1987－1993）

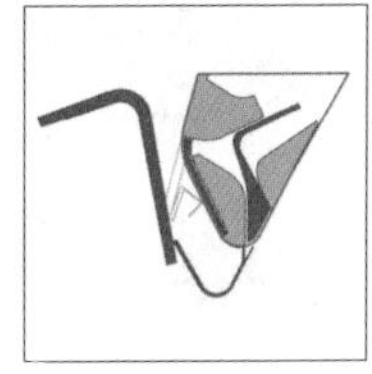
B4: 赫尔辛基现代博物馆（1993）

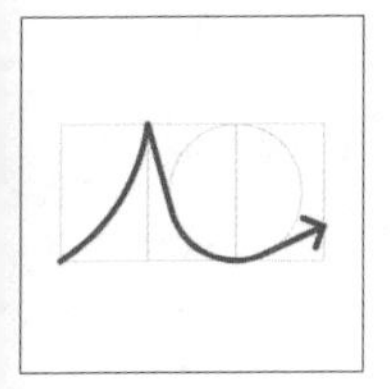
C：人字曲线形制

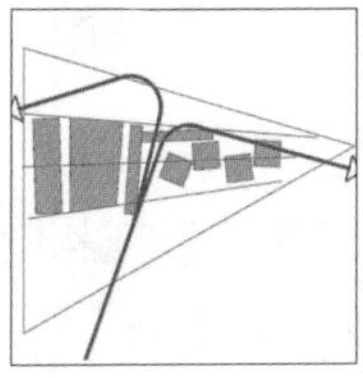
C1: 艺术体操体育中心（1990－1993）

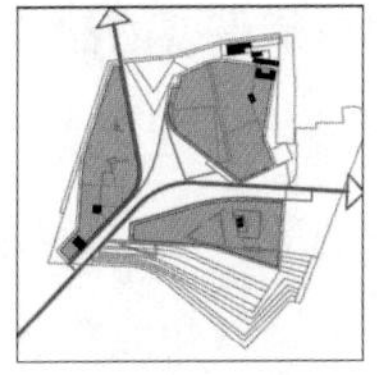
C2: 威尼斯建筑学院（1998）

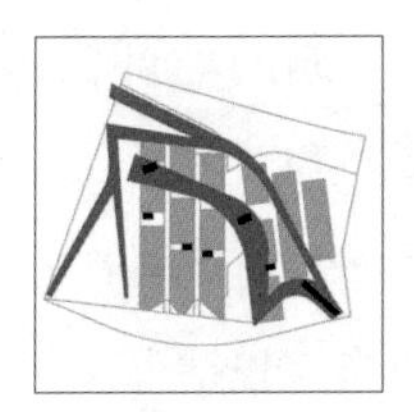
C3: 德累斯顿大学实验室（1995）

C4: 瓦伦西亚大学教学楼（1991－1994）

D：曲线组团形制

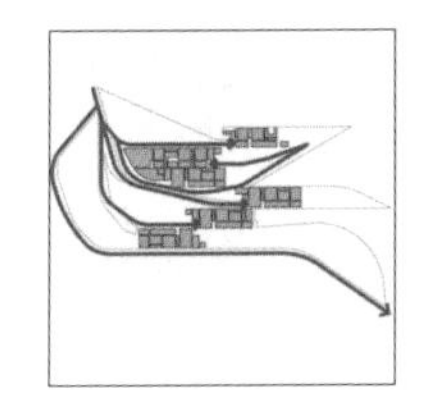
D1: 撒丁岛滨海度假酒店（1983）

D2: 帕拉福斯公共图书馆（1997－2007）

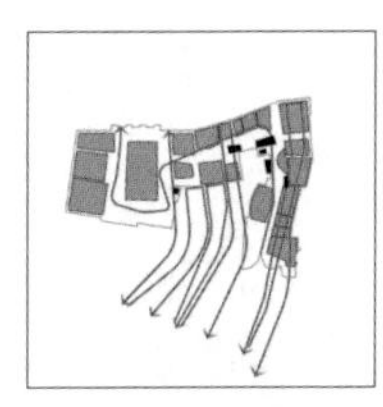
D3: 乌得勒支市政厅改造（1997）

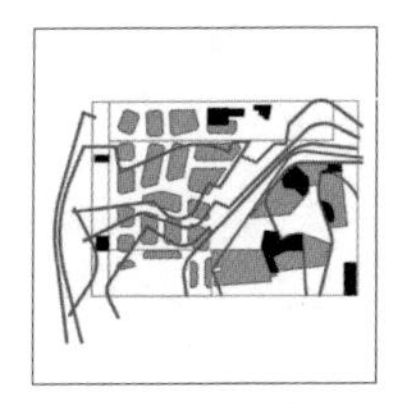
D4: 圣卡特琳娜市场（1997）

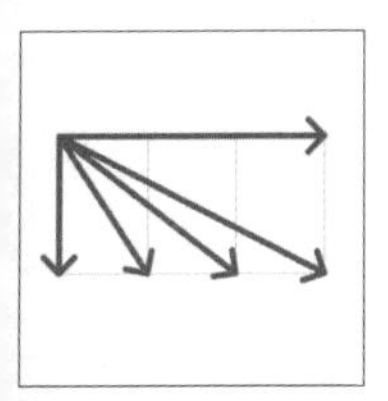
E：放射线形制

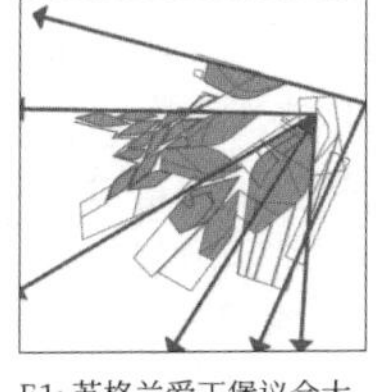
E1: 苏格兰爱丁堡议会大厦（1998）

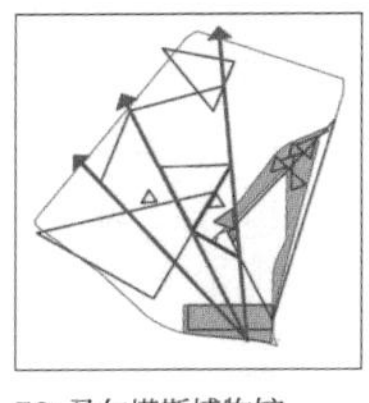
E2: 马尔塔斯博物馆（1999）

E3: 斯丹佛玫瑰博物馆（1995）

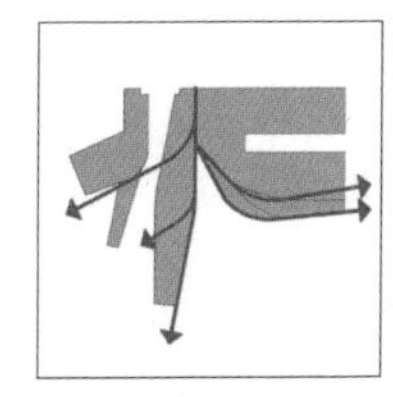
E4: 巴塞罗那天然气公司总部（1999－2007）

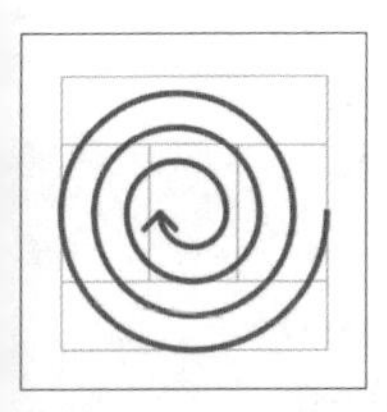
F：螺旋线形制

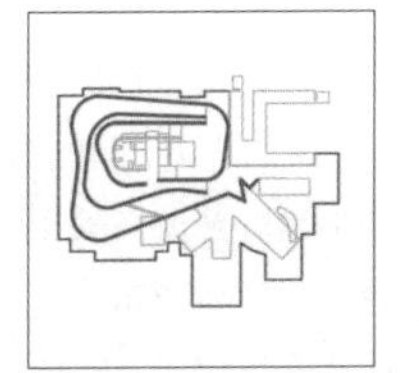
F1: 日本国家图书馆竞赛方案（1996）

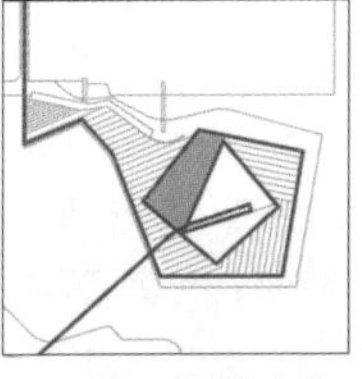
F2: 伊索拉圣米歇尔公墓（1998）

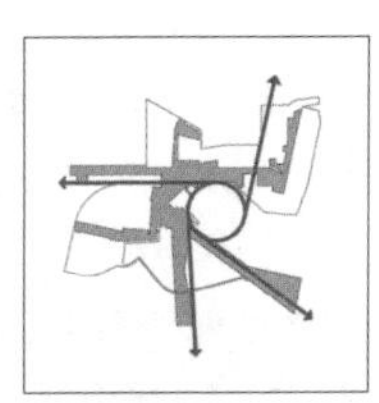
F3: 汉堡音乐学校（1997－2000）

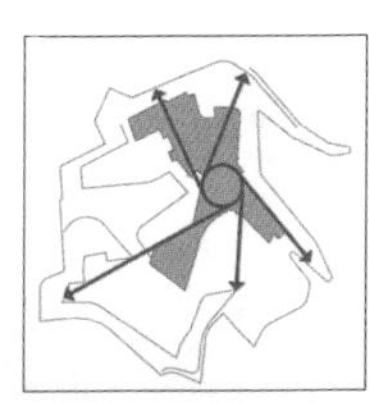
F4: 丰塔纳尔斯高尔夫俱乐部（1997）

被称为属群（Genera）。元素填充法式划分后的空间，形成了嵌套关系，渐而组成一个整体。[3]

现代绘画和现代建筑的元素不再是网格法式划分后的填充物，而是形成了一套由初始元素衍生的造型体系。古典主义的造型属群通过法式划分和比例变化而组成不同的单元，而现代构图的初始元素通过"运动"衍生出其它造型元素，[4]但是元素衍生的路径并不是固定的和唯一的[5]。生成方式的多样性打破了古典主义的等级结构和固定法式，形成了基于视知觉张力和运动机制的形式生成体系。

（二）网格——从静态基准结构到动态结构

在古典建筑的平面中，网格是重要的法式之一，被其支配的构图的元素之间存在着连续性和等级性，使古典建筑具有完美的统一秩序。[6]现代画家和建筑师用多种方式对古典的基准网格进行反抗：首先，在构图中可以并置多个网格体系，包括正交网格、倾斜角度为30度、60度或45度的网格；其次，元素已经不是被动填充网格所划分的空间的部件，而是具有独立性和能动性的对象，可以处在背景网格之中，也可以游离在背景网格之外，可以被

---

3 勒杜的建筑平面中的嵌套关系尤其明显，网格系统划分的空间模块被不断细分，形成了等级关系明确的正交空间体系。

4 保罗·克利认为："所有绘画的形式，都是由处于运动状态的点开始的……点的运动形成了线，得到第一个维度。如果线移动，则形成面，我们便得到了一个二维要素。在从面向空间的运动中，面面相叠形成体（三维的）……总之，是运动的活力，把点变成线，把线变成面，把面变成了空间的维度。"康定斯基将这个初始的基点定义为方形的点，而马列维奇将其定位为黑方块。参见：Klee P, Spiller J, Manheim R. *The Thinking Eye: The Notebook of Paul Klee* [M]. L. Humphries; G. Wittenborn, 1964。

5 例如，关于圆形的生成方式，马列维奇认为圆形是方形的旋转，而康定斯基提出了另外两种解释：一种是直线沿着中心进行辐射，在密度无限增加的情况下生成了圆；另一种是点沿着一个闭合的轨迹进行单向运动的结果。两位艺术家提供的三种解释都可以是圆形生成的原因，这说明形式可以按照一定的规律，通过不同的路径生成。

6 正交网格通过两组直线来划分建筑的空间，将整体分成相等的部分，如果线的间距不等，也必然是有规律的变化，控制着建筑元素的位置。在古典建筑中运用最多的是矩形网格，而正方形被认为是最完美的。匀质正方形的网格可以将正方体分成相等的小立方体，小立方体可以组合成统一而丰富的构图。

网格划分，也可以牵引网格进行有机变形，这便产生了视知觉张力，成为形式运动的基础。古典构图中匀质统一的静态基准网格，被现代构图中多样化的动态网格所替代。

古典网格法式可以提取和转化为轴线型图解[7]和中心放射型图解[8]。按照这两种图解划分的平面具有明确的轴向性张力和向心性张力，其空间秩序指向“均衡”。在现代绘画和建筑中，这两种图解仍然存在，形式却发生了变化。针对轴线型图解，画家和建筑师往往预设一条或几条偏离基准线（十字中轴和对角轴线）的结构线作为组织画面构图的骨架，预设的结构线也可以是曲线或折线等更复杂的元素，偏离基准线而产生的张力成为驱动平面构图形式生成的初始动力。针对中心放射型图解，画家和建筑师可以预设偏离中心的张力结节，同样可以打破构图的平衡，牵引平面中的造型元素和功能单元。由此可见，现代绘画和建筑并没有摒弃网格，而是利用网格作为基准，产生了驱动构图形式运动的初始张力，使张力与运动取代古典法式的静态划分方法，成为构图的主导因素。

（三）结构——从法式划分到张力牵引

古典建筑通过法式被划分成部分，根据“均衡”（summetry）原则选择属群元素，并将其放置到部分当中。均衡的原则包含了“韵律”和“图形”，适用于古典建筑的平面和立面的构图。

现代建筑的构图也受到“韵律”的影响，但其定义却发生了变化。柯布西耶将“韵律”定义为平面构图的方程式，包含了相等（égalisation）、均衡（compensation）和调节（modulation）三个原则，其中的“调节”开启了现代构图的程式。基于视知觉的构图方法是对张力牵引下的造型元素的一种动态的调节，和古典建筑的格律图形相反，这个过程是视觉的，而非概念的。格律图形中的加强元素和非加强元素被现代构图中的张力结节与结节间的空隙所取代，造型元素被张力结节所牵引，使构图走向动态，呈现了单

7　轴线型图解在19世纪兴起，即用轴线而非边缘来组织建筑的构图，通过两边对称的放置来达到“均衡”。这种双向对称的法式标志着迈向抽象的重要一步，使把多种法式层叠施加在同一物体上成为可能。

8　放射型图解是用放射性排列的网格取代了正交网格，沿着圆心运动。

一或多个正体量和负体量在单一或多重张力下的变形与运动。

现代建筑构图中的图形是一个可转化的系统而非一种约定俗成的规矩。对张力形制的分类是基于视知觉的，多种形制往往组合在同一构图中，以张力为线索，进行“廓形”、“切分”、“生成”和“牵引”的形式操作。

在张力作用下，现代构图形成了可以感知的线性时间序列和非线性时间序列。线性时间序列是由多个瞬间的形式结晶构成的序列化结构。非线性时间序列是另一种将时间“空间化”的形式，单一体量不再是序列性的瞬时变化，而是从一个基点开始同时变形、生长并叠加。[9]

综上所述，古典的构图被法式划分，再根据“韵律”和“图形”选择等级化属群（元素）并组合成整体，在构图中呈现出“均衡”的结构，形成了概念性的而非视觉性的“完美”对象。而现代构图建立了有衍生关系的元素体系，通过对基准结构的偏离所产生的张力，驱动元素依据视觉思维的引导进行不同的形式操作，在构图中呈现出“运动”的结构，形成了两种可以被视知觉感知的时间序列。（图5.10）

第三节　构图的意义

在现代绘画和现代建筑平面构图的同源谱系图中（图5.4），我们可以看到在20世纪初和20世纪70年代之后，构图的形式出现过两次爆发式涌现。构图中的张力与运动机制是存在于人类视知觉中的具有先验性的普适原则，但只有在特定的社会历史背景下才有可能被激活。所以，绘画和建筑都可以被视为一种社会现象。[10]形式语言的革新，往往发生在社会的变革之际。20

9　线性的时间序列出现在杜尚和波丘尼的构图中，以及扎哈·哈迪德的建筑平面中，扎哈·哈迪德用一种特殊的方式“X射线”来表现平面构成。在叠合的透明平面中，我们可以看到层与层之间存在着一种相互衔接的连续性，就像是杜尚的《下楼梯的裸女》和波丘尼的《离开的人》中所呈现出的绵延的整体。非线性的时间序列出现在米拉莱斯的建筑平面中，如同博尔赫斯（Jorge Luis Borges）的小说《小径分叉的花园》用文字描述的从同一时间基点同时展开的平行的时间序列。米拉莱斯从贾科梅蒂的一组肖像绘画中得到了类似的启示，将这种序列在建筑平面构图中呈现。

10　古典绘画和古典建筑的形式都与社会秩序密切相关。古典绘画是图像的宣言，饱含着图像学的奥秘；古典建筑是石头书写的文章，充满了注释学的智慧。从古希腊时世纪初期，机械文明的发展激活了这个机制，使它以革命的姿态取代了古典主义，成为形式生产的催化剂。1907—1914年，在一战前的文化激荡期，现代构图从古典构图中脱离并急速发展，传统的图像学和注释学的方法在现代构图所涌现出的大量的新形式面前显得毫无办法，因为现代形式本身就是去除了“意义”的产物，是“现代性”的一种呈现。新的形式语言自身可以大量繁衍，构建新的视觉世界。此时的构图法则聚焦于形式语言的自身规律，建立了心理力和物理力的同构关系，将内在的情感抽象为平面的张力符号，呈现在平面构图中。新的形式被新兴阶级和政权短暂地接纳，随后受到社会意识形态的影响[11]和狭义的功能主义的挤压而凋零。

20世纪70年代之后，这个视觉机制在建筑领域再次被激活，以终结者的姿态去摧毁现代主义后期的形式桎梏。各种信息被转化为张力符号得以呈现和传承。视觉张力符号不再是抽象形式的自我繁衍，而成为外部世界的影射和反映，这是现代构图机制发展到后期的一种自觉的开放。20世纪末的建筑师更多地将建筑视为一种媒介，帕特里克·舒马赫认为建筑终极意义是“为社会互动、交流提供直观的视觉构架（visual frames）”[12]。扎哈用“景观”一词代替了“新平面”，“作为平面的景观（Landscape as Plan）”，实际上是将越来越多的信息转译为建筑生成过程中的矢量，影响建筑最终的形态。米拉莱斯对于建筑的平面有着类似的考量，他认为“平面图是丰富信息的载体”，在苏格兰爱丁堡议会大厦的方案中，项目的空间形式被注入了精神和政治层面的意义，土地被塑造成“适于人们聚会的形态”，人们可以像议员一样在场所中休息或思考，以此淡化政治性建筑的排他性。

期开始，古典建筑成为神权的守护者。文艺复兴时期，绘画和建筑都是古典化运动的一部分，帮助新世界的秩序合法化。宫廷文化兴起后，古典绘画成为政治的赞歌，古典建筑成为辅助并加强权力的方式。直到18世纪晚期，古典形式又成为中产阶级新生活方式的一个高尚的榜样。从共和国到集权主义的新政权，古典形式被重新用作加强权力的方式。

11　苏联的前卫艺术被新的意识形态收编，新的建筑形式成为一种“社会容器”。但在艺术发展的过程中，形式语言中的古典与现代也一直在摇摆中博弈，绘画在一战后回归古典秩序，柯布西耶在苏维埃宫竞标中败给古典折中主义，形式语言在发展过程中的反复受到了社会意识形态的影响。

12　帕特里克·舒马赫.第一次完整建造：维特拉消防站[J].建筑创作，2017(Z1): 153。

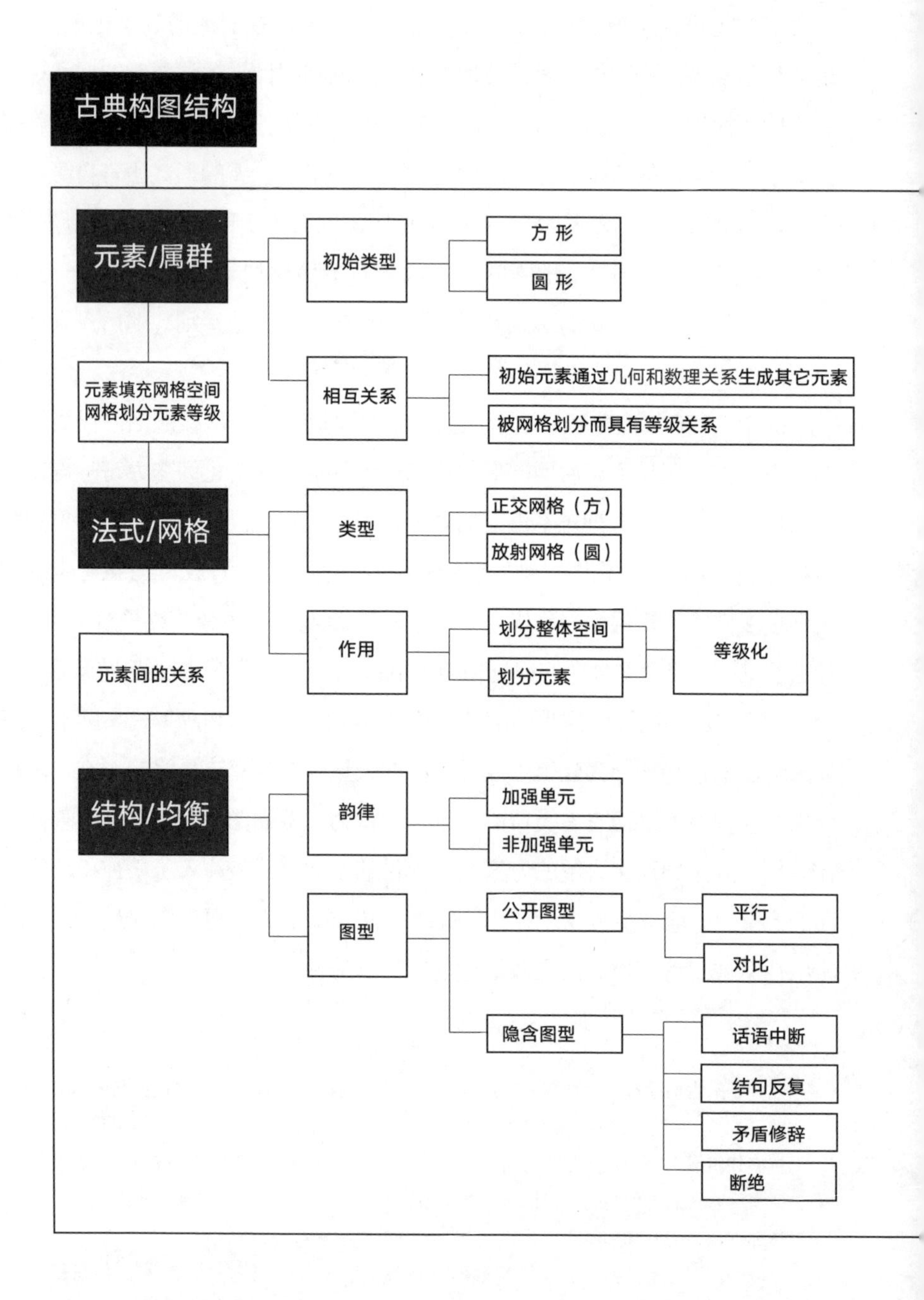

图5.10　构图从古典走向现代

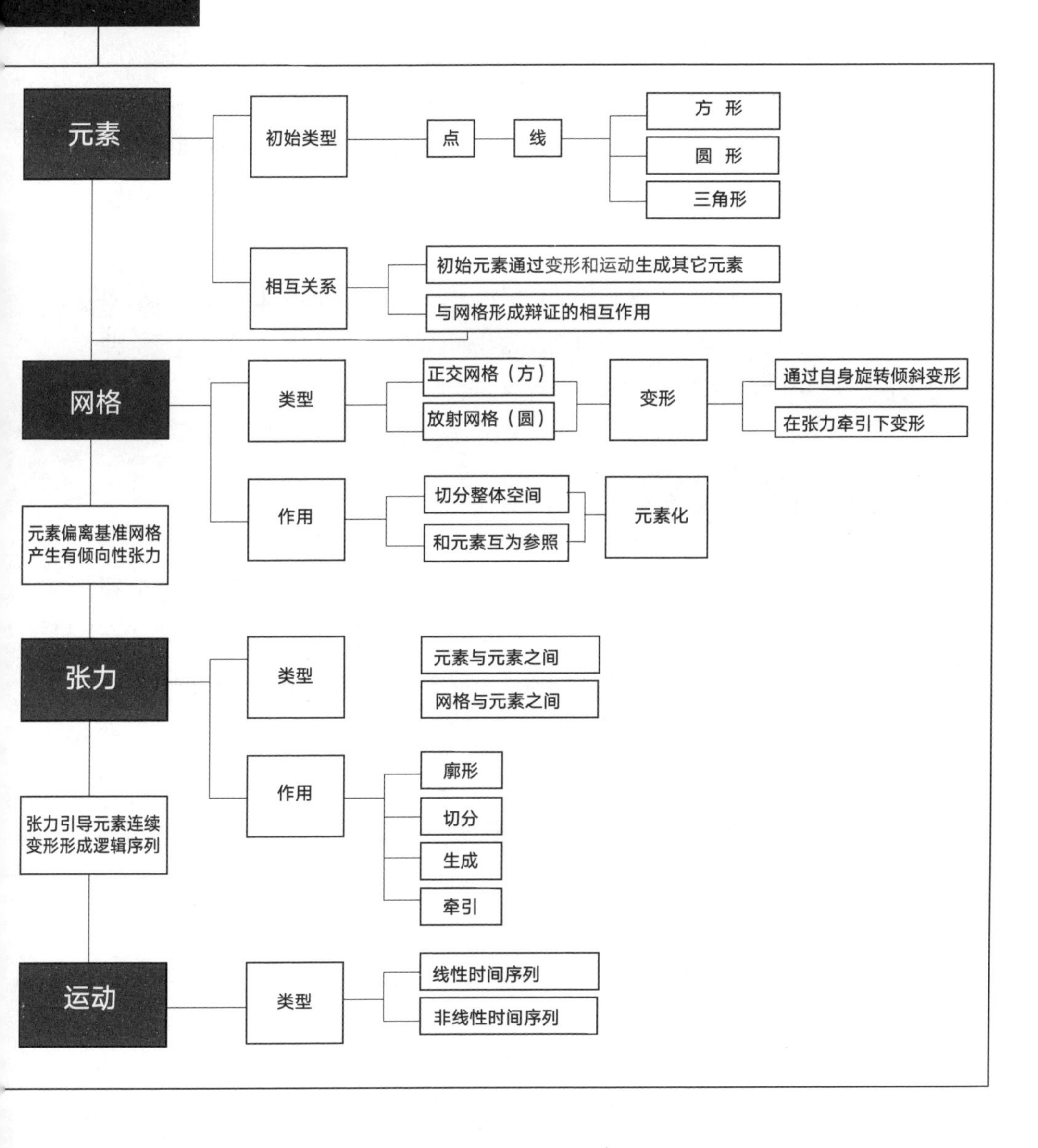
现代构图结构
元素
初始类型
点
线
方 形
圆 形
三角形
相互关系
初始元素通过变形和运动生成其它元素
与网格形成辩证的相互作用
网格
类型
正交网格（方）
放射网格（圆）
变形
通过自身旋转倾斜变形
在张力牵引下变形
作用
切分整体空间
和元素互为参照
元素化
元素偏离基准网格产生有倾向性张力
张力
类型
元素与元素之间
网格与元素之间
作用
廓形
切分
生成
牵引
张力引导元素连续变形形成逻辑序列
运动
类型
线性时间序列
非线性时间序列

形式语言的演变从20世纪初祛魅的抽象化，到20世纪中后期再度被赋予了各种意义，说明了形式本体的发展具有自治性和开放性。以建筑平面构图为例，在初期，新的形式的构建可以排除外界一切因素的干扰，按照视觉思维的规律自行发展成一个完备的体系，社会经济背景和意识形态只是形式发展的外部条件。在后期，为了使形式的体系获得新的发展动力，就必须建立相应的转化机制，可以将输入的外界因素（自然地形、交通流线、城市肌理，象征意向等）转化为可操作的矢量，将输出的形式语言转化为建筑的本质要素（空间、功能、结构、材料等），从而使整个形式体系成为开放的媒介。正是因为具备了这种开放性，本书所阐释的平面构图形式语言在20世纪恢复了活力。存在于现代绘画和现代建筑平面构图之间的张力与运动机制为我们观看这个世界提供了一个角度，为我们认知并创造物质环境提供了一种方法，成为关联主观世界和客观世界之间的桥梁。

第四节　反思与展望

本书所提出的平面构图的形式生成机制只适用于一部分建筑平面的解读，而有的作品则无法用其解释。我们不能武断地将不符合该机制的形式全部排斥在外，而有必要结合不同的表征，反思以平面构图为核心的形式生成范式在现代建筑设计中的客观作用。

在以平面构图为核心的视角下，本书分析了从巴黎美院建立的古典构图向现代构图发展的转变过程。与之相对立的设计思想，可以追溯到没有接受过巴黎美院的布扎体系教育的结构理性主义大师维奥莱-勒-杜克（Eugène-Emmanuel Viollet-le-Duc）的理念，他认为建筑中最基本的两个内容不是构图的形式，而是建造方法和内容计划（la programme）[13]。接下来我们就按照这两条线索来考察不以构图为核心的建筑形式的生成机制。

13　维奥莱-勒-杜克认为："在建筑中，有两种必不可少的坚持真实性的途径。我们必须忠于内容计划，指的是仔细精确地实现任务需求所提出的条件；忠于建造方法，指的是根据材料的属性和性能来运用它们……通常所认为的纯艺术的那些方面，即对称、外观形式，都是放在第二位才考虑的东西。"参见：Viollet-le-Duc E. *Lecture on Architecture. Vol.I.* [M]. London: Edinburgh Anibersitg Press, 1881: Translated by Benjamin Bucknall, p.448。

（一）构建决定的平面

维奥莱-勒-杜克认为建筑形式是建造活动（constructed reality）的自然产物，力学逻辑和建造程序的理性原则应该紧密结合，这种结构理性主义思想被他的两个学生所继承和发扬，一位是注重理论的舒瓦西，另一位是注重实践的阿纳托尔·德·波多（Joseph Eugène Anatole de Baudot）。舒瓦西在1899年完成了《建筑史》，他认为建筑的本质是结构，所有风格的发展都是技术发展的结果。德·波多则将理性结构转化为最直接的建筑形式语言，使用“加筋水泥砌体”（ciment armé）[14]建造体系，将轻型应力结构和围合性砖砌体相结合。节庆大厅（1910）是这一建造体系的杰作，由16个束状圆柱在顶部呈伞状散开，支撑起扁平式的轻型穹顶桁架，平面的形式完全是结构体系的投影（图5.11）。“加筋水泥砌体”不久便被造价更低廉的钢筋混凝土所取代，被舒瓦西的学生奥古斯特·佩雷广泛应用，最终被柯布西耶发展为一种独创的原型结构——“多米诺（Dom-ino）”（1915）。

框架结构体系成为柯布西耶探索复杂构图范式的起点，而曾经和柯布西耶一起受教于彼得·贝伦斯的密斯·凡·德·罗则一直坚持建构在设计中的主导地位。虽然密斯曾经挣扎于抽象空间和建构形式的矛盾，但他的立场从开始时便是建构性的：“我们不承认形式问题，只承认建造问题。形式是我们工作的结果而不是目标。”[15]柏林国家美术馆新馆是密斯的建构立场的纪念碑，美术馆的屋顶构架是通过轧钢桁架组成的网格系统，在两个方向上均被分为

14　1890年，工程师保罗·科坦桑（Paul Cottancin）发明了“加筋砌块体系”（reinforced masonry system），也被称为“加筋水泥砌体”建造体系。“加筋水泥砌体”必须首先在砖空儿中插入钢筋，然后将砖块和一种水泥薄板一起制作成水泥结构的永久模板。弗朗索瓦·埃纳比克（Francois Hennebique）在17年后申请了钢筋混凝土专利（béton armé），钢筋混凝土建造体系可以用木模进行现场浇筑，成本更加低廉，逐渐取代了科坦桑的建造体系。参见：肯尼斯·弗兰姆普敦. 建构文化研究：论19世纪和20世纪建筑中的建造诗学[M]. 王骏阳，译. 北京：中国建筑工业出版社，2007年，第58页。

15　这是密斯于1923年刊登在《造型》杂志第二期上的文章，密斯进而说道：“没有自为的形式。以形式为目的就是形式主义，这是我们反对的。从本质上讲，我们的任务是将建筑实践从纯美学思维的掌控中解放出来，使它回归初衷：建造。”转自弗兰姆普敦的引述。参见：肯尼斯·弗兰姆普敦. 建构文化研究：论19世纪和20世纪建筑中的建造诗学[M]. 王骏阳，译. 北京：中国建筑工业出版社，2007年，第165页。

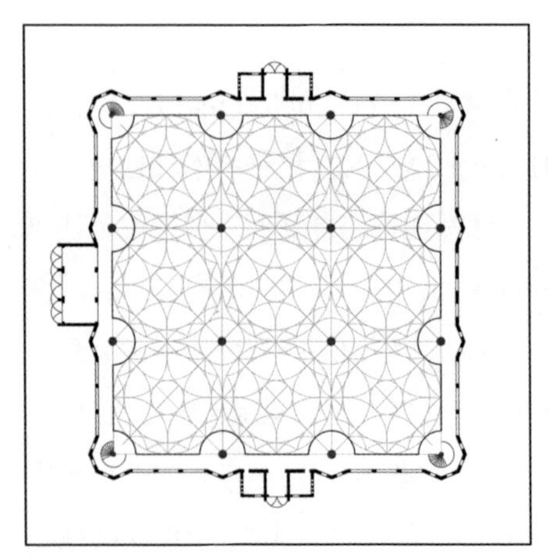

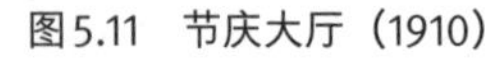

图5.11　节庆大厅（1910）

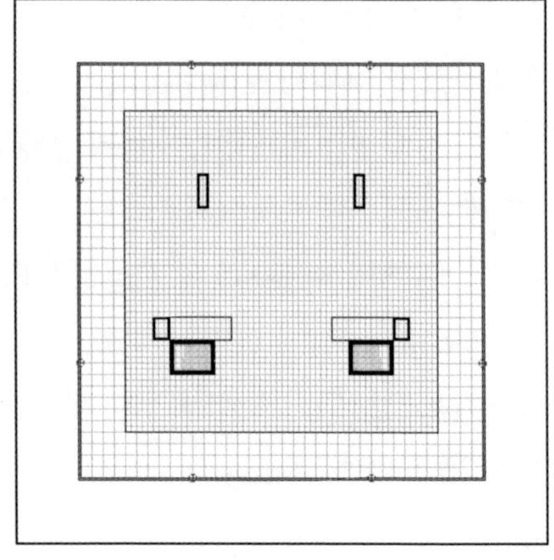

图5.12　柏林国家美术馆新馆（1968）

18个方形模块，8根支柱位于每边从角部开始数起的第5格和第6格之间，屋顶桁架的宽度由8根十字形支柱的柱头决定。密斯将建筑设计的重点从类型和空间完全转向建构的技术，缺席的构图使开敞式的留白空间有着无限的自由（图5.12）。

森佩尔（Gottfried Semper）曾经将建造技艺分为构架结构（the tectonics of the frame）和砌体结构（the steretomic of the earthwork）。德·波多和密斯的案例阐释了前者，而莱弗伦茨（Sigurd Lewerentz，1885—1975）的案例则诠释了后者。瑞典建筑师莱弗伦茨是柯布（1887—1965）和密斯（1886—1969）的同代人，他们都受到过古典建筑形式的滋养，但在向现代建筑转向时，选择了不同的方向。莱弗伦茨在职业生涯早期设计了很多墓地中的建筑和景观，福斯贝卡墓地的葬礼教堂（chapel of Forsbacka Cemetery，1914—1920）是其中之一。从总图上看，小教堂位于墓地的一隅，处在一个圆形广场和墓葬区的交界处。小教堂的一侧位于圆形广场十字轴的尽端，而另一侧则被墓地边界的延长线所限定，看上去是一个合乎几何范式的构图。但当我们放大比例观察时，便会发现其中的问题：（1）小教堂自身的中轴微微偏离了广场的十字轴，而另一侧的边廓也偏离了墓地边廓的延长线；（2）在建筑单体内，教堂的正方形边廓产生了明显的变形，用干砌石法（dry masonry technique）砌筑的双层墙的内廓与外廓没有共享同一组对角

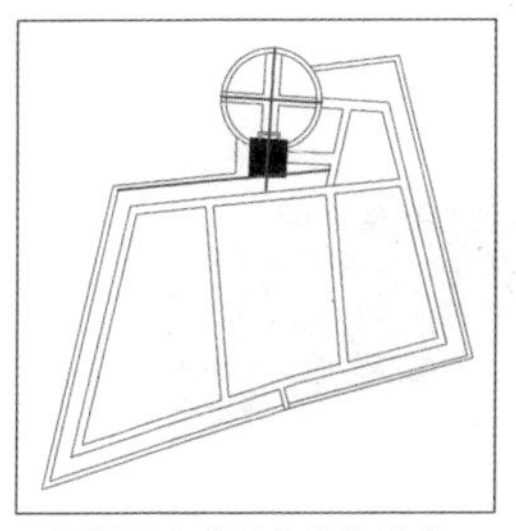
1. 福斯贝卡墓地的葬礼教堂总图。

2. 建筑平面相对于基准线的偏离。

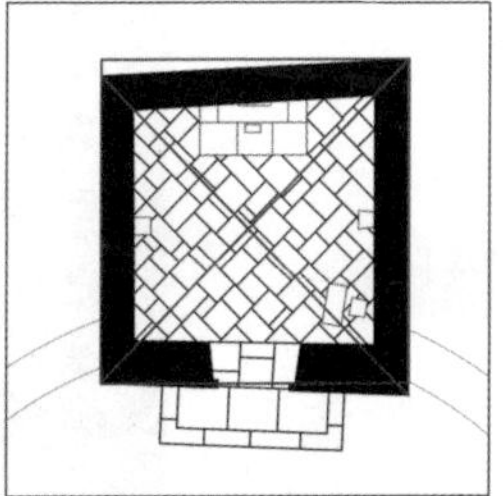
3. 正方形廓形的变形和铺地初步方案。

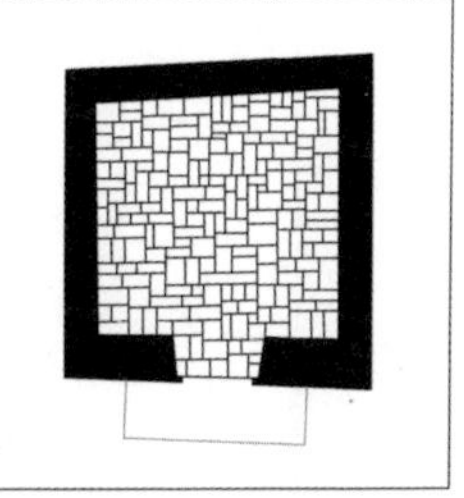
4. 地面铺装根据场地的石材而调整。

图 5.13 福斯贝卡墓地的葬礼教堂分析组图

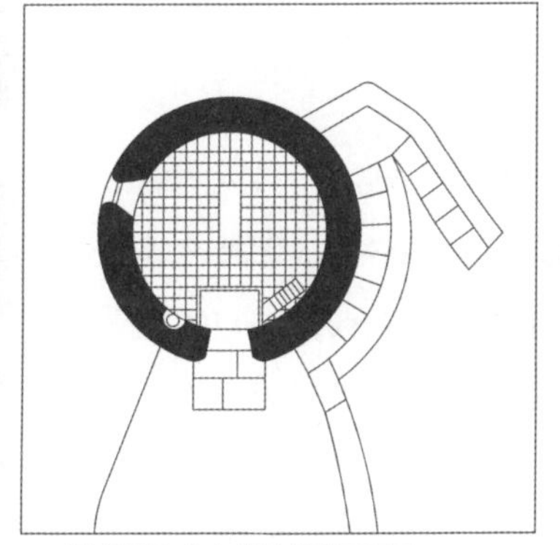
1. 瓦勒德马尔维克墓地教堂平面图。

2. 使用干砌石法并用砂岩巨石和宽灰缝砌筑墙体。

图 5.14 瓦勒德马尔维克墓地葬礼教堂分析组图

线；(3) 这些与几何构图原则相悖的现象同样出现在地面铺装的变化中，最初设计的地面铺装的肌理是按照外廓对角线分割布局的，然而最终的方案变成了不同尺寸的粗制石块的拼接，这些被标注了尺寸的石块来自场地本身[16]。莱弗伦茨将小教堂形式的起点设定在建构的物质材料，即拼接地面的石块和干砌墙体的砂岩巨石，最大限度地尊重石材自身的尺寸，而非将其切割以迎合构图（图 5.13）。相似的情况出现在瓦勒德马尔维克墓地（Valdemarsvik Cemetery，1915－1923）的圆形小教堂，这里同样使用了干砌石法，用砂岩巨石和宽灰缝砌筑墙体，巨大的接缝让这个圆形石屋更像史前的构筑物，而非拥有完美圆形平面构图的神圣空间（图 5.14）。我们反观柯布西耶早期

16　1919 年葬礼教堂建起来的时候，莱弗伦茨明确建议使用场地现有的石块来做铺地。参见：Wang W, Constant C, Galli F. *Architect Sigurd Lewerentz* [M]. Stockholm: Byggförlaget, 1997, p.59。

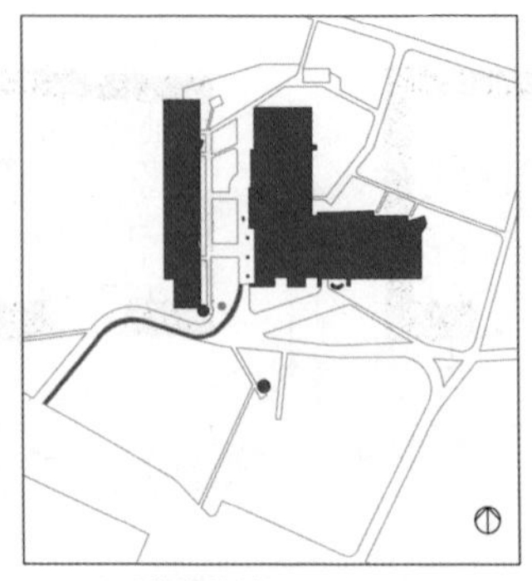
1. 圣马可教堂的总图。

2. 通往圣马可教堂组团的曲线道路。

图5.15　通向圣马可教堂的曲线道路

的以圆形和正方形为母题的房子，以及密斯以方形为母题的建筑，可以明确看到以构图为核心的几何秩序（柯布西耶），以理性结构为核心的框架结构建造逻辑（密斯）和以材料建构为核心的砌体结构建造逻辑（莱弗伦茨）的差别。前两者分别主观地和客观地遵循了先验的几何秩序，后者则呈现出反几何化的建造的真实性。

莱弗伦茨在晚年所建造的两个教堂延续并发展了他早期的建造原则。圣马可教堂（St. Mark's Church at Bjokhagen，1956—1963）由一个长条矩形和一个L形的体量平行并置而构成，大堂入口位于二者之间。按照古典构图的惯例，尤其是宗教建筑入口空间的范式，平行体量之间应该是对称均衡的景观，即便像路易·康的萨尔克生物研究中心这样的民用建筑的中庭广场，也具有宗教建筑一样的象征性和仪式感。而圣马可教堂的入口流线，则沿着一条弧形的道路，绕过庭院端头的一棵小树，随性地连接到了由钢和胶合木构筑的连续起伏的门廊之下，这棵小树在感知序列上的存在感明显比几何构图要重要。教堂的边廊（L形的下边）被墙面微小的起伏所分解，这样的起伏来自相对微观的砌筑方式，而牺牲了平面构图的完整性，使建筑的体量失去了几何的张力，隐遁在林间[17]（图5.15）。另一些细节的变化可以从这个教

17　竞赛评委会认为："该项目是唯一一个彻底解决环境问题的方案，它不与周围的建筑竞争，而是把建筑放在公园里，在那里它有机会成为最好的。"圣马可教堂后来被瑞典建筑师协会授予第一个卡斯帕·塞林奖（Kasper Salin prize）。参见：Wang W, Constant C, Galli F. *Architect Sigurd Lewerentz* [M]. Stockholm: Byggförlaget, 1997, p146。

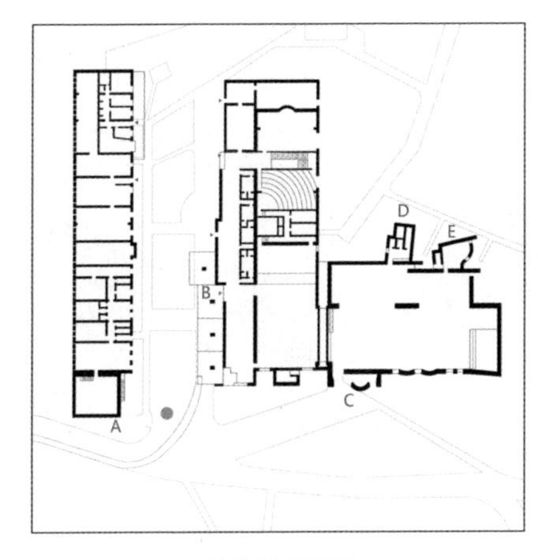

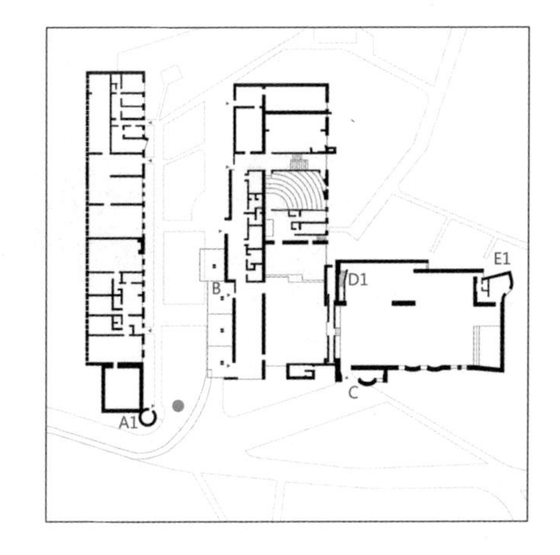

图5.16　圣马可教堂的平面演变

堂的两个版本的图纸中看到，在1957年的平面图中，方形钟楼的楼梯紧贴着墙面（A），L形体量上外挂了很多小的附属体量，包括主要体量之间的大堂入口的棚廊（B），教堂南侧入口的曲形玄关（C），挂在L形北侧的楼梯间（D）与辅助用房（E）。在1959年的平面图中，方形钟楼的楼梯被独立设置为外挂突出的圆形体量（A1），位于人的流线上的可以被感知的空间体量B和C保留，而位于体量北面的两个外挂的耳房被整合到主要的体量中，莱弗伦茨突出A1、保留B和C是为了构建流线上的空间感知序列，而处在体量背面的D和E则被整合，避免了节外生枝的过度表现，保证了用完整砖块砌筑的整体连续性。上述这些变化的根据不是平面的构图原则，而是材料所构筑的空间感知（图5.16）。

如果说莱弗伦茨是“反构图”的建筑师也并不恰当，圣彼得教堂（St. Peter's Church at Klippan，1962—1966）的平面就是正方形制构图的演化，受过古典建筑滋养的他并没有树立某种主义的兴趣，他只关注如何遵循材料自身的逻辑来进行建造。莱弗伦茨拒绝切割砖块，而用尺度不同的灰缝来调节形体，砖的织物实现了一个无缝的网，窗户贴在外面，门从洞口脱离，这样砌筑起来的体量就像一个有机的生命体，立面和几何化的构图秩序无关[18]。

18　张永和认为，即使从当下的角度来看，莱弗伦茨的建筑似乎也没有任何秩序，每个立面都混乱无章，立面上的壁炉毫不对称。取而代之的建造原则完全从材料出发，即不切割砖块，因此设计了什么（构图）反而不重要了，重要的是建造。参见：张永和，江嘉玮，陈迪佳．宾尼菲特、筱原一男、巴瓦与莱弗伦茨 对待工艺的四种态度[J].时代建筑，2016(03)，第161页。

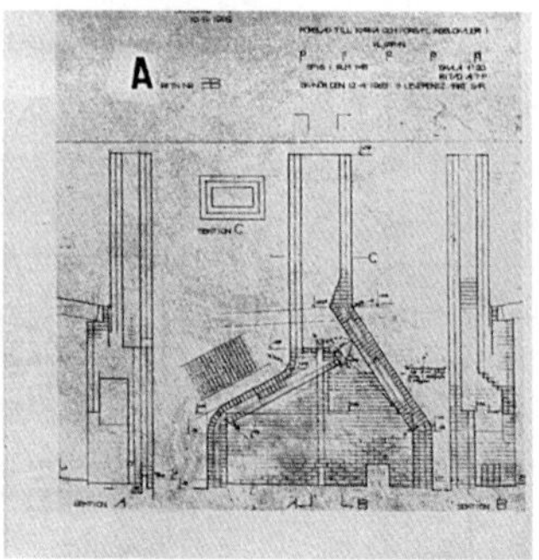

图5.17　圣彼得教堂立面的壁炉体量

圣彼得教堂立面的壁炉体量毫无对称性，但是仔细观察图纸，可以看到所有的砖缝都被清晰地画出，这意味着立面的形式不是率性为之，其建造的逻辑基础是砖块的搭接，而不是用砖块填充构图的几何形状（图5.17）。

通过对莱弗伦茨的作品的分析，我们可以追问建筑形式产生的原点：是先有了先验的几何构图形式——圆形和正方形及其衍生元素，然后人们用材料去模仿，还是遵循材料自身的属性来经验性地探索建造。这两条路径会分别导向以构图为核心的形式生成和以（手）工艺（craft）为核心的材料构建[19]。前者随着现代主义的全球化传播而一度成为普世的原则，而后者坚守地域文化的阵地对“构图的欺骗性（compositional conceit）”进行批判[20]。

（二）功能决定的平面

在维奥莱-勒-杜克的《建筑谈话录》中，“功能”（la fonction）一词在

19　（手）工艺（craft）不仅包含直接的手工技艺，也包含机械化、智能化之后的工业建造，其概念的核心是“回归造物”，以材料和建造为核心。宾尼菲特（Heinz Bienefeld）、莱弗伦茨和阿尔比尼等人的设计语言都经历过古典主义到现代主义的转化，在转化的过程中呈现出对（手）工艺的突破常规的理解。参见：张永和，李翔宁，江嘉玮. 回归造物 建筑学与（手）工艺[J]. 时代建筑，2016(03)，第152页。

20　仲尼斯与勒费夫儿在评述迪米特里乌斯·皮吉奥尼斯（Dimitrius Pikionis）于1957年在雅典卫城附近设计的菲洛帕普山（Philopappus）的公园和步行道时指出：“皮吉奥尼斯创造了一个摆脱技术展览主义和构图欺骗性（于20世纪50年代的主流建筑中已习以为常）的建筑作品……”对构图的批判可以视为地域主义建造特色对现代主义普世定律的反抗。参见：肯尼斯·弗兰姆普敦. 现代建筑：一部批判的历史[M]. 张钦楠，等译. 北京：生活·读书·新知三联书店，2004年，第368页。

绝大多数语境中是作为构件所承担的结构作用而被表述[21]，它引导构件根据力学原理组合成具有特征的形式。在论及建筑的使用需求时，"功能"被用来表示建筑物或建筑组成部分的使用目的[22]，各个部分的"功能"要根据"内容计划"（le programme）与整个机体相联系。随着《建筑谈话录》的传播，"功能"的概念被引入了英语世界，成为古典建筑理论中"适用"概念的延续。从20世纪30年代开始，功能剥离了表达建筑构件的结构作用的含义，成为表述建筑物用途的概念，并逐渐成为瓦解古典建筑形式秩序，强调建筑实用性而排斥美学思考的工具。沙利文的"形式追随功能"[23]随后被重新诠释，成为功能主义的标签。20世纪30年代的国际式建筑，将现代建筑简化为一种风格，定义了狭义的"功能主义"，使"功能"沦为实用主义美学的辩护工具。直到20世纪60年代，维奥莱-勒-杜克曾经提出的"内容计划"被重新诠释，取代了"功能"，将建筑和人类的社会活动紧密地联系在一起。

格罗皮乌斯在哈佛任教期间，完善了从建筑使用方式出发的设计方法，将文字性的内容计划所要求的功能空间转化为"泡泡图"（bubble diagram），通过图表的方式研究彼此的位置和连接关系，再结合影响建筑的其它因素生

21　维奥莱-勒-杜克曾说："每一座砖石建筑中的每一个经过加工的石块，或混凝土工程中的每一个部件，都应清晰地呈现其功能。正如我们分解一道难题那样，我们应该能够分析一个建筑，每一部分的位置和功能都不会被误解。"参见：Viollet-le-Duc E. *Lecture on Architecture. Vol.II.* [M]. Translated by Benjamin Bucknall. London: Edinburgh Anibersitg Press, 1881, p.33。

22　在论及建筑的使用需求时，维奥莱-勒-杜克用"功能"来表示建筑物或其中的部分的使用目的："在每一个建筑中，我可以说，都有一个主要的器官，一个支配性的部分和某些次要的器官，以及必要的设施来通过一个流线系统供给这些器官。每一个器官都有自己的功能；但是，它应该按照需要与整个机体联系起来。"参见：Viollet-le-Duc E. *Lecture on Architecture. Vol.II.* [M]. translated by Benjamin Bucknall. London: Edinburgh Anibersitg Press, 1881, p.277。

23　"形式追随功能"是沙利文在1896年撰写的《高层办公建筑的艺术思考》中首次提出的。沙利文认为建筑的外观应该自然地表达内在的本质，而不是古典柱式中柱础、柱身和柱头这三位一体关系的再现。沙利文阐释"功能"的本意并不是强调实用，而是解决建筑的外观问题，"功能"是决定外观有机形式的内在动力。在1941年吉迪恩所著的《空间·时间·建筑——一个新传统的成长》中，"功能"的概念被简化为实用方面的需求。参见：王正．功能探绎：18世纪以来西方建筑学中功能观念的演变与发展[M].南京：东南大学出版社，2014年，第41页。

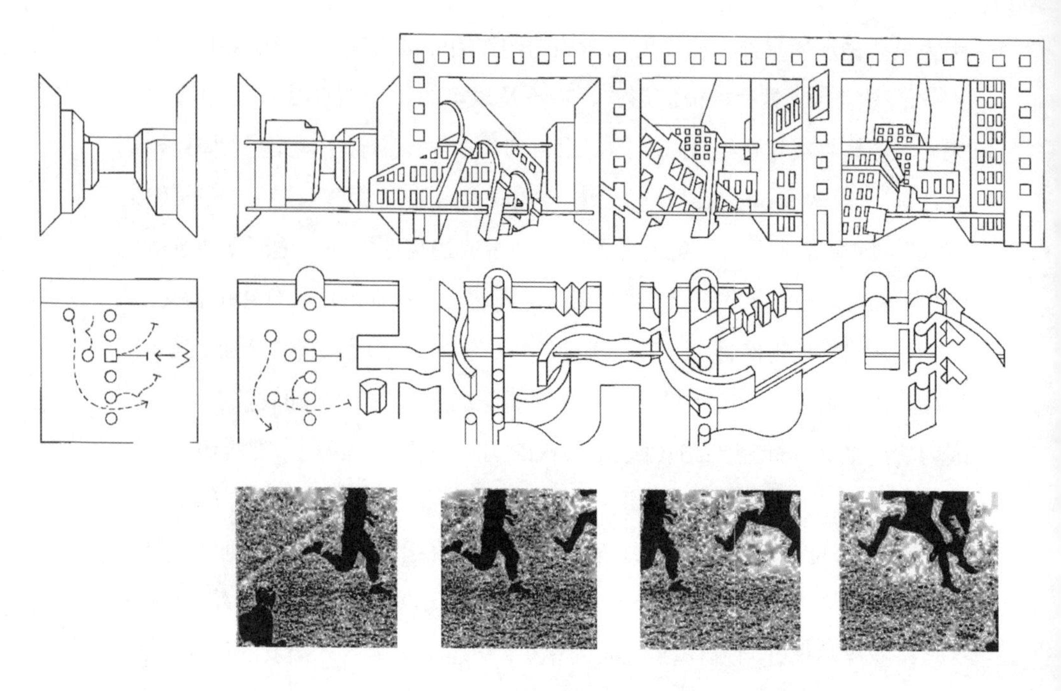

图5.18　屈米在1981年的《曼哈顿手稿》中将运动作为程序生成平面形式

成平面的形状和尺寸。空间的组织和安排不再有先验的几何形式，而是根据内容计划来动态调整。

通过对内容计划的重新诠释，建筑师们用更灵活的“内容计划—形式”（program－form）取代了“功能—形式”（function－form）的设计程式：屈米将功能与形式的关系转向了人的活动（activities）和建筑的关系，针对埃森曼的形式自治的封闭式语法操作，通过对建筑中将会发生的“时间”和“运动”的预测，把身体的运动和张力作为对内容计划进行编程（programming）的驱动（图5.18）；大都会建筑事务所（简称OMA）则试图从内容计划本身寻找突破，打破通常的惯例，重新对活动方式和空间配置提出设想，通过“programming”的操作，对形式产生戏剧性的影响，图解（diagram）成为这个过程中直观操作和表达的工具；妹岛和世和西泽立卫建筑事务所(简称SANNA）在建筑设计的过程中吸收了大都会建筑事务所（简称OMA）的设计思想和方法，图解被直接“可视”地转化为平面的形式。在金泽21世纪美术馆的平面中，各个功能模块作为独立的单元彼此分离，匀质地分布在3米×3米的网格中。2001年设计的托莱多美术馆的平面则更像是由泡泡图

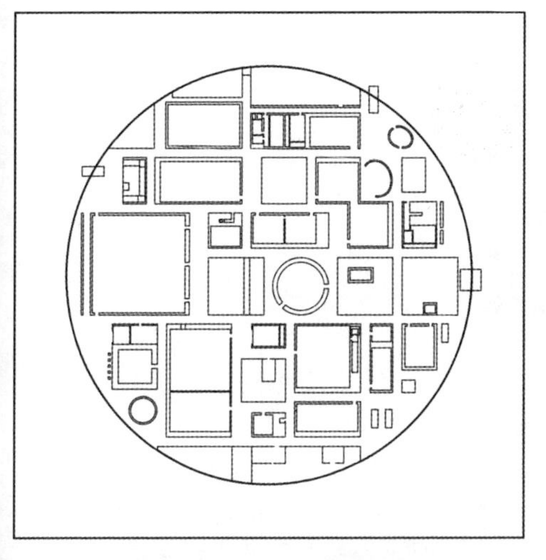

金泽21世纪美术馆平面图（1999）

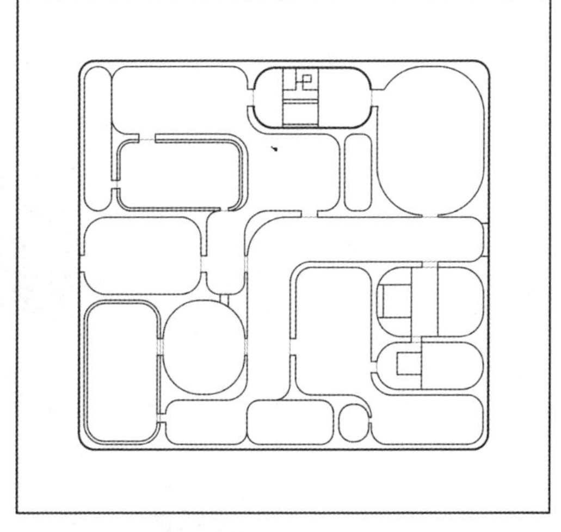

托莱多美术馆玻璃展厅平面图（2001）

图5.19　SANNA将程序图解直接转化为平面形式

直接生成，被网格划分的矩形功能模块生成房间，房间与房间之间由弯曲的玻璃墙体连接，形成一个相互连接的气泡状平面，观众在气泡之中停留，在气泡之间流动。这种由功能图解直接变为空间的平面形式，被称为“图解建筑”（diagram architecture）[24]（图5.19）。

（三）三位一体的平面

建筑的平面形式不能由构图孤立地决定，而是处在构图、建造（结构和材料）与功能（内容计划）三者的共同影响下（图5.20）。从其中任何一点出发，都可以发展成独立的体系，但当这种体系膨胀到一定时刻时，另外两个因素便会裹挟着复杂的社会经济和文化原因，自动地对形式进行制约和修正，甚至矫枉过正。例如，在20世纪30年代，多样化的构图范式第一次呈现之后，便逐渐地被狭义的功能主义和简化的理性结构主义相结合的“国际式”（The International Style）所压制；在20世纪80－90年代多样化的构图范式再次涌现时，建构文化（Tectonic Culture）被适时提出，图解建筑也

24　伊东丰雄用“图解建筑”来概括SANNA的建筑设计，认为他们的建筑作品是用来抽象地描述建筑中所预设的日常行为活动的空间图解。参见：Ito T. *Diagram Architecture* [J]. EL Croquis, 1996(77), p18。

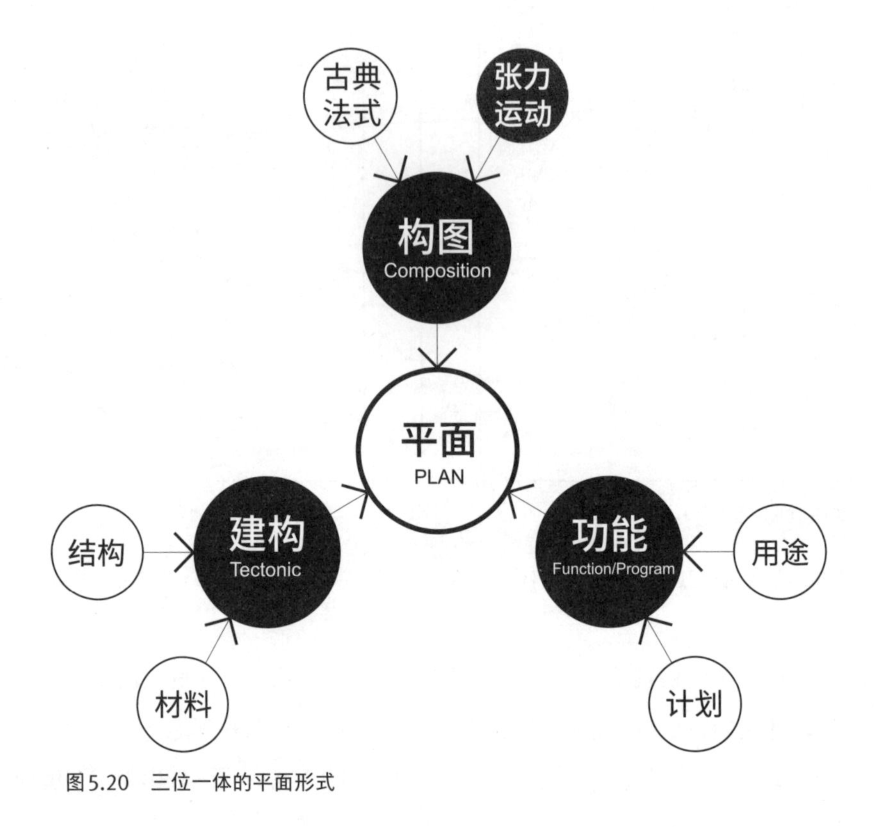

图5.20　三位一体的平面形式

通过编程使多元化的视角和社会性的使用方式介入形式设计的过程中，成为当下流行的设计方法。历史往往会结构性地重现，以视知觉为基础的构图范式或许会在未来的某个时刻被重新诠释，重新回到建筑学的主流视野中，担负未知的使命。

（四）展望

本书不仅是对一种现象成因的解释，还建立了以张力与运动机制为核心的形式设计的方法论。在建筑创作中，对形式的抄袭是低劣的模仿，但对形式生成原理的借鉴是可取的。本书是建立在理论性论文基础上的一部设计研究专著，以张力与运动为核心的构图形式生成机制，作为一种思维方式在创作中有很大的发展空间，对于建筑设计实践和教学均有一定的价值，并且可以对研究的问题进行相关的拓展：

（1）根据三位一体的关系，研究的问题可以被进一步延展，例如，张力和运动怎样被材料和结构所表达？怎样承载多样化的功能和内容计划？

（2）研究媒介的改变可以带来不同角度的拓展和思考，例如，如以轴侧图或模型为媒介，将会产生怎样的范式？张力与运动怎样从平面转化到空间？

（3）形式生成的同源机制也可以进一步被拓展到其它视觉领域，例如，雕塑、电影、摄影、舞美和工业设计等等。

第五章图片来源：

图5.14　右侧照片引自：Wang W, Constant C, Galli F. Architect Sigurd Lewerentz [M]. Stockholm: Byggförlaget, 1997, p.62。

图5.15　右侧照片引自：Lewerentz S, Caldenby C, Caruso A, et al. *Sigurd Lewerentz, Two Churches/Två kyrkor* [M]. Stockholm: Arkitektur Förlag AB, 1997, p13。

图5.17　引自：Wang W, Constant C, Galli F. *Architect Sigurd Lewerentz* [M]. Stockholm: Byggförlaget, 1997, p.122。

图5.18　引自：Tschumi B. *the manhattan transcripts* [M]. London: Academy Group Ltd., 1994, p.48。

（未标注来源的图皆为作者自绘）

参考文献

A

Aalto A. *Housing Construction in Existing Cities* [M]. //Schildt G. Alvar Aalto Sketches. Cambridge: MIT Press, 1985: 3-6.

Aalto A. Senior Dormitory M.I.T. *Arkkitehti* [J]. 1950(4): 64.

Arnheim R. *Art and visual perception: a psychology of the creative eye* [M]. London: University of California Press, 1974.

Arnheim R. *Art and visual perception: a psychology of the creative eye* [M]. London: University of California Press, 1954.

B

Banham R. *Theory and design in the first machine age* [M]. Cambridge, Mass.: MIT Press, 1980.

Barr A H. *Cubism and abstract art: painting, sculpture, constructions, photography, architecture, industrial art, theatre, films, posters, typography* [M]. Cambridge, Mass.: Belknap Press of Harvard University Press, 1986.

Benevolo L. *History of Modern Architecture Vol 2* [M]. Combridge, Mass.: MIT Press, 1971.

Brassaï. *Picasso and Company* [M]. Trans. Francis Price. N.Y.: Doubleday, 1966.

Brillhart J. *Voyage le Corbusier Drawing on the Road* [M]. London: W.W.Norton & Company, 2016.

C

Cabanne P. *Dialogues with Marcel Duchamp* [M]. Trans. by Ron Padgett. New York: Viking Press, 1971.

Cortes J A. *The Complexity of the Real. El Croquis* [J]. 2009(144): 19-35.

Curtis W J R. *Mental Maps and Social Landscape. EL Croquis* [J]. 2005, 30+49/50+72 [II] +100/101: 8-22.

D

De la Souchère R D. *Picasso in Antibes* [M]. London: Lund Humphries, 1960.

Deleuze G. *Francis Bacon: logique de la sensation* [M]. Paris: Editions de la Différence, 1994.

E

Eisenman P. *the formal basis of modern architecture* [M]. Baden: Lars Muller Publishers, 2006.

Eisenman P. *Ten Canonical Buildings: 1950–2000* [M]. New York: Rizzoli International Publications, 2008.

Eisenmman P. *From Object to Relationship II: Giuseppe Terragni Casa Giuliani Frigerio. Perspecta* [J]. 1971, 13/14: 36-61.

F

Frampton K. Modern Architecture: a Critical History (third edition)[M]. London: Thames and Hudson, 1992.

Friedel H. *the invention of abstraction* [M]. //Friedel H, Hoberg A. Vasily Kandinsky. PRESTEL, 2016: 21-27.

G

Gabo N, Pevsner A. *The Realistic Manifest* [M]. //Harrison C, Wood P. Art in Theory, 1900–2000. Malden: Blackwell, 1920: 299.

Giedion S. *Space, time and architecture: the growth of a new tradition* [M]. Cambridge, Mass.: Harvard University Press, 2008.

Golding J. *Paths to the Absolute* [M]. Princeton, New Jersey: Princeton Universit Press, 1997.

Greenberg. *Modernist Painting* [M]. //Harrison C, Wood P. Art in Theory 1900–1990: An Anthology of Changing Ideas. Oxford: Blackwell Publisher Ltd., 1992.

H

Hadid Z. *The complete Zaha Hadid* [M]. London: Thames&Hudson, 2009.

Hadid Z. *Internal terrains* [M]. //Read A. Architecturally Speaking Practices of Art, Architecture and the Everyday. London: Routledge, 2000: 211-232.

Hadid Z. *conversation with Luis Rojo de Castro. EL croquis* [J]. 1995(73): 8-20.

Hadid Z. *Landscape as Plan a conversation with Mohsen Mostafavi. Elcroquis* [J]. 2001(103): 6-35.

Hadid Z. *Club the Peak. ELcroquis* [J]. 1991a (52+73+103): 72-83.

Hadid Z. *Interview with Richard Levene&Fernando Marquez Cecilia. ELcroquis* [J]. 1991b (52+73+103): 12-27.

Hadid Z. *Planetary Architecture* [J]. ANY: Architecture New York, 1994, 03(5): 26-27.

Hamilton G H. *Cézanne, Bergson and the Image of Time* [J]. College Art Journal, 1956, 16(1): 5-7.

Hejduk J. *Mask of Medusa* [M]. New York: Rizzoli Internaional Pubications, 1985b.

Hejduk J. *Out of Time and into Space* [M]. //Mask of Medusa. New York: Rizzoli Internaional Pubications, 1985a: 71-75.

Hejduk J. *Wall House* [A]. //Hays K M. *Architecture Theory since 1968* [C]. Cambrige, Massachusetts: The MIT Press, 1998: 86-87.

Hejduk J, Henderson R, Diller E, et al. *Education of an architect* [M]. New York: Rizzoli, 1988.

Henry M. *Seeing the Invisible* [M]. translated by Scott Davidson. London: Continuum International Publishing Group, 2005.

Hervé L. *Le corbusier, l'artiste, l'écrivain* [M]. La Neuveuville: Editions du Griffon, 1970.

Hitchcock H. *Painting toward architecture* [M]. New York: Sloan and Pearce, 1948.

I

Ito T. *Diagram Architecture. EL Croquis* [J]. 1996(77): 18.

J

Jones O. *The Grammar of Ornament* [M]. London: Day&Son, Ltd., 1856.

K

Kandinsky W. *Point and Line to Plane* [M]. Trans. Dearstyne H, Rebay H. New York: Dover Pubications, 1979.

Klee P, Spiller J, Manheim R. *The Thinking Eye: The Notebook of Paul Klee* [M]. L. Humphries; G. Wittenborn, 1964.

L

Lawrence D. Steefel J. *Marchel Duchamp and the Machine* [M]. //D'Harnoncourt A, Mcshine K. Marcel Duchamp. Prestel, 1989: 69-80.

Le Corbusier. *Vers une Archirecture* [M]. Paris: Falmmarion, 1995.

Le Corbusier. *"Le Corbusier Lettres À Charles L'Eplattenier"* [M]. Edition établie par Marie-Jeanne Dumont. Paris: Editions du Linteau, 2007.

Le Corbusier. *the Final Testament of Père Corbu: a Translation and Interpretation of Mise au Point by Ivan Zaknic* [M]. Originally published as Mise au Point (Paris: Editionss Force-Vives, 1966). New Haven: Yale University Press, 1997.

Le Corbusier-Saugnier. *Trois rappels à MM. LES ARCHITECTES. L'Esprit Nouveau* [J]. 1921(4): 457-470.

Le Corbusier-Saugnier. *Architecture II: L'Illusion des Plans. L'Esprit Nouveau* [J]. 1922(15): 1767–1780.

Lewerentz S, Caldenby C, Caruso A, et al. *Sigurd Lewerentz, Two Churches/ Två kyrkor* [M]. Stockholm: Arkitektur Förlag AB, 1997.

Loran E. *Cézanne's Composition: Analysis of His Form with Diagrams and Photographs of His Motifs* [M]. University of California Press, 1963.

M

Malevich K. *Introduction to the Theory of the Additional Element in Painting* [M]. //Railing P. Malecivh Writes A Theory of Creativity Cubism to Suprematism. East Sussex: Artists·Bookworks, 1923.

Malevich K. *Cubism* [M]. //Railing P. Malecivh Writes A Theory of Creativity Cubism to Suprematism. Translated from the Russian by Ella Zilberberg. East Sussex: Artists·Bookworks, 1917a: 91-94.

Malevich K. *Futurism* [M]. //Railing P. Malecivh Writes A Theory of Creativity Cubism to Suprematism. Translated from the Russian by Ella Zilberberg. East Sussex: Artists·Bookworks, 1917b: 95-99.

Malevich K. *From Cubism to Suprematism in Art To the New Realism of Painting, to Absolute Creation* [M]. //Railing P. Malecivh Writes A Theory of Creativity Cubism to Suprematism. Translated from the Russian by Charlotte Douglas. East Sussex: Artists·Bookworks, 1915: 23-31.

Malevich K. *Suprematism·34 Drawings* [M]. //Railing P. Malecivh Writes A Theory of Creativity Cubism to Suprematism. East Sussex: Artists·Bookworks, 1920.

Marcadé J. *UNOVIS in the History of the Russian Avant-Garde* [M]. // Chagall, Lissitzky, Malevich: The Russian Avant-Garde in Vitebsk, 1918–1922. Paris: Éditions du Centre Pompidou, 2018.

Mckever R. *On the Uses of Origins for Futurism. Art History* [J]. 2016, 3(39): 512-539.

Metzinger J, *Gleizes A. Cubisme* [M]. //Herbert R L. Modern Artists on Art. N.J.: Prentice-Hall, 1912: 4.

Migayrou F. *Vectors of a Pro-Grammed Event* [M]. //Bernard Tschumi Architecture: Concept and Notation. Power Station of Art China Academy of Art Press, 2016.

Miralles E. *Garau Agusti House. EL croquis* [J]. 2005, 30+49/50+72 [II]+100/101: 114-133.

Mondrian. *De Stiji In Instalments, Natural Reality And Abstract Reality: An Essay in Trialogue from appeared originally in De Stijl in instalments, June1919-July1922* [M]. Translated by Martin S.James. New York: 1995.

O

Ozenfant A, Jeanneret C E. *Après le Cubisme, 1918* [M]. Paris: Altamira, 1999.

Ozenfant A, Jeanneret C E. *Sur la Plastique. L'Esprit Nouveau* [J]. 1920(1): 38-48.

Ozenfant A, Jeanneret C E. *Le Purisme. L'Esprit Nouveau* [J]. 1921(4): 371-386.

P

Pallasmaa J. *The Art of Wood* [M].//The Language of Wood. Helsinki: Museum of Finnish Architecture, 1989: 16.

Pauly D. *Le Corbusier, Le dessin comme outil* [M]. Nancy: Musée des Beaux-arts de Nancy, 2006.

Pauly D. *Le Corbusier, le Jeu du dessin* [M]. Paris: Musée Picasso, 2015.

Pauly D. *Le corbusier, drawing as process* [M]. Translated by Hendricks G. New Haven and London: Yale University Press, 2018.

Pimm D. *Some Notes on Theo van Doesburg (1883–1931) and His Arithmetic Composition 1* [J]. For the learning of Mathematics, 2001, 21(2): 31-36.

R

Rowe C. *The Mathematics of the ideal villa and other essays* [M]. Cambridge and London: The MIT Press, 1987.

Rowe C. *Character and Composition; or Some Vicissitudes of Architectural Vocabulary in the Nineteenth Century* [M]. //The Mathematics of the ideal villa and other essays. Cambridge and London: The MIT Press, 1953: 59-87.

Rowe C, Slutzky R. *Transparency: Literal and Phenomenal* [M]. //The Mathematics of the ideal villa and other essays. Cambridge and London: The MIT Press, 1956: 159-184.

S

Schumacher P. *Digital Hadid Landscape in Motion* [M]. Basel·Boston·Berlin: Birkhäuser, 2004.

Souter G. *MALEVICH: Journey to Infinity* [M]. New York: Parkstone Press International, 2008.

T

Tomkins C. *Duchamp: A Biography* [M]. New York: Henry Holt, 1996.

Tschumi B. *the manhattan transcripts* [M]. London: Academy Group Ltd., 1994.

Tschumi B. *Architecture and Concepts* [M]. //Berbard Tschumi Architecture: concept and notation. Power Station of Art Hangzhou: China Academy of Art Press, 2016.

V

Venturi R. *Complexity and Contradication in Architecture* [M]. New York: The Museum of Modern Art, 1966.

Viollet-Le-Duc E. *Lecture on Architecture. Vol.I.* [M]. Translated by Benjamin Bucknall. London: Edinburgh Anibersitg Press, 1881a.

Viollet-Le-Duc E. *Lecture on Architecture. Vol.II.* [M]. Translated by Benjamin Bucknall. London: Edinburgh Anibersitg Press, 1881b.

Vogt A M. *Le Corbusier, the Noble Savage – Toward an Archiaeology of Modernism* [M]. Cambridge, Massachusetts: The MIT Press, 1998.

W

Wang W, Constant C, Galli F. *Architect Sigurd Lewerentz* [M]. Stockholm: Byggförlaget, 1997.

Wolfflin H. *Renaissance and Baroque(1888)* [M]. Translated by Simon K. trans.K.Simon. London: Collins, 1984.

Wolfflin H. *Prolegomena to a psychology of architecture(1886)* [M]. //Vischer R. Empathy, form, and space: problems in German aesthetics, 1873–1893. Introduction and Translated by Harry Francis Mallgrave and Eleftherios Ikonomou. Chicago: University of Chicago Press, 1886: 149-190.

A

阿道夫·希尔德勃兰特.造型艺术中的形式问题[M].潘耀昌,译.北京:商务印书馆,2019.

阿德里安·福蒂.词语与建筑物:现代建筑的语汇[M].李华,武昕,诸葛净,等,译.北京:中国建筑工业出版社,2018.

阿尔贝蒂.论绘画[M].胡珺,辛尘,译注.南京:江苏教育出版社,2012.

阿尔多·罗西.城市建筑学[M].黄士钧,译注.北京:中国建筑工业出版社,2006.

阿诺尔德·豪泽尔.艺术社会史[M].黄燎宇,译.北京:商务印书馆,2015.

安德烈亚·帕拉第奥.帕拉第奥建筑四书[M].李路珂,郑文博,译.北京:中国建筑工业出版社,2015.

安藤忠雄.建筑家安藤忠雄[M].龙国英,译.北京:中信出版社,2011.

安托万·皮孔,周鸣浩.建筑图解,从抽象化到物质性[J].时代建筑,2016(05):14-21.

B

保罗·克利.克利与他的教学笔记[M].周丹鲤,译.重庆:重庆大学出版社,2011.

罗伊·R.贝伦斯.艺术、设计和格式塔理论[J].装饰,2018(3):32-35.

彼得·埃森曼.彼得·埃森曼:图解日志[M].陈欣欣,何捷,译.北京:中国建筑工业出版社,2005.

彼得·埃森曼.建筑经典:1950—2000[M].范路,陈洁,王靖,译.北京:商务印书馆,2015.

彼得·埃森曼.现代建筑的形式基础[M].罗旋,安太然,贾若,译.上海:同济大学出版社,2018.

彼得·库克.绘画:建筑的原动力[M].何守源,译.北京:电子工业出版社,2011.

伯纳德·卢本等.设计与分析[M].林尹星,译.天津:天津大学出版社,2003.

伯纳德·屈米.建筑概念:红不只是一种颜色[M].陈亚,译.北京:电子工业出版社,2014.

布鲁诺·赛维.建筑空间论——如何品评建筑[M].张似赞,译.北京:中国建筑工业出版社,2006.

C

陈翚,许昊皓,凌心澄,等.立体主义建筑在捷克波西米亚地区的实践[J].新建筑,2016(5):90-94.

陈琳.《秩序感》研究[M].芜湖:安徽师范大学出版社,2014.

陈旭霞.运动的形式及技术的实验:20世纪法国艺术史家福西永研究[D].上海大学,2012.

D

戴维·B.布朗宁,戴维·G.德·龙.路易斯·康:在建筑的王国中:增补修订版[M].马琴,译.南京:江苏凤凰科学技术出版社,2017.

F

菲德勒.包豪斯[M].查明建.梁雪.刘晓菁,译.杭州:浙江人民美术出版社,2013.

弗洛拉·塞缪尔.勒·柯布西耶与建筑漫步[M].马琴,万志斌,译.北京:中国建筑工业出版社,2013.

福西永.形式的生命[M].陈平,译.北京:北京大学出版社,2011.

G

E.H.贡布里希. 图像与眼睛: 图画再现心理学的再研究[M]. 范景中, 杨思梁, 徐一维, 等, 译. 南宁: 广西美术出版社, 2013.

E.H.贡布里希. 秩序感——装饰艺术的心理学研究[M]. 范景中, 杨思梁, 徐一维, 译. 南宁: 广西美术出版社, 2015.

E.H.贡布里希. 木马沉思录: 艺术理论文集 [M]. 曾四凯, 徐一维, 等, 译. 南宁: 广西美术出版社, 2015.

H

海因里希·沃尔夫林. 艺术风格学: 美术史的基本概念[M]. 潘耀昌, 译. 北京: 中国人民大学出版社, 2004.

汉诺–沃尔特·克鲁夫特. 建筑理论史——从维特鲁威到现在[M]. 王贵祥, 译. 北京: 中国建筑工业出版社, 2005.

亨利·柏格森. 创造进化论[M]. 肖聿, 译. 南京: 译林出版社, 2014.

亨利·柏格森. 时间与自由意志[M]. 吴士栋, 译. 北京: 商务印书馆, 1958.

J

吉尔·德勒兹. 弗兰西斯·培根: 感觉的逻辑[M]. 董强, 译. 桂林: 广西师范大学出版社, 2017.

吉尔·德勒兹. 尼采与哲学[M]. 周颖, 刘玉宇, 译. 北京: 社会科学文献出版社, 2001.

江嘉玮. 从沃尔夫林到埃森曼的形式分析法演变[J]. 时代建筑, 2017(03): 60-69.

K

卡罗琳·冯·艾克, 爱德华·温特斯. 视觉的探讨[M]. 李本正, 译. 南京: 江苏美术出版社, 2010.

康定斯基. 点、线、面[M]. 吴玛悧, 译. 台北: 艺术家出版社, 1973.

康定斯基. 艺术的精神[M]. 吴玛悧, 译. 台北: 艺术家出版社, 1985.

克莱门特·格林伯格. 艺术与文化[M]. 沈语冰, 译. 桂林: 广西师范大学出版社, 2015.

肯尼斯·弗兰姆普敦. 20世纪建筑学的演变: 一个概要陈述[M]. 张钦楠, 译. 北京: 中国建筑工业出版社, 2007.

肯尼斯·弗兰姆普敦. 现代建筑: 一部批判的历史[M]. 张钦楠, 等, 译. 北京: 生活·读书·新知三联书店, 2004.

肯尼斯·弗兰姆普敦. 建构文化研究: 论19世纪和20世纪建筑中的建造诗学[M]. 王骏阳, 译. 北京: 中国建筑工业出版社, 2007.

L

拉兹洛·莫霍利–纳吉. 运动中的视觉: 新包豪斯的基础[M]. 周博, 朱橙, 马芸, 译. 北京: 中信出版社, 2016.

拉兹洛·莫霍利–纳吉. 新视觉: 包豪斯设计、绘画、雕塑与建筑基础[M]. 刘小路, 译. 重庆: 重庆大学出版社, 2014.

莱昂·巴蒂斯塔·阿尔伯蒂. 建筑论——阿尔伯蒂建筑十书[M]. 王贵祥, 译. 北京: 中国建筑工业出版社, 2010.

勒·柯布西耶基金会. 勒·柯布西耶与学生的对话[M]. 牛燕芳, 程超, 译. 北京: 中国建筑工业出版社, 2003.
W.博奥席耶, O.斯通诺霍. 勒·柯布西耶全集: 第1卷: 1910－1929年[M]. 牛燕芳, 程超, 译. 北京: 中国建筑工业出版社, 2005.
鲁道夫·阿恩海姆. 建筑形式的视觉动力[M]. 宁海林, 译. 北京: 中国建筑工业出版社, 2012.
鲁道夫·阿恩海姆. 艺术与视知觉[M]. 滕守尧, 朱疆源, 译. 成都: 四川人民出版社, 1998.
鲁道夫·阿恩海姆. 视觉思维——审美直觉心理学[M]. 滕守尧, 译. 北京: 光明日报出版社, 1987.
鲁道夫·阿恩海姆. 中心的力量——视觉艺术构图研究[M]. 张维波, 周彦, 译. 成都: 四川美术出版社, 1990.
鲁道夫·阿恩海姆. 艺术心理学新论[M]. 郭小平, 翟灿, 译. 北京: 商务印书馆, 1994.
鲁道夫·维特科尔. 人文主义时代的建筑原理(原著第六版)[M]. 刘东洋, 译. 北京: 中国建筑工业出版社, 2016.
柯林·罗, 罗伯特·斯拉茨基. 透明性[M]. 金秋野, 王又佳, 译. 北京: 中国建筑工业出版社, 2008.
罗宾·埃文斯. 从绘图到建筑物的翻译及其他文章[M]. 刘东洋, 译. 北京: 中国建筑工业出版社, 2018.
罗伯特·文丘里. 建筑的复杂性与矛盾性[M]. 周卜颐, 译. 北京: 中国水利水电出版社, 2006.

M

马里奥·卡尔波, 周渐佳. 制图的艺术[J]. 时代建筑, 2016(02): 162-164.
马列维奇. 非具象世界[M]. 张含, 译. 北京: 北京建筑工业出版社, 2017.
曼弗雷多·塔夫里. 建筑及其二重性: 符号主义与形式主义[M]//胡恒. 建筑文化研究: 第8辑. 上海: 同济大学出版社, 2016.
曼弗雷多·塔夫里, 弗朗切斯科·达尔科. 现代建筑[M]. 刘先觉等, 译. 北京: 中国建筑工业出版社, 2000.
蒙德里安. 蒙德里安艺术选集[M]. 徐沛君, 译. 北京: 金城出版社, 2014.

N

尼尔·里奇, 孟浩. 德勒兹与图解: 建筑理论历史中的奇特时期[J]. 时代建筑, 2016(05): 22-27.
尼古拉斯·佩夫斯纳. 现代建筑与设计的源泉[M]. 殷凌云, 毕斐, 译. 杭州: 浙江人民美术出版社, 2018.
宁海林. 阿恩海姆美学思想新论[J]. 舟山学刊, 2008(3): 221-223.
宁海林. 阿恩海姆的视觉动力学述评[J]. 自然辩证法研究, 2006(03): 32-35.
宁海林. 现代西方美学语境中的阿恩海姆视知觉形式动力理论[J]. 人文杂志, 2012(03): 97-102.
诺伯特·M. 施密茨. 瓦西里·康定斯基和保罗·克利的教学[M]//让尼娜·菲德勒, 彼得·费尔阿本德. 包豪斯. 查明建, 梁雪, 刘晓菁, 译. 杭州: 浙江人民出版社, 2013.
诺曼·布列逊, 迈克尔·安·霍丽, 基思·莫克西. 视觉文化: 图像与阐释[M]. 易英, 译. 长沙: 湖南美术出版社, 2015.

P

帕特里克·舒马赫. 第一次完整建造: 维特拉消防站[J]. 建筑创作, 2017(Z1): 147-155, 146.

潘诺夫斯基·欧文.哥特建筑与经院哲学——关于中世纪艺术、哲学、宗教之间的对应关系的探讨[M].吴家琦,译.南京:东南大学出版社,2013.
皮埃尔·卡巴纳.杜尚访谈录[M].王瑞芸,译.桂林:广西师范大学出版社,2013.

S

塞巴斯蒂亚诺·塞利奥.塞利奥建筑五书[M].刘畅,李倩怡,孙闯,译.北京:中国建筑工业出版社,2014.
石炯.构图:一个西方观念史的个案研究[M].杭州:中国美术学院出版社,2007.
史风华.阿恩海姆美学思想研究[M].济南:山东大学出版社,2006.
斯坦·艾伦.知不可绘而绘之论标记符号[J].时代建筑,2015(02):124-129.
苏珊·朗格.感受与形式[M].高艳萍,译.南京:江苏人民出版社,2013.
苏珊·朗格.艺术问题[M].滕守尧,朱疆源,译.北京:中国社会科学出版社,1983.

T

郃蓓.生命·生成——德勒兹思想研究[M].长春:吉林大学出版社,2020.
托姆金斯.马塞尔·杜尚传[M].张朝晖,译.上海:上海人民美术出版社,2000.

W

王鹏,潘光花,高峰强.经验的完形:格式塔心理学[M].济南:山东教育出版社,2009.
王瑞芸.杜尚传[M].桂林:广西师范大学出版社,2017.
王正.功能探绎:18世纪以来西方建筑学中功能观念的演变与发展[M].南京:东南大学出版社,2014.
威廉·塔克.雕塑的语言[M].徐升,译.北京:中国民族摄影艺术出版社,2017.
威廉·J.R.柯蒂斯.20世纪世界建筑史:第三版[M].北京:中国建筑工业出版社,2011.

Y

亚历山大·仲尼斯,利恩·勒费夫儿.古典主义建筑——秩序的美学[M].何可人,译.北京:中国建筑工业出版社,2008.
杨锐.艺术的背后——阿恩海姆论艺术[M].长春:吉林美术出版社,2007.
原广司.空间——从功能到形态[M].张伦,译.南京:江苏凤凰科学技术出版社,2017.
约翰·理查德森.毕加索传1907—1916(卷二)[M].阳露,译.杭州:浙江大学出版社,2017.
约翰·理查德森.毕加索传1881—1906(卷一)[M].孟宪平,译.杭州:浙江大学出版社,2016.

Z

张永和,江嘉玮,陈迪佳.宾尼菲特、筱原一男、巴瓦与莱弗伦茨 对待工艺的四种态度.时代建筑[J],2016(03):154-161.
张永和,李翔宁,江嘉玮.回归造物 建筑学与(手)工艺[J].时代建筑,2016(03):152-153.
朱雷.空间操作:现代建筑空间设计及教学研究的基础与反思[M].南京:东南大学出版社,2010.
朱青生.没有人是艺术家,也没有人不是艺术家[M].北京:商务印书馆,2000.
曾引.形式主义:从现代到后现代[D].天津大学,2012.

致谢

八年前，我幸运地成了张永和老师在北京大学建筑学研究中心招收的第一个博士生。高兴之余，便是不安，因为那时已经32岁，错过了夯实学术基础的最佳年龄。因此，重返校园之后，我不敢有丝毫懈怠，整日穿梭于文史哲的各个专业课堂，旁听了60多门课程，学习学术研究的范式和方法，重新建立自己的知识体系。张老师对我始终谆谆教导，并给了我极大的学术自由，使我能够专注于自己的兴趣所在。我本科毕业于中央美术学院的建筑学院，一直在思考美术学和建筑学有何关联。在张永和老师具有前瞻性和批判性的指导下，我确定并完成了跨学科的博士论文选题和写作。一路走来，张老师的言传身教帮助我找到了自己的方向，此外，我也幸运地得到了众多师长、同学和朋友的帮助。

感谢朱青生老师，帮助我推开了艺术史的大门。朱老师是艺术史方向的导师，我在五年中反复旁听了朱老师开设的所有本科生和研究生课程，建立了基本的学术研究框架，并经常去朱老师的研究所里深入请教。朱老师始终给予我极大的支持，并一直作为各个阶段考评和答辩的评委会主席，帮助我一路成长。

感谢中央美术学院的老师，母校对我而言如家一样，正是在周宇舫和王其钧老师的鼓励和推荐下，我走进了北大的校园。程启明和周宇舫老师全程参与了我的论文开题、预答辩和最终答辩的过程。吕品晶、傅祎、何可人和韩涛等老师也一直关心论文的写作，并给予了指导和帮助。

感谢北京大学的老师们。建筑学研究中心的王昀、董豫赣和方海老师建立了体系化的学术研究范式，使该中心成为国内建筑学基础理论研究的一处重要的阵地，从诸位老师和他们的学生身上，我学习到了治学的方法和态度。

城市与环境学院的林坚、汪芳和吴必虎等老师帮助我拓宽了人文地理专业的视域，汪芳老师还不厌其烦地帮我修正论文中的各种不足。中文系的戴锦华和张颐武等老师启发我改变了思考和研究问题的思维方式，他们的方法论可以平移到建筑学的研究中，帮助我另辟蹊径。建筑学研究中心的张晓莉也帮助我解决了很多后顾之忧。

感谢我的朋友们，有着共同留法经历的刘磊、方晓玲、刘楠、牛燕芳和张赫天等学者，一直关注和支持我的论文写作，帮我带回了很多珍贵文献，并和我深入地讨论关键的问题。感谢我的同学们，闫明、孟瑶、张逸凌、高晨舸和黄筠轩等同学在我的综合考试、开题和答辩的过程中提供了无私的帮助，余谬畅同学帮助我校订了英文翻译，研究中心的其他同学也经常和我一同分享学术成果。感谢非常建筑的鲁力佳老师、宋漪和王冕一直以来的照顾。感谢都市实践的王辉老师提供了博士论文的答辩场地，并给予力所能及的帮助。

感谢王瑞智老师从策划人和出版人的角度提出了很多宝贵意见，使一篇略显艰涩的学位论文成为一本有更好的可读性的图书，能够被更多的读者接纳。感谢湖南美术出版社的社长黄啸先生、副社长王柳润女士、本书的责任编辑曾凡杜聪先生和书籍设计师张弥迪先生的认可和帮助，使这本书能够顺利出版。

感谢中国美术学院的吴小华、段卫斌、姜珺和俞佳迪老师对本书研究内容的认可，使本书的一部分研究成果应用在中国美术学院创新设计学院和视觉传播学院的设计教学中。

最后我要感谢我的母亲、妻子、乖巧的女儿和其他亲人，读博五年多的时间本应全心全意地陪伴在你们身边，但艰涩的学术研究占去了大部分时间，你们的理解、包容和支持给了我莫大的温暖，使我能够安心于论文的写作，始终坚持自己的追求。

我的论文水平有限，希望能给有共同兴趣的人一点启发，共同去探索一些美术学和建筑学的基本问题，以此共勉。

王志磊

2023年10月

图书在版编目（CIP）数据

张力与运动：现代绘画与现代建筑平面构图的形式生成机制 / 王志磊著. -- 长沙：湖南美术出版社，2024.4

ISBN 978-7-5356-9967-1

Ⅰ.①张… Ⅱ.①王… Ⅲ.①建筑画—绘画技法Ⅳ.①TU204.11

中国版本图书馆CIP数据核字(2022)第241086号

张力与运动

现代绘画与现代建筑平面构图的形式生成机制

ZHANGLI YU YUNDONG

XIANDAI HUIHUA YU XIANDAI JIANZHU PINGMIAN GOUTU DE XINGSHI SHENGCHENG JIZHI

出 版 人：黄　啸
著　　者：王志磊
策 划 人：王瑞智　王柳润
责任编辑：曾凡杜聪
书籍设计：张弥迪　沈恺迪
责任校对：谭　卉　王玉蓉
制　　版：杭州聿书堂文化艺术有限公司
出版发行：湖南美术出版社
　　　　　（长沙市东二环一段622号）
经　　销：湖南省新华书店
印　　刷：长沙新湘诚印刷有限公司
开　　本：710 mm × 1000 mm　1/16
印　　张：21.5
版　　次：2024年4月第1版
印　　次：2024年4月第1次印刷
定　　价：128.00元

如有倒装、破损、少页等印装质量问题，
请与印刷单位联系调换。
联系电话：0731-84363767